Der Online Marketing Manager

Zu diesem Buch – sowie zu vielen weiteren O'Reilly-Büchern – können Sie auch das entsprechende E-Book im PDF-Format herunterladen. Werden Sie dazu einfach Mitglied bei oreilly.plus[+]:

www.oreilly.plus

Der Online Marketing Manager

Handbuch für die Praxis

Felix Beilharz & Expertenteam

Felix Beilharz & Expertenteam

Lektorat: Ariane Hesse
Korrektorat: Sibylle Feldmann, www.richtiger-text.de
Herstellung: Susanne Bröckelmann
Satz: III-satz, www.drei-satz.de
Umschlaggestaltung: Michael Oréal, www.oreal.de unter Verwendung eines Fotos
von © iStock by Getty Images von Kathryn8
Druck und Bindung: mediaprint solutions GmbH, 33100 Paderborn

Bibliografische Information der Deutschen Nationalbibliothek
Die Deutsche Nationalbibliothek verzeichnet diese Publikation in der Deutschen Nationalbibliografie;
detaillierte bibliografische Daten sind im Internet über *http://dnb.d-nb.de* abrufbar.

ISBN
Print: 978-3-96009-048-9
PDF: 978-3-96010-150-5
ePub: 978-3-96010-151-2
mobi: 978-3-96010-152-9

Dieses Buch erscheint in Kooperation mit O'Reilly Media, Inc. unter dem Imprint »O'REILLY«.
O'REILLY ist ein Markenzeichen und eine eingetragene Marke von O'Reilly Media, Inc. und wird mit
Einwilligung des Eigentümers verwendet.

1. Auflage 2017
Copyright © 2017 dpunkt.verlag GmbH
Wieblinger Weg 17
69123 Heidelberg

Die vorliegende Publikation ist urheberrechtlich geschützt. Alle Rechte vorbehalten. Die Verwendung der Texte und Abbildungen, auch auszugsweise, ist ohne die schriftliche Zustimmung des Verlags urheberrechtswidrig und daher strafbar. Dies gilt insbesondere für die Vervielfältigung, Übersetzung oder die Verwendung in elektronischen Systemen.

Es wird darauf hingewiesen, dass die im Buch verwendeten Soft- und Hardware-Bezeichnungen sowie Markennamen und Produktbezeichnungen der jeweiligen Firmen im Allgemeinen warenzeichen-, marken- oder patentrechtlichem Schutz unterliegen.

Die Informationen in diesem Buch wurden mit größter Sorgfalt erarbeitet. Dennoch können Fehler nicht vollständig ausgeschlossen werden. Verlag, Autoren und Übersetzer übernehmen keine juristische Verantwortung oder irgendeine Haftung für eventuell verbliebene Fehler und deren Folgen.

5 4 3 2

Inhalt

Vorwort IX
  Von Karl Kratz

1 Online-Marketing 1
  Von Felix Beilharz
  Wandel der Marketingkommunikation von Push zu Pull 2
  Nutzerzahlen 4
  Mobile Web 5
  Bewegtbild 6
  Big Data 7
  GAFA 7
  Sprache, Assistenten, künstliche Intelligenzen 8
  Es bleibt spannend 9
  Trends im Online-Marketing – eine Einschätzung
  der Experten-Autoren 9
  Berufsbild und Aufgaben des Online Marketing Manager:
  Interview mit *Philipp Klöckner* 13

2 Die Online-Marketing-Strategie 17
  Von Olaf Kopp
  Die wichtigsten Online-Marketing-Instrumente und
  -Kanäle 18
  Online-Marketing im Marketing-Mix 22
  Strategie und Taktik 24
  Ziel- und Bedarfsgruppenanalysen 27
  SWOT-Analyse zur Bestimmung des
  Online-Marketing-Mix 32
  Die Customer Journey im Zentrum des Online-
  Marketings 34
  Die Entwicklung einer Online-Marketing-Strategie entlang
  der Customer Journey 38

Digitaler Markenaufbau als kritischer Erfolgsfaktor 40
Kennzahlen für erfolgreiches Branding 48
Verbesserung der digitalen Markenpopularität und
thematischen Markenstärke 53
Die eigenen Assets als Kern der Online-Marketing-
Strategie 58
Interview mit *Karl Kratz* 60

3 Conversion-Optimierung 65
Von Nils Kattau

Conversion-Optimierung im Marketing-Mix 65
Grundbegriffe und Status quo 67
Wichtige Konzepte, Aufgaben und typische
Herausforderungen 71
Kennzahlen und Erfolgsmessung 85
Lernen von Erfolgsbeispielen 88
Checklisten für Websites 93
Interview mit *André Morys* 99

4 SEO – Suchmaschinenoptimierung 103
Von Anke Probst

Definition und Einordnung von SEO im Online-Marketing-
Kontext 103
Was ein Online Marketing Manager beherrschen sollte 115
Kennzahlen und Erfolgsmessung 154
Tipps und Tricks für die Suchmaschinenoptimierung 156
Interview mit *Sarah Seifermann* 163

5 SEA – Search Engine Marketing 167
Von Guido Pelzer

Grundbegriffe und Einordnung von Search Engine Marketing 167
Was ein SEA-Manager beherrschen sollte 192
Wichtige Kennzahlen und Erfolgsmessungen 200
Lernen anhand von Beispielen 203
Interview mit *Philipp Schwarz* 209

6 Affiliate Marketing 213
Von Markus Kellermann

Grundbegriffe und Zusammenhänge 213
Trends im Affiliate Marketing 231
Interview mit *Simon Steppat* 235

7 Display Advertising.. 239
   Von Wolfgang Neider

   Entwicklung, Grundbegriffe und Zusammenhänge von
   Display Advertising 239
   Die Rolle von Display Advertising und Real Time
   Advertising im Online-Marketing-Mix. 247
   Wichtige Konzepte, Technologien und Herausforderungen . . 248
   Datenschutz 260
   Konzepte – Kampagnentypen und Einsatzzwecke in Display
   Advertising und RTA 262
   Werbemittel – oft belächelt, fast immer unterschätzt 268
   Herausforderungen 276
   Kennzahlen und Erfolgsmessung 279
   Lernen von Erfolgsbeispielen 282
   Checkliste für erfolgreiche Kampagnen 285
   Linktipps 286
   Interview mit *Thorsten Eder*............................ 287

8 E-Mail-Marketing 291
   Von Manuela Meier

   Grundbegriffe und Einordnung von E-Mail-Marketing...... 291
   Wichtige Konzepte, Aufgaben und typische
   Herausforderungen 305
   Kennzahlen und Erfolgsmessung 329
   Lernen von Erfolgsbeispielen 335
   Checkliste für erfolgreichere Mailings 336
   Interview mit *Luis Hanemann* 338

9 Social Media Marketing................................... 341
   Von Felix Beilharz

   Grundbegriffe und Zusammenhänge von Social Media
   Marketing... 341
   Das sollte ein Online Marketing Manager beherrschen...... 351
   Lernen von Erfolgsbeispielen 386
   Linktipps zu Social Media Marketing 390
   Interview mit *Nic Lecloux* *391*

10 Mobile Marketing 397
   Von Ingo Kamps

   Konventionelles Web vs. Mobile 397
   Das sollte ein Online Marketing Manager beherrschen...... 404

Lernen von Erfolgsbeispielen 429
Checklisten für erfolgreiches Mobile Marketing 438
Interview mit *Rufkan Bicakci* 440

11   Web Analytics 443
Von Markus Vollmert

Welche Tools gibt es, und wie funktionieren sie? 444
Ziele bestimmen. 445
Wie funktioniert Tracking? 447
Kampagnen und Quellen 451
Inhalte bewerten 462
Nutzer verstehen 466
Tag Management 470
Taking Action 471
Interview mit *Björn Instinsky* 472

12   Online-Marketing-Recht 477
Von Niklas Plutte

Fallstricke beim Impressum 477
Suchmaschinenoptimierung – Onpage 487
Suchmaschinenoptimierung – Offpage 496
Google AdWords 498
Gegen schlechte Bewertungen im Internet vorgehen. 504
Rechtliche Aspekte des E-Mail-Marketings 508
Social-Media-Recht 517
Die Folgen von Rechtsverstößen 524

Anhang: Weiterbildung für Online Marketing Manager 529
Von Felix Beilharz

Selbstbestimmte Weiterbildung. 529
Organisierte Weiterbildung 534
Auswahlkriterien für die persönliche Weiterbildung. 539
Die universitäre Ausbildung für Online-Marketing-
Verantwortliche: Interview mit Prof. Dr. Mario Fischer 540
Die berufsbegleitende Weiterbildung für Online Marketing
Manager: Interview mit Prof. Dr. Michael Bernecker 546

Index 549

Vorwort

Von Karl Kratz

Liebe Leserin, lieber Leser,

Online-Marketing. Und was bleibt? Dieser eine schnell dahergesagte Satz steht gefühlt in jedem Vorwort von Online-Marketing-Büchern der letzten 20 Jahre: »Das Internet und seine Technologien verändern sich rapide.« Diese Aussage mag in jedem einzelnen Buch gültig sein, doch welche Konsequenz sollten wir daraus ziehen?

Vielleicht hilft ein kleines Gedankenspiel: Bereits nach wenigen Jahren sind die Auswirkungen unseres heutigen Handelns im Online-Marketing oft kaum mehr relevant oder existieren vielleicht schon nicht mehr. Das klingt zunächst absurd und pessimistisch. Beim genaueren Nachdenken fallen uns dann all die Webprojekte ein, die in den letzten Jahren gekommen und gegangen sind. Und mit ihnen all die Texte, Bilder, Links, Rankings, Tränen, Nerven, Überstunden, Social Signals, Domains. Ganze Plattformen und Suchsysteme sind innerhalb von knapp drei Dekaden geboren worden und schon längst wieder gestorben. Und fast alles, was wir heute im Online-Marketing erzeugen, wird es in 50 Jahren bereits nicht mehr geben. In 500 Jahren ist der größte Teil unserer heutigen Handlungen vollständig verschwunden und kaum noch rekonstruierbar. Dieses Gedankenspiel bringt uns zu dieser einen mächtigen Frage: »Was bleibt?«

Das obige Gedankenspiel zeigt deutlich, was für eine romantische Illusion die konventionelle Idee der »Nachhaltigkeit« doch ist: Aus einer Momentaufnahme heraus ist sie noch sinnvoll, mit einem Blick über

»gewöhnliche« Zeitgrenzen hinaus verliert dieses Konstrukt recht schnell seine Sinnhaftigkeit.

Smarte Unternehmen, die dieses Prinzip verstanden haben, verändern ihren Fokus. Beispielsweise setzen sie anstatt auf eine kontinuierliche, sequenzielle Inhaltsproduktion eher auf wenige gezielte und exzellente Inhalte, die sie immer weiter optimieren und transformieren können. Auf diese Weise erzielen solche Unternehmen nennenswerte Wettbewerbsvorteile und überdauern Technologie- und ganze Paradigmenwechsel. Und statt »Optimierung für Google« sorgen diese Unternehmen für eine diversifizierte Findbarkeit in genau den Suchsystemen, in denen sich ihre Bedarfsgruppe aufhält. Smarte Unternehmen stellen sich die Frage: »Wie wenden wir unsere Technologien und Methoden im Hier und Jetzt an – und wie transformieren wir sie dauerhaft?« Und sie kommen zu einer Antwort: Fokussierung, Reduktion und Intensivierung auf der einen Seite und Investition in die Fähigkeit zur dauerhaften Veränderung auf der anderen.

Was hat eigentlich ein statisches Buch in diesem hoch dynamischen Umfeld zu suchen? Diese Frage ist durchaus berechtigt: Im Schnitt haben Fachbücher in diesem Bereich eine Halbwertszeit von wenigen Jahren. Doch Felix Beilharz hat es mit diesem Buch geschafft, gemeinsam mit brillanten Vordenkern und renommierten Experten einen schwierigen Spagat zu meistern: inhaltlich wichtige Fragen in der Online-Marketing-Welt zu beantworten und gleichzeitig Hinweise und Impulse für die dauerhafte Veränderung des eigenen Online-Marketings zu liefern.

Ich habe mich sehr darüber gefreut, das Vorwort für ein Werk verfassen zu dürfen, das sicherlich auch in einigen Jahren noch eine gute Grundlage für wichtige Entscheidungen im Online-Marketing liefern wird.

Viel Spaß beim Lesen und viel Erfolg bei der Umsetzung wünscht Ihnen

Karl Kratz

KAPITEL 1
Online-Marketing

> **In diesem Kapitel:**
> - Wandel der Marketingkommunikation von Push zu Pull
> - Nutzerzahlen
> - Mobile Web
> - Bewegtbild
> - Big Data
> - GAFA
> - Sprache, Assistenten, künstliche Intelligenzen
> - Es bleibt spannend
> - Trends im Online-Marketing – eine Einschätzung der Experten-Autoren
> - Berufsbild und Aufgaben des Online Marketing Manager: Interview mit Philipp Klöckner

Von Felix Beilharz

An diesem Buch haben mehr als 20 Expertinnen und Experten aus allen Bereichen und Disziplinen des Online-Marketings mitgewirkt. Zwei Autorinnen und neun Autoren haben jeweils ein Kapitel über ihr Spezialgebiet beigesteuert. Viele von ihnen sind bereits seit über einem Jahrzehnt, manche sogar schon seit den 90er-Jahren, in der Branche tätig – einer Zeit also, zu der es noch nicht einmal Google gab. Wir haben daher die Entwicklung über einen langen Zeitraum verfolgt. Die »Kriegsgeschichten«, die auf Konferenzen, Partys oder Barcamps meist am Rande der Veranstaltungen erzählt werden, sind legendär – wenn Sie mal die Gelegenheit haben, einen der Online-Marketing-Pioniere in ein Gespräch zu verwickeln, lassen Sie sich die Chance nicht entgehen. Es lohnt sich, versprochen.

Noch eine Anmerkung, bevor wir einsteigen: Wir wenden uns mit diesem Fachbuch selbstverständlich gleichermaßen an Frauen und Männer. Wegen der besseren Lesbarkeit haben wir uns dafür entschieden, geläufige Bezeichnungen wie beispielsweise »Online Marketing Manager« zu verwenden.

In dieser Einleitung erspare ich Ihnen die lange Entwicklungsgeschichte des Online-Marketings, dazu wurde bereits viel geschrieben. Stattdessen gebe ich Ihnen einen kompakten Überblick über die aktuelle Situation, in der wir uns – mit Blick auf die Entwicklung sowohl des Internets als auch des Online-Marketings – gerade befinden. Zu manchen Themen finden Sie in diesem Buch weitere Ausführungen, zu anderen erhalten Sie im Literaturverzeichnis passende Empfehlungen.

Wandel der Marketingkommunikation von Push zu Pull

Viele der Trends und Themen des Online-Marketings resultieren aus einem tief gehenden grundsätzlichen Wandel des Marketings bzw. der Unternehmenskommunikation. Kurz gesagt, lässt sich der Wandel als Wechsel von Push-Marketing (die Botschaft wird mittels Werbemittel zum Empfänger transportiert) zu Pull-Marketing (der Empfänger holt sich selbst die Botschaften ab, die ihn interessieren) beschreiben.

Klassisches Marketing gehört prinzipiell eher zur Push-Kategorie: Egal ob Plakat, Zeitungsannonce, TV-Spot oder Radiowerbung – die Botschaft wird zum Verbraucher transportiert und stört ihn in aller Regel bei dem, was er eigentlich gerade tun will (Zeitung lesen, Radio hören, Fernsehen).

Auch einige der Onlinekanäle lassen sich der Push-Kategorie zuordnen, insbesondere Bannerwerbung (Display Advertising) und Social-Media-Ads gehören in diese Gruppe. Die meisten Onlineformate sind jedoch überwiegend oder vollständig als Pull-Maßnahmen zu klassifizieren. Der Nutzer sucht (freiwillig) bei Google und klickt Suchtreffer oder Anzeigen an, weil sie sein Suchbedürfnis befriedigen. Er abonniert einen Newsletter oder lädt ein Whitepaper herunter, weil ihn die darüber versendeten Informationen und Inhalte interessieren. Er klickt ein YouTube-Video an, weil seine Freunde es geteilt haben und es vielversprechend aussieht. Er abonniert eine Facebook-Seite oder einen Instagram-Account, weil er sich mit dem Unternehmen verbinden will.

Kurz gesagt: Die meisten Onlinekanäle und -maßnahmen sind eher Pull als Push. Aus gutem Grund: Push-Werbung wird zunehmend als lästig wahrgenommen und im Internet häufig einfach per AdBlocker ausgeblendet. Die Hürden, den Kunden mit Werbung überhaupt noch zu erreichen, steigen.

Aber auch die verbleibenden Push-Maßnahmen sind mittlerweile häufig wirkungsvoller: Anzeigen lassen sich mithilfe von demografischen, verhaltensbasierten, technologischen oder sozialen Targeting-Kriterien extrem genau auf den Kunden einstellen. Maßnahmen wie *Real Time Bidding* und *Retargeting* ermöglichen eine personenbezogene, individuelle Ansprache im Unterschied zum früher verwendeten Schrotschussansatz. Formate wie *Native Advertising* (also redaktionell aufbereitete Werbung) und *Branded Content* lassen Werbung weniger wie Werbung aussehen und werden häufig freiwillig und aktiv konsumiert, anstatt als lästig und störend empfunden zu werden.

Abbildung 1-1 verdeutlicht diese Entwicklung. Während früher vor allem Push-Maßnahmen im Vordergrund standen und Werbung noch deutlich als Werbung zu erkennen war (»Above-the-Line«, z.B. Plakate, Broschüren, Websites und Banner), geht es heute immer mehr um »Below-the-Line«-Maßnahmen, also Vernetzung, Content oder Guerilla-Marketing. Der werbliche Aspekt ist auf den ersten Blick oft nicht mehr zu erkennen.

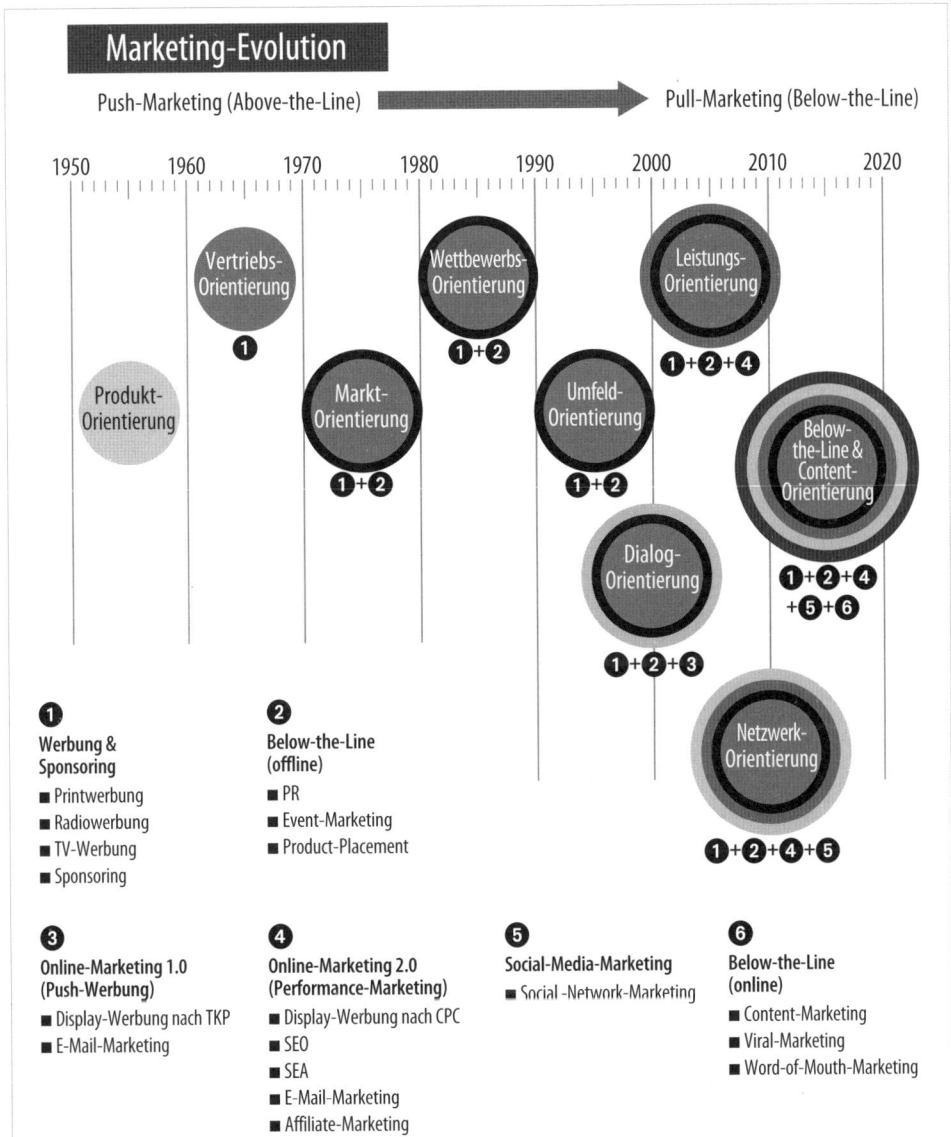

Abbildung 1-1:
Wandel von Push zu Pull (© Aufgesang Inbound Online Marketing)[1]

---

1 https://www.kopp-online-marketing.de/marketing-evolution-von-werbung-zu-content-von-push-zu-pull (Aufruf: 01.08.2017)

Ein sinnvoller Marketing-Mix besteht meist aus Push- und Pull-Elementen. Der Fokus sollte mittlerweile jedoch auf Content und Content-Vermarktung in den verschiedenen Formen gelegt werden. Wer heute noch zum Kunden durchdringen und seine Werbebudgets effektiv einsetzen will, kommt um Pull nicht herum – Push ergänzt die Strategie an den passenden Stellen.

Nutzerzahlen

In den ersten Jahren war das Internet etwas für »Geeks«, die breite Mehrheit konnte keinen richtigen Bezug dazu finden. Das legendäre Zitat des damaligen Telekom-Chefs Ron Sommer, dass das Internet eine Spielerei für Computerfreaks und ohne Zukunftschancen sei (Anfang der 90er-Jahre), zeigt, dass selbst Branchengrößen die Bedeutung lange verkannt haben.

Tatsächlich ist das Internet seit einigen Jahren zum Massenmedium geworden. 2016 gingen immerhin 83,8 % der Deutschen zumindest selten online (die Gruppe der über 60-Jährigen hinkt noch deutlich hinterher), 65,1 % nutzen das Internet täglich (ARD-ZDF-Onlinestudie 2016).

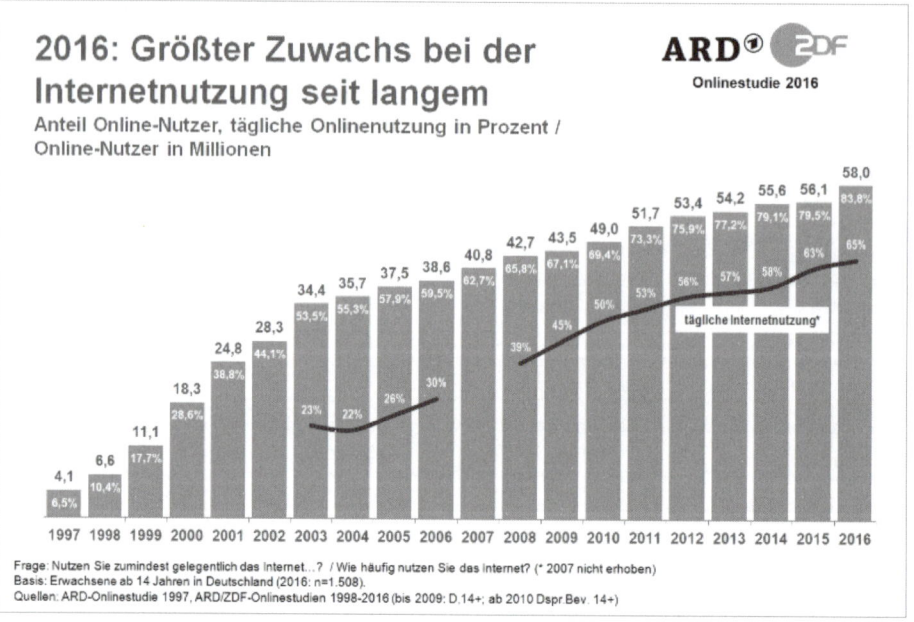

Abbildung 1-2:
Onlinenutzer in Deutschland (Quelle: ARD-ZDF-Onlinestudie 2016)[2]

Auch die Nutzerzahlen der großen Netzwerke sind überaus beeindruckend. Facebook überschritt bereits 2016 die Hürde von 1,8 Milliarden aktiven Nutzern. Sowohl der Facebook-Messenger als auch WhatsApp weisen mehr als 1 Milliarde aktive Nutzer auf.

Es gibt also kaum mehr Zielgruppen, die online nicht zu erreichen sind. Die Nutzung ist zwar bei älteren Menschen derzeit noch deutlich geringer ausgeprägt als bei jüngeren (tatsächlich nimmt die Nutzung linear mit zunehmendem Alter ab), aber auch die älteren Nutzer und damit die kaufkräftigen Generationen dürften in Zukunft ihr Geld verstärkt online ausgeben.

Instagram verfügt über 500 Millionen Nutzer, ebenfalls 1 Milliarde Menschen nutzt YouTube, bei Twitter sind es immerhin 317 Millionen. Selbst »Nischenplattformen« wie LinkedIn (467 Millionen Nutzer-Accounts), Snapchat (301 Millionen monatlich aktive Nutzer) oder Pinterest (150 Millionen aktive Nutzer) weisen gigantische Nutzerzahlen auf.

Mobile Web

Smartphones haben die Nutzungshoheit im Internet übernommen. 49 % der Deutschen gehen täglich mit dem Handy online, nur 25 % mit dem Laptop, 22 % mit dem PC und 18 % mit dem Tablet (ARD-ZDF-Onlinestudie 2016). Auch auf vielen Websites kommt die Mehrheit der Besucher mittlerweile über mobile Endgeräte an.

Das hat in vielen Bereichen des Online-Marketings enorme Auswirkungen. Websites müssen responsiv oder von vornherein mobil erstellt werden. Die Erfahrung zeigt, dass mobile Nutzer eine nicht mobilfähige Website schnell wieder verlassen, wenn die Nutzererfahrung nicht auf ihr Endgerät angepasst ist.

Google kündigte 2016 an, den mobilen Index zum Hauptindex der Suchmaschine zu machen. Nicht mobilfähige Websites dürften es daher künftig schwer haben, noch Sichtbarkeit in den Suchergebnissen zu erzielen.

Auch Apps spielen nach wie vor eine wichtige Rolle. Allerdings wird es immer schwieriger, neue Apps an den Start zu bringen. Den Großteil ihrer mobilen Internetzeit verbringen Nutzer in nur einer Handvoll Apps. Über 60 % aller App-Downloads gehen allein an das Facebook-Universum (Facebook, Messenger, WhatsApp, Instagram). Dazu

---

2 http://www.ard-zdf-onlinestudie.de/ (Aufruf: 01.08.2017)

kommt, dass die großen Apps immer mehr Fremdfunktionen in sich vereinen. Geld an Freunde senden? In manchen Ländern geht das schon per Facebook-Messenger. Flug- und Bahntickets buchen und bezahlen? In China ist das mit WeChat möglich. Viele Apps werden so einfach überflüssig. Einige Experten sehen sogar das Ende der App gekommen und setzen eher auf responsive Websites oder Mischformen. Eines ist aber sicher: Die Zukunft ist mobil.

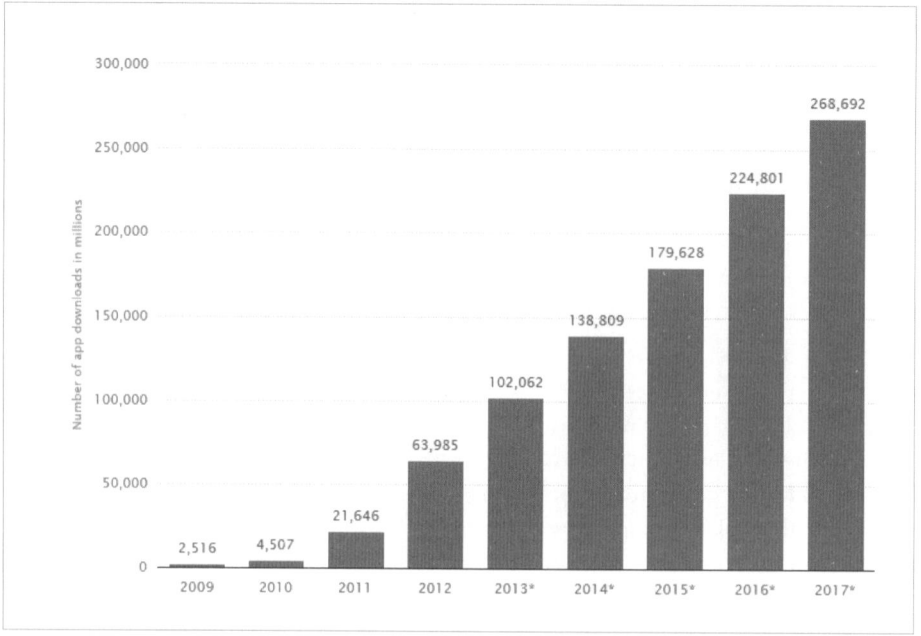

Abbildung 1-3:
App-Downloads weltweit (in Millionen) (Quelle: Statista)

Bewegtbild

Seit einigen Jahren hat sich Video als feste Größe im Medien-Mix etabliert. Diese Entwicklung war lange abzusehen und ist nun endgültig Realität geworden. Die Bandbreiten und Datenvolumina erlauben umfangreicheren Videokonsum, das Equipment wird günstiger, und der Aufwand für eine professionelle Videoproduktion ist gesunken. Online-Marketer sollten das Bewegtbild daher unbedingt auf ihrem Radar haben.

Das gilt sowohl im klassischen Online-Marketing (Produktvideos, Imagefilme etc.) als auch im Content-Marketing-Kontext (z.B. im Rahmen von Erklärfilmen, YouTube-Sendungen oder Virals) und ebenso im Servicebereich (Video-Chat, How-to-Videos). Zum Bewegtbild gehören auch Formate wie z. B. Live-Video und Livestreaming, Webinare, Videodrohnenflüge etc.

Prognosen sagen voraus, dass um 2020 herum über 80 % des gesamten Internet-Traffics aus Video bestehen wird. Von Facebook gibt es eine ähnlich lautende Aussage bezüglich des Contents im Newsfeed. Den Videos gehört also definitiv die Zukunft.

Big Data

Big Data gehört zu den Buzzwords, die auf keiner Onliner-Konferenz fehlen, mit dem aber die wenigsten tatsächlich etwas anfangen können. Trotzdem spielt Big Data, also das Sammeln und vor allem Nutzen von großen Datenmengen, inzwischen eine wesentliche Rolle im Online-Marketing. Wenn man sich überlegt, welche Menge von Daten allein bei einem einzigen Onlinekaufabschluss anfällt und wie klein dieser Datenbestand im Vergleich zum Datenbestand sämtlicher Internetaktivitäten ist, wird schnell klar, wie unendlich groß die Menge an Daten mittlerweile ist und wie enorm schnell sie wächst.

Wichtig ist in diesem Zusammenhang vor allem, zu erkennen, welche Daten für die eigenen Anwendungsfälle tatsächlich von Bedeutung sind, wie diese zu erheben und zu verarbeiten sind und wie aus ihnen sinnvolle Schlüsse gezogen werden können. Diese Aufgabe wird Unternehmen noch auf Jahre beschäftigen – so lange, bis sich praxistaugliche Standards etabliert haben.

Im Online-Marketing spielt Big Data unter anderem in den Bereichen Advertising (z. B. Real Time Bidding), Web Analytics, Customer Insights (Marktforschung, Kundenanalyse), Social Media Marketing (Advertising, Analyse) und verschiedenen E-Commerce-Einsatzgebieten zunehmend eine Rolle.

GAFA

Unter den unzähligen Onlinediensten spielen vor allem die großen Vier die zentrale Rolle: Google, Amazon, Facebook und Apple (GAFA). Zusammengenommen entspricht ihr Marktwert dem Bruttoinlandsprodukt von Russland.[3] Sie stellen auch vier der sieben größten Konzerne der Welt. Die Konzerne vermarkten Produkte wie YouTube, Instagram, WhatsApp – die mit Abstand einflussreichsten Such-, Kauf-

---

3 https://www.welt.de/finanzen/article150809163/Die-gefaehrliche-Dominanz-der-grossen-Vier.html (Aufruf: 01.08.2017)

und Social-Media-Plattfomen der westlichen Welt gehören daher zum GAFA-Zirkel.

Unternehmen können es sich kaum noch leisten, nicht bei diesen Playern vertreten zu sein. Wer Musik vermarkten will, kommt um iTunes nicht herum. Apps müssen für Android und iOS erstellt werden, alles andere ist zu vernachlässigen. Wer etwas verkaufen will, muss Amazon im Blick haben.

Besonders dramatisch wird diese Konzentration, wenn man sich die Entwicklung der Onlinewerbebudgets weltweit anschaut. Auch hier spielen die GAFA-Konzerne eine ultradominante Rolle. 85 % aller ausgegebenen Werbedollars landen entweder bei Google oder bei Facebook; das Wachstum von Onlinewerbung landet gar zu 103 % bei den beiden, was wiederum bedeutet, dass der restliche Gesamtmarkt leicht schrumpft.[4]

Natürlich sollten auch andere Plattformen in ausgewogenen Marketingstrategien nicht fehlen, schon allein um Risiken zu minimieren und eine gewisse Ausgewogenheit herzustellen. Es führt aber – so viel dürfte klar sein – kein Weg an den GAFA-Diensten vorbei.

Sprache, Assistenten, künstliche Intelligenzen

Die Zeiten, in denen wir Wörter über eine Tastatur eingetippt und auf einem Bildschirm gelesen haben, neigen sich in nicht allzu ferner Zukunft ebenfalls dem Ende zu. Diese Entwicklung ist genau jetzt zu beobachten. Amazons *Alexa* und *Google Home* erobern zeitgleich als künstliche Intelligenzen die Wohnzimmer und liefern sich einen Kampf um die künftige Hoheit der digitalen Assistenten im Wohnzimmer. Nutzer entdecken gerade die Sprachsteuerung diverser Geräte, die zu ihrem Leidwesen noch recht unausgereift funktionieren. *Siri*, *Cortana* und *Google Now* liefern hingegen oft schon ganz brauchbare Ergebnisse, zumindest für einfache Fragen oder Aufträge.

Online Marketing Manager müssen diese Entwicklungen definitiv auf dem Schirm haben. Wenn erst einmal in jedem vierten Haushalt ein digitaler Assistent steht, wie schafft man es dann, in diesem System überhaupt eine Rolle zu spielen? Wenn Google auf Sprachbefehl hin den günstigsten Preis für ein Produkt heraussucht und auch noch direkt bestellt, wie sieht Suchmaschinenoptimierung dann aus? Aktuell ist all das noch Zukunftsmusik, die Weichen werden jedoch gerade jetzt gestellt, und erste Entwicklungen in diese Richtung lassen sich bereits beobachten.

---

4   http://www.recode.net/2016/11/2/13497376/google-facebook-advertising-shrinking-iab-dcn (Aufruf: 01.08.2017)

Es bleibt spannend

Alles in allem spannende Rahmenbedingungen, in denen wir uns gerade bewegen. Dazu kommen natürlich noch zahlreiche weitere Faktoren, zum Beispiel rechtlicher und politischer, wirtschaftlicher oder technologischer Art. Die Vergangenheit hat immer wieder gezeigt, wie schnell z.B. ein Gesetz oder eine Kooperation den kompletten Markt auf den Kopf stellen kann. Ehemals wichtige Player verschwinden im Nichts (MySpace, VZ-Netzwerke, Google+), andere kommen von genau da und spielen plötzlich eine enorme Rolle (Snapchat, Musical.ly), die einen werden aufgekauft und gehen in anderen Systemen auf (Periscope), andere geben sich geschlagen und ändern ihr Geschäftsmodell, um dem Untergang zu entgehen (Meerkat, Vine). Manche kämpfen viele Jahre ums Überleben (Yahoo!), manche erhoffen sich von Kooperationen vergeblich große Erfolge (Bing mit Facebook), schnuppern aber an anderer Stelle plötzlich Morgenluft (Bing mit Siri). Gerichtsentscheidungen zum Datenschutz stellen plötzlich etablierte Systeme wie den Facebook-Like-Button infrage, andere Entscheidungen machen über Nacht allgemeine Geschäftsbedingungen (AGB) unwirksam oder verändern die Vorschriften für Button-Beschriftungen in Onlineshops.

In jedem Fall kommen Sie als Online Marketing Manager nicht darum herum, immer ein Ohr am Puls der Zeit zu haben und sich beständig weiterzubilden. Eine tolle Grundlage dafür bietet dieses Buch.

Trends im Online-Marketing – eine Einschätzung der Experten-Autoren

Online-Marketing ist ein stark trendgetriebenes Thema. Um eine möglichst umfangreiche Einschätzung der aktuellen und kommenden Entwicklungen zu erhalten, formulieren unsere Autoren im Folgenden ihre Sichtweise der wichtigsten Online-Marketing-Trends – im Online-Marketing ganz allgemein oder zu ihrem persönlichen Arbeitsschwerpunkt.

Felix Beilharz: Content statt Werbung

Für mich liegt der wesentliche Trend in einer immer stärkeren Fokussierung auf Content statt auf klassischer Push-Werbung. Je mehr Menschen (oder sogar Browser selbst) Werbung wegblocken und je größer der Werbedruck online wie offline ist, desto schwieriger wird es, zum (potenziellen) Kunden durchzudringen. Das funktioniert vor allem auf zwei Arten: durch hoch relevanten Content, der nicht die mentalen oder technischen Mechanismen zum Herausfiltern von Werbung auslöst, und durch hoch targetierte, ebenfalls extrem relevante Werbung, die sich aber von der klassischen, oft plumpen Push-Werbung deutlich unterscheidet. Die bereits seit einigen Jahren ansteigende Content-Flut wird die Anforderungen an Content, der noch aktiv wahrgenommen wird, weiter ansteigen lassen. Unternehmen wurden und werden zu (professionellen) Publishern und zu Online-Werbeexperten – anders lässt sich kaum noch Relevanz generieren.

Ingo Kamps: Die Ära der Smartphone-only-Sales

Während sich Marketer noch Gedanken darüber machen, wie sie ihren Nutzern zuverlässig über verschiedene Geräte hinweg folgen (Cross-Device-Targeting), avanciert das Smartphone immer mehr zum zentralen Shopping-Gerät. Fiel dem Mobiltelefon in der Vergangenheit meist noch die vorbereitende Rolle zu (z. B. Recherche und Preisvergleich mit dem Smartphone, Kaufabschluss auf dem heimischen Desktop), wird die komplette Customer Journey immer häufiger »mobile only« abgebildet. Dafür sorgen nicht nur immer leistungsfähigere Mobilgeräte und größere Displays, sondern auch stark optimierte Websites und Apps.

Für Online-Marketer wird es daher noch bedeutender, potenzielle Kunden vollständig auf dem Smartphone adressieren zu können (egal ob mit Push- oder Pull-Maßnahmen), passende Mobile Moments zu kreieren und direkt einen komfortablen Abschluss zu ermöglichen. Der Konsument hat dies entschieden und hat immer weniger Verständnis für Inkonsistenzen.

Guido Pelzer: Individualisierung von Anzeigen

Im SEA-Bereich sehe ich seit Längerem einen Trend zur Individualisierung der Suchergebnisse, der sich noch weiter fortsetzen wird. Mit Blick auf die vielen kleinen Änderungen im Google-Konto ist das schön zu erkennen. So wurde zum Beispiel die Möglichkeit geschaffen, unterschiedliche prozentuale Gebotseinstellungen für die drei Endgerätegruppen abzugeben. Es werden immer mehr Kampagnen angeboten, die auf ganz spezielle Zielgruppen abgestimmt werden können. Google legt zudem seit Längerem bei den Optimierungstipps großen Wert auf das Thema Remarketing, das neben dem Display-Netzwerk vor allem für die Such- und Shopping-Kampagnen interessant ist. Wir werden hier zukünftig noch viel mehr Möglichkeiten erleben, durch die Nutzer ganz gezielt auf Grundlage ihres Verhaltens wiedererkannt und sehr zielgerichtet beworben werden können.

Niklas Plutte: Steigende Abmahnzahlen

Wenn man im rechtlichen Bereich von Trends spricht, sind eigentlich Risiken gemeint, ganz konkret in der Praxis relevante Abmahnrisiken. Ich beobachte in den letzten Jahren eine immer größere Zahl von Abmahnungen aufgrund von Fotorechtsverletzungen, speziell bei Bildern aus Stockfoto-Datenbanken sowie bei Aufnahmen, die unter Creative-Commons-Lizenz veröffentlicht wurden. Achten Sie hier auf exakte und korrekte Lizenzvermerke bzw. »Copyright-Hinweise«. Ein weiterer Trend ist die Verfolgung von Datenschutzverstößen. Lange war es nicht möglich, gegen Mitbewerber vorzugehen, wenn Datenschutzregeln missachtet wurden. Der Wind hat sich inzwischen aber gedreht, Datenschutz muss unbedingt ernst genommen werden.

Manuela Meier: E-Mail-Marketing und »mobile first«

Auch im E-Mail-Marketing schlägt der Ansatz »mobile first« voll durch. Im privaten Umfeld kann man in einigen Sparten sogar schon von »mobile only« sprechen. An einem flexiblen und mobile-optimierten E-Mail-Design führt deshalb kein Weg vorbei. Und da die Geräte immer vielfältiger in Größe und Auflösung werden, reicht das bisherige *Responsive Design* mit wenigen vorgegebenen Umbruchpunkten nicht mehr aus. Der Trend geht daher ganz klar zum *Fluid Design*. Dabei passt sich die gesamte Gestaltung fließend den Gegebenheiten an.

Da es bislang keine adäquate Alternative im Bereich der Push-Medien gibt, sehe ich die Rolle der E-Mail in nächster Zeit nicht in Gefahr. Jedoch muss sich die E-Mail auch dem Medienkonsum der Zukunft anpassen. Das bedeutet, dass die Inhalte noch individueller auf den Empfänger zugeschnitten und mittels künstlicher Intelligenz vorausschauender erstellt werden. Außerdem wird die E-Mail agiler: Inhalte werden erst zum Zeitpunkt der Öffnung ermittelt und – hier kommt wieder das Thema Mobile zum Tragen – an das Umfeld angepasst.

Olaf Kopp: Marken und Machine Learning

Meiner Einschätzung nach wird es für Unternehmen immer wichtiger, sich als *Marke* in den Köpfen aller Marktteilnehmer zu etablieren. Das gilt sowohl für potenzielle Kunden, Influencer, Partner, Mitarbeiter, Journalisten und andere Multitplikatoren, aber auch für die Algorithmen der wichtigsten Gatekeeper wie z.B. Google. Nur so kann man sich gegen Gegebenheiten und Entwicklungen im Markt wie Preiskämpfe im Vertriebsmarketing und inflationäre Entwicklungen wie z.B. den Content-Shock behaupten. Des Weiteren wird es noch wichtiger, Ressourcen so effektiv wie möglich einzusetzen, was durch die Etablierung einer Marke als Autorität im Branchenumfeld z.B. durch bessere Abschlussraten begünstigt wird.

Den zweiten großen Trend im Online-Marketing sehe ich im Machine Learning. *Machine Learning* als Vorstufe zu *Artificial Intelligence* ist inzwischen das Lieblingsspielzeug der Top-Player Google, Amazon, Facebook und Microsoft. Die Verwaltung und Interpretation von Daten ist die Mammutaufgabe, die vielen großen Unternehmen in den nächsten Jahren bevorsteht. Überall dort, wo große schnell wachsende Datenmengen gebändigt und interpretiert werden müssen, geht kein Weg an Machine Learning vorbei: Damit selbstlernende Algorithmen diese Aufgabe zuverlässig erledigen können. Gerade in Kombination mit Marketing-Automation könnte diese Entwicklung das Online-Marketing revolutionieren.

Wolfgang Neider: User-Daten und selbstlernende Systeme

Die nächsten Jahre im Online-Marketing werden meiner Meinung nach vor allem durch zwei Trends gekennzeichnet sein: durch die Erschließung neuer Datenquellen und durch deren intelligente Verknüpfung und Bewertung hinsichtlich des Kaufinteresses eines Users. Bereits heute werden Daten aus verschiedenen Tracking-Systemen, CRM-Daten und Stornodaten oder das Kaufverhalten der einzelnen Nutzer bewertet und zur Optimierung von Online-Kampagnen verwendet. Zukünftig werden Informationen aus unterschiedlichsten Quellen in die User-Profilbildung einfließen: aus dem stationären Handel (Sales, Anproben etc.), Bewegungsmuster aber auch Datenpunkte wie Herzfrequenz oder Blutdruck (erhoben über Smartwatches) bis hin zu Auskünften von Institutionen wie privaten Versicherungen oder Vereinen. Ich denke, dass im Hinblick auf die nächsten fünf bis zehn Jahre vor allem selbstlernende Systeme und neuronale Netze von entscheidender Bedeutung sein werden, damit diese Datenflut bewältigt, bewertet und genutzt werden kann.

Markus Kellermann: Steigende Qualität

Im Affiliate-Marketing geht der Trend in Richtung Qualitätssteigerung auf der *Publishing*-Seite. Auch die Advertiser legen immer mehr Wert auf relevante Werbebotschaften und damit auch bessere Qualität und Performance der Kampagnen. Affiliate-Marketing entwickelt sich deswegen immer mehr von einem Vertriebsansatz hin zu einem ganzheitlichen Marketing-Kanal. Dabei spielen auch Influencer eine immer größere Rolle. Der zunehmende Qualitätsanspruch führt auch zu einer Verdrängung des reinen CPO-Modells und hin zu einem *Hybrid-Provisionsmodell*. Der steigende Mobilanteil der Affiliate-Transaktionen führt dazu, dass Themen wie *Cross-Device-Tracking* und *Customer-Journey-Analyse* mehr Relevanz erhalten und die damit verbundene Multi-Channel-Attribution zukünftig noch wichtiger werden wird.

Markus Vollmert: Das Nutzerprofil im Zentrum

Daten sind toll! Sie erlauben uns, Nutzerinteressen zu erkennen, potenzielle Kunden mit den richtigen Themen anzusprechen und zu bewerten, ob unsere Website und ihre Inhalte funktionieren. Die Analyse von Nutzerdaten ist für mich ein zentraler Bestandteil der Arbeit eines Online Marketing Managers.

Diese Arbeit und das Verständnis für ihre Grundlagen wird in den kommenden Jahren immer wichtiger werden. Unternehmen haben keine einfache Website mehr, sondern häufig ganze digitale Landschaften mit unterschiedlichsten Auftritten, Apps, Social-Media-Profilen, usw. Hinter all den Aktivitäten auf diesen Online-Präsenzen die eigenen Nutzer zu erkennen, ihre Interessen und Probleme, wird die Herausforderung sein. Je mehr Inhalte und Services digital angeboten werden, umso größer wird die Aufgabe – aber auch die Bedeutung der Analysen.

Die Verbindung unterschiedlicher Quellen und Systeme als *Digital Analytics* wird an Bedeutung gewinnen. Es wird nicht mehr darum gehen, einzelne Maßnahmen oder Kanäle zu bewerten, sondern die gesamte *Customer Journey* der Nutzer zu betrachten. Durch *Programmatic Buying* und *Remarketing* ist nicht mehr der Werbeplatz das entscheidende Kriterium, sondern das Nutzerprofil.

Berufsbild und Aufgaben des Online Marketing Manager: Interview mit Philipp Klöckner

Was sind die wesentlichen Aufgaben eines Online Marketing Manager?

Das hängt nicht zuletzt von der Unternehmensgröße ab. Generell denke ich, dass der Online Marketing Manager einen guten Überblick über alle Performance-Marketing-Bereiche inklusive SEO haben muss, fachlich aber nicht ganz so qualifiziert sein kann wie die Spezialisten in den einzelnen Kanälen.

Zudem muss ein Online Marketing Manager auch ein grundlegendes Verständnis vom Produktmanagement mitbringen sowie Tracking- und Attributionskonzepte verstehen. Eine weitere wesentliche Fähigkeit besteht sicherlich darin, die relevanten KPIs und Zahlen zur Steuerung des Marketings zu erheben, auszuwerten und in Entscheidungen zu übersetzen.

Wie sieht ein typischer Tagesablauf, sagen wir in einem mittelständischen Unternehmen, aus?

Ich denke, der Tag eines modernen Online Marketing Manager sollte mit dem Review der Zahlen vom Vortag sowie der letzten 7 und 28 Tage beginnen. Je nach Datenlage kann dieser Prozess nur eine Formalie sein oder auch direkte weitere Analyseschritte oder Handlungserfordernisse auslösen. Für die Auswertung der Zahlen sollte in jedem Fall ein wesentlicher Teil der Arbeitszeit reserviert sein. Der weniger spannende Teil ist sicher die operative Steuerung der verschiedenen Online-Marketing-Kanäle bzw. das Management der Spezialisten in den Bereichen. Schlussendlich sollte sich der Online-Marketer aber auch Zeiträume reservieren, um Ideen zur Produktverbesserung zu sammeln, in Hinblick auf Industrietrends auf dem Laufenden zu bleiben und neue Ideen zu lernen und auszuprobieren, ohne dabei den Fokus auf die wenigen wirklich entscheidenden Maßnahmen zu verlieren.

Welche Kernkompetenzen sollte ein Online Marketing Manager mitbringen? Welche Fähigkeiten sollte er sich aneignen?

Die quantitative Analyse, also ein hervorragendes und intuitives Zahlenverständnis, ist im Online-Marketing einfach unerlässlich. Zudem halte ich persönlich heutzutage ein gutes Gefühl für Priorisierung für absolut überlebensnotwendig. Um der Flut an relevanten Nachrichten und Daten sowie der vielen Kommunikationswege Herr zu werden, ist der richtige Fokus und damit auch der Mut, Dinge zu unterlassen, essenziell. Je nach Teamgröße spielen klassische Management-Skills aber natürlich auch eine wichtige Rolle.

Welche Tools, Software und/oder Anwendungen sollte ein Online Marketing Manager beherrschen?

Neben Grundlagen wie Excel sollte man, denke ich, mit den gängigen Tracking-, Webanalytics- und Attributionslösungen umgehen können. Weitere wichtige Toolsets sind Competitive Intelligence Tools wie *SimilarWeb* und SearchMarketing Suites wie *Searchmetrics*, *Sistrix* oder *SEMrush*. Extrem nützlich ist es zudem, wenn der Marketer außerdem schon grundlegendes Wissen im Bereich Business Intelligence hat, eventuell ein bisschen Python kann und schon mit Tools wie *Tableau*, *Qlikview* oder *Pentaho* gearbeitet hat.

Wie sollte der Online Marketing Manager im Unternehmen verortet sein? Welche Verantwortungen und Freigaben sollte er haben, wem berichten?

Der Online Marketing Manager sollte meiner Meinung nach zum Chief Marketing Officer (CMO), zum Marketing-Vorstand oder manchmal auch direkt an die Geschäftsführung reporten. Generell sollte er innerhalb gewisser Richtlinien wie Corporate Identity oder Brand Guidelines möglichst frei entscheiden können. In agilen und schnell wachsenden Unternehmen kommt hinzu, dass die Performance-Marketing-Abteilung fast keine Budgetrestriktionen hat, sofern der langfristige Wert der akquirierten Kunden über den Akquisekosten liegt. In solch einem Fall das Marketing auf Jahres- oder Quartalsbasis zu budgetieren, heißt, auf Wachstum zu verzichten. Der Online Marketing Manager sollte in jedem Fall regen Austausch zur Produktabteilung pflegen und sicherstellen, dass ihn auch Kunden-Feedback strukturiert erreicht.

Wie finden Unternehmen geeignete Fachkräfte für diesen Bereich? Das wird für Unternehmen ja immer schwieriger.

Erfahrene Manager sind oft teuer, und das erworbene Wissen hat eine geringe Halbwertzeit. Ich persönlich setze auf eine Mischung aus guten Basis-Skills wie analytischem Denken und guter Aufnahmefähigkeit. Die Motivation, schnell zu lernen und sich selbstständig weiterzubilden in Verbindung mit externen Coaches, Mentoren und Weiterbildungsangeboten, halte ich für Erfolg versprechender als jahrelange Berufserfahrung. Die besten Online Marketing Manager, die ich kenne, haben ihre hervorragende Leistung in der Regel schon in den ersten ein bis zwei Jahren entwickelt und dabei viele erfahrene Kandidaten outperformt.

Wie sollte sich ein Online Marketing Manager weiterbilden und auf dem Laufenden halten?

Neben dem betriebsübergreifenden Austausch mit Branchenkollegen halte ich die Teilnahme an Konferenzen für ebenso wichtig wie das selbstständige Lernen durch Blogs, Online-Webinare und Bücher. Gelegentliche Reviews durch externe Fachleute können zudem Sicherheit geben und zusätzliches Potenzial identifizieren, tragen vor allem aber auch zur Weiterbildung des eigenen Personals bei.

 **Philipp Klöckner** war 6 Jahre Product Manager und Inhouse SEO bei Deutschlands marktführendem Preisvergleich idealo.de. Seit 2009 berät er nicht nur die Ventures der erfolgreichen Berliner Startup-Fabrik Rocket Internet, sondern auch Dutzende weitere Gründungen zum Thema Suchmaschinen-Optimierung, Online Marketing und Business Intelligence. Sieben dieser internationalen Wachstumsunternehmen wurden bisher zu sogenannten »Unicorns«. Sie erreichten eine Marktbewertung von jeweils über einer Milliarde US-Dollar.

KAPITEL 2
Die Online-Marketing-Strategie

In diesem Kapitel:
- Die wichtigsten Online-Marketing-Instrumente und -Kanäle
- Online-Marketing im Marketing-Mix
- Strategie und Taktik
- Ziel- und Bedarfsgruppenanalysen
- SWOT-Analyse zur Bestimmung des Online-Marketing-Mix
- Die Customer Journey im Zentrum des Online-Marketings
- Die Entwicklung einer Online-Marketing-Strategie entlang der Customer Journey
- Digitaler Markenaufbau als kritischer Erfolgsfaktor
- Kennzahlen für erfolgreiches Branding
- Verbesserung der digitalen Markenpopularität und thematischen Markenstärke
- Die eigenen Assets als Kern der Online-Marketing-Strategie
- Interview mit Karl Kratz

Von Olaf Kopp

Die Online-Marketing-Strategie ist die Basis aller Marketingmaßnahmen, die digital umgesetzt werden. Viele Unternehmen und Online-Marketer beginnen ihre Online-Marketing-Aktivitäten, ohne sich Gedanken darüber zu machen, auf welche Strategie diese einzahlen sollen. Am Anfang stehen oftmals erste Erfahrungen mit einzelnen Kanälen und Instrumenten wie z. B. Google AdWords, SEO oder E-Mail-Marketing. Im Anschluss daran werden nach und nach weitere taktische Online-Marketing-Maßnahmen ergänzt, um oft erst Jahre später festzustellen, dass alle diese Maßnahmen für sich – also im Silo – betrachtet werden und eine ganzheitliche Strategie als Klammer für alle Einzelmaßnahmen fehlt.

Bevor Sie eine Online-Marketing-Strategie ausarbeiten, sollten Sie sich zuerst einmal Ihre übergeordnete Unternehmensstrategie sowie Ihre Marketing-Strategie bewusst anschauen.

Die Marketing-Strategie ergibt sich aus der Unternehmensstrategie, und die Online-Marketing-Strategie leitet sich von der Marketing-Strategie ab. Zu guter Letzt erarbeiten Sie die Online-Marketing-Kanal-Strategie, die selbstverständlich Ihrer Online-Marketing-Strategie folgt. Alle Strategien stehen in Beziehung zueinander. Und alle sollten die übergeordnete Unternehmens- und Marketing-Strategie wirksam unterstützen.

Die wichtigsten Online-Marketing-Instrumente und -Kanäle

Bevor ich einen Überblick über die wichtigsten Online-Marketing-Instrumente und -Kanäle gebe, ist zu klären, wie in diesem Buch der Begriff Online-Marketing verstanden wird. In der deutschen Wikipedia findet sich folgende Definition:

> Online-Marketing (auch Internetmarketing oder Web-Marketing genannt) umfasst alle Marketing-Maßnahmen, die darauf abzielen, Besucher auf eine bestimmte Internetpräsenz zu lenken, auf der ein Geschäft abgeschlossen oder angebahnt werden kann.[1]

Diese Definition ist aus meiner Sicht stark verkürzt, da es im modernen Online-Marketing nicht nur darum geht, Besucher auf die eigene Webpräsenz zu leiten. Aufgabe und Zielsetzung des Online-Marketings sind wesentlich umfassender. Interessierte Besucher und potenzielle Käufer werden auf der gesamten Reise zum Kauf (siehe auch »Die Entwicklung einer Online-Strategie entlang der Customer Journey« weiter unten in diesem Kapitel) und darüber hinaus begleitet. Außerdem ist das Ziel, eine (digitale) Marke aufzubauen. Es geht nicht notwendigerweise bei jeder Maßnahme darum, dass potenzielle Kunden die Website besuchen. Ohnehin sollte der bloße Besuch der Website nicht das Hauptziel einer Online-Marketing-Maßnahme oder -Strategie sein. Entscheidend ist letztendlich der Abschluss bzw. die Conversion, und das ist in der Regel nicht der Besuch, sondern ein Kauf, das Abonnieren eines Newsletters etc. Bei dieser Definition würde man auch *Usability* und *Conversion Rate Optimization* (*CRO*) komplett ausklammern.

Auch die Definition in der englischen Wikipedia greift deutlich zu kurz:

> Online advertising, also called online marketing or Internet advertising or web advertising, is a form of marketing and advertising which uses the Internet to deliver promotional marketing messages to consumers.[2]

Modernes Marketing ist viel mehr als das Ausspielen von Werbebotschaften mithilfe von Werbemitteln auf Werbeträgern.

---

1 *https://de.wikipedia.org/wiki/Online-Marketing* (Aufruf: 01.08.2017)
2 *https://en.wikipedia.org/wiki/Online_advertising* (Aufruf: 01.08.2017)

Marketing umfasst alle Instrumente, die im Rahmen der Produktpolitik, Preispolitik, Kommunikationspolitik und Distributionspolitik genutzt werden. Dieses umfassende Selbstverständnis sollte auch das Online-Marketing haben. Weitere Erläuterungen zu den 4 Ps des Marketings in Bezug auf Online-Marketing finden Sie im Abschnitt *Online-Marketing im Marketing-Mix* auf Seite 22 weiter unten in diesem Kapitel.

Eine zutreffende Definition für das Online-Marketing würde ich wie folgt formulieren:

> **Definition**
> Online-Marketing ist eine Marketingform, die sich digitaler Marketinginstrumente aus den Bereichen der Produkt-, Kommunikations- und Distributionspolitik bedient, um übergeordnete strategische Marketingziele wie auch Online-Marketing-Ziele zu erreichen.

Basierend auf dieser Definition, können die wichtigsten Online-Marketing-Instrumente und -Kanäle wie folgt zusammengefasst werden.

- E-Mail-Marketing
- Social Media Marketing
    - Community Management
    - Social-Media-Werbung
- Suchmaschinenmarketing (SEM)
    - Suchmaschinenoptimierung (SEO)
    - Suchmaschinenwerbung (SEA)
- Usability/Conversion Rate Optimization (CRO)
- Content-Marketing
    - Content-Konzeption
    - Content-Produktion
    - Content-Distribution
- Online-PR
    - Medienarbeit
    - Blogger Relations
    - Influencer Marketing
- Display-Werbung
- Affiliate Marketing
- Webanalyse

Die Kanäle lassen sich den Medientypen *Owned Media*, *Earned Media* und *Paid Media* zuordnen.

Owned Media sind Medien, über die ich die Kommunikationshoheit besitze, wie die eigene Website, das eigene Blog, den eigenen Newsletter, die eigene Facebook-Seite, das eigene Twitter-Profil etc.

Earned Media umfasst Inhalte, die sich über unabhängige Medien, auf die man keinen direkten Zugriff hat, verbreiten lassen. Die Kommunikation über diese Medien muss man sich erarbeiten, um die Gunst der jeweiligen Torwächter wie z.B. Redakteure oder Influencer ohne Geldeinsatz zu erlangen. Eine Erwähnung und Verbreitung in dem jeweiligen Medium ist das Ziel.

Der Medientyp Paid Media umfasst alle Medien, über die man gegen Bezahlung Erwähnung und damit Reichweite erkaufen kann, wie z.B. Display-Werbung, Native Advertising, Advertorials etc.

Online-Medien-Kanäle sind:

- E-Mail (Owned Media)
- Suchmaschinen (Earned Media, Paid Media)
- Publisher (Earned Media, Paid Media)
- Social Media (Owned Media, Paid Media)
- eigene Website, Blog (Owned Media)

Online-Marketing-Instrumente, die die Kanäle als Vehikel zur Distribution verwenden oder die auf diese Kanäle angewendet werden können, sind:

- Usability/CRO
- Content-Marketing
- Online-PR
- Webanalyse

Des Weiteren ist es sinnvoll, eine zusätzliche Dimension zu betrachten: die Art der Endgeräte, über die Nutzer auf die Kanäle zugreifen. Hier werden in der Regel folgende Endgerätetypen unterschieden:

- Desktop/Laptop
- Tablet
- Mobile/Smartphone

Facebook und Google geben an, dass inzwischen mehr Nutzer über mobile Endgeräte auf ihre Dienste zugreifen als über stationäre Geräte wie Desktop oder Laptop. Sie sollten allerdings differenziert betrachten, wie die Gerätenutzung tatsächlich aussieht, was das für Ihr Geschäftsmodell bedeutet und welche Konsequenzen Sie hieraus ziehen.

Während auf Suchmaschinen und soziale Netzwerke überwiegend über mobile Geräte zugegriffen wird, muss das nicht automatisch auf alle Shops oder andere Unternehmens-Websites zutreffen. Gerade im B2B-Bereich werden stationäre Endgeräte wie Laptops oft noch häufiger für den Besuch der Websites genutzt als Smartphones. Hier lohnt es sich, das Verhalten der eigenen Nutzer über Webanalysetools wie z.B. Google Analytics zu beobachten. Sie können dann auch valider sagen, wie wichtig das Thema Mobile für Ihr Geschäftsmodell ist.

Generell bleibt festzuhalten, dass das Thema Mobile aufgrund der veränderten Nutzungsgewohnheiten sowie technischen Möglichkeiten (z.B. Apps) in den letzten Jahren stark an Bedeutung gewonnen hat. Mehr dazu finden Sie in Kapitel 10, *Mobile Marketing*.

Die wichtigsten Gatekeeper Google, YouTube, Facebook und Amazon

Wenn Sie sich Gedanken über Online-Marketing-Instrumente und -Kanäle machen, ist es sinnvoll, die wichtigsten Knotenpunkte im Netz – auch Gatekeeper genannt – zu berücksichtigen. Die wichtigsten Gatekeeper sind für die Verteilung eines Großteils des Internetverkehrs und der Onlineumsätze weltweit verantwortlich.

Aktuell handelt es sich hierbei in erster Linie um soziale Netzwerke, Suchmaschinen und Handelsplattformen. Die mit Abstand wichtigsten Gatekeeper sind derzeit Google, Facebook und Amazon. Über diese Plattformen läuft ein Großteil der täglichen Besucherströme. Sie sind deswegen gerade für neue bzw. unbekannte Unternehmen sehr interessant – um potenzielle Kunden auf die eigenen Angebote aufmerksam zu machen.

Google

Google ist die mit großem Abstand meistgenutzte Suchmaschine und hat in allen Ländern der Erde einen Marktanteil von mindestens 75% (USA), in den meisten Ländern sogar über 90% Marktanteil Ausnahmen bilden einige wenige Länder wie Russland oder China. Über Google können Sie Besucher zum einen über die bezahlten AdWords-Anzeigen, zum anderen über die organischen Suchergebnisse, also die normale und unbezahlte Suche, für Ihre Webpräsenz gewinnen.

YouTube

YouTube gilt nach der klassischen Google-Suche als zweitwichtigste Suchmaschine der Welt, was die Nutzerzahlen angeht. Die beliebteste

Videoplattform ist seit 2006 Eigentum von Google. Auf YouTube lassen sich eigene Videos hosten, eigene Kanäle für Videos anlegen, und über YouTube-Werbung können Sie auch gezielt Besucher für Ihre Websites einkaufen.

Facebook

Facebook ist das beliebteste soziale Netzwerk weltweit und genießt unter den sozialen Netzwerken – ähnlich wie Google bei den Suchmaschinen – in vielen Ländern eine Art Monopolstellung. Doch das rasante Wachstum seit der Gründung 2004 scheint sich nicht fortzusetzen. Die Nutzerzahlen stagnieren langsam, und viele jüngere Nutzer scheinen eher auf Alternativen wie Snapchat, Pinterest, WhatsApp und Instagram (beide gehören ebenfalls zu Facebook) zu setzen. Ähnlich wie bei den klassischen Suchmaschinen sollte man in Zukunft aufmerksam die Entwicklung verfolgen und auf die verstärkte Nutzung neuer sozialer Netzwerke reagieren.

Amazon

Die E-Commerce-Plattform Amazon hat sich in den letzten Jahren zu einem der wichtigsten Gatekeeper entwickelt. Weltweit werden immer mehr E-Commerce-Transaktionen über Amazon abgewickelt. Es wirkt so, als habe sich Amazon in Sachen Produktsuche inzwischen gegen den größten Konkurrenten Google durchsetzen können und als sei sie für Konsumenten die Produktsuchmaschine Nummer eins.

Nicht für alle Unternehmen sind diese Gatekeeper bei der Entwicklung einer Online-Marketing-Strategie notwendig und die erste Wahl. Zielgruppen durchlaufen für jedes Geschäftsmodell eine unterschiedliche Customer Journey und haben eventuell nur bedingt oder gar keine Kontaktpunkte mit Google, YouTube, Amazon oder Facebook (dazu mehr im Abschnitt *Die Entwicklung einer Online-Marketing-Strategie entlang der Customer Journey* auf Seite 38).

Online-Marketing im Marketing-Mix

Nach der Festlegung der strategischen Ziele muss der Marketing-Mix bestimmt werden. Der Marketing-Mix gibt vor, mit welchen Maßnahmen die strategischen Ziele erreicht werden sollen.

Um die Online-Marketing-Maßnahmen in den Marketing-Mix einzuordnen, kann man die klassischen 4 Ps, 4 Cs oder 10 Ps des Marketing-Mix anwenden.

Die 4 Ps im Online-Marketing

In der klassischen BWL wird im Marketing-Mix zwischen *Produktpolitik*, *Preispolitik*, *Distributionspolitik* und *Kommunikationspolitik* unterschieden. Die 4 Ps beziehen sich auf die englischen Begriffe *Product*, *Price*, *Place* und *Promotion*.

Bei der *Produktpolitik* geht es um den Kern der unternehmerischen Tätigkeit: die Produkte. Hier kann es sich um physische Waren, digitale Produkte, Dienstleistungen, aber auch um Marken handeln. Typische Tätigkeitsfelder sind das Innovationsmanagement, das Management des aktuell bestehenden Sortiments und das Markenmanagement.

Die *Preispolitik* steht in enger Beziehung zur Produktpolitik. Sie kann Teil des Produktmanagements sein. Bei der Preispolitik geht es um alle Maßnahmen, die das Preisniveau und die Preisdifferenzierung betreffen, wie etwa Gutscheine oder Auktionsverfahren (beispielsweise über eBay).

Der dritte Bereich des Marketing-Mix ist die *Kommunikationspolitik*. Hier werden alle Maßnahmen zusammengefasst, die für Werbung, Verkaufsförderung, Sponsoring, PR, Event-Marketing und vieles andere infrage kommen. Die meisten Online-Marketing-Maßnahmen, wie z. B. SEO, Affiliate Marketing, alle Formen der PPC-Werbung und Social Media Marketing, kann man in der Kommunikationspolitik verorten.

Das vierte der klassischen 4 Ps ist die *Vertriebspolitik*. Gegenstand sind hier alle Fragestellungen und Aufgaben, die sich auf die Verteilung von Produkten und Dienstleistungen vom Anbieter hin zum Kunden beziehen. In Zeiten von Onlineshops und anderen digitalen Vertriebswegen hat die Digitalisierung an dieser Stelle zu den größten Veränderungen geführt. Je nach Art der verkauften Produkte wurden Offlinevertriebswege wie das klassische Ladengeschäft komplett durch das Internet abgelöst. Um die digitalen Verkaufsorte so attraktiv wie möglich zu machen, werden Maßnahmen der *Usability-Optimierung* (*UX*) und *Conversion-Optimierung* (Kapitel 3) umgesetzt. Für bestimmte Geschäftsmodelle ist eine duale Vertriebsstrategie, also die Kombination aus offline und online, für den Markenaufbau und die Steigerung von Marktanteilen sinnvoll.

Die folgende Grafik zeigt Ihnen eine Übersicht zur Verortung der einzelnen Online-Marketing-Maßnahmen in den vier Bereichen (Ps) des Marketing-Mix.

Abbildung 2-1:
Online-Marketing-Instrumente im Online-Marketing-Mix (© Olaf Kopp)

Strategie und Taktik

Bevor wir tiefer in das Thema Online-Marketing-Strategie einsteigen, ist es wichtig, sich des Unterschieds zwischen Taktik und Strategie bewusst zu werden. Oft kommt es hier schon bei der Benennung zu Missverständnissen.

Strategien sind umfassende Visionen, die sich an übergeordneten Unternehmenszielen orientieren. Strategien werden langfristig geplant. Taktik meint die täglichen operativen Aktivitäten und Aufgaben zur Umsetzung der Strategie. Taktiken beziehen sich auf die Strategie und bringen sie voran.

Strategien werden in der Regel mit Blick auf das bestehende Unternehmensleitbild auf einer Metaebene entwickelt. Sie werden häufig mithilfe von Mindmaps oder anderer visualisierender Tools entwickelt, geplant und dargestellt.

Taktiken werden auf Mikroebene entwickelt und können als konkrete Handlungen direkt umgesetzt werden. Sie werden oft in Tasklisten einem bestimmten Zyklus zugeordnet bzw. in einer bestimmten Chronologie geplant, wie z. B. die stetige Optimierung von AdWords-Kampagnen.

Grob gesagt, beantworten Strategien eher Fragestellungen wie:

- Womit erreichen wir ein strategisches Ziel?
- Bis wann erreichen wir ein strategisches Ziel?
- Mit welchem Budget erreichen wir ein strategisches Ziel?

Taktik beantwortet eher die Fragen:

- Wo wende ich etwas an?
- Wie wende ich etwas an?

Eine Strategie kann also wie folgt beschrieben werden:

- Strategien setzen eine Vision voraus. Ohne Vision können keine Strategien erarbeitet werden.
- Strategien haben einen langfristigen Charakter, sie sollten zum Beispiel für einen Zeitraum von mehreren Jahren gelten.
- Strategien umfassen Maßnahmenbündel, keine Einzelmaßnahmen. Strategien müssen in taktische Einzelmaßnahmen heruntergebrochen werden.
- Strategien dienen der Abstimmung auf die Marktsituation und Umweltgegebenheiten und sind laufend auf ihre Richtigkeit zu überprüfen.

Taktische Online-Marketing-Ziele

Taktiken verfolgen oft direkt messbare und schnell erreichbare Ziele wie z. B. die Generierung von Website-Besuchen mithilfe von SEO. Strategieziele werden häufig kanalunabhängig bzw. kanalübergreifend definiert. Typische taktische Ziele sind z. B.:

- Verbesserung der Click-Through-Rate bei AdWords-Anzeigentexten
- Aufbau von Backlinks
- Verbesserung der Interaktionsrate bei Facebook-Postings
- Verbesserung der Kosten pro Bestellung bei BingAds
- Erhöhung der Views und Klicks auf YouTube-Videos
- Verbesserung des organischen Rankings für Keyword xy

Strategische Online-Marketing-Ziele

Zu den strategischen Marketingzielen gehören markenbezogene Ziele und Vertriebsziele.

Vertriebsziele sind beispielsweise:

- Erhöhung des Onlineumsatzes um x%
- Verbesserung des ROAS (*Return on Advertising Spend*) der AdWords-Kampagnen um y%
- Verbesserung des ROI (*Return-on-Investment*) aller Push-Online-Marketing-Aktivitäten um z%
- Verbesserung der Leadqualität
- Steigerung der anteiligen Mehrfachkäufer
- Minimierung der Retourenquote

Markenbezogene Ziele sind beispielsweise:

- Steigerung der digitalen Markenpopularität
- Verbesserung der Markenreputation

Im Folgenden sehen Sie ein paar weitere Beispiele zur Differenzierung der Begriffe Strategie und Taktik im Online-Marketing:

Ein CEO eines Unternehmens tätigt folgende Aussage zur Marketing-Strategie seines Unternehmens:

> »Unsere Strategie ist es, Social Media für unsere Kommunikation zu nutzen.«

In diesem Fall spricht der Geschäftsführer von einer taktischen Maßnahme und eben nicht von einer Strategie.

Ein Marketingleiter sagt:

> »Wir nutzen Google AdWords, um mehr Leads zu generieren.«

Er spricht von einer taktischen Maßnahme, nicht von einer Strategie.

Ein SEO sagt:

> »Wir machen Content-Marketing, um mehr Backlinks zu bekommen.«

Er spricht von Taktik, nicht von Strategie.

Zur Verdeutlichung hier zwei Beispiele für das Formulieren einer Strategie:

Ein Online-Marketing-Manager sagt:

> »Wir möchten nächstes Jahr mit Inhalten unsere Marke bekannter machen und die Reichweite unserer Kommunikationskanäle erhöhen.«

Ein Shopbetreiber sagt:

> »Wir möchten in den nächsten zwei Jahren durch Online-Marketing die Umsätze unseres Shops mit einem durchschnittlichen ROAS von 10 um 20% erhöhen.«

In einigen Fällen könnte man einen kanal- bzw. maßnahmenbezogenen Plan sowohl als Strategie als auch als taktische Maßnahmen auffassen. Hier hängt es individuell davon ab, welche Maßnahmen für welche Ziele definiert werden. Strategien und deren Ziele geben gewissermaßen die Leitplanken vor, denen die taktischen Maßnahmen folgen sollen. Die einzelnen taktischen Maßnahmen und deren direkt messbare Ziele sind Einzelschritte auf dem Weg zur Erreichung der strategischen Ziele.

Die folgende Grafik gibt typische strategische und taktische Ziele im Online-Marketing wieder:

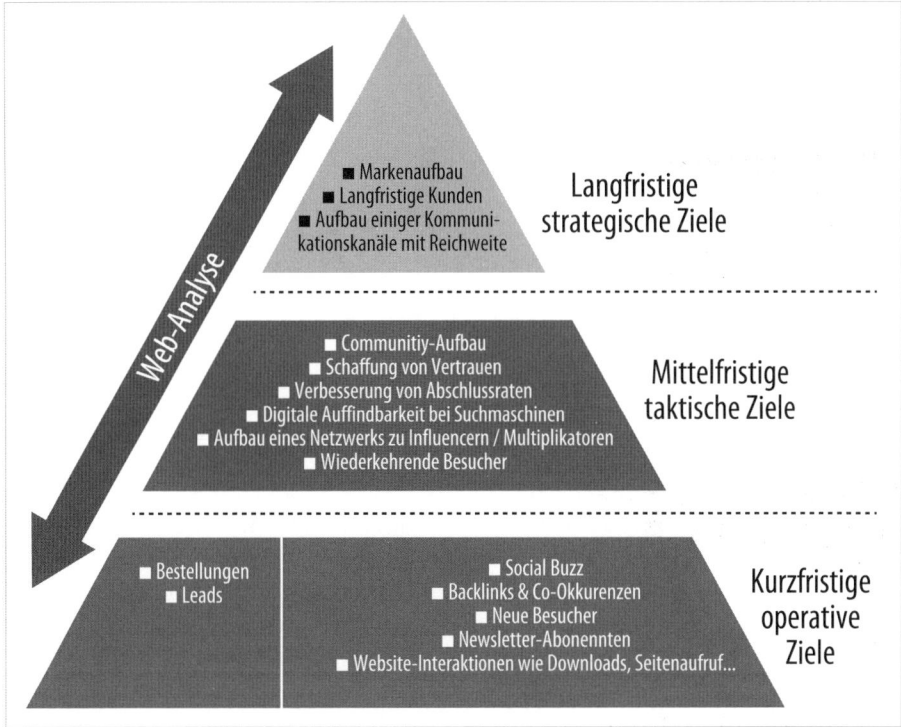

Abbildung 2-2:
Übersicht über strategische und taktische Ziele im Online-Marketing (© Olaf Kopp)

Ziel- und Bedarfsgruppenanalysen

Für die Strategieentwicklung ist es wichtig, sich mit den relevanten Ziel- und Bedarfsgruppen, ihren Bedürfnissen und den Ereignissen, die auf sie einwirken, zu beschäftigen.

Eine Bedarfsgruppe ist in der Regel ein Teil der Zielgruppe. Zur Bedarfsgruppe zählen nämlich nur jene Personen, bei denen sowohl das *Bedürfnis* und der *Handlungswille* wie auch die erforderliche *Handlungskraft* vorhanden sind.[3]

Ein Beispiel:

Ein Unternehmen plant eine Content-Marketing-Kampagne, die das Ziel hat, aus relevanten Quellen Backlinks zu generieren – einen sogenannten Linkbait. Die Zielgruppe für die Inhalte sind all jene, die sich für das Thema interessieren. Aber nur Redakteure, Blogger oder andere Personen aus der Gruppe der »Publisher« besitzen die Handlungskraft, per Link auf die Inhalte zu verweisen. Sie stellen deshalb die Bedarfsgruppe dar.

Bei der Bedarfsgruppendefinition sollten Sie deshalb immer das Hauptziel Ihrer Maßnahme im Fokus haben.

Zur Verdeutlichung ein weiteres Beispiel:

Zum Verkaufsstart eines neuen Automodells soll PPC-Werbung (*Pay-per-Click-Werbung*) z. B. über die Kanäle Facebook Ads und Display-Werbung zum Einsatz kommen. Das Hauptziel ist die Gewinnung von Anfragen für eine Probefahrt. Die Automarke ist bekannt für ihr sportliches Design und die hohe Motorleistung, aber auch für einen vergleichbar hohen Preis. Mit Sicherheit werden viele Jugendliche und junge Erwachsene zwischen 12 und 24 Jahren Bedürfnis und Willen haben, das Auto zu kaufen. Aber es fehlt durch fehlende Fahrerlaubnis und wahrscheinlich auch fehlende finanzielle Mittel die Handlungskraft, sich so ein Auto leisten zu können bzw. es fahren zu dürfen. Die Jugendlichen und jungen Erwachsenen sind Teil der Zielgruppe, aber nicht Teil der Bedarfsgruppe.

Ist das Hauptziel der Kampagne auf lange Sicht (10 bis 20 Jahre), neue Kunden zu gewinnen und die Marke bzw. das Produkt aufzubauen, d. h. Zielgruppen zu zukünftigen Bedarfsgruppen zu formen, ist es sinnvoll, diese Kampagne auch auf Zielgruppen auszurichten.

Zur Bedarfsgruppe gehören also alle Personen, die zum aktuellen Zeitpunkt eine Interaktion durchführen können, die mit Blick auf die Zielsetzung gewünscht ist.

Deswegen gilt es, besonders auf die Bedarfsgruppe zu achten, gerade auch bei der Conversion-Optimierung.

Bei Zielgruppen denkt man zunächst immer an die potenziellen Kunden. Zur Zielgruppe gehören aber alle Personen, die in irgendeiner

---

[3] Siehe dazu Karl Kratz, »Digitale Findbarkeit«: *https://karlkratz.de/onlinemarketing-blog/digitale-findbarkeit/* (Aufruf: 01.08.2017).

Weise mit dem Unternehmen und seinen Angeboten in Beziehung stehen können – ganz gleich ob als Kunde, Multiplikator, Meinungsbildner oder Mitarbeiter. Die für das (digitale) Marketing wichtigsten Zielgruppen sind in der folgenden Übersicht zusammengefasst.

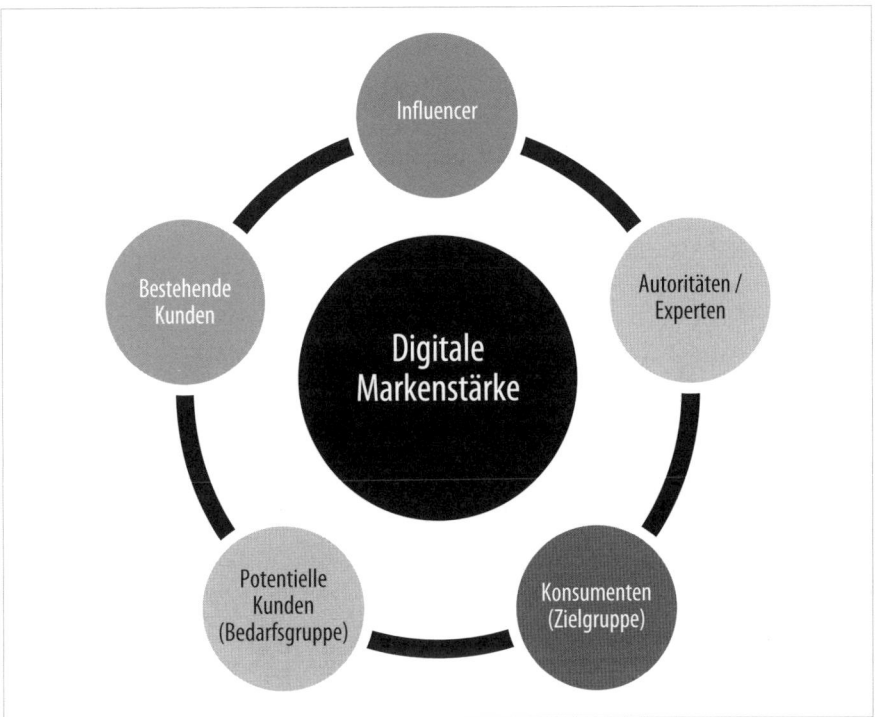

Abbildung 2-3:
Stakeholder und Zielgruppen mit direktem Einfluss auf die Markenstärke (© Olaf Kopp)

Gerade für den Aufbau einer Marke sind nicht die Kunden die wichtigen Zielgruppen, sondern die Influencer wie z. B. populäre Personen, Redakteure, Journalisten, zufriedene Bestandskunden, aber auch Branchenexperten.

> **Hinweis: Marken werden durch Dritte zu relevanten Marken**
> Potenzielle Kunden nehmen eine Marke in erster Linie durch die Interaktion der Marke mit Influencern, bestehenden Kunden und anderen Multiplikatoren als relevant wahr. Die Qualität der Beziehung der Marke zu diesen Marktteilnehmern macht die Relevanz aus. Eine Marke kann sich nicht aus sich selbst zu einer relevanten Marke entwickeln.

Zielgruppenidentifikation

Neben der klassischen Marktforschung gibt es verschiedene Ansätze, um sich mit den eigenen Zielgruppen vertraut zu machen.

In der Regel sind die Ziel- und Bedarfsgruppen bekannt, und entsprechende Informationen können im Marketing oder bei Start-ups aus dem Businessplan bezogen werden.

Als erster Schritt – noch vor der endgültigen Fertigstellung eines Angebots – eignet sich Prototyping, um die Nachfrage nach einem Produkt zu identifizieren und um noch mehr über die Zielgruppe herauszufinden.

> **Definition Prototyping**
>
> Prototyping beschreibt einen möglichen Prozess im Rahmen der Produktentwicklung. Durch Prototyping lässt sich noch weit vor Fertigstellung eines Produkts schnell Feedback zu einem Prototyp einholen, um eine Produktverbesserung einzuleiten, Bedürfnisse der potenziellen Kunden zu evaluieren oder die eine bestehende Nachfrage zu identifizieren.

Die Vorgehensweise des Prototypings entstammt ursprünglich der Softwareentwicklung, sie kann aber auch auf andere Produkte angewandt zu wertvollen Erkenntnissen für die Produktpolitik führen.

Methoden zur Bedarfs- und Zielgruppendefinition

Eine klassische Zielgruppenanalyse besteht aus den folgenden Schritten:

1. **Identifikation von soziodemografischen Merkmalen und gemeinsamen Interessen.** Generell sinnvoll in diesem ersten Schritt ist ein Brainstorming mit allen Produktbeteiligten und direkt im Kundenkontakt stehenden Mitarbeitern, z. B. Produktmanagern, Entwicklern, Ingenieuren, Service- und Callcenter-Mitarbeitern, Vertriebsmitarbeitern, Marketern etc. Die Mitarbeiter können aus eigener Erfahrung Erkenntnisse beisteuern, und das noch aus unterschiedlichsten Perspektiven. Im besten Fall geschieht so etwas bereits vor der Entwicklung eines Angebots.

2. Hier einige **Beispiele für Erkenntnisse**, die aus dem ersten Schritt gewonnen werden könnten:

   »Frauen ab 40, die Wert auf natürliche Schönheit legen und bei ihren Pflegeprodukten hohe Qualität wünschen«

   »Lehrer an bayerischen Grundschulen, die sich das Zeugnisschreiben erleichtern wollen«

   »Autofahrer, die kleinere Schäden am Auto selbst beheben wollen und dafür günstige Ersatzteile suchen«

3. **Sinnvolle Zusammenfassung in Zielgruppen.** Zur Konkretisierung sollte man Zielgruppen mit möglichst vielen gemeinsamen Merkmalen und Interessen zusammenfassen. Hierbei ist es wichtig, einen Kompromiss zwischen »so allgemein wie möglich« und »so genau wie möglich« zu finden.
4. **Zielgruppendefinition an möglichem Targeting ausrichten.** Bei der Zielgruppendefinition bzw. -klassifizierung sollte man im Vorfeld beachten, welche Ausrichtungsmöglichkeiten z. B. bei Pay-per-Click-Systemen wie Facebook Ads, dem Google-Display-Netzwerk (Google Display Network, GDN), Plista, Google AdWords oder Ähnlichem möglich sind. Klassische Persona-Ansätze sind oft zu fein, als dass man sie über die gängigen PPC-Systeme entsprechend genau ansteuern könnte. Deswegen ergeben für das Online-Marketing oft gröbere Zielgruppendefinitionen mehr Sinn. Die Möglichkeiten zur Aussteuerung von Anzeigen in den unterschiedlichen Systemen variieren stark. Während in manchen PPC-Systemen nur rudimentäre soziodemografische und thematische Ausrichtungen möglich sind, erlauben es Systeme wie z. B. Facebook Ads oder das Google-Display-Netzwerk, eine sehr feine Aussteuerung vorzunehmen. Nur sehr wenige PPC-Systeme – wie z. B. XING Ads und Facebook Ads – erlauben eine Aussteuerung auf bestimmte Berufsgruppen. Es folgt eine kurze und notgedrungen oberflächliche Übersicht über die verschiedenen Targeting-Möglichkeiten der wichtigsten PPC-Systeme:
    - **SEA, AdWords:** Keywords, Ort, Remarketing
    - **Google Display Network (GDN):** kontextuell, Alter, Geschlecht, Ort, Einkommen, Thema, Interessen, Kaufinteresse, Remarketing
    - **Facebook Ads:** Interessen, Alter, Geschlecht, Ort, Beruf, Ausbildung, Arbeitgeber, Interaktion mit Website und Fanpage, digitale Aktivitäten, Lookalike, Retargeting
    - **Plista, Outbrain:** Thema, Interesse, Alter, Geschlecht
    - **XING, LinkedIn:** Ort, Alter, Geschlecht, Beruf, Branche, Arbeitgeber/Unternehmen

> **Definition Remarketing/Retargeting**
>
> Remarketing bzw. Retargeting ist eine Marketingtechnik, die die nachträgliche Ansprache von Besuchern einer Website mithilfe von Cookies möglich macht.

Für genauere und aktuelle Informationen zu den unterschiedlichen Targeting-Funktionen lohnt sich ein Blick auf die jeweiligen Websites der Anbieter.

Auch für die Suchmaschinenoptimierung sind kleinteilige Persona-Definitionen nur wenig sinnvoll, da über die Keywords als einzige Targeting-Möglichkeit oft maximal eine Aussage zur Suchintention und Phase in der Customer Journey getroffen werden kann.

Die Zielgruppen sollten deshalb für das Online-Marketing mit Blick auf die möglichen Targeting-Funktionalitäten definiert werden.

5. **Bedürfnisse und Ereignisse pro Zielgruppe identifizieren.** Hat man die Zielgruppen und Bedarfsgruppen ermittelt, ist es wichtig, Ereignisse zu identifizieren, die die Bedarfsgruppe dazu bewegen, einen Rechercheprozess einzuleiten und damit in die Customer Journey einzutreten.

Das ist vor allem dann notwendig, wenn es unwahrscheinlich ist, dass man im ersten Schritt über Push-Werbung die Aufmerksamkeit der Bedarfsgruppe bekommt.

Es ist sehr wichtig, diese Ereignisse zu erkennen, um Pull-Marketing-Maßnahmen so zu gestalten und zu platzieren, dass sie im richtigen inhaltlichen Kontext und am richtigen Ort und zum richtigen Zeitpunkt durch den Suchenden entdeckt werden. Dazu aber mehr im Abschnitt *Die Entwicklung einer Online-Marketing-Strategie entlang der Customer Journey* auf Seite 38.

SWOT-Analyse zur Bestimmung des Online-Marketing-Mix

Bei einer SWOT-Analyse (engl. Akronym für Strengths/Stärken, Weaknesses/Schwächen, Opportunities/Chancen und Threats/Bedrohungen) im Marketingkontext geht es darum, die Schwächen und Stärken des eigenen Marketings mit denen der Wettbewerber zu vergleichen.

Man analysiert das eigene Unternehmen sowie die wichtigsten Wettbewerber und vergleicht sie hinsichtlich ihrer Stärken und Schwächen.

Beispiele für Stärken:

- innovative Produkte
- hohe Qualifikation des Marketingteams
- hohes Marketingbudget
- gute Beziehungen zu Influencern

Beispiele für Schwächen:

- schlechte Qualität der Produkte
- geringe Markenbekanntheit
- hohes Preisniveau

Im nächsten Schritt geht es darum, Faktoren zu ermitteln, die global den Markt betreffen und nur bedingt durch Sie selbst zu beeinflussen sind. Diese Faktoren werden dann hinsichtlich der Chancen und Risiken, die sich hieraus für Ihr Unternehmen ergeben, bewertet.

Beispiele für Chancen:

- Besetzen von Nischen
- hohes Marktpotenzial
- noch nicht erschlossene Vertriebskanäle

Beispiele für Risiken:

- sehr schnelle Innovationszyklen
- hohe Kosten zur Neukundengewinnung
- hohe Klickpreise
- starke Saisonalitäten

Die SWOT-Analysen werden in der Regel im ersten Schritt für Teilbereiche des Online-Marketings durchgeführt und können zum Schluss in einer umfassenden SWOT-Analyse zusammengefasst werden. Eine beispielhafte SWOT-Analyse für das Online-Marketing könnte dann wie folgt aussehen:

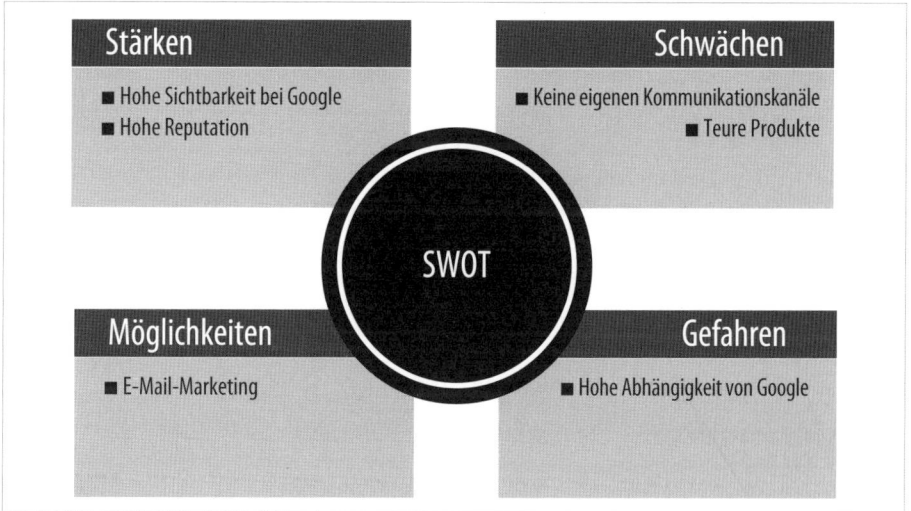

Abbildung 2-4:
Beispiel für eine Online-Marketing-SWOT-Analyse (© Olaf Kopp)

Daten für SWOT-Analysen können Sie manuell recherchieren, z.B. durch Betrachten der Wettbewerberaktivitäten auf deren Websites und Social-Media-Profilen etc., oder sich über kostenlose Tools wie *Google-Keyword-Planer*, *Google Trends* oder *Similar Web* beschaffen.

Die Customer Journey im Zentrum des Online-Marketings

Die Zeiten, in denen man sich im Online-Marketing auf nur einen Kanal konzentrieren konnte, um potenzielle Kunden zu erreichen und vor allem zum Kauf zu bewegen, sind vorbei. Der Konkurrenzdruck in den Suchmaschinen, den sozialen Netzwerken und generell auf den digitalen Werbeflächen ist groß. Kunden wollen heutzutage überzeugt werden. Ein einzelner Kontakt reicht in der Regel nicht aus.

Modernes Online-Marketing berücksichtigt die Kaufreise – auch *Customer Journey* genannt – über alle Phasen und Touchpoints hinweg. Deswegen eignet sich das Customer-Journey-Modell sehr gut für die Entwicklung von Online-Marketing-Strategien.

Abbildung 2-5:
Der Zero Moment of Truth in der Customer Journey (Quelle: Googe[4])

Die Customer Journey unterteilt sich in verschiedene Phasen vor und nach dem Kauf. Für die Darstellung der Customer Journey gibt es

---

4   *https://www.thinkwithgoogle.com/collections/zero-moment-truth.html*
    (Aufruf: 01.08.2017)

unterschiedliche Stufenmodelle. Google setzt z.B. auf ein sehr vereinfachtes vierstufiges Modell mit besonderem Fokus auf den *Zero Moment of Truth*, kurz ZMOT.

Der Stimulus beschreibt hier das auslösende Ereignis, das einen potenziellen Kunden dazu bringt, einen Rechercheprozess einzuleiten und in die Customer Journey einzusteigen.

Im ZMOT findet dann die bewusste oder unterbewusste Entscheidung für ein Angebot statt. Der First Moment of Truth ist der Moment, in dem der potenzielle Kunde im Laden oder im Onlineshop vor dem Angebot steht und die finale Entscheidung trifft, es zu kaufen oder nicht. Der Second Moment of Truth ist die Zeitspanne, in der der Kunde das Produkt in den Händen hält und die ersten Erfahrungen sammelt.

Ich finde dieses Modell gerade für die unterschiedlichen Phasen vor dem Kauf nicht detailliert genug und greife deshalb im Folgenden auf ein siebenstufiges Modell zurück.

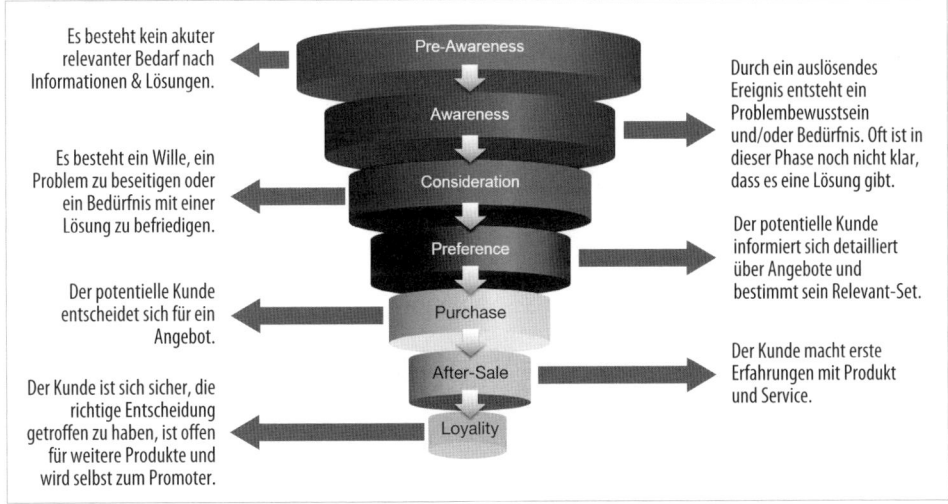

Abbildung 2-6:
Siebenstufiges Customer-Journey-Modell inklusive der Zielgruppenzustände (© Olaf Kopp)

Der Einstieg in die Customer Journey wird meistens durch Ereignisse ausgelöst, die extern auf eine Person einwirken oder als intrinsisches Motiv von der Person selbst kommen können, wie z.B. das Bemerken eines Krankheitssymptoms. Das Eintreten in die Customer Journey kann in der Pre-Awareness-, Awareness-, Consideration- oder Preference-Phase stattfinden. Wo jemand die Customer Journey beginnt, hängt entscheidend von dem auslösenden Ereignis statt. Deswegen ist es so wichtig, diese Ereignisse bereits bei der Zielgruppendefinition pro Bedarfsgruppe zu identifizieren.

Pre-Awareness-Phase

In der Pre-Awareness-Phase ist die Welt der Zielgruppe in Ordnung. Keine Probleme, kein Bedarf an Lösungen, die Zielgruppe ist entspannt und hat keinen Handlungsdruck. In dieser Phase ist es nur schwer möglich, ihre Aufmerksamkeit zu erlangen, es sei denn, es gelingt, ein Bedürfnis zu wecken, indem man psychologische Tricks benutzt, um Emotionen zu wecken. Angst, um das Bedürfnis nach Sicherheit zu wecken, ist hier eine gern genutzte Emotion. So kann man durch das Suggerieren eines eventuell in der Zukunft eintretenden Ereignisses Sorge und Angst schüren. Der Adressat möchte sich sein entspanntes, bisher sorgenfreies Leben bewahren und gerät dadurch in Handlungszwang. Auch Neugier kann genutzt werden, um ein Bedürfnis zu aktivieren.

Awareness-Phase

Ein Ereignis tritt ein, das als Reaktion eine Handlung erfordert. Meistens beginnt der potenzielle Kunde, ausgehend vom auslösenden Ereignis, in dieser Phase nach Informationen zu recherchieren. Die Person ist zu diesem Zeitpunkt offen für Informationen mit Bezug zu diesem konkreten Ereignis. Ein Beispiel:

> Ein IT-Leiter bemerkt einen Fehlercode, der vom Server ausgegeben wird. Der Fehlercode ist dem IT-Leiter neu, und er gibt ihn in die Suchzeile einer Suchmaschine ein, um mehr darüber zu erfahren. In der Folge sucht er eventuell auch Tipps, wie er das Problem beseitigen kann.

In der Awareness-Phase hat die Zielgruppe die eigenen Rezeptoren aufgrund des einwirkenden Ereignisses etwas geöffnet. Wer hier zur richtigen Zeit und am richtigen Ort durch passende Inhalte oder ereignisrelevante Werbung präsent ist, hat gute Chancen, den ersten Touchpoint in der Customer Journey zu ergattern und somit in Erinnerung zu bleiben.

Consideration-Phase

In der Consideration-Phase hat die Zielgruppe ein konkretes Bedürfnis, und zwar nicht nur nach der Lösung eines Problems, sondern auch nach einer (kostenpflichtigen) Lösung in Form eines Produkts. Hier steht nicht mehr das Problem im Mittelpunkt, sondern die Lösung. Wir denken das Beispiel des IT-Leiters weiter:

> Der IT-Leiter konnte das Serverproblem dank der Tipps, die er gefunden hat, beseitigen und hat jetzt möglicherweise die Sorge, dass dieses

Problem wieder auftritt. Wenn er selbst nicht so verantwortungsbewusst ist, könnte auch sein Chef verlangen, dass so etwas nicht mehr vorkommen darf. Daraufhin wird er sich absichern wollen und wird nach Lösungen suchen, die einen Serverausfall bzw. den Grund für diesen Fehlercode zukünftig verhindern. Er wird auch kostenpflichtige Lösungen in Betracht ziehen und erste Informationen zu möglichen Anbietern einholen.

In der Consideration-Phase sind Personen das erste Mal wirklich offen für produktbezogene Werbung. Mit ersten Informationen zu möglichen Kosten und anderen Parametern, die für die Kaufoption wichtig sind, werden sich in dieser Phase oft auch die Bedarfsgruppen aus den Zielgruppen herauskristallisieren.

Preference-Phase

In der Preference-Phase ist die Entscheidung für ein Investment in eine spezifische Lösung gefallen. Die Bedarfsgruppen stellen sich in dieser Phase das Relevant-Set zusammen und vergleichen die einzelnen Angebote. In dieser Phase sind Personen besonders offen für produktbezogene Werbung, und auch der Vertrieb kann erste Anknüpfungspunkte finden.

Wer in den vorgelagerten Stufen durch möglichst viele Touchpoints mit dem potenziellen Kunden in Kontakt gekommen und positiv in Erinnerung geblieben ist, hat bessere Chancen, in das Relevant-Set aufgenommen zu werden.

Purchase-Phase

In der Purchase-Phase ist die Entscheidung getroffen. Nur noch vertragliche Umstände, Zahlungsbedingungen oder Ähnliches können dem Abschluss noch im Weg stehen. In dieser Phase sollte auf produktbezogene Push-Werbemaßnahmen weitestgehend verzichtet werden. Deswegen ist es wichtig, neu gewonnene Kunden z. B. aus laufenden Retargeting-Kampagnen auszuschließen, sofern möglich.

After-Sale-Phase

Die After-Sale-Phase ist die große Phase, die ganz im Zeichen der Produktqualität und des Service steht. Werden hier Erwartungen nicht erfüllt, kann der neu gewonnene Kunde schnell wieder verloren sein. Wie lang diese Phase dauert, hängt vom Produkt ab.

Loyalty-Phase

In der Loyalty-Phase ist der gewonnene Kunde zufrieden und im besten Fall so begeistert, dass er sich im Internet z. B. in sozialen Netzwerken und Foren positiv zur Marke und den Produkten äußert und entsprechende Inhalte teilt oder per Mund-zu-Mund-Propaganda die Angebote weiterempfiehlt. In dieser Phase ist Cross-Selling einfach. Der Kunde ist oft weiteren Angeboten gegenüber aufgeschlossen.

Die Entwicklung einer Online-Marketing-Strategie entlang der Customer Journey

Für die Entwicklung einer Online-Marketing-Strategie ist es wichtig, sich über die unterschiedlichen Eigenschaften der Kanäle und Instrumente im Klaren zu sein. Es gilt, die Kanäle und Instrumente entsprechend den Nutzungsgewohnheiten der Zielgruppen bzw. Stakeholder anzuwenden und möglichst viele positive Touchpoints im Verlauf der Customer Journey herbeizuführen.

Diese möglichst zahlreichen und positiven Touchpoints dienen als Anker im Bewusstsein der Ziel- und Bedarfsgruppen und sind ein entscheidender Erfolgsfaktor für den Markenaufbau.

Über diese im besten Fall positiven Erfahrungen bauen Ziel- und Bedarfsgruppen eine Beziehung zum Unternehmen, zur Marke und zu den Produkten auf.

Die Qualität der Beziehung ist wichtiger als die Zahl der Kontakte

Im klassischen Marketing sind bis heute klassische Bewertungs- und Messgrößen wie der TKP (Tausender-Kontakt-Preis) eine gängige Metrik. Für eine moderne Bewertung der Markenstärke ist aber die Anzahl der Kontakte nicht mehr zeitgemäß. Starke Marken basieren heutzutage auf starken Beziehungen zu potenziellen Kunden und anderen Stakeholdern.

Damit spielt die Beziehung der Stakeholder sowohl für kurzfristige als auch für langfristige Ziele einer Unternehmung und deren Marketing eine sehr wichtige Rolle.

Gerade das Image und die Reputation, also die Markenrelevanz bzw. Markenstärke, werden heutzutage in erster Linie durch die Beziehung zu den Stakeholdern bzw. den Zielgruppen bestimmt.

Online-Marketing im Upper Funnel

Der Upper Funnel umfasst die Customer-Journey-Phasen Pre-Awareness, Awareness und Consideration. Diese Phasen dienen in erster Linie der Touchpoint-Gewinnung und damit dem Markenaufbau.

Die oberen Phasen der Customer Journey sind häufig geprägt von geringer Werbeakzeptanz. Die Zielgruppen sind in der Pre-Awareness- und Awareness-Phase oft nicht offen für Werbung, insbesondere dann, wenn sie produktbezogen ist.

In diesen Phasen sollten Sie versuchen, insbesondere mit Pull-Marketing-Instrumenten wie z. B. PR, Social Media Marketing oder Content-Marketing Beziehungen zu den Zielgruppen aufzubauen. Im Zug dessen ist es wichtig, den Kontakt zu den Zielgruppen über Retargeting-Tracking, Interaktionen bei Facebook, das Eintragen in E-Mail-Verteiler und/oder das Einpflegen in Customer-Relation-Management-Systeme sicherzustellen. Dies lässt sich am besten über gute Inhalte erreichen, die in Form von Content-Marketing-Kampagnen mit Hauptziel Leads entwickelt werden. Gerade für B2B-Geschäftsmodelle ist diese Strategie oft der beste Weg.

Wenn möglich, sollten Sie die Leads noch qualifizieren, den Ziel- bzw. Bedarfsgruppen zuordnen und z. B. via E-Mail-Marketing weitere Touchpoints erzielen. Für diesen Prozess eignen sich Marketing-Automationssysteme. Wer mehr dazu erfahren möchte, sollte sich mit dem Thema Inbound-Marketing beschäftigen.

In der Consideration-Phase können die ersten produktbezogenen Push-Werbemaßnahmen zum Einsatz kommen. Vorher sollten Sie im Rahmen der Content-Promotion eher Inhalte bewerben.

Hier sind auch gezielte SEA-Kampagnen (Suchmaschinenwerbung) sinnvoll, da Zielgruppen in der Consideration-Phase die Suche nach potenziellen Lösungsanbietern beginnen.

Online-Marketing im Lower Funnel

Der Lower Funnel beginnt mit der Preference-Phase und erstreckt sich bis zur After-Sale-/Loyalty-Phase. Hier sprechen wir nicht mehr von Zielgruppen. Es sollen jetzt gezielt Bedarfsgruppen angesprochen werden.

Gerade in der Preference-Phase sind die Bedarfsgruppen offen für produktbezogene Push-Maßnahmen wie Display-Anzeigen oder Sales-Kontakte. Im besten Fall sollte der Vertrieb »warme« Kontakte ansprechen, die bereits in den vorgelagerten Phasen über Touchpoints mit dem Unternehmen in Verbindung getreten waren. Hierbei können die Informationen aus dem CRM und/oder dem Marketing-Automationssystem sehr hilfreich sein.

Wie in der Consideration-Phase ist auch in der Preference-Phase Suchmaschinenwerbung insbesondere auf Keywords mit transaktionsorientierter Suchintention sinnvoll. Die Suchmaschinenwerbung konzentriert sich also auf Suchbegriffe, die auf ein klar kauforientiertes Interesse schließen lassen.

Das Thema Suchintention von Keywords spielt generell eine sehr wichtige Rolle für Maßnahmen in der Suchmaschinenwerbung und Suchmaschinenoptimierung (mehr dazu siehe Kapitel 4, *SEO – Suchmaschinenoptimierung* und in meinem Blog[5]).

Die Erläuterungen in den letzten Abschnitten geben Empfehlungen, die auf viele Geschäftsmodelle angewendet werden können. Dennoch wird es einige Beispiele geben, auf die diese Modelle nicht eins zu eins angewendet werden können. Die Entwicklung einer Online-Marketing-Strategie ist individuell und auf den jeweiligen Fall zugeschnitten durchzuführen. Bei B2C- und B2B-Geschäftsmodellen kann es zu großen Unterschieden bei den Online-Marketing-Strategien kommen.

Digitaler Markenaufbau als kritischer Erfolgsfaktor

Markenaufbau entwickelt sich immer mehr zu *dem* kritischen Erfolgsfaktor – auch im Online-Marketing. Dafür ist zum einen die Marktsättigung in vielen Branchen verantwortlich, aber auch das Bedürfnis der Konsumenten, im Überfluss der Angebote vertrauenswürdige Marktteilnehmer zu identifizieren, die mit ihrer Leuchtturmfunktion eine Orientierung bieten. Und die wichtigen Gatekeeper wie Facebook oder Google haben ebenfalls ein großes Interesse daran, diese Autoritäten über ihre Algorithmen zu identifizieren. Diese neue Ausrichtung geht auf die Entwicklung von Web 1.0 zu Web 3.0 zurück.

Der Einfluss des semantischen Webs (Web 3.0) auf das Online-Marketing

Online-Marketing hat sich seit den Anfängen – analog zur Entwicklung des Webs – weiterentwickelt. Sowohl die wichtigsten Gatekeeper wie z. B. Google, Facebook und Amazon als auch die Entwicklung von Web 1.0 über Web 2.0 zu Web 3.0 waren und sind dafür verantwortlich.

Web 1.0

Nur einigen wenigen war es im Web 1.0 möglich, Inhalte im Netz zu veröffentlichen und diese Inhalte vielen Interessierten und Lesern zur Verfügung zu stellen (One-to-Many-Kommunikation). Eine eigenstän-

---

5 *http://www.sem-deutschland.de/keywords-suchintention/* (Aufruf: 01.08.2017)

dige Veröffentlichung eigener Inhalte bzw. Angebote bzw. ein Dialog war – von Foren abgesehen – nicht einfach möglich. Foren können sozusagen als Vorläufer der späteren sozialen Netzwerke gesehen werden.

Dementsprechend war die Anzahl an Websites und Inhalten im Vergleich zu heute überschaubar.

Das vorherrschende Onlinewerbemittel waren Push-Werbeformate wie z. B. Display-Banner und E-Mail-Marketing via Newsletter. Durch die Etablierung von *Content-Management-Systemen* (CMS) wurde es jedem möglich, Inhalte ohne Programmierkenntnisse im Netz zu veröffentlichen. Diese Entwicklung markierte den Beginn von Web 2.0.

Web 2.0

Der Übergang von Web 1.0 zu Web 2.0 lässt sich nicht genau datieren. Der Begriff Web 2.0 wurde im Jahr 2003 das erste Mal öffentlich verwendet, aber erst durch einen Artikel von Tim O'Reilly im Jahr 2005[6] bekannt.

Auch die Etablierung von sozialen Netzwerken kann als Anhaltspunkt für den Beginn des Web 2.0 genannt werden. Die ersten sozialen Netzwerke wie z. B. LinkedIn, Myspace und Facebook wurden 2003/2004 gegründet. Einen wirklichen Einfluss auf das (Online-)Marketing hatten diese aber erst Jahre später – insbesondere durch Facebook als omnipräsentes soziales Netzwerk. Dementsprechend spielt Social Media Marketing erst seit ca. 2009 eine relevante Rolle im Online-Marketing.

Die Möglichkeiten, selbst als Prosumer im Netz mit Inhalten zu partizipieren, wurden erst durch Foren und ab ca. 2005 durch die rasant steigende Zahl an sozialen Netzwerken exponentiell erweitert. Über Myspace, Facebook & Co. konnte nun jeder auf einfachste Art und Weise eigene Profile anlegen und über diese Profile Inhalte online publizieren, öffentlich kommunizieren bzw. mit anderen in Dialog treten. Das erschloss neue Wege für PR und Online-Marketing in Form von Word-of-Mouth-, Viral- und Buzz-Marketing.

Durch die rasant steigende Anzahl an Onlineinhalten bzw. Angeboten im Netz wurden Knotenpunkte bzw. Gatekeeper, die das Navigieren und Auffinden dieser Inhalte im Netz vereinfachten, immer wichtiger.

Die große Zeit der Suchmaschinen und damit des Suchmaschinenmarketings begann ebenfalls mit dem Web 2.0.

---

6   Tim O'Reilly: »What is Web 2.0«, *http://www.oreilly.com/pub/a/web2/archive/what-is-web-20.html* (Aufruf: 01.08.2017)

Das Web 2.0 mit den einhergehenden technischen Möglichkeiten hat es seitdem quasi jedem ermöglicht, Inhalte online über eigene Websites, Blogs und Social-Media-Profile zu veröffentlichen. Das führt zwangsläufig zu einer Überflutung des Netzes mit Informationen und Daten, wie die folgende Grafik zeigt (siehe Abbildung 2-7).

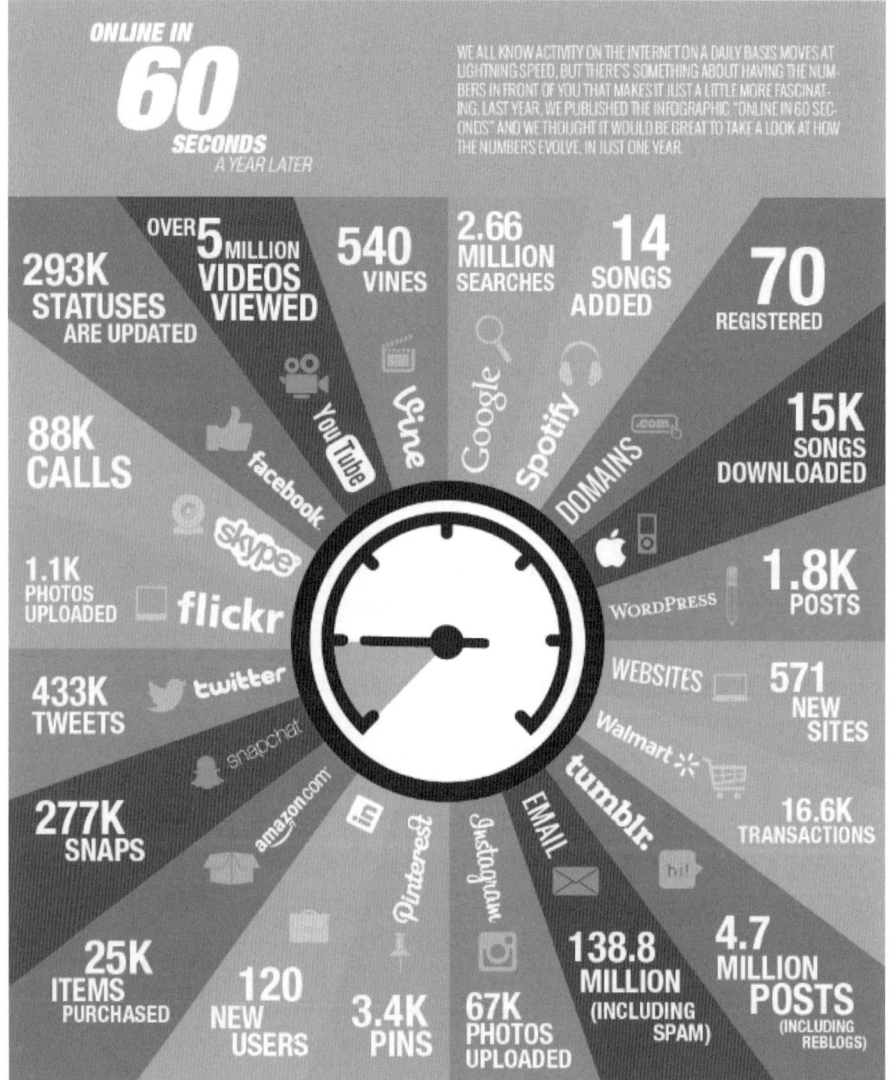

Abbildung 2-7:
Infografik von qmee.com zu weltweiten Aktivitäten und Veröffentlichungen in 60 Sekunden, 2014[7]

---

7   http://blog.qmee.com/online-in-60-seconds-infographic-a-year-later/
    (Aufruf: 01.08.2017)

Es wird daher zwangsläufig enorm wichtig, Daten und Informationen identifizierbar, kategorisierbar und je nach Kontext sortierbar zu machen und Kategorien zuzuordnen. Nur so ist der Datenflut beizukommen. Die logische Konsequenz ist das Web 3.0 mit seiner semantischen Grundstruktur.

Web 3.0

Während es im Web 2.0 in erster Linie um Interaktionen, Dialog und »Mitmachen« ging, ist der Kern von Web 3.0 die Identifizierung und Klassifizierung von Daten bzw. Informationen. Daneben setzt das Web 3.0 – auch semantisches Web genannt – auf sogenannte Graphen, um die als Entitäten identifizierten Objekte in Beziehung zueinander zu setzen. Hierdurch lässt sich ihre Bedeutung besser feststellen. Im Fall einer Abfrage können für den jeweiligen Nutzer in seinem aktuellen Kontext bessere Ergebnisse ausgeliefert werden.

> Das Semantic Web erweitert das Web, um Daten zwischen Rechnern einfacher austauschbar und für sie einfacher verwertbar zu machen [...]. Dabei werden sämtliche Sachen von Interesse identifiziert und mit einer eindeutigen Adresse versehen als Knoten angelegt, die wiederum durch Kanten (ebenfalls jeweils eindeutig benannt) miteinander verbunden sind. Einzelne Dokumente im Web beschreiben dann eine Reihe von Kanten, und die Gesamtheit all dieser Kanten entspricht dem globalen Graphen.[8]

Über diese Graphentheorie lassen sich semantische Zusammenhänge und Bedeutungen besser interpretieren und können beispielsweise als Grundlage für die Ausgabe von Suchergebnissen genutzt werden.

Somit steht Unternehmen, die auf eine derartige graphenbasierte Technologie setzen, ein Instrument zur Verfügung, um große Datenmengen schnell zu klassifizieren, in einen Kontext zu stellen und mit einer Bedeutung zu versehen.

Immer mehr Systeme setzen auf die strukturierte Aufarbeitung von Daten bzw. Inhalten durch Graphen. Facebook konzentriert schon seit 2007 auf Graphentheorien und forciert diese Technologie seit 2010 in Form des Open Graph[9]. Google führte 2012 den Knowledge Graph ein und rollte mit dem Hummingbird-Algorithmus im Jahr 2013 den passenden Ranking-Algorithmus aus, der seitdem die Ausgabe der Suchergebnisse auf Grundlage der Semantik ausspielt.

---

8   Quelle Wikipedia: *https://de.wikipedia.org/wiki/Semantic_Web* (Aufruf: 01.08.2017)
9   Definition Open Graph: *http://www.marketing-boerse.de/Fachartikel/details/Facebook--Die-Macht-des-Open-Graph/33129* (Aufruf: 01.08.2017)

Um zu verstehen, wie auf Semantik basierende Graphentheorien funktionieren, ist ein Semantik-Grundwissen nützlich.

Graphen bilden über Kanten Beziehungen zu Knoten bzw. Entitäten ab. Beziehungen zwischen diesen Entitäten sind klar definiert als Art und Weise der Verbindung z.B. »hat gelikt«, »Mitarbeiter von«, »Onkel von« etc.

Entitäten werden zur eindeutigen Identifikation mit IDs und Kombinationen verschiedener Eigenschaften bzw. Attribute versehen. Über Attribute lassen sich Entitäten in einen Kontext bringen und zu Klassen aus Entitätstypen zusammenfassen. Übertragen auf die reale Welt, können Entitäten sogenannte Dinge des Seins wie etwa Personen, Unternehmen, Bauwerke, Fahrzeuge oder abstrakte Dinge sein.

Hier ein Beispiel für eine Knowledge-Graph-Box bei Google, die man in dieser Form auch als Entitätenbox beschreiben kann (siehe Abbildung 2-8).

In diesem Fall verbergen sich hinter dem Begriff gleich drei Entitäten: der Sportartikelhersteller, die Raubkatze, der Messerhersteller – deswegen auch drei unterschiedliche Entitätenboxen.

Abbildung 2-8:
Beispiel für eine Knowledge-Graph-Box bzw. Entitätenbox

Entitäten sind immer mindestens einer Ontologie zugeordnet. Ontologien beschreiben das Umfeld, in dem die Entitäten verortet sind. Eine Ontologie kann z.B. eine Branche oder ein bestimmtes Themengebiet sein.

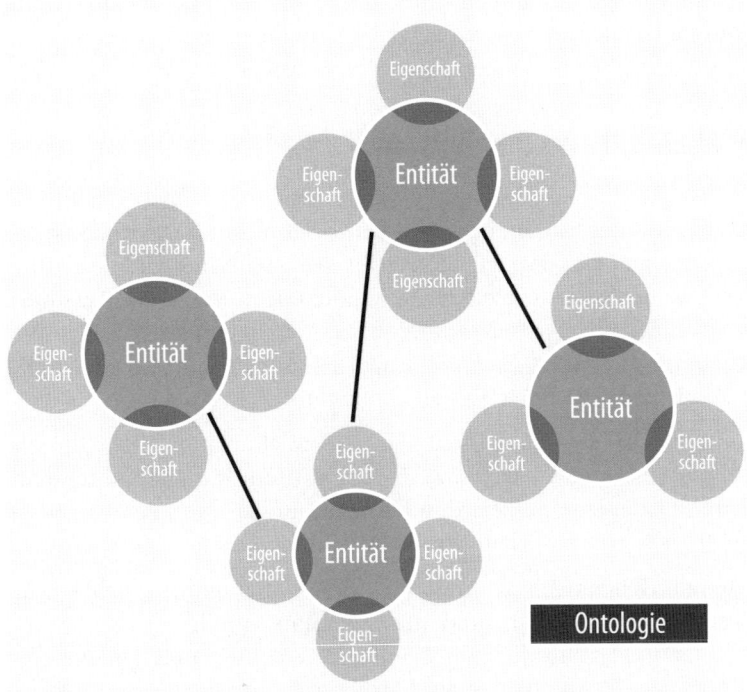

Abbildung 2-9:
Beispiel einer Ontologie und deren Entitäten mit ihren Eigenschaften (© Olaf Kopp)

Die Rolle der Marke im semantischen Web

Es gibt zwei Gründe dafür, dass der digitale Markenaufbau eine derart zentrale Rolle im Online-Marketing spielt.

- Der Wettbewerbsdruck in vielen Branchen.
- Die Entwicklung der wichtigsten Gatekeeper in Richtung semantisches Web 3.0.

Unternehmen, die in erster Linie auf Instrumente des Performance-Marketings, z. B. Google AdWords, zur direkten Neukundengewinnung setzen, haben Probleme, sich im semantischen Web durchzusetzen.

Gründe hierfür sind: der über die Jahre gestiegenen Wettbewerbsdruck, das inzwischen auf breiter Front vorhandene Marketing-Knowhow bzw. die Ressourcen, die für Performance-Marketing bereitgestellt und genutzt werden.

Performance-Marketing-Instrumente wie AdWords- oder Display-Kampagnen entfalten in der Regel keine nachhaltige Wirkung und liefern nur selten Signale, die für semantische Systeme als Relevanzkriterium genutzt werden können.

Performance-Marketing ist deshalb nicht mehr nachhaltig und zahlt nicht langfristig in die Marke eines Unternehmens ein. Markenaufbau bzw. Branding schafft längerfristige Wettbewerbsvorteile.

Das Web 3.0 und die digitale Marke

Google und Facebook sind mit Social Graph bzw. Open Graph und Knowledge Graph Vorreiter, was die Technologie des semantischen Webs angeht. Bei Graphen handelt es sich um Konstrukte, die über Knoten und Kanten semantische Beziehungen zwischen Personen, Unternehmen, Bauwerken – kurz Entitäten – abbilden können. Die Entitäten sind Knoten, und die Kanten beschreiben die Art und Weise der Verbindung der beiden Knoten miteinander.

Über ihre riesigen semantischen Datenbanken können Google und Facebook relevante Personen, Marken und Autoritäten im Netz identifizieren. Dabei spielt es erst einmal keine Rolle, ob man sich offline schon eine Marke aufgebaut hat oder nicht.

Im semantischen Web sind alle Personen, Unternehmen, Sehenswürdigkeiten, Einrichtungen und deren digitale Abbilder in Form von Domains und Social-Media-Profilen gemäß der Semantik als Entitäten einzuordnen. Das trifft auch auf Marken zu.

Starke digitale Marken sind im semantischen Web in der Regel auch Entitäten mit hoher Relevanz in Bezug auf ein Thema mit vielen Schnittstellen zu anderen Entitäten in der thematischen Ontologie. Das spielt auch für die Suchmaschinenoptimierung eine wichtige Rolle.

Eine starke Marke kann zum Erfolgsfaktor im Online-Marketing werden, da sie sowohl von der Zielgruppe als auch von den Algorithmen der wichtigen Gatekeeper wie Google und Facebook als relevant eingestuft wird. Des Weiteren hat eine starke digitale Marken folgende Vorteile:

- Eine starke Marke kann zu besseren Abschlussraten bzw. Konversionsraten führen, da das Vertrauen in eine bekannte Marke größer ist.
- Das größere Vertrauen kann auch zu besseren Klickraten in den SERPs (Search Engine Result Pages) führen, was sich positiv auf das Google-Ranking auswirkt (vergleiche hierzu auch Kapitel 4, Seite 107).
- Etablierte Marken führen zu größerer Kundenbindung und Loyalität mit dem Effekt, dass Besucher und Kunden eine Website vermutlich erneut und mehrfach besuchen.
- Die Chancen auf Verweise und das Teilen von Inhalten in sozialen Netzwerken sind größer, da starke digitale Marken aufgrund ihrer Vertrauenswürdigkeit eher durch Multiplikatoren verlinkt werden. Es wird schneller auf sie verwiesen, bzw. ihre Inhalte werden häufi-

ger geteilt. Das führt zu größerer Reichweite und besseren Rankings. Content-Marketing, SEO und PR werden effektiver.
- Marken, die sich in einem oder mehreren thematischen Bereichen als Autorität über die eigene Domain etabliert haben, werden mit ihren Inhalten eher bei Google gefunden als weniger etablierte Domains.
- Starke Marken profitieren aufgrund ihrer Popularität auch von besseren Klickraten bei der Suchmaschinenwerbung (SEA), was zur Verbesserung von Qualitätsfaktoren[10] und damit geringeren Klickpreisen führt.

Zudem ist Marken-Traffic z. B. über Direktzugriffe oder Suchanfragen nach der Marke in Suchmaschinen zusammen mit den wiederkehrenden Besuchern der wertvollste Traffic, den Unternehmen und Organisationen haben können. Die nachfolgende Abbildung stellt den Traffic-Wert in Bezug auf die einzelnen Online-Marketing-Kanäle dar. Die Kanäle dürfen aber nicht separiert voneinander betrachtet werden, da PR- und PPC-Maßnahmen durchaus Einfluss auf den Marken-Traffic einer Website haben können.

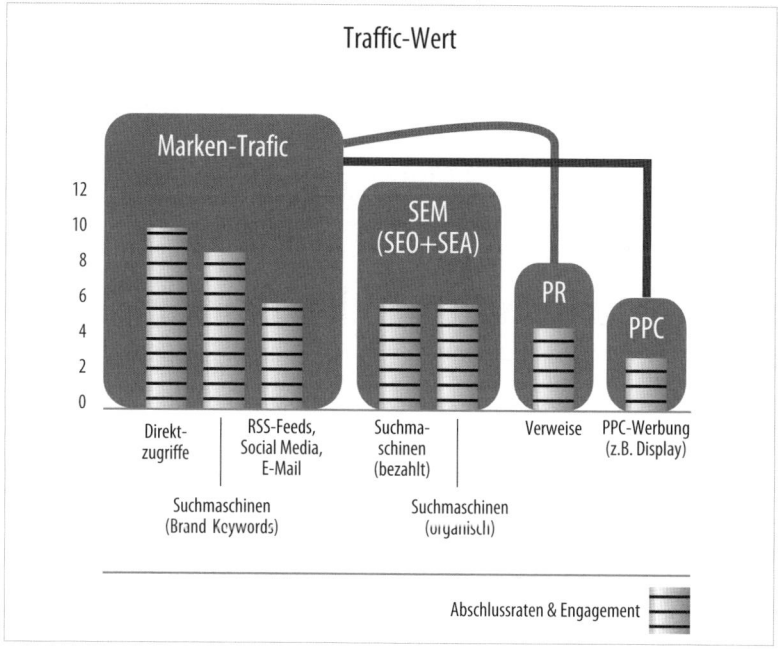

Abbildung 2-10:
Marken-Traffic und Wertigkeit im Vergleich zu anderen Traffic-Arten (© Olaf Kopp)

---

10 Der Qualitätsfaktor ist ein eigenständiger Begriff aus dem AdWords-System. Der Qualitätsfaktor beschreibt die Relevanz einer Anzeige bezogen auf das jeweilige Keyword und die Landingpage. Mehr dazu unter: *http://www.sem-deutschland.de/adwords-qualitaetsfaktor-auswirkung/* (Aufruf: 01.08.2017).

Denn: Je höher der Anteil des Marken-Traffics ist, desto positiver fallen in der Regel sowohl die Engagementkennzahlen aus, z. B. Seitenaufrufe, durchschnittliche Aufenthaltsdauer, Absprungraten, als auch die Loyalitätskennzahlen wie beispielsweise der Anteil der wiederkehrenden Besucher und vor allem die Abschlussraten.

Somit gibt es einen direkten Wirkungszusammenhang zwischen der Markenstärke und der Performance eines Unternehmens.

Der Aufbau einer Marke folgt einem strategischen Ansatz mit dem Ziel, nachhaltig Kundenloyalität und Reputation zu verbessern, was mittel- und langfristig die Positionierung von Marke und Unternehmen oder anderen Anbietern im Markt fördert.

Performance-Marketing hingegen ist eher taktisch/operativ angelegt, es geht nur selten darum, eine Marke strategisch zu positionieren.

Der Aufbau einer digitalen Marke bzw. von Online-Branding funktioniert aber nicht wie beim klassischen Marketing der letzten Jahrzehnte vor allem über reichweitenorientierte Push-Werbung. Die »Marken-Awareness«, die durch diese Marketingform erzielt wird, hat insbesondere im Internet stark nachgelassen. Heutzutage macht Content-Marketing in Verbindung mit qualitativ überdurchschnittlichen Produkten sowie Service, SEO, Social Media Marketing und Usability-Optimierung eine Marke bekannt. Das Marketing und insbesondere das Branding im Online-Marketing bekommen durch die beschriebenen Entwicklungen, aber auch durch die Möglichkeiten, die Markenstärke inzwischen überzeugend zu messen, ein neues Gewicht.

Kennzahlen für erfolgreiches Branding

Für die Ermittlung der Markenstärke und ihrer Entwicklung benötigt man Kennzahlen. Um diese zu entwickeln, ist es sinnvoll, zunächst die Eigenschaften einer Marke zu verdeutlichen.

Folgende Eigenschaften einer Marke sind interessant für die Ableitung von Kennzahlen:

- hohe Popularität
- große Markentreue
- die Marke als wichtige Orientierungshilfe
- starkes Vertrauen und hohe Glaubwürdigkeit

Wie sich hier zeigt, kann man Eigenschaften von Marken nur in Kombination mit quantifizierenden Adjektiven beschreiben. Man benötigt für eine Bewertung immer mindestens einen Vergleichswert.

Kennzahlen zur Ermittlung bzw. Messung der Markenstärke müssen immer in Relation betrachtet werden: sowohl relativ zu den Wettbewerbern als auch in der zeitlichen Entwicklung.

Mit Blick auf die erwähnten Eigenschaften einer Marke kann man Branding-Kennzahlen grob in folgende Kategorien einordnen:

- Markentreue
- allgemeine Popularität
- thematische Popularität, Reputation und Glaubwürdigkeit

Kennzahlen für Markentreue

Als Kennzahl für Markentreue kann z. B. die durchschnittliche Aufenthaltsdauer oder der Anteil der wiederkehrenden Nutzer im Vergleich zur Gesamtzahl der Besucher oder die Entwicklung der Nutzerzahlen über einen definierten Zeitraum betrachtet werden.

Kennzahlen für Popularität

Allgemeine Popularitätskennziffern wie die Anzahl der Sichtkontakte bzw. Impressionen von Werbemitteln oder die Anzahl der Besucher sind eher schwache Metriken und sollten nicht im Mittelpunkt der Erfolgsmessung stehen. Deswegen sind z. B. auch steigende Besucherzahlen kein Ziel, das in eine Strategie einzahlt.

Themenspezifische Popularitätskennzahlen wie z. B. die Anzahl und Entwicklung von Suchanfragen zu einer Marke in Kombination mit einem Thema in Suchmaschinen sind schon interessanter, da sie die Marke in einen thematischen Kontext setzen und in Kombination mit der gemessenen Popularität aussagekräftiger sind.

Kennzahlen für Reputation und Glaubwürdigkeit

Jene Kennzahlen, die Auskunft über die Reputation und Glaubwürdigkeit einer Marke geben, sind die interessantesten. Wie bei den Kennzahlen für die Markentreue geht es hier um die Beziehung und Interaktion mit den Stakeholdern.

Für die Suchmaschinenoptimierung sind z. B. Kennzahlen wie Verlinkungen und Nennungen aus/in relevanten Quellen interessant. Für eine Bewertung der Social-Media-Aktivitäten ist hingegen die Interaktionsrate mit den eigenen Beiträgen aussagekräftig.

Die folgende Übersicht zählt mögliche Kennzahlen für die Aspekte Markentreue, Popularität sowie Reputation und Glaubwürdigkeit auf (ohne Anspruch auf Vollständigkeit):

Markentreue	Allgemeine Popularität	Reputation & Glaubwürdigkeit
■ Durchschnittliche Aufenthaltsdauer ■ Absprungrate ■ Anteil wiederkehrender Benutzer ■ Anzahl/Anteil Wiederkäufer ■ Anzahl Beschwerden	■ Besucherzahlen ■ Anzahl neuer Besucher ■ Suchvolumen nach Markenbegriffen ■ Suchvolumen von Marken+Themen-Kombinationen	■ Positive Erwähnungen der Marke durch Influencer sowie in Fachartikeln & Berichten ■ Marken-Nennungen und Verlinkung in externen Medien ■ Abschlussraten ■ Interaktionsraten mit der Website wie Downloads, Kommentare ■ Beziehungen zu anderen Marken/Autoritäten und Influencern ■ Anzahl Seitenaufrufe ■ Positive Stimmen von Testimonials und Kunden ■ Positive Testberichte ■ Interaktion in sozialen Netzwerken ■ Nennung der Marke in Top-Listen ■ CTR auf SEA-Anzeigen und organische Ergebnisse

Abbildung 2-11:
Übersicht: Kennzahlen für digitale Markenstärke (© Olaf Kopp)

Der Markenaufbau stellt in erster Linie eine strategische Aufgabe dar. Die Zielformulierung, d.h., wann welche Branding-Kennzahlen erreicht werden sollten, sind deshalb als mittel- und langfristige strategische Ziele zu formulieren.

Mit Webanalysetools wie z.B. Google Analytics lassen sich viele der genannten Kennzahlen messen und überwachen.

Methoden zur Bestimmung der eigenen themenbezogenen Markenstärke anhand von Google

Um einen Eindruck davon zu bekommen, welche Begriffe, Schlagwörter bzw. Themen Google mit einer Marke verbindet, können Sie unterschiedlich vorgehen. Es lohnt sich ein Blick auf die verwandten Suchanfragen – sowohl bei der Suche nach der Marke und der Domain als auch bei der Suche nach den Themen, die Sie besetzen bzw. für die Sie gefunden werden möchten.

```
Verwandte Suchanfragen zu nike

nike schuhe      nike göttin
snipes           nike schuhe damen
nike sale        nike wikipedia
nike outlet      nike plus
```

Abbildung 2-12:
Verwandte Suchanfragen zu Nike bei Google

Wie die häufige Kookkurrenz in Suchanfragen zeigt, scheinen Suchende die Marke Nike mit den Eigenschaften »Schuhe«, »Sale«, »Outlet« und »Schuhe Damen« in Verbindung zu bringen. Interessant ist auch, dass die Marke »Snipes« ebenfalls in enger Beziehung zu »Nike« steht. Dies wird höchstwahrscheinlich damit zusammenhängen, dass diese Begriffe häufig in aufeinanderfolgenden Suchen auftauchen.

Ähnliche Ergebnisse ermitteln Sie über die Google-Suggest-Vorschläge. Auch hier werden Begriffe angezeigt, die Google mit der Marke bzw. Entität in Verbindung bringt.

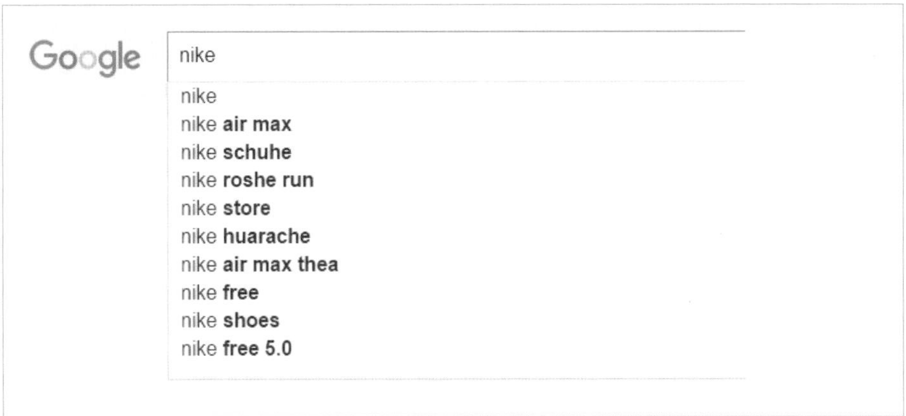

```
Google   nike
         nike
         nike air max
         nike schuhe
         nike roshe run
         nike store
         nike huarache
         nike air max thea
         nike free
         nike shoes
         nike free 5.0
```

Abbildung 2-13:
Auto-Suggest-Vorschläge zu Nike bei Google

Wichtig ist dabei, zunächst die eigene Suchhistorie zu löschen, damit sie die Ergebnisse nicht verfälscht. Sie können Ihre eigene Marke oder Domain außerdem in den Google-Keyword-Planer eingeben. Die Ergebnisse, die dann angezeigt werden, sind standardmäßig nach »Relevanz« sortiert. Was Google hier als Relevanz definiert, ist unklar. Allerdings liegt die Vermutung nahe, dass es um die Nähe der Beziehung der hier gezeigten Begriffe untereinander geht.

Suchbegriffe		Durchschnittl. Suchanfragen pro Monat	Wettbewerb
hornbach		1.000.000	Niedrig

Keyword (nach Relevanz)		Durchschnittl. Suchanfragen pro Monat	Wettbewerb
hornbach baumarkt		12.100	Niedrig
hornbach online		22.200	Niedrig
baumarkt hornbach		1.900	Niedrig
hornbach online shop		5.400	Niedrig

Abbildung 2-14:
Keywords im Google-Keyword-Planer, nach Relevanz sortiert

In der Regel sehen Sie in der ungefilterten Ansicht auch eine Menge Begriffskombinationen, die die Marke selbst enthalten, in diesem Fall die Marke »Hornbach«. Diese Terme können interessant sein, insbesondere die Höhe des Suchvolumens und wie sich das Volumen entwickelt.

Noch interessanter sind aber die markenunabhängigen Begriffe. Sie sollten deshalb in einem zweiten Schritt über den Keyword-Filter die eigenen Markenbegriffe ausfiltern.

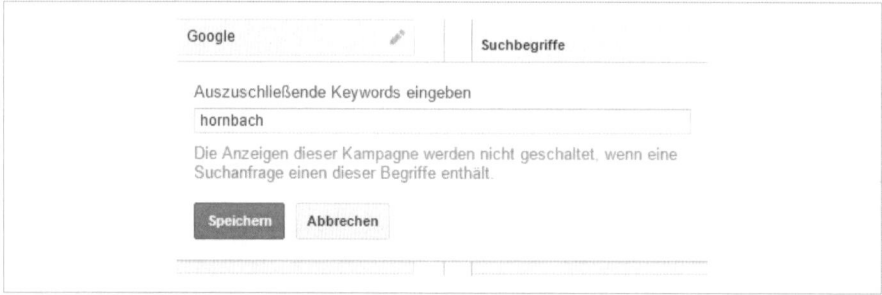

Abbildung 2-15:
Begriffe ausschließen im Google-Keyword-Planer

Dadurch entsteht ein Bild, das zeigt, mit welchen Begriffen/Themen Google Ihre Marke in Verbindung bringt.

Am Beispiel »Hornbach« kann man erkennen, dass Google hier einen engen Bezug zu den Themen »Baumarkt« und »Fliesen Baumarkt« herstellt.

Keyword (nach Relevanz)	Durchschnittl. Suchanfragen pro Monat	Wettbewerb
praktiker baumarkt	4.400	Niedrig
hagedorn baumarkt	90	Niedrig
baumarkt online shop	1.900	Mittel
baumarkt	135.000	Niedrig
praktiker baumarkt gartenmöbel	20	Mittel
bauhaus baumarkt	27.100	Niedrig
hornba	590	Niedrig
obi baumarkt	40.500	Niedrig
baumax baumarkt	10	Hoch
bauhaus	823.000	Niedrig
hornbacher baumarkt at	10	Niedrig
hagebau	110.000	Niedrig

Abbildung 2-16:
Um Hornbach bereinigte Keywords im Google-Keyword-Planer

Verbesserung der digitalen Markenpopularität und thematischen Markenstärke

Maßnahmen, die zur Stärkung einer digitalen Marke beitragen können, sind nur als Ergänzung zu einer guten Produktpolitik zu verstehen. Wenn die Leistung bzw. das Produkt nicht die Bedürfnisse der Zielgruppen erfüllt, hilft es nur bedingt weiter, die Marke zu stärken. Da die nachfolgenden Online-Marketing-Maßnahmen in erster Linie der Taktik zuzurechnen sind und im weiteren Verlauf des Buchs detaillierter erläutert werden, gehe ich hier nur kurz auf sie ein.

Wie bereits im Abschnitt »Ziel- und Bedarfsgruppenanalyse« weiter vorn in diesem Kapitel erläutert wurde, sollten sich auch Marketingstrategien an den Bedürfnissen und Interessen der wichtigsten Stakeholder ausrichten. Folgende Zielgruppen sind zu überzeugen bzw. mit den notwendigen Signalen zu versorgen:

- potenzielle Kunden
- bestehende Kunden
- wichtigen Gatekeeper bzw. deren Algorithmen
- Multiplikatoren wie Redakteure, Blogger, Journalisten...
- gegebenenfalls Investoren

Content/Inhalte

Die Inhalte, die auf der eigenen Website, auf Social-Media-Profilen, in Newslettern oder auch Fremdmedien veröffentlicht werden, sind heutzutage der wichtigste Hebel zur Positionierung und Stärkung einer Marke insbesondere in Bezug auf die Algorithmen von Google, Facebook & Co. Wichtig sind allerdings nicht nur die Inhalte selbst, sondern auch, ob und wie intensiv Konsumenten mit ihnen interagieren. Die Inhalte stehen auch im Mittelpunkt vieler taktischer Online-Marketing-Maßnahmen wie der Suchmaschinenoptimierung, dem Social Media Marketing, dem E-Mail-Marketing oder der Online-PR.

Mit Inhalten kann man alle Stakeholder-Gruppen erreichen. Anders formuliert: Die Veröffentlichung und Verbreitung von Inhalten ist das wirkungsvollste Kommunikationsinstrument, das uns heute als Online-Marketer zur Verfügung steht – vorausgesetzt, dass sich die Content-Marketing-Strategie an einer übergeordneten Online-Marketing-Strategie orientiert.

Usability/CRO

Die Benutzerfreundlichkeit bzw. Usability einer Website oder App ist Teil des Markenkerns und sowohl für die Kundenbindung als auch für die Neukundengewinnung wichtig. Die einfache und komfortable Benutzerführung wird durch den Konsumenten direkt mit der Marke in Verbindung gebracht. Der Erfolg extrem populärer Marken wie z.B. Amazon, Google oder Apple ist neben ihrem Sortiment bzw. ihrer Produktpolitik in erster Linie auf eine nutzerfreundliche Anwendung zurückzuführen.

SEO

Der Zusammenhang zwischen Suchmaschinenoptimierung (SEO) bzw. guten Rankings bei den Suchmaschinen und der Markenrelevanz ist seit Jahren unbestritten.

Die Voraussetzung für erfolgreiches SEO ist, Signale zu erzeugen, die die Suchmaschinenalgorithmen davon überzeugen, dass man relevante

Inhalte nutzerfreundlich bereitstellt. Durch gute Auffindbarkeit über Suchmaschinen spricht man potenzielle Kunden, bestehende Kunden wie auch Multiplikatoren an.

Hier gilt es, Google & Co. über entsprechende Maßnahmen zu signalisieren, dass man – bezogen auf das jeweilige Themengebiet – eine relevante Autorität ist. Dabei spielen Inhalte und Links sowie weitere externe Signale wie Kookkurrenzen und Suchmuster eine entscheidende Rolle. Bei den Suchmustern spielen unteranderem die Suchanfragen in der Kombination »Marke und Thema« eine wichtige Rolle. Diese lassen sich z. B. über crossmediale Kampagnen beeinflussen.

Aber auch der Einfluss von Signalen aus dem Social-Media-Umfeld wird als Ranking-Faktor durch SEO-Experten diskutiert. Von Google wird er allerdings verneint.

Social Media Marketing

Social Media Marketing ist ein ähnlich wichtiges Vehikel, um eine starke Marke aufzubauen, wie SEO und Usability/CRO. Der Erfolg von Social Media Marketing steht und fällt mit den Inhalten, die man bereitstellt.

Über Social Media Marketing erreicht man in erster Linie sowohl potenzielle Neukunden als auch bestehende Kunden und Multiplikatoren.

Hier das Beispiel einer gelungenen Kampagne der Sportschuh-Handelskette Foot Locker: Bei YouTube findet man eine Vielzahl an Yeezy-Unboxing-Videos, die offensichtlich von Foot Locker initiiert worden sind. Foot Locker konnte Käufer animieren, Unboxing-Videos auf YouTube zu veröffentlichen. In diesem Fall war es eine Kampagne zum unter Sneaker-Kennern sehr angesagten Adidas-Yeezy-Modell. Dadurch konnte sich Foot Locker im thematischen Kontext des Yeezy-Schuhmodells einen Namen machen, was neben der Kookkurrenz auch zu Suchanfragen nach dem Muster »footlocker yeezy adidas« oder »footlocker yeezy« geführt hat.

E-Mail-Marketing

Erfolgreiche E-Mail-Marketing-Maßnahmen und ein erfolgreicher Markenaufbau stehen in einem unmittelbaren Zusammenhang. E-Mails einer relevanten Marke wird besondere Aufmerksamkeit zuteil, aber nur, solange die Inhalte relevant sind und die positive Erwartungshaltung gegenüber der Marke bestätigen.

Display-Advertising

Durch den zunehmenden Einsatz von Ad-Blockern und durch eine sinkende Akzeptanz von Werbung in den Zielgruppen ist das einstige

Flaggschiff des Online-Marketings unter Druck geraten. Dennoch ergeben gezielte Display-Kampagnen entlang der Customer Journey immer noch Sinn. Als alleiniges Mittel zum Aufbau einer relevanten Marke ist Display-Werbung aber nicht geeignet. Dafür ist die Wirkung von Push-Werbung allein in der Regel zu schwach. Speziell in der Pre-Awareness-Phase oder in den Abschlussphasen können Display-Kampagnen aber wirkungsvolle Begleiter sein. Wichtig hierbei: Die visuelle Ansprache muss gut gemacht und das Targeting gut umgesetzt sein.

Public Relations und Kooperationen

Public Relations – kurz PR – ist ein Mittel, um Marken in thematischen Umfeldern zu positionieren. Allerdings bedarf es auch hier überzeugender und erwähnenswerter Inhalte. Somit sind PR-Kampagnen in erster Linie als taktischer Kanal bzw. taktisches Instrument für den Markenaufbau zu sehen. Durch PR lassen sich auch alle für den Markenaufbau wichtigen Interessengruppen anzusprechen. Sie sollten versuchen, über PR-Aktionen oder Content-Marketing-Kampagnen Markennennungen und Verlinkungen aus themenaffinen redaktionellen Umfeldern zu generieren.

Auch durch Marketingkooperationen mit Partnern aus den vor- und nachgelagerten Phasen der Wertschöpfungskette lassen sich Suchanfragen und weitere Markensignale beeinflussen. Ein Beispiel dafür ist die Sportschuh-Handelskette Foot Locker, die seit Jahren enge Kooperationen mit Sportartikelherstellern wie Nike oder Adidas pflegt und sogar eigene exklusive Spezialeditionen beispielsweise von Sneaker-Modellen erhält. Dadurch bringt sich Foot Locker in einen engen thematischen Bezug zu etwa »adidas jacke«. Zu diesen Kooperationen wird dann in der Regel auch ein Spot erstellt, der auf YouTube gehostet wird. Diese »Produkt+Marken«-Kampagnen führen dann auch zu entsprechenden Suchanfragen bei Google:

➕ footlocker yeezy	G ▶
➕ footlocker ulm	G
➕ air max foot locker	G
➕ adidas superstar footlocker	G
➕ adidas footlocker	G

Abbildung 2-17:
Screenshot des Tools Hypersuggest zum Begriff Footlocker[11]

---

11 *https://www.hypersuggest.com/* (Aufruf: 01.08.2017).

Foot Locker bringt so die eigene Marke immer wieder in Verbindung mit dem jeweiligen thematischen Kontext.

Crossmediale Marketing-Kampagnen

Fast alle Aktivitäten, die Sie im Rahmen des Marketings erfolgreich betreiben, beeinflussen die Wahrnehmung der Marke und können sich auf den Kunden im gesamten Verlauf der Customer Journey auswirken bzw. positive Signale für die Suchmaschinenalgorithmen erzeugen. Hier ein Beispiel:

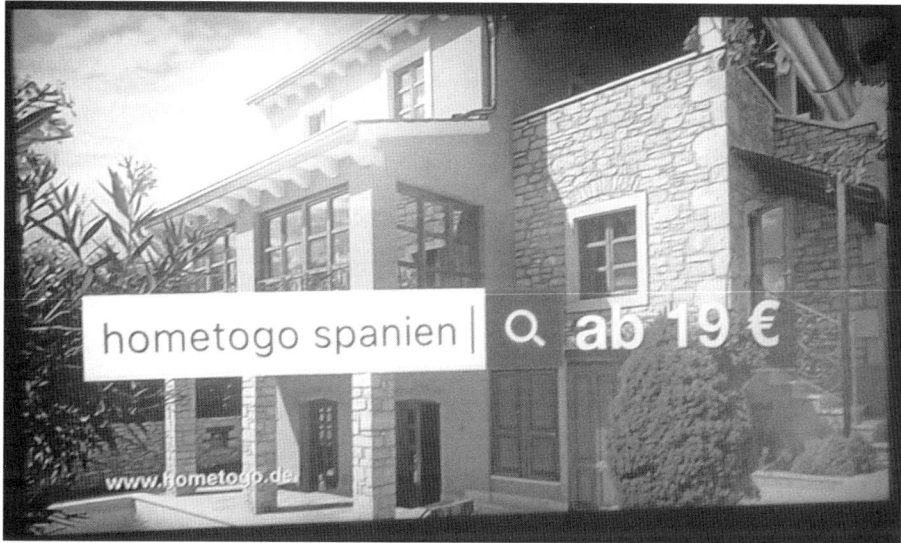

Abbildung 2-18:
Foto-TV-Werbung von hometogo, aufgenommen im Januar 2017

Die Ferienhaus-Suchmaschine hometogo motiviert Interessierte über einen TV-Spot, Suchbegriffe à la »hometogo ferienhaus« oder »hometogo frankreich« einzugeben. Ob diese Werbung ursprünglich auf die eigene Suchmaschine oder tatsächlich auf Google-Suchanfragen ausgerichtet war, bleibt Mutmaßung.

In jedem Fall scheint der TV-Spot das Google-Suchverhalten zu beeinflussen. Potenzielle Kunden, die den Spot gesehen haben, scheinen bei Google verstärkt nach der Marke zu suchen, wie die Recherche bei Google Suggest bzw. Hypersuggest zeigt:

➕ hometogo	G ▶
➕ hometogo mallorca	G
➕ hometogo app	G
➕ hometogo frankreich	G
➕ hometogo dänemark	G
➕ hometogo berlin	G
➕ hometogo holland	G
➕ hometogo jobs	G
➕ hometogo kroatien	G
➕ hometogo spanien	G
➕ hometogo aruba	G

Abbildung 2-19:
Screenshot des Tools Hypersuggest zum Begriff »hometogo«

Generell kann man sagen, dass bei allen Marketing-Aktivitäten und Werbekampagnen unbedingt darauf geachtet werden sollte, den »Marken+Thema«-Mix zu berücksichtigen, um die Marke im thematischen Kontext zu positionieren.

Die eigenen Assets als Kern der Online-Marketing-Strategie

Der Aufbau eigener digitaler Assets ist für den nachhaltigen Aufbau eines Unternehmens eine der wichtigsten Aufgaben beim Verfolgen einer Online-Marketing-Strategie. Digitale Assets in Bezug auf Online-Marketing können z. B. sein:

- eine eigene auffindbare Website
- Inhalte/Content
- App-Nutzer
- Newsletter-Abonnenten
- Twitter-Follower
- Facebook-Fans

Viele Unternehmen stehen in den ersten Jahren nach ihrer Gründung oder bei den ersten Schritten im Online-Marketing vor dem immer wieder gleichen Problem: Noch besitzen sie keine digitale Popularität, und eigene digitale Kommunikationskanäle sind – bezogen auf die eigenen Zielgruppen – entweder noch nicht vorhanden oder zumindest noch nicht besonders schlagkräftig.

Es liegt in dieser Situation nahe, sich auf die großen Gatekeeper zu verlassen und zu hoffen, dass über SEO, Google AdWords, Facebook-Anzeigen und die Listung der eigenen Produkte bei Amazon Besucher den Weg auf die eigene Website finden und im Idealfall dann auch Umsätze generiert werden. Viele große Player wie z. B. Zalando und die Unternehmen der Scout-Gruppe (ImmobilienScout, FriendScout etc.) sind vor allem durch SEO und SEA groß geworden. Dieser Weg ist einfacher, als häufig jahrelang in Vorleistung zu gehen, bis man eigene unabhängige Assets aufgebaut hat. Aber diese Strategie ist auch tückisch.

Viele Unternehmen und Online-Marketer werden so immer mehr zum Spielball der großen Gatekeeper Google, Facebook und Amazon und richten ihre Online-Marketing-Strategien an diesen Fremdsystemen aus.

Der *Kampf der Internetriesen* um die Vorherrschaft im Internet ist seit Jahren in vollem Gang. Alle Player haben das Ziel, einen Großteil des Verkehrs und der Transaktionen im Internet selbst zu übernehmen und Kapital daraus zu schlagen.

Google, Facebook und Amazon besetzen hier die besten Positionen. Alle drei sind an verschiedenen Ausgangspunkten gestartet: Google als Suchmaschine, Facebook als soziales Netzwerk und Amazon als Onlinebuchhändler. Aber die Luft wird dünner! Inzwischen bewegen sie sich mit großer Geschwindigkeit aufeinander zu. Während Amazon den Kampf um die Produkte und Händler gewonnen hat, herrscht aktuell der Kampf um die Hoheit über Inhalte. Dieser Kampf wird zwischen Google und Facebook, aber auch Plattformen wie XING oder LinkedIn ausgetragen, die immer mehr versuchen, über die Inhalte ihrer Nutzer Besucher zu halten und zu generieren.

Stellt man sich zu sehr auf diese Fremdsysteme ein, beschneidet man die Möglichkeiten des eigenen Online-Marketings. Zudem droht der Autonomieverlust. Man stelle sich vor, es gäbe nur noch Google und/oder Facebook als einzige Online-Marketing-Kanäle. Man wäre hoffnungslos in den Grenzen der Systeme gefangen und ein Spielball dieser Player – ohne eigene Basis.

Zum Abschluss dieses Kapitels deshalb mein Appell: Diversifiziert euch, habt Mut und baut euch neben Fremdkanälen eigene Systeme und Assets auf – einen reichweitenstarken Newsletter-Verteiler, gute Rankings in Suchmaschinen –, über die ihr euch und eure Produkte über hervorragendes Online-Marketing positionieren könnt. Denn das könnte durch eine Gleichschaltung des Online-Marketings in Fremdsystemen schnell nicht mehr möglich sein. Dann geht es irgendwann nur noch darum, wer das größte Budget hat. Lassen wir es so weit nicht kommen!

Eine Diversifizierung der Kanäle reicht aber allein nicht aus. Schafft etwas Eigenes und Unabhängiges, was ihr selbst voll und ganz beeinflussen könnt: eine starke Marke mit Inbound-Effekt und einem eigenen zielgruppenaffinen und effizienten Kommunikationssystem.

Es ist nicht der einfache und schnelle Weg, aber nachhaltig und wertschaffend. Ziel sollte sein, mindestens 40 bis 50% der Besucher der eigenen Website über Marken-Traffic wie Direktzugriffe, Brand- bzw. Navigationssuchanfragen, Feedreader, Newsletter etc. zu generieren. Denn auf der eigenen Website haben Sie über Conversion- und Usability-Optimierung direkten Einfluss auf die Monetarisierung der eigenen Inhalte.

Die übrigen Marketing-Aktivitäten sollten je nach Geschäftsmodell eine Mischung aus organischem Suchmaschinen-Traffic, PPC-Werbung, Besuchern aus Social-Media-Kanälen, Verlinkungen etc. sein. So erzielen Sie einen gesunden Mix, und das Risiko einer gefährlichen Abhängigkeit ist überschaubar. Die eigene Marketing-Strategie nicht auf eigene Assets, sondern auf Fremdsysteme wie Google, Facebook oder Amazon auszulegen, ist nicht nachhaltig.

Die Marke und die eigenen autonomen Kommunikationskanäle wie Newsletter, Blog, Website sollten als eigene Assets in der Regel das zentrale Bindeglied zwischen allen (Online-)Marketing-Maßnahmen sein. Der Markenaufbau und der Aufbau eigener unabhängiger Kommunikationskanäle sollten immer im Zentrum einer langfristigen (Online-)Marketing-Strategie stehen.

Interview mit Karl Kratz

Welche Elemente sollte eine gut durchdachte Online-Marketing-Strategie enthalten?

Die einfachen Dinge zuerst: Eine gute Online-Marketing-Strategie basiert in der Regel auf einer guten Marketing-Strategie. Wenn die Unternehmensfunktion »Marketing« seine Hausaufgaben macht, besteht eine gute Grundlage für ein erfolgreiches Online-Marketing. Die Frage eröffnet Antwortmöglichkeiten für ein komplettes Buch, daher möchte ich mich auf ein besonders wichtiges Element fokussieren.

Ein elementares Element einer Online-Marketing-Strategie ist die Beschreibung des eigenen »digitalen Spielfelds«. Dieser zweiteilige Prozess umfasst sowohl die Definition als auch die Abgrenzung der digitalen Themenfelder. Dabei helfen folgende Kernfragen:

Definition:
a. Was bieten wir an?
b. Worin sind wir exzellent, worin besitzen wir Expertenwissen und Know-how?
c. In welchen Themenbereichen können wir digitale Dominanz erzeugen?

Abgrenzung:
a. Was bieten wir definitiv *nicht* an?
b. Worin haben wir nur wenig Expertenwissen und bauen mittelfristig auch keins auf?
c. In welchen Themenbereichen sind unsere Wettbewerber deutlich dominanter als wir?

Aus Definition und Abgrenzung wird das digitale Spielfeld abgeleitet; ab dann greift eine Frage aus der Militärstrategie:

Wann wollen wir wie auf diesem Spielfeld dauerhaft gewinnen?

Wenn das digitale Spielfeld inklusive seiner wichtigen Themen beschrieben ist, können daraus Ereignisse, Suchbegriffe und Kontexte abgeleitet werden. Diese Ereignisse, Suchbegriffe und Kontexte liefern wertvolle Informationen für die Suchmaschinenoptimierung (SEO), bezahlte (Suchmaschinen-)Anzeigen (SEA, Display), das E-Mail-Marketing, die Conversion-Optimierung und die Erstellung digitaler Inhalte.

Eine große Herausforderung für viele Unternehmen ist die Budgetplanung und -allokation. Kannst du dazu Tipps geben? Worauf ist dabei zu achten?

»Ich habe hier ein Budget – was soll ich damit machen, und in was soll ich es reinstecken?«, ist eine häufige Frage. Und kaum eine andere Frage entlarvt das »Ertrinken in Optionen« so deutlich. Diese Frage ist aber berechtigt: Selbst als »Experte« fällt es unheimlich schwer, herauszufinden, welches Budget für welchen Bereich des Online-Marketings investiert werden soll.

Auf einer organisatorischen, personellen und prozessualen Ebene fällt der Blick auf die Weiterbildung und Entwicklung der internen Mitarbeiter; angesichts des Umstands, dass »relevantes Wissen« ein wichtiger Wettbewerbsvorteil ist, sollte dieser Aspekt auf jeden Fall in die Budgetplanung aufgenommen werden.

Auf einer strategisch-inhaltlichen Ebene stellt sich die Frage: »Wie verteile ich mein Budget auf die Strategiebereiche Conversion-Optimierung, Mitbewerberanalyse und Angebotsentwicklung?« Diese drei Themen sind als Teil von vielen unterschiedlichen Strategieelementen zu sehen. Auch hier fällt recht schnell auf: Ohne das Umfeld zu kennen, lassen sich nur Denkimpulse, aber keine erschöpfenden Antworten geben.

Auf einer taktischen Ebene lässt sich die Frage nach der Budgetverteilung oft anhand messbarer Zielwerte festmachen: Vom fortgeschrittenen »Welcher Keyword- bzw. Kontext-Cluster erzielt welche Customer Lifetime Value?« bis hin zum einfachen »Welches Werbemittel hat uns die meisten Conversions gebracht?« ist hier jeder Entwicklungsgrad zu finden. Die Qualität der Budgetverteilung steht und fällt an dieser Stelle mit der Datenerfassung, -verarbeitung und -interpretation.

Auf einer operativen Ebene wird das Thema nicht unbedingt einfacher: Die Fragestellungen »Welchen Budgetanteil verwenden wir für die Erstellung neuer digitaler Inhalte, welchen Anteil für die Verbesserung bestehender digitaler Inhalte?« und »Welchen konkreten Return-on-Invest (ROI) hat der Kauf dieses Links, und mit welchem Risiko wird diese Investition bewertet?« zeigen auf, wie komplex einzelne Entscheidungen selbst im »täglichen Arbeiten« sein können.

Budgetentscheidungen funktionieren in der Praxis oft gut, wenn eine belastbare Datenbasis zur Verfügung steht. Diese setzt voraus, dass jegliche Aktivität hinsichtlich ihrer Wertschöpfung betrachtet wird und mit einer Zieldefinition versehen ist. Wer diese Hausaufgabe nicht macht, ist nach wie vor auf die Kombination aus »Gießkanne plus Bauchgefühl« angewiesen. Das mag in Unternehmen hin und wieder gängige Methode sein – betriebswirtschaftlich und sozial verantwortungsbewusst ist es das deshalb noch lange nicht.

Welche Fehler machen Online Marketing Manager bei der Strategiefindung häufig? Was sollte man unbedingt beachten, um sich nicht in eine Sackgasse zu manövrieren?

In der Regel stehen Marketingbemühungen immer dann unter einem ungünstigen Stern, wenn kein Verständnis des eigenen »digitalen Spielfelds«, der definierten Themen und der daraus abgeleiteten Ereignisse vorhanden ist. Sobald diese Basis fehlt, passiert »irgendetwas«, jedoch kaum etwas betriebswirtschaftlich Effizientes bzw. prozessual Gesteuertes.

Auch das leider oft fehlende Bewusstsein über fortlaufende Prozesse sorgt schnell dafür, dass die Strategieentwicklung für ein ineffektives

(Online-)Marketing sorgt: Wem nicht bewusst ist, dass »alles für jeden beim ersten Mal neu ist« und dass »der Mensch eine nachwachsende Ressource ist«, der wird schwerlich dauerhafte (Marketing-)Prozesse etablieren. Dabei funktionieren alle nachgelagerten Strategieelemente, wie zum Beispiel die Conversion-Optimierung, grundsätzlich nur auf der Basis genau solcher Prozesse. Oder kurz: kein Prozess, keine Conversion-Optimierung, kein Prozess, keine Optimierung digitaler Inhalte, kein Prozess, keine Suchmaschinenoptimierung etc.

Intensivierung, Fokussierung und Reduktion spielen in deinen Vorträgen eine große Rolle – was genau meinst du damit?

Die Reihenfolge ist in der Praxis oft: 1) Fokussierung, 2) Reduktion und 3) Intensivierung.

Der Gedanke der Fokussierung leitet sich aus dem Umstand ab, dass es kein Unternehmen auf der Welt mit unbegrenzten Ressourcen gibt. Jedes Unternehmen hat eine begrenzte Menge an Ressourcen und ist gezwungen, innerhalb dieses künstlichen Rahmens effektiv und effizient zu handeln. Dafür bedarf es einer Fokussierung, um Ressourcen zielgerichtet einzusetzen. Blicken wir auf das Thema »digitale Inhalte« (auch: Content), erschließt sich recht schnell ein institutionalisiertes Misskonzept: die kontinuierliche Produktion neuer Inhalte, oftmals um der Produktion willen.

Wer sein digitales Spielfeld definiert, leitet aus den darin enthaltenen Themenfeldern in der Regel Ereignisse und Kontexte ab, die zu diesen Themen führen. In einem guten Inhaltsmanagement und Inhaltsproduktionsprozess leiten sich die zu erstellenden Inhalte von diesen Ereignissen und Kontexten ab. Und ab dann greift dieselbe Logik wie die aus dem vorhergehenden Abschnitt:

a. »Alles ist für jeden beim ersten Mal neu.«
b. »Der Mensch ist eine nachwachsende Ressource.«

Dieser Umstand kann bei der Erstellung digitaler Inhalte einen intensiven Denkimpuls auslösen: »Müssen wir tatsächlich dauernd neue Inhalte erstellen?« Die Antwort lautet in fast allen Fällen: Nein, auf gar keinen Fall – siehe a) und b). Es geht vielmehr darum, die Einstiegspunkte der Menschen in ein Thema zu identifizieren und sie einen Teil ihres Wegs zu begleiten. Dafür braucht es in der Regel keine dauerhafte Erstellung neuer Inhalte, sondern vielmehr einen Prozess: digitale Inhalte mit einer konkreten Zieldefinition. Und diese digitalen Inhalte werden kontinuierlich intensiviert.

Spätestens jetzt wird Online-Marketing-Verantwortlichen klar, welche Auswirkungen eine »kontinuierliche Produktion neuer Inhalte«

hat – und welche Welt sich erschließt, wenn digitale Inhalte zielgerichtet erstellt und kontinuierlich intensiviert und verbessert werden.

Wie wird sich der strategische Prozess in den kommenden Jahren verändern? Und welchen Einfluss haben Entwicklungen wie das »Internet of Things«, digitale Assistenten, Bots, künstliche Intelligenz und ähnliche Entwicklungen?

Wenn ich die Entwicklung der letzten zwei Dekaden von Unternehmen im WWW betrachte, kann ich zwar leider keinen Blick in die Glaskugel weitergeben – und dennoch kristallisiert sich eine Fähigkeit heraus, die universell anwendbar ist: die Fähigkeit zur dauerhaften (digitalen) Transformation. Es ist oft die Rede von der »digitalen Transformation«, diese Denkweise wiederum ist sehr punktuell. Unternehmen, die dauerhaft bestehen wollen und sich dabei schnell und zielgerichtet entwickeln möchten, investieren in die Fähigkeit zur kontinuierlichen Wandlung.

Wer diesen Aspekt in seine (Online-)Marketing-Strategie integriert, agiert »technologisch entkoppelt«: Der Fokus liegt ab dann auf Menschen, Ereignissen, Bedarf und Lösung statt auf flüchtigen Technologien und deren Trends. Diese neuen technologischen Möglichkeiten sollten eher als Datenzubringer und Kanal für die Angebotskommunikation betrachtet werden und nie als integraler Strategiebestandteil.

Karl Kratz ist als Unternehmer, Autor und Sprecher tätig und gilt als einer der führenden Vordenker für digitales Marketing in Deutschland. Sein Herz schlägt seit 1996 leidenschaftlich für feines Online-Marketing. In dieser Zeit hat er mehrere Unternehmen aufgebaut, mehrere Hundert Vorträge gehalten sowie verschiedene Konferenzen veranstaltet. Sein Blog *karlkratz.de* gehört zu den wichtigsten Publikationen der Branche, ebenso seine Bücher und E-Books, die allesamt zu Bestsellern geworden sind.

KAPITEL 3
Conversion-Optimierung

In diesem Kapitel:
- Conversion-Optimierung im Marketing-Mix
- Grundbegriffe und Status quo
- Wichtige Konzepte, Aufgaben und typische Herausforderungen
- Kennzahlen und Erfolgsmessung
- Lernen von Erfolgsbeispielen
- Checklisten für Websites
- Interview mit André Morys

Von Nils Kattau

Alles, was Sie im Rahmen Ihres Marketings tun, sollte in irgendeiner Form auf Ihre Conversions einzahlen. Einige Maßnahmen steigern die Anzahl oder den Wert Ihrer Conversions unmittelbar – z.B. das A/B-Testing. Andere wirken eher vorbereitend oder folgen erst nach einem Kaufabschluss – etwa das Einholen von Kundenbewertungen. Auch Ihre Aktivitäten rund um die Akquise sowie das Halten von Kunden sind Teil Ihrer Conversion-Optimierung.

Dieser spannende Fachbereich ist sehr vielseitig und beschränkt sich nicht nur auf Werbemittel und Website. Vielmehr ist Conversion-Optimierung ein unabdinglicher Bestandteil aller Marketingdisziplinen.

Conversion-Optimierung im Marketing-Mix

Die Entwicklung der Conversion-Optimierung – wie wir sie heute kennen – hielt im Jahr 2000 Einzug in die Onlinewelt, als niemand Geringeres als das Unternehmen Google anhand eines A/B-Tests die optimale Anzahl an Suchergebnissen pro Seite herausfinden wollte.

Das erste Experiment verlief erfolglos, da langsame Ladezeiten die Ergebnisse verfälschten.[1] Nach Verbesserungen des Systems und Optimierung der Variablen der Suchmaschine hat Google bis heute Tausende A/B-Tests durchgeführt.

In den vergangenen Jahren nahmen zahlreiche Analytics- und Marketing-Tool-Anbieter die Chance wahr, Applikationen rund um die Con-

---

1   Siehe *https://en.wikipedia.org/wiki/A/B_testing* (Aufruf: 01.08.2017)

version-Optimierung auf den Markt zu bringen. Die Nachfrage ist groß und steigt stetig weiter.

Als Conversion-Optimierung massenkompatibel wurde

Eines der bekanntesten Experimente in der Geschichte der Conversion-Optimierung stammt aus dem Dezember 2007:

Dan Siroker, damals Director of Analytics der Obama-Kampagne zur US-Präsidentschaftswahl 2008, steigerte die Spendengelder um 60 Millionen US-Dollar durch einen simplen multivariaten Test, in dem er vier Button-Varianten und drei Bilder bzw. drei Videos in unterschiedlichen Kombinationen testete.[2]

Nur wenig mehr als ein Jahr später gründete Dan in 2009 die Testing-Plattform *Optimizely*, die A/B- und multivariates Testing für jeden zugänglich machen sollte – auch ohne Programmierkenntnisse. Er öffnete so als einer der Ersten die Pforten für eine Mainstream-Nutzung. Anbieter mit vergleichbaren Tools zogen nach, darunter z. B. *VWO* von *Wingify* und *AB-Tasty*.

> **Hinweis zu A/B/n-Testing-Tools**
>
> Optimizely war nicht das erste Tool für A/B/n-Testing. Anbieter wie Omniture (in 2009 akquiriert von Adobe Systems, heute »Adobe Target«) sind schon weitaus länger am Markt, wurden früher jedoch nicht von der Masse der Website-Betreiber akzeptiert.

Heute bietet der Markt eine bunte Auswahl an Tools für Website-Testing, Mouse Tracking, Eye-Tracking-Simulation, Nutzerbefragungen und vieles mehr. Conversion-Optimierung ist heute massenkompatibel und wird von mehr und mehr Unternehmen betrieben.

Aktuelle Entwicklungen

Zwei der zurzeit am häufigsten diskutierten Themen in der Conversion-Optimierung sind *Personalisierung* und *Marketing-Automation*. Beide Disziplinen spielen perfekt zusammen.

Personalisierung

Das Thema Personalisierung umfasst Maßnahmen zur (maschinellen) Anpassung der User Experience bzw. Website-Inhalte für einzelne Nut-

---

2   Details zu diesem Experiment unter *https://blog.optimizely.com/2010/11/29/how-obama-raised-60-million-by-running-a-simple-experiment/* (Aufruf: 01.08.2017)

zer oder Nutzergruppen auf Basis des individuellen Surfverhaltens oder auf Basis ihrer Interessen.

Die Möglichkeiten sind unbegrenzt. Neben simplen Personalisierungen wie einer direkten Ansprache des Nutzers durch Datenbank- oder Cookie-Inhalte (Begrüßung, Name, zuletzt aufgerufene Produkte, Produktempfehlungen in Shop und Newsletter etc.) sind heute hochkomplexe Personalisierungsszenarien möglich, die beispielsweise eine umfängliche Anpassung anhand von Mausbewegungen, Klick-/Scroll-/Leseverhalten, Standort oder Wetter bedeuten können.

Marketing-Automation

Mittels Marketing-Automation ist es möglich, zuvor definierte repetitive Prozesse und Aufgaben automatisch ausführen zu lassen – typischerweise mit dem Ziel, Nutzer durch den Lead- bzw. Sales-Funnel zu schleusen.

Marketing-Automation passiert meist auf dem E-Mail-Kanal – hier werden Nutzer am verlässlichsten und am kostengünstigsten erreicht. Weitere gängige Kanäle sind Social Media, Display Advertising, Mobile- und Desktop-Push-Notifications sowie die Website selbst.

Typische Beispiele für Marketing-Automation sind

- ereignisgesteuerte (»triggered«) E-Mails, z. B. beim Verlassen des Bezahlprozesses in einem Onlineshop,
- Welcome Cycles, d. h. das Senden von Serienmitteilungen (Push/E-Mail) in vorab definierten zeitlichen Abständen mit dem Ziel, Nutzer an ein Produkt heranzuführen, sowie
- Wake-ups, also das »Aufwecken« – etwa durch Retargeting-Anzeigen oder E-Mails – von Kunden, die eine bestimmte Zeit inaktiv waren.

Grundbegriffe und Status quo

Conversion-Optimierung ist die Kunst und Wissenschaft, durch messbare Verbesserungen immer mehr Nutzer zum gewünschten Ziel zu bringen.

Die Conversion-Optimierung spielt in vielen Bereichen rund um Website und Marketing eine wichtige Rolle. Daher finden sich in diesem Themenkreis diverse Fachbegriffe. Die wichtigsten werden hier kurz erklärt – von A bis Z.

- **A/B/n-Test** – Ein Experiment, in dem mindestens zwei (oder n) Variationen einer Website, Anzeige, E-Mail etc. gegen das Original getestet werden, um herauszufinden, welche Variation zu einer höheren Conversion-Rate oder einem höheren Warenkorbwert führt.

- **Above the Fold** – Der obere Bereich einer Webseite, den der Nutzer sieht, bevor er eine Scrollbewegung ausführt. »Fold« steht für den »Falz« aus der Buchbinderei, das ist die Stelle, an der ein Papierbogen gefaltet ist.
- **Absprungrate** – Der prozentuale Anteil an Nutzern, die eine Website nach dem Betreten wieder verlassen, ohne weitere Seiten aufzurufen.
- **Attention Analytics** – Die Analyse der Aufmerksamkeitswirkung insbesondere durch Mouse und Eye Tracking (Simulationen): Wo schauen Leute hin? Wo bewegt sich die Maus? Welche Bereiche fallen früh auf, welche spät oder gar nicht?
- **Buy Box** – Der visuell oft abgegrenzte Bereich auf der Produktseite eines Onlineshops, in dem typischerweise Preis, Stückzahl, Verfügbarkeit und In-den-Warenkorb-Button zu finden sind.
- **Call-to-Action** – Die (Haupt-)Handlungsaufforderung auf einer Seite und gleichzeitig das zumeist wichtigste Element. Oftmals als Button dargestellt (auch: Call-to-Action-Button).
- **Click-Through** – Der Klick von einem (Funnel-)Schritt zum nächsten Schritt. Typische Click-Throughs sind Werbemittel > Landingpage oder Suchmaschinenergebnis > Webseite.
- **Conversion** – Das primäre, messbare Ziel (oder ein sekundäres) einer Kampagne oder eines Funnels. Conversion meint die Umwandlung eines Besuchers in einen Lead oder Kunden. Mögliche Ziele sind Verkäufe, abgesendete Formulare, Registrierungen etc.
- **Conversion-Rate-Optimierung/Conversion-Optimierung** –
Conversion-Rate-Optimierung: Maßnahmen, die lediglich die Zahl der Conversions in der Gruppe der vorhandenen Besucher steigern sollen, nicht jedoch andere Kennzahlen wie Warenkorbwert, Deckungsbeitrag, Customer Lifetime oder Ähnliches.
Conversion-Optimierung: Alle Maßnahmen, die die Conversion-Anzahl, den Wert je Conversion sowie auf den Erfolg/Umsatz des Unternehmens Einfluss nehmende Faktoren positiv beeinflussen sollen.
- **Copy/Copywriting** – Das Schreiben überzeugender, verführerischer Texte, die die Conversion-Optimierung gezielt unterstützen.
- **Drop** – Die Minderung einer Kennzahl (das Gegenteil von »Lift/Uplift«). Nicht: »Downlift«.

- **Eye Tracking/Prädiktives Eye Tracking** – *Eye Tracking*: Eine Aufzeichnung und Visualisierung der durch einen Nutzer tatsächlich angeschauten Bereiche einer Website, E-Mail, Verpackung o. Ä. *Prädiktives Eye Tracking*: Eine computergenerierte, ungenauere Simulation bzw. Vorhersage eines Eye Tracking.
- **Funnel** – Der aus mehreren Seiten/Schritten bestehende »Trichter«, den ein Nutzer auf dem Weg zur Conversion durchläuft.
- **Growth Hacking** – Skalierbare Marketingmaßnahmen für rapides Unternehmenswachstum.
- **Hero-Shot** – Das Hauptbild oder Hauptvideo auf einer Landingpage. Es sollte zeigen, um welches Angebot es auf der Seite geht, es soll das Angebot möglichst verständlich machen und Vorteile kommunizieren.
- **Hypothese (oder: Testhypothese)** – Eine noch nicht bewiesene Annahme zur Verbesserung der Conversion-Rate. Die Testhypothese ist die Grundlage für jeden A/B/n-Test.
- **Kontrast** – *Design*: Eine kontrastreiche Farbe für erhöhte Aufmerksamkeit oder Lesbarkeit. Maximaler Kontrast wird durch das Invertieren der Hauptfarbe einer Seite erzielt. *Psychologie/Testing*: Die Stärke bzw. Auffälligkeit einer Variation.
- **Landingpage** – *Allgemein*: Jede Seite, auf der der Nutzer über externe Quellen (z. B. Suchmaschine, E-Mail oder Werbemittel) landet. *Marketingkampagne*: Eine Zielseite für Werbemittel, die exakt ein Ziel verfolgt und exakt eine Call-to-Action beinhaltet. Typische Ziele sind das Ausfüllen eines Formulars (auch *Lead Page* genannt) oder der Click-Through zu weiterführenden E-Commerce-Seiten.
- **Lead** – Ein Kontakt, der durch eine Marketingmaßnahme gewonnen wurde. Online-Marketing-Leads werden meist über Formulare oder telefonisch gewonnen.
- **Message Match** – Die Stimmigkeit von Design und Marketingaussage zwischen Werbemittel und Landingpage (Headline).
- **Mobile First** – Der Ansatz, Websites, Kampagnen oder Ähnliches zuerst für Mobilgeräte zu erstellen, um dann adaptive Versionen für größere Bildschirmauflösungen zu erstellen. Das Ziel des Mobile-First-Ansatzes ist die Reduktion von Inhalt und Design auf das Wichtigste.
- **Mouse Tracking** – Die Aufzeichnung und Visualisierung von Mausbewegungen, Scrollbewegungen und Klicks. Das Verhalten einzelner Nutzer kann via Mouse Tracking über mehrere Seiten hinweg aufgezeichnet und analysiert werden.

- **Multivariater Test** – Das Testen von Kombinationen mehrerer variierter Elemente. Das Ziel eines multivariaten Tests (MVT) ist es, herauszufinden, welche Kombination die meisten Conversions bringt.
- **Persona** – Das Modell bzw. die Beschreibung einer für eine bestimmte Bedarfsgruppe sehr typischen Person. Personas enthalten detaillierte demografische und psychologische Informationen und dienen als Werkzeug für kundenspezifische Marketing- und/oder Vertriebsmaßnahmen.
- **Post-Conversion** – Eine Conversion, die nach der eigentlichen Haupt-Conversion (z. B. Lead oder Sale) erzielt wird. Typische Beispiele sind die Aufforderung zur Newsletter-Anmeldung oder zur Vernetzung in sozialen Netzwerken auf der Bestätigungsseite nach einem Kauf.
- **Responsive Webdesign** – Ein technischer und gestalterischer Ansatz zur Erstellung von Websites, um eine auf die jeweilige Bildschirmbreite angepasste Darstellung für Smartphones, Tablets, Desktops und größere Displays zu gewährleisten.
- **Segmentierung** – Das Teilen einer breiten Nutzergruppe in kleinere Segmente. Die Teilung geschieht in der Regel auf Kampagnen-, Verhaltens- oder geografischer Grundlage. Die Segmentierung ermöglicht eine detailliertere Auswertung von Analytics-Daten und Testergebnissen.
- **Skim, Scan, Read** – Ein dreistufiges Verhaltensmuster beim Konsumieren von Website-Inhalten. Beim Skimming überfliegen Nutzer die Seite sehr grob und halten sich nur sehr kurz an Kontrastpunkten und Bildern auf. Beim Scanning steigen die Nutzer etwas tiefer ein und lesen Satzbruchstücke. Beim Reading lesen Nutzer die Inhalte ausführlich.
- **Testimonial** – Ein Kundenzitat in Text- oder Videoform über die Erfahrungen mit einem Produkt, einer Dienstleistung oder Marke.
- **Unique Value Proposition (UVP)** – Eine überzeugende Aussage über die Einzigartigkeit und die Vorteile eines Angebots.
- **Lift/Uplift** – Die Steigerung einer Kennzahl (das Gegenteil von »Drop«).
- **Usability** – Die Bedienbarkeit bzw. Benutzerfreundlichkeit einer Website, eines Diensts oder Produkts.
- **User Experience** – Das empfundene Nutzererlebnis bei der Interaktion mit einer Website, einem Dienst oder einem Produkt.
- **User Signals** – Die Signale, die ein Nutzer bei der Bedienung einer Website sendet. Hierzu gehören z. B. Click-Through-Rate, Verweil-

dauer, Anzahl aufgerufener Seiten, Scrollbewegungen, Klicktiefe und Social Shares (auch: Social Signals). Conversions sind ebenfalls als User Signal zu verstehen.

- **Whitespace** – Der »Freiraum« um einzelne Elemente. Whitespace dient der Aufmerksamkeitssteuerung, da das Auge sich auf einzelne Elemente fokussieren kann. Seiten mit viel Whitespace wirken »ruhiger«.

Wichtige Konzepte, Aufgaben und typische Herausforderungen

Für einen Online Marketing Manager ist es äußerst hilfreich, auf ein umfassendes Basiswissen im Feld der Conversion-Optimierung zugreifen zu können. Im Folgenden erhalten Sie eine kompakte Übersicht zum Einstieg.

Website-Grundlagen

User Experience

Die User Experience beeinflusst das Online-Nutzerverhalten maßgeblich. Sie ist ausschlaggebend dafür, ob ein Nutzer Ihre Website direkt wieder verlässt bzw. ob und wie tief er in Ihre Website einsteigt.

> Der Begriff User Experience (Abkürzung UX, deutsch wörtlich Nutzererfahrung, besser Nutzererlebnis oder Nutzungserlebnis – es wird auch häufig vom Anwendererlebnis gesprochen) umschreibt alle Aspekte der Erfahrungen eines Nutzers bei der Interaktion mit einem Produkt, Dienst, einer Umgebung oder Einrichtung.[3]

Das Themengebiet der UX ist sehr umfangreich und als übergeordneter Begriff seiner wichtigsten Aspekte *Psychologie*, *Design*, *Copy* und *Usability* zu verstehen.

Psychologie

Jeder Mensch bzw. jede Bedarfsgruppe ist anders. Bei der Gestaltung und Pflege Ihrer Website(s) sollten Sie nicht den Fehler begehen, nur auf Ihre eigenen Vorlieben einzugehen. Aus diesem Grund empfehle ich besonders die Arbeit mit Limbic® Personas. Sie bilden eine hervorragende Grundlage für das Verständnis der Psychologie Ihrer eigenen Kunden.

---

3 Wikipedia Definition User Experience; *https://de.wikipedia.org/wiki/User_Experience* (Aufruf: 01.08.2017)

> **Praxistipp**
>
> Das Limbic®-Konzept wurde Ende der 90er-Jahre von Dr. Hans-Georg Häusel als Modell für das Verständnis von (Kauf-)Entscheidungsfindung und Konsumverhalten entwickelt.
>
> Mehr über Limbic® Personas erfahren Sie unter
> *https://de.ryte.com/wiki/Limbic%c2%ae_Personas*.

Grundsätzlich sollten Sie Orientierung, Prozesse und Interaktion für Ihren Besucher so einfach und zufriedenstellend wie möglich machen. Bieten Sie Erklärungshilfen (z. B. Infotexte bei Formularfeldern) an, die Einwände behandeln, während oder bevor sie entstehen. Geben Sie Ihrem Besucher auf dem Weg durch Ihren Funnel positives Feedback, um die Motivation aufrechtzuerhalten.

Gehen Sie auf die individuellen Bedürfnisse Ihrer Personas ein: Sind sie spontan und innovationsgetrieben? Traditionell veranlagt und sicherheitsbedürftig? Oder zahlengetrieben und dominant? Denken Sie sich in den inneren Dialog Ihrer Nutzer hinein und kommunizieren Sie entsprechend.

Auch Farben spielen eine Rolle für die User Experience. Die richtige Farbwahl hängt sehr stark von Markenwelt, Preisempfinden, Angebotstyp und zahlreichen weiteren Faktoren ab.

Es wäre falsch, zu behaupten, dass beispielsweise ein orangefarbener Button immer am besten funktioniert. Hier heißt es testen und noch mal testen. Dabei kann natürlich auch erkannt werden, dass die Farbwahl völlig irrelevant ist. Als kleine Entscheidungshilfe für die Farbauswahl folgt eine kurze Übersicht über gängige Assoziationen von Personen westlicher Kulturen (insbesondere Deutschland und Umgebung) mit Farben:[4]

Rot – Freude, Energie, Liebe, Lust, Leidenschaft, Durchsetzung, Wettkampf, Warnung, Gefahr, Stopp, Blut, Hitze

Blau – Seriosität, Sicherheit, Disziplin, Moral, Bodenständigkeit, Freundlichkeit, Kälte, Kompetenz, Distanz

Grün – Gesundheit, Wellness, Relaxing, Einfachheit, risikolos, Wachstum, Natur, Herzlichkeit, Frische, Gift, Übelkeit

---

4   Ausführlichere Angaben finden Sie z. B. unter *http://www.beta45.de/farbcodes/theorie/heller.html* und in Zusammenhang mit Hans-Georg Häusels Modell Limbic® für die Marketing- und Verkaufspraxis.

Gelb – Optimismus, jugendlich, Risikofreude, Spontanität, Aufmerksamkeit, Geiz, Egoismus, Sonne, Wärme

Orange – jetzt, sparen, schnell, Freude, Kunst, Kreativität, Humor, aufdringlich, laut, billig, lustig, extrovertiert

Violett – Ruhe, Entspannung, Weisheit, Fantasie, Extravaganz, das Modische, Weiblichkeit, Kurzlebigkeit, Unsicherheit, Stolz, Macht, Dekadenz

Schwarz – Elite, edel, hochwertig, exklusiv, Premium, Trauer, Einsamkeit, Funktionalität, schwer, Bedrohung, Unglück

Weiß – Qualität, Sparsamkeit, Verlässlichkeit, Gesundheit, Sauberkeit, das Neue, Bescheidenheit, Wissenschaft, Klugheit, Unschuld, realitätsfern

Grau – Ordnung, Gerechtigkeit, das Konservative, Gehorsamkeit, Pünktlichkeit, Sachlichkeit, Langeweile

Bilder können Ihren Nutzer dabei unterstützen, die Vorteile oder Funktionsweise Ihres Angebots zu verstehen, und Bilder können Websites emotional aufladen sowie Sympathie und Vertrauen aufbauen. Achten Sie bei der Bildauswahl darauf, authentisch zu sein, und verwenden Sie nach Möglichkeit keine Stockfotos.

Abgebildete Emotionen werden auf den Betrachter übertragen. Grund hierfür sind die Spiegelneuronen in unserem Gehirn. Deshalb ist es ratsam, eher positive Emotionen abzubilden als negative. Zur Verdeutlichung: Wenn Sie eine Website für Schülernachhilfe betreiben, bilden Sie nicht den niedergeschlagenen Schüler ab, der eine 5 in Mathe geschrieben hat. Zeigen Sie stattdessen den fröhlichen Schüler mit der 2+. Zeigen Sie in emotionalen Bildern das Ziel und nicht das Problem.

Design

Ihr Design sollte der (empfundenen) Wertigkeit Ihres Angebots entsprechen. Es ist nicht konversionsfördernd, ein Low-Budget-Produkt in einem zu hochwertigen Design zu präsentieren – oder ein Luxusprodukt in »billigem« Design. Das Design Ihrer Werbemittel muss dabei zum Design der zugehörigen Landingpages passen.

Ein Design ist nur gut, wenn der Nutzer in der Lage ist, sich problemlos und ohne Nachdenken zu orientieren. Hier hilft der Einsatz von Whitespace, also »Freiraum«, um einzelne Elemente und eine klare visuelle Hierarchie, die das Auge des Betrachters gezielt steuert. Wichtige Bausteine der Website sollten optisch hervorgehoben werden – etwa durch hohen Farbkontrast oder richtungsweisende Elemente –, und Interaktionselemente müssen als solche erkennbar sein.

Zu viel Kreativität kann der Conversion-Rate schaden. Setzen Sie daher primär auf vom Nutzer *gelernte Interaktionskonzepte* und *-darstellungen*.

Überschriften funktionieren am besten, wenn sie sich vom restlichen Inhalt durch Schriftgröße und Whitespace abheben. Generell sollten Texte zum Lesen einladen. Das erzielt man leicht, indem man »Textwüsten« interessanter gestaltet durch den Einsatz von Aufzählungslisten, Bildern, Videos, Tabellen, hervorgehobenen Zitaten etc.

Copy

Der Text einer Website ist der wohl wichtigste Baustein, wenn es um die Generierung von Conversions geht. Hier kann man sehr vieles falsch – oder eben richtig – machen. Nutzer möchten nicht nachdenken, wenn sie eine Website konsumieren.[5] Und es sollten keine Fragen offenbleiben.

Kommen Sie daher auf den Punkt und beantworten Sie für jede einzelne ihrer Seiten unmissverständlich die essenziellsten Fragen der Nutzer:

- Worum geht es auf dieser Seite?
- Was genau bringt mir das Angebot, und welche Probleme löst es?
- Wer ist der Anbieter, und kann ich ihm vertrauen?
- Wie geht es jetzt weiter, und welchen Aufwand bedeutet das für mich?

Konzentrieren Sie sich bei Ihrer Kommunikation auf Vorteile, nicht auf Eigenschaften. Der Nutzer möchte im Endeffekt wissen, inwiefern er von Ihrem Angebot profitiert. Der Weg dahin ist sekundär.

Sie können das Skimming (Überfliegen der Inhalte) Ihrer Besucher unterstützen, indem Sie Schlüsselwörter fett darstellen sowie Aufzählungslisten und aussagekräftige Zwischenüberschriften einsetzen. Achten Sie bei der Wortstellung Ihrer Überschriften darauf, dass die wichtigsten Begriffe am Anfang und am Ende stehen. Dies sind die Wörter, die beim Skimming besonders wahrgenommen werden.

Eine einwandfreie Grammatik und die richtige Rechtschreibung sind selbstverständlich – dennoch möchte ich sie als sehr wichtigen vertrauensbildenden Faktor nicht unerwähnt lassen. Lesen Sie Ihre Texte laut vor, um Fehler eher wahrzunehmen. Und setzen Sie am besten auf das Vieraugenprinzip.

---

5 Literaturtipp: Don't Make Me Think – Steve Klug, ISBN 783826697050, 2014, 3., aktualisierte Auflage

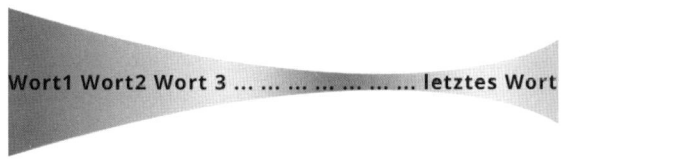

Abbildung 3-1:
Aufmerksamkeitskurve beim Überfliegen von Überschriften und Textpassagen: Die Wörter an Anfang und Ende werden am stärksten wahrgenommen.

Handlungsaufforderungen bzw. Call-to-Actions sollten höchst aktivierend sein und zum Klick anreizen. Button-Beschriftungen wie *Weiter*, *Senden* oder *Herunterladen* sind keine Option. Nutzen Sie die Gelegenheit, Ihre Call-to-Action mit Ihrer USP und weiteren Vorteilen auszuschmücken. Folgen Sie dem inneren Dialog Ihrer Nutzer.

Beim Copywriting ist es sinnvoll, sich eng mit den Verantwortlichen für die Suchmaschinenoptimierung abzustimmen. So können wichtige SEO-Begrifflichkeiten und -Themen in die Texte einfließen. Achten Sie jedoch darauf, Texte niemals für Suchmaschinenroboter zu schreiben, sondern immer für Menschen.

Usability

> Gebrauchstauglichkeit (englisch Usability) bezeichnet (...) das Ausmaß, in dem ein Produkt, System oder ein Dienst durch bestimmte Benutzer in einem bestimmten Anwendungskontext genutzt werden kann, um bestimmte Ziele effektiv, effizient und zufriedenstellend zu erreichen. Sie ist damit eng verwandt mit (...) dem breiter gefassten Konzept der User Experience (UX).[6]

Der Mensch ist ein Gewohnheitstier. Deshalb tun Sie gut daran, das Usability-Rad nicht neu zu erfinden.

Je schneller bekannte Muster erkannt werden, desto schneller kann das menschliche Gehirn Zusammenhänge erfassen. Verändern Sie von Seite zu Seite wichtige Merkmale zur Erkennung von beispielsweise Interaktionsmöglichkeiten (Linkfarbe, Form oder Gestaltung etc.), kann das Gehirn des Nutzers kein Muster speichern, das ihm die Navigation auf der nächsten Seite erleichtern würde. Folglich beginnt er auf jeder Seite erneut mit dem Erkennen und Speichern von Mustern. Hierbei geht für Sie als Seitenbetreiber wertvolle Zeit verloren, in der sich Ihr Besucher bereits auf Ihre Inhalte konzentrieren könnte. Wahren Sie Konsistenz und Erwartungskonformität.

---

6   Wikipedia, Artikel Gebrauchstauglichkeit, *https://de.wikipedia.org/wiki/Gebrauchstauglichkeit_(Produkt)*

Die Bedienung einer Website funktioniert nur zufriedenstellend, wenn die Interaktion intuitiv geschieht. Hilfreich ist der Einsatz gewohnter Interaktionskonzepte wie z.B. die Verlinkung der Startseite auf dem Logo, das Platzieren der Navigationsmenüs im oberen oder linken Bereich oder die Darstellung von Artikelübersichten im Kachel- oder Listenlayout. Findet Ihr Besucher ungewohnte Bedienelemente oder -konzepte vor, gerät er schnell ins Stolpern und droht, aufgrund einer negativen Nutzererfahrung abzuspringen.

Die Lesbarkeit von Inhalten spielt eine wichtige Rolle im Feld der Usability. Texte sollten deshalb hohen Kontrast zu ihrer Hintergrundfarbe aufweisen. Dunkler Text auf hellem Hintergrund ist dabei wesentlich angenehmer für das menschliche Auge als heller Text auf dunklem Hintergrund. Wählen Sie eine für die Zielgruppe angenehme Schriftgröße. Da die Sehkraft mit dem Alter nachlässt, ist für die Generation 40+ eine Schriftgröße von nicht weniger als 16 Pixeln zu empfehlen.

Besonders intuitive Orientierung erzielen Sie durch den Einsatz einer klaren visuellen Hierarchie. Die konversionsrelevantesten Elemente sollten demnach auffälliger sein als andere. Die Hervorhebung kann unter anderem durch Kontrast (Farben, Formen, Wortfettung) oder richtungsweisende Elemente (Pfeile, Fingerzeige, Blicke) vorgenommen werden.

Zu einer guten Usability gehört die Vermeidung von Fehlermeldungen oder Eingabekorrekturen. Verwenden Sie z. B. Datepicker für Datumseingaben und Drop-down-Menüs statt Freitextfelder, sofern dies möglich und sinnvoll ist und zur Vermeidung von Falscheingaben beitragen kann.

Für Ihre mobile Website bringt HTML5 eine ganze Reihe sogenannter *HTML5 Input Types* mit, die für verschiedene Eingabetypen die passenden Tastaturen auf dem Smartphone auslösen. Bei einem Telefonnummernfeld öffnet sich beispielsweise eine numerische Tastatur, bei einem E-Mail-Adressfeld ist das @-Zeichen direkt in der Tastatur sichtbar, und bei einem Feld für die Uhrzeit öffnet sich das betriebssystemeigene Auswahl-Interface für Uhrzeiten.

Page-Speed-Optimierung

Die Ladegeschwindigkeit einer Website ist nicht nur für die Platzierung in Suchmaschinen wichtig. *Kissmetrics* fand in einer Studie heraus, dass nur eine Sekunde Verzögerung bei der Antwortzeit einer Seite ganze 7 % Reduktion der Conversion-Rate bedeuten kann.

Um das Dilemma zu verdeutlichen, bringen sie ein einschlägiges Beispiel:

»If an e-commerce site is making $100,000 per day, a 1 second page delay could potentially cost you $2.5 million in lost sales every year.«

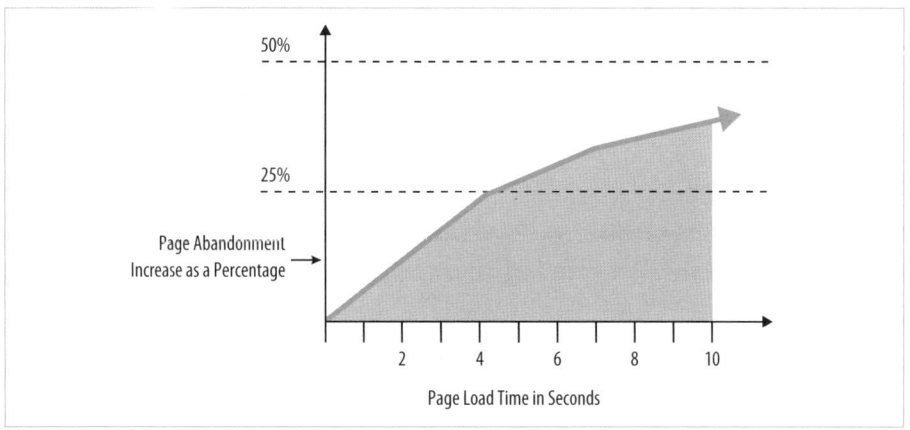

Abbildung 3-2:
Ansteigen der Abbruchrate durch Ladezeitverzögerung (in Anlehnung an *kissmetrics.org*)[7]

Ihr Page-Speed kann durch viele – hauptsächlich technische – Anpassungen enorm gesteigert werden. Unter *https://developers.google.com/speed/pagespeed/* bietet Google ein Tool an, mit dem Sie Ihre (theoretische) Website-Performance für Desktop und Smartphone prüfen können. Gleichzeitig erhalten Sie hilfreiche Tipps für die Optimierung der Seitengeschwindigkeit. Eine Checkliste zum Thema Page-Speed finden Sie in diesem Kapitel im Abschnitt *Checklisten für Websites*.

Website-Frontend-Development-Frameworks

Website-Frontend-Development-Frameworks bringen von Haus aus sehr viel Gutes in Sachen Usability und UX mit und helfen, bei der Entwicklung von Website-Frontends mit HTML, CSS und JavaScript enorm viel Zeit einzusparen.

Erstellen Sie – nach kurzer Einarbeitungszeit – in wenigen Minuten erste Mock-ups und Click-Dummies Ihrer geplanten Webprojekte. Die Frameworks eignen sich hervorragend für *Rapid Prototyping*.

Standardmäßig enthalten sind ein Grid-System für übersichtliche, responsive Layouts, HTML- und JS-Komponenten sowie umfangreiches CSS für die schnelle Umsetzung von Inhalten, Navigationsmenüs und erweiterte Funktionalitäten – auch ohne nennenswerte Programmierkenntnisse.

---

7 Quelle der Originalgrafik: *https://blog.kissmetrics.com/loading-time/*
(Aufruf: 01.08.2017)

Alle Funktionen und Features können Sie in einer umfangreichen Dokumentation des jeweiligen Frameworks einsehen – zusammen mit Beispielen und kopierbaren Codeschnipseln.

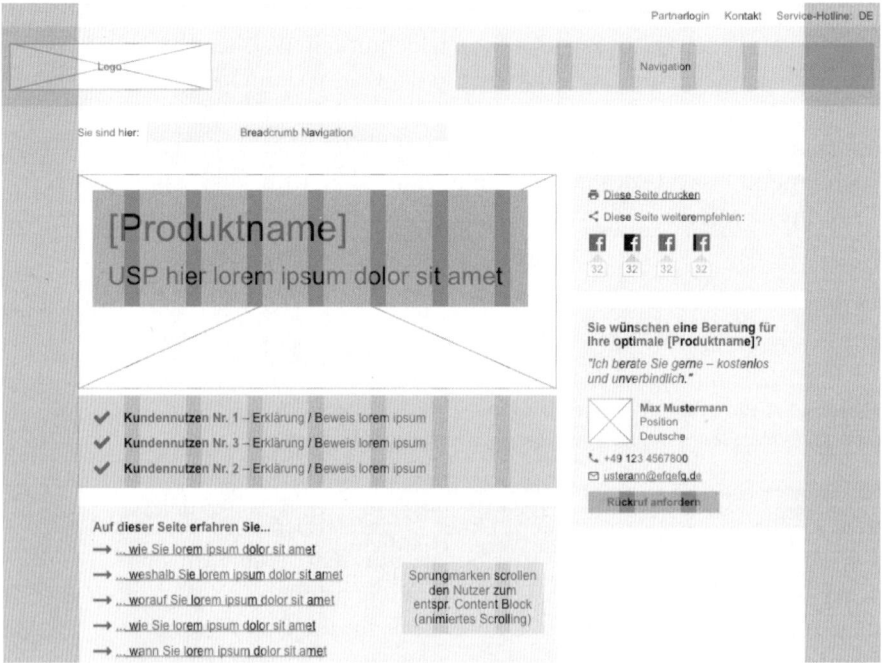

Abbildung 3-3:
Mock-up/Wireframe mit Grid-System. Je dunkler ein Bereich dargestellt ist, desto prominenter soll er auf der späteren Website erscheinen.

Natürlich bringen Development-Frameworks auch Nachteile mit sich: Keine Website (abgesehen von der des Frameworks selbst) macht Gebrauch von allen Features und Komponenten. Das heißt, dass der Code für den normalen Gebrauch viel umfangreicher ist, als er eigentlich sein müsste, was sich negativ auf die Ladezeiten auswirkt. Gleichzeitig führt die Arbeit mit Frameworks zu einer recht flache Lernkurve, da das meiste von Haus aus funktioniert und kein weiteres Einarbeiten nötig ist. Anpassungen am »Core« des Frameworks sind oft mit sehr viel Aufwand verbunden.

Gängige Frameworks sind *Bootstrap* von Twitter[8] und *Foundation* von ZURB[9]. Bootstrap kommt ohne allzu viele Extras und stellt eine hervorragende Basis für die eigene Frontend-Entwicklung dar. Foundation bringt sehr viele (deaktivierbare) Extras mit – auf Kosten Ihres Page-

---

8   Download Bootstrap: *http://getbootstrap.com/*
9   Download Foundation: *http://foundation.zurb.com/*

Speeds. Jedoch prädestinieren die vielen Extras Foundation für Rapid Prototyping mit erweiterter Funktionalität.

Website-Optimierung: Conversion-Strategie

Am Anfang jeder Strategie steht die Zieldefinition: Welcher KPI soll wie stark verändert werden? Zwar sind in der Conversion-Optimierung viele Kennzahlen relevant, jedoch sollten Sie unbedingt mit allen Maßnahmen letztendlich auf den wichtigsten KPI einzahlen. Dieser eine wichtigste KPI ist die Metrik, dem Ihr gesamtes Marketing folgen muss. Er ist Ihr Nordstern.

> **Tipp**
> Bevor das Ganze zu esoterisch klingt, hier meine unbedingte Videoempfehlung zum Thema *Growth & »North Star«*:
> *https://youtu.be/n_yHZ_vKjno* (47 Minuten reine Inspiration)

Auf Ihren Nordstern können Sie mit zahlreichen Marketingaktivitäten und -kampagnen einzahlen. Zur Veranschaulichung sehen Sie hier eine vereinfachte Version des Nordstern-Modells meines SaaS-Start-ups smartimize.com:

Nordstern (wichtigster KPI):

Anzahl monatlich zahlender Kunden

Einzahlende Faktoren und KPIs:
- Sales
  - Leads
    - USP & Vorteilskommunikation
    - Landingpage-Qualität
    - Weiterempfehlungen
    - Anzahl Affiliate-Partner
    - Marketing-Automation
  - Plans & Pricing
    - Preismodelle
    - Angebote & Verträge
    - Vertragskonditionen
  - Marketing-Automation
  - Werbekampagnen

- Customer Retention (Kundenbindung)
  - Customer Onboarding
    - Welcome Cycle
    - Tutorials
  - Software User Experience
    - Usability
    - Design
    - Qualität der Inhalte
    - Qualität des Kundensupports
  - Software Usage
    - Anzahl monatlicher Log-ins
    - Anzahl monatlich erhaltener Conversion-Tipps
  - Churn Management (Vermeiden der Kundenabwanderung)
    - Account-Deaktivierungsseiten

Dies ist nur eine kleine Übersicht der Faktoren und KPIs, die auf den Nordstern einzahlen. Die gute Nachricht: Jeder Faktor ist optimierbar und kann Ihren Unternehmenserfolg positiv beeinflussen.

Conversion-Optimierung ist *data-driven*. Die Optimierung sollte niemals nach Bauchgefühl und ohne erprobtes Modell erfolgen. Aus diesem Grund habe ich das *Conversion-Cycle-Modell* für erfolgreiche Conversion-Optimierung entwickelt:

»Conversion Cycle« – ein Modell für erfolgreiche Conversion-Optimierung

Die besten Ideen kommen selten vom HiPPO (*Highest Paid Person's Opinion*), sondern insbesondere von Personen, die nicht betriebsblind sind (das passiert irgendwann jedem in einem gewissen Maße), nicht jeden Aspekt des Angebots auswendig kennen und kein Fachchinesisch sprechen.

Schaffen Sie in Ihrem Unternehmen eine Testing-Kultur. Motivieren Sie jeden Mitarbeiter dazu, Optimierungsvorschläge zu machen, und evaluieren Sie jede Idee.

Testen Sie so viel wie möglich – mehr Tests bedeuten mehr Umsatzpotenzial. Seien Sie dabei fehlertolerant und verstehen Sie, dass nicht jeder Test positiv ausfällt. Setzen Sie die Erkenntnisse aus negativen Tests gewinnbringend für Folgetests ein und lassen Sie sich nicht entmutigen. Mit der Zeit werden Sie Ihre Nutzer immer besser verstehen und Erfolgsquoten von 70 %, 80 % oder mehr verzeichnen.

Um konstant derartige Erfolgsquoten bei der Conversion-Optimierung zu erzielen, ist ein strukturierter Ansatz nötig, den ich in sieben Schritte gliedere:

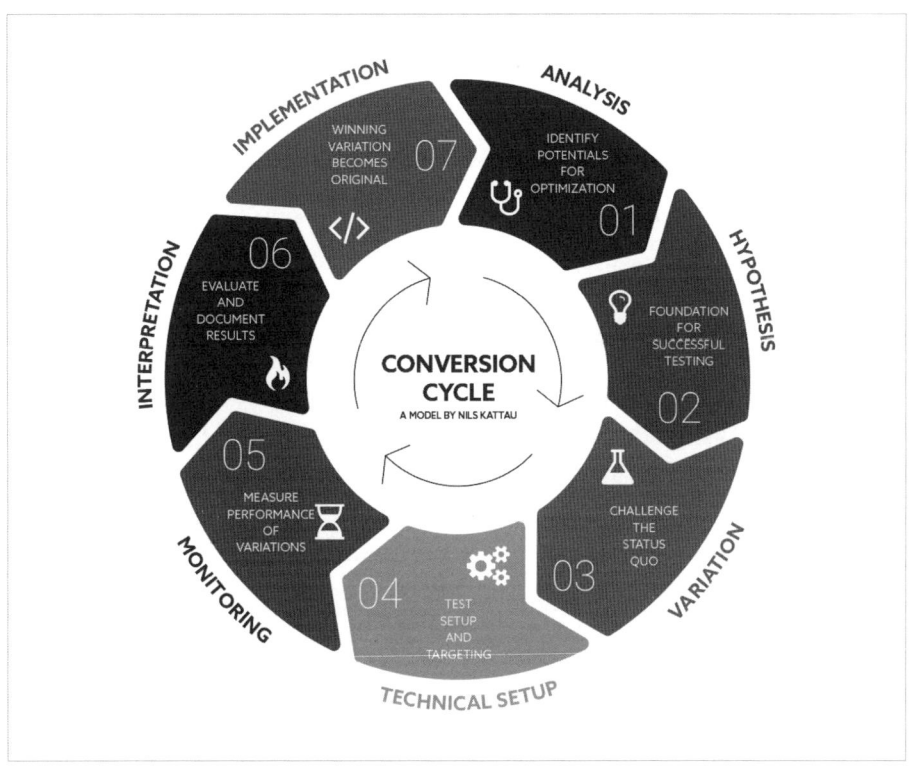

Abbildung 3-4:
Conversion Cycle – ein Modell für erfolgreiche Conversion-Optimierung (© Nils Kattau)

1. Schritt: Analyse – identifizieren Sie Verbesserungspotenziale

In der Analyse geht es zunächst darum, herauszufinden, auf welcher Seite bzw. in welchem Schritt Potenziale verborgen liegen.

Um Antworten auf das »Wo?« zu finden, bietet sich die quantitative Analyse des Nutzerverhaltens an. Das primäre Werkzeug ist an dieser Stelle Ihr eingesetztes Webanalysetool (z.B. Google Analytics). Qualitative Methoden wie Usability-Tests liefern ebenfalls wertvolle Erkenntnisse, werden an dieser Stelle jedoch eher selten eingesetzt.

Sobald Sie herausgefunden haben, wo Sie Nutzer bzw. Conversions verlieren, geht es darum, herauszufinden, was genau die Schwachstellen sind.

Antworten auf das »Was genau?« erhalten Sie in der qualitativen Analyse. Mit Aufmerksamkeitsanalysen (Mouse Tracking, Eye Tracking Simulation) finden Sie heraus, welche Elemente einer Seite womöglich übersehen, falsch verstanden oder als unwichtig erachtet werden. Verfeinern Sie Ihre Einblicke durch offene und/oder gezielte Nutzerbefragungen, das Hinzuziehen von Kunden-Feedback und ehemaligen Test-

Learnings sowie den Einsatz von Wissen aus dem Neuromarketing und der Konsumpsychologie.

Besonders hilfreich in dieser Analysephase ist der Einsatz von Personas und Conversion-Frameworks. Die zwei gängigsten Frameworks sind das 7-Ebenen-Modell und das LIFT-Modell. Mehr dazu finden Sie hier:

- Das 7-Ebenen-Modell von André Morys (konversionsKRAFT)

https://www.konversionskraft.de/checklisten/die-7-ebenen-der-konversion-uberblick.html

- Das LIFT-Modell von Chris Goward (WiderFunnel)

https://www.widerfunnel.com/the-six-landing-page-conversion-rate-factors/

2. Schritt: Hypothese – die Grundlage für erfolgreiches Testing

Beginnen Sie niemals einen Test ohne aussagekräftige Hypothese. Eine gute Hypothese hilft bei der Testerstellung und -auswertung und sollte mindestens folgende Informationen enthalten:

1. Welches *Nutzerverhalten* wurde in der Analyse beobachtet?
2. Welche *Veränderung* soll getestet werden?
3. Welches *Nutzersegment* soll am Test teilnehmen?
4. Welche *Veränderung im Nutzerverhalten* soll durch den Test erwirkt werden?
5. Welches zu messende *Ziel* entscheidet über Erfolg oder Misserfolg?

Häufig entstehen gleichzeitig mehrere Hypothesen für einzelne URLs bzw. Seitentypen. Da Sie nicht mehrere Tests parallel auf einer URL aussteuern sollten, müssen Hypothesen priorisiert werden. Schließlich soll das größte Verbesserungspotenzial als Erstes angegangen werden.

Ich empfehle den Einsatz eines Bewertungssystems, das folgende fünf Kriterien umfasst:

1. Betrifft die Hypothese den *primären Conversion-Funnel*? (1 = nein, 2 = unterstützend, 3 = ja)
2. *Handlungsbedarf* gemäß Analytics (1 = gering bis 3 = hoch)
3. *Sichtbarkeit* der Veränderung (1 = wenig sichtbar bis 3 = stark sichtbar)
4. Voraussichtliche *Auswirkung* auf das Nutzerverhalten (1 = gering bis 3 = hoch)
5. *Traffic-Anteil* gegenüber Gesamt-Traffic in % (Segmente und Geräte beachten)

Addieren Sie nun die Werte aus 1. bis 4. und multiplizieren die Summe mit dem Wert aus 5., erhalten Sie ein vergleichbares Rating für Ihre Hypothese.

3. Schritt: Variation – fordern Sie den Status quo heraus

Nachdem Ihre vielversprechendste Hypothese ausgewählt wurde, geht es an die Umsetzung der Variation(en) für den bevorstehenden A/B/n-Test.

Design und Copy sollten Sie dringend sowohl isoliert als auch in Kombination testen. Möchten Sie beispielsweise Veränderungen der Überschrift und des Hero-Shots testen, entstehen hierdurch drei Variationen: 1. Hauptbild, 2. Überschrift, 3. Hauptbild und Überschrift. Nur so ist es möglich, Ergebnisse zu interpretieren und die Auswirkung der Variablen korrekt einzuschätzen. Man spricht in diesem Fall von einem multivariaten Test.

4. Schritt: Technisches Setup – konfigurieren Sie Ihren A/B/n-Test

Sobald Ihre Variationen fertig gestaltet bzw. getextet sind, werden diese ins Testing-Tool übertragen. Für einfache Anpassungen reicht oft der visuelle Editor aus (zu finden bei Google Optimize, Optimizely, VWO, ABTasy etc.), für den keine Programmierkenntnisse nötig sind. Selbstverständlich können auch hochkomplexe Variationen mit umfangreichem Programmieraufwand in den Testing-Tools umgesetzt werden.

Durch das Targeting definieren Sie, auf welchen Geräten, URLs etc. der Test laufen soll. Ebenfalls wichtig ist die Entscheidung, ob der Test für den gesamten Traffic oder nur bestimmte Nutzersegmente (*Audiences*) ausgespielt werden soll. Achten Sie an dieser Stelle möglichst darauf, dass Sie Ihre Website nur so weit für einzelne Segmente optimieren, wie es Ihre verfügbaren Ressourcen für die Seitenpflege zulassen. Sie möchten sicherlich vermeiden, dass für eine Unterseite beispielsweise 20 verschiedene Segmentvarianten gleichzeitig gepflegt werden müssen.

Im Rahmen des Targetings sollten Sie immer die eigene IP und die Ihrer Dienstleister ausschließen, sofern diese statisch sind. Sorgen Sie außerdem dafür, dass Nutzer mit einer bereits vorhandenen Cookie-ID aus einem anderen aktiven Experiment vom Test ausgeschlossen werden. Andernfalls sind die Ergebnisse nicht interpretierbar, da Sie das Nutzerverhalten nicht eindeutig einer Variante zuordnen können. Diese Funktionalität existiert bei fast jedem Testing-Tool.

Stellen Sie ein primäres und beliebig viele sekundäre Conversion-Ziele für den Test ein. Je mehr relevante sekundäre Ziele Sie tracken, desto genauer können Sie später Ergebnisse interpretieren.

Zum Abschluss des technischen Setups nehmen Sie eine Qualitätssicherung vor: Prüfen Sie die Darstellung und Funktionalität auf gängigen Geräten und Browsern und minimieren Sie die Ladezeiten Ihrer Variationen.

> **Tipp**
> »Flicker«-Effekte verfälschen Ergebnisse, mehr unter *https://www.konversionskraft.de/tipps/flicker-effekt-flacker-fehler-bei-ab-tests.html*.

Zum Abschluss der Qualitätssicherung testen Sie noch die Funktionalität des Conversion Tracking. Anschließend wird der Test gestartet.

5. Schritt: Monitoring – messen Sie die Performance von Original und Variationen

Während der Test aktiv ist, sind die Originalseite und ihre Variationen zeitgleich »online«. Die Ausspielung erfolgt bei den meisten Testing-Tools durch eine JavaScript-Manipulation, sodass der gewöhnliche Nutzer nicht merken kann, dass er sich in einem Test befindet. Die URL der Seite bleibt die gleiche – unabhängig davon, ob Ihr Besucher sich im Original oder in einer Variation befindet. Natürlich ist auch das Vergleichen mehrerer URLs möglich. In diesem Fall spricht man von einem *Split URL Test*.

Anfänglich sollte überprüft werden, ob die Conversion-Ziele korrekt gemessen werden. Sofern das der Fall ist, heißt es erst einmal abwarten.

Tests sollten mindestens eine Woche laufen, bevor Sie irgendwelche Anpassungen in der Traffic-Verteilung vornehmen oder unterdurchschnittlich performende Variationen abschalten.

Anpassungen der Testseiteninhalte sollten für die Dauer des Experiments vermieden werden und müssen – wenn eine Vermeidung nicht möglich ist – für die spätere Interpretierbarkeit der Ergebnisse in jedem Fall notiert werden. Ein Test kann abgeschlossen werden, wenn folgende Kriterien erfüllt sind:

- Erreichung der gewünschten *statistischen Signifikanz* bzw. *Confidence* bzw. *Chance to beat the original* (die Tools verwenden hier verschiedene Bezeichnungen), typischerweise 90 % oder 95 %.
- Mindestens eine, besser zwei Wochen Laufzeit.
- Mindestens 250 Conversions im Original und je Variation, besser mehr (Ausnahmen nicht schön, aber möglich).
- Möglichst parallel verlaufende Graph-Kurven der kumulativen Conversion-Rates von Original und Gewinnervariation kennzeichnen ein möglichst verlässliches Ergebnis.

6. Schritt: Interpretation – Auswertung und Dokumentation der Ergebnisse

Um langfristig erfolgreich zu optimieren, müssen Ihre Ergebnisse nach jedem Test ausgewertet, interpretiert und dokumentiert werden. Folgende Inhalte sollten Sie in Ihr Reporting aufnehmen:

- Hypothese.
- Vergleichsansicht von Original und Variationen mit Beschreibung der Anpassungen je Variation.
- Darstellung der Ergebnisse (in Zahlen und als Graph).
- Gegebenenfalls Anmerkungen zu Veränderungen der Traffic-Verteilung, zeitgleich mit dem Test laufenden Werbeaktionen und -kampagnen etc.
- Interpretation der Testergebnisse: Wie kann das Ergebnis erklärt werden?
- Learnings: Welche Erkenntnisse wurden gewonnen?

Tragen Sie Ihre Testergebnisse ins Unternehmen und zelebrieren Sie Erfolge. Dies trägt enorm zur Akzeptanz Ihrer Conversion-Strategie bei und vermeidet die eine oder andere (unnötige) Diskussion. Ein weiterer Vorteil ist, dass die Erkenntnisse aus dem Testing oft an vielen weiteren Stellen positiv eingesetzt werden können, etwa beim Sale, im Kundenkontakt oder beim Offline-Marketing.

7. Schritt: Implementation – die Siegervariation wird zum Original

Die Gewinnervariation sollte möglichst zeitnah fest in die Website implementiert werden. Ein längerfristiges Ausspielen der Gewinnervariation für 100 % des Traffics ist unter Umständen kostspielig und kann von Suchmaschinen wie z. B. Google als Betrugsversuch gewertet werden.[10]

Nach Abschluss von Schritt 7 geht es wieder von vorne los – mit der Analyse. Eine ordentliche Conversion-Optimierung findet regelmäßig und dauerhaft statt.

Es ist durchaus sinnvoll, regelmäßige Feedback-Meetings mit allen betroffenen Stakeholdern abzuhalten. Das hilft Ihnen, Ziele und Erwartungen abzustecken, und bringt oft neue Ideen für Tests. Stolpersteine können frühzeitig erkannt und ausgeräumt werden.

Kennzahlen und Erfolgsmessung

Macro- und Micro-Conversions

In der Conversion-Optimierung sprechen wir von einer enormen Anzahl relevanter Kennzahlen. Diese sind in zwei Hauptarten unterteilt – Macro- und Micro-Conversions.

---

10 Mehr dazu finden Sie unter *https://webmasters.googleblog.com/2012/08/website-testing-google-search.html*.

Macro-Conversions

Als *Macro-Conversions* werden die »großen« Conversions bezeichnet. Dazu zählen etwa Sale, Lead, Registrierung oder ein Download. Macro-Conversions sind meist das primäre Ziel in einem Test und somit ausschlaggebend für seinen Erfolg oder Misserfolg. Macro-Conversions können meist in Euro beziffert werden und sind demnach hervorragend für eine ROI-Berechnung geeignet.

Micro-Conversions

Auf der anderen Seite gibt es *Micro-Conversions* – die »kleinen« Ziele. Hierzu zählen beispielsweise die Aufenthaltsdauer, die Klickrate auf einen bestimmten internen Link, Aufrufe von Funnel-Schritten, die Add-to-Cart-Rate etc.

Micro-Conversions können kaum in Euro beziffert werden und dienen zumeist als sekundäre Ziele, um Testergebnisse besser interpretieren zu können. In Sonderfällen kann eine Micro-Conversion auch als primäres Ziel fungieren – z. B. wenn auf *User Signals* optimiert wird.

Offline-Conversions

Die wohl für die meisten Unternehmen relevanteste Offline-Conversion ist der Anruf. Mittels Telefon-Tracking können diese Conversions den entsprechenden Variationen im Testing-Tool zugeordnet werden und so mit in die Auswertung einfließen. Aufgrund des hohen Aufwands werden Offline-Conversions meist nicht in Testszenerien berücksichtigt und kommen eher in der Analysephase zum Einsatz. Weitere Offline-Conversions sind Besuche/Käufe im Ladengeschäft (z. B. durch Gutscheincodes messbar) oder die Teilnahme an Veranstaltungen.

Conversion- und Event-Tracking

Um in der Analysephase und bei der Testauswertung bestmögliche Erkenntnisse zu gewinnen, sollten Sie in Ihrem Webanalysetool neben Standards wie Multichannel, Einstiegsseite, Absprungrate, Aufenthaltsdauer, Klickpfad und Funnel-Tiefe zahlreiche Ereignisse als Ziele bzw. Events anlegen (verwendete Zahlen sind beispielhaft):

- **Engagement** – Hat der Nutzer ein beliebiges Interaktionselement angeklickt? Anhand des Engagements erkennen Sie, ob der Nutzer generell am Inhalt interessiert ist.
- **Bestätigungsseitenaufrufe** – Bestätigungsseitenaufrufe sollten für alle Seiten, auf denen ein Ziel erreicht wurde, getrackt werden – ob für Sale, Lead, Newsletter-Anmeldung oder den E-Book-Download aus dem Facebook-Post.

- **Videoplays** – Wurde ein Video abgespielt? Durch das Tracking von Videoplays können Sie evaluieren, ob Videos positiv zu Ihrer Conversion-Rate beitragen oder diese sogar schmälern.
- **Downloads** – Wurde ein Download-Link angeklickt? Dadurch erkennen Sie, ob Interesse an den Informationen besteht oder ob womöglich Angaben zum Download fehlen. Links in herunterladbaren PDFs oder Ähnliches sollten Sie – sofern Sie Google Analytics verwenden – grundsätzlich mit UTM-Parametern für weiterführendes Tracking ausstatten.
- **Click-outs** – Hat der Nutzer auf einen ausgehenden Link geklickt? So erkennen Sie, wo Nutzer gegebenenfalls abspringen oder ob Werbeanzeigen gut performen.
- **Scrolling** – Hat der Nutzer überhaupt gescrollt? Wenn die Antwort Nein ist, ist das ein Indiz für einen optimierungsbedürftigen Einstiegsbereich oder eine nötige Anpassung der Traffic-Quelle bzw. des Werbemittels.
- **Scrollhöhe** – Wie weit herunter hat der Nutzer gescrollt? Die Scrollhöhe zeigt Ihnen, welche Elemente ein Nutzer gesehen hat und welche nicht.
- **Intensives Lesen** – Hielt sich der Nutzer für mehr als 60 Sekunden auf einer einzelnen Seite auf, und hat er in diesem Zeitraum 50 % der Seitenhöhe mit mehr als drei Scrollbewegungen gescrollt? War ein bestimmtes Element länger als 15 Sekunden im sichtbaren Bereich, während sich die Maus auf dem Element befand? Durch das Erkennen des intensiven Lesens von Seiten oder Seitenbereichen erfahren Sie, welche Inhalte für Nutzer relevant sind. Mouse Tracking sollte hier zusätzlich zum Einsatz kommen.
- **Intensives Browsing** – Wurden sieben beliebige oder die drei wichtigsten Seiten durch einen Nutzer aufgerufen? In einer segmentierten Datenansicht können Sie so schnell Ihre Top-Landingpages und die besten eingehenden Links evaluieren. Interessant auch für die Marketing-Automation und Trigger-basierte Aktionen.
- **Formularfeldeingaben** – In welche Formularfelder wurde etwas eingegeben – und in welche nicht? Anhand dieses Event-Trackings erkennen Sie schnell, wo Stolpersteine in längeren Formularen verborgen sind. Wichtig: Tracken Sie nicht die Inhalte der Eingaben – dies ist aus Datenschutzgründen fast nie erlaubt.
- **Formularfeldkorrekturen** – Wurde ein bereits ausgefülltes Formularfeld erneut aktiviert? Dies ist ein Zeichen für ein Usability-Problem.

Lernen von Erfolgsbeispielen

Abbildung 3-5: Variante A, Anmeldeformular *Above the Fold*

smartimize.com: Platzierung des Anmeldeformulars

Herausforderung

Die Sign-up-Conversion-Rate für die Betaphase des Conversion-Ratgeber-Tools *smartimize* sollte gesteigert werden. Da es sich um einen gänzlich neuen Service handelt, war unklar, wie hoch das Informationsbedürfnis der Besucher war. In einem Experiment sollte herausgefunden werden, wie viele Informationen vor dem Aufruf potenzielle Nutzer benötigen, bevor sie im Sign-up-Formular ihre E-Mail-Adresse eintragen.

Testszenario

Variante A – In der ersten Variante ist das Anmeldeformular Above the Fold platziert. Nutzer sehen oberhalb des Anmeldeformulars lediglich die Unique-Value-Proposition, die in Hauptüberschrift und Unterüberschrift gegliedert ist.

Variante B – In der zweiten Variante ist das Anmeldeformular unterhalb der Drei-Schritt-Anleitung platziert, die die Funktionsweise des Tools genauer beschreiben soll. Im Bereich *Above the Fold* befindet sich an der Formularposition aus Variante A lediglich ein Button mit der Beschriftung *Gratis Zugang erhalten*. Ein Klick auf diesen Button löst eine Scrollbewegung aus, die den Nutzer zum Formular bringt.

Abbildung 3-6: Variante B, Anmeldeformular unterhalb der Drei-Schritt-Anleitung

Variante C – In der dritten Variante ist das Formular am unteren Ende der Landingpage platziert. Ein Klick auf den Button *Above the Fold* bringt den Nutzer wie in Variante B durch eine Scrollbewegung zum Formular.

Abbildung 3-7: Variante C, Anmeldeformular am unteren Ende der Landingpage

Testergebnis

Die Daten

Am Test nahmen 4.319 Benutzer teil, die gleichmäßig auf die drei Varianten verteilt wurden.

Variante C erzielte mit einer Conversion-Rate von 14,3 % auf die kostenlose Anmeldung das schlechteste Ergebnis.

Variante B wies eine Conversion-Rate von 25,9 % auf. Dies ist entspricht einer Steigerung um +81,1 % gegenüber Variante C.

Variante A erzielte das mit Abstand beste Ergebnis. Die Conversion-Rate lag bei 46,1 % im Testzeitraum, also einer Steigerung um +222,4 % gegenüber Variante C.

Die Erkenntnisse

Zunächst ist zu sagen, dass mit dedizierten Landingpages und qualitativ hochwertigem Traffic sehr hohe Conversion-Rates erzielt werden können. Insbesondere bei nicht transaktionalen Conversion-Zielen, wie es in diesem Experiment der Fall war, liegen die Zahlen nicht selten im mittleren bis höheren zweistelligen Bereich.

In diesem Experiment konnte man eindrucksvoll sehen, dass für nicht transaktionale Ziele bzw. Ziele, die mit geringer Hemmschwelle verbunden sind, nur wenige Informationen für den Nutzer vor der Conversion nötig sind. Etwa 20 % der Besucher scrollten nicht weiter nach unten, als das Anmeldeformular erreicht war.

In einem Folgetest prüfte ich deshalb, inwieweit sich ein Entfernen aller Inhalte auf die Conversion-Rate auswirkt. Die Conversion-Rate war nur geringfügig niedriger, jedoch erhöhten sich hierdurch die Supportanfragen spürbar.

Kosmetikschule: angebotsspezifische Landingpages

Herausforderung

Eine Kosmetikschule bewarb ihre verschiedenen Kurse in Google AdWords und leitete alle Besucher auf eine generische Landingpage zum Thema »Kosmetikschule«, auf der Interessenten ein Formular ausfüllen sollten. Nach einer umfangreichen Nutzerbefragung wurde herausgefunden, dass vielen Nutzern nicht klar war, ob das Formular für den beworbenen Kurs das richtige war. In einem Experiment sollte herausgefunden werden, inwieweit kursspezifische Landingpages die Conversion-Rate beeinflussen.

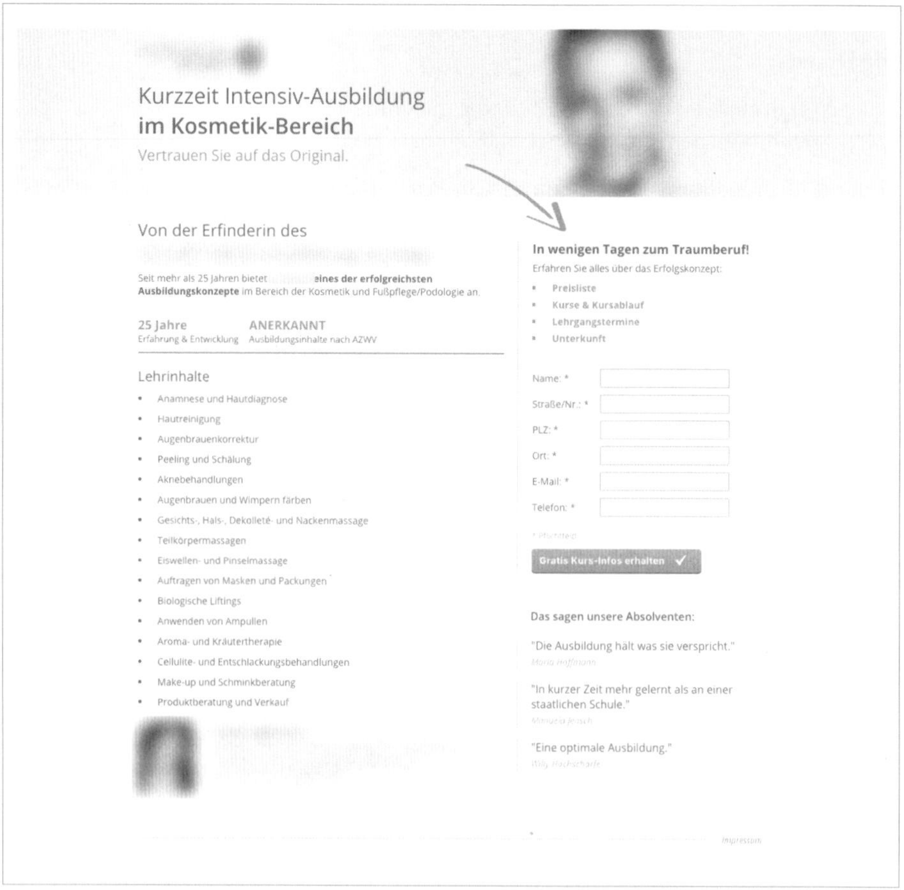

Abbildung 3-8:
Generische Landingpage, Variante A (Bild aus rechtlichen Gründen unkenntlich gemacht)

Testszenario

Variante A – Der gesamte SEA-Traffic aus Google AdWords wird auf eine generische Landingpage geleitet. Suchbegriffe waren unter anderem »Kosmetikausbildung«, »Fußpflegeausbildung«, »Visagistikausbildung« etc.

Variante B – Der gesamte SEA-Traffic aus Google AdWords wird auf dedizierte, zum jeweiligen Suchbegriff passende Landingpages geleitet. Insgesamt existieren eine generische Landingpage (»Kosmetikausbildung«) und sieben themenspezifische Landingpages zu den Themen Visagistik, Fußpflege, Naturkosmetik etc.

Abbildung 3-9:
Angebots- und themenspezifische Landingpages (Bilder aus rechtlichen Gründen unkenntlich gemacht)

Testergebnis

Durch die Erstellung von dedizierten, zum jeweiligen Suchbegriff passenden Landingpages konnte die Lead-Conversion-Rate nachhaltig mehr als verdoppelt werden. Gleichzebfitig wurde der Qualitätsfaktor für einen Großteil der Suchbegriffe deutlich gesteigert, was zu mehr Besuchern durch bessere Anzeigenplatzierungen und geringere Kosten pro Klick führte.

Dies zeigt deutlich, dass sich die Investition in spezifische Kampagnen-Landingpages vielfach lohnt.

Checklisten für Websites

Verschiedene Websites haben verschiedene Zwecke. Ob einfache Unternehmensseite, Kampagnen-Landingpage oder Shop – die Ziele (und vor allem die Wege dorthin) variieren mitunter stark. Das Ziel muss nicht zwingend der Sale oder Lead sein. Häufig ist es die Registrierung, ein Anruf, der Besuch im Ladengeschäft, ein bestimmter Seitenaufruf, der »Click-out« zu einer externen Website oder eines von zahlreichen anderen denkbaren Zielen.

Vieles ist produkt-, marken- und zielgruppenspezifisch. Die folgenden Empfehlungen sind deshalb möglichst allgemein gehalten.

> **Tipp**
> Beachten Sie: Sie sollten jede Veränderung auf Ihrer Website testen. Auch »Best Practices« funktionieren nicht in jedem Kontext, und Ergebnisse können stark variieren.

Checkliste: Layout und Struktur

- ✓ Richten Sie Ihr Layout an einem Grid-System aus.
- ✓ Platzieren Sie wichtige Elemente an typischen vom Nutzer erwarteten Stellen.
- ✓ Setzen Sie Whitespace ein, um die Orientierung zu erleichtern und Elemente hervorzuheben.
- ✓ Sorgen Sie für eine ordentliche Darstellung auf Mobile, Tablet und Desktop.
- ✓ Implementieren Sie eine visuelle Hierarchie durch das Hervorheben wichtiger Elemente.

Checkliste: Navigation und Interaktion

- ✓ Verlinken Sie Ihr Logo auf die Startseite (Ausnahme: im Check-out-Prozess).
- ✓ Zeigen Sie dem Nutzer bei Websites mit tieferen Seitenebenen durch eine Breadcrumb-Navigation, wo er sich gerade befindet.
- ✓ Verwenden Sie in Ihrem Hauptmenü nicht mehr als sieben Navigationspunkte, um dem durchschnittlichen menschlichen Kurzzeitgedächtnis Rechnung zu tragen.
- ✓ Machen Sie kenntlich, welcher Menüpunkt gerade aktiv ist.
- ✓ Vermeiden Sie Mausakrobatik: Setzen Sie keine mehrstufigen Drop-down-Menüs ein.
- ✓ Testen Sie das Entfernen von Navigationselementen für Landingpages und Check-out-Prozesse.

Checkliste: Inhalt

- ✓ Behandeln Sie nur ein Thema pro Seite.
- ✓ Beantworten Sie *Above the Fold* die wichtigsten Fragen des Nutzers: Worum geht es hier? Was bringt mir das? Wie geht es weiter?
- ✓ Fokussieren Sie sich auf Vorteile, nicht auf Eigenschaften.
- ✓ Schreiben Sie unmissverständliche Überschriften, die Vorteile kommunizieren.

- ✓ Machen Sie umfangreiche Texte interessant durch Listen, Bilder, Tabellen und Videos.
- ✓ Stellen Sie wichtige Begriffe fett dar, damit das Auge sich beim Skimming daran festhalten kann.
- ✓ Stellen Sie sicher, dass Schrift- und Hintergrundfarbe kontrastreich sind.
- ✓ Kürzen Sie Ihre Textzeilen auf maximal 60 bis 80 Zeichen pro Zeile, um ein entspanntes Lesen zu gewährleisten.
- ✓ Wählen Sie den Zeilenabstand so, dass das Schriftbild harmonisch wirkt (z. B. 150 %).
- ✓ Vermeiden Sie Blocksatz im Internet.
- ✓ Wählen Sie eine ausreichend große Schriftgröße für Ihre Zielgruppe. Bei Besuchern im Alter 40+ ist eine Schriftgröße von 16 px empfehlenswert.
- ✓ Prüfen Sie die Lesbarkeit Ihrer verwendeten Schriftart auf verschiedenen Systemen und Geräten.

Checkliste: Call-to-Action

- ✓ Platzieren Sie genau eine Call-to-Action auf jeder Seite (nicht mehr, nicht weniger). Ausnahme: Startseite und Übersichtsseiten.
- ✓ Wiederholen Sie Ihre USP in unmittelbarer Nähe oder innerhalb der Call-to-Action.
- ✓ Beschreiben Sie, was nach einem Klick auf die Call-to-Action passiert.
- ✓ Verwenden Sie eine kontrastreiche, auffällige Farbe für Ihre Call-to-Action.
- ✓ Gestalten Sie Ihre Call-to-Action so groß, dass sie aus drei Metern Entfernung gut lesbar ist.
- ✓ Sofern Ihr Angebot kostenlos und/oder unverbindlich ist, kommunizieren Sie das in der Nähe der Call-to-Action.

Checkliste: Bilder und Videos

- ✓ Setzen Sie kein Bild ein, das keinen Mehrwert bietet.
- ✓ Verwenden Sie möglichst keine Stockfotos, insbesondere nicht für die Darstellung von »Mitarbeitern«.
- ✓ Zeigen Sie möglichst keine negativen Emotionen, da diese auf den Betrachter projiziert werden (Spiegelneuronen).
- ✓ Setzen Sie keinen Autoplay mit Sound für Videos ein.

- ✓ Beschränken Sie die Länge von Erklärvideos auf maximal zwei bis drei Minuten.
- ✓ Kommunizieren Sie die Länge von Videos.

Checkliste: Formulare

- ✓ Wiederholen Sie Ihre USP in unmittelbarer Nähe des Formulars.
- ✓ Beschreiben Sie, was der Nutzer nach Absenden des Formulars erhält.
- ✓ Platzieren Sie Formularfeld-Labels außerhalb der Felder.
- ✓ Vermeiden Sie Fehlermeldungen, indem Sie passende Input-Typen verwenden (z. B. Datepicker für Datumseingaben, Drop-downs für Uhrzeiten etc.).
- ✓ Verwenden Sie HTML5-Input-Types, um Eingaben auf Mobilgeräten zu erleichtern.

Checkliste: Mobile Websites

- ✓ Stellen Sie ausreichend Whitespace um Interaktionselemente sicher.
- ✓ Gestalten Sie Buttons wenigstens so hoch wie die Höhe Ihres Zeigefingernagels.
- ✓ Sorgen Sie dafür, dass ein horizontales Scrollen nicht möglich ist.
- ✓ Reduzieren Sie Inhalte auf das Wesentliche. Testen Sie, wie viel Inhalt nötig ist.
- ✓ Testen Sie eine sofortige Konfrontation des Nutzers mit Ihrem Conversion-Ziel.
- ✓ Testen Sie den Einsatz eines Click-to-Call-Buttons.
- ✓ Prüfen Sie die Darstellung Ihrer Website im Portrait- und Landscape-Modus (Hoch- und Querformat). Dies gilt insbesondere für die Formularnutzung.

Checkliste: Page-Speed

- ✓ Reduzieren Sie HTML-, CSS- und JavaScript-Codes, um die Dateigröße und somit die Ladezeit gering zu halten.
- ✓ Aktivieren Sie Komprimierung (GZIP/Apache deflate).
- ✓ Reduzieren Sie die Dateigröße von Bildern nur so weit, dass ihre optische Qualität nicht beeinträchtigt wird.
- ✓ Verwenden Sie serverseitiges Caching.
- ✓ Reduzieren Sie HTTP-Requests, indem Sie möglichst wenige externe Quellen und Skripte einbinden.
- ✓ Verwenden Sie nur eine Stylesheet- und eine JavaScript-Datei.

- ✓ Parsen Sie JavaScript unmittelbar vor dem schließenden `</body>`.
- ✓ Verwenden Sie keine Inline-Styles.
- ✓ Kombinieren Sie kleine Bilder und Icons in CSS-Sprites.
- ✓ Nutzen Sie nur so viele Plug-ins wie nötig für Ihr CMS.
- ✓ Vermeiden Sie 301-Weiterleitungen.
- ✓ Investieren Sie in einen schnellen Webserver mit geringen Antwortzeiten.

Checkliste: Testing
- ✓ Diskutieren Sie nicht lange. Testen Sie und lassen Sie die Nutzer entscheiden.
- ✓ Verbringen Sie viel Zeit mit der Analyse vor einem A/B/n-Test.
- ✓ Bewerten Sie jede Hypothese und testen Sie vorrangig die Top-Hypothesen.
- ✓ Verschwenden Sie keine Zeit mit langwierigen Pixeldiskussionen – der Feinschliff kann nach einem positivem A/B-Test geschehen.
- ✓ Testen Sie nur eine Variable pro Test, sofern Sie nicht über sehr viel Traffic verfügen.
- ✓ Messen Sie möglichst viele sekundäre Ziele für eine bessere Interpretierbarkeit des Testergebnisses.
- ✓ Aktivieren Sie nicht mehr als einen Test gleichzeitig für jede Kampagne.
- ✓ Targeten Sie nur die wichtigsten Geräte und Browser in Ihrem Test (sollten >95 % ausmachen) und gewährleisten Sie hierfür eine optimale Darstellung.
- ✓ Vermeiden Sie Flicker-Effekte (der Nutzer sieht für einen kurzen Augenblick das Original, bevor die Variation geladen wird).
- ✓ Sofern der Flicker-Effekt nicht gänzlich ausgeschlossen werden kann, überlagern Sie den Inhalt Ihrer Seite für z. B. eine Sekunde mit einer Ladeanimation. Das sollte der Vergleichbarkeit halber für Original und Variationen gelten.
- ✓ Fordern Sie alle Mitarbeiter Ihres Unternehmens und Dienstleister (Callcenter etc.) regelmäßig (z. B. einmal im Monat) zum Opt-out aus dem Testing-Tool aus. Schließen Sie zusätzlich Ihre IP-Adresse und die Ihrer Dienstleister vom Test aus, sofern diese statisch ist.
- ✓ Schließen Sie Nutzer, die bereits an einem anderen Test teilnehmen, via Cookie aus.
- ✓ Nehmen Sie keine Anpassungen an Seiten vor, auf denen derzeit ein Test aktiv ist.
- ✓ Schauen Sie bei der Testauswertung in die segmentierten Daten.

- ✓ Archivieren Sie abgeschlossene Tests schnellstmöglich, um die JavaScript-Datei des Testing-Tools klein zu halten.
- ✓ Implementieren Sie Gewinnervariationen schnellstmöglich. Spielen Sie die Gewinnervariation – wenn überhaupt – nur kurz für 100% der Besucher aus.
- ✓ Dokumentieren Sie jedes Testergebnis und jedes Learning.
- ✓ Testen Sie immer weiter.

Linktipps

Conversion-Know-how und Tools

- **ConversionXL Blog (EN)**
  Eines der besten Conversion-Blogs der Welt – von Conversion-Genie Peep Laja. Hier erhalten Sie fundiertes Wissen rund um Conversion-Optimierung, E-Commerce, UX, PPC und vieles mehr.
  Mehr unter: *http://conversionxl.com/blog*
- **konversionsKRAFT (DE)**
  Im Blog von Deutschlands größter Agentur für Conversion-Optimierung schreiben André Morys & Co tiefgründige Artikel für angehende und erfahrene Optimierer.
  Mehr unter: *https://konversionskraft.de*
- **Unbounce Blog (EN)**
  Das Unbounce Blog ist eine der Top-Anlaufstellen für Landingpage-Optimierung und Conversion-Optimierung.
  Mehr unter: *http://unbounce.com/blog*
- **Nils Kattaus Conversion-Tipps und -Updates (DE)**
  Nils Kattau (der Autor dieses Kapitels) verschickt einmal wöchentlich Tipps, Fachartikel und Videos rund um Conversion-Optimierung, Growth Hacking und Online-Marketing.
  Mehr unter: *https://nilskattau.de/tipps*
- **HubSpot Marketing Blog (EN)**
  Im HubSpot Marketing Blog erhalten Sie breit gefächertes Marketingwissen aus einem umfangreichen Themenspektrum.
  Mehr unter: *https://blog.hubspot.com/marketing*

A/B-Testing-Tools

Optimize – *https://www.google.com/analytics/optimize/*
Optimizely – *https://optimizely.com*
Visual Website Optimizer (VWO) – *https://vwo.com*

Adobe Target – *http://adobe.com/target*
AB Tasty – *https://abtasty.com*

User-Feedback-Tools (Befragung, Mouse Tracking etc.)

Hotjar – *https://hotjar.com*
Qualaroo – *https://qualaroo.com*
overheat – *http://overheat.de*
Mouseflow – *https://mouseflow.de*
m-pathy – *https://m-pathy.com*

Tools für prädikatives Eye Tracking:

EyeQuant – *http://eyequant.com*
Feng-GUI – *https://feng-gui.com*

Website-Development-Frameworks

Bootstrap – *http://getbootstrap.com*
Foundation – *http://foundation.zurb.com*

Interview mit André Morys

Deine Einschätzung: Welchen Stellenwert nehmen Testing und Conversion-Optimierung in der deutschen Onlinelandschaft heute ein?

Im Vergleich zu stark wachsenden Unternehmen, wie z.B. Amazon, AirBnb oder booking.com, geht es beim durchschnittlichen deutschen Onlinebetrieb schon deutlich gemütlicher zu. Die deutschen Unternehmen haben dabei vor allem kulturelle Probleme – schließlich bekommt beim Testing der Kunde auf einmal ein Mitspracherecht.

Gibt es signifikante Unterschiede zwischen Branchen, Größenklassen und Organisationsformen?

Ja, vor allem traditionellere Unternehmen tun sich mit Testing sehr schwer. Dort fehlt es nicht nur an der richtigen Experimentierkultur, sondern auch an den nötigen technischen Ressourcen. Auch dringend benötigte Datenverknüpfungen fehlen meist, um valide Erkenntnisse zu sammeln. Wenn man diese Unternehmen mit agilen Start-ups vergleicht, sieht man deutlich das Delta, das viele Berater mit dem Buzzword *Digitale Transformation* bezeichnen.

Mit welchen Problemen kommen Unternehmen zu euch? Was sind die häufigsten Herausforderungen?

Viele Unternehmen haben zwar grundlegende Fähigkeiten inhouse, wie z.B. Webanalysten, Frontend-Entwickler oder auch UX-Experten, sie haben die Disziplinen aber nicht richtig miteinander verknüpft, um agil zu sein und wirksame Optimierungen auf die Straße zu bekommen. Wir helfen den Unternehmen, die Lücken zu erkennen und einen laufenden Optimierungsprozess an den Start zu bringen. Fehlende Ressourcen sind dabei schnell gelöst – die größte Herausforderung bleibt oft das oben genannte Kulturproblem.

Wo liegen deiner Erfahrung nach die größten Hebel? Womit kann häufig am meisten Erfolg generiert werden?

Vor allem im E-Commerce-Bereich wird meist völlig lieblos Ware in langen Listenseiten gestapelt. Online-Marketer lassen Hunderttausende Besucher daran vorbeiströmen und hoffen, dass irgendjemand zufällig etwas kauft. Meist fehlt es an einem authentischen und emotionalen Werteversprechen, an Emotion und Liebe. Nutzer spüren so etwas – und wenn es überall gleich aussieht, kaufen sie halt dort, wo es am günstigsten ist. Das kann so nicht weitergehen.

Was sollte ein Online Marketing Manager können, lernen und beachten, um selbstständig Tests fahren zu können?

Vor allem sollte er verstehen lernen, dass er Nutzerentscheidungen beeinflussen will. Dazu fehlt primär das Verständnis über die Benutzer, ihre Werte, Wünsche und Erwartungen. Aber auch über Ängste und Probleme. Jeder Uplift in einem A/B-Test ist das Resultat geänderter Nutzerentscheidungen – also kann Wissen über Konsumpsychologie, Neuromarketing und User Experience nicht schaden. Wer darüber hinaus das Ganze noch mit Statistik, Analytics und Data-Sciences verknüpft, hat wahrscheinlich ein unschlagbares Team aufgestellt.

Welche Empfehlungen kannst du bezüglich Weiterbildung im Bereich Conversion-Optimierung geben? Wie sollte sich ein Online Marketing Manager fortbilden? Wie bildest du dich selbst fort?

Leider gibt es derzeit noch nicht viele Weiterbildungsangebote in diesem Bereich, wahrscheinlich weil die Disziplin noch sehr jung ist. Wir haben schon vor langer Zeit unser eigenes Trainingsprogramm entwickelt, um unsere eigenen Leute zu trainieren. Seit etwa zwei Jahren bieten wir nun die »konversionsKRAFT Conversion Seminare« auch öffentlich am Markt an. Im vergangenen Jahr haben wir über 100 Online-Marketer zu zertifizierten Conversion-Managern ausgebildet.

Welche drei Tipps würdest du einem Online Marketing Manager mitgeben, der sich neu oder verstärkt mit Conversion-Optimierung beschäftigen will?

Tipp 1: Investiere mehr Budget in User-Research und beobachte selbst so viele Kunden wie möglich, um deren Realität zu verstehen. Daraus gewinnt man die besten Ideen für Optimierungsmaßnahmen.

Tipp 2: Sorge dafür, dass immer die allerbesten Ideen als Erstes umgesetzt und getestet werden. Die besten Ideen sind die, die das Nutzerverhalten verändern können, daher spielen die Nutzer bei der Priorisierung eine große Rolle. Tools wie iridion.com können dabei helfen, nicht den Überblick zu verlieren.

Tipp 3: Achte darauf, dass A/B-Tests mit einer sauberen Statistik ausgewertet werden. Nichts ist schlimmer, als einen zu früh gestoppten Test mit einem falschen Uplift dem Chef zu kommunizieren. Diesen Vertrauensverlust wird man so schnell nicht wieder los – also Tests immer lange genug laufen lassen!

André Morys, Jahrgang 1974, ist Autor des Buchs »Conversion-Optimierung« und Vorstand der Web Arts AG – Deutschlands führender Agentur für Conversion-Optimierung. Web Arts beschäftigt über 40 Mitarbeiter an drei Standorten und betreut ein Lead-/Retail-Volumen von über 7 Milliarden Euro. André Morys ist Initiator und Gründer der internationalen Allianz für Conversion-Optimierung. Er ist zusätzlich als Dozent an der Fachhochschule Würzburg tätig und hält zahlreiche Keynotes und Vorträge auf nationalen und internationalen Kongressen zu den Themen E-Commerce, Optimierungsstrategien und Conversion-Optimierung.

KAPITEL 4

SEO – Suchmaschinenoptimierung

In diesem Kapitel:
- Definition und Einordnung von SEO im Online-Marketing-Kontext
- Was ein Online Marketing Manager beherrschen sollte
- Kennzahlen und Erfolgsmessung
- Tipps und Tricks für die Suchmaschinenoptimierung
- Interview mit Sarah Seifermann

Von Anke Probst

Die Suchmaschinenoptimierung, oder kurz *SEO* für *Search Engine Optimization*, ist eine Disziplin des Online-Marketings, die sich mit der Optimierung von Inhalten für Suchmaschinen beschäftigt.

Definition und Einordnung von SEO im Online-Marketing-Kontext

Enger gefasst, ist die Suchmaschinenoptimierung einer von zwei Teilbereichen des Suchmaschinenmarketings. *Suchmaschinenmarketing* (auch *SEM*) bezieht sich ausschließlich auf Marketingmaßnahmen, die die Ergebnisseiten von Suchmaschinen beeinflussen.

SEO kann zum besseren Verständnis in mehrere Bereiche gegliedert werden. Sie dreht sich vor allem um:

- **Schaffung der technischen Zugangsvoraussetzungen** – Kann die Suchmaschine sehen, verarbeiten und in den Suchindex aufnehmen, was sie soll?
- **Inhaltliche Beschreibung** – Versteht die Suchmaschine, welche Themen meine Inhalte beschreiben?
- **Erhöhung der Relevanz** – Wie beweise ich der Suchmaschine, dass meine Inhalte relevant für bestimmte Suchanfragen sind?

- **Erfolgskontrolle und kontinuierliche Optimierung**

Mithilfe von Suchmaschinen finden User im Idealfall, was sie suchen – und sorgen damit für Traffic zu relevanten Webseiten und daraufhin für Umsatz oder lösen andere Conversions aus. Laut eigenen Aussagen rechnet allein Google mit der Bearbeitung von mindestens 2 Billionen Suchanfragen[1] in 2016, also ca. 63.000 Suchanfragen pro Sekunde! Man kann daher gar nicht stark genug betonen, wie viel Potenzial der Kanal Suchmaschinen für Unternehmen birgt und wie hoch dementsprechend der Druck ist, für relevante Suchanfragen rund um das eigene Geschäftsmodell auf den Suchergebnisseiten gefunden zu werden.

Grundsätzlich lassen sich die Suchergebnisse der gängigen Suchmaschinen wie Google, Bing und Yahoo! in bezahlte und organische (unbezahlte) Ergebnisse einteilen:

- *Bezahlte Ergebnisse* sind unter anderem als Anzeigen gekennzeichnete Ergebnisse sowie Shopping-Integrationen. Somit ist von SEO eine weitere Disziplin des Suchmaschinenmarketings klar abgrenzbar: *SEA*, kurz für *Search Engine Advertising*. Diese Disziplin behandelt alle bezahlten Suchergebnisse wie die von Google ausgespielten PLAs (*Product Listing Ads*) und AdWords-Anzeigen und wird ausführlich im folgenden Kapitel 5 behandelt.
- SEO dagegen bezieht sich vor allem auf die *organischen Ergebnisse* auf den Suchergebnisseiten (nachfolgend kurz als SERP bezeichnet), also die *unbezahlten Ergebnisse*. Deren Ranking innerhalb der SERP wird von Suchmaschinen abhängig von verschiedenen Faktoren algorithmisch ermittelt und kann durch gezielte SEO-Maßnahmen beeinflusst werden.

Wenn man über Suchmaschinen bzw. über SEO-Maßnahmen spricht, ist im Allgemeinen lediglich Google gemeint – auch in diesem Kapitel. Aufgrund des Marktanteils von über 94%[2] in Deutschland (Stand: 2016) konzentrieren sich die SEO-Maßnahmen für gewöhnlich alle auf den Konzern aus Mountain View. Das heißt nicht, dass andere Suchmaschinen wie Bing oder Yahoo! für Online-Marketing-Strategien grundsätzlich zu vernachlässigen sind – Traffic bzw. User, die von diesen Suchmaschinen auf die eigene Website kommen, können durchaus

---

1   Danny Sullivan (24.5.2016): Google now handles at least 2 trillian searches per year, in: Search Engine Land, *URL: http://searchengineland.com/google-now-handles-2-999-trillion-searches-per-year-250247* (Aufruf: 01.08.2017).
2   Statista, 2016: Marktanteile führender Suchmaschinen in Deutschland in den Jahren 2014 bis 2016, URL: *https://de.statista.com/statistik/daten/studie/167841/umfrage/marktanteile-ausgewaehlter-suchmaschinen-in-deutschland/* (Aufruf: 01.08.2017).

wertvoll sein und z. B. hohe Conversion-Raten erzielen. Gerade international können Google-Konkurrenten aufgrund höherer Marktanteile eine größere Rolle spielen, wie z. B. Yandex im russischen Sprachraum oder Baidu in China. Online Marketing Manager sollten die Gegebenheiten in ihrem Markt sorgsam auswerten, um davon die Ausrichtung ihrer individuellen, gegebenenfalls internationalen SEO-Strategie abzuleiten.

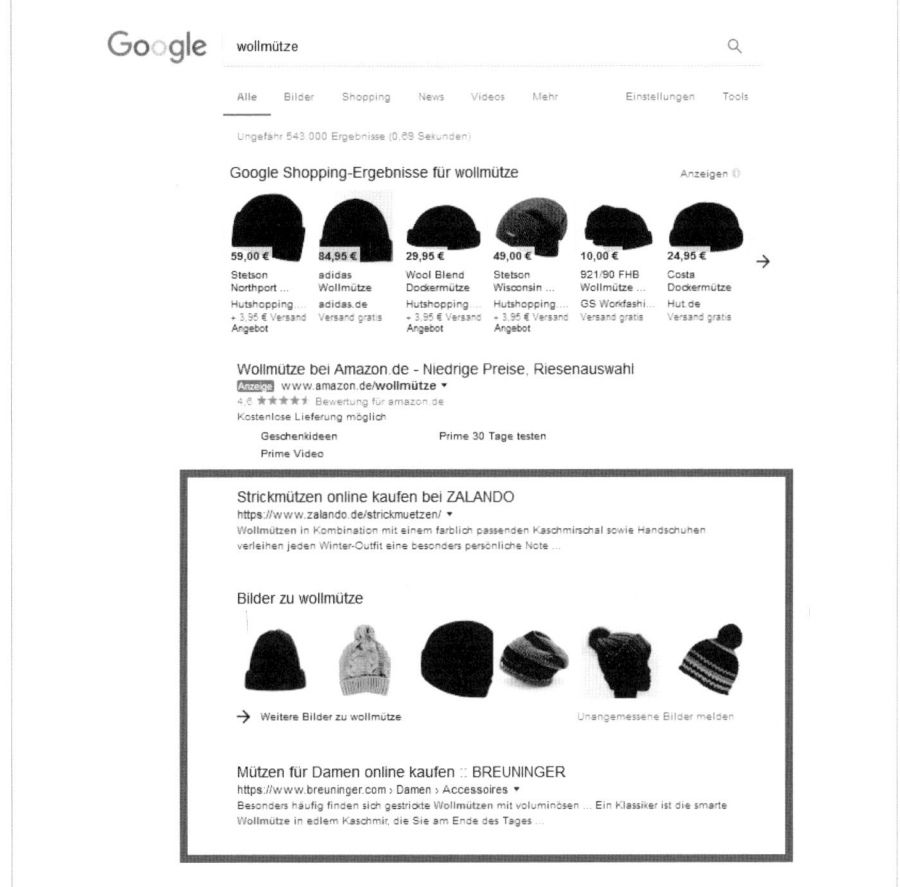

Abbildung 4-1:
Die verschiedenen Ergebnistypen auf einer SERP von Google. Umrandet sind die organischen Ergebnisse, die sich mit SEO-Maßnahmen beeinflussen lassen.

Bevor wir jedoch in diesem Kapitel auf die wichtigsten SEO-Maßnahmen und eine passende Strategie eingehen, müssen wir zunächst weitere Grundlagen klären.

Die Suchanfrage

SEO ist nur dann sinnvoll, wenn es eine kontinuierliche Nachfrage über Suchmaschinen zu den Themen einer Webseite gibt: Die optimierteste Seite der Welt kann nicht zu mehr Traffic und Umsatz verhelfen, wenn niemand nach den Inhalten sucht.

Bei der Suche nach Inhalten sind die Suchanfragen der User stark unterschiedlich. Manche User begnügen sich mit der Eingabe von einzelnen Keywords in den Suchschlitz, andere formulieren komplexe Sätze oder konkrete Fragestellungen. Man unterscheidet also:

- **Shorthead-Suchanfragen** – Kurze, meist aus einem einzelnen Wort bestehende Suchanfragen, die sehr generisch sein können. Beispiel: Schuhe oder Damenschuhe.
- **Longtail-Suchanfragen** – Spezifischere Suchanfragen, bestehend aus mehreren Wörtern oder Phrasen. Beispiel: Damenschuhe Sandalen rot Größe 36 oder wie koche ich eine Lasagne.

Das erklärte Ziel von Suchmaschinen ist es, dem User die Ergebnisse auszuliefern, die am besten seine Suchanfrage beantworten. Dabei ist es zunächst egal, ob es sich um eine Shorthead- oder um eine Longtail-Suchanfrage handelt. Im Hintergrund laufen dafür komplexe Analysen und Berechnungen ab, um vor allem die Absicht des Nutzers, die hinter einer Suchanfrage steht, zu erkennen – um daraufhin entscheiden zu können, welche Antworten am besten dazu passen.

Man unterscheidet hier grundlegend drei unterschiedliche Typen von Suchanfragen:

- **Transaktionale Suchanfragen** – Der User sucht gezielt nach einer Aktion, z. B. dem Kauf eines Produkts, dem Download eines Dokuments oder der Anmeldung für einen Newsletter, beispielsweise: Schuhe kaufen.
- **Navigationale Suchanfragen** – Hier wird nach Webseiten, Unterseiten von Webseiten oder Marken gesucht, z. B.: Douglas oder Douglas Herrenparfum.
- **Informationale Suchen** – Es liegt ein Informationsbedürfnis vor. Der User sucht also nach der Lösung eines Problems, der Antwort auf eine Frage, oder er möchte sich über ein bestimmtes Thema informieren, beispielsweise: Fußball WM 2018.

Diese drei Typen von Suchanfragen lösen völlig unterschiedliche SERPs aus. Suchmaschinen versuchen hier, anhand der Nutzerintention sowie der semantischen Zusammenhänge zu erkennen, welche Ergebnistypen am meisten Sinn ergeben: Bei einer Suchanfrage wie Schuhe kaufen sind Newsergebnisse oder Artikel über Schuhe sicherlich weniger hilfreich für den User, sondern eher Ergebnisse von Shops, die Schuhe verkaufen. Ebenso wenig sind Bilder als Ergebnis für Fußball WM 2018 sinnvoll – zumindest nicht im Jahr 2017.

> **Keywords, Suchanfragen, Suchbegriff, Schlüsselwort…?**
>
> In diesem Kapitel sprechen wir bisher hauptsächlich von *Suchanfragen*, anderswo lesen Sie häufig *Keywords*. Beide Begriffe sind synonym verwendbar, jedoch ist der Begriff Keywords oft missverständlich für Personen, die sich neu ins Online-Marketing einarbeiten. Keywords suggerieren, dass es sich lediglich um einzelne Wörter handelt, während Suchanfragen auch mehrere Wörter bzw. ganze Phrasen beinhalten können. Wir betrachten in diesem Kapitel beide Begriffe als synonym, verwenden aber Suchanfrage eher für einen Suchvorgang in der Suchmaschine, Keywords eher für zu verwendende Begriffe auf der Webseite.

Aufbau der SERP und für SEO relevante Ergebnistypen

Die sogenannten *SERPs* (die Abkürzung für *Search Engine Result Pages*) sind in den letzten Jahren immer individueller und bunter geworden: angereichert mit vielen unterschiedlichen Ergebnistypen, die von den Suchmaschinen abhängig von der Suchanfrage ausgespielt werden, wie Wettereinblendungen, lokale Ergebnisse oder Begriffsdefinitionen direkt in den Suchergebnissen.

Zum besseren Grundverständnis und für die Ausrichtung der eigenen Strategie benötigen wir zunächst eine Übersicht über die wichtigsten Ergebnistypen.

Organische Text-Snippets

Auch wenn die Ergebnisseiten von Google heute unterschiedlich aussehen, so überwiegt ein Ergebnistyp zuverlässig bei allen Suchanfragen: die organischen Ergebnisse von Webseiten, im Folgenden *organische Text-Snippets* genannt. Suchmaschinen erzeugen von jeder Seite eines Webauftritts ein Text-Snippet, das abhängig von der Suchanfrage als Ergebnis ausgespielt wird:

> Schuhe Online Shop | Schuhe kaufen bei I'm walking
> https://www.imwalking.de/
> **Schuhe** für Damen ✓ **Schuhe** für Herren ✓ Top **Schuh** Marken ✓ **Schuhe** mit 10 Euro Rabatt bestellen ✓ **Schuhe** auf Rechnung ✓ Gratis Rückversand.

Abbildung 4-2:
Beispiel eines organischen Text-Snippets für die Suchanfrage »Schuhe kaufen«

Das Snippet des Ergebnisses besteht mindestens aus folgenden Elementen:

- einer Überschrift als Hyperlink, der zur Zielseite (oder Landingpage) führt, hier: *Schuhe Online Shop | Schuhe kaufen bei I'm walking,*
- der URL der Zielseite sowie
- einem zweizeiligen Text, der sogenannten Description.

Weitere Informationen zu Generierung und Optimierung bzw. zum Ausbau des Snippets beschreiben wir im Abschnitt *Snippet-Optimierung* auf Seite 139.

> **Wichtig**
>
> Monitoring und Optimierung der organischen Text-Snippets stellen nach wie vor die wichtigsten Hebel in der Suchmaschinenoptimierung dar und sollten in jeder SEO-Strategie höchste Priorität genießen.

Universal-Search-Integrationen

Als *Universal Search* bezeichnet man die Anreicherung der SERP mit weiteren Ergebnistypen, die meist aus anderen Datenbanken bzw. Indizes generiert werden. Wichtig ist daher, zu wissen, dass für die Optimierung der einzelnen Typen jeweils eigene Faktoren gelten und dementsprechend auch andere SEO-Grundregeln, die nicht Bestandteil dieses Buchs sind. Weiterführende Informationen zur Universal-Search-Optimierung finden Sie in den Linktipps am Kapitelende.

Universal-Search-Integrationen können für die SEO-Strategie immens wichtig sein: Sie können hohe Klickraten aufweisen, da sie meist auffällig sind und den Blick des Users dadurch vom normalen organischen Text-Snippet weg auf sich ziehen. Es lohnt sich daher meist, sich mit den speziellen SEO-Anforderungen vertraut zu machen.

Dazu gehören unter anderem folgende Ergebnistypen:

- **Bilder** – Die Optimierung von Bildern gehört zu den beliebten SEO-Hebeln, da Bilder je nach Webseitentyp viel Traffic bringen können. Auch hier gelten spezifische SEO-Faktoren, die auf die Integration in der SERP Einfluss nehmen, aber auch auf die Google-Bildersuche (erreichbar über den Link *Bilder* auf Googles Startseite).

Abbildung 4-3:
Beispiel für die Integration von Bildern in der SERP für die Suchanfrage »Damenschuhe rot«

- **News** – Newsartikel werden vor allem bei Suchanfragen rund um aktuelle Ereignisse und Events, aber auch bei der Suche nach Sportarten oder Städten ausgespielt. Die Ergebnisse stammen vor allem von großen Zeitungen. News sind ein Sonderfall der organischen Ergebnisse, da die Rankings in der News-Integration unter anderem maßgeblich von einer aktuellen News-Sitemap (zu Sitemaps siehe Seite 128) abhängen. Die Daten werden Suchmaschinen also strukturiert und mit Zusatzinformationen angereichert zugeführt. Dennoch gibt es auch hier weitere SEO-Maßnahmen, die im Zuge einer auf News ausgelegten SEO-Strategie beachtet werden sollten. Eine ausführliche Hilfestellung zur Aufnahme und zu übermittelbaren Informationen bietet Google in der Google-News-Hilfe[3].

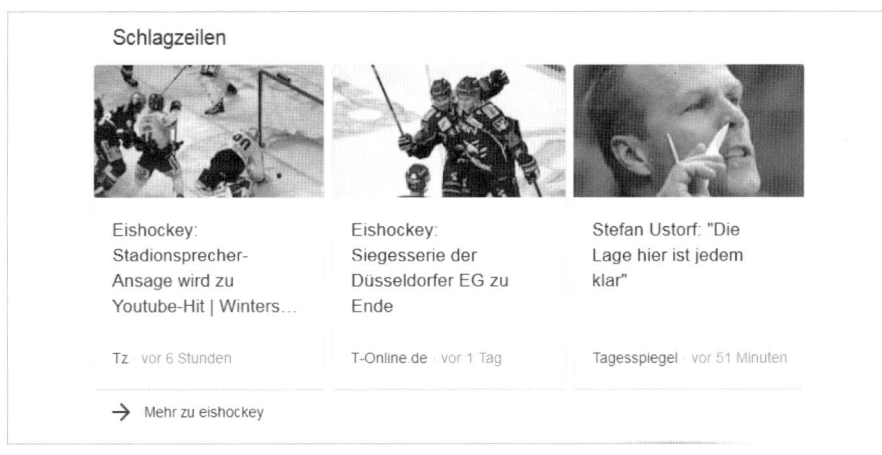

Abbildung 4-4:
Beispiel einer News-Integration in der SERP für die Suchanfrage »Eishockey«

- **Videos** – Mit Videos auf der eigenen Domain innerhalb von Video-Integrationen zu ranken, ist sehr schwer geworden – laut einer Studie des Toolanbieters Searchmetrics bevorzugt Google hier massiv

---

3 Google-News-Hilfe: *https://support.google.com/news/publisher/?hl=de*
   (Aufruf: 01.08.2017)

das eigene Tochterunternehmen YouTube. Mittlerweile stammen 87 % der Videos innerhalb der Videobox von YouTube.[4] Videos werden vor allem für Do-it-yourself- und Ratgeberthemen ausgespielt, worüber man sich bewusst sein sollte, bevor man auf viel Traffic über Video-Integrationen spekuliert.

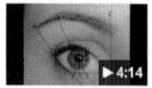

Augenbrauen zupfen - YouTube
https://www.youtube.com/watch?v=NRhEQBpJT1w ▼
01.04.2013 - Hochgeladen von Makeup4dance
Auf meinem Blog habt ihr abgestimmt und euch für das Video entschieden, in dem ich euch zeige wie ...

Abbildung 4-5:
Beispiel einer Video-Integration in der SERP zur Suchanfrage »Augenbrauen zupfen«

- **Maps/Google My Business** – Für lokal tätige Unternehmen kann eine Strategie mit Schwerpunkt auf Google My Business sehr viel Mehrwert bringen. Die Integrationen werden vor allem für die Suche nach Unternehmensnamen ausgespielt. Den Standort erkennt Google meist selbst, oder er wird explizit in der Suchanfrage angegeben.

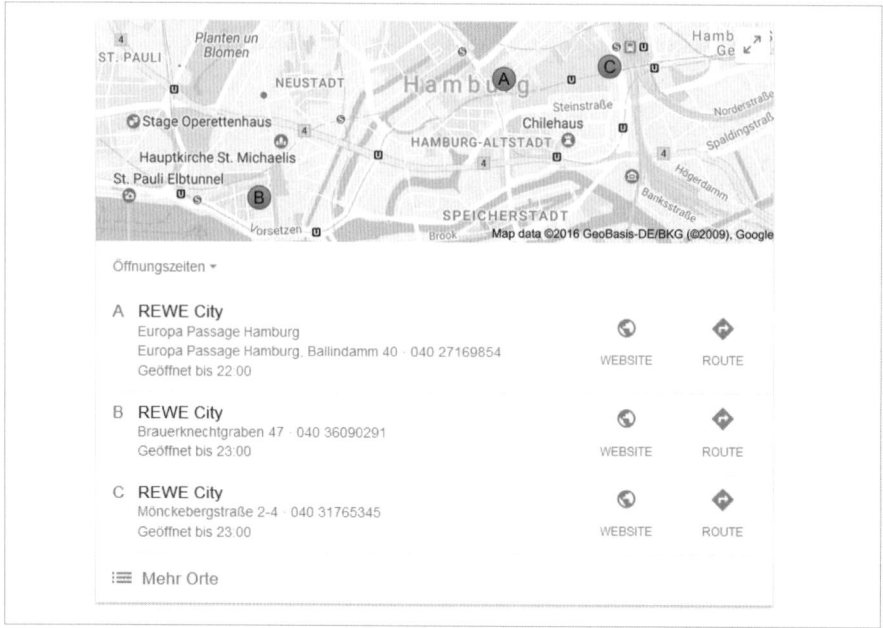

Abbildung 4-6:
Beispiel einer Integration von Google My Business für die Suchanfrage »Rewe« mit Standort Hamburg

---

4 Searchmetrics, 2016: Universal & Extended Search 2016 : *http://www.searchmetrics.com/de/knowledge-base/universal-search-studie/* (Aufruf: 01.08.2017)

- **Andere Ergebnistypen** – Neben diesen durch SEO-Maßnahmen beeinflussbaren Ergebnistypen sowie den bezahlten Ergebnissen überrascht Google immer wieder mit neuen, teils interaktiven Elementen: Sehr verbreitet sind mittlerweile die sogenannten Knowledge-Graph-Integrationen auf der rechten Seite der SERP, deren Inhalte meist aus Wikipedia stammen oder von Google anhand strukturierter Daten generiert werden. Ähnlich verhält es sich mit Instant-Answer-Boxen[5] und anderen Elementen oder gar Tools, die oftmals bereits direkt auf der SERP konkrete Fragestellungen beantworten, ohne dass der User auf ein Suchergebnis klicken muss.

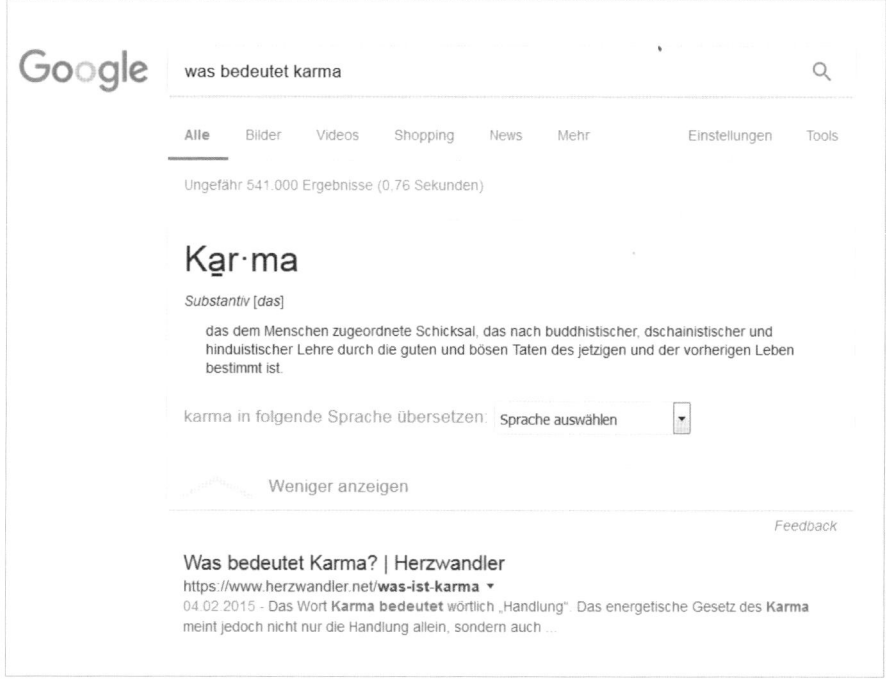

Abbildung 4-7:
Beispiel einer Suchanfrage, die eine Instant-Answer-Box auslöst

Ein einfaches Beispiel für direkte Antworten ist neben den Instant-Answer-Boxen unter anderem der Währungsrechner[6].

---

5   Eine Variante der sogenannten Featured Snippets. Weitere Informationen: *https://support.google.com/webmasters/answer/6229325?hl=de-DE* (Aufruf: 01.08.2017)
6   *https://support.google.com/websearch/answer/3284611?hl=de* (Aufruf: 01.08.2017)

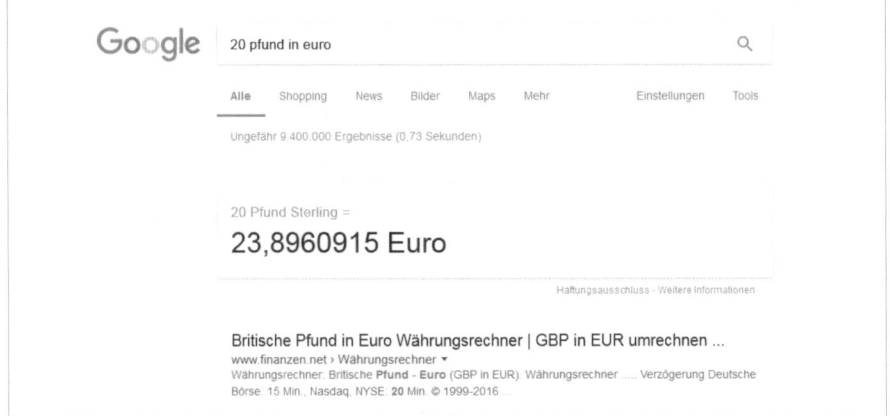

Abbildung 4-8:
Beispiel für ein interaktives Element innerhalb der SERP: der Währungsrechner

Komplexere Beispiele werden durch Suchanfragen wie z. B. `George Clooney Filme` oder `Berlin Sehenswürdigkeiten` ausgelöst: Wenn Sie diese Suchanfragen ausführen, werden Sie merken, dass Google sehr bestrebt ist, Sie bzw. Ihre Klicks im eigenen Universum zu halten. Google bietet Ihnen entweder immer wieder neue SERPs an, führt Sie zu Google Maps oder beantwortet Ihre Suchintention selbst, ohne dass ein Klick auf eine andere Webseite nötig ist.

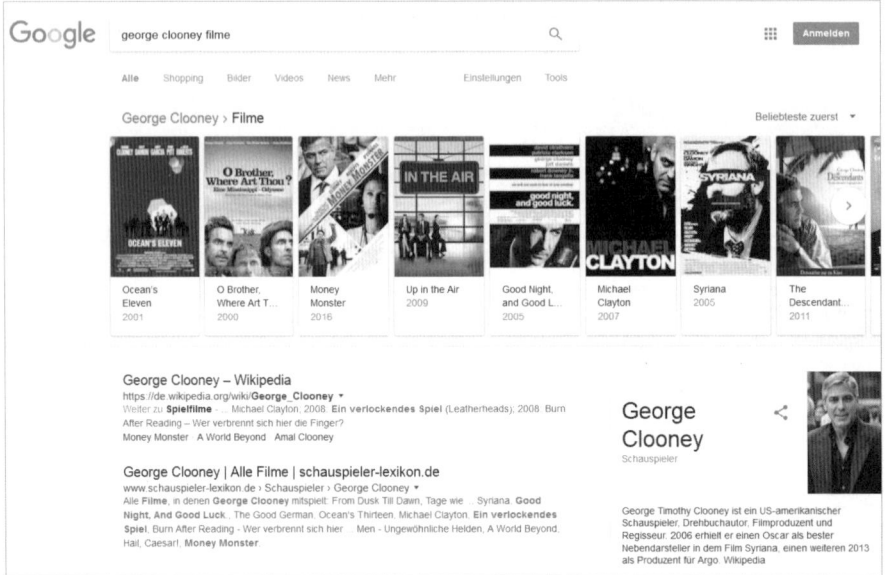

Abbildung 4-9:
SERP der Suchanfrage »george clooney filme« mit organischen Ergebnissen, Knowledge-Graph-Integration (rechts) und dem sogenannten Google Carousel (oben). Der Klick auf Carousel-Elemente löst immer neue Suchanfragen aus.

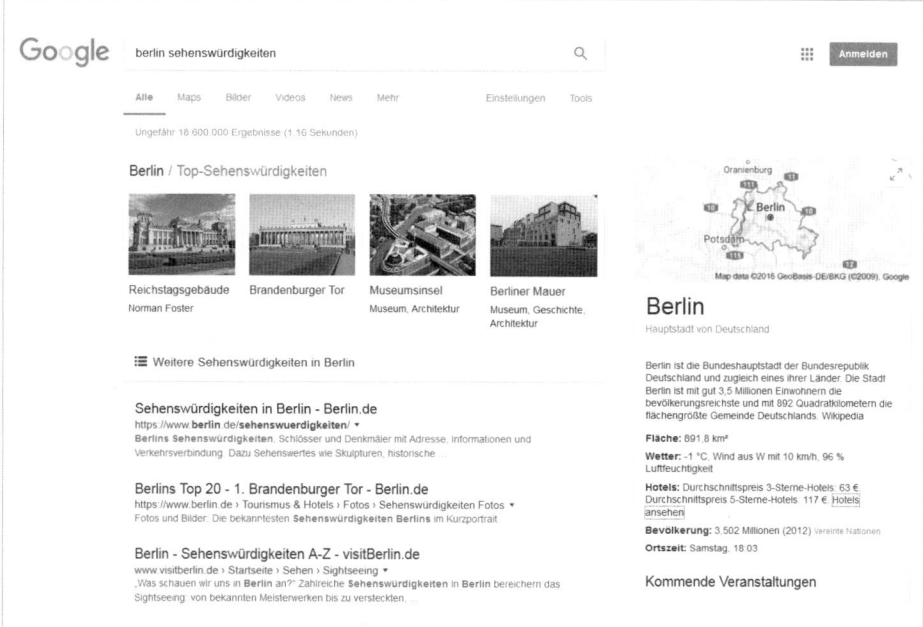

Abbildung 4-10:
SERP der Suchanfrage »berlin sehenswürdigkeiten« mit einer Maps-Integration oben und einer Knowledge-Graph-Integration rechts. Die Klicks führen entweder direkt zu Google Maps oder lösen weitere Suchanfragen aus.

Sie können sich sicherlich vorstellen, dass eine Integration eines solchen *Featured Snippets* oberhalb der eigenen organischen Ergebnisse einen erheblichen Traffic-Verlust mit sich bringen kann, weil es Aufmerksamkeit und damit auch Traffic von den organischen Ergebnissen wegzieht. Was daher für den User gut ist, ist für den Online Marketing Manager oft ein zweischneidiges Schwert. Letztlich bleibt hier nur, die SERPs und deren Veränderungen regelmäßig zu monitoren und gegebenenfalls die eigenen Strategien auf Neuerungen anzupassen.

SEO-Herausforderungen und -Besonderheiten

In diesem einleitenden Kapitel wurde klar, dass die Herausforderungen in der Suchmaschinenoptimierung sehr vielfältig sind. Lassen Sie uns rekapitulieren:

- SEO ist nachfrageabhängig, unter Umständen unterliegt diese Nachfrage saisonalen Schwankungen oder ist sogar zeitlich begrenzt (denken Sie an Bademoden, Heizungen, Produktbezeichnungen wie »iPhone 4« oder einmalige Events).
- Je nach Suchanfrage werden SERPs mit vielen unterschiedlichen Ergebnistypen generiert.

- So gut wie alle Ergebnistypen unterliegen eigenen SEO-Regeln, müssen also gesondert optimiert werden.

Und es kommen sogar noch weitere Herausforderungen hinzu:

- Die genauen Faktoren und deren Gewichtung zur Berechnung der Rankings sind noch immer zum großen Teil ein wohlgehütetes Geheimnis der Suchmaschinenbetreiber.
- Google ändert regelmäßig die Layouts der SERPs und führt Tests durch, sodass sich die Rankings von Tag zu Tag ändern können.
- Google passt die Algorithmen zur Berechnung der Rankings ständig an, um die Ergebnisqualität kontinuierlich zu verbessern.
- Ergebnisse werden häufig personalisiert ausgespielt – sie unterscheiden sich von Nutzer zu Nutzer abhängig von der individuellen Suchhistorie, dem Standort und dem Endgerät.

Diese Punkte machen SEO als Disziplin des Online-Marketings unberechtigterweise oft zur ungeliebten kleinen Schwester des SEA. »Kaum messbar«, »unplanbar«, vor allem aber »undurchsichtig«, das sind nur einige der Eigenschaften, die SEO zugeschrieben werden.

Und es ist tatsächlich so: SEO zu planen, zu messen und mit der Weiterentwicklung Schritt zu halten, ist definitiv eine Herausforderung – und zwar keine leichte. Gute Online Marketing Manager müssen daher nicht nur ständig über aktuelle Entwicklungen und Algorithmusänderungen auf dem Laufenden sein, sie müssen vor allem auch beobachten, auswerten, vergleichen, Rückschlüsse ziehen und in der Lage sein, die eigenen Strategien und Monitorings flexibel den neuen Gegebenheiten anzupassen. Das stellt besondere Herausforderungen an ein unterstützendes Monitoring, das nicht nur Messwerte liefert, sondern auch Erkenntnisse bringt und Analysen zulässt. Erst wenn dies erfolgreich und nachhaltig implementiert wurde, können überhaupt verlässliche und kalkulierbare Optimierungen erfolgen.

Das macht SEO zu einer abwechslungsreichen Disziplin, die in Kombination mit anderen Online-Marketing-Maßnahmen zu durchaus planbaren und messbaren Ergebnissen führt. Grundvoraussetzung ist natürlich die richtige Strategie, die Sie als Online Marketing Manager entwickeln, vorantreiben und verantworten.

Learnings

- Suchmaschinenoptimierung (SEO) ist der Teil des Suchmaschinenmarketings, der sich auf die organischen (unbezahlten) Suchergebnisse bezieht.

- Man unterscheidet organische Text-Snippets und Universal-Search-Integrationen. Beide Ergebnistypen sind durch jeweils spezifische SEO-Maßnahmen beeinflussbar.
- Der Fokus einer SEO-Strategie sollte auf organischen Text-Snippets liegen.
- Die eigene SEO-Strategie sollte Inhalte, die in Universal-Search-Integrationen ausgespielt werden könnten, immer berücksichtigen, da diese oft hohe Klickraten aufweisen.
- Google testet immer wieder neue Ergebnistypen und ändert das Layout der SERP. Algorithmusänderungen finden ständig statt. Die SERPs für eigene Suchanfragen müssen daher kontinuierlich beobachtet werden.
- Monitorings müssen die Strategie unterstützen, indem sie Erkenntnisse liefern und Analysezwecken gerecht werden.
- SEO bringt viele Herausforderungen mit sich. Die Arbeit eines erfolgreichen SEO-Managers oder Online Marketing Manager zeichnet sich durch Flexibilität sowie ständig neue Erkenntnisse aus.

Was ein Online Marketing Manager beherrschen sollte

SEO-Grundlagen

Mit gezielten SEO-Maßnahmen wird das Ranking in den Ergebnislisten der Suchmaschinen nachhaltig verbessert, und zwar sowohl für einzelne Seiten einer Domain als auch für weitere Inhalte wie etwa Medieninhalte (Bilder oder Videos). Dies sorgt üblicherweise für mehr Klicks auf die Suchergebnisse, also qualifizierten Traffic von Suchenden mit einer bestimmten Suchintention, die mit einer Suchanfrage geäußert wird. Und dieser Traffic führt im Idealfall wieder zu Conversions auf der Website. Der Vorteil dieses Vorgangs liegt klar auf der Hand: Jemand formuliert mit eigenen Worten eine Fragestellung und erhält eine Auswahl an relevanten Ergebnissen. Im Vergleich zu klassischen Werbemitteln wie Bannern oder gar der traditionellen Printanzeige ist der Streuverlust somit gering. Wenn man ein relevantes Ergebnis für die Suchanfrage zu bieten hat und es schafft, diese Relevanz auch der Suchmaschine zu verdeutlichen, dann erreicht man exakt die richtige Zielgruppe mit ihrem spezifischen Bedürfnis.

SEO stellt damit neben anderen Kanälen (z. B. Referral Traffic, SEA, Direct Traffic) zunächst den Einstieg in eine Website dar, sollte aber hier nicht enden: Es ist vor allem aus Sicht des Webseiteninhabers bzw. des Unternehmens sinnvoll, die Useraktivität von der Suchanfrage bis zur Conversion zu Ende zu denken – insbesondere als Inhouse Online Marketing Manager, der mehrere Disziplinen miteinander verknüpft.

Für Online Marketing Manager ist es vor allem wichtig, ein solides Grundverständnis für SEO zu besitzen. Dies befähigt Sie, eine nachhaltige Strategie zu entwickeln, die mit starkem Userfokus die wichtigsten Anforderungen von Suchmaschinen erfüllt und sie mit weiteren Disziplinen des Online-Marketings verbindet. Vergessen Sie dabei nicht, jeden Schritt kritisch zu hinterfragen und Erkenntnisse aus anderen Disziplinen in Ihre SEO-Strategie mit einfließen zu lassen – dieser Blick auf das große Ganze wird Ihnen zugutekommen! Wir gehen auf diesen Punkt an unterschiedlichen Stellen in den Folgekapiteln ein.

Der Google-Algorithmus und seine Updates

Eins vorweg: Es gibt über 200 Ranking-Faktoren, zumindest was die Optimierung für Google betrifft. Welche das genau sind und wie sie gewichtet werden, ist leider nicht bekannt. Es gibt lediglich eine Handvoll bekannter Ranking-Faktoren, die Google offiziell bestätigt hat und die in der SEO-Branche als »gesetzt« gelten. Wir beschränken uns daher in diesem Kapitel auf die wichtigsten Faktoren und verweisen gegebenenfalls auf die offiziellen Posts von Google, in denen relevante Details zu finden sind. Weitere Ranking-Faktoren und sinnvolle Maßnahmen finden Sie in den Linktipps und in der empfohlenen Literatur.

Es gibt für die moderne Suchmaschinenoptimierung zwei grundsätzliche Regeln:

> **Regel Nummer 1**
> Technische Optimierungen sind Pflicht und Grundvoraussetzung für gute Rankings.

Ohne dass Ihre Webseite technisch optimiert ist, werden sich keine guten Rankings entwickeln – auch wenn die Inhalte noch so einzigartig, relevant und informativ sind. Technische Faktoren beziehen sich vor allem auf eine gute Struktur der Website, seit Anfang 2015 mit starkem Fokus auch auf mobile Optimierung. Daher müssen unbedingt Ressourcen für technische Optimierungen bereitgestellt werden, und zwar nicht einmalig, sondern kontinuierlich. Nachhaltiges SEO bedeutet immer langfristige Optimierung.

> **Regel Nummer 2**
> Nutzerintentionen müssen möglichst genau erfasst und mittels Content abgebildet werden.

Was genau erwartet der User bei einer bestimmten Suchanfrage? Nicht immer ist dies eindeutig zu klären:

Bei der Suche nach einer konkreten Produktbezeichnung wie Samsung TV UE40J5150 40 Zoll erwartet der User wahrscheinlich eine Landingpage mit genau diesem Produkt und einer Beschreibung seiner technischen Details – wahrscheinlich will er weniger eine Shop-Kategorieseite mit allgemeinen Informationen über Samsung-TVs sehen. Was aber erwartet er bei der Suchanfrage Samsung TV? Eine Produktübersicht in einem Shop, allgemeine Informationen über Samsung-TVs oder vielleicht Testberichte von Nutzern?

Dieses Denken unterscheidet SEO heute von dem, was SEO früher war: Vor 2010 lag der Fokus bei SEO hauptsächlich auf der besten Platzierung der eigenen Suchergebnisse – egal mit welchen Mitteln. Vor allem Spam-Strategien wie die übermäßige Nennung des Keywords im Inhalt (sogenanntes *Keyword-Stuffing*) sorgten dafür, dass die eigenen Seiten auf Top-Positionen in den SERPs rankten. Was danach passierte, interessierte wenig: User klickten auf das Ergebnis, fanden ihr Suchbedürfnis nicht erfüllt, da sie häufig auf Textwüsten oder wenig ansprechende Landingpages kamen – und sprangen in vielen Fällen wieder ab, ohne Conversions auszulösen oder anderweitig mit der Webseite zu interagieren.

Dank diverser Anpassungen der Suchmaschinenalgorithmen (vor allem der Penguin- und Panda-Updates, siehe Infobox), ist diese Arbeitsweise längst nicht mehr nachhaltig: Nicht selten verloren seit 2011 ganze Domains von einem Tag auf den anderen ihre kompletten Rankings, massive Traffic-Verluste waren die Folge.

Wie kam es zu diesem Wandel? Suchmaschinenbetreiber erkannten, dass die Suchergebnisse oft nicht relevant genug für den User waren, und bezogen mehr Qualitätsfaktoren in die Bewertung der Suchergebnisse ein. Es genügt daher beispielsweise längst nicht mehr, viele Verweise von anderen Webseiten zur eigenen Seite (sogenannte *Backlinks*) oder stark Keyword lastige Texte zu generieren. Suchmaschinen werten heutzutage auch das Nutzerverhalten aus: Klickraten in den SERPs und Absprungraten sind nur einige der *Nutzersignale*, die Einfluss auf die SEO-Performance von Webseiten haben können. Es geht heute also nicht mehr nur darum, »einfach nur um jeden Preis« zu ranken, sondern besonders darum, die Nutzerintention zu erfüllen und die User mit passendem Content auf der Seite zu halten. Nur so können gute Rankings erreicht und dauerhaft gehalten werden. Der User mit seinen Bedürfnissen steht ganz klar im Fokus der modernen Suchmaschinenoptimierung – nicht mehr allein die Suchmaschine mit ihren technischen Anforderungen. SEO-Strategien funktionieren daher nur nachhaltig, wenn die Schritte des Users vom Suchvorgang über den Inhalt der Zielseite bis hin zur Conversion berücksichtigt werden.

> **Penguin- und Panda-Updates**
>
> Es war nur eine Frage der Zeit, bis Google auf spammige SEO-Methoden und minderwertige Qualität in den Suchergebnissen reagierte. Bis 2010 funktionierten Maßnahmen wie automatisierter Linkaufbau in großem Umfang, Keyword-Stuffing und andere gängige Praktiken bestens. Google führte daraufhin erstmalig im Februar 2011 das Panda-Update ein: ein Filter mit dem Ziel, die Qualität der Suchergebnisse zu erhöhen. Die genauen Einflussfaktoren wurden von Google bisher nicht bestätigt, in der Praxis zeigt sich aber eine Reihe von Faktoren, etwa wenig originale Inhalte, hohe Absprungraten der User, zu viel Werbung im sichtbaren Bereich etc. Während das Panda-Update zunächst in großen, teilweise von Google angekündigten Updates ausgerollt wurde, ist der Filter mittlerweile fest in den Algorithmus integriert.
>
> Das Penguin-Update zielt vor allem auf massiven Spam ab, der die Google Webmaster Guidelines verletzt. Man kann davon ausgehen, dass der Fokus hier auf unnatürlichem Linkaufbau liegt – jedoch ebenso auf Keyword-Stuffing. Die erste Iteration wurde im Februar 2012 ausgerollt, seit Ende 2016 ist Penguin ebenso wie Panda fester Bestandteil des Algorithmus.

Immer im Fokus: der Nutzer

Für eine erfolgreiche und nachhaltige SEO-Strategie muss man sich mit den Inhalten der eigenen Webseite beschäftigen. Den Grund haben wir bereits grob behandelt: Nicht nur für den Webseitenbetreiber sollte der User mit seiner Suchintention im Fokus stehen (denken wir hier insbesondere an die drei eingangs definierten Suchanfragentypen zurück: *informational*, *navigational* und *transaktional*), auch Suchmaschinen verstehen Suchintentionen immer besser und passen ihre Algorithmen dementsprechend an.

Spätestens seit der letzten großen »Grunderneuerung« des Google-Algorithmus im August 2013 ist es Google möglich, komplexe Suchanfragen besser zu interpretieren, anstatt wie zuvor nach einzelnen Wörtern in der Suchanfrage zu suchen – ein großer und wichtiger Schritt in

Richtung semantischer Suche! Diese Überarbeitung des Algorithmus mit den Namen *Hummingbird*[7] (deutsch Kolibri) trägt entscheidend zu besserer Qualität der Suchergebnisse bei: Die Intention des Users wird insbesondere bei längeren Suchanfragen besser verstanden, aber auch der Inhalt bzw. die Ausrichtung von Textdokumenten. Google reagierte damit auf verändertes Userverhalten: Nutzer tippen nicht mehr nur einzelne Stichwörter in das Suchfeld, sondern formulieren komplexe Suchanfragen, z. B. ganze Sätze oder Fragen. Einen wesentlichen Einfluss hat heutzutage auch die Suche über die Sprachsteuerung mobiler Endgeräte oder sogenannter digitaler Assistenten wie Amazon Echo oder Google Home.

Hier liegt der Vorteil eines Online Marketing Manager: Er hat durch sein breites Wissen über Disziplinen wie Social Media oder Conversion-Optimierung generell einen guten Überblick über Inhalte und die Struktur der Webseite, mit der er arbeitet. Nun gilt es jedoch, aus SEO-Perspektive einen Blick auf das Userverhalten zu werfen, die Intention des Nutzers zu erfassen und diese möglichst genau über den eigenen Content abzubilden.

Hierfür betrachten wir die Schritte des Users im Suchprozess nun genauer. Was bedeuten die folgenden einzelnen Schritte für nachhaltiges SEO? Nehmen Sie sich die Zeit und durchlaufen Sie sie immer wieder selbst für Ihre Landingpages.

Suche	SERP	Snippet	Zielseite	Conversion
Kenntnis über Zielgruppe, Suchverhalten und passende Inhalte	Analyse des Layouts und der interpretierten Suchintention	Analyse des Snippets zur eigenen Zielseite und der Wettbewerber	Analyse der Zielseite nach Suchintention und Usability	Analyse der conversion-relevanten Elemente

Abbildung 4-11:
Der Prozess von der Suchanfrage bis zur Conversion (© Anke Probst)

- **Schritt 1: Der Suchvorgang**
  Es findet ein Suchvorgang statt. Bereits hier müssen Sie die Kenntnis besitzen, folgende Fragen zu beantworten: Wer sucht? Wie wird gesucht? Was wird gesucht? Warum wird gesucht? Übersetzt bedeutet das: Welche Inhalte habe ich, nach denen gesucht wird? Wer ist die Zielgruppe dafür? Wie sucht diese Zielgruppe nach diesen

---

[7] Searchmetrics, 2016: Der Google Hummingbird Algorithmus: semantisch-holistische Suche. *http://www.searchmetrics.com/de/knowledge-base/hummingbird/* (Aufruf: 01.08.2017)

Inhalten? Und mit welcher Intention sucht die Zielgruppe diese Inhalte?

Das liest sich zunächst trivial, aber oft fällt es schwer, diese Fragen zu beantworten. Sie sind jedoch die absolute Grundlage der nächsten Schritte im Suchprozess.

- **Schritt 2: Die SERP**

  Der Suchvorgang generiert eine Ergebnisseite. Wie sieht diese SERP üblicherweise für Suchanfragen zu Ihren Zielseiten aus, besteht sie aus organischen Text-Snippets oder auch aus Universal-Search-Integrationen? Gibt es vielleicht Featured Snippets, Knowledge-Graph-Boxen oder Ähnliches? Wer sind die üblichen Wettbewerber? Rankt Ihre Domain eigentlich, also erreicht sie gute Positionen zu Suchanfragen? Welche Informationen enthalten die Ergebnisse, die Ihre zur Suchanfrage passende Landingpage vielleicht nicht bietet? Lässt sich daraus etwas über die Suchintention des Users ableiten und darüber, wie die Suchmaschine diese interpretiert?

- **Schritt 3: Das Snippet**

  Wie sieht Ihr Ergebnis-Snippet aus? Passt es zu der Suchanfrage? Ist es ansprechend für den User, findet sich die Suchintention im Snippet wieder? Wie sehen die Snippets der Konkurrenten aus? Gibt es Anhaltspunkte dazu, weshalb User vielleicht eher auf das Snippet der Konkurrenz klicken könnten? Was erwartet Ihre Zielgruppe im Snippet zu lesen? Haben Sie eine gute Markenbekanntheit, mit der Sie im Snippet punkten können?

  Bedenken Sie: Genau hier ist der Punkt, an dem der User sich entscheidet, ob er auf Ihr Snippet klickt oder auf das Snippet der Konkurrenz. Betrachten Sie Ihr Snippet ähnlich wie eine Anzeige, die Sie so gestalten, dass alle bisherigen Erkenntnisse dort einfließen: Wer ist die Zielgruppe, wie spricht man sie an? Nach was hat sie gesucht, wie findet sich diese Suchintention im Snippet wieder? Und noch einen Schritt weiter sollte gedacht werden: Passt dieses Snippet auch zum Inhalt der Zielseite? Oder ist der User eventuell enttäuscht nach dem Klick auf das Ergebnis und verlässt die Seite wieder? Negative Erlebnisse werden oft mit dem Brand verbunden, sodass User die Ergebnisse der Wettbewerber vorziehen.

- **Schritt 4: Die Zielseite**

  Der User ist auf der Zielseite. Was findet er dort vor? Genau das, was er gesucht hat und was ihm im Snippet versprochen wurde? Landet er vielleicht sogar auf einer Fehlerseite? Oder auf einer Seite, die nicht zur Suchanfrage passt? Falls die Seite nicht zu seiner Suchintention passt (oftmals sind die Suchanfragen ja nicht exakt definiert), findet er sich dann auf der Seite leicht zurecht? Kann er gut mit der Seite interagieren: Ist das Menü sichtbar, oder müsste er ewig scrollen bzw. andere Hürden überwinden? Sieht er viel Werbung oder andere irritierende Elemente? Wenn er nach Produkten suchte, sieht er diese? Landet er stattdessen auf Ratgeberseiten oder sieht er lange Kategoriebeschreibungen, die die Produkte aus dem Sichtfeld schieben? Ist die Usability also gelungen?

Bedenken Sie hier ganz stark die Suchintention und versetzen Sie sich in die Erwartungshaltung des Users. Vergleichen Sie die Seite mit Zielseiten der Konkurrenz, die besser ranken als Ihre Zielseite: Finden Sie Anhaltspunkte dazu, was hier besser gemacht wird?

- **Schritt 5: Die Conversion**
  Meist soll der User mit der Zielseite interagieren, vielleicht sogar Umsatz generieren. Ist ihm das problemlos möglich? Muss er die Conversion-Elemente lange suchen? Irritieren ihn Banner oder andere Elemente?

  Conversion-Optimierung ist eine eigene Disziplin des Online-Marketings, aber an dieser Stelle auch für SEO wichtig, damit Nutzer nicht sofort wieder abspringen und negative Nutzersignale an die Suchmaschine senden. Hierzu verweisen wir auf Kapitel 3, *Conversion-Optimierung* in diesem Buch.

All diese Schritte betrachtet SEO zunächst rein aus der Userperspektive. Umfangreiche Analysen und das regelmäßige Hinterfragen dieses Prozesses sind mühsam und kosten Zeit, lohnen sich aber letztendlich immer – nicht nur für SEO, sondern vor allem für zufriedene und wiederkehrende Kunden.

Dies soll uns zunächst als Einführung in die Grundlagen der Suchmaschinenoptimierung genügen. Wir widmen uns nun konkreteren Maßnahmen: Onpage-Faktoren, Content-Optimierungen und Offpage-SEO.

Onpage-Faktoren: technische Basics

Wir sind bisher kaum auf die Funktionsweise von Suchmaschinen eingegangen. Wir fassen uns hier kurz, weitere Informationen bietet Google sehr anschaulich und einfach erklärt unter *https://www.google.de/insidesearch/howsearchworks/thestory/index.html*.

Suchmaschinen (bzw. deren *Bots* oder *Crawler*) crawlen das Web, d.h., sie gehen von Link zu Link und rufen Webseiten auf.[8] Dabei sammeln sie zu jeder einzelnen Seite eine Vielzahl von verschiedenen Signalen,

---

[8] Stark vereinfachte Darstellung. Genauere Informationen: Bert Schulzki (7.6.2011): Vom Spider in den Index – Aufbau des Google-Bot. *http://www.bertschulzki.de/vom-spider-in-den-index-aufbau-des-google-bot/* (Aufruf: 01.08.2017)

um zu erkennen, ob eine Seite für das Ranking zu bestimmten Suchanfragen relevant ist.

Um dies effizient tun zu können, muss eine Reihe von Voraussetzungen aus technischer Sicht erfüllt sein. Zusätzlich können für die Relevanzbewertung wichtige Signale positiv beeinflusst werden. Den wichtigsten dieser technischen Faktoren widmen wir uns in diesem Kapitel.

URLs und URL-Schemata

Als *URL* (kurz für *Uniform Resource Locator*) wird die Adresse einer Ressource bezeichnet, also eines Textdokuments, eines Bilds, Videos oder anderer Inhalte. Sie setzt sich aus unterschiedlichen Teilen zusammen:

https://www.domain.de/artikel/name-des-dokuments?page=2

1. Protokoll: *https*
2. Subdomain: *www*
3. Domain: *domain.de*
4. TLD (Top-Level-Domain): *.de*
5. Verzeichnis: */artikel/*
6. Dateiname: *name-des-dokuments*
7. Parameter mit Wert: *page=2*

Suchmaschinen crawlen grundsätzlich alle Inhalte, die mit einer URL repräsentiert werden. Dabei ist ein Grundverständnis zum Thema URLs unerlässlich.

> **Hinweis**
>
> Jede Ressource muss unter einer eindeutigen, statischen URL erreichbar sein. Bereits bei kleinsten Abweichungen an der URL wird sie von Suchmaschinen als andere, neue URL betrachtet.

Beispiele:

- *https://www.domain.com/artikel/name-des-dokuments?page=2*
- *http://www.domain.com/artikel/name-des-dokuments?page=2*
- *https://www.domain.com/artikel/name-des-dokuments*
- *https://domain.com/artikel/name-des-dokuments?page=2*
- *https://www.domain.com/artikel/Name-des-Dokuments?page=2*

Diese URLs sind für Suchmaschinen alle unterschiedlich und könnten jeweils andere Inhalte besitzen. Wenn sie die gleichen Inhalte ausgeben, stellen sie Duplikate dar (*Duplicate Content*) und erhalten von Suchmaschinen unterschiedliche Signale zur Relevanzbewertung. Das kann zu Problemen führen und sollte vermieden werden.

> **Praxistipp**
> URLs sollten sich im Idealfall niemals ändern, sondern dauerhaft bestehen. Falls doch Änderungen nötig sind, muss eine technische Lösung implementiert werden, damit keine Duplikate oder Fehlerseiten entstehen.

Folgende Empfehlungen lassen sich daraus ableiten:

- Vermeiden Sie Duplikate. Sorgen Sie dafür, dass jeder Inhalt unter einer einzigen eindeutigen URL erreichbar ist. Duplikate können mit *301-Redirects* (siehe Infobox zu Statuscodes) bereinigt werden, z. B. bei Protokolländerungen. Dann würde die URL *http://www.domain.com/artikel/name-des-dokuments?page=2* immer auf *https://www.domain.com/artikel/name-des-dokuments?page=2* umleiten. Aber auch Canonicals können für solche Fälle geeignet sein (siehe weiter unten).
- Richten Sie technische Lösungen für sich ändernde URLs ein: Die veraltete URL sollte immer mit einem einzigen *301-Redirect* auf die neue URL weitergeleitet werden. Dies stellt sicher, dass Suchmaschinen über die Existenz der neuen URL informiert werden und sie die veraltete URL aus dem Index entfernen. Zudem werden die Relevanzsignale von alter URL zu neuer URL weitergegeben. Aber auch der User wird weitergeleitet, sollte er die veraltete URL aufrufen. 301-Redirects sind sowohl aus Suchmaschinen- als auch aus Usersicht die beste Lösung.

> **Praxistipp**
> Eine nachträgliche URL-Umstellung für komplette Verzeichnisse oder gar die gesamte Website ist immer mit Risiken verbunden (Verlust von Rankings und Traffic) und sollte sorgfältig nach Aufwand und Nutzen abgewogen werden. Dies gilt besonders für umfangreiche Webseiten!

Zusätzliche grundlegende Empfehlungen zu URLs

- Vermeiden Sie Sonderzeichen und Umlaute. Nutzen Sie das Trennzeichen »-« anstatt Leerzeichen, um die Lesbarkeit von URLs zu verbessern.

- Bilden Sie Kategorien immer in der URL ab, z. B. *www.domain.de/ damenmode/jeans/skinny-jeans/name-des-produkts*. Frühere Empfehlungen, URLs sollten so kurz wie möglich sein und auf Verzeichnisse verzichten, sind veraltet. Im Gegenteil, das Abbilden der Seitenstruktur in der URL bringt diverse Vorteile, unter anderem
    - im Monitoring oder in der Webanalyse, wenn Sie Rankings oder Traffic auf Verzeichnisebene betrachten,
    - bei der Datenauswertung in der Search Console (ehemals Google Webmaster Tools), die Sie immer auf Verzeichnisebene einrichten sollten, um Daten explizit für das Verzeichnis zu erhalten, sowie
    - für die spezifische Nutzung der Site-Abfrage (siehe Abschnitt *Tipps und Tricks für die Suchmaschinenoptimierung* auf Seite 156).

> **HTTP-Statuscodes: gängige Statuscodes und deren Bedeutung für Suchmaschinen**
>
> HTTP-Statuscodes regeln die Kommunikation zwischen Client und Server. Aus SEO-Sicht entspricht der Client dem Suchmaschinen-Crawler. Beim Crawling von URLs werden Statuscodes gesendet, die dem Crawler mitteilen, wie er mit den URLs umgehen soll. Gängige Beispiele hierfür sind:
>
> Statuscode 200: »ok«. Die angeforderte Ressource ist erreichbar und kann gecrawlt und gegebenenfalls indexiert werden.
>
> Statuscode 404: »not found«. Die Ressource wurde nicht gefunden, z. B. beim Aufruf nicht existierender URLs oder gelöschten Inhalten. Die URL soll aus dem Index entfernt werden.
>
> Statuscode 410: »gone«. Die angeforderte Ressource wurde dauerhaft entfernt. Die URL soll aus dem Index entfernt werden.
>
> Statuscodes für Redirects teilen Suchmaschinen mit, dass sich die URL einer Ressource geändert hat. Man unterscheidet zwischen temporären und permanenten Weiterleitungen. Für SEO sind meist nur permanente Redirects relevant, da hier die Weitergabe von Signalen gewährleistet ist.
>
> Statuscode 301: »moved permanently«. Die Ressource steht ab sofort unter einer neuen Adresse bereit. Die alte URL ist nicht mehr gültig und soll aus dem Index entfernt werden.
>
> Statuscode 302: »found. Moved temporarily«. Die Ressource ist vorübergehend unter einer neuen Adresse verfügbar, die alte URL bleibt jedoch gültig und soll im Index verbleiben.

Crawling und Indexierung

Es obliegt der Suchmaschine, wie oft sie Inhalte Ihrer Webseite und welche URLs sie davon crawlt. Besonders Seiten, die tief in der Seitenstruktur liegen (z. B. Archive), oder auch Seiten mit veralteten und nicht regelmäßig aktualisierten Inhalten werden in der Regel selten gecrawlt. Google stellt für jede Webseite ein bestimmtes nicht einsehbares *Crawling-Budget* abhängig von Seitengröße, Aktualität des Contents und anderen Parametern bereit, das möglichst sinnvoll für die eigene Seite genutzt werden sollte.

Aus den gecrawlten Seiten wird ein Index erstellt und mit zusätzlichen Informationen versehen, z. B. einzelnen Keywords und deren Vorkommen im Text. Hier erfolgt auch die Berechnung der Relevanz für einzelne URLs zu bestimmten Suchanfragen. Grundsätzlich wird alles, was gecrawlt wird, auch indexiert, sofern nichts dagegenspricht.

Für eine gute SEO-Performance bedeutet dies, dass URLs crawlbar sein müssen, aber auch indexierbar. Denn: Was nicht gecrawlt werden kann, kann auch nicht indexiert werden. Und was nicht indexiert werden kann, kann nicht ranken. Und was nicht rankt, bringt keinen SEO-Traffic.

- **Crawlability** – Damit Webseiten von Suchmaschinen gecrawlt werden können, müssen zwei Voraussetzungen erfüllt sein:
  - Das Crawling muss möglichst problemlos ablaufen können, d. h., die Seite muss technisch so umgesetzt sein, dass Inhalte ausgelesen werden können. Während Standards wie HTML gängige Praxis sind, kann es bei Technologien wie Ajax oder Flash durchaus zu Problemen kommen.
  - Das Crawling muss erlaubt sein, d. h., es darf keine Anweisung geben, die Suchmaschinen das Crawlen verbietet.
- **Indexierung** – Um indexiert zu werden, muss nur ein Punkt erfüllt sein: Es muss Suchmaschinen erlaubt sein, die Inhalte zu indexieren.

Sind alle Voraussetzungen erfüllt, ist der Content im Normalfall auch indexiert und über eine gezielte Suche auffindbar.

Steuerung von Crawling und Indexierung

Unter Umständen ist das Crawlen und/oder die Indexierung von URLs nicht gewünscht. Beispiele waren hier irrelevanter Content (Userprofile in Foren), Duplizierungen (Druckversionen von Seiten), Seiten mit wenig oder keinem Content, Ergebnisse aus der internen Suche oder paginierten Seiten. All diese Seiten haben im Google-Index wenig verloren, da sie nicht Ranking-relevant sind. Ob sie dennoch zumindest gecrawlt werden sollen, muss individuell entschieden werden.

Ein Beispiel: Wenn Sie im Onlineshop unter *www.tkmaxx.com* eine Suche durchführen nach Jeans, erhalten Sie eine Ergebnisseite der internen Suche mit der URL *http://www.tkmaxx.com/page/search?q=jeans*. Rein objektiv betrachtet: Ergibt es Sinn, dass diese URL gecrawlt und indexiert wird, um dann ranken zu können?

- Es gibt bereits eine Kategorie für Jeans, nämlich *http://www.tkmaxx.com/womens/womens-jeans/icat/0606* und sogar eine entsprechende Kategorie für Herrenjeans. Man schafft sich mit zusätzlichen URLs aus der internen Suche also selbst Konkurrenz zu relevanten Kategorie-URLs, sodass Google Probleme haben könnte, zu ermitteln, welche URL den größten Mehrwert für den User hat und ranken soll.
- Von diesen URLs mit Suchparameter *?q=* könnten Hunderttausende existieren, nämlich für beliebige Suchanfragen. Findet Google diese Seiten, würden alle gecrawlt werden. Das würde Crawling-Budget verbrauchen, das an anderer Stelle eher benötigt wäre – z. B. für das Erfassen neuer Kategorien und Produkte.
- Aus Usersicht: Häufig sind interne Suchergebnisse von Webseiten schlechte direkte SEO-Landingpages. Denken Sie z. B. an interne Suchergebnisseiten von redaktionellen Webseiten, die oft nur eine Liste von Artikeln enthalten ohne weitere Filteroptionen.
Bedenken Sie außerdem, dass völlig willkürliche URLs indexiert werden und ranken könnten, z. B. *http://www.tkmaxx.com/search?q=canada*. Für die Suche nach Canada wäre diese URL für den User sicherlich nicht relevant (informationale Suchanfrage vs. transaktionales Suchergebnis) und sollte verhindert werden. Beachten Sie hier wieder die Nutzerintention!

Wie geht man vor, um Crawling und Indexierung für solche Fälle zu steuern? Suchmaschinen halten sich in der Regel an ein paar einfache Standards, die im Folgenden beschrieben werden.

Crawling

Eine einfache Textdatei mit dem Namen *robots.txt* enthält Anweisungen für das Crawling. Sie wird im Domain-Root abgelegt, also unter *www.domain.com/robots.txt*. Ist sie nicht vorhanden, werden Suchmaschinen alles crawlen – daher müssen URLs oder Verzeichnisse, die vom Crawling ausgeschlossen werden sollen, gezielt genannt werden. Gängige Anweisungen sind z. B.:

Tabelle 4-1
Crawling-Anweisungen

Anweisung	Bedeutung
User-Agent: *	Die folgenden Anweisungen gelten für alle Bots.
Disallow: /verzeichnis/	Das Crawling des Verzeichnisses wird verhindert.
Disallow: *?parameter	Alle URLs mit dem Parameter werden nicht gecrawlt.
Disallow: /eine-datei.php	Genau diese Datei wird nicht gecrawlt.

Indexierung

Der Ausschluss von der Indexierung wird idealerweise auf Seitenebene geregelt. Hier wird zwischen Duplikaten und anderen Seiten, die nicht indexiert werden sollen, unterschieden.

1. Für *Duplikate* empfiehlt sich der Einsatz eines *Canonicals*. Ein klassischer Anwendungsfall sind Tracking-Parameter oder Session-IDs: Der Parameter in der URL ändert nichts am eigentlichen Inhalt der Seite, es liegt also ein Duplikat der Original-URL vor. Beispiel:
   https://www.domain.de/kategorie
   https://www.domain.de/kategorie?campaign=23
   Die zweite URL sollte nicht indexiert werden, da sie einen Kampagnenparameter enthält und somit denselben Inhalt ausgibt wie die erste URL. Zusätzlich sollte Suchmaschinen die Information gegeben werden, dass es sich hierbei um ein Duplikat handelt. Das passiert über folgende Angabe im Header der zweiten URL:
   <link rel=»canonical« href=»https://www.domain.de/damenjeans«
   Suchmaschinen würden hier verstehen, dass diese URL ein Duplikat darstellt, und die URL nach einiger Zeit aus dem Index nehmen.
2. Andere Seiten ohne Mehrwert: Um andere irrelevante URLs vom Ranking auszuschließen, wird im Header das Metatag robots gesetzt:
   <meta name="robots" content="noindex, follow">
   Die Angabe sagt der Suchmaschine, dass die Seite nicht indexiert werden soll (noindex), aber dass deren Links zu anderen Seiten gecrawlt werden sollen (follow). Letzteres ist wichtig, um das Crawling hier nicht in einer Sackgasse enden zu lassen.
3. Veraltete Inhalte: In vielen Fällen sind Inhalte nicht mehr aktuell, z.B. Seiten von ausverkauften Produkten eines Shops. Hier kann mit Statuscodes gearbeitet werden: Ein 301-Redirect der URL in die entsprechende Produktkategorie würde dafür sorgen, dass die Produkt-URL deindexiert wird. Gibt es keine passende Kategorie oder keine andere Zielseite, setzt man entweder den Statuscode

404 (»not found«) oder 410 (»gone«) und richtet eine benutzerfreundliche Fehlerseite ein.

Ein paar abschließende Worte zum Thema Crawling und Indexierung: Für kleine Webseiten mögen Crawling-Budget und -Steuerung nicht so wichtig sein – für große Webseiten, deren Inhalte sich ständig ändern oder deren Seitenstruktur komplex ist, kann es jedoch ein wichtiger Hebel in der SEO-Strategie sein. Auch die Indexierungssteuerung ist für kleinere Webseiten nicht elementar, veraltete Inhalte ausgenommen. Bei großen Seiten sollte die Indexierung und deren Monitoring aber nicht vernachlässigt werden. Zu häufig passieren technische Fehler, die Duplikate erzeugen, oder es werden Seiten generiert, die keinen relevanten Content aufweisen. Suchmaschinen legen Wert auf Content mit Mehrwert und können Schwierigkeiten haben, mit Duplikaten umzugehen. Mitunter schafft man sich in solchen Fällen massive Probleme, die den bestehenden Rankings schaden können, z. B. durch die interne Konkurrenz und damit wechselnden URLs im Ranking oder durch eine hohe Anzahl an Duplikaten – hier greift dann womöglich ein Filter der Suchmaschine.

Monitoren Sie daher den Stand der Indexierung regelmäßig und schließen Sie irrelevante Seitentypen gezielt von der Indexierung aus. Kurz gesagt: Halten Sie Ihre Webseite immer »sauber«, sodass auch der Suchmaschinenindex nur relevante, aktuelle Inhalte enthält!

Zusätzliche Tipps zur Indexierung

- Nutzen Sie die Search Console, um den *Status der Indexierung* zu erkennen. Ein plötzlicher Anstieg oder Rückgang der indexierten Seiten kann auf Probleme hindeuten und muss hinterfragt werden.

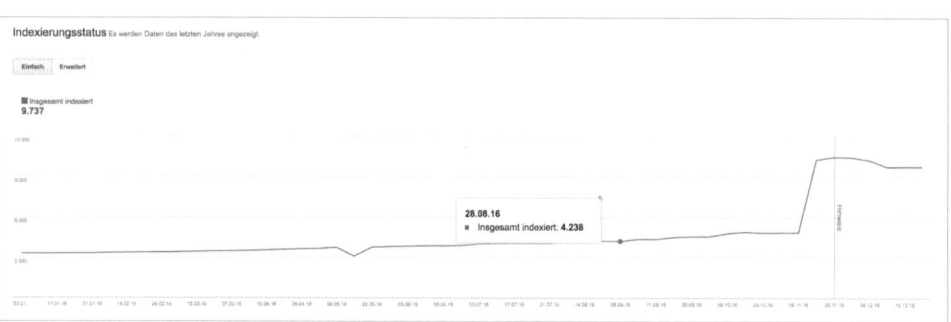

Abbildung 4-12:
Indexierungsstand einer Domain mit plötzlichem Anstieg der indexierten URLs

- Als Hilfsmittel für effizientes Crawling wird oft eine *XML-Sitemap* erstellt. Eine Sitemap enthält alle URLs einer Webseite, die gecrawlt und indexiert werden sollen. Kleinere Webseiten mit einfacher

Struktur benötigen meist keine Sitemap, da Suchmaschinen über die interne Verlinkung problemlos alle URLs erfassen können. Bei komplexen Strukturen kann das Erstellen einer Sitemap jedoch sehr hilfreich sein, damit neue Seiten schnell erfasst und indexiert werden. Achten Sie dabei immer auf kurze Aktualisierungsintervalle, idealerweise wird die Sitemap neu generiert, sobald eine neue indexierbare URL innerhalb der Seitenstruktur entsteht und der Sitemap hinzugefügt wird. Melden Sie die Sitemap in der Search Console an.

Weiterführende Informationen:

- Google, *robots.txt*-Spezifikationen: *https://developers.google.com/webmasters/control-crawl-index/docs/robots_txt*

Sinnvolle Tools:

- Google Search Console: Der Menüpunkt Crawling beinhaltet hilfreiche Daten zu Crawling-Fehlern. Hier können Sie sehen, wie viele Seiten mit Statuscode 404/410 gecrawlt werden oder ob Serverfehler vorliegen: *https://www.google.com/webmasters/tools/*

Informationsarchitektur und interne Verlinkung

Mit einer gut durchdachten Architektur Ihrer Webseite ist sichergestellt, dass Nutzer und Suchmaschinen Ihre Inhalte einfach und schnell erreichen können. Dabei gelten ein paar wichtige Grundregeln für eine optimale Informationsarchitektur:

- **Geringe Klicktiefe** – Die Anzahl der Klicks, die getätigt werden müssen, um von der Startseite einer Website zu einer bestimmten Unterseite zu gelangen, sollte möglichst gering sein. Daher werden wichtige Unterseiten möglichst hoch in der Seitenstruktur eingehängt und am besten direkt von der Startseite verlinkt – z. B. die Kategorieseiten eines Shops. Meist ist das aus Nutzerperspektive ebenfalls sinnvoll.
- **Starke interne Verlinkung von wichtigen Seiten** – Suchmaschinen messen den sogenannten internen Linkgraphen, indem sie unter anderem die Anzahl der eingehenden Links zu Unterseiten zählen. Die Annahme ist: Je mehr eingehende Links eine Seite erhält, desto wichtiger scheint sie zu sein. Dies kann einen positiven Einfluss auf das Ranking der Seite haben.
- **Aussagekräftige Linktexte** – Nutzen Sie »sprechende« Linktexte für Ihre interne Verlinkung. Eine Seite über Damenschuhe sollten Sie daher nicht mit dem Linktext »hier« verlinken, sondern mit »Damenschuhe« oder einer Kombination mit diesem Begriff.

- **Themencluster** – Bei thematisch ähnlichen Inhalten empfiehlt es sich, geeignete Themenseiten zu erstellen, die wiederum auf die einzelnen Inhalte verlinken. Dies kann Usern die Orientierung und den Einstieg ins Thema erleichtern, und Suchmaschinen verstehen anhand des Themenclusters thematisch zusammengehörende Inhalte besser. Diversifizieren Sie dabei die Inhalte jedoch nicht zu stark im Longtail. Inhaltlich breiter aufgestellte Seiten performen meist besser als stark auf einzelne Suchanfragen ausgerichtete Unterseiten (siehe Abschnitt *Content: die richtigen Inhalte* auf Seite 136).

Um die Informationsarchitektur zu verbessern, sollte zunächst eine Analyse erfolgen. Hier eignen sich Crawling-Tools wie *Screaming Frog* (siehe Abschnitt *Auswahl und Einsatz von Tools* auf Seite 149) oder *Audisto*, die Linkgraph, Klicktiefe und andere relevante Informationen erfassen. Leicht zu hebendes Potenzial ergibt sich meist bei der Optimierung von Navigation, Breadcrumbs oder Paginierungen, aber auch in einer neuen Strukturierung der Inhalte. So kann beispielsweise die Klicktiefe zu Produkten verringert werden, indem die Anzahl der angezeigten Produkte einer Kategorieseite erhöht wird. Die Gesamtzahl an paginierten Seiten verringert sich dadurch, sodass Suchmaschinen bzw. Nutzern längere Klickpfade erspart bleiben.

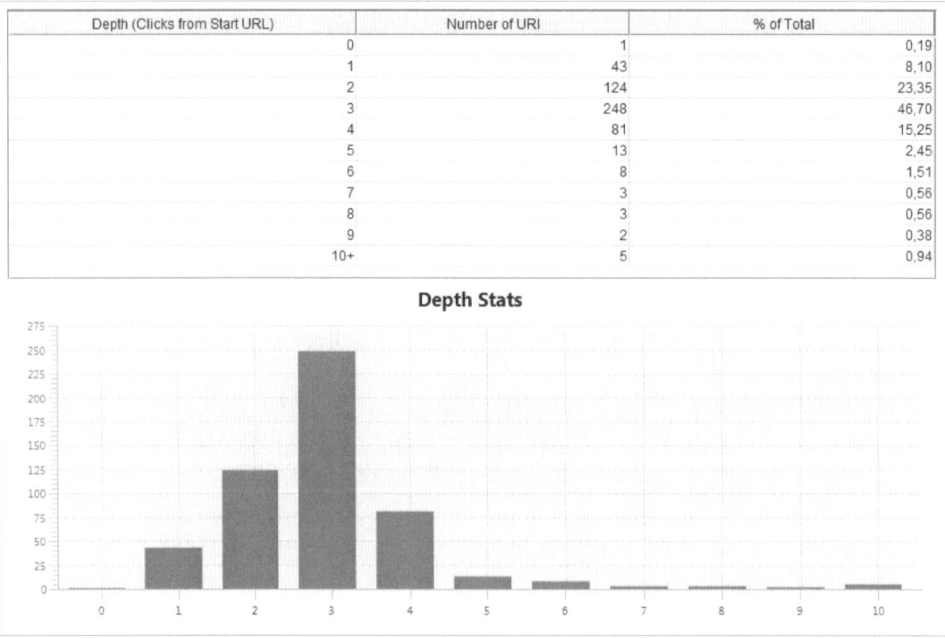

Abbildung 4-13:
Einfache Auswertung einer Seitenstruktur mit Screaming Frog. Ausgewertet werden die Klicktiefe, die Anzahl an URLs pro Ebene und deren prozentualer Anteil an gesamt gecrawlten URLs. Liegen wichtige URLs in tiefen Ebenen, sollten sie intern besser verlinkt werden.

Mobile Optimierung und Googles mobile Strategie

Google passt nicht nur regelmäßig die Algorithmen nach Qualitätskriterien an, sondern reagiert auch auf verändertes Nutzerverhalten. Aktuell steht daher massiv die Suche auf mobilen Endgeräten im Fokus: Im Mai 2015 bestätigte Google erstmalig, »more Google searches take place on mobile devices than on computers in 10 countries including the US and Japan«[9]. Seitdem dürfte die Nutzung der mobilen Suche weiter angestiegen sein.

Diese Entwicklung führt dazu, dass Google auf die mobile SEO-Strategie wesentlich Einfluss nimmt und klare Vorgaben zu Umsetzungen macht, aber auch Analysewerkzeuge und Monitoring-Tools zur Verfügung stellt. Doch damit nicht genug: Mobilfreundlichkeit ist ein offiziell bestätigter Ranking-Faktor.[10] Der Kern der mobilen Optimierung ist kurz gefasst: Zum einen sollen Webseiten auf Handys und Tablets schnell laden, andererseits aber auch bequem bedienbar sein – eine mobile Version der Webseite vorausgesetzt. Ziel ist es, mehr mobilfreundliche Webseiten in den Suchergebnissen anzuzeigen, um User auf mobilen Geräten bessere Ergebnisse und eine bessere User Experience zu bieten. Zu diesem Zweck können sogar Inhalte aus mobilen Apps bereitgestellt werden (App-Indexing[11]): Google crawlt diese und nutzt die erfassten Informationen als zusätzlichen Berechnungsfaktor für das Ranking.

Grundsätzlich sind drei Varianten von mobilen Webseiten stark verbreitet:

- **Responsive Webseiten** – Die Webseite reagiert auf die Auflösung des Endgeräts, z. B. Smartphone oder Tablet, sodass sich die Inhalte automatisch daran anpassen. Für viele Systeme/Webseiten bedeutet das grafisch und konzeptionell oft eine große Herausforderung – aus technischer Sicht ist diese Variante aber meist zu bevorzugen, da sie gerade in Bezug auf SEO weniger fehleranfällig ist und keine zusätzlichen URLs erzeugt. Dies spart Crawling-Aufwand.
- **Dynamic Serving** – Wie beim responsiven Design findet die Darstellung unter derselben URL statt. Abhängig vom erkannten Endgerät werden jedoch unterschiedliche Webseiten ausgespielt – z. B.

---

9   Jerry Dischler (5.5.2015): Building for the next moment, in: Google Inside AdWords, *https://adwords.googleblog.com/2015/05/building-for-next-moment.html* (Aufruf: 01.08.2017)

10 Johannes Mehlem (26.2.2015): Mehr für Mobilgeräte optimierte Suchergebnisse, in: Google Webmaster-Zentrale Blog. *https://webmaster-de.googleblog.com/2015/02/mehr-fuer-mobilgerate-optimierte-suchergebnisse.html* (Aufruf: 01.08.2017)

11 Weitere Informationen zu App-Indexing: *https://firebase.google.com/docs/app-indexing/* (Aufruf: 01.08.2017)

die Desktopversion oder eine separat erstellte und gepflegte mobile Seite.
- **Mobile Subdomain** – Häufig als *m.domain.de* umgesetzt, besitzt diese Form der mobilen Website also unterschiedliche URLs im Vergleich zur Desktopvariante. Dies stellt für SEO oft große Herausforderungen dar:
    - Beide Varianten müssen gepflegt werden (Metaangaben, Inhalte, Statuscodes etc.).
    - Nutzer müssen korrekt weitergeleitet werden, abhängig vom User-Agent ihres Endgeräts. Greift also ein User mit einem Smartphone auf die www.-URL zu, muss eine direkte Weiterleitung zur entsprechenden Mobile-URL erfolgen – und umgekehrt.
    - Für Suchmaschinen muss eine saubere Verknüpfung der URLs implementiert sein: Die Desktop-URL muss ein sogenanntes `link rel="alternate"`-Tag beinhalten, das auf die entsprechende mobile URL verweist. Umgekehrt verweist die mobile URL mit einem Canonical auf die Desktopversion. Dies sorgt im Idealfall dafür, dass in der mobilen Suche die www.-URLs einer Webseite direkt durch die m.-URLs ersetzt werden und beim Zugriff also keine Weiterleitung erfolgen muss.

Gerade bei mobilen Subdomains passieren häufig gravierende Fehler, deren Identifizierung und Behebung Zeit und damit wichtigen Traffic kosten können. Wir empfehlen, dies bei der Entwicklung einer Mobile-Strategie unbedingt zu berücksichtigen.

> **Tipp**
> Weiterführende Informationen hierzu sowie Alternativen und häufige Fehlerquellen finden Sie im Guide für Mobile Friendly Websites von Google unter *https://developers.google.com/webmasters/mobile-sites/*.

Accelerated Mobile Pages

Google hat das Thema Mobile jedoch noch weiter vorangetrieben: Im Oktober 2015 stellte Google *AMP*[12] (*Accelerated Mobile Pages*) vor.[13]

---

[12] Offizielle Webseite: *https://www.ampproject.org/*
[13] David Besbris (7.10.2015): Introducing the Accelerated Mobile Pages Project, for a faster, open mobile web. In: Google Official Blog, *https://googleblog.blogspot.de/2015/10/introducing-accelerated-mobile-pages.html* (Aufruf: 01.08.2017)

AMP sind HTML-Seiten, die sehr schnell laden und damit die Nutzerfreundlichkeit auf mobilen Endgeräten enorm erhöhen. Grund dafür ist das Content-Delivery-Modell, das durch ausgelagertes Caching eine massive Reduzierung der Ladezeit und damit einen schnelleren Seitenaufbau erreicht.

AMP wurde zunächst stark von News-Publishern eingesetzt, im September 2016 kündigte Google jedoch an, die »Sichtbarkeit aller Websites, die AMP-Seiten erstellen, auf die gesamte mobile Google-Suchergebnisseite[14]« auszuweiten. Seitdem setzen auch andere Webseiten auf die schnellere Technologie, um sich Vorteile in der mobilen Suche zu verschaffen. Aktuell gibt es jedoch keinen Ranking-Vorteil für AMP-Seiten, ein Pluspunkt könnte lediglich die Kennzeichnung »AMP« im Snippet sein:

Abbildung 4-14:
Beispiel eines AMP-Snippets mit Kennzeichnung in der mobilen Suche

Auch wenn AMP bisher noch keinen Vorteil im Ranking genießt, sollte man die Entwicklung in Bezug auf AMP im Auge behalten. Google kommuniziert derzeit in sehr kurzen Abständen immer wieder neue Änderungen und Empfehlungen für mobile Webseiten, sodass noch nicht absehbar ist, wie sich das Thema entwickeln wird.

AMP hat derzeit auch einige Nachteile. So ist der Funktionsumfang solcher Seiten stark beschränkt, und Inhalte müssen auf Google-Servern gecacht werden.

Wir empfehlen, die Implementierung von AMP sorgfältig nach Nutzen und Aufwand abzuwägen, vor allem aber nach den genauen (technischen) Implikationen und deren Bedeutung für die eigene Webseite bzw. das Geschäftsmodell.

---

14 Tom Taylor, 12.9.2016: Was ist AMP? In: Google Webmaster-Zentrale Blog, URL: *https://webmaster-de.googleblog.com/2016/09/was-ist-amp.html* (Aufruf: 01.08.2017)

Googles Mobile-First-Index

Die zum aktuellen Stand dieses Buchs neueste Ankündigung Googles ist die Einführung eines *Mobile-First-Index*[15]. Während die Relevanz einer Webseite fürs Ranking bisher noch anhand der Desktopversion bewertet wird, testet Google zeitnah die primäre Bewertung der mobilen Version und hofft damit, die Qualität der Suchergebnisse weiter zu erhöhen.

Bisher ist noch nicht abschließend geklärt, was das für Webmaster/SEO bedeutet, vor allem nicht für Inhalte, die meist für mobile Endgeräte stark reduziert sind. Diese Entwicklung und deren Einfluss auf die eigenen Suchergebnisse müssen unbedingt verfolgt werden, um Anpassungen zeitnah vornehmen zu können, falls nötig.

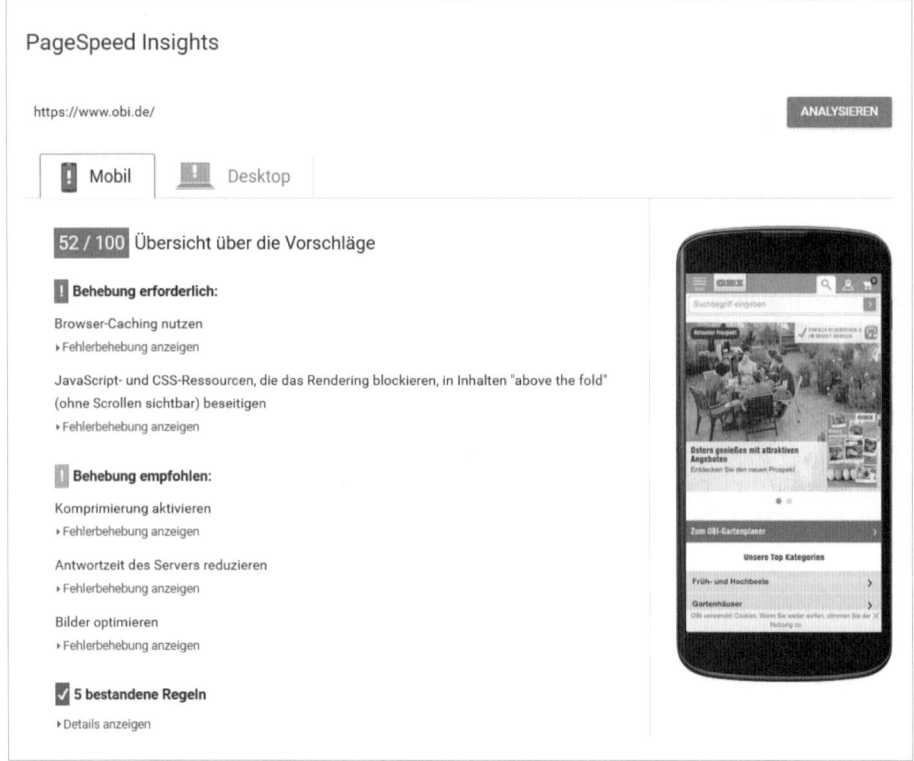

Abbildung 4-15:
PageSpeed Insights von Google am Beispiel von https://www.obi.de

---

15 Doantam Phan (15.11.2016): Mobile First-Indexierung. In: Google Webmaster-Zentrale Blog, *https://webmaster-de.googleblog.com/2016/11/mobile-first-indexierung.html* (Aufruf: 01.08.2017)

Hilfreiche Tools zum Thema mobile Optimierung:

- **Google** – Test auf Optimierung für Mobilgeräte. Hier gibt Google Hinweise zum Optimierungsstatus, zu blockierten Ressourcen und zur Nutzererfahrung:
  https://search.google.com/search-console/mobile-friendly
- **Google Search Console** – Im Menü unter *Accelerated Mobile Pages* und *Nutzerfreundlichkeit auf Mobilgeräten* können Probleme identifiziert werden:
  https://www.google.com/webmasters/tools/home?hl=de
- **PageSpeed Insights** – Ladezeiten spielen für die mobile Optimierung eine große Rolle. Google bietet zur Analyse und Optimierung des Page-Speeds ein eigenes Tool, das Erkenntnisse und Potenziale für Desktop- und mobile Seiten aufzeigen kann:
  https://developers.google.com/speed/pagespeed/insights/

Weitere Informationen:

- Offizielle Webseite von AMP:
  https://www.ampproject.org/
- Google Developers: Mobile Friendly Websites:
  https://developers.google.com/webmasters/mobile-sites/

SSL-Verschlüsselung

Die Ankündigung Googles im August 2014, SSL-Verschlüsselung als positives Ranking-Signal zu werten,[16] führte dazu, dass Webmaster massenhaft das Protokoll von HTTP auf HTTPS umstellten.

Ein positiver Einfluss auf Rankings konnte dadurch bisher nicht beobachtet werden. Google selbst gibt an, den Faktor eher als Entscheidungshilfe für ansonsten nahezu gleichwertige kompetitive Suchergebnisse heranzuziehen.[17]

Eine Umstellung auf HTTPS ist aus SEO-Sicht ein größeres Projekt, Sie sollten daher genügend Zeit für die Vorbereitung einplanen und Entwicklungsressourcen bereitstellen:

- Die Weiterleitung der einzelnen URLs sollte konsequent per 301-Redirect von HTTP zu HTTPS erfolgen. Suchmaschinen betrachten beide URLs ansonsten als Duplikate.

---

16 *https://webmasters.googleblog.com/2014/08/https-as-ranking-signal.html*
    (Aufruf: 01.08.2017)
17 Jennifer Slegg (14.5.2015): HTTPS Acts as Tie Breaker in Google's Search Results, in: TheSEMPost, *http://www.thesempost.com/https-tie-breaker-in-googles-search-results/*
    (Aufruf: 01.08.2017)

- Alle Ressourcen sollten über HTTPS ausgeliefert werden.
- Prüfen Sie unbedingt die interne Verlinkung darauf, ob hier konsequent auf die HTTPS-Version der URL verlinkt wird.
- Denken Sie auch an die Umstellung von Metadaten wie Canonicals, `link rel="alternate"` und andere Signale wie *Open-Graph-Daten*.
- Setzen Sie idealerweise ein Ranking-Monitoring auf, melden Sie außerdem die neue HTTPS-Version in der Search Console an und beobachten Sie hier den Stand der Indexierung.

Content: die richtigen Inhalte

Wir haben in den vorausgehenden Abschnitten immer von Inhalten und den Anforderungen an Inhalte gesprochen, unter anderem dass sie die Nutzerintention abbilden sollen – im Snippet des Suchergebnisses und auf der Zielseite. Für Suchmaschinen ist Content wichtig, um semantische Zusammenhänge erkennen und die Relevanz der Zielseite zu thematischen Suchanfragen berechnen zu können. Beispiel: Sie haben eine Zielseite für Fahrräder, die Sie verkaufen wollen. Vereinfacht gesagt, bewerten Suchmaschinen Folgendes:

- Wovon handelt die Zielseite inhaltlich? Dies wird vor allem anhand von maschinenlesbarem Text ermittelt. Ein Redakteur würde wahrscheinlich ganz natürlich die Keywords `Fahrrad` und `Fahrräder` im Text auf der Seite verwenden. Auch semantisch verwandte Begriffe wie `Trekkingrad`, `Mountainbike`, `Alurahmen`, `Schaltung`, `Zoll`, `Herrenrad` oder `Bremsen` kommen sicherlich vor. In diesem Fall erkennen Suchmaschinen das Thema der Seite recht zuverlässig. Nennen Sie Ihre Fahrräder allerdings »motorlose Zweiräder« oder arbeiten Sie lediglich mit spezifischen Produktnamen, wird es bereits schwieriger. Sie sollten daher unbedingt für gute, verständliche Inhalte mit semantisch zusammenhängenden Keywords sorgen.
- Suchmaschinen erkennen aber auch die Art der Zielseite. Es werden sicherlich Begriffe wie `Shop`, `Warenkorb`, `Verfügbarkeit`, `bestellen` etc. verwendet, und ebenso ist die Struktur der Zielseite relevant. Ist lediglich Text zu sehen? Oder gibt es Links zu Produkten mit Vorschaubildern und Produktbezeichnungen? Auch am verwendeten System kann erkannt werden, ob es sich um einen Shop handelt. Google wird schnell verstehen, dass die Zielseite nicht nur zum Thema `Fahrräder` relevant ist, sondern auch für transaktionale Suchanfragen wie `Fahrräder kaufen`.
- Google wird nun auswerten, ob die Seite tatsächlich so relevant für den User ist, wie durch die Algorithmen berechnet wurde: Es wird zumindest gemessen, ob User auf das für die Seite generierte Snip-

pet klicken und ob sie wieder zurück zur SERP springen, nachdem sie auf der Zielseite waren. Dies genügt bereits, um festzustellen, ob der User seine Suchintention erfüllt sieht oder nicht – und ob die Zielseite dauerhaft relevant für die Suchanfrage ist oder im Ranking anderen Seiten den Vortritt lassen muss.

Vorbereitung: Themen- und Keyword-Recherche

Um Nutzerintentionen erfassen zu können, müssen Sie zunächst wissen, wie und wonach Ihre Zielgruppe sucht. Eins vorweg: Über Themen- und Keyword-Recherche könnte man ganze Bücher füllen, wir können dieses Thema daher nur ansatzweise betrachten. Eine sinnvolle Vorgehensweise könnte sein:

1. **Kennenlernen der Zielgruppe**
   Als Online Marketing Manager wirken Sie in unterschiedlichen Disziplinen, die Ihnen Ihre Zielgruppe näherbringen. Das ist Ihr großer Vorteil. Um nur ein paar Disziplinen beispielhaft zu nennen: Über Social-Media-Kanäle kennen Sie Bedürfnisse, wiederkehrende Diskussionsthemen und Fragen. Über SEA- oder E-Mail-Kampagnen haben Sie die Möglichkeit, bestimmte Themen zu testen und die Entwicklung von Klickraten und Conversions über unterschiedliche Ansprachen und Formulierungen auszuprobieren. In der Conversion-Optimierung sehen Sie, wie Inhalte so aufbereitet werden müssen, dass User positiv darauf reagieren. Vielleicht haben Sie auch noch ein eigenes Forum oder binden Bewertungen ein. Über alle diese Kanäle lernen Sie die Zielgruppe bestens kennen. Beliebt sind zusätzlich auch konkrete Userumfragen oder ähnliche Maßnahmen.

   Vernachlässigen Sie aber nicht andere Plattformen. Für Produkte eignet sich die Recherche bei Amazon. Die Reviews und Fragen zu Produkten geben viele Hinweise auf konkrete Interessen und Fragestellungen. Auch relevante Foren oder Frage-Antwort-Portale wie *gutefrage.net* eignen sich hervorragend zur Themenrecherche! Achten Sie unbedingt auf »Kundensprech«. Ein Beispiel: Sie verwenden vielleicht intern und auf der Webseite den Begriff »Projektor«, Kunden würden aber eher nach »Beamer« suchen.

2. **Themencluster bilden**
   Strukturieren Sie die gewonnenen Kenntnisse nun mithilfe von thematischen Clustern. Überlegen Sie dabei, welche davon in Zusammenhang stehen, z. B. durch die Ausrichtung *transaktional*, *informational* oder *navigational*. Dies hilft Ihnen, die Themen besser in die Informationsarchitektur einzugliedern, z. B. in einen Ratgeberbereich oder direkt in den Shop.

Am Beispiel der Beamer wären mögliche informationale Cluster Auflösung: Unterschiede, Full HD, HD Ready, Kontrastverhältnis und Lichtstärke, Verwendungszwecke: Heimkino, Gaming, Business, transaktionale Cluster dagegen Beamer Sony, Beamer Samsung, LED Beamer.

3. **Unterstützung durch Keyword-/Content-Tools**

   Die Auswahl an unterstützenden Keyword-Tools ist groß. Das bekannteste Tool ist sicherlich der Google AdWords Keyword Planer[18], der zu Keywords nicht nur verwandte Begriffe und Longtail-Kombinationen listet, sondern auch Suchvolumina ausgibt. Ursprünglich als Tool zur AdWords-Kampagnenplanung gedacht, kann das Tool für SEO bei der Keyword-Recherche sowie beim Auffinden von Trends oder bei der Themenfindung unterstützen – allerdings sind die ausgegebenen Daten, ebenso wie die anderer Tools, lediglich als Anregung zu sehen. Weitere hilfreiche Tools finden Sie unter *http://keywordtool.io/* oder *https://ubersuggest.io/*.

Content-Erstellung

Ob intern oder extern: Die Erstellung von zielgruppengerechtem, relevantem Content erfordert ein ausgefeiltes Briefing. Geben Sie dem Redakteur unbedingt alle Informationen an die Hand: Hinweise zur Zielgruppe, zu den Themenclustern und zur eigenen Unternehmenssprache. Vergessen Sie nicht, die Quellen der Themenrecherche mit anzugeben, damit er sich inhaltlich tiefer einarbeiten kann und das Informationsbedürfnis exakt versteht.

Als Orientierungshilfe dienen die von Ihnen recherchierten konkreten Keywords und Fragestellungen. Jedoch sollte ein Redakteur niemals nach SEO-Vorgaben arbeiten und sich zu stark an Keywords orientieren. Seine Aufgabe besteht vielmehr darin, semantisch dichten, relevanten Inhalt zu schaffen, der auf den User zugeschnitten ist. Im Normalfall werden Keywords, Synonyme etc. von einem erfahrenen Redakteur auf ganz natürliche Weise verwendet.

Vermeiden Sie die Erstellung von Content für jede einzelne Longtail-Suchanfrage. In obigem Beispiel könnten Sie für jedes Keyword eine eigene Seite erstellen, beispielsweise zu Beamer Full HD und Beamer HD Ready. So würde quasi für eine Suchanfrage nach diesen Themen jeweils eine konkrete Landingpage entstehen. Besser ist es allerdings, das Informationsbedürfnis nach diesen Einzelthemen holistischer zu denken und das gesamte Cluster »Auflösung« auf einer Seite abzubilden. Für den User hat das den Vorteil der umfangreicheren Information auf

---

18 *https://adwords.google.com/KeywordPlanner* (Aufruf: 01.08.2017)

einer einzigen Seite, er muss sich nicht durch die Seitenstruktur nach weiterem relevantem Content hindurchklicken. Und Suchmaschinen schätzen diesen verdichteten Content, sie honorieren umfangreiche, gut strukturierte Landingpages mit guten Rankings.

Publishing: Content-Gestaltung und Einbetten in die Seitenstruktur

Der Inhalt muss einen wirklichen Mehrwert bieten, sodass er den User anspricht und ihn lange auf der Seite hält. Angenommen, Sie erhalten vom Redakteur einen wirklich tollen Artikel, der exakt die Nutzerintention, also das Informationsbedürfnis bzw. zusätzliche Informationen, die seine Kaufabsicht unterstützen, abbildet. Was können Sie außerdem tun, um den Content wirklich erstklassig zu gestalten? Wie unterstützen Sie die Suchmaschine in der Relevanzbewertung?

- Bilder und Videos sind immer von Vorteil, um Content aufzulockern und den Nutzer auf der Seite zu halten. Wenn Videos relevante Informationen beinhalten, generieren Sie möglichst auch daraus Text.
- Strukturieren Sie den Content mit Tabellen und Zwischenüberschriften, um Informationen leicht erfassbar und lesbar darzustellen. Nutzen Sie die HTML-Tags H (für Headline), die Hauptüberschrift wird mit H1, Zwischenüberschriften werden mit H2 ausgezeichnet. Reichern Sie die Überschriften mit relevanten Keywords an, z. B. Full HD und HD Ready.
- Arbeiten Sie bei längerem Content mit Sprungmarken und stellen Sie ein klickbares Inhaltsverzeichnis an den Anfang, um Nutzern die Navigation zu erleichtern.
- Integrieren Sie Conversion-Elemente bzw. Links zu weiteren Informationen oder ähnlichen Produkten.
- Wenn inhaltlich sinnvoll, lassen Sie das Erstellen von User Generated Content zu. Dies sorgt im Idealfall für Aktivität auf der Seite und suggeriert Aktualität, vorausgesetzt, die Kommentare oder Bewertungen sind sinnvoll und inhaltlich relevant. Spam muss unbedingt verhindert werden!

Snippet-Optimierung

Die Optimierung der eigenen Suchergebnis-Snippets stellt einen großen Hebel für SEO dar. Mit den Snippets können Sie Nutzer überzeugen, dass Sie genau die Informationen bieten, die er gesucht hat. Animieren Sie ihn mit den folgenden Maßnahmen zum Klick.

Bleiben wir beim Beispiel »Fahrräder kaufen« und betrachten wir ein Suchergebnis – ein stark optimiertes Text-Snippet:

> **Fahrrad.de ▷ günstig kaufen bis -40% ▷ Bekannt aus TV**
> https://www.fahrrad.de/ ▼
> Fahrrad günstig ✓ kaufen & bis -40% sparen ✓ Jetzt im Online Shop fahrrad.de ➤ Bekannt aus TV.
> Mo-Fr bis 16 Uhr bestellen ✚ VERSAND HEUTE!

Abbildung 4-16:
Organisches Text-Snippet der Startseite von www.fahrrad.de

Den Inhalt können Sie wie folgt beeinflussen:

1. Aus dem *Seitentitel* des HTML-Dokuments, in diesem Fall der Startseite von *www.fahrrad.de*, wird die Überschrift bzw. der Link des Text-Snippets generiert. Im Quellcode lautet der Seitentitel entsprechend:

   `<title>Fahrrad.de ▷ günstig kaufen bis -40% ▷ Bekannt aus TV</title>`

   Im Backend gängiger CMS-/Shopsysteme lässt sich dies bequem anpassen. Beachten Sie hierbei Folgendes: Der Seitentitel sollte die Suchintention des Users aufgreifen, idealerweise in Form der exakten Suchanfrage. Suchmaschinen ziehen Keywords im Seitentitel außerdem zur Relevanzbewertung heran – der Seitentitel ist somit ein wichtiger Ranking-Faktor! Behandeln Sie den Seitentitel daher mit äußerster Sorgfalt.

   Auffällig im Beispiel-Snippet: Der Brand *fahrrad.de* steht hier an erster Stelle des Seitentitels. Dies ist bei Startseiten äußerst sinnvoll, da für Brand-Suchanfragen meistens die Startseite als Ergebnis ausgegeben wird. So erkennt der User sofort, dass er das korrekte Ergebnis vor sich hat. Auf Unterseiten ist es meist empfehlenswert, die Beschreibung des Inhalts der Zielseite nach vorne zu stellen.

   Außerdem wird hier mit Rabatten und Sonderzeichen geworben. Beides können wirksame Mittel sein, um die Aufmerksamkeit des Users verstärkt auf sich zu ziehen und zum Klick zu animieren.

   Achten Sie auf die optimale Länger des Seitentitels, damit er nicht zu kurz ist, aber auch nicht im Snippet abgeschnitten wird. Google berechnet dies nach Pixelanzahl, bis zu 70 Zeichen werden üblicherweise angezeigt.

2. Die beiden unteren Textzeilen können Sie anhand der *Meta-Description* anpassen. Der Quellcode:

   `<meta content="Fahrrad günstig ✔ kaufen & bis -40% sparen ✔ Jetzt im Online Shop fahrrad.de ➤ Bekannt aus TV. Mo-Fr bis 16 Uhr bestellen ✚ VERSAND HEUTE!" name="description">`

   Auch dieser Teil des Snippets kann im Backend gängiger Systeme angepasst werden. Hier steht vor allem die gezielte und Intention-orientierte Nutzeransprache im Fokus. Im Beispiel wird wieder mit Sonderzeichen gearbeitet, vor allem mit vertrauensbildenden Häkchen. Übertreiben Sie es mit solchen Maßnahmen nicht – testen Sie lieber erst, ob es sich tatsächlich positiv auf die Klickrate auswirkt!

Achten Sie auch hier auf die Länge, bis zu 200 Zeichen werden ungekürzt angezeigt.

> **Hinweis**
> Wird keine Description hinterlegt, generieren Suchmaschinen eigenen Inhalt für das Snippet. Dies kann jedoch auch passieren, wenn eine Description korrekt implementiert ist. Google entscheidet abhängig von der Suchanfrage, ob die Description passend ist oder nicht, und zieht sich gegebenenfalls passenderen Inhalt von der Zielseite.

Seitentitel und Description werden umgangssprachlich oft einfach als *Metadaten* bezeichnet. Dazu zählen mitunter auch die Meta-Keywords (`<meta name="keywords" content="keyword1, keyword2, usw">`), die jedoch auf die Optimierung des Snippets und auch auf SEO keinen Einfluss mehr haben. Es ist also nicht nötig, diese auszufüllen.

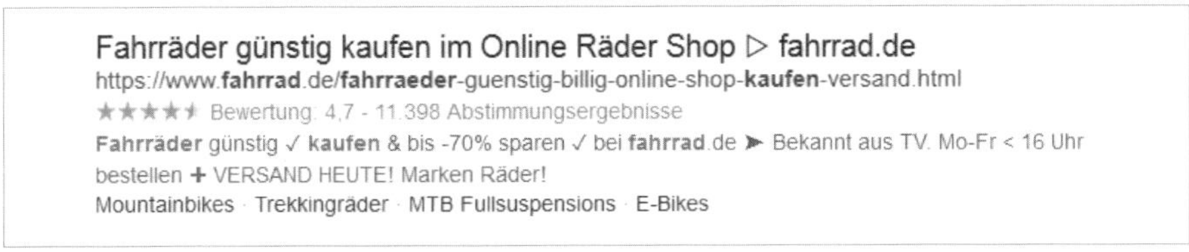

Abbildung 4-17:
Beispiel eines Rich Snippets mit Bewertungen und zusätzlichen Links

Mit ein paar Kniffen kann das Snippet weiter ausgebaut werden. Hier ist allerdings nicht gesichert, dass Google es so aussteuert wie beabsichtigt. Die Anpassungen haben jedoch, sofern nicht missbräuchlich oder manipulativ verwendet, keine negativen Folgen. Man nennt diese erweiterten Snippets auch *Rich Snippets*:

Bewertungen in Snippets sind dank der orangefarbenen Sternchen auffällig, daher sollten Sie sie nutzen, wenn vorhanden. Die Implementierung erfolgt in der Regel über strukturierte Daten/Microformats, wie schema.org[19] oder Microdata. Weiterführende Informationen zur Implementierung unterschiedlicher Typen und deren Interpretation finden Sie direkt bei Google[20]. Weitere Arten von Rich Snippets, z. B. für

---

[19] *http://schema.org/* (Aufruf: 01.08.2017)
[20] *https://developers.google.com/search/docs/data-types/products* (Aufruf: 01.08.2017)

Rezepte, Produktdetailseiten oder Events, sind ebenfalls in der Einführung zu strukturierten Daten[21] von Google gut dokumentiert.

Eine alternative und einfachere Möglichkeit zur Implementierung strukturierter Daten bietet Google mit dem *Data Highlighter*[22] in der Search Console. Hier können Inhalte gezielt manuell ausgezeichnet werden, um Rich Snippets zu erzeugen.

Hilfreiche Tools zur Snippet-Optimierung:

- Ein kostenloses Tool zur Analyse inklusive Optimierungsvorschlägen der eigenen Snippets:
  https://www.sistrix.de/snippet-check/.
- Kostenloser SERP-Snippet-Generator: *https://www.sistrix.de/serp-snippet-generator/*. Hilfreich zur Anpassung der eigenen Snippets, da direkt eine Vorschau generiert wird. Bitte beachten Sie unbedingt die angegebene Zeichen- bzw. Pixellänge! Hier gibt es außerdem weiterführende Informationen zur Snippet-Optimierung.
- Structured Data Testing Tool von Google: *https://search.google.com/structured-data/testing-tool*. Hier kann unter anderem getestet werden, ob die Implementierung der strukturierten Daten korrekt erfolgt ist.
- Google Search Console[23]: Im Menü *Darstellung in der Suche* gibt es Tools und Informationen zur Snippet-Optimierung, z. B. ob doppelte Seitentitel oder kurze, ausbaufähige Descriptions verwendet wurden. Außerdem bietet Google den bereits erwähnten Data Highlighter sowie weitere Analysetools zu strukturierten Daten.

Weitere Informationen:

- Die Google-Search-Console-Hilfe:
  https://support.google.com/webmasters/answer/35624.

> **Definition Metadaten**
>
> Als *Metadaten* (Metainformationen, Metaangaben) bezeichnet man allgemein Daten, die Informationen über andere Daten bereitstellen. In HTML gibt es dafür das meta-Tag, das im <head> des Dokuments bestimmte Zusatzangaben enthalten kann. Für SEO sind unter anderem folgende Metaangaben wichtig: die Meta-Description für die Beschreibung im Snippet und Meta-Robots für die Steuerung des seitenbasierten Crawlings und der Indexierung.

---

21 *https://developers.google.com/search/docs/data-types/data-type-selector*
22 *https://www.google.com/webmasters/tools/data-highlighter*
23 *https://www.google.com/webmasters/tools/home*

> Der Seitentitel gehört streng genommen nicht zu den Metatags, jedoch zählt man ihn meist dazu, wenn es um die Optimierung der Metadaten geht.

Offpage- und Content-Marketing

Bedeutung von Backlinks für SEO

Offpage-SEO-Maßnahmen zielen unter anderem darauf ab, eingehende Links von anderen Seiten, sogenannte Backlinks, zu erhalten.

Historisch gesehen, entspricht dies genau dem Sinn des World Wide Web: Webseiten vernetzen sich untereinander bei thematisch ähnlichen Inhalten als Empfehlung für weiterführende Informationen oder Referenzen. Je mehr eingehende Links von anderen Webseiten eine Seite also erhält, desto wichtiger scheint sie zu sein – dies war zumindest Googles Grundannahme. Auf dieser Grundannahme baute der Google-Algorithmus lange auf, und Backlinks waren dementsprechend ein sehr starkes Ranking-Signal. Manipulationen waren die Folge, Webmaster bauten unnatürliche Backlinks in großer Anzahl auf, um ihre Rankings zu verbessern, sodass Google dieses Ranking-Signal zugunsten anderer Faktoren zurückstufen musste. Seit den Penguin-Updates sind solche manipulativen Maßnahmen kaum noch erfolgreich und nicht empfehlenswert.

Gleichwohl sind Backlinks noch immer ein wichtiger Ranking-Faktor. Dabei geht es jedoch nicht mehr wie früher um die bloße Existenz der Links, damit Suchmaschinen sie sehen und in die Relevanzberechnung mit einbeziehen, auch hier geht es heutzutage um den Userfokus. Als Faustformel können Sie sich merken:

> **Praxistipp**
> Ein Backlink ist nur dann für SEO wertvoll, wenn er auch für User sinnvoll ist.

Dies bedeutet: Links, die von Usern nicht wahrgenommen werden und die nie geklickt werden, sind in der Regel nicht sinnvoll. Beispiele dafür sind

- Links von themenfremden Seiten, die keinen Mehrwert für den User haben,
- Links auf toten Seiten ohne echte User,

- Links aus Seitenbereichen, die User nicht ansteuern, z. B. im Footer, sowie
- Links aus Bookmark-Portalen oder von anderen Seiten, die nur aus Linklisten ohne eigenen relevanten Content bestehen.

In großer Zahl können solche Links negative Folgen für die eigenen Rankings haben und sollten somit unbedingt vermieden werden. Auch »harte Ankertexte«, also viele Links mit einzelnen Keywords im Ankertext, führen meist zu Problemen. Sehen Sie außerdem vom Linkkauf ab.

Stellen Sie sich daher bei der Bewertung von Backlinks immer die Frage: Ist dieser Link für den User sinnvoll, oder wurde er offensichtlich nur für Suchmaschinen gesetzt?

Sinnvolle Backlink-Quellen

Links sind besonders wichtig von Seiten, die über den Link User bringen könnten. Doch wie erhält man solche Links?

Die Voraussetzung für Backlinks ist, dass der eigene Content es wert ist, verlinkt zu werden. Es gibt also neben der Erfüllung der Nutzerintention, einer guten Struktur und Lesbarkeit noch eine weitere Anforderung an guten Content: Er muss so gut sein, dass andere Webmaster ihn gern als Referenz verlinken. Zusätzlich muss man auf den Content aufmerksam machen, damit er überhaupt gesehen wird.

Sinnvolle Quellen sind daher:

- **Content-Marketing** wird oft als Ersatz für früher gängige Backlink-Aufbaumaßnahmen wie Linkkauf, Linktausch oder das Streuen von Links in Blognetzwerken angesehen. Es kann aber durchaus nicht nur als Teilbereich des SEO, sondern sogar als eigenständige Online-Marketing-Disziplin gesehen werden. Content-Marketing erfordert eine spezielle Strategie. Dazu gehören:
    - Planung: Auf Themenrecherche sind wir bereits eingegangen. Es gibt also bereits guten Content, der sich für Content-Marketing anbietet, oder Sie erstellen nach ähnlichem Vorgehen eine Liste an geeigneten Themen. Erstellen Sie daraus einen Redaktionsplan.
    - Content-Erstellung: Auch hier folgen Sie obigen Empfehlungen, jedoch mit dem Fokus auf Referenztauglichkeit. Vielleicht können Sie sinnvolle und kreative Infografiken erstellen oder echte Experten zum Thema mit einbeziehen? Auch E-Books, Whitepaper oder Videos sind beliebte Formate, die Sie gut verbreiten können. Lassen Sie hier Ihre Erfahrungen aus dem Bereich Social Media einfließen. Seien Sie kreativ und überle-

gen Sie, was wirklichen Mehrwert für andere thematisch verwandte Seiten darstellt.

- Seeding: Unter Seeding versteht man die zielgerichtete und systematische Verbreitung des Contents, damit er wahrgenommen wird. Nutzen Sie hier alles, was Ihnen zur Verfügung steht: die prominente Verlinkung auf der Webseite, Social-Media-Kanäle, SEA-Kampagnen, Ihre PR-Abteilung. Sprechen Sie Influencer für das Thema an, recherchieren Sie Foren und Blogs. Gutes Seeding kostet Zeit und Mühe, gegebenenfalls aber auch Budget.

  Bedenken Sie: Das Seeding wird mit etwas Mühe immer gut funktionieren – die positive Resonanz aber, also Backlinks und auf den Content Bezug nehmende Inhalte, erhalten Sie nur, wenn der Content richtig gut ist!

- **Pressearbeit** – Online-PR kann sich positiv auf SEO auswirken. Nutzen Sie daher Möglichkeiten wie Presseverteiler, den Kontakt zu Journalisten und Influencern oder andere zur Verfügung stehende Kanäle. Achten Sie darauf, dass in zu verteilendem Content immer Backlinks gesetzt sind, wenn möglich auf relevante Landingpages und zur Startseite. Falls dies nicht geschieht, kann man im Nachgang freundlich um einen Link bitten.

- **Partner, Event-Sponsorings und andere Seiten** – Lassen Sie Backlinks auf Webseiten von Partnern, Kunden, Lieferanten etc. setzen. Vielleicht ist Ihr Unternehmen auch sozial engagiert oder sponsert Events.

  Recherchieren Sie, wer Sie außerdem bereits erwähnt. Suchen Sie nach Ihrem Firmennamen und schließen Sie hierfür Ergebnisse Ihrer eigenen Seite mit der folgenden Suchanfrage aus: `Unternehmensname -site:www.IhreDomain.de`. Bitten Sie hier um eine Verlinkung, falls nicht vorhanden.

Monitoring und Risiko-Management

Das Monitoren von Backlinks ist dann wichtig, wenn Sie umfangreiche Offpage-Aktivitäten pflegen – aber auch, wenn in der Vergangenheit viel Linkaufbau betrieben wurde. Es liegen dann eventuell Altlasten vor, die negative Nachwirkungen haben können. Hier ein paar Kurztipps:

- Monitoring-Tools wie ahrefs (*https://ahrefs.com*), LinkResearchTools (*www.linkresearchtools.de*) oder auch die Search Console werten genau aus, welche Inhalte wie oft von welchen Seiten verlinkt werden. Insbesondere die LinkResearchTools geben Einschätzungen zu risikobehafteten Links und viele weitere Auswertungen.

- Meist erkennt man bereits sehr schnell, ob Risiken vorliegen könnten, indem man die verlinkenden Seiten und die Ankertexte betrachtet: Sind die verlinkenden Domains eher spammig oder themenrelevant und bekannt? Sind die Ankertexte unnatürlich, z. B. sehr häufig mit einzelnen Keywords wie »Versicherung« verlinkt, oder eher generisch oder mit dem eigenen Unternehmensnamen?
- Wenn Sie Content inklusive Backlinks von anderen Seiten durch Produktproben oder -tests generieren lassen, kann dies von Google als Linkkauf gesehen werden. Das ist eindeutig gegen die Richtlinien! In diesem Fall schreibt Google die Verwendung des nofollow-Attributs[24] für den Link vor:
  `<a href="www.IhreDomain.de/landingpage.html" rel="nofollow">Ankertext</a>`
- Bei unnatürlichen Backlinks erhalten Webmaster in der Regel eine Nachricht in der Search Console (unter *Manuelle Maßnahmen*). Dann müssen entsprechende Gegenmaßnahmen ergriffen werden: Analyse des Backlink-Profils, Abbau der Links, Setzen des nofollow-Attributs und die Einreichung einer sogenannten Disavow-Datei sind gängige Maßnahmen. In jedem Fall muss ein Antrag auf erneute Überprüfung[25] erfolgen mit der Beschreibung der getätigten Gegenmaßnahmen.

> **Hinweis**
> Lesen Sie die Google-Richtlinien zum Thema Backlinks aufmerksam:
> *https://support.google.com/webmasters/answer/66356?hl=de.*

Entwicklung einer SEO-Strategie

Eine nachhaltige SEO-Strategie muss unbedingt individuell erarbeitet werden, denn sie hängt unter anderem von diversen unternehmens-/webseitenspezifischen Faktoren ab, die sich nur schwer verallgemeinern lassen. In der Strategie verknüpfen Sie SEO-Grundlagenwissen und Erfahrung mit der Kenntnis des Unternehmens einschließlich aller individuellen Gegebenheiten, die unbedingt berücksichtigt werden müssen. Daher gibt es leider kein allgemeingültiges Patentrezept für die perfekte SEO-Strategie.

Folgende Grundregeln können als grober Fahrplan zur Entwicklung einer Strategie sinnvoll sein:

---

24 *https://support.google.com/webmasters/answer/96569?hl=de* (Aufruf: 01.08.2017)
25 *https://support.google.com/webmasters/answer/35843?hl=de* (Aufruf: 01.08.2017)

1. Machen Sie sich zunächst mit den Gegebenheiten im Unternehmen sowie den technischen Voraussetzungen vertraut, um Anforderungen an die Strategie zu erkennen. Wenn Sie mit einer Agentur arbeiten, beziehen Sie diese unbedingt in diesen Prozess mit ein! Die Gefahr ist sonst groß, dass Agenturen eine Strategie entwickeln oder Maßnahmen definieren, die entweder nicht zum Unternehmen passen oder nicht umsetzbar sind.
2. Zieldefinitionen und Erfolgsmessung. Ziele können an KPIs (Key Performance Indicators) geknüpft sein, aber auch Zwischenschritte enthalten. So kann am Anfang einer Strategie beispielsweise auch die Anpassung eines CMS-Systems an SEO-Anforderungen ein wichtiges Ziel sein. Elementar ist, dass sich Ziele messen lassen: sei es durch Monitorings der KPIs oder durch ein sauberes Projektmanagement, das jederzeit den Fortschritt der Umsetzungen erkennen lässt.
3. Die Definition der Optimierungsmaßnahmen erfolgt im Anschluss. Nachdem die Gegebenheiten im Unternehmen erfasst sowie nachvollziehbare, messbare Ziele abgesteckt wurden, muss die Strategie ausgearbeitet werden.

Die aus diesen Schritten resultierende Kernfrage ist:

Mit welchen konkreten, sinnvollen und nachhaltigen Maßnahmen können unter den gegebenen Bedingungen die definierten Ziele erreicht werden?

Unternehmensspezifische, beeinflussende Faktoren

Werfen wir zunächst einen Blick auf eine Auswahl möglicherweise die SEO-Strategie beeinflussender Faktoren, die vom Unternehmen bestimmt werden:

- **Ausgangslage** – Wo steht die SEO-Performance zum aktuellen Zeitpunkt? Gibt es bereits Rankings, die eine gute Basis darstellen? Wie sehen die SERPs in meinem Bereich aus? Kann man diese Ausgangslage überhaupt beeinflussen? Gibt es neben der Desktopversion auch eine mobile Version der Webseite? Und nicht zuletzt: Wie hoch ist der aktuelle SEO-Traffic?

  Die Ausgangslage bezieht sich nicht nur auf den Stand der aktuellen SEO-Performance, sondern muss auch Ressourcen und andere Abhängigkeiten im Unternehmen berücksichtigen: SEO ist immer eine Schnittstelle zwischen Entwicklung, Redaktion, PR und anderen Abteilungen. Sind hier die nötigen *Prozesse und Ressourcen* gegeben, oder muss man diese erst implementieren? Hat SEO Priorität, oder werden andere Maßnahmen bevorzugt?

- **Budget** – Leider hält sich oft das Missverständnis, Suchmaschinenoptimierung koste nichts. Es ginge ja schließlich um die unbezahlten Suchergebnisse. Es muss aber ganz deutlich gesagt werden, dass für SEO, je nach Zielen, Seitengröße und Ressourcen, durchaus oft ein großes *Budget* eingeplant werden muss: für Agentursupport, für interne oder externe Entwicklerressourcen, für redaktionelle Arbeiten, für Tools bzw. Monitoring-Lösungen etc.
- **Messbarkeit** – Gibt es eine Webanalyse, die nicht nur verlässlich funktioniert, sondern auf deren Grundlage Ziele definiert und Reportings aufgesetzt werden können? Im Idealfall können Conversion-Funnel für SEO eingerichtet und einzelne Kanäle auf die Ziele und Bedürfnisse individuell angepasst werden. Dafür müssen jedoch im Vorfeld Events definiert und eingerichtet sowie Codes implementiert werden etc. – auch das ist Aufwand, der entsteht und entsprechend berücksichtigt werden muss.
- **Wettbewerb** – Gibt es Strategien, die vom Wettbewerb abhängen? Hat der Wettbewerb eventuell massiven Einfluss auf die eigene SEO-Performance?
- **Saisonalität** – Gibt es saisonale Produkte oder eventabhängige Artikel (News-SEO), die man in der Strategie berücksichtigen muss? Hier empfiehlt es sich, mit Redaktionsplänen für Artikel zu arbeiten und Kategorien für saisonale Produkte in Shops rechtzeitig zu planen und vorzubereiten.
- **Shops mit wechselndem Produktsortiment (Discounter etc.)** – Gibt es sogenannte Never-out-of-Stock-Produkte, bzw. wie geht man hier mit kurzfristigen, ständig wechselnden Landingpages und Kategorien um?
- **Technische Systeme** – Gibt es noch immer Systeme, die nur schwer oder mit großem Aufwand auf SEO-Anforderungen anpassbar sind? Ein anderer Punkt ist die grundsätzliche Frage nach der Crawlbarkeit: Kann die Seite überhaupt von Suchmaschinen gecrawlt und bewertet werden? Wie bereits erwähnt, kann es bei übermäßigem Einsatz von JavaScript-basierten Technologien wie Ajax zu Problemen kommen. Wie sieht es mit mobiler Optimierung aus? Gibt es hier Defizite oder technische Hürden?

Definition von Zielen

Sie merken es bereits – aus den zuvor genannten Einflussfaktoren ergeben sich oft bereits sinnvolle Ziele, die die Strategie nachhaltig beeinflussen:

- die Implementierung oder Anpassung eines Webanalysesystems,
- spezifische technische Anforderungen an das Shopsystem,

- Keyword-Cluster, die zu einer bestimmten Jahreszeit performen müssen,
- Prozess XY, der implementiert werden muss, etc.

Die Definition von Zielen für die eigene erfolgreiche Strategie kann also vielfältig sein und hängt nicht zuletzt auch vom Stand der bisherigen SEO-Maßnahmen ab. Wir können daher hier nur Impulse geben.

Vorgesetzte erwarten meist Erfolgsnachweise anhand bestimmter KPIs, an die Umsatz geknüpft ist, wie SEO-Einstiege oder Conversions über SEO. Dennoch sollten auch Ziele wie technische Anpassungen oder die Etablierung von Prozessen in Betracht gezogen werden, da dies meist nachhaltig auf Strategien einzahlt sowie Zeit und Ressourcen anderer Disziplinen bindet.

Abschließend sei erwähnt, dass Ziele immer konkret durch eigene Systeme messbar sein sollten, wie die eigene Webanalyse oder das interne Projektmanagement. Ziele, die stark von externen Systemen oder Faktoren abhängen, sind nicht empfehlenswert.

> **Praxistipp**
>
> Bei Zielen wie »Steigerung der allgemeinen Sichtbarkeit in Tool XY von 5 auf 8« ist die Datengrundlage schwer zu durchblicken. Man muss sich daher immer die Frage stellen, welche Keywords mit welchem Suchvolumen in die Sichtbarkeitsberechnung einfließen, ob diese relevant sind für die eigene Strategie etc.
>
> Anstatt sich auf externe Berechnungen mit fremder Datengrundlage zu stützen, sollte man eher Zeit in individuelle Monitorings mit eigenen relevanten Daten investieren, die die eigene Strategie abbilden – und bestenfalls auch Analysezwecken dienen.

Auswahl und Einsatz von Tools

Der Einsatz von SEO-Tools ist unerlässlich, jedoch sollte die Erwartungshaltung im Vorfeld genau definiert werden. Die Erfahrung zeigt, dass oft komplexe Tools angeschafft werden, die keine zielführenden Erkenntnisse liefern. Ihre Strategie gibt Ihnen vor, welche Tools Sie benötigen. Überlegen Sie genau, welche Maßnahmen Ihre Strategie enthält und welche Ziele erreicht werden sollen. Zusätzlich gibt es ein paar empfehlenswerte Standard-KPIs, die Sie immer im Auge behalten sollten, um schnell Fehler zu erkennen.

Analysetools

SEO zeichnet sich dadurch aus, dass sich Gegebenheiten oft ändern. Ihr SEO-Traffic kann schwanken, Sie bemerken Veränderungen im

Ranking, oder ein Snippet sieht plötzlich anders aus als vordefiniert – all das erfordert eine tiefere Analyse, um das Problem verstehen und beheben zu können.

Empfehlenswerte Standardtools zu Analysezwecken sind:

- **Search Console** – Die Search Console von Google wurde in diesem Kapitel bereits mehrfach erwähnt (siehe Abschnitt *Snippet-Optimierung* auf Seite 139). Sie liefert wertvolle Daten über die eigene Webseite, die Sie für Analyse und Monitoring nutzen sollten – und das kostenfrei. Sinnvolle Basic-Features zu Analysezwecken sind
  - HTML-Verbesserungen (siehe *Snippet-Optimierung* auf Seite 139)
  - Auswertungen zu mobilen Seiten (siehe *Mobile Optimierung und Googles mobile Strategie* auf Seite 131)
  - Crawling-Fehler (siehe *Crawling und Indexierung* auf Seite 125)

  Google Search Console finden Sie hier: *https://www.google.com/webmasters/tools/home*

- **Web Developer Toolbar** – Ein Browser-Plug-in für Firefox, Opera und Chrome mit umfangreichen Funktionen, z. B. der schnellen Anzeige von Überschriften-Markup und Metadaten, ohne in den unübersichtlichen Quellcode der Seite wechseln zu müssen. Auch der Statuscode lässt sich bequem anzeigen. Hilfreich ist außerdem die einfache Deaktivierung von JavaScript, um die Usability der Seite daraufhin zu prüfen. *https://chrispederick.com/work/web-developer/*

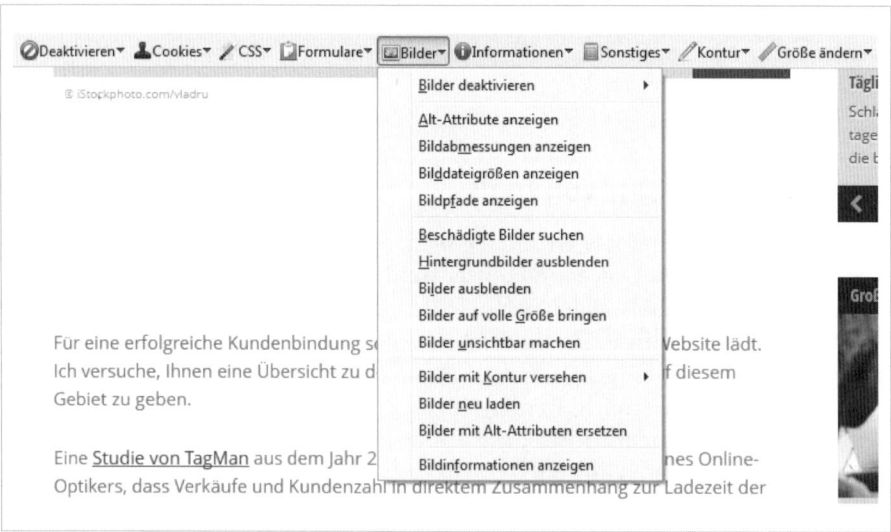

Abbildung 4-18:
Auszug aus dem Menüs der Web Developer Toolbar

- **Weitere Browser-Plug-ins**
    - *Seerobots* zeigt das Robots-Meta-Tag farbig gekennzeichnet direkt im Browser an. So lässt sich schnell erkennen, ob eine Seite indexiert werden soll oder nicht.
    https://addons.mozilla.org/de/firefox/addon/seerobots/
    - *Roboxt!* zeigt im Browser an, ob die aufgerufene URL in der *robots.txt*-Datei vom Crawling ausgeschlossen ist.
    https://addons.mozilla.org/de/firefox/addon/roboxt/
- **Screaming Frog** – Ein sehr mächtiges Tool, das bereits in der kostenlosen Version umfangreiche Optionen bietet. Eine Einarbeitung lohnt sich. Durch Crawlen der eigenen Seiten entdecken Sie nicht nur Duplikate, sondern erhalten auch umfangreiche Daten zu jeder einzelnen URL: Statuscodes, Seitentitel, Descriptions, Canonicals, Zielseiten bei Redirects, Überschriften und vieles mehr. Sie können außerdem gezielt URL-Listen crawlen lassen und nach bestimmten Elementen im Quellcode suchen. Alle Daten lassen sich in Excel exportieren.
https://www.screamingfrog.co.uk/seo-spider/
- **Umfangreichere SEO-Tools** – Tools wie *Sistrix*, *Searchmetrics* oder *ryte.com* bieten eine Vielzahl an hilfreichen Analysewerkzeugen und Monitoring-Features. Lassen Sie sich die Tools idealerweise zeigen und entscheiden Sie daraufhin, ob sie zur Unterstützung Ihrer Strategie geeignet sind.

Tools zur Optimierung

SEO-Optimierungen benötigen meist technischen oder redaktionellen Support. Dennoch gibt es ein paar kleine Hilfsmittel, die es Ihnen ermöglichen, Basic-Optimierungen selbst vorzunehmen, wie z. B. CMS-Plug-ins, die unkompliziert Optimierungen der Snippets ermöglichen. Auch Texttools unterstützen mittlerweile die Arbeit der Redakteure, indem sie Vorschläge für Keywords und Synonyme einblenden oder verwandte Seiten für eine relevante interne Verlinkung vorschlagen.

- Geeignete CMS-Erweiterungen hängen von Ihrem System ab. Für WordPress gibt es hier eine hilfreiche Liste: *http://t3n.de/news/seo-plugins-wordpress-370413/*.

Monitoring-Tools und -Lösungen

Eine Vielzahl an Monitoring-Tools sind am Markt verfügbar – aber nichts ist so wichtig wie die eigene Webanalyse. Hier sollte der Fokus liegen, vor allem auf der sauberen Implementierung und der zielorientierten Anpassung.

Externe Tools mit eigenen KPIs wie dem *Sichtbarkeitsindex* oder der *SEO Visibility* sind dennoch wichtig, beispielsweise um die Performance von Wettbewerbern zu monitoren und gegebenenfalls analysieren zu können oder aber um größere Auswirkungen von Algorithmusänderungen zu sehen.

Da das Monitoring stark von den eigenen Zielen abhängt, müssen folglich Tools gewählt werden, die genau diese Ziele messen können. Das können also auch technische Monitorings sein, die z. B. Alarm schlagen, wenn technische Probleme wie falsche Statuscodes erkannt werden oder fälschlicherweise `<noindex>` gesetzt wird. Idealerweise betreiben Sie drei Arten des Monitorings:

- **Keyword-Monitoring**
  Definieren Sie eigene Keyword-Sets für ein individuelles Monitoring. Damit lässt sich die Performance für Ihre größten Traffic- oder Umsatz-Keywords zuverlässig monitoren. Je nach Webseitentyp und Strategie sollten Sie Folgendes berücksichtigen:
    – Abfrageintervall der Rankings: mindestens einmal pro Woche.
    – Die rankenden URLs sollten getrackt werden.
    – Ergebnistypen: organic oder auch Universal-Search-Integrationen?
    – Endgerät: Desktop- oder mobile Rankings?
    – Lokalität: Brauchen Sie Daten für bestimmte Städte?
    – Wettbewerb: Brauchen Sie die Rankings der Wettbewerber für dasselbe Keyword-Set?

  Auf Basis dieser Daten können Sie nicht nur jederzeit die eigene Performance ablesen und in Reportings einfließen lassen, sondern auch selbst Auswertungen vornehmen:
    – eigene Sichtbarkeits-KPIs definieren,
    – URLs identifizieren, die sich im Ranking abwechseln und miteinander konkurrieren,
    – sich mit dem Wettbewerb z. B. nur in den Top 5 der Suchergebnisse vergleichen,
    – Änderungen in der SERP bzw. Verschiebungen der Universal-Search-Integrationen feststellen,
    – Doppelrankings auswerten
    – und vieles mehr.

- **Wettbewerbsmonitoring**
  Zur Beobachtung des Wettbewerbs eignen sich bereits genannte Tools wie Sistrix und die Searchmetrics-Suite. Beachten Sie jedoch, dass die Keyword-Sets zur Berechnung der Sichtbarkeit oft nicht

spezifisch genug sind – oder dass nicht klar erkannt werden kann, welche Keywords tatsächlich in die Berechnung mit einfließen und mit welchen Suchvolumina und Klickraten. Dennoch lohnt es sich, bei größeren Schwankungen genauer hinzusehen, um Änderungen in der Strategie und den Rankings analysieren zu können.

Idealerweise berücksichtigen Sie jedoch die Wettbewerber in Ihrem individuellen Monitoring.

- **Monitoring von Effekten einzelner Maßnahmen**
  Der Effekt von SEO-Maßnahmen muss kontinuierlich überwacht werden, da er meist nicht direkt nach der Implementierung der Maßnahmen erfolgt. Suchmaschinen benötigen Zeit: Zunächst müssen die Änderungen gecrawlt werden, um in die Relevanzbewertung mit einfließen zu können. Definieren Sie daher für jede Maßnahme den Status quo vor der Umsetzung und monitoren Sie den Effekt. Beispiele:
  - `<noindex>` für bestimmte Seitenbereiche: Monitoring des Indexierungsstands.
  - Behebung von Fehlerseiten: Monitoring der Crawling-Fehler mit Statuscode 404.
  - Verringerung der Klicktiefe: Status quo an Leveln und Effekt beim erneuten Crawling.
  - HTTPS-Umstellung: Effekt der Redirects, also Indexierungsstand von http und https.

Passende Tools können die *Search Console* sein oder *Screaming Frog*. Auch Tools wie *URL Monitor* (*http://www.url-monitor.com/*) oder *SEO-Radar* (*http://www.seoradar.com/*) eignen sich je nach Anwendungsfall.

Learnings

- Jede Webseite hat spezielle Anforderungen an Seitentypen und deren URLs. Definieren Sie diese und implementieren Sie gegebenenfalls Logiken für automatische Redirects, Metatag »robots« etc.
- Vermeiden Sie die Indexierung von Duplikaten und Seiten ohne Mehrwert.
- Monitoren Sie den Indexierungsstand Ihrer Webseite regelmäßig und analysieren Sie Veränderungen.
- Steuern Sie das Crawling bei komplexen Webseiten und unterstützen Sie gegebenenfalls mit einer XML-Sitemap.
- Wägen Sie umfangreiche URL-Änderungen immer sorgfältig ab. Richten Sie gegebenenfalls ein Ranking-Monitoring für diese Bereiche ein.

- Analysieren Sie die Informationsarchitektur und optimieren Sie gegebenenfalls die interne Verlinkung, um die Klickpfade zu wichtigen Seiten zu verkürzen.
- Investieren Sie Ressourcen in eine funktionierende, benutzerfreundliche mobile Version Ihrer Webseite. Betrachten Sie mobile Optimierung als wichtigen Teil Ihrer Strategie.
- Bereiten Sie die SSL-Verschlüsselung umfassend vor. Stellen Sie sicher, dass alle Ressourcen auf die HTTPS-Version verweisen und Redirects eingerichtet sind.
- Legen Sie höchsten Wert auf das Verstehen von Zielgruppen, Suchverhalten und Suchintentionen, um möglichst dauerhaft relevanten Content zu erstellen.
- Optimieren Sie Ihre Snippets hinsichtlich dieser Erkenntnisse.
- Entwickeln Sie immer eine Strategie, die auf Ihre Gegebenheiten zugeschnitten ist. Definieren Sie hierfür Ziele, die Sie selbst beeinflussen und intern messen können.
- Definieren Sie eine eher konservative Offpage-Strategie. Legen Sie auch hier den Fokus auf den User, nicht auf die Suchmaschine.
- Wählen Sie passende Tools, die Sie in der Umsetzung der Strategie, aber auch einzelner Maßnahmen unterstützen. Definieren Sie individuelle Monitoring-Lösungen, die idealerweise auch Analysen zulassen

Kennzahlen und Erfolgsmessung

Wie in jeder anderen Online-Marketing-Disziplin sind auch im SEO Kennzahlen und Reportings unerlässlich, um den Erfolg von Maßnahmen zu messen, zu kontrollieren und zu steuern.

> **Hinweis**
>
> KPIs müssen auf die Strategie und die Ziele abgestimmt sein – vor allem aber müssen sie verstanden werden und nachvollziehbar sein.

Interne KPIs

Klassische interne SEO-KPIs resultieren aus der Webanalyse. Messen Sie bei regelmäßigen Reportings immer die Veränderung zum vorherigen Zeitraum (z. B. Vormonat) und zum gleichen Zeitraum im Vorjahr. Nur so lassen sich normale saisonale Schwankungen erkennen oder beeinflussende Effekte, wie z. B. größere Werbekampagnen, die das Suchvolumen nach Ihren Produkten bzw. Marken erhöhen und einen dementsprechenden Einfluss auf Ihre KPIs haben. Notieren Sie gegebenenfalls solche Einflussfaktoren direkt im Reporting, um diese Effekte zu erklären und später nicht zu vergessen.

Folgende KPIs sind empfehlenswert:

SEO-Traffic

SEO-Maßnahmen haben das Ziel, mehr Traffic über Suchmaschinen zu generieren – SEO-Traffic ist dementsprechend eine wichtige KPI. Es ist auch sinnvoll, jene URLs mit ins Reporting aufzunehmen, die den meisten Traffic bringen.

> **Praxistipp**
>
> Idealerweise konzentrieren Sie sich beim Traffic lediglich auf den Traffic über URLs, die für nicht navigationale Suchanfragen ranken: Produktseiten, redaktionelle Artikel oder bestimmte Verzeichnisse. Denn wenn z.B. eine TV-Kampagne geschaltet wird, verstärken sich die Suchanfragen nach Ihrem Unternehmensnamen – und das hat mit SEO-Erfolg wenig zu tun.

Conversions/Umsatz über SEO

Was im SEO letztendlich zählt, ist der zufriedene User, der für Conversions und Umsatz sorgt. Auch hier bietet sich die Aufschlüsselung nach Verzeichnissen oder URL-Typen an.

Referral Traffic

Wenn Sie umfangreiche Offpage-Maßnahmen betreiben, kann der Referral Traffic (Traffic, der von anderen Webseiten über Links zu Ihnen kommt) eine wichtige KPI sein.

Externe KPIs

Rankings

Hier bieten sich verschiedene Szenarien zur Definition geeigneter KPIs an, abhängig von der Strategie. Beispiele sind:

- durchschnittliche Position (für ein definiertes Keyword-Set)
- Anzahl der Top-10-Rankings (für ein definiertes Keyword-Set)
- Rankings für bestimmte, sehr wichtige Landingpages

Solche Messwerte setzen das Monitoring eines individuellen Keyword-Sets voraus. Da Rankings stark schwanken können, müssen hier regelmäßige Messungen durchgeführt werden. Daher sind auf Rankings bezogene KPIs nicht nur als Erfolgsmessung wertvoll, sondern auch als kontinuierliches Monitoring-Instrument (siehe *Auswahl und Einsatz von Tools* auf Seite 149).

Klickrate/CTR (Click-Through-Rate)

Die Optimierung der eigenen Snippets führt zu besseren Klickraten. Die Klickrate eignet sich gut als KPI, da sie direkt beeinflusst werden kann. Die Werte für Ihre wichtigen Landingpages finden Sie in der Search Console für die letzten 90 Tage.

Das Monitoring von Rankings und Klickraten sind die einzigen empfehlenswerten extern gemessenen KPIs. Recherchieren Sie das Thema in Blogs, werden Sie jede Menge anderer KPIs finden. Diese ergeben oft wenig Sinn, weil sie intransparent, unsauber oder schwer beeinflussbar sind.

Tipps und Tricks für die Suchmaschinenoptimierung

Generelle Tipps

Auch SEO zieht nach einer Weile eine gewisse Betriebsblindheit nach sich. Sie kennen die Themen Ihrer Webseite, daher sind viele Dinge für Sie selbstverständlich – für den User aber nicht. Zudem ändern sich mit der Zeit auch Nutzerintentionen: Beispielsweise muss Apple nur ein neues iOS-Feature entwickeln, schon ändert sich die thematische Ausrichtung spezieller Suchanfragen zu diesem Thema, oder es erfordert die inhaltliche Überarbeitung des Contents. Versetzen Sie sich also immer wieder in die Rolle des Users, der kein Experte ist, sondern nach Informationen sucht (siehe dazu Abschnitt *SEO-Grundlagen* auf Seite 115).

> **Tipp 1**
> Hinterfragen Sie regelmäßig die einzelnen Schritte Ihrer Zielgruppe von der Suchanfrage bis zur Conversion.

> **Tipp 2**
> Augen auf bei der Wahl einer SEO-Agentur.

Nicht alle Unternehmen oder Agenturen, die SEO als Dienstleistung anbieten, sind empfehlenswert. Der Markt ist undurchsichtig, und Toplisten oder Siegel sind oft nicht transparent oder wenig aussagekräftig. Man kann hier nur zu Folgendem raten:

- Fragen Sie nach Empfehlungen. Die SEO-Branche zeichnet sich durch Offenheit und Austausch aus, scheuen Sie sich also nicht, um Rat zu fragen.
- Hilfe bei der Agenturauswahl kann das SEO-Qualitätssiegel des Bundesverbands Digitale Wirtschaft e.V. (BVDW) leisten. Achten Sie darauf, dass die Agentur das Siegel für das aktuelle Jahr trägt. Weitere Informationen zur Vergabe und zu Zertifikatsinhabern finden Sie unter *http://www.bvdw.org/zertifikate/seo-qualitaetszertifikat.html*.
- Formulieren Sie immer Ihre Anforderungen bezüglich Zusammenarbeit und strategischer Ausrichtung an die Agentur.
- Laden Sie mehrere Agenturen ein und senden Sie ihnen ein ausführliches Briefing. Bestehen Sie beim Kennenlerntermin unbedingt darauf, dass Ihr zukünftiger Ansprechpartner persönlich teilnimmt und nicht etwa ein Vertriebsmitarbeiter.
- Wenn möglich, geben Sie den Agenturen eine konkrete Aufgabe zur Vorbereitung auf den Termin. Setzen Sie einen zeitlichen Rahmen dafür und bezahlen Sie den Aufwand. Nur so ist es für beide Seiten fair und sind die Ergebnisse der Agenturen vergleichbar.
- Beachten Sie auch die offiziellen Aussagen von Google zum Thema SEO-Support:
  https://support.google.com/webmasters/answer/35291?hl=de.

Tipp 3
Netzwerken schafft Mehrwerte.

Nutzen Sie den offenen Charakter der SEO-Szene, wenn Ihnen SEO Spaß macht und Sie sich weiterbilden wollen. Zum einen ist der Besuch von Konferenzen sinnvoll. Besonders erwähnenswert ist hier die *SEO Campixx* im Rahmen der Campixx Week in Berlin[26]: ein unkonventionelles Branchentreffen, bei dem sehr offen Insights und Wissen geteilt werden. Aber auch der Besuch von SEO-Stammtischen ist empfehlenswert. Diese finden meist regelmäßig in größeren Städten statt.

---

26 *http://www.campixx-week.de/* (Aufruf: 01.08.2017)

> **Tipp 4**
> Jede Webseite ist anders.

Offener Austausch in der Online-Marketing-Branche ist wichtig, birgt aber auch Gefahren: Es wird viel Halbwissen geteilt. Die Erfahrung zeigt, dass nicht alle erfolgreichen SEO-Optimierungen einfach auf die eigene Webseite übertragbar sind – jede Webseite bringt ihre eigenen Besonderheiten und Herausforderungen mit und benötigt daher ein anderes Handling.

Ein einfaches Beispiel: Auf einer Seite für Kinderspiele werden Sonderzeichen wie Smileys etc. in Snippets gesetzt. Das kann bei dieser Zielgruppe einen positiven Effekt auf die Klickrate haben, muss aber noch lange nicht bei der Webseite für eine seriöse Anwaltskanzlei funktionieren. Oder: Die Steuerung des Crawlers durch eine Anpassung in der *robots.txt* einer sehr großen Domain kann sich positiv auswirken – bei einer Webseite mit 20 Unterseiten wäre dies jedoch unwahrscheinlich. Hinterfragen Sie daher die Erfahrungen anderer Webseiten immer sehr kritisch und überlegen Sie, welche Implikationen die empfohlenen Maßnahmen auf Ihr Geschäftsmodell, Ihre Prozesse, Ihre Crawling-Raten etc. hätten.

> **Tipp 5**
> Hinterfragen Sie alle Daten. Immer.

Ein häufiger Fehler, der im SEO oder auch in anderen Online-Marketing-Disziplinen gemacht wird: Es werden jede Menge unterschiedliche Daten genutzt, aber oft nicht hinterfragt. Wie genau setzt sich der Sichtbarkeitswert in einem SEO-Tool zusammen? Wie ist die Bounce-Rate des eigenen Webanalysetools definiert? Arbeiten Sie nur mit Daten, die Sie wirklich verstehen und deren Einflüsse Sie kennen.

Hands-on-SEO-Tipps

> **Tipp 1**
> Lernen Sie den Umgang mit der site:-Abfrage.

Die `site:`-Abfrage wird gern für die Ermittlung des Indexierungsstands empfohlen (siehe Abschnitt *Onpage-Faktoren: technische Basics* auf Seite 121): Geben Sie hierfür in den Suchschlitz `site:domain.de` ein. Als Ergebnis erhalten Sie URLs von domain.de mit der Angabe »Ungefähr XX Ergebnisse«. Leider weicht diese Angabe oft massiv vom realen Indexierungsstand ab und ist daher nicht verlässlich.

Nutzen Sie die `site:`-Abfrage dennoch für spezifische Anfragen, z.B. nach bestimmten URL-Bestandteilen. So liefert die Anfrage `site:tkmaxx.com inurl:search` folgende Information:

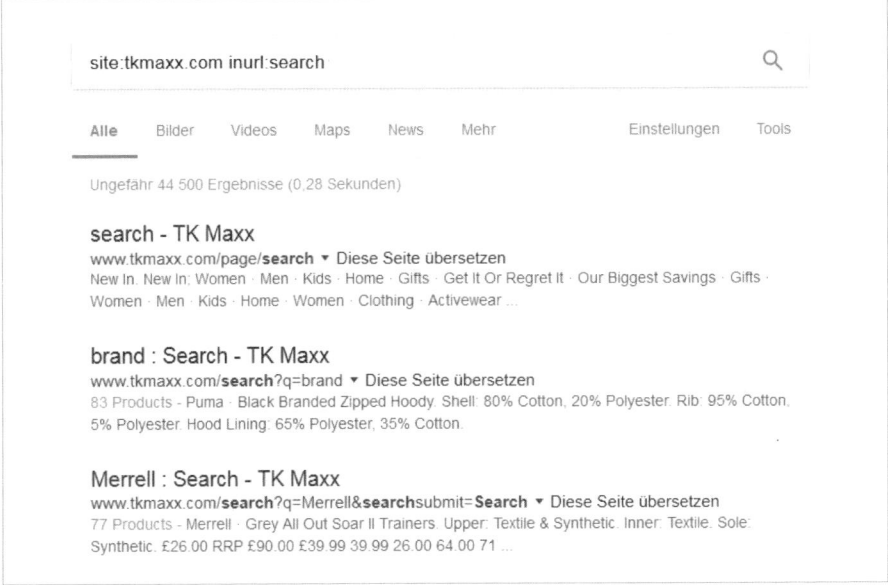

Abbildung 4-19:
Beispiel einer site-Abfrage mit der Suche nach bestimmten URL-Bestandteilen

Angeblich sind 44.500 URLs der Domain tkmaxx.com indexiert, die in der URL »search« enthalten – also wahrscheinlich aus der internen Suche generiert werden. Auch wenn dieser Wert gegebenenfalls nicht korrekt ist, lohnt es sich dennoch, einen genaueren Blick auf die Ergebnisse zu werfen, um zu entscheiden, ob hier ein Problem vorliegt oder nicht.

Auch indexierte Duplikate oder konkurrierende Seiten lassen sich mit der `site:`-Abfrage aufspüren. Eine Suche nach `site:tkmaxx.com intitle:"womens jeans"` liefert elf Ergebnisse, die meist exakt denselben Content ausgeben. Spätestens hier wird Handlungsbedarf deutlich.

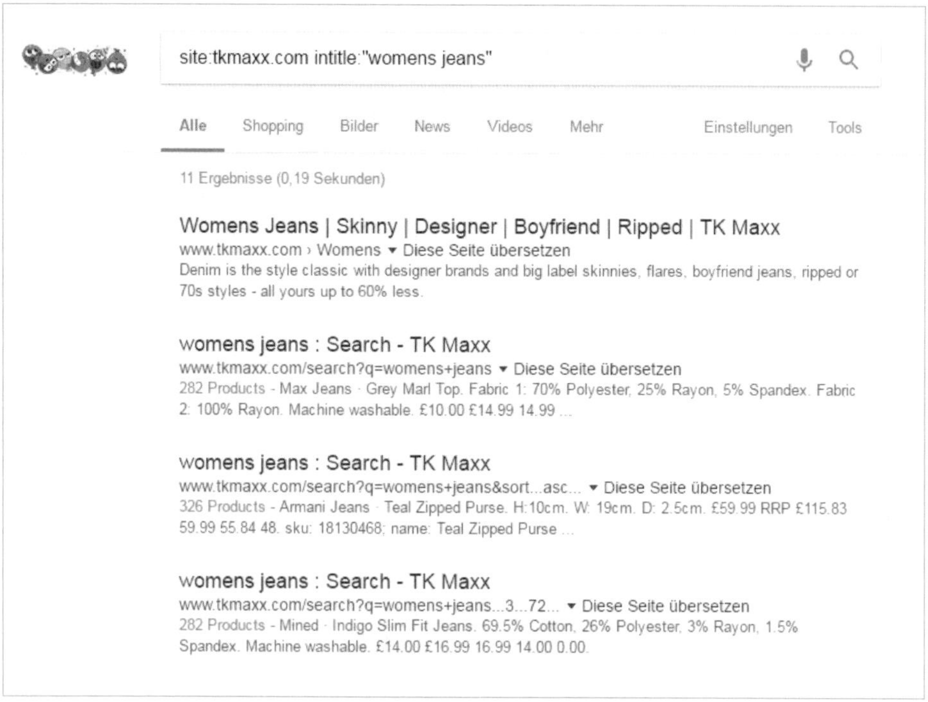

Abbildung 4-20:
Beispiel einer site:-Abfrage mit Suche nach Keywords im Seitentitel

> **Tipp 2**
>
> Nutzen Sie die Daten aus der Suchanalyse in der Search Console zu Analyse, Themenrecherche und kontinuierlicher Optimierung.

Empfehlenswert ist es immer, Daten zu nutzen, die sich auf die eigene Webseite beziehen. Analysieren Sie daher unbedingt die Suchanfragen in der Search Console. Diese geben Aufschluss darüber, mit welchen Suchanfragen User zu Ihrer Webseite gelangt sind oder für welche Suchanfragen Snippets Ihrer Webseite in der SERP angezeigt wurden.[27] Sie können die Daten beliebig filtern – beachten Sie aber, dass die Daten maximal für die letzten 90 Tage gelten.

Neben allgemeinen Auswertungen sehen Sie hier ein Beispiel dafür, wie die Daten zur Themenrecherche bzw. zum Ausbau von existierendem Content genutzt werden kann:

---

27 Weiterführende Informationen unter: *https://support.google.com/webmasters/answer/6155685?hl=de* (Aufruf: 01.08.2017) und *https://support.google.com/webmasters/answer/7042828?hl=de* (Aufruf: 01.08.2017)

Typische in Suchmaschinen formulierte Fragestellungen beginnen mit »Wie kann...«. Filtern Sie nach diesen Fragen, über die Sie entweder Klicks oder Impressions erhalten haben. Der Screenshot zeigt ein Beispiel im Bereich »Familienplanung/Schwangerschaft« mit den entsprechenden Einstellungen:

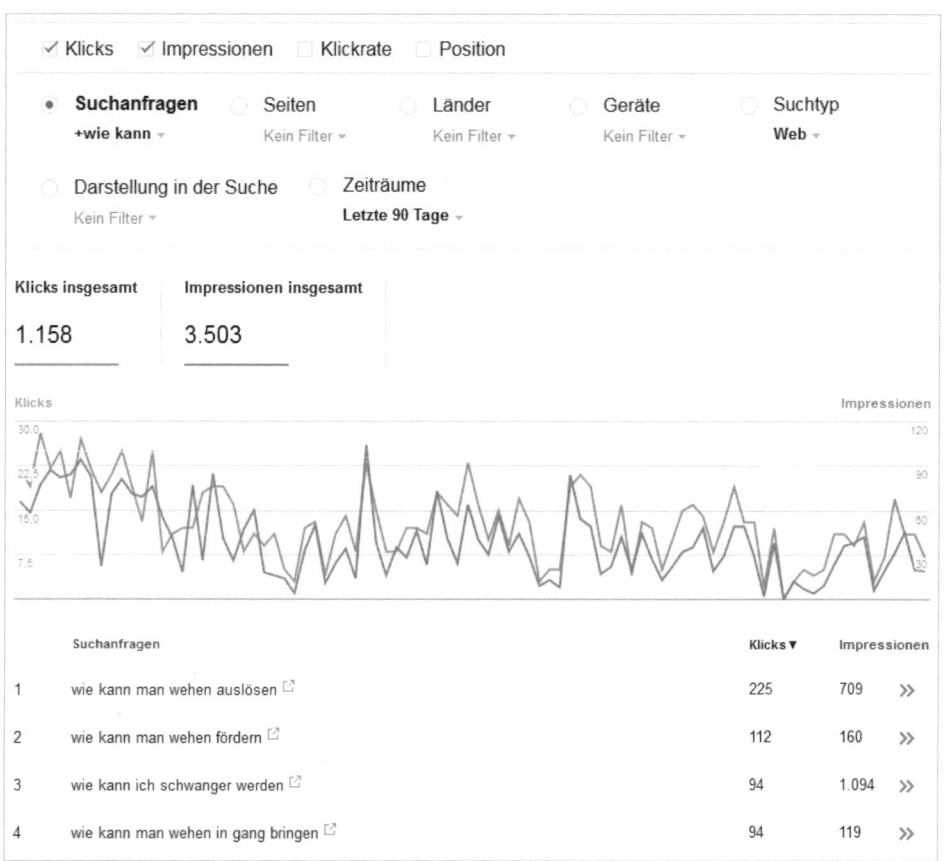

Abbildung 4-21:
Beispiel für konkrete Suchanfragen von Usern, für die Klicks oder Impressions erzeugt wurden

Wenn Sie für diese Fragen vorrangig Impressions, aber keine Klicks erhalten, ermitteln Sie die Position der Zielseite und analysieren das Snippet sowie den Inhalt der Zielseite. Eventuell würde es helfen, den Content auszubauen, da er die Suchintention nicht erfasst.

Wenn Sie über diese Fragen Klicks erhalten haben, hilft Ihnen das beim Verständnis des Informationsbedürfnisses des Users. Betrachten Sie die Zielseiten dieser Fragestellungen kritisch: Wird das Informationsbedürfnis gestillt?

Linktipps

Unerlässliches SEO-Basiswissen

Die Google-Suche erklärt:
https://www.google.de/insidesearch/howsearchworks/thestory/index.html

Webmaster-Richtlinien:
https://support.google.com/webmasters/topic/6001981?hl=de

Google: »Einführung in die Suchmaschinenoptimierung«:
http://static.googleusercontent.com/media/www.google.de/de/de/webmasters/docs/einfuehrung-in-suchmaschinenoptimierung.pdf

Anlaufstellen bei Fragen und Problemen

Google Webmasters:
https://www.google.de/intl/de/webmasters/

Webmaster-Forum:
https://productforums.google.com/forum/#!forum/webmaster-de

Bücher

Prof. Dr. Mario Fischer, »Website Boosting 2.0: Suchmaschinen-Optimierung, Usability, Online-Marketing«. Heidelberg 2009.

Sebastian Erlhofer, »Suchmaschinen-Optimierung: Das umfassende Handbuch«. Bonn 2016.

Eric Enge, Stephan Spencer, Jessie Stricchiola, Rand Fishkin: »Die Kunst des SEO«. Köln 2012.

Stephan Czysch, Benedikt Illner, Dominik Wojcik: »Technisches SEO. Mit nachhaltiger Suchmaschinenoptimierung zum Erfolg«. Köln 2015.

Lesenswerte Blogs

Searchmetrics Blog: *http://blog.searchmetrics.com/de/*

SEO Portal: *https://seo-portal.de/*

Search Engine Land: *http://searchengineland.com/library/channel/seo*

Search Engine Watch: *https://searchenginewatch.com/category/seo/*

Moz Blog: *https://moz.com/blog*

Moz Whiteboard Friday: *https://moz.com/blog/category/whiteboard-friday*

Podcasts und Hangouts

SEO House: *http://www.termfrequenz.de/podcast/seo-house-podcast/*

Webmaster Central Office Hours/Webmaster Hangouts: *https://sites.google.com/site/webmasterhelpforum/en/office-hours*

Interview mit Sarah Seifermann

Du arbeitest jetzt schon seit einigen Jahren im SEO-Bereich. Wie war dein Einstieg in diesen Berufszweig? Wie hast du dich weitergebildet, was hat dir am meisten gebracht?

Ich arbeite seit sieben Jahren im SEO-Bereich, und der Einstig war, wie bei vielen, eher zufällig als geplant. Ich fand das Thema Online-Marketing und Internet sehr spannend und wollte mich in dem Bereich weiterentwickeln und bereue es keine Sekunde. Ich kenne kaum einen Bereich, der sich so schnell verändert und entwickelt, und das begeistert mich immer noch.

Weiterbildung ist ein absolutes Muss, da sich in den vergangenen Jahren bei Google und in der Branche viel getan hat – Stichworte: digitale Assistenten, RankBrain, Userverhalten und die Wettbewerbssituation. Ich scanne morgens täglich die SEO- und Online-News (das ist zu meinem Ritual geworden), gehe auf Messen und tausche mich mit Kolleginnen und Kollegen aus der Branche aus. Wichtig ist aber auch, selbst Dinge zu testen und daraus zu lernen. Gerade zum Einstieg hat mir diese Methode sehr gut geholfen.

»SEO ist tot« ist Quatsch, so viel ist klar. Aber anders ist SEO durchaus geworden. Was hat sich in deiner täglichen Arbeit während der letzten fünf Jahre verändert?

Google ist nicht mehr ein stupider Algorithmus, sondern hat sich zu einem lernenden und ständig anpassungsfähigen Algorithmus weiterentwickelt. Daher ist es auch nicht mehr so einfach wie früher, die Rankings »quick and dirty« nach oben zu pushen, wenn man SEO langfristig und nachhaltig betreibt. SEO kann schon lange nicht mehr isoliert betrachtet werden, die Verzahnung aller Kanäle wird immer wichtiger. Man muss den User an unterschiedlichen Touchpoints und auf unterschiedlichen Devices abholen, und da kommen dann auch Themen wie künstliche Intelligenz, das Zusammenspiel von Paid, Owned und Earned Media sowie die Customer Lifetime Journey ins Spiel. SEO wird komplexer und umfangreicher, daher ist es wichtig, das große Ganze zu betrachten. In der Versicherungsbranche hat sich die

Wettbewerbssituation durch die Vergleichsportale in den letzten zwei Jahren sehr stark verändert, was auch zu neuen Herausforderungen geführt hat.

Wie ist das SEO bei euch organisiert? Und wie ist es im Unternehmen verankert?

Wir sind zwei Inhouse-SEOs und bekommen zusätzlich Unterstützung von einer SEO-Agentur, da wir zu zweit die ganzen Themen nicht abdecken könnten. SEO hat bei CosmosDirekt einen hohen Stellenwert, da es im Vergleich zu den Paid-Kanälen sehr günstig ist und einen hohen Anteil in der Customer Lifetime Journey hat. Wir sehen SEO als Vertriebskanal und schauen neben der Ranking-Position für ein Keyword auch auf harte KPIs wie Anträge und Conversion-Rate.

Wodurch unterscheidet sich SEO für mobile Websites vom »klassischen« SEO?

Inhalt und Darstellung müssen auf das entsprechende Device angepasst werden, um die Bedürfnisse des Users optimal abzudecken. Der mobile User möchte sich informieren, die Zeit totschlagen oder schnell etwas nachlesen und braucht daher auf seinem Smartphone eine komprimierte Version der Inhalte. User-Interface-Elemente und Funktionalitäten sollten mobil überprüft und gegebenenfalls anders dargestellt werden. Das Gute daran ist, dass wir uns alle in einer Lernphase befinden und vieles einfach getestet werden muss. Die Ladezeit ist ebenfalls ein wichtiger Faktor: Laut Google erwarten 83 % der User, dass eine Seite unter vier Sekunden lädt und jede Sekunde Ladezeitverzögerung 7 % an Conversions kostet.

Dass Links immer noch ein wesentlicher Ranking-Faktor sind, wurde erst von Google wieder mehrfach bestätigt. Aber die ganzen alten Linkbuilding-Techniken funktionieren nicht mehr. Wie geht ihr zum Linkaufbau vor, um nachhaltige, hochwertige Links zu generieren?

Eigentlich ist es ganz einfach: hochwertige Links durch hochwertigen Content generieren.

Hummingbird, RankBrain & Co. haben Google schlauer gemacht als je zuvor. Wird es SEO in Zukunft überhaupt noch geben? Und wie könnte SEO 2020 und danach aussehen?

Solange es Google gibt, wird es auch SEO geben. Die Spielregeln ändern sich nur ständig, und darauf muss man sich als SEO einlassen. Ich finde es wichtig, Google zu verstehen und Maßnahmen vorausschauend umzusetzen.

SEO wird 2020 sicherlich ganz anders funktionieren als heute. Ich könnte mir vorstellen, dass die Sprachsuche, künstliche Intelligenz und das Userverhalten die Suche steuern. Vielleicht muss man in Zukunft auch gar nicht mehr selbst suchen, sondern Google sucht automatisiert anhand der gesammelten Daten wie Ort, Umgebung, Vorlieben, Lebensstil, Gewohnheiten und historischen Ereignissen das passende Ergebnis.

Sarah Seifermann ist seit 2010 in der SEO-Branche tätig. Nach ihrer Ausbildung zur Kauffrau für Marketingkommunikation arbeitete sie in einer Werbeagentur und hat dort erste Erfahrungen in der Onlinebranche gesammelt. Dadurch wurde der Wissensdrang im Onlinebereich größer. So ist sie 2010 bei Personello als SEO-Manager gelandet und hat zusammen mit ihrer Chefin den SEO-Bereich aufgebaut. Seit 2012 ist Sarah Inhouse-SEO bei CosmosDirekt, steuert alle Aktivitäten, die mit SEO zu tun haben, und ist für die strategische Weiterentwicklung des Kanals verantwortlich.

KAPITEL 5

SEA –
Search Engine Marketing

In diesem Kapitel:
- Grundbegriffe und Einordnung von Search Engine Marketing
- Was ein SEA-Manager beherrschen sollte
- Wichtige Kennzahlen und Erfolgsmessungen
- Lernen anhand von Beispielen
- Interview mit Philipp Schwarz

Von Guido Pelzer

In diesem Kapitel erfahren Sie zunächst grundlegende Details zum Thema Suchmaschinenmarketing. Wir beleuchten dabei, was und wie im Internet gesucht wird – und welche Rolle die Suchmaschine Google in diesem Zusammenhang spielt. *Search Engine Advertising*, oder kurz *SEA*, steht für die Schaltung bezahlter Werbung bei den Suchmaschinen. Auf Grundlage von Suchbegriffen werden entsprechende Anzeigen ausgeliefert, die im Idealfall auf eine Webseite verweisen, die wiederum das passende Produkt, die passende Dienstleistung oder allgemein die richtige Antwort auf die Suche bereithält.

Grundbegriffe und Einordnung von Search Engine Marketing

In den unendlichen Weiten des Internets gibt es einige Knotenpunkte, an denen sich entscheidet, ob ein Internetnutzer Kontakt zu einem Unternehmen aufnimmt und am Ende dann zu einem Kunden wird. Neben den vielen kleinen Webseiten und Plattformen – wie z.B. Blogs, Foren, Onlinemagazinen oder Infoseiten, die oft nur denjenigen bekannt sind, die sich mit dem jeweiligen Themengebiet intensiv beschäftigen – gibt es einige große Player, die eigentlich jedem Internetnutzer geläufig sind. Dazu gehören zum Beispiel Verkaufsplattformen wie eBay oder Amazon, die immer wieder mit entsprechenden Kaufabsichten »angesurft« werden. Online-Marketing setzt an den verschiedenen Knotenpunkten im Internet an und nutzt zudem die Möglichkeiten der modernen digitalen Kommunikationsformen, wie z.B. die schnelle und kostengünstige Kontaktmöglichkeit zur Zielgruppe via E-Mail oder Social-Media-Kanäle. An allen Stellen, an denen Sie die Internetnutzer erreichen können, die sich offensichtlich für Ihre Produkte oder Ihre Dienstleistungen interessieren, können Sie sehr zielgerichtet Online-Marketing betreiben. Dabei sollten Sie immer bedenken, dass ein Online-Marketing-Konzept ohne eine Firmen-Website kaum zu realisieren ist. Die eigene Website sollte daher immer die Grundlage für ein gutes Online-Marketing sein. Zu den wichtigsten Knotenpunkten im Internet gehören die sogenannten Suchmaschinen. Viele Nutzer starten ihre Reise ins World Wide Web mit einer Frage oder einem Begriff, den sie in eine Suchmaschine eingeben. Diese Anfragen sind daher der Ausgangspunkt für das Suchmaschinenmarketing oder auch *Search Engine Marketing* – kurz *SEM*.

Die Bedeutung der Suchmaschine Google

Fällt der Begriff »Suchmaschinenmarketing«, wird sehr oft das Unternehmen Google genannt. Viele Internetnutzer setzen Suchmaschine quasi mit Google gleich, weil diese Suchmaschine zumindest in der westlichen Welt die mit Abstand am meisten genutzte ist.

Google hat in Deutschland bei der Suche einen Marktanteil von ca. 90 bis 95 %, je nachdem, welche Untersuchung man zur Hand nimmt. Laut dem Statistikportal Statista[1] ist der Google-Marktanteil 2016 erstmalig gefallen, beträgt aber immer noch knapp unter 90 %. Die Suchmaschinen Bing und Yahoo!, die in der Suche kooperieren, machen in den Statistiken von 2016 nur ca. 10 % aus. Dazu kommen noch viele kleine Suchmaschinen, deren Anteil aber kaum messbar ist. Dieses Bild ist in den anderen europäischen Ländern ähnlich. Weltweit spielen zudem Yandex in Russland und Baidu in China noch eine größere Rolle. Im deutschsprachigen Raum beschäftigen sich jedoch die meisten Bücher und Schulungen zum Thema Suchmaschinenoptimierung und Suchmaschinenmarketing nicht zufällig mit den Algorithmen und Optimierungsmöglichkeiten von Google sowie mit *Google AdWords*, dem Werbeprogramm der Firma aus Mountain View. Wenn Sie sich also intensiver mit Suchmaschinenmarketing beschäftigen, kommen Sie an Google nicht vorbei. Auch in diesem Kapitel werden die meisten Beispiele anhand von Google und dem zugehörigen Werbeprogramm AdWords beschrieben, da Google AdWords für die meistens SEA-Manager im deutschsprachigen Raum das Standardprogramm ist.

Trotzdem sollte man wissen, dass es in Deutschland nicht nur das Werbeprogramm Google AdWords gibt, auch bei Bing und Yahoo! können Sie Suchmaschinenmarketing in Form von bezahlten Anzeigen betreiben. Die Anzeigenschaltungen funktionieren dort nach dem gleichen

---

1 https://de.statista.com

Prinzip. Fast alle Google-Features, etwa Sitelinks, Shopping-Anzeigen etc., finden sich nach einiger Zeit auch bei den Bing/Yahoo!-Anzeigen wieder. Interessanterweise wird sogar bei der Anlage einer BingAds-Kampagne auf eine Verknüpfung und die Zugriffsmöglichkeit auf bestehende AdWords-Kampagnen hingewiesen. Die Kampagnen können bei der Anlage im Bing-Konto direkt aus Google importiert werden, sodass die Arbeit für die Anlage und die Grundeinstellungen nur einmal durchgeführt werden muss, um beide Werbenetzwerke (Google und Bing/Yahoo!) gleichzeitig zu nutzen.

Welche Rolle spielen die Suchmaschinen?

Wir gehen noch einmal einen Schritt zurück und schauen uns die grundlegende Bedeutung der Suchmaschinen an. Diese helfen den Internetnutzern bei der Recherche nach Informationen, Produkten oder Dienstleistungen im Internet. Dabei steht der Suchbegriff, das Keyword, im Mittelpunkt. Viele User starten die Internetnutzung mit dem Besuch einer Suchmaschine. In das Suchfeld werden dabei Begriffe eingegeben, zu denen der Suchende dann passende Internetseiten erwartet, und zwar möglichst schnell und präzise. Zu diesem Zweck wird alles – von kompletten Sätzen mit Informationsfragen, z.B. »Wie behebe ich den Papierstau an meinem Drucker?«, über bestimmte Marken, z.B. »BMW Elektroauto«, und Suchkombinationen mit lokalen Angaben, z.B. »Fischrestaurant Hamburg«, bis hin zu vollständigen Webadressen wie »www.xing.de« – in das Suchformular eingegeben. Diese Suchfunktion ist so selbstverständlich, dass sogar der Suchbegriff »Google« einer der häufigsten Suchanfragen bei Google ist. Die vielen unterschiedlichen Suchintentionen kann man grob in drei Kategorien aufteilen. Bei *transaktionsorientierten Suchanfragen* gibt der Suchende an, dass er etwas Bestimmtes tun möchte, z.B. ein Produkt kaufen oder eine PDF-Datei herunterladen. Bei *navigationsorientierten Suchanfragen* ist das Ziel eigentlich schon bekannt, nur die Webadresse wird via Suchmaschine gesucht. Hierzu zählen Suchanfragen, die Webseitennamen oder Brands enthalten. Die dritte und größte Kategorie macht die klassische *Informationssuche* aus.

Wenn Sie wissen wollen, was aktuell oder im letzten Jahr häufig bei Google gesucht wurde, finden Sie eine Liste mit oft gesuchten Begriffen auf Google Trends.[2]

Hier die fünf Topbegriffe der Charts aus dem Jahr 2016:

1. EM 2016
2. Pokemon Go

---

2   https://www.google.de/trends

3. iPhone 7
4. Brexit
5. Olympia

Anhand der Suchanfragen, die von einer großen Nutzeranzahl erhoben wurde, kann man schnell erkennen, was die Menschen im Jahr 2016 bewegt hat. Interessant sind auch die Warum-Fragen, die andeuten, dass sehr oft mithilfe von ganzen Fragen Problemlösungen bei Google gesucht werden. Hier die Top 5 der Warum-Fragen:

1. Warum ist Prince gestorben?
2. Warum haben Katzen Angst vor Gurken?
3. Warum ist Italien Gruppensieger?
4. Warum Hamsterkäufe?
5. Warum Brexit?

Die beiden Charts zeigen auch schon ein Problem des Suchmaschinenmarketings. Es werden nämlich nicht nur Suchanfragen gestellt, die mit einem kommerziellen Interesse (z.B. iPhone 7) verbunden sind, oft geht es um reine Informationen (Warum Brexit?), aber auch Spaß und Unterhaltung (Pokemon Go) sind ein großer Faktor im Internet. Zudem zeigen viele Suchstatistiken, dass nicht ein einzelner Suchbegriff dominiert, häufig suchen die Nutzer mit Wortkombinationen aus zwei bis drei Begriffen.

> **Hinweis**
> Aufgrund der Weiterentwicklung von Spracherkennungssystemen werden komplette Sätze zukünftig auch einen größeren Teil der Suche ausmachen.

Aus diesem Grund sind die professionelle Vorbereitung, eine gute Keyword-Recherche und die passende Auswahl der Suchbegriffe wichtige Voraussetzungen für gutes Suchmaschinenmarketing. Bei der Recherche müssen alle Aspekte der Suche analysiert und vor allem muss das Bedürfnis potenzieller Kunden genau erkannt werden.

Die große Anzahl an Suchmaschinennutzern in Kombination mit der gezielten Fragestellung, aus der ein Bedarf abgeleitet werden kann, hat die Suchmaschinen zu einer ganz besonderen Schnittstelle im Internet gemacht, die die Suchenden mit den Informationsanbietern, also den Webseiten, auf denen neben Informationen auch die zur jeweiligen Suchanfrage passenden Produkte oder Dienstleistungen angezeigt werden, verbinden. Beim SEM geht es letztlich darum, dass die eigene

Website zu den angefragten Begriffen auf der ersten Suchergebnisseite der Suchmaschine erscheint. Webseitenbesucher, die über eine Suchmaschine eine Unternehmes-Website erreichen, sind normalerweise sehr interessierte und engagierte Besucher. Diese Besucher haben nämlich zuvor aktiv mit Begriffen gesucht, die mit den Produkten, Dienstleistungen oder der Unternehmensmarke in Verbindung stehen. Diese aktive Suche unterscheidet sich ganz grundlegend von der passiven Aufnahme einer Werbebotschaft, wie wir sie von Plakatwänden, Zeitschriften oder auch aus der Radio- und Fernsehwerbung kennen. Bei diesen Werbemedien präsentiert sich Werbung nämlich eher zufällig und muss erst um Aufmerksamkeit kämpfen. Wenn Sie gerade kein Kleinkind haben, sind Sie garantiert nicht an einer Werbung zu Babywindeln interessiert – da kann die Werbung noch so gut sein! Falls Sie jedoch »Ferienhäuser Dänemark mieten« in eine Suchmaschine eingegeben haben, ist ein gesteigertes Interesse an einem Urlaub in einem Ferienhaus in Dänemark zu vermuten.

SEM, SEO, SEA – was ist das?

Beim Thema Suchmachinenmarketing fallen immer wieder die Begriffe SEM, SEO und SEA. SEM und SEA werden dabei auch oft gleichgesetzt. Aus unserer Sicht ist *SEM (Search Engine Marketing)* der übergeordnete Begriff. SEA gehört dann genau wie SEO zum Suchmaschinenmarketing. Es ist eine Seite derselben Medaille. Beim *SEO (Search Engine Optimization)* versucht der Webseitenbesitzer, in den organischen nicht bezahlten Ergebnissen möglichst weit oben gelistet zu werden, während er mit *SEA (Search Engine Advertising)* Anzeigen in den Suchergebnissen platzieren kann. Die SEA-Anzeigen werden bei Google mit einem grünen Marker und dem Hinweis *Anzeige* gekennzeichnet.

Es gibt unter den Suchmaschinen-Marketern viele Diskussionen über Vor- und Nachteile von SEA im Vergleich zu SEO. Grundsätzlich sollte jeder Online-Marketing-Manager beide Werbemöglichkeiten kennen und beherrschen, da beide Kanäle eine wichtige Rolle spielen. Den größten Erfolg erzielen Webseiten, die beide Traffic-Kanäle nutzen. Denn je öfter ein Unternehmen in den Suchergebnissen auftaucht, desto größer ist der *Branding-Effekt* und damit verbunden das Vertrauen, das in der suchenden Zielgruppe entsteht. Die Ergebnisse im bezahlten und organischen Ranking ähneln sich auch im Aussehen, so sind z.B. die Titelzeile, der beschreibende Text, die Sitelinks und auch Erweiterungen sehr ähnlich gestaltet. Ergänzungen, wie beispielsweise die gelben Bewertungssterne, findet man ebenfalls in der Form bei beiden Ergebnissen. Es gibt zudem ständig Neuerungen, die Google entweder in der einen oder anderen Darstellung austestet und dann für beide Ergebnisarten übernimmt. (Die anderen großen Suchmaschinen folgen dann oft den Neuerungen bei Google.) Darum können beide Marketingkanäle voneinander lernen. Überprüfen Sie bei beiden Kanälen: Welche Titel, welche Texte, welche Merkmale und welche Zielseiten funktionieren besonders gut, werden also stärker geklickt oder führen öfter zu Conversions?

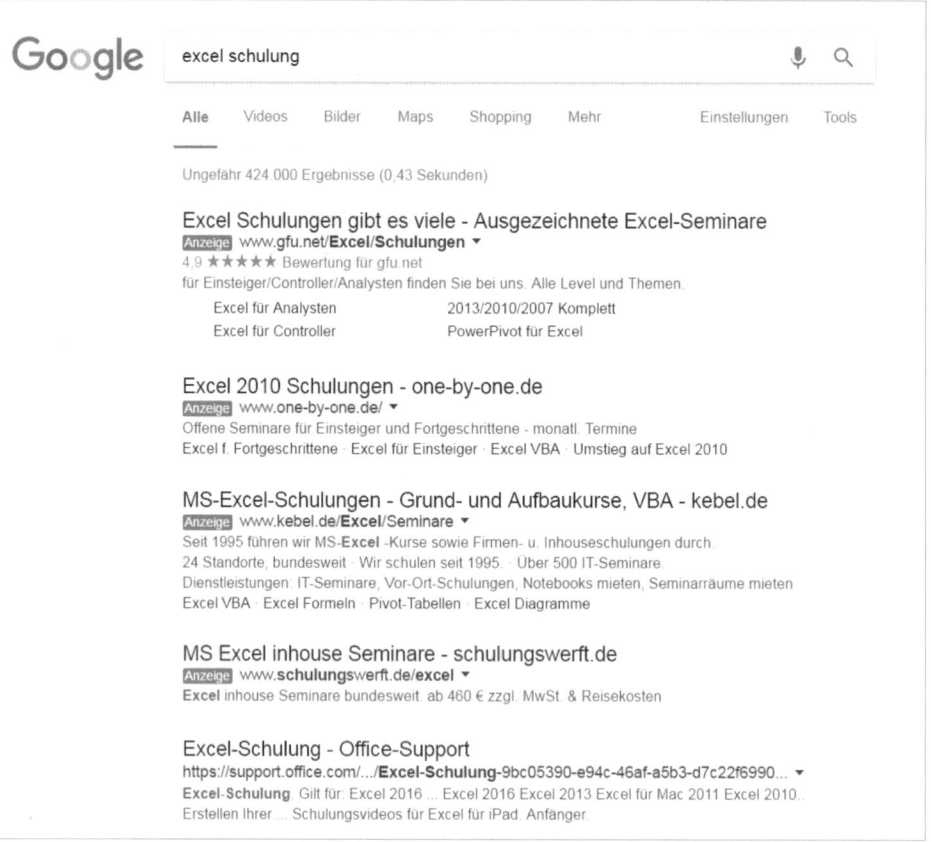

Abbildung 5-1:
Google-Suchergebnis mit SEA- und SEO-Ergebnissen

> **Tipp: Nutzen Sie SEA**
>
> In der Praxis wird SEA oft als Test für SEO genutzt. Zwar muss jeder Klick auf das SEA-Ergebnis bezahlt werden, dafür sind diese Ergebnisse jedoch sehr schnell sichtbar und können daher auch kurzfristig getestet werden. Mit SEA können Sie zum Beispiel schnell und einfach Keywords testen. Gute Testergebnisse im SEA-Bereich können dann als Vorgabe für die SEO-Optimierung dienen.

Wichtige Grundbegriffe des Suchmaschinenmarketings

Es gibt beim Thema SEA, genau wie bei den anderen Online-Marketing-Themen, viele Fachbegriffe, die aus dem englischen Sprachraum stammen, weil sich das Suchmaschinenmarketing dort zuerst entwickelt hat. Einige wichtige Begriffe, die jeder kennen sollte und die das Thema SEA gut erklären, stellen wir hier kurz vor. Anhand der Begriffe können dann viele Funktionen der Werbekampagnen im Suchmaschinenmarketing einfacher erläutert werden.

Impressions (Impressionen)

Da wären zunächst die *Impressionen*, die eine erste wichtige Kennzahl darstellen. Impressionen geben an, wie oft eine Anzeige ausgespielt wurde. Beim Ausspielen wird dem Suchenden zu passenden Suchanfragen ein Ergebnis in der Suchergebnisliste angezeigt. Erzeugt ein vorgegebenes Keyword keine Impressionen, haben wir ein großes Problem, denn unsere Werbebotschaft wird erst gar nicht von potenziellen Kunden gesehen. Die reine Auslieferung einer Anzeige kostet beim klassischen Suchmaschinenmarketing nichts, erst der Klick verursacht Werbekosten.

Click (Klick)

Der *Klick* auf die Anzeige führt zur Webseite. Dies muss nicht immer die Startseite eines Unternehmens sein, im Gegenteil. In den meisten Fällen ist es angebracht, eine spezielle Unterseite oder am besten eine eigens gestaltete Landingpage anzusteuern. Die Anzahl und die Verteilung der Klicks zeigen Ihnen in den Statistiken, welche Suchbegriffe und welche Anzeigen für die Suchmaschinennutzer interessant waren.

CTR = Click-Through-Rate (Klickrate)

Die *CTR*, oder auch vereinfacht *Klickrate*, gibt das prozentuale Verhältnis zwischen Auslieferung der Anzeige (Impression) und Klick auf die entsprechende Anzeige an. Eine Klickrate von 3 bis 5 % kann bei allgemeinen Keywords schon als gut angesehen werden. Wenn also bei 100 Anfragen mit entsprechender Werbeeinblendung drei bis fünf Google-Nutzer auf meine Anzeige klicken, ist das schon ein recht gutes Ergebnis. Aber was machen dann die anderen rund 95 %? Diese Suchmaschinennutzer klicken auf konkurrierende Anzeigen, auf die organischen SEO-Ergebnisse oder verändern ohne Klick die Suche, was dann wieder neue Impressionen und vielleicht andere Anzeigeneinblendungen erzeugt. Viele empfinden 95 % nicht realisierter Klicks als recht hoch, es gibt aber eben auch viele andere Möglichkeiten, auf ein Suchergebnis zu reagieren – und das muss nicht immer der Klick auf die eigene Anzeige sein.

Eine durchschnittliche CTR von 3 bis 5 % ist jedoch nicht typisch für die Suche nach Marken oder Nischenprodukten, bei denen der werbende Marktführer ist. In diesem Fall sind CTRs von 20 bis 30 % eine normale Größenordnung. An diesen beiden Beispielen können Sie schon erkennen, dass es schwer ist, eine durchschnittliche CTR zu benennen.

> **Hinweis: Gute oder schlechte CTRs**
>
> Bei CTRs, die unter 1 % liegen, sollten Sie auf jeden Fall etwas kritischer hinschauen. Oft sind die Suchbegriffe zu allgemein gewählt, oder die Anzeigen passen nicht zum Suchbegriff. Das kann auch daran liegen, dass oft genutzte und unpassende Ergänzungen zum Keyword, wie zum Beispiel gebraucht, kostenlos, ebay, job etc., vorher nicht explizit ausgeschlossen wurden.

CPC = Cost per Click (Kosten pro Klick)

Das klassische SEA beruht auf dem *Cost-per-Click*-Prinzip. Bei dieser Abrechnungsmethode zahlt der Werbende nur für den Klick auf seine Anzeigen, der den Suchenden dann zur passenden Zielseite weiterleitet. Darum wird das SEA-Marketing auch oft als PPC-Marketing bezeichnet, wobei *PPC* für *Pay-per-Click* steht. Beim CPC müssen Sie zwischen dem durchschnittlichen CPC und dem maximalen CPC unterscheiden. Den durchschnittlichen CPC finden Sie als Klickpreis in den Statistikberichten wieder. Da sich der tatsächliche Klickpreis je nach Zeitpunkt und Konkurrenzsituation immer ein wenig verändert, zeigt die Statistik stets einen durchschnittlichen Wert. Auf der anderen Seite gibt es den sogenannten maximalen CPC. Dieser entspricht dem maximalen Klickpreis, den Sie zu zahlen bereit sind. Dieser Preis wird von AdWords auch nicht überschritten, im Zweifel wird Ihre Anzeige nicht ausgeliefert, falls der benötigte CPC über dem von Ihnen definierten Maximum liegt. Maximale CPCs können für eine Gruppe von Keywords festgelegt werden. Die Erfahrung zeigt jedoch, dass nach einer ersten Erprobungsphase letztlich fast jedes Keyword einen eigenen maximalen CPC erhält, denn die Änderung des maximalen CPC ist der einfachste und schnellste Weg, um das AdWords-Ranking eines Keywords nach oben – oder aber auch nach unten – zu verändern, wenn Sie den CPC reduzieren.

> **Achtung: Vorsicht bei automatisierter Gebotsfunktion**
>
> Falls Sie automatisierte Gebotsfunktionen in Ihrem Konto aktiviert haben, kann der tatsächliche Klickpreis auch über Ihrem maximalen CPC liegen.

Bei automatisierten Gebotsstrategien übernimmt das System die Steuerung der Gebote, die dann auch über Ihren Vorgaben liegen können, wenn auf diese Weise eine bestimmte Strategie, z. B. Maximierung der Conversions, verfolgt wird. Veränderte Gebote haben jedoch keine Auswirkungen auf das festgesetzte Tagesbudget, was oft fälschlicherweise befürchtet wird. Das System kann zwar mehr für einen einzelnen Klick ausgeben, aber nicht mehr als das von Ihnen vorgegebene Budget.

Neben dem CPC werden Sie im Online-Marketing auch noch andere Abrechnungsmethoden kennenlernen. Es gibt zum Beispiel das *CPM-Modell* (*Cost-per-Mille* – entspricht dem klassischen Tausender-Kontakt-Preis (TPK)) im Display-Netzwerk, bei dem man für 1.000 Einblendungen zahlt. Bei diesem Modell spielt es keine Rolle, ob kein, ein oder 1.000 Nutzer auf die Anzeige klicken, der Preis ändert sich nicht. Die *Cost-per-View*-Gebote findet man in der Videowerbung bei YouTube. Hier bezahlen Sie für Videoaufrufe, aber auch für Interaktionen mit dem Video. Beim Cost-per-View-Modell führt also das Abspielen und Betrachten eines Videos schon zu Kosten für den Werbenden. Daher gibt es sogenannte TrueView-Anzeigen, bei denen das Video mindestens 30 Sekunden oder kürzere Videos bis zum Ende angeschaut werden müssen, bevor Werbekosten entstehen.

Budget

Das *Budget* einer Werbekampagne ist eine wichtige Vorgabe. Es wird bei AdWords und BingAds als Tagesbudget vorgegeben. In der Praxis denken aber viele große und mittelständische Unternehmen meistens in Jahres- bis Monatsbudgets. Diese müssen dann entsprechend auf Tagesbudgets heruntergerechnet werden. Das Tagesbudget multipliziert mit 30,4 (die durchschnittliche Anzahl der Tage eines Monats) ergibt bei AdWords das Monatsbudget, das dann auch nicht überschritten wird. Auf der anderen Seite werden jedoch Anteile des Tagesbudgets, die nicht genutzt werden, nicht in die folgenden Tage übernommen. Wenn Sie als Marketing-Manager Monats- oder Halbjahresbudgets nutzen, müssen Sie durch regelmäßige Kontrollen und Anpassungen die Budgets verteilen. Das kann auch über Automatisierungen in Form von Regeln und Skripten gemanagt werden. Oft gehen AdWords-Nutzer aber ohne eine Budgetvorstellung an eine Kampagne heran. Wird über das Keyword-Tool in AdWords eine Budgetschätzung vorgegeben, wird diese oft ungefragt übernommen. Google sollte aber keinesfalls Ihr Werbebudget vorgeben. Das Budget muss noch immer das Unternehmen in Person des Marketing-Managers vorgeben, da nur das Budget genutzt werden kann, das das Unternehmen zur Verfügung stellt.

Liegen die Vorgaben von Google und die eigenen Vorstellungen weit auseinander, muss über Einschränkungen der Werbekampagne nachgedacht werden. Mit folgenden Einschränkungen kann man das Budget begrenzen:

- regionale Einschränkungen
- zeitliche Einschränkungen (Tage und Stunden)
- Reduzierung der Keywords
- stärkere Nutzung der einschränkenden Keyword-Optionen

> **Hinweis: Tagesbudget und Monatsbudget**
> Insgesamt definiert das Tagesbudget multipliziert mit 30,4 die monatliche Höchstgrenze, die nicht überschritten wird. Sollte das einmal passieren, werden diese Ausgaben im Konto nachträglich gutgeschrieben.

Conversions (Konversion/Umwandlung)

Von einer *Conversion* spricht man, wenn das Ziel eines Webseitenbesuchs erreicht wurde, weil der Webseitenbesucher in einen Kunden oder Kontakt etc. gewandelt wurde. Was genau das Ziel ist, bestimmt der Webseitenbesitzer. Dieser muss also zunächst das Ziel oder auch mehrere Ziele festlegen.

> **Tipp: Was mache ich, wenn meine Webseite keine Ziele besitzt?**
> Normalerweise sollte jeder Webseitenbesitzer schon bei der Erstellung Ziele definieren. Es kann aber auch sein, dass der Internetauftritt eine reine Informationsseite darstellt oder der wichtigste Kundenkontakt ein Anruf zur Terminvereinbarung ist. In diesem Fall kann es sinnvoll sein, bestimmte Handlungen, z.B. den Aufruf des Ansprechpartners auf der Webseite oder das reine Interesse (Engagement) an der Webseite, zu messen. Führen Sie jedoch keine Messungen durch, sind Sie quasi »blind« und können so keine Aussage zur Qualität der Webseitenbesuche machen. Dies führt irgendwann auf jeden Fall bei Ihren Vorgesetzten oder Ihren Kunden zur Frage nach dem Sinn der bezahlten Werbung.

Um das Erreichen der Ziele mit den anderen Kennzahlen auswerten zu können, muss ein entsprechender Tracking-Code implementiert werden.

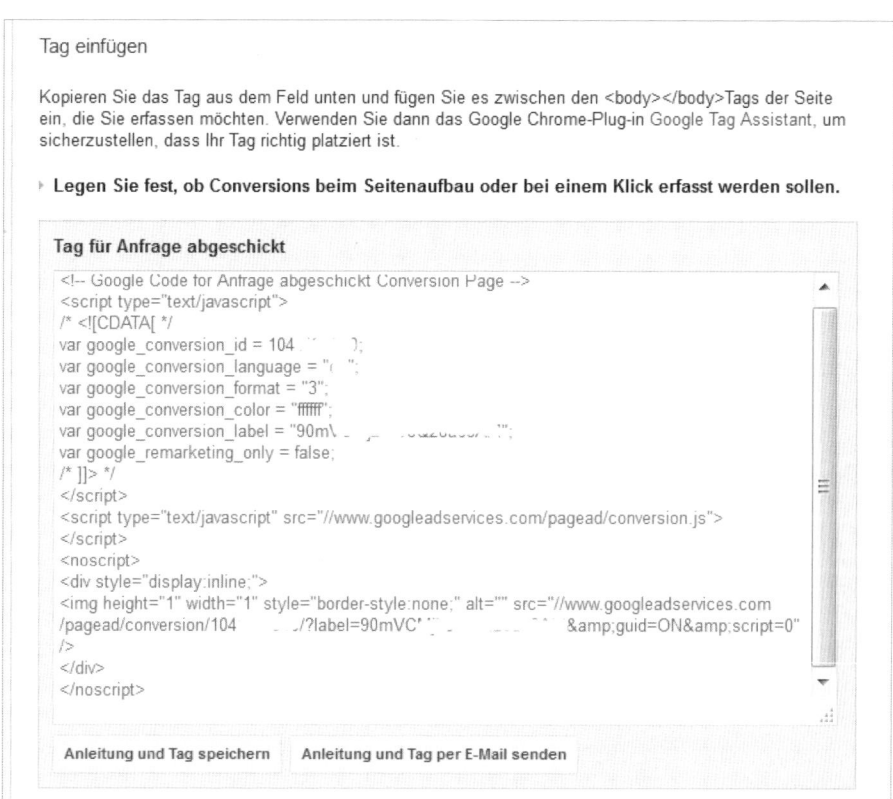

Abbildung 5-2:
Beispiel: Conversion-Code in AdWords

Für jedes Unterziel, das Sie in AdWords anlegen, wird ein neuer Codeschnipsel erzeugt, der dann eingebaut werden muss. Im AdWords-Konto, aber auch beim Microsoft-Advertising, wird ein JavaScript-Code bereitgestellt. Eine Conversion kann die Bestellung eines Produkts, eine Kontaktanfrage, der Download eines PDF-Dokuments oder auch nur der Aufruf einer bestimmten Seite sein. Dabei wäre eine Bestellung eine *starke Conversion*, auch *Makro-Conversion* genannt, während der Besuch einer bestimmten Seite, z.B. der Kontaktseite eines Ansprechpartners, eine sehr *schwache Conversion* (*Mikro-Conversion*) wäre, weil diese Aktion noch kein eindeutiger Hinweis auf einen neuen Kunden wäre. Die Messung einer Mikro-Conversion ist jedoch besser, als gar nichts zu messen! Auch schwache Conversions können tendenziell Hinweise auf gute oder weniger gute Keywords und Anzeigentexte bieten. In vielen Kampagnen fehlt das Conversion-Tracking, weil SEA natürlich auch ohne Conversion funktioniert. Zur Beurteilung der Qualität und der Sinnhaftigkeit einer Werbekampagne ist es jedoch notwendig, Conversions zu messen, ansonsten messen Sie nur Besucher der beworbenen Webseiten – und Besucher sind noch lange keine Kunden!

> **Tipp: Conversion-Tracking mit Google Analytics**
>
> Falls Google AdWords und Google Analytics im Zusammenspiel genutzt werden, empfiehlt es sich, Conversion-Tracking via Google Analytics zu nutzen.

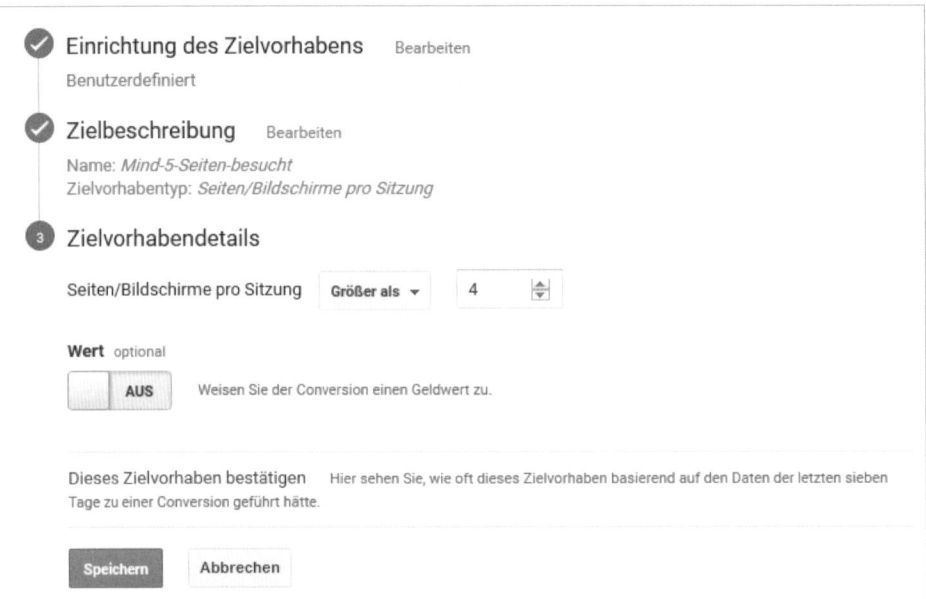

Abbildung 5-3:
Ziele in Analytics erstellen

Dies hat zum einen den Vorteil, dass kein zusätzlicher Eingriff in den Webseitencode erforderlich ist. Auch die Erstellung neuer Conversions erfordert dann keinen weiteren Eingriff, da die Aktionen über den Analytics-Code gemessen werden, der ja in jeder Unterseite vorhanden sein muss, wenn Analytics richtig funktionieren soll. Der zweite Vorteil liegt darin, dass über den Analytics-Code das Besucherverhalten und somit das erreichte Ziel viel besser bestimmt werden können. Sie können nämlich nicht nur den Besuch bestimmter Seiten tracken, sondern auch das Engagement über die Anzahl der besuchten Seiten oder die Verweildauer auf der Website. Im Zusammenspiel mit den Google-Analytics-Ereignissen können auch das Klick- oder Scrollverhalten und noch weitere JavaScript-Events als Ziele definiert und gemessen werden.

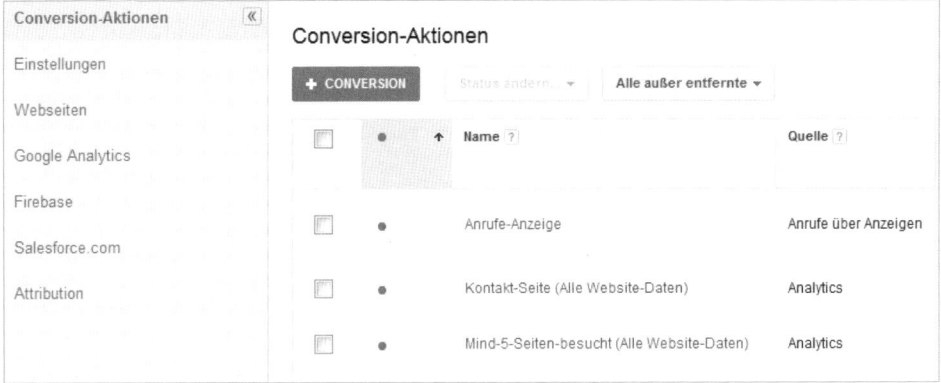

Abbildung 5-4:
Analytics-Ziele als Conversions in AdWords

Kampagnen

Ein SEA-Werbekonto ist sowohl bei Google als auch bei Microsoft auf Kampagnen aufgebaut. Diese stellen die oberste Ordnung dar, und die Grundeinstellungen der Werbung werden hier festgelegt. Bei der Anlage der Kampagnen entscheiden Sie zunächst den Kampagnentyp, dies ist für die reinen SEA-Kampagnen der Typ »Suchnetzwerk«. Folgende Grundeinstellungen legen Sie zudem für eine Kampagne fest:

- die Schaltung bzw. die prozentuale Abweichung des Standardgebots für die verschiedenen Endgeräte (Computer, Smartphone, Tablet)
- die Zielregion der Anzeigenschaltung
- die Gebotsstrategie für die Kampagne

> **Hinweis: Gebotsstrategien in AdWords**
>
> Google AdWords bietet seinen Nutzern ein kleines Bid-Management-Tool (siehe hierzu den Abschnitt »Steuerung des Bid-Managements« weiter hinten in diesem Kapitel) mit rudimentären Funktionen. Mit wenigen Einstellungen können Strategien erstellt werden, die automatisch Klicks oder Conversion maximieren, oder für bestimmte Keyword-Positionen bieten. Der AdWords-Nutzer kann festlegen, was ein Kunde kosten darf oder wie viel Prozent Umsatz mit einem Werbe-Euro erzielt werden soll. Diese Gebotsstrategien funktionieren jedoch nur, wenn auch entsprechende Conversions erstellt und ausgelöst wurden. Sie benötigen natürlich immer eine statistische Basis, damit solche Strategien automatisiert ablaufen können.

- das Tagesbudget
- Startdatum und Laufzeit der Kampagne
- die Wochentage und die Uhrzeiten für die Schaltung

> **Tipp: Werbeschaltung für bestimmte Endgeräte ausschließen**
>
> Sie haben im AdWords-Konto zunächst keine Möglichkeit, Ihre Anzeigen für bestimmter Endgeräte auszuschließen. Sie können aber über die prozentuale Einstellung der Gebote die Schaltung zum Beispiel für Smartphones um 100% reduzieren. Dies ist dann gleichbedeutend mit einem Ausschluss der Werbeauslieferung auf Smartphones.

Falls Sie also mit Blick auf die oben genannten Punkte Kampagnen mit unterschiedlichen Ausrichtungen schalten möchten, müssen Sie mit mehreren Kampagnen arbeiten. Sie könnten zum Beispiel eine Kampagne speziell auf Mobilgeräte ausrichten, die nur in bestimmten deutschen Großstädten geschaltet werden, weil Sie eine bestimmte Zielgruppe ansprechen möchten. Oder Sie könnten eine Kampagne für ein einzelnes Keyword mit einem bestimmten Tagesbudget schalten. In vielen Fällen reicht aber auch eine Kampagne. Bitte denken Sie daran, es gibt hier kein richtig oder falsch, die Einteilung beruht ausschließlich auf Ihrer Strategie.

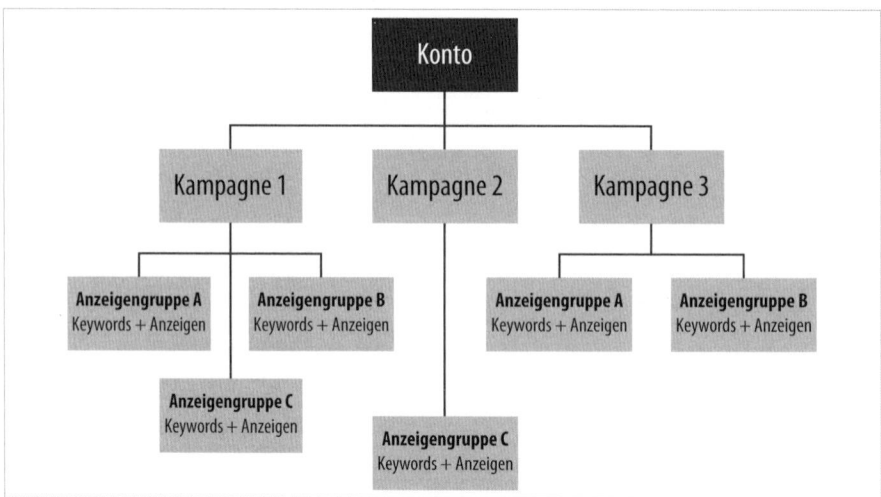

Abbildung 5-5:
Überblick über den Kontoaufbau eines AdWords-Kontos (© Guido Pelzer)

Anzeigengruppen

Unterhalb der Kampagnen befinden sich die Anzeigengruppen. Kampagnen und Anzeigengruppen werden oft verwechselt. Während die Kampagnen wie gezeigt die Grundeinstellungen vorgeben, sorgen die Anzeigengruppen dafür, dass Suchbegriffe und die zugehörigen Anzeigentexte verknüpft werden. Eine Anzeigengruppe enthält optimalerweise nur Keywords zu einem bestimmten Thema und dazu dann die entsprechende Anzeige. Bei den Keywords sollte man sich auf 10 bis 15 Variationen pro Anzeigengruppe beschränken. Wenn Sie Ihre beste Anzeige gefunden haben, reicht eine Anzeige pro Anzeigengruppe, vorher sollten Sie aber unterschiedliche Anzeigen testen und mit mindestens zwei Anzeigen pro Anzeigengruppe beginnen.

> **Tipp: Anzeigen testen**
> Zu Beginn einer neuen Werbekampagne sollten Sie zwei bis drei Anzeigenvarianten in der Gruppe testen und dabei in kleinen Schritten die Anzeigen optimieren. Die Klick- und/oder Conversion-Rate der Anzeige hilft bei der Leistungsbeurteilung. Die beste Anzeigenvariante bleibt dann am Ende übrig. Bei neuen Ideen oder neuen Produktmerkmalen werden neue Textanzeigen erstellt. Achten Sie darauf, dass in der Kampagneneinstellung eine gleichmäßige Schaltung der Anzeigen festgelegt ist, damit Sie ausgiebig bei gleichmäßiger Auslieferung der Anzeigenschaltung testen können. Da Google möglichst viele Funktionen automatisiert selbst übernehmen möchte, rät das Tool von der gleichmäßigen Anzeigenschaltung ab. Ich empfehle Ihnen jedoch, dass Sie den Anzeigen etwas Zeit geben, damit das Ergebnis am Ende eine größere Aussagekraft besitzt.

Ein wichtiger Optimierungsgrundsatz auf der Ebene der Anzeigengruppen besteht darin, die einzelnen Werbethemen (Produkte oder Dienstleistungen) möglichst fein in unterschiedliche Anzeigengruppen zu verteilen. Mit einem Beispiel wird dieser Tipp noch etwas deutlicher. Wenn Sie Laufschuhe bewerben, unterteilen Sie Ihre Anzeigengruppen in Herren- und Damenlaufschuhe, aber auch in Freizeit- und Marathonlaufschuhe. Natürlich unterscheiden Sie die einzelnen Marken, die Sie im Sortiment haben, wie z. B. Asics, Nike, Adidas, Puma, Mizuno etc. Für jede Marke erstellen Sie wiederum eine eigene Anzeigengruppe. Vielleicht kann es sogar sinnvoll sein, eine eigene Anzeigengruppe für rote Laufschuhe zu erstellen, wenn gerade rote Laufschuhe der Renner im Internet sind. Hier kommen wir an den Punkt, an dem man zwischen Aufwand und Nutzen abwägen muss. Eine feine Unterteilung in eine eigene Anzeigengruppe ist zunächst immer sinnvoll. Wenn ein bestimmter Artikel aber nur ein paar Mal im Jahr nachgefragt wird, stellt sich immer die Frage nach dem Aufwand, den man betreiben muss, um ganz gezielt einen bestimmten Nutzer abzuholen.

Keywords (Suchbegriffe)

Keywords sind der wichtigste Bestandteil des Suchmaschinenmarketings, denn diese Art des Online-Marketings beruht darauf, dass Suchmaschinennutzer Begriffe, Fragen, Themen etc. als Suche eingeben und dann dazu passende Werbung ausgeliefert wird (und/oder organische Ergebnisse). Der erste wichtige Gedanke beim Suchmaschinenmarketing besteht darin, dass die Werbung auch zu dem Suchbegriff passen sollte. Dies ist jedoch oftmals nicht der Fall, und das hat viele Gründe:

1. Der vorgegebene Suchbegriff wurde nicht stark genug beschränkt, sodass der Anzeigenvermarkter (Google, Bing, Yahoo! etc.) einfach weitgehend ähnliche Begriffe als Vorgabe für die Auslieferung der Werbung zulässt, wodurch die Suche dann in einigen Fällen nicht mehr zum Anzeigentext passt. Bei einer weitgehenden Keyword-Schaltung kann z. B. aus einem Tennisschläger ein Badmintonschläger werden. Die Anzeigen, die auf die Top-Tennisschläger der aktuellen Saison getextet wurde, passen dann natürlich nicht mehr.

2. Fehlende Einschränkung in Kombination mit fehlenden Begriffen, die ausgeschlossen werden sollten (auszuschließende Keywords) führen dazu, dass eine Suchphrase wie zum Beispiel gebrauchte Laufschuhe eine Anzeige auslöst, die aber nur neue Laufschue im Webshop verkaufen möchte – und schon wieder passt die Anzeige nicht.

3. Es gibt aber auch Werbende, die unbedingt bei Begriffen erscheinen möchten, die nicht zu ihrem Produkt/ihrer Dienstleistung passen. Die Schaltung der eigenen Werbung zu Marken und Firmennamen der Konkurrenz ist nur ein Beispiel dafür. Es gibt aber auch häufiger die Idee, zu sehr allgemeinen Begriffen zu erscheinen, die keinen direkten Bezug zum Produkt haben. So möchte beispielsweise ein Rennradverkäufer, dass seine Anzeige auch bei der Suche nach Ausdauer erscheint. Dies ist natürlich ein Extrembeispiel, aber so ähnliche Ideen erlebt man oft in der Praxis. Diese Art der Anzeigenschaltung funktioniert im SEA jedoch nicht!

> **Tipp: Setzen Sie die Kundenbrille auf**
>
> Bei der Auswahl Ihrer Keywords sollten Sie immer die Sicht Ihrer Kunden einnehmen. Ziehen Sie die Kundenbrille an und fragen Sie sich, ob Sie wirklich mit diesem Keyword suchen würden, wenn Sie das Produkt oder die Dienstleistung erwerben möchten.

Keyword-Optionen

Neben der gründlichen Keyword-Recherche ist die richtige Nutzung der Keyword-Optionen ausschlaggebend für den guten Start einer Kampagne. Google AdWords unterscheidet dabei drei Standardausrichtungen:

- weitgehend passend
- passende Wortgruppe
- genau passend

Diese Standardausrichtungen werden ergänzt um den

- Modifizierer

und verfeinert mit den negativen Keywords, den

- auszuschließenden Keywords.

1. **Weitgehend passend** – Dies ist die Standardoption im AdWords-Konto, was bequem ist, aber auch sehr gefährlich werden kann. Bei dieser Option lösen nämlich nicht nur die vorgegebenen Keywords die Schaltung der Anzeige aus, sondern auch ähnliche und verwandte Suchanfragen. Zudem können noch Begriffe ergänzt werden, die man nicht vorgegeben hat. So kann die Vorgabe laufschuhe auch eine Anzeige auslösen, bei der nach gebrauchte joggingschuhe gesucht wird. Die weitgehend passende Option wird oft zu Beginn einer Kampagne genutzt, um noch zusätzliche Ideen und Statistiken zu weiteren Keywords zu erhalten oder wenn das Suchvolumen für eine bestimmte Nische grundsätzlich zu gering ist. Die Kampagnen müssen dann aber täglich beobachtet und viele unpassende Begriffe als negative Keywords laufend herausgefiltert werden. Ansonsten besteht die Gefahr, dass man schnell hohe Kosten für unpassende Keywords generiert.

2. **Passende Wortgruppe** – Mit dieser Option wird der Suchbegriff eingeschränkt, wobei Wortgruppe auch ein einzelnes Wort sein kann. Die Suchbegriffsvorgabe wird in Zitatzeichen eingebettet. Dies bedeutet, dass der Begriff auf jeden Fall in der Suche vorkommen muss. Wenn wir unser Keyword laufschuhe als passende Wortgruppe schalten, kann nun nur noch eine Suchanfrage die Anzeigen auslösen, die laufschuhe enthalten. Aber auch diese Option schützt nicht vor ergänzenden Ausdrücken, wie z. B. laufschuhe testberichte.

3. **Genau passend** – Wenn wir die Suchanfragen, die zur einer Anzeigenschaltung führen, exakt vorgeben möchten, muss die genau passende Option eingestellt werden. Hier lässt AdWords nur Varianten im Bereich Singular/Plural oder bekannte Falschschreibweisen zu. Ein Nachteil der genau passenden Option besteht darin, dass viele Variationen zu der Kampagne eingestellt werden müssen. Bei [laufschuhe herren] würde die Suchanfrage eines potenziellen Kunden mit den Begriffen laufschuhe herren webshop die Anzeige nicht auslösen, weil webshop nicht im ursprünglichen genau passenden Keyword-Set enthalten ist.

4. **Modifizierer für weitgehend passende Keywords** – Der Modifizierer ist von Google erst später als Ergänzung für die weitgehend passende Option eingeführt worden. Der Modifizierer ist ein schöner Zwischenschritt von der weitgehend passenden Ausrichtung zur Wortgruppe. Es wird einfach ein Pluszeichen direkt vor ein oder mehrere Wörter gesetzt. Dieses Pluszeichen bedeutet, dass das folgende Wort auf jeden Fall in der Suchanfrage vorkommen muss. Eine Kombination aus weitgehend passenden Wörtern mit und ohne Pluszeichen bedeutet, dass die gekennzeichneten Wörter in der vorgegebenen Schreibweise in der Suchanfrage vorkommen müssen, die anderen können so vorkommen, können aber auch verändert oder weggelassen werden. Die nicht extra gekennzeichneten Wörter verhalten sich also wie die Standardoption weitgehend passend. Ein Vorteil gegenüber der Wortgruppe besteht darin, dass zwischen zwei mit Modifizierern gekennzeichneten Begriffen auch zusätzliche Begriffe in der Suche ergänzt werden können und die Begriffe auch in vertauschter Reihenfolge in der Suche genutzt werden könnten. Dies würde bei passenden Wortgruppen nicht funktionieren. Man findet in Kundenkonten den Modifizierer auch häufiger in Kombination mit der passenden Wortgruppe. Da ergibt zwar keinen Sinn, es schadet aber nicht bei der Auslieferung, da Google das Pluszeichen einfach ignoriert.

> **Tipp: Anzahl der Keywords mit Modifizierer**
>
> Kennzeichnen Sie nicht zu viele Begriffe mit dem Modifizierer (Pluszeichen). Wenn Sie zum Beispiel vier Begriffe entsprechend auszeichnen, müssen auch alle vier Begriffe in der Suche eines potenziellen Kunden vorkommen, was jedoch selten der Fall ist. Damit beschränken Sie das Suchvolumen schon sehr stark und erhalten dann nur wenige Suchanfragen. Ein bis zwei durch den Modifizierer gekennzeichnete Begriffe reichen meistens aus.

5. **Auszuschließende Keywords (oder negative Keywords)** – Die sogenannten negativen Keywords sind aus meiner Sicht die wichtigste Keyword-Option, obwohl sie eigentlich keine richtige Option sind. Mit den auszuschließenden Keywords legen Sie nämlich diejenigen Begriffe fest, die nicht in der Suchanfrage eines potenziellen Kunden vorkommen dürfen. Begriffe wie kostenlos, preisvergleich, anleitung, job, bücher etc. zeigen, dass der Suchende nicht als potenzieller Kunde infrage kommt. Bitte beachten Sie, dass es trotzdem keine allgemeingültige Liste von auszuschließenden Keywords gibt, da je nach Art der Kampagne bestimmte Begriffe

nützlich sein können. Wenn Ihre Landingpage einen Preisvergleich Ihrer Produkte zeigt, ist der Begriff preisvergleich vielleicht ein passender Suchbegriff.

> **Tipp: Ausschluss negativer Keywords**
>
> Schließen Sie die negativen Keywords möglichst auf oberster Ebene, also der Kontoebene für alle Kampagnen, aus, dann haben Sie weniger Arbeit und müssen bestimmte Keywords nicht mehrfach als auszuschließendes Keyword eingeben. Im AdWords-Konto können Sie die Listen mit den negativen Keywords in der gemeinsam genutzten Bibliothek ablegen und dann mit mehreren oder am besten allen AdWords-Kampagnen verknüpfen.

6. **Keyword-Optionen** – Sie können über eine Drop-down-Liste im AdWords-Konto verändert werden. Durch Zufügen der verschiedenen Zeichen kann man aber auch bereits bei der Eingabe die Option festlegen. In der folgenden Grafik werden die entsprechenden Symbole in der ersten Spalte angezeigt.

Keyword mit Option	Keyword-Option	Beispiel-Suchanfrage
laufschuhe	Weitgehend passend	joggingschuhe
+laufschuhe gel	Modifizierer	laufschuhe mit geleinlage
"laufschuhe"	Passende Wortgruppe	günstige laufschuhe herren
[laufschuhe]	Genau passend	laufschuhe / laufschuh
-gebrauchte	Auszuschließendes Keyword	gebrauchte laufschuhe

Abbildung 5-6:
Beispiele zu den unterschiedlichen Keyword-Optionen

Anzeigen

Nach den Keywords sind die Textanzeigen das nächste wichtige Element einer SEA-Kampagne. Eine Textanzeige muss die passende Antwort auf das Anliegen des Suchmaschinennutzers liefern. Bei Werbekampagnen ist dies meistens das passende Produkt, die richtige Dienstleistung oder allgemein die Lösung zu dem angefragten Problem. SEA-Kampagnen-Manager haben zunächst einmal nur wenige

Zeichen zur Verfügung, um die richtige Botschaft an den Mann/die Frau zu bringen. Mit der Umstellung, die Google im Februar 2016 durch den Wegfall der rechten Werbespalte und die Anpassung der Werbung vor allem an mobilen Endgeräten durchgeführt hat, stehen für AdWords aktuell folgende Möglichkeiten für eine Standardanzeige zur Verfügung.

- Zwei Titelzeilen mit jeweils 30 Zeichen.
- Zwei Pfadfelder mit jeweils 15 Zeichen, getrennt durch einen *Forward Slash* – die Pfadfelder werden der angezeigten URL (grüne Zeile der Anzeige) hinzugefügt.
- Beschreibungstext mit maximal 80 Zeichen.

Beim Texten der Anzeigen sollten Sie auf Ihre Textbausteine zurückgreifen, die Sie bereits in der Vorbereitungsphase erstellt haben. Dies sind die wichtigsten Bestandteile einer guten Textanzeige:

- wichtige Merkmale des Produkts/der Dienstleistung
- Vorteile des Produkts/der Dienstleistung
- Vertrauensmerkmale/Garantien
- Angebote/Preise
- Motive der Verknappung
- Call-to-Action

Oft kann man nicht alle Informationen auf einmal unterbringen, denken Sie aber daran, dass Sie immer zwei bis drei Anzeigen zur Verfügung haben, die Sie zunächst gleichzeitig testen sollten. So kann die Wirkung unterschiedlicher Textbausteine live ausprobiert werden. Außerdem können Sie zusätzlich bestimmte Informationen auch in den sogenannten Anzeigenerweiterungen unterbringen. Die Anzeigenerweiterungen haben jedoch den Nachteil, dass es keine Garantie auf Auslieferung der jeweiligen Erweiterung gibt.

Damit Sie noch mehr aus Ihren Textanzeigen herausholen, sollten Sie folgende Tipps testen.

1. **Tipp – Platzhalter für dynamische Keywords**

   Nutzen Sie, zumindest testweise, die Möglichkeit der *DKI (Dynamic Keyword Insertion)*. DKI steht für einen Platzhalter in Ihrer AdWords-Textanzeige. Der Platzhalter wird mit dem hinterlegten Suchbegriff gefüllt, der die Anzeige durch eine Suchanfrage ausgelöst hat. Dies bedeutet natürlich, dass Sie Ihre Anzeige und die hinterlegten Keywords sehr gut abstimmen müssen, damit sinnvolle Texte ausgeliefert werden. Die Möglichkeit der DKI wird in AdWords angezeigt, sobald Sie eine geschweifte Klammer { in Ihre

Anzeige einbauen. DKI kann an verschiedenen Stellen (auch mehrfach) in Ihrer Textanzeige genutzt werden. Durch den Einbau des vorher gesuchten Keywords passt die Anzeige meistens sehr genau zur Suchanfrage und erhält dadurch bessere Klickraten.

Wenn Sie zum Beispiel in einer Anzeigengruppe verschiedenfarbige Joggingschuhe bewerben möchten, könnten Sie den Keyword-Platzhalter

- `{KeyWord:Farbige Joggingschuhe} kaufen`

einbauen.

Eine Suche nach roten Joggingschuhen würde dann die Textzeile

- `Rote Joggingschuhe kaufen`

ergeben.

Die Suche nach gelben Joggingschuhen ergäbe entsprechend folgende Textzeile:

- `Gelbe Joggingschuhe kaufen`

Passt das Keyword nicht in den Platzhalter, weil dieser dann die zulässigen Zeichen überschreitet, erscheint der Ersatztext

- `Farbige Joggingschuhe kaufen`

Die Anzeige passt daher sehr oft, je nach hinterlegten Keywords, zu der entsprechenden Suchanfrage. Diese Übereinstimmung wirkt sich positiv auf die Klickrate der Anzeige aus. Die gute Klickrate ist aus Google-Sicht ein wichtiger Teil des Qualitätsfaktors. Anzeigen mit Keyword-Platzhalter steigern daher in vielen Fällen den Qualitätsfaktor der Keywords.

2. **Tipp – Countdown-Funktion**

   Wenn Sie die geschweifte Klammer { einbauen, erhalten Sie noch eine weitere Auswahl, nämlich den sogenannten Countdown. Hierbei »zählt« Ihre Anzeige automatisch die verbleibenden Tage bis zum Ende einer Aktion oder eines Angebots herunter. Dieses Ende geben Sie vorher als Datum ein und bestimmen zudem, wie viele Tage vor dem Ende der Countdown starten soll. Auch dieser Platzhalter ist nicht für alle Gelegenheiten sinnvoll. Wenn das Werbemotiv der Verknappung in Form der zeitlichen Beschränkung für Ihr Angebot passt, lohnt sich ein Test dieser Möglichkeit aber auf jeden Fall.

3. **Tipp – Anzeigenerweiterungen nutzen**

   Die unterschiedlichen Möglichkeiten werden in den nächsten Abschnitten im Einzelnen vorgestellt.

Anzeigenerweiterungen

Die Anzeigenerweiterungen spielen eine wichtige Rolle im Hinblick auf die Gestaltung der Anzeigen und haben Einfluss auf das Ranking einer

Anzeige. Darum erhalten die Erweiterungen einen eigenen Abschnitt in diesem Kapitel. Die zusätzlichen Informationen können die Standardanzeigentexte ergänzen – »können«, nicht »müssen«!

Die Anzeigenerweiterungen haben sich im Laufe der Zeit oft verändert und werden es höchstwahrscheinlich auch zukünftig. Aktuell bietet Google AdWords folgende Möglichkeiten zur Erweiterung der Anzeigen.

Abbildung 5-7:
Auswahl der aktuellen Anzeigenerweiterungen im AdWords-Konto

Als SEA-Verantwortlicher sollten Sie stets auf dem Laufenden darüber sein, welche Erweiterungen aktuell geschaltet werden können. Die folgende Liste nennt die Erweiterungen und gibt eine kurze Funktionserläuterung:

- **Sitelink-Erweiterungen** – Das sind Links zu tiefer gehenden Informationen auf der eigenen Website, z.B. zu speziellen Produkten. Sitelinks können aber mit entsprechendem Hinweis auch auf die Social-Media-Kanäle des eigenen Unternehmens verweisen. Ein Webshop würde beim Suchbegriff sommer sandalen 2017 die Anzeige auf eine übergeordnete Seite mit unterschiedlichen Modellen verlinken. Die Sitelinks würden sich in diesem Beispiel sehr gut eignen, um direkt die aktuellsten Modelle zu nennen und passend zu verlinken.

- **Erweiterungen mit Zusatzinformationen (Callouts)** – Zusatzinformationen, auch Callouts genannt, sind eine schöne Möglichkeit, grundsätzliche Informationen wie Versandbedingungen, Vertrauensbeweise oder grundlegende Vorteile des Unternehmens zu promoten.

- **Snippet-Erweiterungen** – Marken, Typen, Modelle, Serien, aber auch Kurse, Studiengänge und noch vieles mehr können via Snippet-Erweiterungen als zusätzliche Informationen hinzugefügt werden. Hier lohnt ein Blick in das AdWords-Konto, um zu erkunden, welche Snippets für die eigenen Werbekampagnen sinnvoll genutzt werden können.
- **Anruferweiterungen** – Mit dieser Erweiterung wird eine Telefonnummer der Anzeige hinzugefügt. Es kann die Nummer des Werbenden angezeigt werden oder eine Google-Rufnummer, die dann auf die Unternehmensnummer weiterleitet. Der Vorteil der Google-Rufnummer besteht in der Möglichkeit des zusätzlichen Anruf-Trackings via Google.
- **SMS-Erweiterungen** – Die SMS-Erweiterung ist eine relativ neue Erweiterung, die noch unter Beweis stellen muss, ob sie von den Google-Nutzern angenommen wird. Ähnlich wie bei der Anruferweiterung sollen potenzielle Kunden zur Interaktion mit dem Unternehmen animiert werden, in diesem Fall per SMS.
- **Standorterweiterungen** – Eine Standorterweiterung verknüpft bei AdWords den *Google My Business*-Eintrag mit dem AdWords-Konto. Diese Erweiterung ist für lokale Unternehmen interessant. Bei lokalen Anfragen fügt die Erweiterung den Anzeigen die Adresse hinzu. Zudem kann die Anfahrt via Google Maps erkundet werden.
- **Partnerstandorterweiterungen** – Partnerstandorte sind analog zu den Standorterweiterungen für größere Unternehmen interessant, die über Vertriebspartner ihre Produkte verkaufen. Die Standorte der Vertriebspartner können hier eingestellt werden.
- **Preiserweiterungen** – Möchten Sie bestimmte Preise für Produkte/Dienstleistungen oder eine bestimmte Preisspanne anzeigen? In diesem Fall sollten Sie die Preiserweiterungen nutzen.
- **App-Erweiterungen** – App-Erweiterungen sind interessant, wenn Sie eigene Apps entwickelt haben. Diese können Sie über die Erweiterung bewerben und den interessierten Google-Nutzer direkt per Klick auf die entsprechende App-Plattform weiterleiten, wo Ihre App dann gekauft bzw. installiert werden kann.
- **Rezensionserweiterungen** – Falls in den letzten zwölf Monaten online ein Bericht, eine gute Testbewertung oder Ähnliches zu Ihrem Unternehmen, Ihren Produkten etc. auf einer unabhängigen öffentlichen Webseite erschienen ist, können Sie Ihren Anzeigen diese öffentliche Rezension, quasi als zusätzlichen Vertrauensbeweis, hinzufügen. Die Freischaltung erfolgt jedoch erst nach Überprüfung durch einen Google-Mitarbeiter, was die Freischaltung zu einem subjektiven, zähen und daher zeitaufwendigen Prozess macht. Es hilft hier, auch im Fall einer Ablehnung, hartnäckig zu bleiben und öfter sein Glück zu versuchen.

- **Automatische Erweiterungen** – Google kennt auch noch automatische Erweiterungen. Diese können nicht aktiv eingestellt werden, sondern werden von Google automatisch geschaltet. Dazu gehören beispielsweise die gelben Bewertungssterne (Verkäuferbewertungen), die bei manchen Anzeigen erscheinen. Diese Sterne werden automatisch geschaltet, wenn Google genug Bewertungen (aktuell 200) bei den Bewertungspartnern gefunden hat. Sie müssen hierzu keine Einstellungen im AdWords-Konto vornehmen. Sie können sich unter *Automatische Erweiterungen* aber die Statistiken zu der Anzahl der Anzeigenschaltungen mit Bewertungssternen sowie Daten zu dynamischen Sitelinks, automatischen Snippets etc. anzeigen lassen.

> **Achtung: Beachten Sie die unterschiedlichen Ebenen**
>
> Die Anzeigenerweiterungen können auf Konto-, Kampagnen- oder Anzeigengruppenebene genutzt werden, wobei nicht jede Ebene für jede Erweiterung zur Verfügung steht. Bei Anlage und Kontrolle der Erweiterungen sollten Sie ganz genau darauf achten, in welcher Ebene Sie sich gerade befinden. Dies ist im Konto leider etwas verwirrend und sorgt oft für Missverständnisse. Beachten Sie, dass eine Erweiterung auf einer untergeordneten Ebene Erweiterungen der vorhergehenden Ebene überschreibt. Dies bedeutet, dass z. B. eine Sitelink-Erweiterung auf Anzeigengruppenebene den Sitelink-Eintrag auf Kampagnenebene überschreibt. Auf diese Weise können Sie sehr spezielle Erweiterungen für bestimmte Anzeigengruppen einstellen, während die anderen Anzeigen die Standarderweiterungen der Kampagne nutzen können.

Im Folgenden haben wir zwei Beispiele ausgesucht, die zeigen, wie sich die Anzeigenerweiterungen auf die Darstellung der Textanzeige in der Praxis auswirken.

Sonnenbrille: Fielmann - fielmann.de
Anzeige www.fielmann.de/**Sonnenbrille**
Modische **Sonnenbrillen** zum garantiert günstigen Preis.
Zufriedenheitsgarantie · Geld-zurück-Garantie · Drei-Jahres-Garantie
Kaiserstraße 76, Würselen - 02405 3131 - Heute geöffnet 09.00–18.30 Uhr
Herren Sonnenbrillen   UV-Schutz
Damen Sonnenbrillen   Kinder Sonnenbrillen

Abbildung 5-8:
Beispiel 1: Textanzeige mit Callouts, Standorterweiterung und Sitelinks

In Abbildung 5-8 erkennen Sie unter dem Standardanzeigentext zunächst drei sogenannte Callouts (*Zufriedenheitsgarantie*, *Geld-zurück-Garantie* und *Drei-Jahres-Garantie*), die mit einem kleinen Punkt getrennt werden. Dann folgt die Standorterweiterung mit der Unternehmensadresse, und danach kommen noch vier Sitelinks, verteilt auf zwei Zeilen.

Da Google immer unterschiedliche Erweiterungen schaltet bzw. nicht alle Werbenden auch alle Erweiterungen freigeschaltet haben, folgt hier zu Illustrationszwecken ein zweites Beispiel (Abbildung 5-9).

Sonnenbrillen - Hol dir Inspiration bei Zalando
Anzeige www.zalando.de/Sonnenbrillen ▼
4,8 ★★★★★ Bewertung für zalando.de
Kostenlose Lieferung & Retoure.
Typen: Jacken, Jeans, Schuhe, Kleider, Parkas, Pullover, Taschen, Shirts, Anzüge, Sportschuhe
Marken: Michael Kors, DKNY, KIMOI, mint&berry, LYDC London, YOUR TURN, Tommy Hilfiger, Molo,...
Damen Sonnenbrillen · Ray Ban Sonnenbrillen · Herren Sonnenbrillen · Zalando Sale

Abbildung 5-9:
Beispiel 2: Textanzeige mit Verkäuferbewertungen, Snippets und Sitelinks

Hier fallen zunächst die Verkäuferbewertungen in Form der Sterne auf. Darunter folgt dann der Rest des Standardtexts. Mit *Typen* und *Marken* werden danach zwei Snippets angezeigt. Snippets stellen mehrere Werte dar, z.B. verschiedene Marken unter einem Oberbegriff. Dabei werden so viele Werte in der Anzeige aufgelistet, wie in eine Zeile der Anzeige passen. Das Beispiel zeigt, dass auch mehrere Snippets als Erweiterungen gleichzeitig geschaltet werden können, wenn es thematisch passt. Die letzte Zeile bilden hier wieder vier Sitelinks, die nun, anders als im ersten Beispiel, in einer Zeile dargestellt werden.

Qualitätsfaktor

Ein wichtiger Faktor bei Google AdWords ist der sogenannte *Qualitätsfaktor*. Ohne den Qualitätsfaktor wäre die Schaltung von Anzeigen eine reine Auktion. Dies würde bedeuten, dass der Werbende, der am meisten pro Klick für sein Keyword bietet, auch mit seiner Anzeige an erster Stelle steht. Bei Google AdWords und auch bei anderen SEA-Vermarktern ist für die Schaltung und die Position einer Anzeige jedoch nicht allein das maximale Gebot für das jeweilige Keyword wichtig. Vielmehr muss die Werbeanzeige auch optimal zur Suchanfrage passen. Für dieses Prinzip hat Google als erster Suchmaschinenbetreiber den Qualitätsfaktor eingeführt. Besitzt der Werbende eine gute (also qualitativ hochwertige) Anzeige, die gut zum geschalteten Keyword bzw. zur Suchanfrage des Google-Users passt, und bietet der Werbende darüber hinaus auch noch eine passende Landingpage zur Textanzeige an, bewertet Google dies mit einer hohen Qualität. Daher sollte ein SEA-Manager immer auf eine hohe Qualität der Keywords, Anzeigen und Landingpages achten. Denn eine hohe Qualität bedeutet, dass Sie für den Klick auf Ihre Anzeige im Vergleich zur Konkurrenz entweder weniger bezahlen oder bei gleichem Gebot höher platziert werden. Falls Sie also mit einem niedrigeren Ranking zufrieden sind, spart die verbesserte Qualität bares Geld. Ihr AdWords-Ranking –und damit die Reihenfolge, in der die Anzeigen angezeigt werden –, setzt sich nämlich zusammen aus dem maximalen CPC, multipliziert mit dem Qualitätsfaktor. Um kurzfristig eine Veränderung des Rankings zu erzielen, kann im Konto der maximale CPC für jedes Keyword individuell angepasst werden. Veränderungen am Qualitätsfaktor wirken sich eher langfristig aus, weil Google mehrere Faktoren für eine neue Bewertung sammeln muss.

> **Hinweis: Berechnung des Rankings bei Suchanfragen**
> Das Ranking wird bei jeder Suchanfrage neu berechnet. Es gibt nämlich jedes Mal andere Voraussetzungen, weil sich die Anzahl der Auktionsteilnehmer ändert und maximale CPCs oder andere Faktoren (Region, Remarketing-Listen etc.) Einfluss nehmen.

Google nennt öffentlich nicht alle Faktoren, die Einfluss auf den Qualitätsfaktor nehmen, einige sind aber bekannt. Halten Sie daher folgende Faktoren im Blick und überprüfen Sie die einzelnen Punkte, falls Ihr Qualitätsfaktor sinkt oder generell zu niedrig ist. Achten Sie also auf diese Punkte zur Steigerung Ihres Qualitätsfaktors:

a. Klickrate: hohe CTR = höhere Qualität
b. Anzeigenrelevanz: Keyword im Titel in der Anzeige
c. Nutzung zusätzlicher Anzeigenerweiterungen
d. Nutzererfahrung der Zielseite
e. Geschwindigkeit der Zielseite

> **Hinweis: Qualitätsfaktor im AdWords-Konto**
> Sie finden den Qualitätsfaktor auf Keyword-Ebene als Spalte in den Statistiken. Die Qualität eines Keywords wird mit 1 (niedrig) bis 10 (hoch) bewertet. Fahren Sie neben den Keywords in der Spalte *Status* mit der Maus über die Sprechblase, erhalten Sie zusätzliche Informationen zum Qualitätsstatus des jeweiligen Keywords.

Was ein SEA-Manager beherrschen sollte

Die AdWords-Werbung – und damit das Thema SEA – gibt es nun schon seit 2002 in Deutschland, bei der Stellenbeschreibung und der Auswahl von SEA-Managern tun sich Unternehmen aber immer noch schwer. Es geht stets um die gleichen Fragen: Wer ist der oder die Richtige für unser SEA? Sollen wir die Verwaltung des SEA-Kontos in externe Hände legen, oder macht es der Webprogrammierer, weil der sich mit dem Internet auskennt? Sollte es doch lieber die Marketingabteilung übernehmen, weil sie ja das Marketing beherrscht? Brauchen wir eine volle Stelle, oder macht es am Ende der Praktikant? Die Entscheidung muss letztlich jedes Unternehmen für sich treffen, hier folgen aber ein paar Entscheidungshilfen zur Analyse der eigenen Situation.

Externe Agentur oder inhouse?

Externe Agenturen haben Vorteile, aber auch für die Verwaltung in Eigenregie gibt es gute Gründe. Folgende Punkte sprechen für eine Agentur, die Ihre SEA-Kampagnen verwaltet.

Vorteile einer externen SEA-Agentur

- Ausreichende Manpower.
- Langjährige SEA-Erfahrung.
- Erprobtes Vorgehen beim Kampagnenmanagement.
- Ansprechpartner bei Google.

Möchten Sie SEA lieber in Eigenregie durchführen? Auch dafür gibt es gute Gründe.

Vorteile von Inhouse-SEA

- Gute Branchenkenntnisse.
- Hervorragende Produktkenntnisse.
- Gutes Gespür für die Zielgruppe.
- Kurze Entscheidungswege.
- SEA-Wissen wird inhouse aufgebaut und bleibt erhalten.
- Eigene Statistiken werden aufgebaut und sind jederzeit nutzbar.

Welche Eigenschaften sollte ein SEA-Manager besitzen?

Haben Sie sich grundsätzlich dafür entschieden, dass die SEA-Kenntnisse im eigenen Haus aufgebaut und die Kampagnen mit eigenem Personal verwaltet werden sollen, müssen die richtigen Fachkräfte für diese Aufgabe ausgewählt werden. Folgende Fähigkeiten sollte ein SEA-Manager mitbringen oder entsprechend erlernen.

Marketingkenntnisse sind wichtig

Ein SEA-Manager sollte auf jeden Fall grundlegende Marketingkenntnisse besitzen. Online-Marketing nutzt zwar andere Kanäle als das herkömmliche Marketing, es bleibt aber letztlich Marketing. Ein Blick auf die eigenen Produkte/Dienstleistungen aus Kundensicht sind wichtige Grundlagen, die eine Auswahl der Keywords, das Gestalten der Textanzeigen und die Planung der Landingpage ungemein erleichtern. Mitarbeiter, die bereits für andere Marketingkanäle verantwortlich sind und auch schon Kundenkontakt hatten, besitzen eine gute Grundlage für die Betreuung der SEA-Kampagnen.

Psychologische Fähigkeiten

Psychologische Fähigkeiten mit einem Wissen um das menschliche Verhalten sind wichtige Faktoren für den Erfolg im Marketing. Kundenpsychologie gehört zum Online-Marketing also dazu. Wie tickt der Kunde, was interessiert ihn, wann ist er gewillt, Produkte online zu kaufen oder ein bestimmtes Onlineformular auszufüllen?

Auch bei der Keyword-Recherche, die einen Großteil der Kampagnenvorbereitung einnimmt, sollte ein SEA-Manager immer die Kundenbrille aufhaben. »Welche Fragen und Probleme hat ein potenzieller Kunde?« und »Wonach würde ein Kunde suchen?« sind wichtige Aspekte bei der Zusammenstellung der Keyword-Liste.

Werbetexter

SEA-Manager müssen zudem gut texten können, den Nerv der Kunden treffen und dabei gleichzeitig die Werbebotschaft mit wenigen Zeichen ausdrücken können. Ein Merkmal der Suchmaschinenwerbung besteht nämlich darin, dass nur ein geringer Platz für die Werbebotschaft in den Anzeigen zur Verfügung steht. Dazu kommt, dass normalerweise nicht eine Anzeige genügt, sondern die beste Anzeige erst im sogenannten A/B-Test ermittelt werden muss. SEA-Manager müssen also kreativ sein, verschiedene Anzeigen erstellen und dann deren Erfolg auswerten können. Sie sollten daher auf jeden Fall analytisch denken können und gleichzeitig auch kreativ sein.

Strategisch denken

SEA-Verantwortliche müssen auch strategisch denken, um richtige Entscheidungen zum Aufbau einer Kampagnen zu treffen. Folgende Fragen spielen bei der Kampagnenerstellung und -betreuung eine wichtige Rolle:

- Wo (Ort, Zeit, Werbeplattform) erreiche ich den Kunden am besten?
- Welche Werbeformen kann ich miteinander verknüpfen?
- Was passiert dann auf meiner Website, wie wird mein Werbeziel erreicht?

Webanalyse

Die Verknüpfung von AdWords und Analytics (oder einem anderen Analysetool) ist ein wichtiger Faktor für die Auswertung der Kampagnen. Der SEA-Manager muss daher auch Google Analytics beherrschen und Statistiken erstellen oder zumindest interpretieren können.

Steuerung des Bid-Managements

Das Thema *Bid-Management* ist ein weiterer wichtiger Punkt. Kleine Gebotsstrategien können in Google AdWords erstellt werden, für komplexere Strategien und zur Verwaltung großer Konten müssen eventuell zusätzliche externe Bid-Management-Tools eingesetzt werden. Beim Bid-Management werden spezielle Gebotsstrategien entwickelt und mithilfe der AdWords-Hilfstools oder der externen Tools erstellt. Nach einer Testphase wird dann der Erfolg überprüft.

Hier ein paar Beispiele für einfache Gebotsstrategien:

- Gebote für Keywords mit guten Conversions erhöhen.
- Gebote reduzieren, wenn die Kosten für eine Conversion zu hoch sind.
- Gebote für verschiedene Regionen und Conversions anpassen.
- Gebote für verschiedene Endgeräte anpassen.

> **Hinweis: Die wichtigsten Eigenschaften eines SEA-Managers**
> - Marketingkenntnisse.
> - Kundendienst- oder Vertriebserfahrung.
> - Werbetexter, kreative Schreibfähigkeiten.
> - Mathematische Kenntnisse, Statistikkenntnisse.

Der Alltag eines SEA-Managers

Anhand einer typischen SEA-Kampagne möchten wir einmal den Alltag und damit die wichtigsten Aufgaben eines SEA-Managers verdeutlichen.

Die Vorbereitung einer SEA-Kampagne

Beim Start einer Kampagne gilt es zunächst, sämtliche wichtigen Informationen zusammenzustellen. Alles, was man nicht selbst entscheiden kann, muss von den jeweiligen Verantwortlichen (Kunden, Vorgesetzten etc.) erfragt werden.

- Welche Ziele möchte ich erreichen?
- Welche Zielgruppe (Personen, Ort) möchte ich erreichen?

- Welches Budget steht zur Verfügung?
- Welche Keywords sind interessant? (erstes Brainstorming)

Ein wichtiger Teil der Vorbereitung entfällt dabei auf die Keyword-Recherche. Vor der Recherche sollte man sich allerdings umfassend mit dem Produkt auseinandergesetzt haben. Das betrifft vor allem Manager, die neu im Unternehmen sind, oder Agenturmitarbeiter, die Kunden neu betreuen. Ein erster Weg führt auf die Internetseite. Dort sollten die Produktbeschreibungen intensiv gelesen werden, um entscheidende Merkmale, Vorteile und Anwendungsgebiete zu erfahren. Wichtige Informationen zu den eigenen Produkten finden Sie auch bei Bewertungsportalen oder auf Verkaufsplattformen, die Ihre Artikel anbieten. Bei Dienstleistungen könnten Bewertungen im Internet zum eigenen Unternehmen hilfreich sein. Lob und Kritik sind erste Anhaltspunkte, die als Vor- oder auch Nachteile die Produktmerkmale ergänzen. Werden Vorteile genannt, sind dies auf jeden Fall wichtige Textbausteine, die in die Werbung einfließen sollten. Kritikpunkte sind zudem wichtige Hinweise auf Produkt- oder Dienstleistungsmerkmale, die nicht besonders erwähnt werden sollten, weil dort vielleicht Schwachpunkte liegen. Unabhängig von der Werbung sollten berechtigte Kritikpunkte natürlich auf Dauer behoben werden.

Falls es noch keine Bewertungen gibt, kann vielleicht eine erste Kundenbefragung durchgeführt werden, um zentrale Vorteile aus Kundensicht zu erhalten. Die Produktrecherche und die Erhebung der Kundenmeinungen bilden wichtige Textbausteine, die für die Erstellung der AdWords Anzeigen genutzt werden können. In Kombination mit dem eigenen Brainstorming sind diese Begriffe außerdem ein guter Ausgangspunkt für die Keyword-Recherche.

Keyword-Recherche

Der Keyword-Planer im Google-AdWords-Konto ist wohl das beliebteste Tool, das im SEA-, aber auch im SEO-Bereich als Grundlage zur Keyword-Recherche dient. Da dieses Tool jedoch von fast allen SEA-Managern genutzt wird, sollten Sie zusätzlich noch weitere Tools einsetzen, um Ihren Keyword-Horizont zu erweitern oder um zumindest Ihre Auswahl, die Sie auf Grundlage des Keyword-Planers erstellt haben, zu bestätigen. Im Folgenden habe ich eine kleine Liste mit Tipps und Tools für Ihre Recherche zusammengestellt.

1. **Nutzen Sie Google!**
   - Was wird bei Google Suggest, den automatischen Erweiterungen bei der Sucheingabe, vorgeschlagen?
   - Welche Begriffe finden Sie am Ende der Google-Ergebnisseite bei den verwandten Suchanfragen?

- Welche Ergebnisse liefert Google Trends? (*https://www.google.de/trends/*)
2. **Nutzen Sie kostenlose Keywords-Tools aus dem Internet, z. B.:**
    - Übersuggest (*https://ubersuggest.io/*)
    - Keyword Tool (*http://keywordtool.io/*)
    - Infinite Suggest (*http://www.infinitesuggest.com/*)
3. **Nutzen Sie kostenpflichtige SEA-/SEO-Tools, z. B.:**
    - SEMrush (*https://www.semrush.com*)
    - SISTRIX (*https://www.sistrix.de/*)
    - XOVI (*https://www.xovi.de/*)

> **Tipp: Kostenpflichtige SEA-Tools**
>
> Mit den SEA-Tools können Sie Ihrer Konkurrenz in die Karten schauen, denn diese Tools können Sie nicht nur zur Keyword-Recherche nutzen. Sie verraten Ihnen auch, welche Keywords und Anzeigentexte Ihre Konkurrenz vorwiegend nutzt.

Mithilfe der Tools sollte eine erste Keyword-Liste erstellt werden. Dabei ist es wichtiger, alle notwendigen Themenbereiche abzudecken, als möglichst viele Keyword-Kombinationen zu erstellen. Arbeiten Sie hier lieber mit Keyword-Optionen, die verschiedene Variationen zulassen. Das ist effektiver, als direkt zu Beginn alle Kombinationen genau passend einzustellen. Weitere interessante Keyword-Kombinationen können dann auch später in die Kampagnen eingebaut werden, nachdem Sie das Suchverhalten Ihrer Zielgruppe über die ersten Auswertungen und Berichte analysiert haben.

> **Tipp: Keyword-Optionen für den Kampagnenstart**
>
> Starten Sie mit weitgehend passenden Keywords oder mit den Modifizierern im AdWords-Konto, um zunächst eine breite Abdeckung zu erreichen. Durch tägliche und wöchentliche Beobachtung von Beginn an können Sie dann schnell wichtige Keyword-Themen identifizieren oder neue Ideen hinzufügen. Nach der ersten Testphase werden die Keyword-Optionen mit *Passende Wortgruppe* oder *Genau passend* stärker eingeschränkt.

Während der Keyword-Recherche können Sie Ihre Keywords bereits in verschiedene Anzeigengruppen unterteilen. Der AdWords-Keyword-Planer sortiert zum Beispiel beim Export die Keyword-Ideen in passende Gruppen ein. Falls Sie noch keine Anzeigengruppen erstellt haben, ist nun nach der Recherche der richtige Zeitpunkt dazu. Am besten arbeiten Sie mit einer Excel-Liste. In der Liste können Sie die Keywords und Anzeigengruppen aus dem Keyword-Planer dann mit den Ideen aus den anderen Tools zusammenführen.

	A	B	C
1	Anzeigengruppe	Keyword	
2	Sonnenbrille Kaufen	sonnenbrille kaufen	
3	Sonnenbrille Kaufen	sonnenbrillen online kaufen	
4	Sonnenbrille Kaufen	sonnenbrillen günstig kaufen	
5	Sonnenbrille Kaufen	gute sonnenbrille kaufen	
6	Sonnenbrille Kaufen		
7	Sonnenbrille Kaufen		
8	Marken Sonnenbrillen	sonnenbrillen marken	
9	Marken Sonnenbrillen	marken sonnenbrillen damen	
10	Marken Sonnenbrillen	sonnenbrillen marken herren	
11	Marken Sonnenbrillen		
12	Marken Sonnenbrillen		
13	Sonnenbrille Frauen	frauen sonnenbrille	
14	Sonnenbrille Frauen	sonnenbrillen für frauen	
15	Sonnenbrille Frauen	sonnenbrille 2016 frauen	
16	Sonnenbrille Frauen	sonnenbrillen frauen 2016	
17	Sonnenbrille Frauen	coole sonnenbrillen für frauen	
18	Sonnenbrille Frauen		
19	Sonnenbrille Frauen		
20	Sonnenbrille Frauen		
21			
22			
23			

Abbildung 5-10:
Beispiel: Excel-Liste mit Anzeigengruppen und Keyword-Ideen

SEA-Kampagne aufsetzen

Nach der Vorbereitung mit der Recherche der Keywords muss der SEA-Manager die Einteilung der Kampagnen planen. Hierbei gibt es weder strikten Vorgaben noch ein grundsätzliches Schema, das immer angewandt wird. Die Unterteilung in verschiedene Kampagnen hängt von der jeweiligen Strategie ab. Hier einige gängige Kampagneneinteilungen:

- Einteilung nach Ländern/Regionen
- Einteilung in unterschiedliche Produktgruppen
- Einteilung nach verschiedenen Unternehmensbereichen
- Einteilung nach unterschiedlichen Zielgruppen
- Einteilung nach Endgeräten
- eigene Kampagnen für spezielle Kampagnentypen (z. B. Shopping)

Neben der Einteilung der Kampagnen und der Wahl des Kampagnentyps müssen für jede Kampagne die passenden Grundeinstellungen gewählt werden. Die verschiedenen Möglichkeiten wurden bei der Erläuterung des Kampagnenbegriffs vorgestellt.

Anzeigengruppen erstellen

Nachdem der PPC-Manager die Grundeinstellungen der Kampagnen vorgenommen hat, werden die Anzeigengruppen, fein unterteilt nach Themen, eingerichtet. Hierbei wird die Excel-Liste genutzt, die bei der Keyword-Recherche erstellt wurde. Sind zu viele Keywords in einer Anzeigengruppe enthalten, wird die Auswahl reduziert, sodass maximal 10 bis 15 Keywords pro Anzeigengruppe ein spezielles Thema abbilden.

Gute Textanzeigen schreiben

Die Anzeigengruppen verknüpfen, wie Sie bereits wissen, die Keywords mit den Textanzeigen. Daher müssen im nächsten Schritt bzw. beim Einrichten der jeweiligen Anzeigengruppe zwei bis drei Textanzeigen erstellt werden. Hier helfen die gesammelten Textbausteine mit den Vorteilen, dem Produktnutzen, den Preisen und Angeboten sowie dem Call-to-Action dabei, gute Texte zu erstellen, die potenzielle Kunden ansprechen und somit gute Klickraten erzielen.

> **Tipp: Gute Textanzeigen mit Call-to-Action**
>
> Achten Sie bei den Textanzeigen auf einen guten *Call-to-Action* (CTA), der den Betrachter der Anzeige auf das wichtige Ziel der Webseite vorbereitet.
>
> Folgende Beispielfragen helfen Ihnen bei der Formulierung: Worauf muss sich der Webseitenbesucher einstellen? Kann eine Probeversion einer Software heruntergeladen werden? Kann man auf der Website ausgiebig stöbern? Kann das Produkt günstig bestellt werden? Welche nächsten Schritte muss der Landingpage-Besucher nun ausführen?

Landingpage auswählen

Bevor Sie eine Anzeige erstellen, muss schon eine passende Landingpage ausgewählt sein, weil diese als Ziel-URL der Anzeige mitgeteilt werden muss. Falls keine passende Zielseite zugeordnet werden kann, kann auch eine individuelle Landingpage erstellt werden. Dies sollte natürlich mit ausreichendem zeitlichem Vorlauf geschehen.

Conversions festlegen und implementieren

Mit dem Anlegen der Anzeigengruppen, bei denen Keywords und Anzeigen verknüpft werden, steht die SEA-Kampagne. Trotzdem sollte ein guter SEA-Manager auch noch das Conversion-Tracking implementieren, um die Kampagnenziele messen und laufend kontrollieren zu können. Dazu muss der Tracking-Code eingebaut oder über Google Analytics importiert werden.

> **Wichtig: Anzeigenerweiterungen**
> Nach dem Erstellen der Anzeigen sollte direkt überprüft werden, welche Anzeigenerweiterung passt und zugefügt werden kann. Falls die passende Erweiterung nicht vorhanden ist, können Sie direkt eine neue Erweiterung erstellen.

Kampagne auswerten und optimieren

Nachdem die Kampagne inklusive des Conversion-Trackings aufgesetzt wurde, gilt es, die Kampagne zu beobachten und auszuwerten. Zu Beginn einer neuen Kampagne sollte diese Beobachtung sehr engmaschig durchgeführt werden. Eine tägliche Kontrolle der Statistiken ist Pflicht, bei einem großen Budget und hohen Klickkosten kann das auch mehrmals pro Tag notwendig sein. Wenn die Kampagnen gut eingestellt sind, die CTR bei 3 bis 5 % liegt, unrentable Keywords ausgeschlossen wurden und die Conversions funktionieren, kann der Zeitraum auf wöchentliche oder monatliche Überprüfungen erweitert werden.

> **Tipp: Nutzen Sie die Möglichkeit zur Automatisierung**
> Mithilfe automatisierter Benachrichtigungen oder entsprechender Ad-Words-Skripten erhalten Sie Rückmeldungen, falls bestimmte Werte (Kosten, CTR, Conversions etc.) aus dem Ruder laufen. Auf diese Weise können Sie den Zeitaufwand für die Kampagnenbeobachtung reduzieren.

Wichtige Kennzahlen und Erfolgsmessungen

SEA-Statistiken und Erfolgsmessungen können direkt im Konto des jeweiligen Werbepartners (also Google AdWords, BingAds etc.) aufgerufen werden. Eine wichtige Komponente, um den echten Erfolg zu messen, ist selbstverständlich der Einbau eines oder mehrerer Conversion-Trackings.

Vorgehensweise bei der Überprüfung der Kennzahlen

Bei der Analyse und Überprüfung eines großen SEA-Kontos gilt als wichtiger Grundsatz: »Vom Großen zum Kleinen!« Starten Sie also immer bei den Kampagnen mit dem meisten Traffic und den höchsten Kosten und klicken Sie sich dann bis auf Keyword-Ebene durch, um zu sehen, welche Suchbegriffe funktionieren und welche nicht. Oft sieht man in einem Konto, dass eine relativ kleine Anzahl an Keywords für die überwiegenden Kosten verantwortlich ist. Falls diese Gruppe sehr allgemeine Keywords enthält oder ein oft geklicktes, aber unpassendes Keyword hohe Kosten verursacht, kann man mit dieser Strategie wichtige Optimierungsschritte mit relativ wenig Aufwand erledigen. Stecken Sie also Ihre Zeit zunächst in die Keywords, die hohe Impressionen und Klicks verursachen. Später kümmern Sie sich dann um die speziellen Keywords, die wenig gesucht und geklickt werden und somit auch nur geringe Kosten verursachen.

In Ihrem AdWords-Konto können Sie verschiedene Informationen in Berichten zusammenstellen. Die Kennzahlen werden über die Auswahl der Messwerte unter *Spalten* zu einem individuellen Bericht zusammengestellt. In der folgenden Abbildung können Sie erkennen, wie vielfältig die Möglichkeiten zur Auswahl der Messwerte sind.

> **Hinweis: Unterschiedliche Kennzahlen für die verschiedenen Ebenen**
> Bitte beachten Sie, dass alle Ebenen (Kampagnen, Anzeigengruppen, Keywords, Anzeigen) auch unterschiedliche Kennzahlen bereitstellen. Den Qualitätsfaktor können Sie sich beispielsweise nur auf Keyword-Ebene anzeigen lassen.

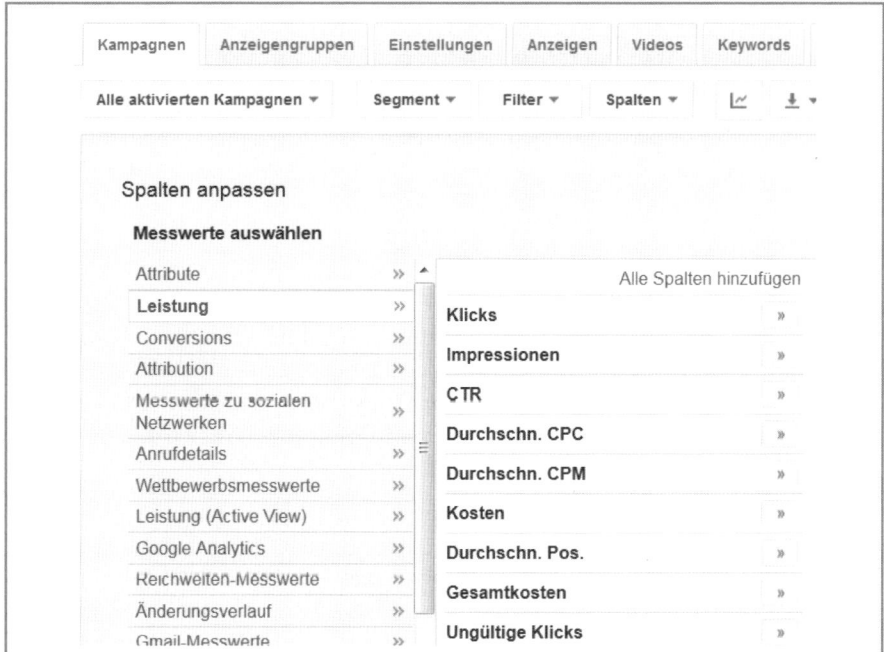

Abbildung 5-11:
Auswahl der Berichtsspalten im AdWords-Konto

Sie können in einem Bericht nicht alle möglichen Messwerte vereinen, weil der Bericht dann nicht mehr übersichtlich ist. Manche Messwerte benötigen Sie auch nur, um bestimmte Fragen zu beantworten, die nicht jeden Monat anstehen. Ich habe daher einmal die wichtigsten Kennzahlen zusammengestellt, die Sie regelmäßig (mindestens einmal im Monat) überprüfen sollten.

Die genaue Bedeutung der folgenden Kennzahlen wird am Ende dieser Übersichtsliste unter »Bewertung der Kennzahlen« noch ausführlich erläutert.

1. Leistungsdaten (Leistungen)
    - Impressionen
    - Klicks
    - CTR
    - durchschnittliche CPC
    - durchschnittliche Position (Position des Anzeigen-Rankings)
    - Kosten
2. Ziele (Conversions)
    - Conversions
    - Conversion-Rate
    - Kosten/Conversion
3. Wettbewerbsmesswerte
    - Anteil an möglichen Impressionen im Suchnetzwerk
    - Anteil an entgangenen Impressionen im Suchnetzwerk (Rang)
4. Attribute auf Keyword-Ebene
    - Qualitätsfaktor

Bewertung der Kennzahlen

Um die Kennzahlen besser beurteilen zu können, erhalten Sie im Folgenden Richtwerte für gute Kennzahlen. Bitte denken Sie daran, dass die Werte immer individuell von der Branche, den Keywords und der Konkurrenzsituation abhängen. Bei stark umkämpften Keywords ist die CTR zum Beispiel deutlich niedriger als bei Nischen-Keywords, bei denen Ihr Unternehmen Marktführer ist.

- **Impressionen** – Für die reine Anzahl an Impressionen gibt es natürlich keine Zahlen, da sich diese, je nach Suchvolumen, sehr stark unterscheiden. Bei den Impressionen ist jedoch der *Anteil an möglichen Impressionen im Suchnetzwerk* von Interesse. Hier sollte ein Anteil von über 50% und bei Nischen von 90% erzielt werden. Ein wichtiger Faktor ist der *Anteil an entgangenen Impressionen im Such-*

netzwerk (Rang). Über diesen Messwert erfahren Sie, welchen Anteil an Impressionen Sie verlieren, weil Ihre Anzeige nicht gut rankt. Ein höherer maximaler CPC und eine Verbesserung des Qualitätsfaktors wären erste Gegenmaßnahmen zur Steigerung des Rankings.

- **Klickrate** – Eine gute Klickrate liegt wie schon erwähnt bei 3 bis 5%, bei Marken und Brands sollte die CTR 20 bis 30% erreichen
- **Conversion-Rate** – Eine durchschnittliche Conversion-Rate kann man nicht angeben, da es auf die Art der Conversion ankommt. Gibt es hohe Hürden für eine Conversion – und sei es nur der Preis –, ist die Conversion-Rate sehr gering. Eine gute Conversion-Rate müssen Sie also für Ihre Situation festlegen, dabei sind die Kosten pro Conversion ein wichtiger Faktor. Sollten Sie Ihre Kunden zu teuer »einkaufen«, wird die SEA-Kampagne auf Dauer nicht funktionieren.
- **Qualitätsfaktor** – Ein guter Qualitätsfaktor beginnt ab 7%. Manchmal kann man aber auch mit einem schlechten Qualitätsfaktor gut leben, wenn das Keyword trotzdem Conversions erzielt.

Lernen anhand von Beispielen

Mithilfe von zwei kleinen Beispielen sollten wir uns zum Schluss noch einmal gemeinsam die Vorgehensweise beim Aufsetzen einer SEA-Kampagne, hier speziell einer AdWords-Kampagne, anschauen. Bitte beachten Sie, dass wir uns an dieser Stelle nur auf wenige Keywords beschränken, damit die Beispiele überschaubar bleiben.

Aufgabenstellung für die Praxisbeispiele

Als SEA-Manager erhalten wir die folgenden zwei Aufgaben: Wir sollen zunächst eine deutschlandweite Suchkampagne für einen Winterreifen-Onlineshop erstellen. Als Zweites sollen wir noch eine Suchkampagne für eine lokale Autowerkstatt in Köln erstellen, die in der Hauptsaison für das lokale Umfeld Winterreifen und vor allem den Wechsel der Reifen anbietet.

SEA-Vorgaben für den Winterreifenshop (1. Beispiel)

Die wichtigsten Vorgaben und Informationen haben wir einmal zusammengefasst. Sie wissen aus den vorherigen Kapiteln, dass Sie sich natürlich intensiver vorbereiten müssen. Hier also die wichtigsten fiktiven Vorgaben als Grundlage für die Shopkampagne:

- Zielregion: Deutschland
- Zielgruppe: Männer und Frauen, die online Reifen kaufen

- Budget: ca. 3.500 Euro pro Monat
- Zeitraum: saisonale Kampagne für die Monate September bis Dezember
- Besondere Vorgaben und Produktmerkmale: günstige Reifen, schnelle Lieferung, Reifen sind auf Lager verfügbar, Markenreifen von verschiedenen Marken, der Shop enthält weitere verwandte Produkte

Keyword-Recherche für den Winterreifenshop

Mit diesen Vorabinformationen starten wir unsere Keyword-Recherche zum Thema winterreifen im Google-Keyword-Planer, der im AdWords-Konto integriert ist. Die folgende Abbildung zeigt einen kleinen Ausschnitt der Keyword-Vorschläge zu dem Keyword winterreifen, ergänzt um das durchschnittliche monatliche Suchvolumen und eine Bewertung zur Konkurrenzsituation. *Hoch* bedeutet hierbei, dass viele Konkurrenten auf diesen Begriff bieten. Die Einteilung im Keyword-Planer ist jedoch sehr grob, denn es gibt nur die drei Stufen *Hoch*, *Mittel* und *Niedrig*.

winterreifen test	22.200	Mittel
winterreifen günstig	4.400	Hoch
reifen kaufen	40.500	Hoch
kompletträder	22.200	Hoch
winterkompletträder	22.200	Hoch

Abbildung 5-12:
Keyword-Recherche zu »winterreifen« im AdWords-Keyword-Planer

Auf Grundlage der Vorgaben zu Shop und Produkten, zu den Kosten und den vorhandenen Landingpages wählen wir drei Keywords aus, die dann in einen sogenannten »Plan« übernommen werden. Mithilfe des Plans erhalten wir weitere Informationen zu Impressionen und Klicks. Durch Variation des maximalen CPC können wir dann die Kosten und das gesamte Monatsbudget abschätzen. Bitte beachten Sie, dass diese Daten immer nur eine grobe Schätzung darstellen, damit Sie einen ersten Anhaltspunkt haben. Die Qualität unserer

Kampagne und der Zielseiten ist in der Schätzung noch nicht berücksichtigt.

> **Tipp: Auszuschließende Keywords sammeln**
>
> Bitte denken Sie daran, dass Sie bei der Keyword-Recherche direkt auch die negativen Keywords in einer Liste sammeln. In unserem kleinen Beispiel erhalten wir den Vorschlag winterreifen test. Der Begriff test, ergänzt um ähnliche Begriffe wie zum Beispiel testbericht, kann direkt als negatives Keyword erfasst und später für die Kampagnen ausgeschlossen werden.

Keyword	Anzeigengruppe	Maximaler CPC	Klicks	Impr.	Kosten
[winterkompletträder]	Winterreifen	1,70 €	1.346,84	15.303,82	1.782,81 €
[winterreifen]	Winterreifen	1,70 €	2.749,08	71.149,46	2.864,95 €
"winterreifen günstig"	Winterreifen	1,70 €	199,53	5.546,73	224,61 €
Gesamt			**4.295,45**	**92.000,00**	**4.872,37 €**

Abbildung 5-13:
Abschätzen von CPC und Budget im AdWords-Keyword-Planer

Die monatliche Prognose ergibt für die deutschlandweite Kampagne ein Budget von ca. 4.300 Euro. Da wir nur ca. 3.500 Euro monatlich zur Verfügung haben, müssen wir Einschränkungen hinnehmen, indem wir zunächst damit leben müssen, dass wir nicht alle Anfragen zu unserem Thema mit einer Anzeige bedienen können und daher unsere Anzeige zwischenzeitlich nicht geschaltet wird. Später können wir Regionen ausschließen, in denen nur wenige Reifen verkauft werden, oder die Kampagne an bestimmten Tagen zu ausgewählten Uhrzeiten pausieren lassen.

Aufsetzen der SEA-Kampagne für den Winterreifenshop

Wir erstellen nun eine Suchkampagne für den Standort Deutschland und beginnen mit einer manuellen Gebotsstrategie sowie einem Budget von 115 Euro pro Tag (3.500 Euro : 30,4). Die Kampagne startet am 1. September und endet am 31. Dezember. Die Anzeigen werden zunächst 24 Stunden pro Tag und 7 Tage pro Woche geschaltet.

Im nächsten Schritt verteilen wir unsere drei Keyword-Phrasen auf drei Anzeigengruppen, sodass wir folgende Themen mit eigenen Anzeigen bedienen:

- Winterreifen allgemein
- Winterkompletträder
- Winterreifen günstig

Die Keywords werden den drei Anzeigengruppen zugeordnet und erhalten zunächst das maximale CPC-Gebot, das bei der Keyword-Recherche ermittelt wurde. Das Gebot kann auch direkt den Anzeigengruppen zugeordnet werden. Zu jeder Anzeigengruppe erstellen wir zunächst zwei unterschiedliche Anzeigen, die auf unsere ausgewählten Landingpages verweisen. Auf Kampagnenebene haben wir die *Unbestimmte Anzeigenrotation* eingestellt, sodass die Anzeigen jeweils zu 50 % ausgeliefert werden. Für die Anzeigentexte greifen wir auf unsere Informationen bezüglich der Produkte und des Webshops zurück.

Und so sieht dann das Ergebnis zur Suchanfrage winterreifen günstig als AdWords-Anzeige aus:

> Günstige Winterreifen gesucht? - Jetzt online Reifen kaufen
> Anzeige www.kfzteile24.de/**Reifen** ▼
> 4,8 ★★★★★ Bewertung für kfzteile24.de
> Sofort lieferbar bei kfzteile24 neue Markenreifen von Falken Conti Dunlop uvm.
> Kategorien: Alufelgen/Stahlfelgen, Reifen, Felgenbäume/-Ständer, Schneeketten...
> Bremsen · Bremsanlage · Ersatz- & Verschleißteile · Batterien

Abbildung 5-14:
Textanzeige zum Winterreifenshop bei Google

> **Tipp: Maximalen CPC höher ansetzen**
>
> Zu Beginn einer Kampagne können Sie den maximalen CPC testweise um 20 bis 30% höher ansetzen. Auf diese Weise erhalten Sie eine hohe Position mit mehr Klicks. Dies ergibt dann schneller statistisch signifikante Werte, damit Sie zügiger Entscheidungen über unterschiedlichen Anpassungen treffen können. Dazu müssen Sie die Kampagnen jedoch öfter kontrollieren und anpassen, weil ansonsten die Gefahr besteht, dass Sie schnell zu viel Geld für unrentable Werbung ausgeben.

SEA-Vorgaben für die lokale Autowerkstatt (2. Beispiel)

Auch für unser zweites Beispiel folgen hier nun die wichtigsten fiktiven Vorgaben und Informationen in einer Zusammenfassung:

- Zielregion: Stadt Köln + 15 km Umkreis
- Zielgruppe: Männer und Frauen, die ihre Autoreifen zum Winter wechseln möchten und eventuell neue Reifen benötigen

- Budget: ca. 100 Euro pro Monat
- Zeitraum: saisonale Kampagne für die Monate Oktober bis November
- Besondere Vorgaben und Produktmerkmale: lokale Werkstatt, einfache Terminvergabe, schneller Service, günstiger Reifenwechsel, zusätzliche Serviceangebote rund um das Auto

Keyword-Recherche für die lokale Autowerkstatt

Die Keyword-Recherche führt zu folgenden drei Keyword-Phrasen.

Keyword	Anzeigengruppe	Maximaler CPC	Klicks	Impr.	Kosten
"reifen wechseln"	Winterreifen Wechseln	2,00 €	17,69	782,89	29,73 €
"winterreifen kaufen"	Winterreifen Wechseln	2,00 €	1,20	571,05	2,38 €
"winterreifen wechseln"	Winterreifen Wechseln	2,00 €	7,45	46,05	9,16 €
Gesamt			**26,33**	**1.400,00**	**41,27 €**

Abbildung 5-15:
Keywords und Kosten für lokale Schaltung in Köln aus dem AdWords-Keyword-Planer

Auch im zweiten Beispiel werden die Klickpreise und das Tagesbudget ermittelt. Bei diesem Beispiel liegt das geschätzte Monatsbudget von ca. 26 Euro zunächst deutlich unter der Vorgabe von 150 Euro pro Monat. Sie können nun noch zusätzliche Impressionen und Klicks erzielen, indem Sie weitere Keywords hinzufügen, die Keyword-Optionen auf »weitgehend« umstellen oder die Zielregion vergrößern.

Aufsetzen der SEA-Kampagne für die lokale Autowerkstatt

Wir erstellen nun eine Suchkampagne mit dem Zielort »Köln« und zusätzlich noch einer Zielregion in einem Umkreis von 15 km um den Standort Köln. Wir legen in diesem Fall zwei Zielregionen an, weil wir diese später mit verschiedenen prozentualen Geboten unterschiedlich steuern können. Für die Einwohner von Köln möchten wir mehr pro Klick bieten, da dies die wichtigsten Kunden für die lokale Werkstatt sind. Wir beginnen wieder mit einer manuellen Gebotsstrategie sowie einem Budget von 5 Euro pro Tag (150 Euro : 30,4). Die Kampagne startet am 1. Oktober und endet am 30. November. Die Anzeigen werden zunächst 24 Stunden pro Tag und 7 Tage pro Woche geschaltet.

Im nächsten Schritt verteilen wir unsere drei Keyword-Phrasen auf zwei Anzeigengruppen, sodass wir folgende Themen mit eigenen Anzeigen bedienen:

- Winterreifen wechseln
- Winterreifen kaufen

Die Keywords winterreifen wechseln und reifen wechseln gehören zu einem Thema und werden in einer Anzeigengruppe zusammengefasst. Wir ordnen den Keywords wieder das maximale CPC-Gebot zu und erstellen Anzeigentexte mit zugehöriger Landingpage. Das Ergebnis zur Suchanfrage winterreifen wechseln sieht in der Region Köln dann folgendermaßen aus:

```
Winterreifen Wechseln Köln - Termine jetzt online sichern - atu.de
Anzeige  www.atu.de/Reifenwechsel ▼
4,2 ★★★★★  Bewertung für atu.de
Ihre Werkstatt für Reifenwechsel. A.T.U-Filiale schnell in Ihrer Nähe finden!
Schnell, gut und günstig · Online Terminvereinbarung · Service für alle Marken
📍 Dürener Straße 62 · 02234 922517 · Heute geöffnet · 07:30–18:00 Uhr ▼
    Terminvereinbarung            Zahnriemenwechsel
    Reifen-Service                Ölwechsel
```

Abbildung 5-16:
Ergebnis zum Reifenwechsel in Köln

Anhand der zwei Beispiele haben Sie mit einem kleinen Keyword-Ausschnitt einen Eindruck davon erhalten, wie Sie bei der Erstellung einer SEA-Kampagne vorgehen sollten und was grundsätzlich zu beachten ist. Hier noch einmal die wichtigsten Punkte in der Zusammenfassung.

> **Zusammenfassung: Wichtige Schritte zum Aufsetzen einer SEA-Kampagne**
> - Vorabinformationen zur Kampagne einholen.
> - Ausgiebige Keyword-Recherche durchführen.
> - Abschätzen von maximalem CPC und Tagesbudget.
> - Kampagne mit den wichtigen Grundeinstellungen aufsetzen.
> - Verteilung der Keywords auf Anzeigengruppenthemen.
> - Anzeigentexte erstellen.
> - Anzeigen mit passender Landingpage verlinken.
> - Anzeigenerweiterungen hinzufügen.
> - Auszuschließende Keywords hinzufügen.
> - Conversion-Tracking implementieren.
> - Statistiken zur laufenden Kampagnenbeobachtung abrufen.
> - Laufende Optimierung der Kampagne.

Interview mit Philipp Schwarz

Welchen Stellenwert hat SEA bei HRS? Und wie ist der Kanal in den (Online-)Marketing-Mix eingebaut?

SEA ist zusammen mit unseren Metasearch-Partnern (allen voran Trivago, Google Hotel Ads und TripAdvisor) ganz klar der größte Kostenfaktor. Da wir aber auf alle Kundentypen in allen Funnel-Steps ausgerichtet sind, spielt SEA nicht immer und vor allem nicht eindeutig die wichtigste Rolle, um einen Kunden davon zu überzeugen, bei HRS zu buchen. Durch sehr viele unterstützende Kampagnen für und von anderen Marketing-Kanälen ist SEA fest verankert.

Welche Eigenschaften sollte jemand mitbringen, der sich beruflich mit SEA beschäftigt? Was macht einen guten SEA-Verantwortlichen aus?

Vor vielleicht fünf, sechs Jahren hätte es gereicht, wenn man ein grundsätzliches Interesse an der Thematik Onlinewerbung hat. Ideal war es damals, wenn man einen gewissen Wortschatz und Empathie für den typischen Nutzer einer Suchmaschine entwickeln konnte. Am wichtigsten war jedoch – bis heute – die Sorgfalt bei der Arbeit (da es sehr schnell sehr teuer werden kann) und das strukturierte Arbeiten mit und innerhalb der Systeme.

Heute sollte man auf jeden Fall erste Erfahrungen mit VBA, SQL, JavaScript (besser AWQL), Big Data Analysis und Freude an Zahlen mitbringen. Durch viele neue oder verbesserte Schnittstellen und Automatismen geht der Weg ganz klar in Richtung datengetriebenes, voll automatisiertes Werben. Ein »Bauchgefühl« wird als Argument maximal müde belächelt.

Google hat 2016 die größten Änderungen in AdWords seit 15 Jahren angekündigt. So wirklich viel hat sich für mich jetzt nicht verändert. Hinkt AdWords anderen Onlinewerbeformen hinterher? Was ist da in Zukunft zu erwarten? Welchen Weg wird SEA einschlagen?

Kann ich so nicht unterschreiben. Klar, AdWords ist immer noch AdWords. Aber Tools wie Ad Creative Feeds, kontenübergreifende Remarketing-Listen, flexible Gebotsstrategien, immer mächtiger werdende Schnittstellen (z. B. BigQuery) und simple IF-Funktionen sind schon der richtige Weg hin zum RTB und Lichtjahre von dem entfernt, was man noch vor zehn Jahren machen konnte. Außerdem kommt die neue UI, »AdWords Next«, ebenfalls bald und bringt endlich frischen Wind und neue Funktionen in die angestaubte Optik (wenn auch manche Funktionen momentan noch fehlen).

Wir arbeiten in dieser Richtung seit Kurzem mit einer Agentur zusammen, die das Thema Psychographic Advertising weiter vorantreiben will. Durch diese Zusammenarbeit erhoffen wir uns natürlich noch viele weitere Learnings, mit denen wir auch in Zukunft noch effektiver und erfolgreicher SEA steuern können.

Wie bildest du dich selbst in deinem Thema weiter?

Auf verschiedensten Wegen: über Kollegen, ehemalige Kollegen, die üblichen Websites (*SearchEngineLand.com, t3n.de, onlinemarketing.de*) und Blogs (*adseed.de/blog, sea-panda.de, googleadsdevelo-per.blogspot.com*), Foren (*reddit.com*), Events und Communitys (Facebook, XING, Nürnberger Web Week). An der lokalen VHS sind die Kurse leider meistens nur Basic und/oder finden für fortgeschrittene Anwender mangels Mindestanmeldungen oft nicht statt.

Zwei der am häufigsten gestellten Fragen von Unternehmen lauten: »SEO oder SEA – muss ich beides machen oder nur eins von beiden? Und was ist besser?« Wie lautet deine Antwort darauf?

Auf jeden Fall beides. Bei HRS arbeiten SEO und SEA Hand in Hand, wir lernen viel voneinander. Zum Beispiel die demografischen Daten unserer verschiedenen Kampagnen, Remarketing-Listen und kundenspezifischen Kampagnen sind für das Thema Content-Generierung sehr interessant. Umgekehrt merken wir in den Anzeigen natürlich sofort, wenn Google mal wieder experimentiert, wenn sich die KPIs von SEO und SEA mal wieder verschieben. Das wäre ohne intensives Arbeiten in beiden Bereichen so gar nicht möglich.

Für meinen Geschmack ist SEA besser, da ich von Anfang an das Gefühl hatte, dass SEO ein Buch mit sieben Siegeln ist. Lustigerweise hat das vor Kurzem aber auch ein Kollege über SEA gesagt. Ich würde behaupten, SEA ist für die Reaktionsgeschwindigkeit und die Berechenbarkeit ein Kanal von großem Nutzen, aber auch recht kostenintensiv und sporadisch zeitintensiv. SEO kann langfristig Geld einbringen, weil es sich natürlich auch auf die Messindikatoren für AdWords auswirkt, wenn UX/UI, Ladezeiten, Inhalt und Lesbarkeit optimiert werden. Allerdings unterschätzen die meisten dabei, dass gute SEO-Fachkräfte und -Maßnahmen auch Geld kosten und es eine permanent zeitintensive Sache ist. Das Denken »Ich bin doch schon ganz oben« funktioniert eben immer nur bis zum nächsten Algo-Update – oder eben bis jemand deinen Anzeigenrang übertrifft.

Anders gesagt: Warum sollte man wollen, dass ein anderer auf Platz eins der Anzeigen oder organischen Suchergebnisse steht? Niemand, der im Internet gefunden werden will, sollte dieses Ziel vernachlässigen.

Was waren deine größten Hindernisse oder Hürden im Laufe deiner SEA-Karriere, und wie hast du sie gemeistert?

Man erreicht immer mal wieder einen Punkt, an dem man das Gefühl hat, dass nichts vorangeht. Man fühlt sich dann schnell gelangweilt. Dadurch, dass man als SEA-Manager recht schnell viele Hebel auf einmal bewegen kann – und sei es nur die Deaktivierung oder Aktivierung verschiedener Keywords –, hat man eben auch schnell den Eindruck, es ginge nicht voran. Dann gibt es aber auch immer wieder Situationen, in denen mehrere neue Funktionen ausgerollt werden, die man am liebsten alle gleichzeitig testen und bewerten würde. Ich fühle mich dann manchmal wie ein Hund im Bellebad und möchte diese tollen neuen Features sofort ausprobieren, ohne vorher lang und breit über Sinn und Unsinn, Messbarkeit und Strategie zu diskutieren. Aber mit der Zeit lernt man, sich zu arrangieren, und versteht, dass der »Sprung ins kalte Wasser« manchmal auch viel Geld verbrennen kann.

 **Philipp Schwarz** (28) aus Fürth ist SEA- und Metasearch-Manager bei HRS – Das Hotelportal. Die SEA-Welt begann für ihn 2011, als er im Auftrag von Google Neukunden betreute sowie Kampagnen erstellte und optimierte. Später entwickelte er sich zum Fachtrainer und bildete in dieser Zeit mehr als 120 Schulungsteilnehmer zum Google-Ad-Words-Kundenberater für KMUs und Agenturen aus. 2015 begann er bei HOTEL DE, wo Themen wie Big Data, Bid-Management und Prozessautomation alltäglich wurden. Ein Jahr später erfolgte der Wechsel zum Mutterkonzern HRS – Das Hotelportal.

KAPITEL 6
Affiliate Marketing

In diesem Kapitel:
- Grundbegriffe und Zusammenhänge
- Trends im Affiliate Marketing
- Interview mit Simon Steppat

Von Markus Kellermann

Affiliate Marketing ist ein performanceorientierter Onlinevertriebskanal und einer der wichtigsten Bausteine im Online-Marketing-Mix. Welche Vorteile das Affiliate Marketing hat und warum Online Marketing Manager Kenntnisse in diesem Bereich besitzen sollten, wird im Folgenden ausführlich beschrieben.

Grundbegriffe und Zusammenhänge

Das Grundprinzip des Affiliate Marketing ist ganz einfach: Ein werbetreibendes Unternehmen (*Merchant/Advertiser*) baut sich mithilfe von Onlinevertriebspartnern (*Affiliates/Publishern*) ein Werbenetzwerk (*Partnerprogramm/Affiliate-Programm*) auf. Der Merchant stellt hierzu seinen Affiliates verschiedene *Werbemittel* wie Banner, Textlinks, Produktdaten oder Widgets zur Verfügung, die diese dann auf ihren eigenen Webseiten oder über Vermarktungsplattformen einbinden können. Der Merchant vergütet den Affiliate leistungsbezogen – nach Klick, Lead oder Sale –, wenn dieser eine Bestellung oder einen Neukunden vermittelt. Das Messen der *Leads/Sales* basiert auf einem *Tracking-System*, das entweder von einem *Affiliate-Netzwerk* (z. B. affilinet, Zanox, Tradedoubler, belboon etc.) oder über eine *private Network-Technologie* zur Verfügung gestellt wird.

> **Die Anfänge**
>
> Erzählungen zufolge wurde Affiliate Marketing bereits 1996 auf einer Cocktailparty »erfunden«. Dort soll sich nämlich der Amazon-Gründer Jeff Bezos mit einer Frau unterhalten haben, die eine Homepage zum Thema Scheidungen betrieb. Die Frau soll damals Bezos angeboten haben, Bücher von Amazon zu eben diesem Thema auf ihrer Website vorzustellen und zu vertreiben. Als Gegenleistung forderte sie eine Verkaufsprovision. Ob diese Geschichte wirklich die ursprüngliche Entstehung des Affiliate Marketing war, wird wohl ein Mythos bleiben, denn bereits 1994 gab es im Adult-Bereich schon ähnliche Onlinevertriebsmodelle.

Sicher ist aber, dass Amazon mit dem *Amazon PartnerNet* 1996 eines des ersten großen Onlinevertriebsnetzwerke gründete und somit erstmals Partnern Provisionen für vermittelte Produkte anbot. So begann der Siegeszug des Affiliate Marketing rund um den Globus, und mit *affilinet* und *Superclix* starteten Ende der 90er-Jahre dann auch die ersten Affiliate-Netzwerke in Deutschland.

Einsatzbereiche

Affiliate Marketing ist vor allem ein vertriebsorientiertes Online-Marketing-Instrument. Dadurch eignet es sich für Produkte oder Dienstleistungen, die im Internet angeboten werden. Insbesondere bei Spontankaufprodukten ist das Affiliate Marketing ein sehr erfolgreicher Vertriebskanal. Aber auch informative Produkte oder Leistungen beispielsweise aus dem Finanz- oder Versicherungsbereich können von den Affiliates reichweitenstark beworben werden.

Generell ist es wichtig, dass vor dem Start eines neuen Affiliate-Programms eine genaue Kosten- und Leistungsanalyse durchgeführt wird, um auf Basis der eigenen Marge zu bewerten, welche Provisionen an die Affiliates bezahlt werden können und ab welcher Transaktionsmenge das Partnerprogramm für den Merchant profitabel ist. Schließlich fallen zum Start des Programms Initialkosten für das Setup, die Werbemittelerstellung und gegebenenfalls für die Tracking-Implementierung an. Ein strategisches Konzept zu Beginn ist daher unverzichtbar.

Vorteile des Affiliate Marketing

Performanceorientierte Bezahlung der Werbekosten

Nachdem Affiliate Marketing rein erfolgsbasiert auf Basis von *Pay-per-Click*, *Pay-per-Lead*, *Pay-per-Sale* oder *Hybridmodellen* stattfindet, hat der Affiliate-Partner ein großes Interesse daran, die Werbemittel des Merchants optimal auf seiner Website zu präsentieren, da ja nur für tatsächliche Transaktionen vergütet wird.

Transparente Messbarkeit der Werbeeffizienz

Um die Provisionen den erfolgten Transaktionen zuweisen zu können, wird eine umfassende Messung der Werbeaktionen benötigt. Wichtige KPIs sind neben den vorab definierten Cost-per-Click, Cost-per-Lead oder Cost-per-Sale auch die Click-Through-Rate und die Conversion-Rates für jeden einzelnen Affiliate. Zudem kann der Erfolg jedes einzelnen Werbemittels genau gemessen und dem Affiliate zugeordnet werden. Dadurch kann auch die Effizienz der eingesetzten Werbemittel ganz genau bewertet werden.

Geringe Kundengewinnungskosten

Durch die Zusammenarbeit mit den Affiliates hat der Merchant die Möglichkeit, die bestehende Reichweite der Partnerseiten zu nutzen, ohne dass für ihn ein finanzieller Mehraufwand entsteht. Aufgrund der performanceorientierten Bezahlung muss der Merchant nur ein leistungsbezogenes Budget für die Gewinnung von Neukunden bereitstellen, da die Affiliates für ihre eigenen Webseiten laufend Neukunden akquirieren und die Kunden über die Werbemittel direkt auf die Seiten des Merchants weiterleiten.

Steigerung der Vertriebsreichweite

Affiliate Marketing ermöglicht dem Merchant den Aufbau eines großen Vertriebsnetzwerks an privaten und kommerziellen Webseiten. Dadurch lässt sich die Werbereichweite enorm vergrößern, und die Transaktionen auf den Seiten des Merchants können entscheidend gesteigert werden.

> **Hinweis**
>
> In vielen Branchen macht Affiliate Marketing inzwischen sogar mehr als 30% der Onlineumsätze aus.

Steigerung des Kundenvertrauens

Einer Studie der *Optimus Performance Marketing Agentur UK* zufolge trägt Affiliate Marketing dazu bei, das Vertrauen zwischen Kunden und Onlinehändlern zu steigern.

Die Umfrage ergab, dass Onlineshops, die ihren Maßnahmenschwerpunkt auf Affiliate Marketing gelegt haben, zu einem Drittel vertrauenswürdiger wirken als diejenigen, die sich ausschließlich auf andere Formen des Online-Marketings konzentrieren.

Für die Umfrage wurden mehr als 1.000 Onlineshopper und über 200 Blogger aus Großbritannien, die ihre Seite nicht über Affiliate Marketing monetarisieren, befragt. Jeder der Befragten hatte jedoch ein grundlegendes Verständnis von dem, was Affiliate Marketing ist.

Auf die Frage, welcher Online-Marketing-Kanal für sie der wirksamste sei, sieht das Ergebnis wie folgt aus:

- Social Media Marketing 33 %
- E-Mail-Marketing 21 %
- SEO 16 %
- Affiliate Marketing 13 %
- Display 6 %
- Sonstige 12 %

Interessanter ist jedoch vor allem das Ergebnis auf die Frage nach der Vertrauenswürdigkeit von 50 bekannten Marken bzw. Onlineshops.

Die Teilnehmer gaben auf einer Skala von 1 bis 10 (10 als beste Bewertung) den Unternehmen ohne Affiliate Marketing im Durchschnitt die Note 5,7.

Unternehmen mit einem Affiliate-Programm erhielten durchschnittlich die bessere Note 7,7. Das Vertrauen ist laut Umfrage also um 33 % höher als bei Onlineshops ohne Affiliate-Maßnahmen – eine interessante Erkenntnis darüber, welchen Einfluss der Affiliate-Kanal abseits der messbaren KPIs auf das Kaufverhalten des Users hat!

Zusätzliche Markenpräsenz im Internet

Durch die Einbindung der Werbemittel auf den Seiten der Affiliates kann man Zielgruppen erreichen, die sonst ohne finanziellen Aufwand nicht angesprochen werden könnten. Affiliate Marketing trägt also dazu bei, dass eine Marke im Internet noch weiter verbreitet und der Markenwert erhöht werden kann. So lassen sich auch unbekannte Marken innerhalb kürzester Zeit schneller auf dem Markt etablieren, und ihr Bekanntheitsgrad wird gesteigert.

Gezielte Kundenansprache

Durch die gezielte Platzierung von Werbung auf Webseiten mit themenrelevantem Inhalt lassen sich Kunden sehr gezielt ansprechen.

Zudem ist die Kaufbereitschaft auf solchen Webseiten wesentlich höher, da die Besucher für das Produkt bereits durch den Content sensibilisiert wurden.

Die Entwicklung der Affiliate-Branche

Gerade in den letzten Jahren hat sich die Branche von Jahr zu Jahr weiterentwickelt. Durch immer neue Affiliate-Geschäftsmodelle, Werbemittel und viele technische Änderungen hat sich der Markt im Laufe der Zeit professionalisiert. Das Thema wurde in den vergangenen Jahren immer komplexer und vielfältiger, sodass Affiliate Marketing mittlerweile eines der flexibelsten und innovativsten Segmente im Online-Marketing darstellt.

Im Mutterland des Affiliate Marketing – den USA – wurden wie jedes Jahr von Forrester Research die Wachstumsprognosen für die nächsten fünf Jahre veröffentlicht. Forrester rechnet mit einem jährlichen Wachstum von ca. 10 % und einem Umsatzvolumen der Werbe-Spendings von 5,3 Milliarden US-Dollar in 2017.

Und auch PricewaterhouseCoopers hat für Deutschland im Rahmen der *German Entertainment und Media Outlook*-Studie eine Prognose für den Affiliate-Markt veröffentlicht. Demnach soll in 2017 der Werbeumsatz bei 999 Millionen Euro liegen und auf bis zu 1,03 Milliarden Euro in 2019 steigen.

Was unabhängig von der Entwicklung der Marktzahlen ebenfalls in den nächsten Jahren der Affiliate-Branche zugutekommt, ist das stetige Wachstum der Internet-Werbe-Spendings.

Die bisher vorliegenden Prognosen für Deutschland zeigen für die einzelnen Mediengattungen ein differenziertes Bild. ZenithOptimedia erwartet für den Nettowerbemarkt 2016 in Deutschland einen Anstieg um 1,6 % (nominal). In den Prognosedaten spiegelt sich weiterhin die strukturelle Umverteilung der Werbeausgaben zugunsten digitaler Angebote wider. Das Online- wie auch das Mobile Marketing werden ihren Anteil an den Werbeausgaben weiter ausbauen.

Die globalen Trends geben auch für Deutschland die Richtung vor. Das Wachstum des Werbemarkts ist vorwiegend technologiegetrieben. Dank der weiterhin zunehmenden Verbreitung mobiler Geräte, der technischen Verbesserungen der Werbeformen und der Erhöhung der Werbeformenvielfalt sowie der technischen Innovationen bei der Aussteuerung von geräteübergreifenden Kampagnen wird mit einem deutlichen Zuwachs bei den Werbeinvestitionen gerechnet. Das sollte ein Online Marketing Manager in Sachen Affiliate Marketing beherrschen.

Affiliate Marketing ist mittlerweile kein Selbstläufer mehr. Es reicht aufgrund der gewachsenen Strukturen nicht aus, einfach ein Affiliate-Programm ins Leben zu rufen, ein fixes Provisionsmodell einzustellen und den Autopiloten zu starten. Sie können so zwar noch Umsätze generieren, aber kein nachhaltiges Wachstum erzielen.

Für ein professionelles Affiliate-Programm müssen entsprechende Ressourcen und Mitarbeiter mit Know-how zur Verfügung gestellt oder externe Dienstleister wie zum Beispiel spezialisierte Affiliate-Agenturen hinzugezogen werden.

Für ein Wachstum bedarf es der intensiven Zusammenarbeit mit den wichtigsten und reichweitenstärksten *Top-Affiliates*. Zudem können individuelle Zielvereinbarungen mit den Partnern hilfreich sein, um die Umsätze des Vorjahres zu steigern.

Man sollte zudem generell offen für innovative Publisher-Modelle sein. Affiliate Marketing ist mittlerweile auch ein Inkubator für neue technische Lösungen. Der Affiliate-Kanal bietet gerade für Start-ups die Möglichkeit, relativ schnell Referenzkunden zu gewinnen.

Die erforderlichen technischen Voraussetzungen müssen auf jeden Fall gegeben sein. Eine korrekt eingestellte *Cookie-Weiche* ist die Grundvoraussetzung. Aber auch ein *professionelles Customer-Journey-Tracking* kann Aufschluss geben über kanalübergreifende Effekte. Darüber hinaus sollte aufgrund des steigenden mobilen Traffics und des möglichen Medienbruchs über ein *Cross-Device-Tracking* nachgedacht werden, um mittelfristig die Affiliates weiterhin fair zu vergüten.

Generell sollte auch das Provisionsmodell auf den Prüfstand gestellt werden. Denn aufgrund der vielen technischen Gegebenheiten und der Komplexität ist das bestehende Performance-Provisionsmodell in der aktuellen Form mittelfristig ein Auslaufmodell. Viele große Advertiser arbeiten deswegen bereits mit einem sogenannten Cross-CPO, der die vom Affiliate-Partner vermittelten Kunden auf Basis weiterer KPIs wie Customer-Lifetime-Value, Micro-Conversions, Qualität und Werbewirkung betrachtet und vergütet.

Erfolgsfaktoren von Partnerprogrammen

Der Erfolg eines Partnerprogramms hängt von vielen Faktoren ab, die regelmäßig analysiert und gegebenenfalls optimiert werden müssen.

1. Die richtigen Affiliates

Die Auswahl der richtigen Partner ist die Grundlage für ein effizientes Affiliate Marketing. Es gibt mittlerweile eine Vielzahl an unterschiedlichen Affiliate-Modellen, wie *Content-Affiliates, Gutscheine, Cashback, Bonusprogramme, Preisvergleiche, Display-Publisher, Social-Media-Affiliates, Influencer* etc.

Wichtig ist, dass man als Merchant vor allem auf die Qualität anstatt auf die Quantität der Partner achtet. Zumeist gilt im Affiliate Marketing die sogenannte 80/20-Regel, die besagt, dass 20 % der Affiliates für 80 % der Umsätze sorgen. Deswegen bedeuten mehr Partner nicht unbedingt auch mehr Umsatz.

2. Kommunikation mit den Affiliates

Kommunikation mit den Affiliates ist das A und O. Ein regelmäßiger Dialog mit den Partnern und somit den Onlinevertriebspartnern eines Unternehmens ist einer der wichtigsten Erfolgsfaktoren für das Partnerprogramm. Die Affiliates benötigen regelmäßig Informationen über neue Produkte oder Angebote, die sie bewerben können. Nur wenn die Partner »Futter« für ihre Webseiten erhalten, z. B. in Form von Sonderaktionen oder Rabatten, können sie dieses ihren Kunden auch vermitteln. Neben der persönlichen Kontaktaufnahme mit dem Affiliate gibt es auch die Möglichkeit, per Newsletter, E-Mail, Foren oder Affiliate-Plattformen zu kommunizieren. Ein regelmäßiger persönlicher Kontakt mit dem Partner führt zu einer engen Partnerbindung. Deswegen ist es auch wichtig, dass der Merchant hierzu einen erfahrenen Affiliate-Manager zur Verfügung stellt, der das Partnerprogramm professionell betreut, auf Augenhöhe mit den Affiliates kommuniziert und für alle Belange Ansprechpartner ist.

3. Faire Provisionen

Um den Affiliates ein attraktives Abrechnungsmodell zu bieten und dem Wettbewerb gegenüber konkurrenzfähig zu sein, muss die Provisionsgestaltung besonders gut durchdacht sein.

Jeder Affiliate muss sich die Frage stellen, welche Werbemittel er einbindet, und wird sich in der Regel für den Anbieter entscheiden, der für ihn am lukrativsten ist. Das bedeutet, es muss ein klarer finanzieller Anreiz für die Partner geschaffen werden, das eigene Affiliate-Programm zu bewerben.

Damit Affiliate Marketing erfolgreich funktioniert, sollten daher sowohl der Merchant als auch der Affiliate von der Zusammenarbeit profitieren. Der Affiliate liefert durch die Bewerbung des Merchants eine entsprechende Werbeleistung, für die er fair vergütet werden möchte. Welches Provisionsmodell der Merchant hierzu zur Verfügung stellt, orientiert sich oft am Wert des Neukunden.

Oftmals wird bei dieser Betrachtung allerdings der Customer-Lifetime-Value vergessen, der zum Tragen kommt, wenn der Neukunde Folgekäufe tätigt, für die der Affiliate dann keine Provision mehr erhält. Umso wichtiger ist es, zu Beginn der Zusammenarbeit ein Provisionsmodell zu erstellen, das auch die Werthaltigkeit des Affiliates berücksichtigt. Neben der Standardprovision – z. B. von 5 % für den Netto-Warenkorb oder 5 Euro für den Lead – lassen sich daher individuelle Provisionen entsprechend der Media-Reichweite der einzelnen Affiliates definieren. Deswegen ist auch bei der Provisionsfestsetzung der persönliche Dialog mit dem Affiliate sehr wichtig, um hier eine gemeinsame Basis für die Zusammenarbeit zu definieren.

4. Vielseitige Werbemittel

Damit die Affiliates das Partnerprogramm entsprechend bewerben können, benötigen sie geeignete Werbemittel. Hierzu sollte der Merchant eine breite Palette an Werbemitteln zur Verfügung stellen, damit sich der Affiliate genau die Werbemittel herauspicken kann, die optimal zu seiner Website und deren Zielgruppe passt. Neben den typischen Bannern in verschiedenen Größen sollten auch Textlinks und vor allem Deeplinks direkt zu den Zielseiten nicht fehlen. Auch sollten Werbemittel für verschiedene Produkt- und Kategorieseiten zur Verfügung gestellt werden sowie für die verschiedenen Käuferzielgruppen der Merchant-Webseite.

Partnermanagement

Die Zusammenarbeit mit den Affiliates ist gerade in einem Peoples-Business der wichtigste Faktor im Affiliate Marketing. Umso wichtiger ist auch die Betreuung der verschiedenen Affiliates, die letztendlich die Onlinevertriebspartner des Merchants sind. Diese basiert auf drei Bausteinen: der Partnerbindung der erfolgreichen Affiliates, der regelmäßigen Partnerakquise von neuen Affiliates und der Aktivierung von inaktiven Affiliates.

Partnerbindung

Die Partnerbindung gehört zu den wichtigsten Faktoren für ein erfolgreiches Partnerprogramm.

Der Grund dafür ist, dass ca. 5 % der Top-Werbepartner für 95 % des Umsatzes sorgen. Bei manchen Programmen können es auch 10 % bis 15 % sein, das hängt immer von dem jeweiligen Partnerprogramm ab. Es ist meist ein sehr kleiner Teil der Partner, der ziemlich aktiv ist und sich durch große, Traffic-reiche Seiten entweder auf das Thema des

Partnerprogramms spezialisiert hat oder einfach Traffic-reiche Websites wie Preisvergleiche oder Shoppingportale betreibt.

Neue Partnerprogramme mit immer wieder neuen attraktiven Provisionsmodellen schießen täglich aus dem Boden. Es entstehen laufend neue Affiliate-Netzwerke, die versuchen, neue Programme zu lancieren und Partner exklusiv zu akquirieren. Die Partner werden deshalb ein immer wertvolleres Gut. Es ist also nicht selbstverständlich, dass die Werbepartner immer ein und dasselbe Partnerprogramm bewerben. Auch die Partner schauen sich nach neuen Programmen um und werden von den Affiliate-Netzwerken und den Affiliate-Agenturen umworben.

Deshalb ist es wichtig, das wertvolle Gut »Werbepartner« langfristig an ein Partnerprogramm zu binden. Wenn 95 % des Umsatzes von 5 % der Partner generiert werden, liegt es auf der Hand, welche dramatischen Folgen es hätte, wenn ein Teil der 5-%-Partner wegfielen.

Schon im Jahr 1999 hat das Franchise-Institut für Deutsche Wirtschaft in Hannover (FIW) in seinen Spezialseminaren das Thema Partnerführung und -bindung ins Zentrum seiner Aktivitäten gestellt und dadurch die Bedeutung der Partnerbindungsinstrumente unterstrichen.

Werbepartner langfristig an das Partnerprogramm binden

Wie in anderen Bereichen geht auch hier natürlich nichts über den persönlichen Kontakt zu den Partnern. Persönliche Kontakte, Partnerbesuche vor Ort, Einladungen zu Events und telefonische Betreuung sind unverzichtbar. So weiß der Programmbetreuer immer, welche Wünsche und Probleme der Partner hat. Der persönliche Kontakt ist häufig genug genau der Vorsprung, den man vor Konkurrenzpartnerprogrammen hat – wenn dort keine Kontaktperson bekannt und deshalb die Bindung noch nicht so eng ist.

Weitere Möglichkeiten der Partnerbindung bieten natürlich die heutigen Kommunikationsmöglichkeiten. Man sollte die Partner immer mit News zum Partnerprogramm per E-Mail, Skype oder über sonstige Internetportale auf dem Laufenden halten. Ein guter Ansatz ist z. B. ein wöchentlicher Call, um die Partner mit Tipps und Infos zu versorgen.

Schulungen sind eine weitere Möglichkeit der Partnerbindung. Was spricht dagegen, die Werbepartner in bestimmten Abständen zu Schulungen einzuladen, um ihnen Neuigkeiten des Partnerprogramms detailliert zu erklären und natürlich auch um die persönliche Bindung zu stärken?

Die Provisionen sind ebenfalls ein wichtiger Ansatz. Nichts geht über eine ausreichende Vergütung der Partner. Was spricht etwa dagegen, den Top-Partnern eine zusätzliche Provision zu zahlen oder ihnen für ihre geleistete Arbeit zusätzlich eine fixe monatliche Provision on top zu garantieren. Zufriedene Partner kommen nicht auf die Idee, sich nach einem neuen Partnerprogramm in diesem Bereich umzusehen.

Weihnachtsgeschenke sind ebenfalls eine gute Möglichkeit, sich bei den Partnern für Ihre geleistete Arbeit zu bedanken. Oft genügen hier Kleinigkeiten. Top-Partnern kann man auch hochwertigere Geschenke machen – etwa eine teure Uhr oder ein neues Notebook – oder das Geschenk vorher mit ihnen abstimmen.

Sie werden die Erfahrung machen, dass Sie mit kreativen Ideen die vorhandenen Partner auch langfristig an ein Partnerprogramm binden können.

Partnerakquise

Eine erfolgreiche Affiliate-Marketing-Kampagne bedarf ständiger Optimierung und Pflege, um dauerhaft erfolgreich zu sein. Damit Affiliate Marketing auch entsprechend den Zielvorgaben verläuft, muss eine Reihe von Faktoren beachtet werden.

> **Umfrage unter Werbetreibenden**
>
> Ein wichtiger Faktor für das Umsatzwachstum eines Partnerprogramms ist die Akquise neuer, leistungsstarker Affiliates. Knapp 71% der Werbetreibenden im Affiliate Marketing planen in den nächsten drei Monaten weitere Akquise-Maßnahmen. Das ist das Ergebnis einer Erhebung, die die Online-Marketing-Agentur xpose360 unter 101 Advertisern und Affiliate-Agenturen durchgeführt hat.
>
> Demnach haben zudem 64% der Werbetreibenden schon einmal Akquise-Maßnahmen umgesetzt. 39% haben allerdings den Erfolg der Akquise nicht ausgewertet, was den häufig immer noch fehlenden Strategieansatz für Akquise-Umsetzungen verdeutlicht.
>
> Als Erfolgsquote haben 21% der Advertiser angegeben, dass sich durch die Akquise 25 bis 50% der angeschriebenen Affiliates bei dem Partnerprogramm angemeldet haben, von denen die meisten Werbetreibenden allerdings weniger als 100 potenzielle Partner kontaktiert haben (69%).
>
> Die Hauptstrategie für die Gewinnung neuer Partner war für die meisten Werbetreibenden die Erhöhung der Marktdurchdringung durch möglichst viele neue Affiliates (39%), gefolgt von der Programmentwicklung durch den Ausbau bestehender Publisher-Kanäle (30%) und der Marktentwicklung durch den Aufbau neuer Publisher-Segmente (14%).
>
> Die Kontaktaufnahme erfolgte hauptsächlich über E-Mail (53%) und Telefon (30%) sowie persönlich über Events (14%).

Das größte Problem einer nachhaltigen Affiliate-Akquise entsteht oftmals bereits in der Planungsphase. Viele Marketingleiter oder Vorgesetzte unterschätzen die Bedeutung und den notwendigen *Aufwand einer professionellen Partnergewinnung*. Aktionen werden unzureichend vorbereitet, zu ungünstigen Zeitpunkten durchgeführt, oder sie richten sich an die falschen Personen.

Oftmals sind Erfolge oder Misserfolge auch durch *mangelnde Dokumentation* von Durchführung und Reaktion nicht vollständig nachvollziehbar oder messbar. Schnell wird geschlossen, dass Akquise-Aktionen nichts bringen. Häufig fehlt auch die langfristige Auswertung und Analyse der Partnerakquise.

Tatsächlich ist die moderne Form der Affiliate-Akquise ein ganzheitlicher Prozess und eine der größten Herausforderungen im Affiliate-Management. Sie ist mehr, als nur schnell »Kontakte zu machen« oder 1.000 E-Mails an potenzielle Affiliates zu versenden. Daher sollte die Akquise nicht als lästige Pflicht angesehen werden, sondern als Chance, mit Partnern ins Gespräch zu kommen, um so das Partnerprogramm für den Markt weiterzuentwickeln.

> **Praxistipp**
>
> Scheitert die Akquise eines potenziellen Affiliates trotz aller Akquise-Maßnahmen, hat das oftmals gute Gründe. Durch die genaue Kenntnis dieser Schwachpunkte hat man die Möglichkeit, das Partnerprogramm entsprechend zu optimieren.

Die fünf Phasen der Affiliate-Akquise

Schritt 1: Festlegung der richtigen Strategie

Ausgangsbasis für eine erfolgreiche Akquise-Strategie ist eine umfassende *Akquise-Planung*. In fast allen Unternehmen wird für das Geschäftsjahr eine *Umsatzplanung mit Zielvorgaben* erstellt. Diese Umsatzziele sollten Bestandteil der Akquise-Strategie sein.

Bei der Jahresplanung sollten Sie auch eine mögliche Fluktuation von Bestands-Affiliates sowie saisonale Schwankungen berücksichtigen.

Des Weiteren sollten Sie unbedingt zwischen quantitativen und qualitativen Zielen unterscheiden. *Quantitative Ziele* sind eindeutig messbar und über einen Erfüllungsgrafen gut zu kontrollieren. Quantitative Ziele könnten beispielsweise sein: Steigerung der Affiliate-Umsätze, Anzahl neuer Affiliates, Umsatz pro Affiliate im Monat, Anzahl der durchgeführten Kontakt-E-Mails/Telefonate/Gespräche oder Steigerung des Marktanteils des Partnerprogramms.

Bei *qualitativen Zielen* geht es hauptsächlich darum, das Affiliate-Programm durch die aus Gesprächen gewonnenen Erkenntnisse zu verbessern und weiterzuentwickeln. Denn durch das Feedback der Affiliates erhält man häufig aufschlussreiche Informationen, die beispielsweise zu folgenden Programmoptimierungen führen können: Verkürzung des Sales-Bearbeitungszeitraums, Optimierung des Provisionsmodells oder des Werbemittelportfolios, Verbesserung des Publisher-Service bis hin zur Produktoptimierung im Onlineshop selbst.

Sobald die Strategie entwickelt ist, geht es im nächsten Schritt darum, das Jahresziel in Teilschritte zu untergliedern. Wichtig ist dabei, die Jahresziele auf Monate, Wochen und Arbeitstage herunterzubrechen, damit sie für den ausführenden Affiliate-Manager eine nachvollziehbare und motivierende Vorgabe darstellen. Bei der Planung sollten auch Urlaubszeiten oder saisonale Peaks berücksichtigt und Pufferzeiten mit eingerechnet werden.

Schritt 2: Kenntnis der relevanten Faktoren

Um einen Affiliate vom eigenen Partnerprogramm zu überzeugen, sollte der Affiliate-Manager alle relevanten Faktoren kennen: sein Partnerprogramm, den Markt und vor allem die Produkte und Leistungen seines Programms. Hinzu kommt der Überblick über die Konkurrenz mit ihren Angeboten, Provisionen und Aktionen. Ganz wesentlich ist selbstverständlich auch die genaue Analyse des Affiliates und dessen Publisher-Modells.

> **Praxistipp**
>
> Auch wenn Sie der Meinung sind, den eigenen Shop perfekt zu kennen, sollten Sie sich von Zeit zu Zeit mit dem eigenen Unternehmen beschäftigen, da es regelmäßig Änderungen beim Produkt- oder Leistungsportfolio gibt. Details, die Sie kennen sollten, sind z.B. Produktpreise, Anzahl der Produkte, Produktkategorien, kostenlose Artikel, Rabatte oder Gutscheine, Versandkosten, Lieferzeiten, Storno- und Zahlungsausfallquote, Umsatzstornoquote, durchschnittlicher Warenkorbwert, Neukundenquote, Reichweite des Shops, Zielgruppen etc. Dies sind nur einige der Faktoren, die immer wieder von potenziellen Affiliates hinterfragt werden, um das Potenzial des Advertisers einschätzen zu können.

Natürlich sind bei der Überzeugungsarbeit auch Argumente hilfreich, warum der Affiliate Ihr Partnerprogramm bewerben sollte. Hier sind

Alleinstellungsmerkmale wie Joker-Artikel oder evtl. patentgeschützte Innovationen nützlich.

Natürlich müssen Sie den Affiliate auch mit Argumenten davon überzeugen, dass er sich bei Ihrem Partnerprogramm bewerben sollte. Dazu gehören: Stornoquoten, Angabe von Stornogründen, Sales-Bearbeitungszeitraum, Cookie-Lifetime, Einstellung der Cookie-Weiche, eCPM (effective Cost per mille, übersetzt: effektiver Tausender Kontaktpreis (eTKP)), Premium-Provisionen, Endkundenaktionen, Conversion-starke Werbemittel und Ähnliches.

Zu einem guten Programmmanagement gehört auch die Analyse der direkten Wettbewerber im Affiliate Marketing. Hierzu sollten Sie regelmäßig vor allem die folgenden Leistungen des eigenen Partnerprogramms mit denen der Konkurrenten vergleichen: Provisionen, Aktionen, Sales-Rallyes, Gutscheine, Produkte im Shop, Unterschiede in den Angeboten und Marktanteile.

Schritt 3: Instrumente der Akquise

Meist kommen bei der Affiliate-Akquise verschiedene Instrumente zum Einsatz. Der optimale Ablauf ist: Zunächst erhält der potenzielle Affiliate einen Brief oder eine Kontakt-E-Mail mit der Vorstellung des Partnerprogramms. Hier fließen alle in Schritt 2 gewonnenen Informationen ein. Bei dieser ersten Kontaktaufnahme sollte bereits ein Telefonat angekündigt werden. Im Telefonat vereinbaren Sie einen Gesprächstermin, der im Idealfall die Partneranmeldung nach sich zieht.

> **Praxistipp**
>
> Ein Akquise-Anschreiben per Post hat den Vorteil, dass Sie über kleine Geschenke oder ein Topseller-Produkt einen positiven ersten Eindruck erzielen können. Der Affiliate kann sich direkt von der Produktqualität überzeugen.
>
> Bei einem telefonischen Akquise-Anruf ist darauf zu achten, dass werbliche Anrufe bei Privatpersonen generell nicht erlaubt sind. Sie sollten vorher die Erlaubnis per E-Mail einholen, indem Sie einen Terminvorschlag machen.

Im persönlichen Gespräch können Sie dem Affiliate z.B. anhand einer PowerPoint-Präsentation alle Vorteile des Partnerprogramms vermitteln. Die Chance ist dann sehr groß, dass der potenzielle Partner sich für das Programm anmeldet.

> **Praxistipp**
>
> Vor allem Affiliate-Stammtische oder -Konferenzen bieten eine gute Gelegenheit, um darüber Kontakte zu Affiliates zu knüpfen. Allerdings geht es dabei oft mehr um informelle Gespräche und ein erstes Kennenlernen. Die konkrete Akquise wird dann meistens im Nachgang vereinbart.

Es bietet sich an, die Kontakte und Kontaktaufnahmen mithilfe professioneller Tools wie z. B. des E-Mail-Tools *SuperMailer* zu managen. Mit der Newsletter-Software sind Erstellung und Versand von personalisierten Akquise-Anschreiben und Newslettern viel einfacher und effizienter möglich. Das Newsletter-Programm ermöglicht es, problemlos und komfortabel Newsletter im Text- und HTML-Format (mit WYSIWYG-Editor) zu erstellen, Empfänger auf einfache Weise aus verschiedenen Quellen (z. B. Microsoft Outlook, SQL-Datenbanken, Dateien) zu importieren und die E-Mails schnell zu versenden. Das Tool ist als kostenlose Freewareversion erhältlich und mit erweiterten Funktionen auch als kostenpflichtiges Tool.

Um den Erfolg der Akquise zu dokumentieren, empfehlen sich verschiedene CRM-Tools. Sehr sinnvoll ist das auch beim Anfragemanagement in der Akquise. Ein Tool, das diesen Ansprüchen gerecht wird, ist z. B. *Highrise* von 37signals. Durch eine E-Mail an einen potenziellen Affiliate wird automatisch ein neuer Kontakteintrag im System angelegt und an eine vom jeweiligen Highrise-Account generierte E-Mail-Adresse weitergeleitet. Sobald der Kontakt integriert ist, erkennt Highrise die E-Mail-Adresse und ordnet weitere E-Mails automatisch zu, sobald diese auf *BCC* auch an Highrise geschickt wird. Wenn man dieses System konsequent nutzt, entsteht eine lückenlose E-Mail-Dokumentation zu diesem Kontakt, in der sich dann auch später noch Informationen wiederfinden lassen. Zudem kann man Gesprächsnotizen hinterlegen oder im Team Informationen zu Angeboten und Abstimmungen diskutieren.

Schritt 4: Finden von neuen Affiliates

Nachdem Sie also eine umfassende Strategie festgelegt, die Programmvorteile und -details herausgearbeitet und verschiedene Akquise-Instrumente definiert haben, geht es nun darum, potenzielle neue Affiliates zu identifizieren.

Hierbei ist erneut vorab eine Strategie zu definieren. Man unterscheidet auch bei der Akquise zwischen vier grundlegenden Marketingstrategien:

1. Marktdurchdringung

Wenn die Strategie vorsieht, den Marktanteil für die Produkte des Advertisers mithilfe des Affiliate Marketing zu steigern, sollte das Ziel darin bestehen, mehr Marktanteile und mehr Affiliates als die Konkurrenz zu generieren. Hierzu könnten dann auch kleine und lokal orientierte Affiliate-Webseiten beitragen. Für die Akquise heißt das, dass möglichst viele Affiliates angesprochen werden sollten und größere Differenzierungen entfallen.

2. Marktentwicklung

Das Ziel ist, neue Märkte und Publisher-Segmente zu erschließen – beispielsweise wenn sich ein Advertiser als Spezialist für bestimmte Produkte in einem kleinen Markt mit sehr speziellen Anforderungen positioniert. Die Schwierigkeit besteht dann allerdings darin, die Affiliates mit diesen besonderen Interessen zu erreichen. Hier ist die Adressqualifizierung von besonderer Bedeutung.

3. Programmentwicklung

Als Advertiser möchte Ihr Unternehmen sein Wachstum dadurch sichern, dass es sich auf bestehende Publisher-Kanäle konzentriert. Möglichst viele neue Affiliates müssen hier möglichst schnell gewonnen werden. Oft ist das Auftreten am Markt entsprechend aggressiv. Da in der Regel wenig Erfahrung mit den neuen Affiliates und deren Anforderungen vorliegt, ist das Risiko groß, die falschen Ansprechpartner zu kontaktieren.

4. Diversifikation

Der Advertiser versucht, mit neuen Produkten in einem neuen Markt Fuß zu fassen. Das Sortiment des Shops soll erweitert und neue Kundengruppen – und somit auch Affiliates – sollen angesprochen werden. An die Akquise-Strategie stellt die Diversifikation daher sehr hohe Anforderungen.

Am besten nähern Sie sich diesen neuen Zielgruppen durch ein ausführliches Brainstorming. Aufbauend auf den Zielgruppen des Advertisers können Sie dann die entsprechenden Affiliates identifizieren.

Erarbeiten Sie über das Brainstorming die Persona des potenziellen Käufers des Advertiser-Shops. Unter Umständen ist es hilfreich, für das Brainstorming weitere Kollegen hinzuzuziehen oder auch Außenstehende wie Bekannte, die noch nicht voreingenommen sind und den Advertiser-Shop eventuell mit ganz anderen Augen sehen.

Es gibt zahlreiche Möglichkeiten für ein effektives Brainstorming. Hierzu muss jeder seine eigene Methode herausfinden, sei es über ein »Mind-Mapping« oder andere kreative Ansätze.

Das Ergebnis sollte letztendlich sein, alles aufzuschreiben, was einem in Zusammenhang mit der Zielgruppe und der vorab definierten Marketingstrategie einfällt, und in einer passenden Struktur abzubilden. Hieraus lassen sich dann potenzielle Affiliate-Modelle ableiten.

Nehmen wir als Beispiel das Partnerprogramm des Modehändlers Zalando. Zalando verkauft in seinem Onlineshop nicht nur Schuhe, sondern eine Vielzahl weiterer Produkte. Durch das Brainstorming ergeben sich dabei gegebenenfalls Schlagwörter wie Sportschuhe, Babyschuhe, Taschen, Jacken und weitere Ideen, von denen man anschließend verschiedene potenzielle Affiliates ableiten kann.

Qualifizierung der Adressen

Egal wie Sie an die URLs der potenziellen Affiliates gelangt, entscheidend ist vor allem eine Qualifizierung dieser Adressen. Nicht die Anzahl der Kontakte ist für den Erfolg entscheidend, sondern vielmehr das Detailwissen über die einzelnen Affiliates.

Das bedeutet: Je intensiver die vorhandenen Daten mit weiteren Informationen angereichert werden, desto wertvoller werden sie für Ihre Akquise-Maßnahmen.

Hilfreiche Informationen können dabei sein: der richtige Ansprechpartner, Durchwahlnummern, Hobbys des Affiliates als Gesprächsaufhänger oder Vorlieben des Affiliates (mehr Provision, schnelle Sales-Freigabe, persönlicher Kontakt etc.), um nur ein paar Beispiele zu nennen.

Sollten Sie eine große Akquise-Aktion mit mehreren Hundert Aussendungen planen, werden Sie den Aufwand, die Adressen einzeln zu qualifizieren, vermutlich nicht auf sich nehmen. Handelt es sich aber um eine überschaubare Menge, lohnt sich die Arbeit – spätestens dann, wenn ein persönliches Gespräch ansteht.

Schritt 5: Erfolgreiche Umsetzung und Neujustierung

Bei der Umsetzung ist zu bedenken, dass vorab unbedingt die benötigten Ressourcen und der Zeitaufwand festgelegt werden müssen. Jede Maßnahme verlangt den Einsatz gewisser Mittel: Zeit, Geld, Personal und Technik. Deswegen ist die Umsetzbarkeit in Bezug auf die Ressourcen kritisch zu überprüfen. Keine Strategie nutzt etwas, wenn die Umsetzung an mangelnden Reserven scheitert – etwa wenn das Geld oder die Zeit für individuelle Gespräche fehlt.

Sind dann die einzelnen Schritte sinnvoll aufeinander abgestimmt und Kontrollinstrumente sowie Ressourcen geklärt, sollte man sich bewusst für die ausgearbeitete Akquise-Strategie entscheiden und diese – zeitnah – umsetzen.

Der letzte Schritt der Affiliate-Akquise ist zugleich wieder der erste Schritt in der Neujustierung. Sie sollten regelmäßig die zurückliegenden Akquise-Tätigkeiten kritisch reflektieren. Eine Rückschau ist dabei allerdings nur so gut wie die Konsequenzen, die Sie daraus ziehen. Sobald Sie Ihre Schlussfolgerungen aus den Daten formuliert haben, ist es an der Zeit, diese auch umzusetzen.

> **Praxistipp**
> Allein schon um Eintönigkeit in den Mailings, langweilige Formulierungen in Telefonaten und uninteressante Folien in Präsentationen zu verhindern, sollte jedes Instrument nach der Akquise-Aktion, aber mindestens einmal im Jahr, auf den Prüfstand gestellt werden.

Partneraktivierung

Da, wie schon erwähnt, in der Regel 5% der Top-Partner für 95% des Umsatzes sorgen, bedeutet das im Umkehrschluss, dass 95% der Partner lediglich für 5% (und weniger) des Umsatzes sorgen.

Aufgabe der Partneraktivierung ist es, diese 95% der inaktiven und kleinen Partner zu aktivieren und sie zu motivieren, entweder für das Partnerprogramm aktiv zu werden oder ihre Werbemaßnahmen zu intensivieren, um mehr Umsatz zu generieren.

Maßnahmen zur Partneraktivierung

Manchmal reicht es schon aus, den Partnern per Newsletter noch einmal die Vorteile des Partnerprogramms zu erläutern. Da sich viele der Partner automatisch bei unterschiedlichen Partnerprogrammen anmelden, kann Ihr Programm schlicht in Vergessenheit geraten sein, oder die Partner hatten seinerzeit noch keinen Bedarf.

Es bietet sich an, im Newsletter mögliche Provisionen und weitere Vorteile hervorzugeben.

Zudem ist es sinnvoll, inaktive Partner gezielt anzuschreiben. Sie können die inaktiven Partner ermitteln, indem Sie über die Statistikfunktion die angemeldeten Partner herauszufiltern, die bisher noch keine Views und Klicks generiert haben. Daraus ist zu schließen, dass diese Partner bisher höchstwahrscheinlich noch keine Werbemittel auf ihren

Seiten integriert haben oder diese schlecht platziert und deshalb keine Klicks generiert haben. Ein Vorteil dieser Maßnahme ist, dass Sie durch den gesetzten Filter ermitteln können, welche der »inaktiven Partner« aktiv geworden sind.

Wettbewerbe oder ein Gewinnspiel sind weitere Möglichkeiten, um Partner zu aktivieren.

Beispiele: Die inaktiven Partner können an einem Gewinnspiel teilnehmen, sofern sie innerhalb eines bestimmten Zeitraums einen Sale oder Lead generieren. Als Gewinn eines solchen Gewinnspiels könnten Sie eine Reise, ein exklusives Elektronikgerät wie ein Plasma-TV oder eine Verdopplung der Provision für sechs Monate ausloben.

Denkbar ist auch eine an die Werbemittel geknüpfte Klickvergütung für einen Zeitraum von einigen Monaten.

> **Praxistipp**
> Klickvergütungen sind eine beliebte Maßnahme, denn die Partner haben Aussicht auf einen Verdienst, auch wenn ein Kunde nichts bestellt und nur auf ein Banner klickt. Der Partner hat somit die Chance, die Conversion des Partnerprogramms zu testen, und verdient aufgrund der Klickvergütung auf jeden Fall eine Provision.

Partnerevents

Professionell durchgeführte Partnerevents sind eine sehr gute Möglichkeit, Partner zu aktivieren und zu binden.

Organisatorisch stellen sie eine große Herausforderung dar. Das Event sollte ein einmaliges Erlebnis für die Partner werden, ein Event, das man nicht alle Tage besucht und das exklusiv ist: z. B. ein Fußballspiel im VIP-Bereich mit einem kulinarischen Angebot oder ein Formel-1-Rennen mit Besuch der Boxengasse oder auch ein achtgängiges Menü in einem Fünf-Sterne-Gourmetrestaurant. Den Partnern soll das Gefühl vermittelt werden, etwas Besonderes zu sein – was sie ja auch sind.

Vor dem eigentlichen Event findet natürlich eine ausführliche Infoveranstaltung zum Partnerprogramm statt. Der Programmbetreiber informiert über neue Produkte oder ein neues Provisionsmodell. Im Rahmen einer Präsentation können noch einmal alle Vorteile des Partnerprogramms erläutert werden.

Natürlich sollten Sie die bereits vorhandenen Top-Partner einladen, um sie persönlich kennenzulernen, die Partnerbindung zu stärken und um diese wichtigen Partner über Neuigkeiten zu informieren. Weitere wichtige Personengruppen, die es einzuladen gilt, sind einerseits die »Goldfische« der inaktiven Partner und andererseits die Top-Partner aus dem Affiliate-Netzwerk, die sich bisher noch nicht für das Partnerprogramm interessiert haben.

Natürlich ist es nicht einfach, vorab eine hundertprozentige Kosten-Nutzen-Aussage zu treffen. Die Praxis zeigt aber, dass sich aufwendige Events – schließlich sorgen die Top-Partner für den Löwenanteil Ihres Umsatzes – durchaus rechnen. So soll Arcor durch eine Zanox-Academy im Berliner Olympiastadion (mit VIP-Besuch des Bundesligaspiels Hertha BSC Berlin gegen Borussia Dortmund) vor einigen Jahren seinen Umsatz um 30 % gesteigert haben.

> **Praxistipp**
>
> Partnerevents haben über das Generieren von Umsatz hinaus eine wichtige Funktion. Die »Vertriebspartner« sind Markenbotschafter, sie repräsentieren und bewerben die Unternehmensmarke im Internet. Auch vor diesem Hintergrund ist ein persönliches Kennenlernen sinnvoll und eine gute Maßnahme, um die Zusammenarbeit weiter zu verbessern.

Trends im Affiliate Marketing

In unserer schnelllebigen Zeit ist es so gut wie unmöglich, vorauszusagen, was in den nächsten Jahren im Online-Marketing tatsächlich passieren wird.

Zu schnell ändern sich mittlerweile die Gesetze, die Technologien und vor allem die strategischen Entscheidungen in den Unternehmen, als dass man Zukunftstrends voraussagen könnte.

Trotzdem ist es unerlässlich, sich mit möglichen Szenarien auseinanderzusetzen, die das Business beeinflussen könnten. Nichts ist schlimmer, als ahnungslos und überstürzt auf neue Szenarien und Rahmenbedingungen reagieren zu müssen.

Steigende Werbe-Spendings in der Digitalbranche

Was in den nächsten Jahren auch dem Affiliate Marketing zugutekommen wird, sind die weiterhin steigenden Werbe-Spendings in den digitalen Kanälen. So prognostizierte die Mediaagentur Magna Global

(IPG Mediabrands), dass der Anteil der digitalen Medien am weltweiten Werbemarkt in den nächsten zwei Jahren 38 % betragen soll. TV wird dann mit einem Marktanteil von 37 % nur noch den zweiten Rang belegen. Bereits 2015 war das Internet das am stärksten wachsende Werbemedium mit Werbe-Spendings von über 160 Milliarden US-Dollar weltweit und einem Wachstum von 17 %. Und auch 2016 soll sich diese positive Entwicklung mit einem Plus von 13,5 % fortsetzen – anders als die TV-, Radio- und Printwerbung, die zukünftig weiter stagnieren und an Boden verlieren werden.

Die Datenauswertung der Customer Journey

Wichtig für Unternehmen sollte auch die konsequente Weiterentwicklung bei der Auswertung der Customer Journey sein. Und damit ist nicht das Multi-Channel-Tracking als Technologie gemeint, sondern die Art, wie angesichts des sich weiter verändernden Such- und Nutzungsverhaltens der Internetuser aussagekräftige Daten erhoben werden können.

In den letzten Jahren sind durch die mobile Entwicklung und die neuen Mobilfunktarife immer mehr Surfgeräte, Bildschirme und dadurch letztendlich Touchpoints hinzugekommen. Mit der Zeit verändert sich dadurch auch das Suchverhalten der User. Nutzer suchen oftmals nicht mehr Keyword-basiert, sondern beschäftigen sich mit konkreten Fragen, die sie in ihre Smartphones eingeben – die Generation Y oftmals sogar per Spracheingabe.

Während man in der Onlinewerbung die Kunden bisher mit kreativen Bannern zum Onlineshopping animierte, müssen die Advertiser ihre Kunden zukünftig mit Antworten durch die komplette Customer Journey begleiten und ihnen vor allem mobil optimierte Inhalte bieten, am besten über Full-Responsive-Shoppingseiten. Mobile Shopping und Mobile Marketing sind inzwischen Realität, die Mobile Experience wird zur Pflichtaufgabe. Es genügt nicht mehr, Webinhalte einfach nur auf das Smartphone zu übertragen.

Auch müssen Unternehmen erkennen, dass es nicht nur darum geht, die vorhandenen Touchpoints zu messen, sondern auch und vor allem darum, die Touchpoints, die gerade erst entstehen, zu erkennen. Immer mehr junge Käufer nutzen mittlerweile keine Suchmaschinen mehr, um sich zu einem Kauf inspirieren zu lassen, sondern sie suchen in sozialen Netzwerken nach Antworten. Deswegen beginnt die Customer Journey immer öfter nicht mehr bei Google. Stattdessen lassen sich die Käufer von Freunden oder Influencern über Bewertungen auf Blogs, bei Instagram & Co. und in sozialen Netzwerken beeinflussen und zum Kauf inspirieren. Dementsprechend wird es für die Advertiser immer wichtiger, den Entscheidungskontext der Kunden bis zum Kauf nachzuvollziehen.

Cross-Device-Tracking

Hinsichtlich der zukünftigen Customer-Journey-Entwicklung wird auch das bisherige Standard-Tracking im Affiliate Marketing, nämlich die Cookie-basierte Messung, immer unbedeutender. Während vor allem auch aufgrund der AdBlocker-Problematik immer mehr Affiliate-Netzwerke und -Technologien das Cookie-Tracking durch Fingerprint- oder 1st-Party-Tracking ablösen, liegt die Zukunft im Cross-Device-Tracking.

Zudem verbringen die User mittlerweile 60% ihrer Internetzeit mit dem Smartphone und verwenden drei oder mehr Geräte pro Tag für das Surfen und Onlineshoppen.

Anbieter wie die Adserver-Technologie Atlas von Facebook bieten die Möglichkeit, anhand von vollständigen, aber anonymisierten Nutzerprofilen ein Device-übergreifendes Tracking abzubilden und dieses den Unternehmen als Tracking-Lösung zur Verfügung zu stellen.

Smart Data

Wurde in den letzten Jahren viel über Big Data gesprochen, so sammeln inzwischen immer mehr Unternehmen Informationen aus den unterschiedlichen Kontaktpunkten und Abteilungen – aus Marketing, Online-Marketing, dem Callcenter sowie dem Kundenservice – und bündeln diese, um daraus die nächsten Schritte abzuleiten.

Mittlerweile gibt es zahlreiche Anbieter, die Daten in Smart Data verwandeln. Auch Affiliate-Netzwerke wie z.B. Tradedoubler bieten ihren Kunden auf Basis von Adapt individuelle Lösungen an.

Dasselbe gilt auch für *Programmatic Advertising*. Je mehr Daten den Advertisern zur Verfügung stehen, desto präziser kann Werbung zukünftig ausgesteuert werden. Unternehmen können ihre potenziellen Käufer noch spezifischer und relevanter ansprechen.

Die Zeit der Experimente neigt sich also langsam dem Ende entgegen.

Neue Provisionsmodelle

Nach wie vor werden die meisten Affiliates immer noch mit einem reinen CPO-Modell (Cost-per-Order) vergütet. Doch durch die neuen

Möglichkeiten von Smart Data und Cross-Device-Tracking ist die Vergütung auf Basis von *Last-Cookie-Wins* im Online-Marketing ein Auslaufmodell.

Den Advertisern stehen zukünftig wesentlich relevantere Kennzahlen zur Verfügung, um die Affiliates zu bewerten. Über Leistungskennzahlen wie *Customer-Lifetime-Value*, *Micro-Conversions* oder *Werbeinteraktion* entstehen ganz neue Provisionsmodelle wie beispielsweise der *Cross-CPO*, um eine ganzheitliche Vergütung der Werbeleistung abzubilden und fair zu vergüten.

Die Renaissance der Content-Publisher

Durch die neuen Tracking- und Messmethoden sowie neue Provisionsmodelle könnte es eine Renaissance der Content-Publisher geben. Denn mithilfe eines durchdachten Content-Marketings könnten gute Inhalte zukünftig wieder mehr den Produktabsatz der Advertiser ankurbeln. Insbesondere überzeugende Content-Seiten helfen dem User bei Problemlösungen im Alltag – und das vor allem vor dem Hintergrund des verändernden Such- und Nutzungsverhaltens, also der Suche mithilfe von Fragen. Zudem bieten Content-Seiten den Usern eine Orientierung bei der Produktsuche, und sie unterhalten ihn zusätzlich.

Hinzu kommt, dass die Zukunft der Bannerwerbung ungewiss ist. Leistungsfähige AdBlocker erschweren Affiliate Marketing über Bannerwerbung, und EU-Rechtler stehen der Bannerwerbung ebenfalls kritisch gegenüber.

Aber auch neue Content-Lieferanten wie z. B. YouTube-Videos könnten zukünftig neue Publisher-Modelle hervorbringen. So gibt es bereits erste YouTuber und YouTube-Kanäle, die über Affiliate Marketing durch die Empfehlung von Produkten relevante Umsätze erzielen.

Fazit und Visionen

Auch wenn viele dieser Themen gerade für kleinere oder mittelständische Unternehmen eine große Herausforderung darstellen werden, sollte man sich doch mit diesen Herausforderungen befassen und nach Möglichkeiten suchen, wie man sein Businessmodell zukunftsgerecht ausrichten kann.

Nicht umsonst haben Unternehmen wie Amazon, Zalando & Co. vielen Onlineshops erhebliche Marktanteile abgenommen, da sie viele der hier angesprochen Möglichkeiten bereits aktiv nutzen und praktizieren.

Und auch für das Affiliate Marketing gilt, dass den eigentlichen Entwicklungen immer Visionen vorausgehen, neue Trends also in der Regel schneller greifen, als sich der einzelne Onlineunternehmer das wünschen würde.

Interview mit Simon Steppat

Welchen Stellenwert hat Affiliate Marketing bei Sparhandy?

Affiliate Marketing hat einen hohen Stellenwert bei Sparhandy und ist seit vielen Jahren ein wichtiger Vertriebskanal für uns. Im Marketing-Mix nimmt der Bereich Affiliate durch seine vielfältigen Möglichkeiten und seine große Flexibilität einen wichtigen Platz ein. Die Kooperation mit unseren Partnern ermöglicht es uns, unterschiedliche Angebote zielgenau in den betreffenden Kundengruppen zu vermarkten. Um hier Beispiele zu nennen: Kurzfristige Angebote mit begrenzter Laufzeit werden überwiegend über Schnäppchenportale vermarktet, wohingegen längerfristige Angebote eher über Content-Partner und Preisvergleiche abgebildet werden.

Wie ist das Affiliate Marketing intern organisiert? Wie ist es im Unternehmen aufgestellt und integriert?

Das Affiliate Marketing ist bei uns für den Bereich Endkundengeschäft in der Abteilung Vertrieb angesiedelt. Hier werden die einzelnen Vertriebskanäle wie SEO, SEA, Affiliate Marketing etc. in einer Abteilung zusammengeführt und sind so strategisch einfach aufeinander abzustimmen.

Die Angebote und Konditionen im Mobilfunk ändern sich oft sehr kurzfristig. Für uns ist es also essenziell, sehr schnell zu reagieren. Wir haben daher sehr kurze Wege zwischen den Abteilungen Produktmanagement, IT, Marketing und Vertrieb etabliert und pflegen hier einen sehr engen Austausch. Aktuell betreuen wir den Bereich Affiliate im Tagesgeschäft zu zweit, wobei die Unterstützung aller beteiligten Abteilungen hier eine wichtige Rolle spielt, um einen reibungslosen und schnellen Ablauf von der Angebotserstellung bis zur endgültigen Vermarktung bei den Partnern zu gewährleisten.

Wie findet ihr gute/passende Affiliates? Und was tut ihr, um die erfolgreichen an euch zu binden?

Das Gewinnen und die Pflege von neuen und bestehenden Partnerschaften bildet für uns die absolute Basis in diesem Bereich. Unsere Partner sind bei der Vermarktung unserer Angebote unser erster Kontakt zum Kunden und damit ein wesentlicher Erfolgsfaktor auf dem Weg zum Sale.

Bei der Partnerakquise verfolgen wir unterschiedliche Ansätze. Die Recherche von potenziellen neuen Partnern erfolgt intern vielfach in Zusammenarbeit mit unseren SEO-Experten. Zudem behalten wir natürlich den Markt im Blick und sprechen potenzielle neue Partner direkt an. Auch werden durch Affilinet, mit denen eine exklusive Partnerschaft besteht, neue Partner vorgestellt.

Einen wachsenden Bereich bilden bei uns strategische Partnerschaften, die sich zwischen Affiliate-Partner und umfassender Kooperation bewegen. Hier werden Vermarktungskonzepte und Angebote individuell mit dem Partner abgestimmt. Die Partnerschaften sind dabei weit gefächert und auf den Vermarktungsfokus des Partners ausgerichtet. Die Bandbreite auf diesem Gebiet umfasst beispielsweise Verlagshäuser, Content-Partner oder große Preisvergleiche.

Neben der Neugewinnung von Partnern sind die Pflege und der Aufbau von bestehenden Kooperationen ein wesentlicher Schwerpunkt unserer Strategie. Mit einem Großteil unseren Partner arbeiten wir bereits seit vielen Jahren eng und vertrauensvoll zusammen. Neben der Kommunikation im Tagesgeschäft via E-Mail oder Handy ist der persönliche Kontakt vor Ort nicht zu unterschätzen. Viele unserer Partner treffen wir daher regelmäßig auf Veranstaltungen wie der Networkxx, OMbash, dmexco oder auf Affiliate-Events. Neben diesen öffentlichen Veranstaltungen gibt es natürlich auch interne Events, bei denen wir den Kontakt pflegen. Bereits seit 2009 veranstalten wir beispielsweise ein jährliches Incentive für unsere besten Partner und Newcomer. Neben der Möglichkeit, abseits des Tagesgeschäfts bestehende und neue Projekte zu planen, kommt der Spaß dabei natürlich auch nicht zu kurz.

Wie stellt ihr sicher, attraktive Konditionen und Vergütungen anzubieten, aber trotzdem wirtschaftlich zu bleiben?

Der Mobilfunkmarkt ist sehr preisgetrieben, und die Angebote der unterschiedlichen Anbieter sind für den Kunden leicht vergleichbar. Es ist daher für uns wichtig, dem Kunden ein für ihn optimales Produkt zu bieten, egal ob nun der Preis, die Netzqualität oder die gewünschte Hardware im Vordergrund steht. Ein Großteil der Provisionen, die wir von den Providern für die Vermittlung von Mobilfunkverträgen erhalten, fließt daher in die optimale Gestaltung des Kundenangebots, das wiederum auch die Vermarktung durch unsere Affiliates unterstützt und erleichtert. Diskussionen um die angemessene Höhe von Provisionen für Affiliates sind nicht neu. Hier ist es für uns wichtig, ein Gleichgewicht zu finden zwischen dem optimalen Angebot für den Kunden, von dem auch der Partner durch Mehrverkäufe profitiert, und einer angemessenen direkten Unterstützung in Form der Provision für den Affiliate.

Sparhandy ist ein Teil der SH Telekommunikation Deutschland GmbH, die neben dem Endkunden- und Geschäftskundenbereich sowie dem Großhandel auch den Mobilfunkbereich der ElectronicPartner-Gruppe führt. Durch einen gemeinsamen Einkauf, optimierte Prozesse und eine starke Vernetzung innerhalb des Unternehmens werden zahlreiche Vorteile geschaffen, die sich wiederum positiv auf die einzelnen Abteilungen auswirken.

Gab es auch schon negative Erfahrungen mit Affiliates bzw. mit dem Kanal?

Neben den vielen positiven Erfahrungen und Partnerschaften, die wir über die Jahre gesammelt haben, gab es selbstverständlich auch einige Entscheidungen, die wir im Nachhinein anders beurteilt und getroffen hätten. In der Anfangszeit war ein möglichst schnelles Wachstum im Affiliate-Bereich eine unserer Prioritäten. Wir haben daher die Auswahl unserer damaligen Partner sehr locker gehandhabt und ihre Vermarktungskanäle nicht detailliert genug betrachtet. Gerade im Bereich Postview haben wir in der Anfangszeit durch Cookie-Dropping und vereinzelte unseriöse Vermarktungspraktiken einen höheren Schaden generiert. Positiv betrachtet, hat uns diese Erfahrung veranlasst, den Kanal im ersten Schritt sehr stark aufzuräumen und nachfolgend sehr viel detaillierter zu betrachten.

Ein weiterer Punkt, den wir heute anders halten, ist die Fokussierung auf ein Affiliate-Netzwerk als verlässlichen Partner. In den Anfangsjahren waren wir bei einer Vielzahl von Affiliate-Netzwerken aktiv, was zu einem immens hohen Pflegeaufwand führte. Wir haben uns hier nach und nach von den einzelnen Netzwerken getrennt und uns letztlich für Affilinet als exklusiven Partner entschieden. Von dieser Entscheidung haben sowohl unsere Partner als auch wir bislang stark profitiert.

Wie wird man Affiliate-Manager? Wie kann man sich das nötige Know-how aneignen?

In den Bereich Affiliate Marketing gibt es verschiedenste Einstiegsmöglichkeiten. Viele Affiliate-Manager sind mit eigenen Projekten gestartet, haben bei Affiliate-Agenturen und -Netzwerken gearbeitet oder sind mit dem Bereich in der Ausbildung oder im Studium in Berührung gekommen.

Ich hatte den Vorteil, dass ich bereits im Studium Anknüpfungspunkte in den IT-Bereich hatte und diese bei Sparhandy in der Anfangszeit durch eine zusätzliche Fortbildung zum Online Marketing Manager ergänzte.

Die konkretere »Weiterbildung« im Day-to-Day-Business erfolgte dann über Schulungen der Netzwerke, den Besuch von Fachveranstaltungen, Blogs und letztendlich durch eine enge Kommunikation mit den Partnern. Nicht zu unterschätzen für »Tipps und Tricks« ist der Besuch von Affiliate-Veranstaltungen und -Stammtischen, bei denen ein direkter Austausch stattfindet.

Simon Steppat gehört seit den Anfangsjahren zur SH Telekommunikation Deutschland GmbH. Nach seinem Studium »Internationales Informationsmanagement« in Hildesheim und Birmingham (UK) startete er 2005 seine Karriere im Unternehmen. Nach Fortbildungen zum Fachwirt für Online Marketing BVDW und zum betrieblichen Datenschutzbeauftragten (GDD) verantwortet er heute mit seinem Team den Bereich Service & Operations.

KAPITEL 7
Display Advertising

In diesem Kapitel:
- Entwicklung, Grundbegriffe und Zusammenhänge von Display Advertising
- Die Rolle von Display Advertising und Real Time Advertising im Online-Marketing-Mix
- Wichtige Konzepte, Technologien und Herausforderungen
- Datenschutz
- Konzepte – Kampagnentypen und Einsatzzwecke in Display Advertising und RTA
- Werbemittel – oft belächelt, fast immer unterschätzt
- Herausforderungen
- Kennzahlen und Erfolgsmessung
- Lernen von Erfolgsbeispielen
- Checkliste für erfolgreiche Kampagnen
- Linktipps
- Interview mit Thorsten Eder

Von Wolfgang Neider

Werbetreibende in Deutschland geben für Display Advertising und seine verschiedenen Spielarten bis zu 60 % ihres Onlinewerbebudgets aus – damit vereint Display Advertising mehr Budget auf sich als jeder andere Online-Marketing-Kanal.[1] Dieser Umstand sowie die wichtige Rolle, die Display Advertising innerhalb der Customer Journey spielt, machen diesen Kanal zu einem wichtigen Baustein eines erfolgreichen Online-Marketing-Mix. Die Grundlagen, die ein Online Marketing Manager zur Bewertung und Steuerung seiner Kampagnen benötigt, vermittelt das folgende Kapitel.

Entwicklung, Grundbegriffe und Zusammenhänge von Display Advertising

Werbung mithilfe von Bildern ist alles andere als neu – Bildwerbung existiert auf Plakatwänden und Litfaßsäulen (seit 1854) sowie in Zeitschriften schon seit dem 19. Jahrhundert.[2]

---

1 Onlinewerbeausgaben 2016: Display schlägt Search: *https://www.adzine.de/2016/02/online-werbeausgaben-2016-display-schlaegt-search/* (Aufruf: 01.08.2017)
2 Geschichte der Werbung: *http://www.planet-wissen.de/kultur/medien/werbung/pwiegeschichtederwerbung100.html* (Aufruf: 01.08.2017)

Ebenso blickt das digitale Pendant auf eine lange, aber ebenso bewegte Geschichte zurück. Am 27. Oktober 1994 ging das erste *Display-Ad* auf der Seite Hotwired.com online. Damals bezahlte das Telekommunikationsunternehmen AT&T rund 30.000 Dollar im Monat für die Einspielung ihrer Display-Werbung in dem Onlinemagazin. Hotwired.com prägte zu dieser Zeit nicht nur den Begriff *Banner-Ad*, auch das erste rotierende Banner wurde von Hotwired.com eingesetzt.[3]

Verfolgt man die Entwicklung der analogen Werbemittel von damals bis heute, so zeigt sich zwar eine immense Entwicklung – der Zweck bleibt aber stets der gleiche: Potenzielle Interessenten sollen von Produkten überzeugt und zum Kauf angeregt werden. Was sich jedoch definitiv verändert hat, sind die zur Verfügung stehende Werbefläche sowie die Ansprache der Werbekonsumenten.

Mit dem Einzug des WWW in unser tägliches Leben, also mit der zunehmenden Digitalisierung, erfuhr auch die Bildwerbung eine Digitalisierung. Plakatwände, Werbeprospekte etc. wurden ergänzt um digitale Werbeflächen auf Webseiten, in Apps oder auf Mobilgeräten. Ebenfalls eine Evolutionsstufe weiter ist die Ansprache der Konsumenten. Neben der allgemeinen ermöglicht das WWW eine gezielte Ansprache der »Werbekonsumenten« – diese hat sich nicht nur um ein Vielfaches verfeinert, sondern wird auch um einen wesentlichen Aspekt ergänzt: nämlich um eine Differenzierung bei der Ansprache zwischen Bestands- und Neukunden. Diese können nun bei bestimmten Formen der Display-Werbung individuell angesprochen werden.

Was ist Display Advertising?

Im Folgenden wollen wir uns dem Thema Display Advertising und seinen verschiedenen Ausprägungen im Online-Marketing widmen – zuallererst werden wir die grundlegendste Frage klären: Was ist Display Advertising?

Display Advertising umfasst alle Werbeformen, die ihre Werbebotschaft vorwiegend über Bildansprache transportieren oder grafische Werbemittel verwenden. Als Werbefläche dienen unzählige Webseiten des WWW, die man über sogenannte Vermarkter buchen kann und die vom Werbetreibenden mit verschiedenen Werbebotschaften belegt werden können. Folglich gleicht Onlinebildwerbung stark ihren Offlinevorfahren. Onlinewerbung mithilfe von Werbevideos zählt häufig ebenfalls zum Bereich des Display Advertising, da die Buchung und Platzierung

---

[3] Banner-Ad feiert Geburtstag: *http://www.internetworld.de/onlinemarketing/banner-ad-feiert-geburtstag-geschichte-display-advertising-253765.html?seite=0* (Aufruf: 01.08.2017)

der Werbevideos analog zu den Bildplatzierungen verläuft und bis auf die unterschiedliche Machart der Werbemittel die gleichen Verfahren, Technologien und Erweiterungen zum Einsatz kommen können.

Display Advertising ist von jeher ein fester Bestandteil des Online-Marketing-Mix und gehört neben Suchmaschinenmarketing zu den am weitesten verbreiteten Werbeformen im Internet. Betrachtet man den Onlinewerbemarkt rund um das (bewegte) Bild genauer, stellt man fest, dass sich der Display-Advertising-Bereich vor allem in den letzten Jahren sehr stark weiterentwickelt hat bzw. eine Zweiteilung, vor allem durch die fortschreitende Technologisierung, stattgefunden hat.

Display Advertising teilt sich nun in zwei Hauptbereiche auf: zum einen in standardmäßiges Display-Advertising und zum anderen in Real Time Advertising (auch mit RTA abgekürzt).

Display Advertising

Display Advertising beschreibt dabei immer noch den traditionellen Vorgang der Bildwerbung und deren Einkauf im Internet.

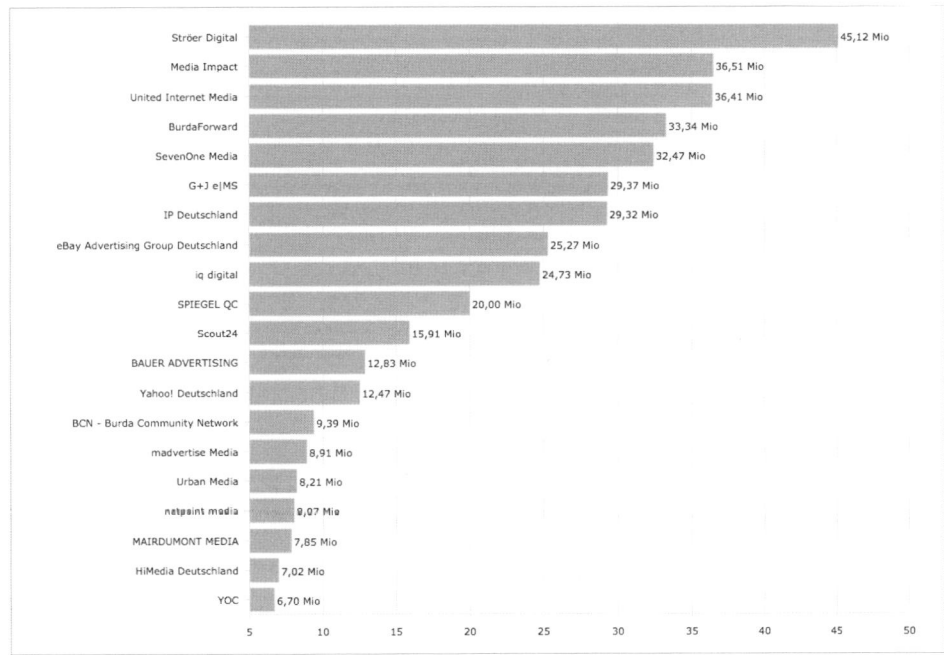

Abbildung 7-1:
Top 20 der digitalen Vermarkter, November 2016 (Quelle: AGOF e. V.[4])

---

4 AGOF: Top 20 Digitale Vermarkter: *https://www.agof.de/studien/digital-facts/aktuelle-grafiken/* (Aufruf: 01.08.2017)

Vermarkter bilden die Anlaufstelle für die Werbetreibenden im klassischen Display Advertising. Diese bieten Werbeflächen auf ihren eigenen Webseiten zum Buchen von Werbeeinblendungen an. Oftmals bündeln sie auch (teilweise themengebunden) weitere Werbeplätze auf Webseiten von anderen Webseitenbetreibern (sogenannten Publishern) und bieten diese in deren Namen zum Kauf an. Damit sind die Onlinevermarkter am nächsten an der klassischen Vermarktung, wie man sie von Radio, Print oder TV kennt.

> **Bundesverband der digitalen Wirtschaft e. V. (BVDW)**
>
> Der BVDW »ist die zentrale Interessenvertretung für Unternehmen, die digitale Geschäftsmodelle betreiben oder deren Wertschöpfung auf dem Einsatz digitaler Technologien beruht«[5]. Er hat es sich dabei zur Aufgabe gemacht, Angebote der Digitalbranche transparent und durch Standardisierung deren Effizienz und Einsatz für alle Marktteilnehmer plausibel, vergleichbar und zugänglich zu machen. Der BVDW ist gleichzeitig die Interessenvertretung der Mitgliedsunternehmen, die sich aus den verschiedensten Branchen der digitalen Wirtschaft zusammensetzen, und steht dabei in ständigem Kontakt zu anderen Interessenvertretungen sowie Öffentlichkeit und Politik, um maßgeblich an der Weiterentwicklung von Markt, Technologien und Angeboten mitzuwirken.

Wichtige Anlaufstellen für einen Online Marketing Manager stellen der Bundesverband der digitalen Wirtschaft e. V. sowie der Online-Vermarkterkreis (OVK) dar. Die beiden Interessenvertretungen stellen wichtige Informationen und Richtlinien für die tägliche Arbeit eines Online Marketing Manager bereit und sind gleichzeitig die Lobbyisten in Politik und Wirtschaft.

> **Online-Vermarkterkreis (OVK)**
>
> Der OVK ist die zentrale Vereinigung der 18 größten Onlinevermarkter und agiert unter dem Dach des BVDW. Zielsetzung des OVK ist die weitere Stärkung des Onlinewerbemarkts, vor allem durch Erhöhung der Markttransparenz, der Standardisierung der Technologien und Angebote sowie durch die Erhöhung der Planungssicherheit und durch die Definition einheitlicher Qualitätsstandards für die gesamte digitale Branche. Des Weiteren engagiert sich der OVK national und international in diversen Gremien zur Weiterentwicklung des Onlinewerbemarkts sowie der Digitalbranche. Dabei richtet er selbst Kongresse und Tagungen aus und stellt Studien und Analysen zur Verfügung.[6]

---

5 BVDW: *http://www.bvdw.org/der-bvdw/ueber-uns.html* (Aufruf: 01.08.2017)
6 OVK: *http://www.ovk.de/ovk/ovk-de/der-ovk.html* (Aufruf: 01.08.2017)

Mediaplanung

Geplant werden Online-Display-Kampagnen sehr ähnlich wie die der traditionellen Mediaplanung im Print.

Mediaplaner planen jede Kampagne einzeln und recherchieren das passende Inventar – also Werbeflächen – mit der gewünschten Reichweite bei den unterschiedlichen Vermarktern. Die Werbeplätze werden direkt bei den einzelnen Vermarktern zu einem Festpreis für eine Anzahl von Werbeeinblendungen (auch *Ad Impressions*) verhandelt und gebucht. Viele Mediaplaner setzen dabei auf einen Mix aus *Premium-Inventar* und *normalem Inventar*.

> **Premium-Inventar und Premium-Vermarkter**
>
> Premium-Vermarkter vertreiben Werbeplätze auf hochwertigen Webseiten – auch Premium-Inventar genannt. Oftmals sind die Inhalte der Webseiten redaktionellen Ursprungs (z.B. aus Zeitungen, Nachrichten, Magazinen etc.), oder die Seiten zeichnen sich durch eine besonders hohe Qualität und Frequenz der Webseitenbesucher aus. Premium-Vermarkter legen Wert auf die Exklusivität ihres Angebots. Premium-Inventar findet man deshalb meist ausschließlich bei einem Premium-Vermarkter.

Verkaufsprozess

Werbetreibende oder deren Mediaplaner kaufen ihre Werbeplätze bei Vermarktern ein. Zur genaueren Planung ihrer Mediakampagnen brauchen Mediaplaner detaillierte Informationen von den Webseiten, die ein Vermarkter vertreibt. Vermarkter stellen deshalb Mediaplanern *Site-Listen* ihres Angebots zur Verfügung. Site-Listen sind Referenzen oder Inhaltsangaben der Werbeplätze von Webseiten, die ein Vermarkter zur Buchung zur Verfügung stellen kann. Neben den Site-Listen bieten Vermarkter oftmals noch folgende Informationen pro Webseite:

- Anzahl der Ad Impressions pro Webseite und Zeiteinheit (Reichweite einer Webseite)
- Kategorisierung des Webauftritts (oft nach dem Standard des Interactive Advertising Bureau[7])
- Preis
- unterstütztes/mögliches Werbeformat

---

7   IAB Categories: *https://www.iab.com/wp-content/uploads/2015/06/DAASTAdCategories.xlsx*

Gebucht werden die Werbeplätze für einen festgelegten Zeitraum zu einem vorher festgelegten oder verhandelten Preis. Dafür garantiert der Vermarkter eine im Voraus abgesprochene Anzahl an Werbeeinblendungen für diesen Zeitraum.

Die Abrechnung erfolgt in der Regel über die Anzahl der gebuchten und meist auch erzielten Ad Impressions. Als Einheit wurde hier die bereits aus der Offlinewelt bekannte Messgröße übernommen. Abgerechnet werden in der Regel die Kosten für 1.000 *Ad Impressions*, auch *Tausender-Kontakt-Preis* (TKP) genannt. Andere Abrechnungsformen, zum Beispiel Kosten pro erzeugtem Lead (*Cost per Lead*, CPL) oder Kosten pro Klick (*Cost per Click*, CPC) sind ebenfalls möglich, aber nicht so verbreitet.

Was ist Real Time Advertising?

Real Time Advertising ist die Weiterentwicklung des Display Advertising – mit anderen Worten: bedingt durch die neuen technologischen Möglichkeiten ein nächster Evolutionsschritt des Display Advertising. Ob dieser Zweig weiter Bestand haben wird, bleibt abzuwarten, dazu gibt es die unterschiedlichsten Stimmen am Markt. Festzustellen ist aber, dass Real Time Advertising in den letzten Jahren ein überwältigendes Wachstum gezeigt hat und in 2017 weltweit einen größeren Marktanteil[8] als Display Advertising haben soll.

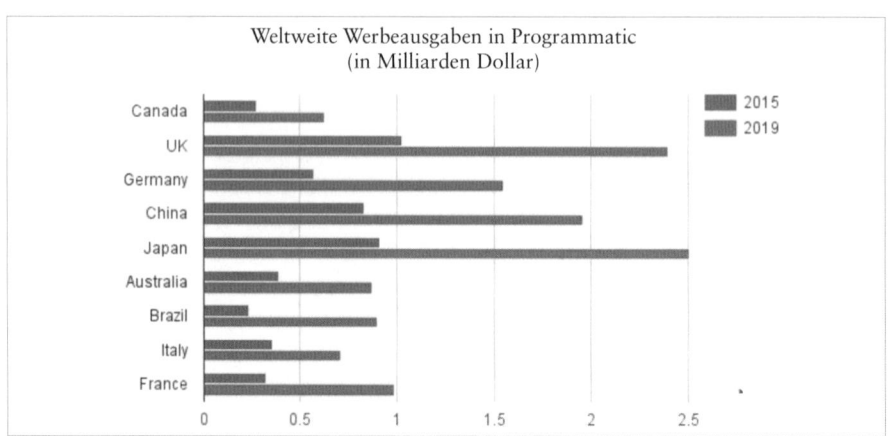

Abbildung 7-2:
Weltweiter RTA-Werbeausgaben: Vergleich zwischen 2015 und 2019[9]

---

8 Susanne Gillner: *http://www.internetworld.de/onlinemarketing/programmatic-advertising/programmatic-advertising-waechst-59-prozent-1174471.html* (Aufruf: 01.08.2017)

9 Digiday UK, Magna Global: *http://digiday.com/publishers/global-state-programmatic-five-charts/* (Aufruf: 01.08.2017)

Wo unterscheiden sich nun Real Time Advertising (RTA) und Display Advertising? Es gibt vor allem zwei elementare Unterschiede:

Zum einen ist es beim RTA nicht von maßgeblicher Bedeutung, wo das Banner angezeigt wird. RTA fokussiert sich darauf, dem potenziellen Käufer – also dem kaufwilligen Interessenten – die passende Werbebotschaft einzublenden. Somit steht der einzelne User und nicht die Platzierung (Webseite) im Mittelpunkt der Optimierung oder Planung.

Zum anderen handelt es sich beim RTA um eine Auktion – die Werbeeinblendung für einen bestimmten User wird unter allen Interessenten versteigert. Man kauft keine feste Anzahl an Ad Impressions zu einem bestimmten Preis.

Wie der Name Real Time Advertising schon vermuten lässt, findet die Auktion, also die Entscheidung, wer einem bestimmten User eine Werbebotschaft auf einer Webseite einblenden darf, nahezu in Echtzeit[10] statt. Bei der Auktion handelt es sich wie beim SEA um eine *Second Price Auction* – der Gewinner, also der Höchstbietende, zahlt faktisch nur 1 Cent mehr als derjenige mit dem zweithöchsten Gebot.

Mediaplanung

Durch den Umstand, dass es sich beim RTA um den passenden User dreht (also die richtige Zielgruppe zu erreichen versucht wird), steht die traditionelle Mediaplanung vor einer großen Herausforderung. Premium-Inventar sowie Premium-Vermarkter bekommen überraschend Konkurrenz von kleineren Webseiten, Blogs und Sell Side Platforms, die ihr Inventar wesentlich günstiger anbieten. Hat man früher versucht, Webseiten mit möglichst großer Reichweite zu buchen – frei nach dem Motto »viel hilft viel« –, bekommt man nun auch die gleiche Anzahl an Klicks oder Conversions von kleineren Seiten, auf denen sich aber die thematisch passenden User bewegen – und das möglicherweise zu einem günstigeren Preis.

Deshalb ist ein neuer Aspekt, den die Mediaplaner berücksichtigen müssen, möglichst viel über ihre gewünschte Zielgruppe zu erfahren. Das geht weit über das Wissen hinaus, welche Webseiten sich potenzielle User ansehen. Wichtig sind alle Datenpunkte, die man über den einzelnen User in Erfahrung bringen kann: neben Alter, Geschlecht und Sprache auch Kaufinteressen, Warenkorbwerte oder beobachtete Produkte und dergleichen. Diese Informationen können dann für einen optimierten, nutzerbezogenen Einkauf verwendet werden.

---

10 Echtzeit bedeutet, dass jeder Teilnehmer einer Auktion 100 ms Zeit hat, um ein Gebot abzugeben.

Verkaufsprozess

Wie eingangs erwähnt, verhandelt man beim RTA nicht einen fixen TKP für eine gewisse Anzahl an Usern, sondern man gibt automatisiert für jeden einzelnen User ein individuelles Gebot ab. Damit ist es nur schwer abzuschätzen, wie viele Impressions man für sein verfügbares Budget bekommt. Je nach Konkurrenz und Wertigkeit kann es Unterschiede in der Ad-Impressions-Zahl um den Faktor 10 und auch mehr geben. Der bezahlte TKP kann zwischen 30 Cent und 5 Euro (oder mehr) ebenfalls schwanken.

Der teilweise stark schwankende Preis erfordert nicht nur bei Mediaplanern und Einkäufern ein Umdenken – vor allem die Publisher müssen sich der neuen Technologie und ihren Möglichkeiten anpassen. Wo es im Display Advertising im ersten Schritt genügte, Seiten mit großer Reichweite zu haben, müssen nun die Publisher weit mehr Datenmaterial über ihre Webseitenbesucher zur Verfügung stellen. Dies reicht von vielschichtigen Reports und Statistiken bis hin zum Zukauf von weiteren Datenpunkten durch den Publisher selbst. Dabei fehlt dem Publisher auf der anderen Seite die sichere, planbare Erlösquelle, da er stets unsicher ist, zu welchem Preis die Webseitenbesucher (und damit seine Werbeplätze auf den Webseiten) verauktioniert werden.

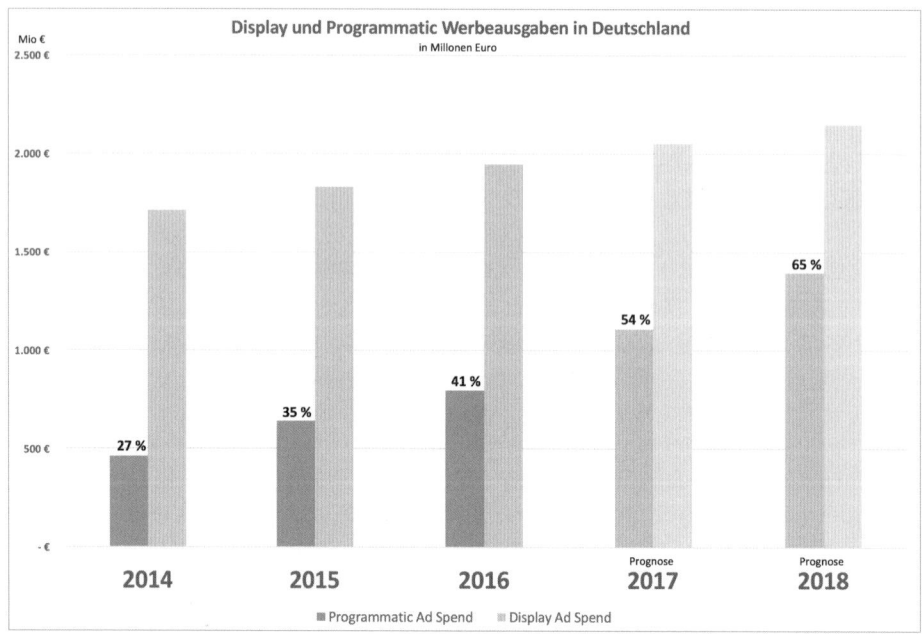

Abbildung 7-3:
Stellenwert Real Time Advertising im Vergleich zum traditionellen Mediaeinkauf, eMarketer.com-Studie

> **Von Display zu RTA**
>
> Welchen Stellenwert Real Time Advertising im Vergleich zum traditionellen Mediaeinkauf einnimmt, zeigt sehr deutlich die Studie von eMarketer.[11] Laut Prognose fließt bereits 2017 mehr Budget in den automatisierten Einkauf von Werbeflächen als in traditionelle Einkaufsmodelle. Dabei sind vor allem der programmatische Einkauf von Videoinventar und die zunehmend bessere Qualität des RTA-Inventars für dieses Wachstum verantwortlich.

Die Rolle von Display Advertising und Real Time Advertising im Online-Marketing-Mix

Da Sie nun wissen, wie Display Advertising und Real Time Advertising prinzipiell funktionieren, widmen wir uns noch der Frage, welche Rolle diese Werbeformen im Online-Marketing einnehmen.

Wie schon die nicht digitalen Vorfahren von Display Advertising und RTA funktionieren auch diese Werbeformen hervorragend für Branding-Kampagnen. Allerdings kann man sie, je nach Ausrichtung, auch gut für weitere Zwecke innerhalb des Kaufentscheidungsprozesses einsetzen. Der aus dem Marketing bekannte Ablauf eines Kaufprozesses teilt sich in drei (manchmal vier) Phasen (siehe Abbildung 7-4).

Display und RTA können dabei vor allem zur Unterstützung von zwei entscheidenden Phasen im Kaufentscheidungsprozess eingesetzt werden.

1. **Awareness schaffen – Funnel öffnen**

    Display- sowie RTA-Kampagnen mit sehr großer Reichweite können hervorragend verwendet werden, um potenzielle Käufer auf ein Produkt aufmerksam zu machen. Kampagnen sollten dabei auf reichenweitenstarken Seiten im Display und mit nicht allzu restriktiven Zielgruppeneinstellungen im RTA laufen. Man sollte bei diesen Kampagnen vor allem ein Augenmerk darauflegen, dass der TKP nicht zu hoch wird und eine sinnvolle *CTR (Click-Through-Rate)* erreicht wird. Außerdem sollte man sich die passenden Customer-Journey-Metriken ansehen, um stets zu monitoren, ob die Kampagnen ihr Ziel erreichen.

2. **Abverkäufe steigern – letzte Phase des Kaufes**

    Auch die letzte Phase des Kaufentscheidungsprozesses kann sehr gut durch Display-Werbung unterstützt werden. Denkt man zur

---

11 eMarketer.com – Programmatic Digital Display Ad Spending in Germany: *https://www.emarketer.com/Chart/Programmatic-Digital-Display-Ad-Spending-Germany-2014-2018-millions-of-change-of-total-digital-display-ad-spending/196809* (Aufruf: 01.08.2017)

Unterstützung dieser Phase meist an SEA, kann man durch die geeignete Gestaltung der Werbemittel auch gute Performancewerte mithilfe von Bannerwerbung in den Abverkäufen erzielen. So zeigen Banner mit Rabatten, Versandbefreiung oder reduzierten Produkten gute bis sehr gute Verkaufszahlen bei ähnlichen oder sogar geringeren Kosten.

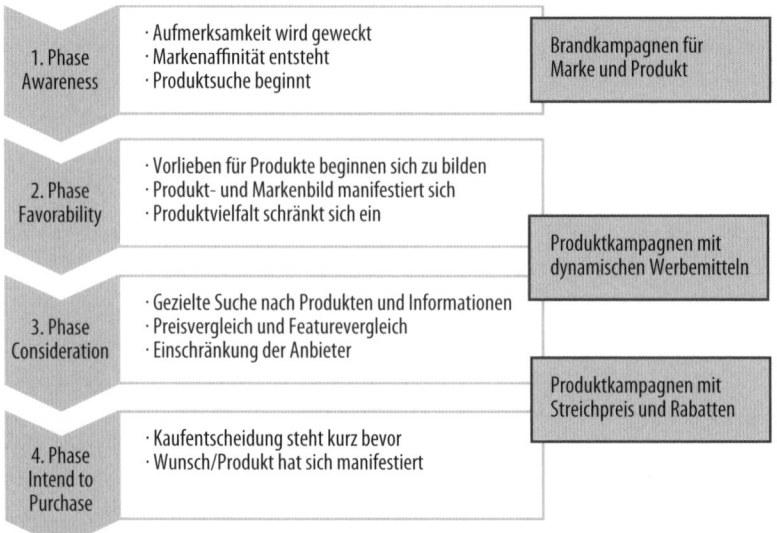

Abbildung 7-4:
Die vier Phasen des Kaufprozesses

Wichtige Konzepte, Technologien und Herausforderungen

Eingangs haben wir uns der prinzipiellen Funktionsweise von Display Advertising und der Weiterentwicklung in Form von RTA gewidmet. Die nächsten Seiten beleuchten neben Aufgaben und Herausforderungen auch technologische Konzepte. Dabei spielt Display Advertising in seiner ursprünglichen Form auf den nächsten Seiten eine untergeordnete Rolle, da die Konzepte und Herausforderungen schon in ausreichender Tiefe beschrieben wurden. Zusammenfassend gesagt, beruht der Erfolg von Display Advertising mehr auf der Erfahrung und dem guten Publisher-Netzwerk eines Online Marketing Manager als auf Konzepten, Technologien oder Analysen.

Im nachfolgenden Abschnitt geht es deshalb um Real Time Advertising – hier hat der Online Marketing Manager von heute die größten Herausforderungen zu meistern und die meisten technologischen Hürden zu bewältigen.

Technologien, Technikdienstleister und ihre Aufgaben

Durch den zunehmenden technologischen Fortschritt ist es heute möglich, für den einzelnen Besucher einer Webseite nahezu in Echtzeit zu entscheiden, ob und, wenn ja, welche Art von Werbung ihm gezeigt werden soll. Sogar eine individuelle Gestaltung des Bilds kann pro User generiert werden. Um das alles zu ermöglichen, hat sich in den letzten Jahren ein relativ umfangreicher Technologie-Stack entwickelt, der diesen Vorgang abbildet.

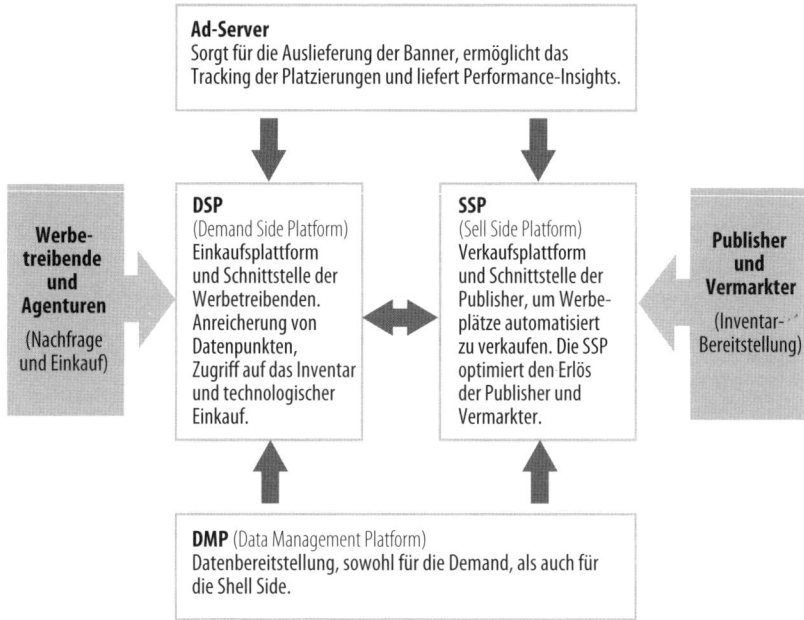

Abbildung 7-5:
Technologie-Stack des Display Advertising (© Wolfgang Neider)

Demand Side Platform (DSP)

Die DSP ist für den automatisierten Einkauf von Werbeplatzierungen auf den Inventaren der Publisher zuständig. Sie gibt ihr Gebot für die einzelnen User an die *Sell Side Platform* (*SSP*) ab. Für die Ermittlung der Höhe des einzelnen Gebots – also den Wert des einzelnen Users – ziehen gute DSPs zahlreiche Datenpunkte in Betracht. Diese Daten haben sie entweder selbst gesammelt, oder sie werden ihnen von Dritten übermittelt. Die Bewertung der Datenpunkte findet über Algorithmen oder Machine-Learning-Ansätze statt. Nur so kann eine sinnvolle Verarbeitung und Bewertung der Menge an Datenpunkten über jeden einzelnen User gewährleistet werden.

Die *Demand Side Platform* ist sozusagen die Einkaufsplattform der Werbetreibenden für das angebotene Inventar (User). Sie wird daher von den Mediaplanern einer Agentur bzw. den jeweils zuständigen Marketingverantwortlichen genutzt.

Um eine Kampagne schon von Beginn an möglichst performant starten zu lassen, hat es sich als hilfreich erwiesen, für den Start gewisse Rahmenparameter pro Kampagne festzulegen. Diese groben Grenzen dienen den Algorithmen der DSPs als Rahmen, Richt- und Zielwert ihrer Optimierungsalgorithmen. Die Ansprache von Usern, die für den Werbetreibenden keinen Wert besitzen, kann so von Anfang an reduziert werden, und das zur Verfügung stehende Budget wird früh zielgerichtet eingesetzt. Je nach Kampagnenverlauf müssen diese Rahmenparameter aber ständig kontrolliert und gegebenenfalls justiert werden. Das geschieht entweder durch den Online Marketing Manager oder – falls die DSP diese Möglichkeit bietet – autonom durch die Algorithmen der Demand Platform.

Die DSPs sollten im Idealfall zum erfolgreichen Ausspielen von Kampagnen neben der Laufzeit und dem Budget deshalb noch folgende Einstellungsoptionen pro Kampagne oder Flight als Rahmenparameter bieten:

1. **Optimierungsziel einer Kampagne/Kampagnenstrategie**
   Jede Kampagne sollte ein gewisses Optimierungsziel besitzen. Dieses Ziel sollte bei dem automatisierten Einkauf der User über die DSP beachtet und eingehalten werden. Mögliche Optimierungsziele sind unter anderem:
   - Conversion-Optimierung
     Zielwert: meist CPO (Cost per Order) oder ROI (Return on Investment)
   - Klickoptimierung
     Zielwert: CTR (Click-through-Rate) oder Anzahl der zu erreichenden Klicks
   - Reichweite/View-Optimierung
     Anzahl der zu erreichenden Impressions

2. **Sprach- und Geoeinstellungen**
   Werbemittel einer Kampagne werden nur ausgespielt an User einer bestimmten Sprache (z. B. nur an deutschsprachige User) und/oder an User, die sich in einer bestimmten geografischen Region befinden (z. B. nur in Bayern).

3. **Kategorien (Verticals)**

   Gemeint sind Einschränkungen der Kampagne mithilfe von Kategorien, denen die verschiedenen potenziellen User zugeordnet sind (z. B. finanzaffine User, autoaffine User etc.). Diese Informationen stehen der DSP aus unterschiedlichen Quellen zur Verfügung. Teilweise liefert die SSP diese Informationen pro Anfrage mit, oder sie können von Data Management Platforms bzw. dem einzelnen Werbetreibenden selbst zur Verfügung gestellt werden.

4. **Sichtbarkeit (Above the Fold) und Capping**

   Unter Sichtbarkeit versteht man, dass ein Banner beim initialen Laden der Webseite im sichtbaren Bereich für einen Webseitenbetrachter ist. Werbung, die beim erstmaligen Laden der Webseite nicht zu sehen ist (also Below the Fold), wird folglich erst durch Scrollen der Webseite sichtbar – dementsprechend ist eine Nutzerinteraktion nötig. Bedenkt man, dass die vom Nutzer gesuchte Information, die er auf dieser Webseite zu finden hofft, zu diesem Zeitpunkt schon im sichtbaren Bereich sein kann, wird die Werbung von ihm nicht wahrgenommen, da sie sich initial nicht im sichtbaren Bereich befindet. Man zahlt unter Umständen für Werbung, die ihr Ziel nie erreicht.

   Um einem potenziellen Interessenten nicht ständig die gleiche Werbung auszuspielen, hat sich eine Beschränkung der Anzahl der Werbeeinblendungen pro User (kurz Capping) etabliert. Die DSP zeigt einem User unabhängig davon, auf welcher Webseite er unterwegs ist, nur eine bestimmte Anzahl an Werbeeinblendungen pro Kampagne. Dies beugt Belästigung oder gar einem gefühlten Verfolgungswahn vor und verhindert somit eine negative Assoziation beim Nutzer mit dem Produkt des Werbetreibenden oder dessen Marke.

5. **Black- und Whitelist-Einstellungen und SSPs**

   Ebenfalls ein Must-have-Feature einer DSP ist die Möglichkeit, bestimmte Webseiten (auch Placements) generell von einer Annonce auszuschließen (Blacklisting) oder umgekehrt nur auf bestimmten Webseiten Werbung auszuspielen (Whitelisting). Das dient meist dazu, die Marke oder die Produkte eines Werbetreibenden nicht auf fragwürdigen Webseiten zu platzieren und somit die Marke zu schützen. Hier ist es besonders wichtig, sich nochmals den Hauptunterschied zwischen Display und Real Time Advertising vor Augen zu führen:

   Im Display werden gezielt verschiedene Webseiten gebucht, auf denen Werbung ausgespielt werden soll. Die Domains sind folglich bekannt, und man kann sich im Vorhinein schon das Umfeld, in dem die Werbung erscheinen wird, aussuchen.

Im RTA ist es im ersten Schritt vollkommen egal, auf welcher Webseite Werbung ausgespielt wird – Hauptsache, man erreicht die gewünschte Zielgruppe. Teile dieser Zielgruppe können nun aber auch Seiten mit einer ethisch fragwürdigen Reputation (z. B. rechts-/linkspolitische oder pornografische Inhalte etc.) besuchen. Um nun zu verhindern, dass Werbung zwar der richtigen Zielgruppe, aber auf für den Werbetreibenden unerwünschten Seiten ausgespielt wird, werden Blacklists eingesetzt. Der Werbetreibende kann einzelne Seiten, oder bei guten DSPs auch ganze Themenumfelder (z. B. Politik und Religion), für seine Werbung ausschließen.

Whitelists spezifizieren im Gegensatz dazu die erlaubten Webseiten oder Themenumfelder, in denen die Werbung erscheinen darf. Ebenfalls wichtig ist, dass eine DSP eine gute Auswahl an Sell Side Platforms unterstützt. Die Sell Side Platforms sind das Tor zu den verschiedenen Webseiten, auf denen sich die gewünschten Zielgruppen der Werbetreibenden tummeln. Demzufolge sollte eine DSP den Zugriff auf das nötige Inventar ermöglichen und die von den einzelnen SSPs gebotenen Features (wie z. B. private Deals, Verticals etc.) zugänglich machen.

6. **Retargeting**

   Schließlich sollte eine DSP noch verschiedene Retargeting-Möglichkeiten bieten. Welche Funktionen im Detail und in welcher Ausbaustufe vorhanden sein müssen, hängt zum einen von der DSP ab, zum anderen aber auch von den geplanten Kampagnen des Werbetreibenden. Eine genauere Beleuchtung des Themenfelds Retargeting folgt im Abschnitt »Kampagnentypen und Einsatzzwecke im Display und RTA« weiter hinten in diesem Kapitel.

7. **Weitere Möglichkeiten**

   Zu guter Letzt bietet eine gute DSP diverse Möglichkeiten, verschiedene externe wie interne Datenquellen anzubinden und Daten aus anderen Systemen oder weiteren Online-Marketing-Maßnahmen zur Bildung von Zielgruppen für eine RTA-Kampagne nutzbar zu machen. Als Beispiel seien hier z. B. Newsletter-Versand-Kampagnen, SEA-Kampagnen, CRM-Daten, Onsite-Tracking, Shopsysteme oder externe Datenlieferanten genannt. Auch hier gibt es erhebliche Unterschiede im Funktionsumfang der verschiedenen DSPs, und es obliegt dem Online Marketing Manager, die verschiedenen angebotenen Möglichkeiten zu (er-)kennen und für sich nutzbar zu machen.

Sell Side Platform (SSP)

Der DSP als der nachfragenden Seite steht die SSP-Seite als Angebotsseite gegenüber. Die Sell Side Platform oder auch Supply Side Platform (kurz SSP) stellt den Einkäufern, also den DSPs, das Angebot an Werbeplätzen zur Verfügung. Publisher oder auch Webseitenbesitzer haben die Möglichkeit, durch die SSP Werbeplätze an Werbetreibende zu verkaufen. Dazu meldet der Publisher seine Internetseite bei einer SSP an, gibt Informationen über das Inventar wie zum Beispiel Besucheranzahl, Themenfelder oder Mindestpreise an die SSP weiter, um es für den Einkäufer interessant bzw. bewertbar zu machen, und schon kann der Verkauf starten. Die Informationen gleichen im Wesentlichen denen, die auch im normalen Display Advertising zur Vermarktung verwendet werden:

- Anzahl der Ad Impressions pro Webseite und Zeiteinheit (Reichweite einer Webseite).
- Kategorisierung des Webauftritts (oft nach Interactive-Advertising-Bureau-[IAB-]Standard).
- Unterstütztes/mögliches Werbeformat mit Anzahl Ad Impressions.
- Kategorisierung des Inventars (z. B. Automotive, Finanzen, Kredite – oftmals nach IAB-Standard).
- Optional: Mindestpreis für die Bannereinblendungen (Floor Price).

Somit ist die SSP der digitale, automatisierte Vermarkter des Real Time Advertising.

> **Interactive Advertising Bureau Europe (IAB Europe)**
>
> Der IAB Europe ist ein Wirtschaftsverband, der die Interessen der Unternehmen des digitalen und interaktiven Marketings auf europäischer Ebene vertritt.[12] Der IAB Europe ist die Stimme der europäischen Unternehmen im international agierenden IAB-Verband. Die Aufgabe des IAB ist es, sich um eine Standardisierung des digitalen Werbemarkts zu bemühen. Unter anderem macht sich das IAB für die Standardisierung von Werbemitteln[13] oder auch für die Kategorisierung von Inhalten[14] stark und gibt dafür in Zusammenarbeit mit den Mitgliedern Guidelines für Anwender oder Technologiedienstleister heraus. Studien, Analysen sowie Umfragen gehören ebenfalls zum Aufgabenspektrum des IAB. Der OVK ist die deutsche Vertretung des IAB Europe[15].

---

12 Mitgliedsländer des IAB Europe: Deutschland, Belgien, Dänemark, Finnland, Frankreich, Griechenland, Großbritannien, Italien, Kroatien, Niederlande, Norwegen, Österreich, Polen, Rumänien, Schweden, Slowenien, Spanien und die Türkei. Quelle: *http://www.ovk.de/ovk/ovk-de/iab-europe.html* (Aufruf: 01.08.2017)

13 IAB Display Guidelines: *https://www.iab.com/newadportfolio/* (Aufruf: 01.08.2017)

14 Quality Assurance Guidelines: *https://www.iab.com/guidelines/iab-quality-assurance-guidelines-qag-taxonomy/* (Aufruf: 01.08.2017)

15 IAB: *http://www.ovk.de/ovk/ovk-de/iab-europe.html* (Aufruf: 01.08.2017)

Die Sell Side Platform bündelt somit verschiedene Werbeplätze auf diversen Placements. Die Versteigerung der Werbeeinblendung für jeden einzelnen Besucher einer Webseite hat grob strukturiert folgenden Ablauf:

1. Jeder einzelne User, der sich in dem jeweiligen Inventar der SSP befindet, wird allen angeschlossenen DSPs zum Ersteigern angeboten, wobei die DSP auf verschiedene Einkaufsstrategien zurückgreifen kann.
2. Alle angeschlossenen DSPs müssen nun innerhalb von 100 Millisekunden ein Gebot für einen User abgeben.
3. Die SSP wertet die Gebote aus, erteilt dem Gewinner den Zuschlag und spielt dessen Werbebotschaft dem jeweiligen User auf der jeweiligen Webseite aus.

Auf die Versteigerung kann die DSP an manchen Stellen Einfluss nehmen und sich und ihren Kunden einen Vorteil verschaffen. Einige Möglichkeiten werden im Abschnitt »RTA – Formen des Einkaufs« weiter unten aufgezeigt.

Unterschiede zwischen den verschiedenen SSPs bestehen vor allem in den zur Verfügung stehenden Webseiten, auf denen sich potenzielle User bewegen. So legen Sell Side Platforms ihren Schwerpunkt auf die Vermarktung von mobilen Webseiten und Werbemitteln, andere auf Video-Ads. Spezialisierte SSPs haben zwar eine geringere Bruttoreichweite, aber sie bilden dafür eine sehr trennscharfe, spitze Zielgruppe ab.

Auch das Anreichern der angebotenen User mit weiteren Datenpunkten ist bei den verschiedenen SSPs unterschiedlich. Manche bieten hier vielfältige weitere Datenpunkte pro User zu geringen Aufpreisen durch die Nutzung von direkt angeschlossenen Data Management Platforms. Auch die Möglichkeit, Betrüger zu erkennen und zu filtern (Fraud Detection), ist ein Unterscheidungskriterium der verschiedenen SSPs.

Ad Networks

Ad Networks bündeln ebenfalls das Inventar der Publisher und haben ihren Ursprung schon vor der Entstehung von *Programmatic Buying* und den SSPs. Ursprünglich waren Ad Networks die Ansprechpartner für Display-Einkäufer, um an Premium-Inventar zu gelangen, und bedienten den nicht programmatischen Einkauf, also das Einkaufen einer festen Anzahl von Impressions zu vorher verhandelten TKPs.

Ad Networks, die sich auf einzelne Kategorien (z. B. finanzaffine Webseiten) spezialisieren, nennt man *Vertical Networks*. Sowohl die angebotenen Seiten als auch die User sind qualitativ hochwertig, und die Buchung erfolgt transparent. *Blind Networks* bilden das Gegenstück – Advertiser haben fast keinen Einfluss darauf, auf welchen Webseiten ihre Werbung ausgespielt wird, und das Inventar ist anonym. Dafür ist der Einkauf bei Blind Networks vergleichsweise günstig.

Mit der zunehmenden Technologisierung und der Verbreitung von RTA verschwimmen die Grenzen zwischen SSPs und Ad Networks zusehends. SSPs bieten ebenfalls Premium-Inventar und ermöglichen über sogenannte Deals Direktbuchungen einzelner Placements. Und viele Ad Networks verkaufen ihr Inventar mittlerweile ebenfalls automatisiert und bieten den Zugang über eine DSP an.

Data Management Platform (DMP)

Data Management Platforms stellen den DSPs oder SSPs weitere Datenpunkte und Informationen über den einzelnen User zur Verfügung. Diese Informationen werden von den Beteiligten dazu verwendet, die Kaufabsicht der User bzw. den Werbeerfolg der verschiedenen Werbemaßnahmen abzuschätzen.

DMPs erhalten ihre Informationen häufig über Kooperationen mit verschiedenen Webseiten, Firmen oder Instituten. So kann zum Beispiel eine Kooperation mit dem Automobilverkaufsportal nicht nur die allgemeine Zuordnung zum Thema Automotive ermöglichen (Kontext-Daten), sondern auch Auskunft liefern über z.B. Lieblingsfahrzeug, -typen oder -farbe bis hin zu Rückschlüssen (Intend-Daten) auf zum Beispiel:

- Finanzkraft – welche Modelle werden in welcher Preisregion gesucht?
- Risikobereitschaft – wie viel PS hat ein Auto, ist es ein Supersportwagen?
- Wohngebiet – in welchem Umkreis sucht jemand ein Auto zum Kauf?

Der Handel mit diesen Informationen kann neben dem ursprünglichen Geschäftszweck zur lukrativen Zweiteinnahmequelle werden.

Ein weiterer Kanal der Datenerhebung sind Onlineumfragen, die zum Teil durch die DMPs selbst durchgeführt werden – wie hier am Beispiel von nugg.ad (siehe Abbildung 7-6).

Die Umfrage erhebt Informationen zu Alter, Geschlecht, Schulabschluss, Haushaltseinkommen, geplanten großen Investitionen (z.B. Autokauf oder Umzug) und enthält Fragen bis hin zu den Themen Politik, Religion, Esoterik oder Essen. Die Umfrageergebnisse werden dann ausgewertet und Interessenten zum Kauf angeboten.[16] Dabei unterscheiden die DMPs häufig zwischen weichen Daten, also Informationen, die durch Rückschlüsse gewonnen werden, und harten Daten (auch Intent-Daten) – Informationen, die durch den User explizit geäußert werden (z. B. konkrete Frage nach dem Geschlecht). Die einzelnen Datenpunkte werden dabei mit einem TKP zwischen 1,50 Euro und 3 Euro oder mehr verkauft.

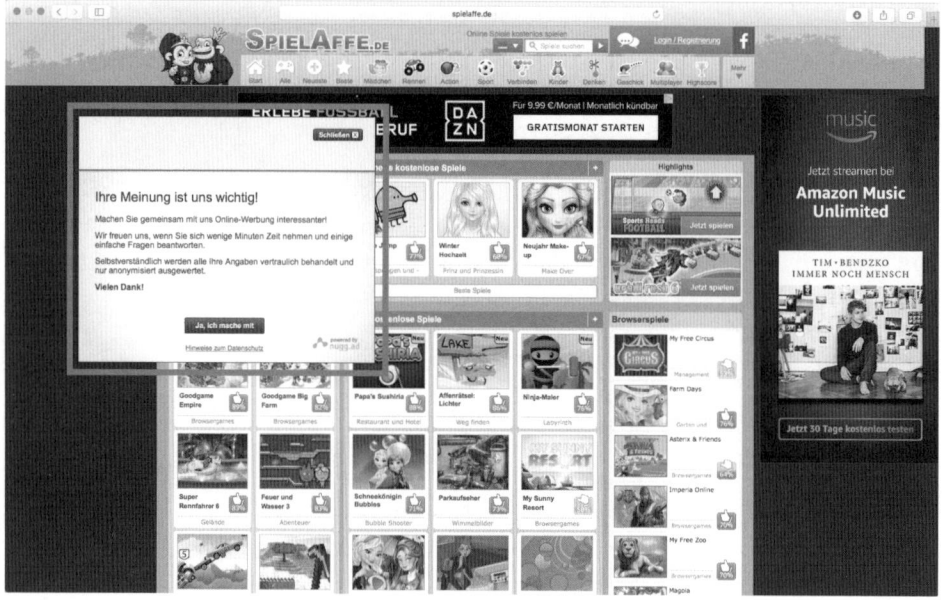

Abbildung 7-6:
Datenerhebung durch Umfragen (Quelle: spielaffe.de, nugg.ad)

Beim Einsatz oder Zukauf von Datenpunkten sollte man sich folgende Frage zwingend stellen, um die Qualität, Performance und Wertigkeit der angegebenen Datenpunkte zu beurteilen:

1. **Handelt es sich um weiche Daten oder harte Fakten?**

    Angenommen, Sie beziehen als zusätzlichen Datenpunkt das Geschlecht eines Users von einem Dienstleister, da Sie gezielt Frauen mit Ihrer Werbebotschaft ansprechen möchten. Das »fühlt« sich zunächst nach einem sehr soliden Datenpunkt an. Wichtig ist

---

16 Nugg.ad Smart Audience Universe: *https://nugg.ad/tl_files/media/w15/Downloads/Papers/nuggad_smart_audience_universe_de.pdf* (Aufruf: 01.08.2017)

aber, wie diese Aussage des Datenlieferanten zustande kommt. Zieht er seinen Schluss z. B. daraus, dass der besagte User mehrmalig Webseiten der Kategorie »Mutter und Kind« besucht hat, spricht man von weichen Daten. Die Wahrscheinlichkeit sowie der gesunde Menschenverstand legen nahe, dass die Person zu einem sehr hohen Prozentsatz wahrscheinlich weiblich ist. Durch weitere ähnliche Vermutungen lässt sich die Aussagequalität auch steigern. Sie bleibt aber stets eine statistisch, hochgerechnete Aussage – eine Vermutung.

Von harten Daten kann man sprechen, wenn der User sein Geschlecht wiederholt selbst angegeben hat (z. B. bei Versandadressen, Registrierungen oder öffentlichen Stellen) und es von verschiedenen Stellen bestätigt und plausibilisiert wurde.

2. **Wo liegt der Ursprung der Daten?**

   Die Beantwortung dieser Frage liefert nicht nur eine Aussage über die Qualität der Daten, sondern kann ebenfalls helfen, die erste Frage zu beantworten. Sind die Datenpunkte durch Mutmaßungen bzw. Rückschlüsse oder statistische Zwillinge[17] zustande gekommen, oder hat der User selbst die Information geliefert?

   Bleiben wir bei dem obigen Beispiel des Datenpunkts »Geschlecht«, gewonnen über »Mutter-und-Kind-Seiten«: Welcher User ist zufällig auf dieser Seite gelandet (durch Verklicken oder eine Spam-Mail), welcher gewollt? Welcher Mann recherchiert für seine Frau etwas auf diesen Seiten?

   Zusammenfassend kann man sagen, dass Daten, die aus expliziten Aussagen und Interaktionen eines Users gewonnen wurden (z. B. auf Basis von Suchanfragen in einer Suchmaschine oder von Bestellformularen etc.), oftmals deutlich wertiger sind als interpretierte Datenpunkte.

3. **Verliert der Datenpunkt seine Gültigkeit? Und falls ja, wie alt ist er?**

   Wenn wir weiter den Datenpunkt »Schuhgröße« betrachten, kann man relativ sicher sagen, dass dieser Datenpunkt im Erwachsenenalter über längere Zeit richtig bleibt. Handelt es sich aber z. B. um das Haushaltsnettoeinkommen oder gar die Kaufabsicht für ein bestimmtes Produkt, sollte man den Zeitpunkt der Erhebung der Daten beachten.

---

17 Statistische Zwillinge sind User, die sich in ihren Datenpunkten oder in ihrem Online-Verhalten nur geringfügig unterscheiden.

> **Daten – eine Klassifizierung**
>
> **1st Party Data**
>
> Dabei handelt es sich um Daten, die der Werbetreibende auf seiner Webseite während eines Besuchs seiner Interessenten generieren und sammeln kann (Besuch von Kategorie- oder Produktdetailseiten, Warenkorbbefüllungen, Käufe oder Kaufabbrüche, Downloads, Registrierungen und vieles mehr). Oftmals unterstützen hierbei Onsite-Tracking-Systeme oder Shopsysteme.
>
> **2nd Party Data**
>
> Daten, die von Dienstleistern erhoben werden, die direkt am Ein- oder Verkauf von Werbeplätzen beteiligt sind, fasst man unter 2nd Party Data zusammen. Hierbei handelt es sich um Informationen, die ein einzelner Werbetreibender nicht erheben kann, aber sehr wohl ein beteiligter Dienstleister. Eine DSP kann zum Beispiel durch die Vielzahl angeschlossener Werbetreibenden neue Zusammenhänge erkennen und Rückschlüsse ziehen, zum Beispiel auf das Klick- oder Kaufverhalten der einzelnen User, kumulierte Warenkorbwerte etc. Ähnliche Möglichkeiten bieten sich auch Publishern, Agenturen und DMPs.
>
> **3rd Party Data**
>
> Darunter versteht man landläufig Daten von Data Management Platforms oder Daten von Unternehmen, die nicht direkt mit dem Verkauf von Onlinewerbeflächen in Verbindung stehen. Neben speziellen Datenpunkten wie zum Beispiel Kreditwürdigkeit oder Kaufabsichten trifft man dabei am häufigsten auf soziodemografische Daten im Portfolio von externen Datenlieferanten.

Des Weiteren kann man folgende Datentypisierung vornehmen:

- Offlinedaten – Daten, die in Offlinemedien wie Print und TV erhoben werden (Panel-Daten) und z. B. über TV-Triggering im RTA verwendet werden können.
- Cross-Device-Daten – Datenpunkte und Informationen können über verschiedene Plattformen (z. B. Desktop und Tablet) zusammengeführt und synergetisch genutzt werden.

Auch wenn es der einen oder anderen guten Überlegung beim Zukauf von Daten bedarf, so bleibt es unbestritten, dass Userdaten maßgeblich über Erfolg und Misserfolg von RTA-Kampagnen entscheiden können.

Neben dem Zukauf von Daten ist es deshalb unerlässlich, seine eigenen Daten, die man bereits besitzt, zu analysieren und zu verwerten. Onsite-Tracking-Systeme, Warenwirtschaft, Shopsysteme oder CRM-

Systeme bieten eine Fülle von Informationen, die nur ausgewertet und verwendet werden müssen. Hier hat der Werbetreibende aus erster Hand Informationen über seine Zielgruppe – Käufer oder Nicht-Käufer. Ergänzt um die Daten der DMPs lässt sich somit ein sehr scharfes Profil der Zielgruppe bilden und über die DSP bewerben.

Um diese Daten nutzbar zu machen, benötigt der Online Marketing Manager von heute einen gut aufeinander abgestimmten Technologie-Stack – nur so kann ein einzelner User mit Daten, die die einzelnen Technikkomponenten sammeln und erheben, angereichert werden.

Eine der am weitesten verbreiteten Methoden, um einen User über mehrere Systeme hinweg eindeutig zu erkennen, ist der Austausch von User-IDs – oft auch als *Cookie Sync* bezeichnet.

> **Funktionsweise eines Cookies – ein Beispiel**
>
> Die Funktionsweise lässt sich am einfachsten anhand eines Beispiels erklären. Ein Onlineshop will zusätzlich zu bekannten Usern von einer DMP weitere Informationen hinzukaufen. Dazu bindet der Onlineshop auf seiner Webseite das sogenannte Cookie-Sync-Pixel der DMP ein. Bei jedem Webseitenaufruf kann die DMP nun ihre bekannten User identifizieren. Zusätzlich übergibt der Onlineshop der DMP bei jedem Aufruf seine eigene User-ID. Diese speichert die DMP zu ihrem erkannten User ab. Nun hat die DMP alle User-IDs des Shops mit ihren Usern zusammengeführt und kann dem Shop zusätzliche Daten zu Verfügung stellen. Dies erfolgt über eine direkte Feedback-Schleife (API-Aufruf der DSP oder des Shopsystems) oder über einen asynchronen Dateiabgleich (meist CSV-Dateien). Ziel eines Cookie Sync ist es, dass mindestens zwei der beteiligten Systeme die gleiche User-ID verwenden. Dazu übermittelt das führende System (z.B. die DSP) dem beteiligten Drittsystem (z.B. der DMP) seine User-ID, die dieses zusätzlich zu seiner eigenen User-ID abspeichert. Will man nun Daten des Drittsystems (DMP-Datenpunkte, die die DSP nicht hat) nutzen, kann man die Daten nicht nur über die User-ID des Drittsystems selektieren, sondern auch über die User-ID des führenden Systems.

Ein fein aufeinander abgestimmter und ineinandergreifender Technologie-Stack ermöglicht nicht nur die optimale Aussteuerung von RTA-Kampagnen, sondern trägt auch wesentliche Informationen zur Optimierung jeder einzelnen Online-Marketing-Maßnahme sowie zum erfolgreichen Zusammenspiel und Ineinandergreifen aller Online-Marketing-Kanäle bei.

Datenschutz

Das Thema Datenschutz nimmt vor allem in Deutschland, aber auch in Europa eine immer wichtigere Rolle im Online-Marketing ein. Programmatic-Kampagnen laufen meist unter Einbeziehung von zahlreichen Datenpunkten oder Profilinformationen der in Echtzeit adressierten User. Erhebung und Nutzung der Daten sind rechtlich im Telemediengesetz (TMG §15 Abs. 3) geregelt und grundsätzlich erlaubt, solange folgende Punkte erfüllt sind:

- Die Daten ermöglichen keinen Rückschluss auf eine natürliche Person.
- Die Datenerhebung erfolgt verschlüsselt oder anonymisiert.
- Der User wird über die Datenerhebung informiert.
- Der User kann der Datenerhebung widersprechen (meist durch ein Opt-out ermöglicht).
- Es dürfen keine personenbezogenen Daten (wie IP-Adresse, E-Mail-Adresse etc.) verarbeitet werden.

Abbildung 7-7:
Hinweis auf Tracking und die Verwendung von Cookies bei Zalando (Quelle: *https://www.zalando.de*)

In der EU-Privacy-Richtlinie von 2009 wird sogar gefordert, dass der User seine Einwilligung zum Sammeln von Daten vor deren Erhebung geben sollte. Die Richtlinie wurde von Deutschland nie in der Schärfe umgesetzt, wenngleich viele Unternehmen mittlerweile dieser Empfehlung nachkommen.

Viele Advertiser, Vermarkter und Technologieanbieter versuchen, transparent mit dem Thema Datenerhebung und -verwendung umzugehen. Aus diesem Grund haben sich zahlreiche Unternehmen zur *Digital Advertising Alliance* (DAA) zusammengeschlossen, um ein einheitliches Vorgehen zu definieren. Daraus ist das Programm »AdChoices« entstanden, das dem User ermöglicht, selbst zu entscheiden, ob er »personalisierte« Werbung aufgrund seiner anonymen Profilinformationen erhalten möchte oder nicht.

Unternehmen, die sich freiwillig dem Programm verpflichten, bieten dem User bei jedem Banner die Möglichkeit, durch ein Opt-out der Bannergenerierung aufgrund ihrer Profilinformationen zu widersprechen.

Unterstützt wird diese Initiative von zahlreichen namhaften Unternehmen – darunter auch Google, Facebook, Criteo, Dell[18] und vielen weiteren. Banner, die von Unternehmen stammen, die am AdChoices-Programm teilnehmen, erkennt man an dem Icon im Banner.

Abbildung 7-8:
Banner mit AdChoices-Icon rechts oben in der Ecke

Folgt man dem Link hinter dem AdChoices-Icon, gelangt man zu den Datenschutzrichtlinien des jeweiligen Anbieters, in denen der User über die Datenerhebung und -verwendung aufgeklärt wird. Hier kann ebenfalls ein Opt-out erteilt werden.

---

18   AdChoices: *http://youradchoices.com/participating* (Aufruf: 01.08.2017)

Konzepte – Kampagnentypen und Einsatzzwecke in Display Advertising und RTA

Da wir nun die verschiedenen Beteiligten im Standard-Display-Advertising und RTA kennen und auch die grundlegende Funktionsweise bekannt ist, werfen wir als Nächstes einen Blick auf die verschiedenen Kampagnenformen bzw. Marketingziele, für die Display- oder Real-Time-Advertising-Kampagnen geplant und verwendet werden können.

Der einfachste Anwendungsfall, der in der Regel auch am leichtesten mit Display- oder RTA-Kampagnen umzusetzen ist, sind *Branding-Kampagnen*. Hierbei wird versucht, die Marke (Brand) des Werbetreibenden möglichst bekannt zu machen und die Werbung so vielen Internetnutzern wie möglich anzuzeigen. Dazu bedient man sich sehr gut besuchter Seiten – oftmals Premium-Inventar –, da diese eine große Reichweite besitzen. Der Performancegedanke steht bei Branding- oder Reichweitenkampagnen eher im Hintergrund – trotzdem kann man durch RTA auch hier ein etwas besseres Kosten-Nutzen-Verhältnis erzielen.

Der Hauptzweck aller Anzeigenkampagnen ist die Gewinnung von Neukunden – auch *Prospecting* genannt. Ob in der analogen oder der digitalen Welt, ob Display oder Real Time – bei der Neukundengewinnung wird versucht, möglichst nur User anzusprechen, die bis dato noch keine Kunden des Werbetreibenden waren, diesen eventuell noch gar nicht kannten.

Für dieses Szenario bietet *Real Time Bidding* im Gegensatz zu Standard-Display-Advertising einen sehr guten Performanceansatz. Um Prospecting-Kampagnen möglichst performant zu gestalten, bieten manche DSPs (vereinzelt auch DMPs) die Möglichkeit, statistische Zwillinge oder Lookalikes im Bestandskundenpool des Werbetreibenden zu identifizieren. Bei dieser Optimierungsform vergleicht ein Algorithmus die Merkmale der User, die bereits eine Conversion erzielt haben, und versucht dabei, Muster (eine Anzahl von bestimmten typischen Datenpunkten) zu erkennen. Wird nun ein neuer User von der SSP angeboten, analysiert die DSP, ob das erkannte Muster, das bei bereits gewonnenen Bestandskunden zum Kauf führte, auch bei diesem neuen User vorhanden ist. Ist das der Fall, bietet die DSP einen wesentlich höheren TKP für diesen User an, da erwartet wird, dass die Konvertierungswahrscheinlichkeit deutlich höher ist. Diese Technologie ermöglicht eine wesentlich zielgerichtetere Neukundenansprache als das Standardverfahren.

Der nächste Kampagnentypus existiert ausschließlich im Real Time Advertising und ist vollkommen dem Performance-Online-Marketing zuzuordnen:

Retargeting-Kampagnen.

Retargeting-Kampagnen zielen auf User ab, die die Webseite des Werbetreibenden bereits besucht haben. Diese User werden an neuralgischen Stellen der Webseite markiert,[19] um sie dann später – falls sie nicht konvertiert sind – mit einem passenden Werbemittel wieder anzusprechen.

Folgende Retargeting-Kampagnen-Typen bzw. -Methoden sind sehr verbreitet und haben sich vielfach bewährt:

1. **Product Retargeting**

   Diese Form des Retargetings lässt sich besonders gut am Beispiel eines E-Commerce-Shops erläutern: Ein User besucht einen Onlineshop für Schuhe. Er möchte rote Gummistiefel kaufen. Zunächst verwendet er die Suche des Shopsystems und gibt dort rote Gummistiefel ein. Darauf findet er auf der Suchergebnisseite viele Stiefel, auch ein Paar Gummistiefel, die er anklickt, um auf die Produktdetailseite zu kommen. Diese zeigt gelbe Gummistiefel, Größe 42. Er wechselt von dort auf die Kategorieseite *Gummistiefel* und verlässt dann den Shop.

   Ein gut aufgesetztes RTA-System hat nun folgende Informationen erhalten:

   a. Suchphrase: Gummistiefel, rot

   b. Produktdetailseite: Gummistiefel, gelb, Größe 42

   c. Kategorie: Gummistiefel

   Das Product Retargeting spielt dem User nun auf anderen Webseiten, die der User besucht, aufgrund der erhaltenen Informationen des Shopsystems Banner mit gelben Gummistiefeln ein. Gute Retargeting-Systeme können die Suchanfrage auswerten und zeigen neben gelben auch rote Gummistiefel an. Sollte der User nicht auf die angezeigten Banner reagieren, z. B. nach vier bis acht Einblendungen, sollte der Retargeting-Algorithmus mit der Anzeige von anderen Größen, anderen Farben oder ähnlichen Produkten reagieren. Hat man die Aufmerksamkeit des Users nach wenigen Bannereinblendungen noch immer nicht erregt, sollte der Algorithmus auf eine Kampagne, die dem User Rabatte oder kostenlosen Versand bietet, umschwenken. Da die Banner zur Anzeige der verschiedenen Produkte je nach Situation dynamisch vom System angepasst werden, spricht man auch vom dynamischen Product Retargeting oder von dynamischen Bannerkampagnen.

---

19 Der User erhält ein Cookie, das spezifische Informationen zu seinem Webseitenbesuch enthält. Diese Informationen können dann auf den Webseiten des Vermarkters ausgelesen und zur benutzerdefinierten Werbeeinblendung verwendet werden.

2. **Event Retargeting**
   Webseitenbesucher werden durch das Auslösen bestimmter Events auf der Seite des Werbetreibenden in verschiedene Gruppen oder Segmente aufgeteilt und dann gezielt mit der zu ihrem jeweiligen Segment passenden Werbebotschaft wieder angesprochen. Dazu zählen neben den offensichtlichen Events wie zum Beispiel Kauf, Warenkorbbefüllung, Newsletter-Anmeldung oder Ähnliches auch Downloads, Suchanfragen, der Besuch von Seiten einer bestimmten Warenkategorie, Verweildauer auf Einzelseiten oder dem gesamten Webauftritt bis hin zu Klickraten auf der Webseite.

3. **Kombinierte Flights**
   Wirklich interessant wird die Kampagnenplanung und -aussteuerung, wenn man Product und Event Retargeting geschickt kombiniert und aufeinander abstimmt. Kauft zum Beispiel ein User in einem Onlineshop Windeln (Event: Kauf), kann man ihn nachfolgend noch mit Babypflegeprodukten ansprechen (dynamisches Product Retargeting mittels ähnlicher Produkte). Hat man alle Daten sauber mit der DSP verknüpft, weiß diese gegebenenfalls, dass der User alle zwei Wochen Windeln kauft (über das Conversion Tracking), und wird ihn nach 1,5 Wochen gezielt mit Werbung für Windeln (eventuell sogar für ein Windel-Spar-Abo) ansprechen (Retargeting), da die Vermutung naheliegt, dass der User kurz vor dem nächsten Kauf steht.

4. **Storytelling**
   Diese Kampagnenart erzählt dem User – salopp formuliert – eine Bildergeschichte. Die Bannermotive mehrerer Flights werden dabei aufeinander abgestimmt, sodass die verschiedenen Motive eine Geschichte erzählen. Das System merkt sich dabei pro User, an welcher Stelle der Geschichte man sich befindet, und setzt diese beim nächsten Werbekontakt fort. Möglich wird das, da man anhand der verschiedenen Datenpunkte, die man über einen User besitzt, genau ermitteln kann, in welcher Phase des Kaufs er sich befindet. Folglich kann man ihn über alle Phasen des Kaufentscheidungsprozesses begleiten und zur angestrebten Conversion führen. Dieser Kampagnentyp kann bei entsprechender Gestaltung der Werbemittel, z. B. bei ausgefallener Bildsprache, die User ebenfalls anregen, sich stärker mit der Marke des Werbetreibenden auseinanderzusetzen. Zum Teil bewegt es die Werbekonsumenten dazu, bereits in der Anfangsphase einer Storytelling-Kampagne die Webseite des Werbetreibenden aufzusuchen, um den Sinn oder die Entwicklung dieses obskuren Werbemittels zu erfahren. Daher kann man diesen Kampagnentyp auch gut beispielsweise zur Markeneinführung verwenden.

5. **Semantisches Targeting**

   DSPs, die diese Form der Kampagnenausspielung unterstützen, richten dabei ihre Aufmerksamkeit auf das eingekaufte Inventar. Die Webseite, die die Werbung anzeigt, wird dabei mittels semantischer Verfahren analysiert und aufgrund ihres Inhalts einem Umfeld (ähnlich den Verticals von DMPs) zugeordnet. Zielsetzung ist dabei, Werbeeinblendungen in ihrem passenden Umfeld zu platzieren, um möglichst hohe Conversion-Raten zu erzielen.

6. **Keyword Targeting**

   Ähnlich wie beim semantischen Targeting wird hier ebenfalls das Inventar der Publisher untersucht. Allerdings werden die Webseiten nicht anhand von semantischen Algorithmen, sondern anhand der Auftretungshäufigkeit bestimmter Begriffe auf der Webseite den verschiedenen Kategorien (z. B. Automotive, Bank und Finanzen) zugeordnet.

7. **Triggering-Kampagnen**

   Kampagnen dieses Typs erhöhen die Gebote aufgrund äußerer Impulse (Trigger). Dabei wird ein Zusammenhang zwischen dem Impuls und der höheren (oder eher niedrigeren) Kaufwahrscheinlichkeit unterstellt. Bekannte Vertreter sind TV-Triggering und Weather-Triggering. TV-Triggering versucht, sich den Werbedruck von TV-Spots zunutze zu machen. Zugrunde liegt dabei der sogenannte Second-Screen-Gedanke. Viele Menschen haben während des Konsums von Fernsehsendungen ein Zweitgerät (Smartphone, Tablet oder Notebook) in der Nähe. Erfolgt die Ausstrahlung eines Werbespots im TV, der für den Konsumenten interessant ist, greift er sehr wahrscheinlich zu seinem Zweitgerät, um sich eingehender über ein Produkt oder Angebot zu informieren. Diesen Effekt will sich TV-Triggering zunutze machen. Thematisch passende Werbespots werden vor dem Kampagnenstart im TV-Triggering-System ausgewählt. Sobald der passende Werbespot im Fernsehen ausgestrahlt wird, bekommt das RTA-System diese Information übermittelt. Es erhöht daraufhin sofort die Gebote für die entsprechende Kampagne – meist zeitlich begrenzt. Ziel ist, eine möglichst große Reichweite zu adressieren und dabei die Second-Screen-User erfolgreich aufzunehmen und zu konvertieren. Auch Storytelling-Kampagnen profitieren von der TV-Triggering-Funktionalität. Kreativagenturen bietet sich die Möglichkeit, eine Geschichte im TV zu beginnen und relativ nahtlos im Internet fortzusetzen. Mittels TV-Triggering kann man sich auch erfolgreich den Werbedruck oder die Markenbekanntheit großer Marken zunutze machen.

> **TV-Triggering – ein Beispiel**
>
> Läuft im TV Werbung für das neue iPhone oder das Galaxy-Smartphone, ist es für einen Elektronik-Retailer durchaus sinnvoll, seine Präsenz im Netz deutlich zu erhöhen, um Interessenten, die durch den Werbespot weitere Informationen im Netz suchen, zu erreichen. Weather-Triggering berücksichtigt dabei den jeweiligen Wetterzustand an dem Ort, an dem sich der User zur Zeit der Werbeeinblendungen befindet. Dabei kombiniert die DSP Geoinformationen der Gebotsanfrage mit den in der jeweiligen Stadt oder im Bezirk herrschenden Wetterbedingungen. Dass dies durchaus sinnvoll sein kann, zeigt folgendes Beispiel: Lieferdienste, Streaming-Anbieter oder dergleichen haben bei 30 Grad und Sonnenschein sicherlich weniger Umsatz als bei regnerischem, nasskaltem Wetter. Daher sollten sie auch ihre Werbeausgaben diesen Umständen anpassen.

Formen des Einkaufs – oder von Display zu RTA und wieder zurück

Ausschlaggebend für den erfolgreichen Einkauf von Werbeplatzierungen im Standard-Display ist die persönliche Verhandlung des Online Marketing Manager mit den Vermarktern.

Im Real Time Bidding hat man über den automatisierten Einkauf verschiedene Möglichkeiten, Werbeeinblendungen zu erwerben. Die Publisher unterteilen ihr Inventar nicht nur nach den verschiedenen Typen (Standard-Ads, Mobile, Video, InApp), sondern bieten auch verschiedene Einkaufsstrategien für den Einkäufer an. Diese müssen allerdings von der jeweiligen DSP und der SSP gegenseitig unterstützt werden. Folgende Grafik zeigt die verschiedenen Verkaufsformen von Inventar im RTA:

Tabelle 7-1
Verkaufsformen im RTA

	Preismodell	Auslieferungsgarantie	Inventarqualität	Transparenz
Private Deal (Automated Guaranteed)	Fixpreis	garantiert	sehr gut	voll-/semitransparent
Preferred Deal (Unreserved Fixed Rate)	Fixpreis	keine	sehr gut bis gut	voll-/semitransparent
Private Auction	Floor Price	keine	gut bis schlecht	voll-/semitransparent
Open Auction	Floor Price/kein Floor Price	keine	gut bis sehr schlecht	voll-/semi-/intransparent

Grundlegendes Unterscheidungsmerkmal beim programmatischen Einkauf ist zunächst, ob dem Verkauf eine Versteigerung der Werbeplatzierung zugrunde liegt oder ob das Inventar wie beim Display Advertising zu einem (eventuell vorher verhandelten) festen Preis veräußert wird. Erfolgt der Verkauf der Werbeplatzierungen nicht über eine Auktion, spricht man von einem *Preferred Deal* (auch *Unreserved Fixed Rate*) oder einem *Private Deal* (*Automated Guaranteed*). Bei beiden Formen des Einkaufs gilt ein zuvor verhandelter Festpreis. Der Unterschied liegt im Zugriff auf das Inventar – Automated Guaranteed bietet einen sicheren Zugriff auf das Inventar und somit eine garantierte Ausspielung, Unreserved Fixed Rate gibt dagegen keine Inventargarantie. Der Private Deal kann also als RTA-Pendant des Standard-Display-Einkaufs betrachtet werden.

Findet dagegen die Veräußerung des Inventars über eine Auktion statt, teilt sich der Einkauf in die Formen *Open Auction* und *Private Auction*. Open Auction kann dabei als extremes Gegenstück zu Automated Guaranteed betrachtet werden. Zwischen Einkäufer und Vermarkter besteht keine Beziehung, und der Einkäufer steht in Konkurrenz zu allen anderen Bietern, die an die jeweilige SSP angeschlossen sind und an der Auktion teilnehmen. Private Auctions laufen nach demselben Funktionsprinzip ab wie Open Auctions – jedoch mit dem Unterschied, dass das Inventar der Vermarkter einem ausgewählten Kreis von Einkäufern angeboten wird. Oftmals wird über diese Art des programmatischen Einkaufs hochwertigeres Inventar einer ausgewählten Käuferschicht zur Verfügung gestellt. Über das Festlegen eines Mindestgebots (*Floor Price*) kann der Vermarkter Einfluss auf die Auktion nehmen und sich somit eine grundlegende Wertschöpfung durch sein Inventar sichern.

Unter dem Begriff *Header Bidding* hält eine neue Strategie des programmatischen Einkaufs Einzug. Header Bidding ermöglicht in erster Linie den Publishern und Vermarktern, ihr gesamtes Inventar auszulasten und alle Werbeplätze zum bestmöglichen TKP zu monetarisieren. Der Nachfrageseite bietet es die Möglichkeit, wertige Impressions und Premium-Inventar auch ohne Direktvermarktung oder Private Deals etc. einzukaufen. Dies ist vor allem für Advertiser interessant, die nicht an große Netzwerke oder dergleichen angeschlossen sind oder angesichts ihres Einkaufsvolumens keine gute Verhandlungsposition besitzen.

Header Bidding setzt dazu zeitlich vor dem über Prioritäten gesteuerten Verkaufsprozess des Publisher-Ad-Servers an. Es stellt die aktuelle Impression allen angeschlossenen Header-Bidding-Teilnehmern zur Auktion zur Verfügung. Eine gleichberechtigte, offene Auktion aller Nachfrageseiten wird dadurch ermöglicht. Erst wenn von diesem Teilnehmerkreis kein valides Gebot abgegeben wird, geht die Impression an den Publisher-Ad-Server, der die Impression gemäß Prioritätenliste (vergleichbar einem Wasserfallmodell) über die verschiedenen Verkaufskanäle abarbeitet. An erster Stelle stehen dabei meist Direktverkäufe und Kooperationen, gefolgt von Private und Preferred Deals bis hin zu Private- und letztendlich Open-Auction-Käufern.

Ob sich dieses Verfahren etabliert, bleibt abzuwarten. Vor allem Publisher und Vermarkter begrüßen diese Entwicklung sehr, da sie durch die stärkere Konkurrenz der Käufer größere und attraktivere Absatzchancen verspricht.

Werbemittel – oft belächelt, fast immer unterschätzt

Werbemitteln und deren Kreation sollten Sie als Online Marketing Manager fast die gleiche Aufmerksamkeit zukommen lassen wie der Kampagnenkonzeption und -steuerung. Viele gut geplante Kampagnen können ihre Performance nie ganz entfalten, da das Werbemittel die Zielgruppe nicht anspricht, die nötigen Informationen im Banner fehlen, die Marke oder eine einfache Klickaufforderung nicht ersichtlich ist.

Dabei können gut gestaltete, eventuell sogar von der DSP dynamisch auf die vorliegenden Informationen der Zielgruppe abgestimmte Bildelemente den Erfolg einer Kampagne stark verbessern.

Im Display Advertising unterscheidet man folgende Formate:

Image-Ads

Statische Bilder – meist im GIF-, JPEG- oder PNG-Format – haben immer noch die größte Verbreitung.

Das Interactive Advertising Bureau hat die verschiedenen Formate spezifiziert und verschiedene Größen zu Kategorien zusammengefasst,[20] wobei das *Universal Ad Package* die wohl verbreitetsten Formate beinhaltet:

Universal Ad Package (UAP)

- Medium Rectangle (300 × 250 Pixel)
- Rectangle (180 × 150 Pixel)

---

20 *https://www.iab.com/newadportfolio/* (Aufruf: 01.08.2017)

- Wide Skyscraper (160 × 600 Pixel)
- Superbanner (Leaderboard) (728 × 90 Pixel)

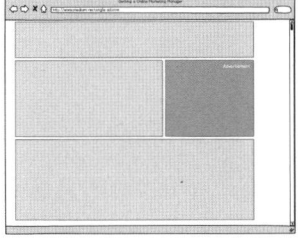
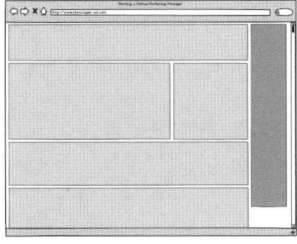
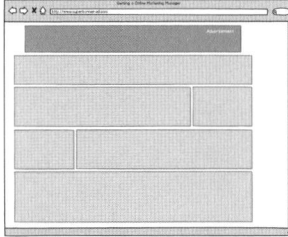

Abbildung 7-9: Medium Rectangle

Abbildung 7-10: (Wide) Skyscraper

Abbildung 7-11: Superbanner

Ebenfalls sehr gebräuchlich sind folgende Formate, die fast schon zum Standard gehören:

- Skyscraper (120 × 600 Pixel)
- Fullbanner (468 × 60 Pixel)
- Layer (überlagert die gesamte Webseite)

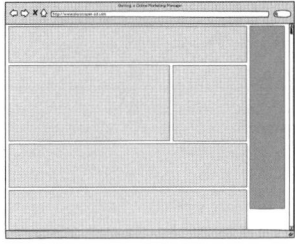
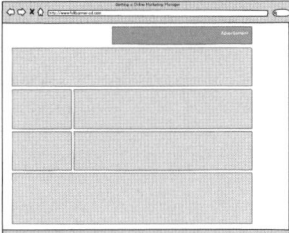

Abbildung 7-12: Skyscraper

Abbildung 7-13: Fullbanner

Abbildung 7-14: Layer

Bucht man drei der obigen Formate des UAP gleichzeitig, spricht man von einer sogenannten *Ad-Bundle-Buchung*. Dabei ist es dem Vermarkter überlassen, welches Format er wie häufig auf seinem Inventar ausspielt.

Für den mobilen Bereich sind vor allem folgende Größen relevant und dem Standardformat zuzuordnen:

- Mobile Content Ad 4:1 (320 × 75 Pixel)
- Mobile Content Ad 6:1 (320 × 50 Pixel)
- Mobile Promotion Link (67 × 50 Pixel)

Stellt ein Vermarkter die Buchung eines *Premium Ad Package* zur Verfügung, unterstützt er folgende Werbeformate:

Banderole-Anzeige

Größe: 720×250 Pixel, 40 KB

Eigenschaften: Das Banner liegt über dem Inhalt der Webseite und verkleinert sich nach maximal 15 Sekunden zu einer kleinen »Erinnerung« an der Seite. Dieses Ad gehört zu den Sticky-Ads.[21] [22]

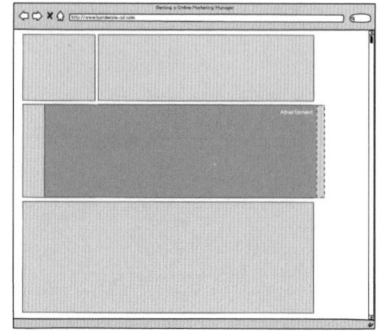

Abbildung 7-15:
Banderole-Anzeige

Baseboard-Anzeige

Größe: 728×90 Pixel, 80 KB

Eigenschaft: Das Werbeformat bleibt beständig am unteren Bildschirmrand »kleben« – sogar beim Scrollen der Webseite. Durch den Einsatz von HTML5 können interaktive Elemente oder Filme die Aufmerksamkeit auf sich ziehen.

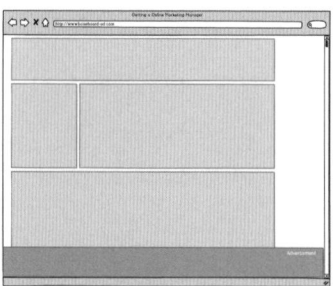

Abbildung 7-16:
Baseboard-Anzeige

Billboard-Anzeige

Größe: 800×250 Pixel, 80 KB

Eigenschaften: Befindet sich meist über oder unter dem Seiten-Header. Gut geeignet für Brand-Kampagnen und als Bewegtbildformat.

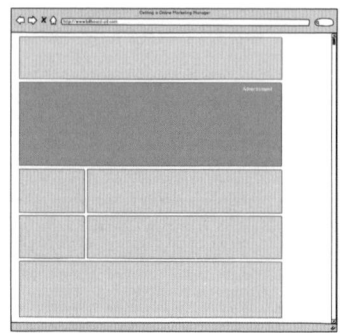

Abbildung 7-17:
Billboard-Anzeige

---

21 Sticky-Ads bleiben auch beim Scrollen immer im sichtbaren Bereich des Users.
22 eMarketer.com – Programmatic Digital Display Ad Spending in Germany: *https:// www.emarketer.com/Chart/Programmatic-Digital-Display-Ad-Spending-Germany-2014-2018-millions-of-change-of-total-digital-display-ad-spending/196809* (Aufruf: 01.08.2017)

Floor-Anzeige

Größe: 728 × 200 Pixel, 80 KB

Eigenschaften: Das Banner befindet sich am unteren Bildschirmrand und bleibt dort, wenn der User scrollt (Sticky-Banner). Fährt der User mit dem Mauszeiger über die Anzeige (Mouseover), vergrößert sie sich und spielt ein Video ab.

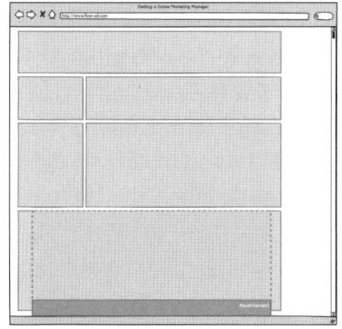

Abbildung 7-18:
Floor-Anzeige

Halfpage-Anzeige

Größe: 300 × 600 Pixel, 40 KB

Eigenschaften: Große Bannerschaltung im Inhaltsbereich einer Webseite. Erweckt viel Aufmerksamkeit durch seine prominente Platzierung und eignet sich dadurch gut für Brand-Kampagnen.

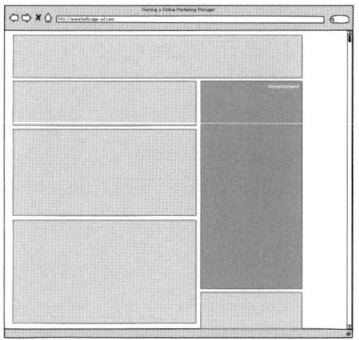

Abbildung 7-19:
Halfpage-Anzeige

Maxi-Anzeige

Größe: 640 × 480 Pixel, 80 KB

Eigenschaften: Durch die zentrale Positionierung ist der Maxi-Anzeige die Aufmerksamkeit garantiert. Videoanzeigen in hoher Qualität finden jede Menge Platz.

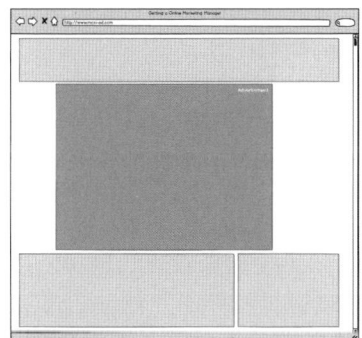

Abbildung 7-20:
Maxi-Anzeige

Push-down-Anzeige

Größe: 728 × 90 Pixel, 80 KB

Eigenschaften: Prominente Anzeige im Kopfbereich der Webseite. Bei Mouseover oder auch automatisch schiebt die Ad den Webseiteninhalt nach unten – nach 7 Sekunden schrumpft sie wieder auf die ursprüngliche Größe.

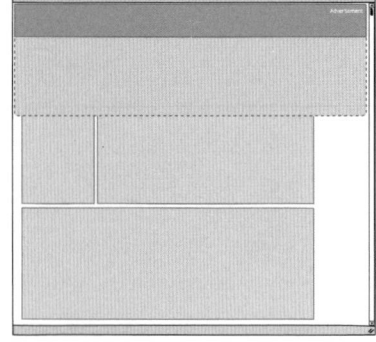

Abbildung 7-21:
Push-down-Anzeige

Side-Kick-Anzeige

Größe: 160 × 600 Pixel, 80 KB

Eigenschaften: Fährt der User mit der Maus über die Anzeige oder klickt sie an, fährt dieser Anzeigentyp heraus und verschiebt den Inhalt der Webseite. Verlässt der Mauszeiger den Werbebereich, klappt die Anzeige wieder ein.

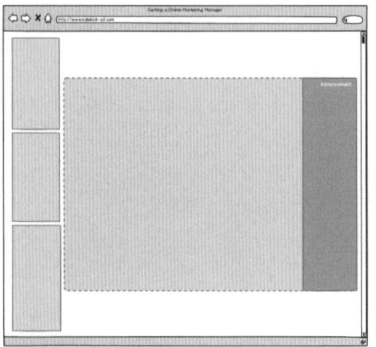

Abbildung 7-22:
Side-Kick-Anzeige

Sitebar

Größe: Angepasst an den Browser, 80 KB

Eigenschaften: Die Sitebar nutzt den gesamten zur Verfügung stehenden rechten Platz neben dem Inhaltsbereich und passt sich diesem automatisch an. Durch die Sticky-Funktion ist die Werbebotschaft stets präsent.

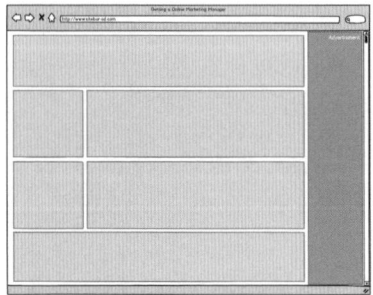

Abbildung 7-23:
Sitebar

Mobile Endgeräte werden innerhalb des Premium Ad Package durch folgende Werbemittelformate bedient:

- Mobile Medium Rectangle (300 × 250 Pixel)

- Mobile Content Ad 2:1 (300×150 Pixel)
- Mobile Interstitial (320×460-beliebig Pixel)
- Mobile Expandable (300×50 Pixel)

Daneben existieren noch zahlreiche weitere Sonderwerbeformate, wie Sponsoring (Bewerben einer Webseite mit einfachen Links oder Bildern), Button (maximal 234×60 Pixel), In-Text-Ad (Anzeige erscheint als Link – fährt man mit dem Mauszeiger darüber, wird eine Werbebotschaft eingeblendet) und viele mehr.

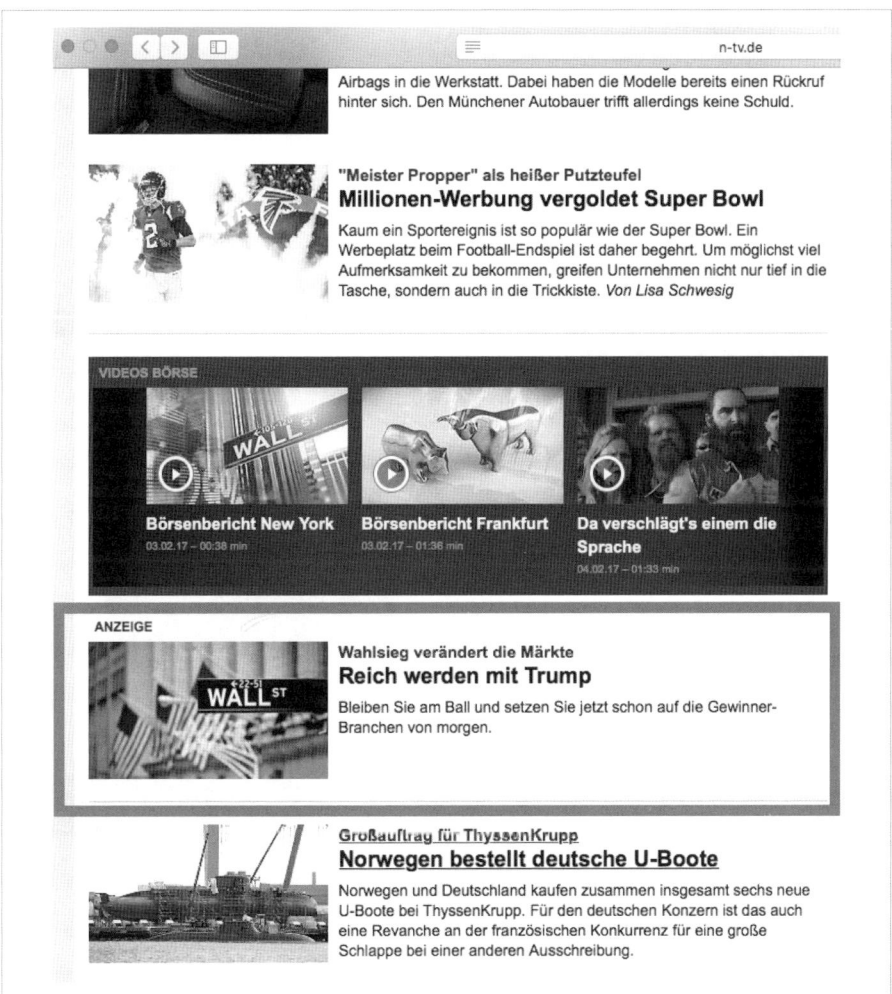

Abbildung 7-24:
Native-Ad-Anzeige (Quelle: n-tv.de[23])

---

23 N-tv.de: *http://www.n-tv.de/wirtschaft/* (Aufruf: 02.2017)

Hervorzuheben sind zwei Werbeformate – *Interstitials* und *Native Ads*. Interstitials zeichnen sich durch ihre – meist bewusst – störende Wirkung aus. Sie unterbrechen das Surfen des Users durch ihre Werbebotschaft, indem sie Pop-ups öffnen oder sich zwischen Start- und Zielseite legen. Auch Layer zählen zu den Interstitials. Da das Interstitial die Aktion des Users unterbricht und plötzlich in seiner Wahrnehmung erscheint, bekommt das Werbemittel eine große Aufmerksamkeit. Schön gestaltete, auf die jeweilige Zielgruppe abgestimmte Interstitials können somit mit guten Performancewerten aufwarten, zumal sie, weil sie nicht in der Webseite eingebettet sind, nicht mit den Standardwerbemitteln konkurrieren. Ihr Einsatz sollte aber wohlüberlegt und platziert erfolgen – zu leicht können Interstitials für Verwirrung (»Was habe ich gedrückt, dass das Bild nun erscheint?«) und Verunsicherung (»Wo ist der gesuchte Inhalt plötzlich hin?«) beim User sorgen.

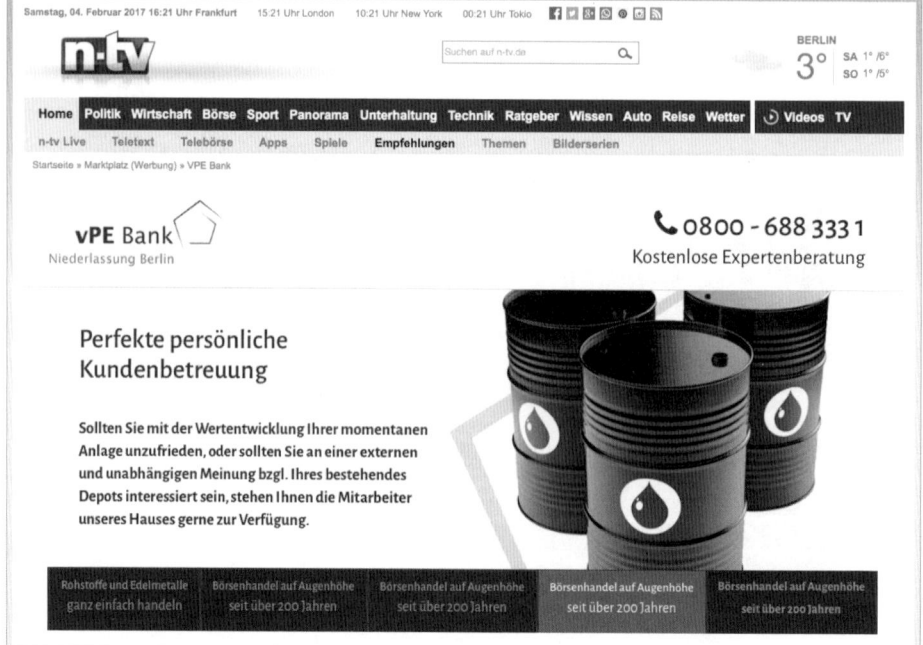

Abbildung 7-25:
Native-Ad-Zielseite(Quelle: n-tv.de)

Native Ads verfolgen den genau entgegengesetzten Ansatz. Sie versuchen, sich in den Inhalt der Webseite einzubetten und nach Möglichkeit so gut wie gar nicht als Werbebotschaft wahrgenommen zu werden. Da der User Interesse an der Webseite hat, liegt es nahe, dass er auch den inhaltlich und optisch auf die Seite abgestimmten werblichen Text interessant findet. Dieser liefert wertigen Inhalt für den User – zielt aber darauf ab, den User von dem Produkt zu überzeugen. Deshalb verlassen »richtige« Native Ads beim Klick auf das Werbemittel die Seite des Publishers nicht und liefern dem User oftmals einen gewissen redaktionellen Mehrwert. Trotz der Kennzeichnungspflicht für Werbung gibt es keine einheitliche Regelung für Native Ads, was bei gut gestalteten Anzeigen eine Unterscheidung manchmal erschwert.

Eine Übersicht der aktuell von den meisten Vermarkter akzeptierten Werbemittel liefert stets das IAB[24] oder der OVK.

Videowerbemittel

Videowerbemittel unterscheidet man anhand ihrer Platzierung: vor dem eigentlichen Video (Pre-Roll), während eines längeren Videos oder auch zwischen zwei Videos (Mid-Roll) oder nach einem Video (Post-Roll). Videowerbemittel (kurze Videowerbespots) kommen dabei häufig in Branding-Kampagnen zum Einsatz.

HTML5-Werbemittel

Diese Werbemittel sind kurz gesagt kleine Webseiten, die auf das Format der jeweilig benötigten Werbemittelgröße angepasst werden. HTML5-Werbemittel finden eine immer größere Verbreitung und ersetzen zusehends die Standardbildformate. Vor allem als Bewegt-Bild-Werbemittel sind sie äußerst interessant, da sie viele Möglichkeiten zur Animation und Bewegung von Bildelementen bieten. Mittels HTML5 können Programmierer relativ einfach kleine Clips oder Filme erstellen, ohne dass aufwendiger Videoschnitt benötigt würde. Jeder aktuelle Browser unterstützt dabei die wichtigsten Funktionen von HTML5, sodass man wenig Bedenken haben muss, ob die Werbemittel funktionieren.

Der frühere »De-facto-Standard« dafür waren in der Skriptsprache Flash[25] programmierte Werbemittel. Sie wurde von Adobe konzipiert, um im Browser kleine Videos bis hin zu bedienbaren Programmen zu entwickeln. Auch zur Animation der Werbemittel erfreute sich Flash großer Beliebtheit, da es unter anderem eine Interaktion (z. B. Eingabe von Daten) ermöglicht. Da es aber kontinuierlich Sicherheitsprobleme[26] gab, die durch Sicherheitslücken in Flash mitunter zu Hackerangriffen führten, und eine zunehmende Sensibilisierung der Internetnutzer hin-

---

24 IAB – Display Guidelines: *https://www.iab.com/newadportfolio/* (Aufruf: 01.08.2017)
25 Adobe Flash: Skriptsprache zum Erstellen von kleinen Videosequenzen.
26 Zeit.de – Chrome blockiert Flash: *http://www.zeit.de/digital/internet/2016-08/google-chrome-blockiert-flash* (Aufruf: 01.08.2017)

sichtlich Privatsphäre und Sicherheit zu beobachten ist, werden Flash-Werbemittel immer seltener eingesetzt. Hinzu kommt, dass das weitverbreitete Apple iPhone kein Flash unterstützt und auch Google in seinem Browser Chrome (der fast 60% Marktanteil hat) die Flash Unterstützung so gut wie deaktiviert hat. Letztlich wird das zum Aussterben von Flash-Werbemitteln führen.

Wie wichtig gute, passende Werbemittel sind, unterstreicht die Studie des OVK »The Power of Creation«[27]. Gute Kreationen sind laut der Studie für fast die Hälfte des Erfolgs von Display-Kampagnen verantwortlich. Daher sollte es selbstverständlich sein, seine Aufmerksamkeit nicht nur auf die Kampagnenplanung, Zielgruppenanalyse und Technologieauswahl zu richten, sondern auch auf eine gut abgestimmte Kreation der passenden Werbemittel pro Kampagne zu achten.

Herausforderungen

Eine große Herausforderung im Performance-Marketing – ganz gleich in welchem Kanal – ist der Schutz vor Betrug. Leider gibt es wie auch in den anderen Online-Marketing-Disziplinen betrügerische Marktteilnehmer, die sich durch unlautere Mittel einen persönlichen Vorteil verschaffen wollen. Hierbei versuchen sie, durch eine Vielzahl an gefälschten Klicks und Views ihre Webseite, auf der das Banner ausgespielt wird, als besonders performant darzustellen. Die Views und Klicks, die dadurch verursacht werden, bezeichnet man als *Fraud*. Auch das versteckte Ausspielen von Bildanzeigen – z.B. in einem iFrame, das 1x1 Pixel groß ist – ist eine typische Art von Fraud. So kann eine Webseite gespickt mit Werbeplätzen sein, obwohl der User nur einige wenige zu Gesicht bekommt. Der Verkäufer kann aber sehr viele Bannerplatzierungen gleichzeitig verkaufen. Auch Bannereinblendungen, die ihren Inhalt sehr schnell wechseln, können einen Betrug darstellen.

Leider gibt es unzählige Möglichkeiten, im Display Advertising zu betrügen – einfache Versuche kann man noch dadurch erkennen, dass es Klicks ohne einen vorherigen View-Kontakt gibt. Auch sehr viele Views einer Seite können verdächtig sein. Gerade wenn die anderen Seiten deutlich niedrigere Werte aufweisen, lohnt sich eine nähere Betrachtung.

So wie die heutigen Technologien eine Versteigerung in Echtzeit ermöglichen, bietet die Technik auch den Betrügern allerhand Möglichkeiten. Es gibt Bot-Netze, die gezielt Seiten ansteuern und menschliches Verhalten nachahmen. Der Bot-Netz-Betreiber kann dabei sogar Customer Journeys aufbauen oder auch bestimmte KPIs einstellen (z.B. eine

---

27 OVK Studie Power of Creation: *http://www.gujmedia.de/index.php?id=5682&type=1025* (Aufruf: 01.08.2017)

bestimmte Click-Through-Rate), die sein Bot-Netz generieren soll. Somit ist es für den Online Marketing Manager unmöglich, zu unterscheiden, ob es sich hierbei um Betrug handelt oder nicht.

Abhilfe können in diesem Fall nur spezialisierte Systeme schaffen. Diese sammeln Daten und suchen darin nach Mustern, erkennen betrügerische Programmierung von Webseiten durch die Analyse des Webseitenquelltexts, analysieren Klickpfade und vieles mehr. Die genauen Methodiken der Fraud-Erkennungssysteme halten die Anbieter allerdings geheim. Zum einen stellen diese ihr Kapital dar, zum anderen würden sich auch die Betrüger gern durch das Wissen um ihre Erkennung weiterentwickeln und der Entlarvung entgehen.

Eine weitere Herausforderung für den Online Marketing Manager ist *Brand Protection* – der Schutz der Marke des Kunden. Hierbei handelt es sich um die Erkennung von unerwünschten Umfeldern, um dort die Werbeausspielung des Kunden zu verhindern. Normale Display-Kampagnen buchen ein festes, bekanntes Webseiteninventar, das vor Beginn ausgewählt wird, und sind folglich nur selten betroffen – vorausgesetzt, der Vermarkter ist integer. Vor allem RTA muss sich der Aufgabe Brand Protection stellen, da es sich im Real Time Advertising in erster Linie um den richtigen User dreht – egal auf welcher Webseite er sich gerade befindet.

Viele Marken – zum Beispiel aus dem Finanzbereich oder börsennotierten Unternehmen – wollen meist nicht, dass ihre Marke auf politisch extrem rechts oder links ausgerichteten Webseiten präsentiert wird – selbst wenn die DSP ermittelt, dass sich dort die User mit der höchsten Konvertierungswahrscheinlichkeit aufhalten.

Ein weiteres wahrscheinlich nicht so erfolgreiches Beispiel für Werbung wäre die Anzeigenschaltung von AIDA Cruises auf einer Nachrichtenseite zur Berichterstattung eines Schiffsunglücks. Ohne Frage haben diese User ein gewisses Interesse an Kreuzfahrten, oder vielleicht haben sie sogar schon die Webseite von AIDA besucht. Dennoch ist es nachvollziehbar, dass AIDA keine Verbindung zwischen ihrer Marke und einem Schiffsunglück herstellen möchte – und sei es nur durch die Einblendung eines Banners.

Um dies zu verhindern, kann der Online Marketing Manager Brand-Protection-Services einsetzen. Meist wird diese Funktion in Kombination mit Fraud-Protection-Systemen angeboten. Die Anbieter untersuchen das Inventar mithilfe linguistischer und taxonomischer Verfahren und ordnen es bestimmten Verticals und Segmenten zu. Der Werbetreibende wiederum kann Webseiten, die bestimmten nicht erwünschten Verticals zuzuordnen sind, für die Ausspielung dauerhaft sperren.

Sowohl Fraud als auch Brand Protection bieten ein gewisses Maß an Schutz – eine Garantie wird es aber nie geben. Wie in vielen technologischen Bereichen liefern sich Angreifer und Protection-Anbieter ein Katz-und-Maus-Spiel – das Gleichgewicht verschiebt sich mal in Richtung Angreifer, mal in Richtung Protektor, aber einen dauerhaften Sieg wird es wohl weder auf der einen noch auf der anderen Seite geben.

Eine weitere Herausforderung erwartet den Online Marketing Manager bei der Durchführung von Retargeting-Kampagnen – und zwar an unerwarteter Stelle: nämlich bei der Verpixelung von Webseiten. Wie oben dargestellt, werden Webseitenbesucher zum Zweck des Retargetings beim Besuch mit Pixeln markiert und dadurch segmentiert. Gerade hier zeigt die Praxis, dass es oft schwierig ist, den Programmierern von Webseiten zu verdeutlichen, auf welcher Seite (oder bei welchem Event) der User einem Segment zugeordnet werden soll. Oftmals sind hierzu einige Korrekturschleifen nötig. Daher ist es für einen Online Marketing Manager von großem Vorteil, wenn er – zumindest grundlegend – HTML- und JavaScript-Code einer Webseite lesen und verstehen kann. Dadurch ist er in der Lage, Fehler beim Einbau der Pixel selbstständig zu erkennen und entsprechend zu reagieren. Vor allem im Agenturumfeld, in dem ein Online Marketing Manager Retargeting-Kampagnen und deren Segmentierung von mehreren Kunden und deren Technologiedienstleistern betreut, ist ein grundlegendes Codeverständnis fast unabdingbar. Unter Umständen kann dadurch der Online Marketing Manager schwerwiegende Fehler in der Programmierung schon vor dem Kampagnenstart entdecken und damit verhindern, und sie bräuchten nicht erst im Nachhinein kostspielig korrigiert zu werden.

Ebenfalls ein Fallstrick bei Retargeting-Kampagnen sind unzureichende Werbemittel. Klickaufforderungen (Call-to-Action) sollten klar erkennbar sein, und die Ansprache des Users muss im richtigen Kontext der von ihm zuvor besuchten Seite erfolgen. Bei Retargeting-Anbietern lohnt es sich, eigene Templates für die dynamischen Banner zu verwenden, um sich von der breiten Masse abzuheben und Banner-Blindness entgegenzuwirken.

Auch wenn Native Ads und Premium-Videos vielversprechende und erfolgreiche Werbeformate sind, liegt die Herausforderung für den Online Marketing Manager im Finden von passenden Inventarquellen. Leider ist das Angebot hochwertigen Inventars bisher überschaubar und deshalb hart umkämpft – das schlägt sich letztendlich in hohen TKPs nieder. Ob die hohen Preise wiederum erfolgreich in die Kampagnenplanung integriert werden können (Stichwort: ROI), obliegt dem Können und der Erfahrung des Kampagnenplaners.

Kennzahlen und Erfolgsmessung

Die Erfolgsmessung des Display Advertising richtet sich nach der Kampagnenart – eine Retargeting-Kampagne hat andere KPIs (*Key Performance Indicator*), an denen der Erfolg festgemacht werden kann, als eine Prospecting-/Brand-Kampagne. Welche Datenpunkte eine Indikation des Erfolgs liefern können, zeigt der folgende Abschnitt.

KPIs – Definition und Bedeutung für die Erfolgsmessung

- **Impression** – Anzahl der erzielten Werbeeinblendungen einer Kampagne. Indikator für: Reichweite der Kampagne.
- **Klicks** – Anzahl, wie oft ein User auf eine Werbeeinblendung geklickt hat. Indikator für: Qualität des Targeting-Sets, Qualität des Werbemittels.
- **CPM/TKP (Cost per Mille/Tausend-Klicks-Preis)** – Abrechnungseinheit im Display, Verkaufspreise von Werbeeinblendungen werden pro 1.000 Stück angegeben. Der Einkauf von RTA- und Display-Kampagnen erfolgt meist auf Basis dieser Metrik. Indikator für: Konkurrenzsituation um Werbeplätze; Qualität des Inventars. Berechnung:

$$CPM = \frac{Kosten}{Impressions} \times 1000$$

- **CPC (Cost per Click)** – Kosten, die durch einen Klick auf ein Werbemittel entstehen. Indikator für: Effektivität der Werbekampagne. Berechnung:

$$CPC = \frac{Kosten}{\Sigma \, Klicks}$$

Diese Metrik kommt ursprünglich aus der Suchmaschinenwerbung, wo sie als Abrechnungseinheit dient (auch Pay per Click – PPC). Inzwischen kann man dieses Abrechnungs- oder Buchungsmodell auch als CPC-Kampagne bei Display-Publishern buchen.

- **CTR (Click-Through-Rate)** – Verhältnis von Klicks zu Impressions. Indikator für: Qualität des Targeting-Sets, Qualität des Werbemittels. Berechnung:

$$CTR = \frac{Klicks}{Impressions}$$

War die Click-Through-Rate früher einer der wichtigsten Indikatoren zur Beurteilung einer Display-Kampagne, so sollte sie heute zwar als Teil der Erfolgsmessung dienen, aber man sollte sich über die Rolle der CTR für die Kampagne bewusst werden. Faktoren wie Sichtbarkeit der Anzeige, passende Zielgruppe oder Werbemittelkreation, Umfelder etc. beeinflussen maßgeblich die CTR und sollten demnach für eine bestmögliche Aussagekraft vorher optimiert werden.

- **CPA (Cost per Action/Akquisition)** – Kosten für eine erzielte Aktion oder Akquisekosten. Sammelbegriff für die Kosten, die aufgewendet werden müssen, um ein definiertes (Erfolgs-)Ereignis zu generieren. Ereignisse können dabei sein:
    - Bestellung – CPO: Cost per Order
    - Lead – CPL: Cost per Lead

    Alle weiteren Ereignisse, wie z.B. Downloads, Newsletter etc., subsumieren unter CPA. Indikator für: Effektivität der Werbekampagne. Berechnung:

$$CPA = \frac{\Sigma \text{ Kosten}}{\Sigma \text{ erzielte Actions}}$$

Der Einfluss des CPA zeigt sich sehr anschaulich an folgendem Beispiel: Ein Onlineshop verkauft Gummistiefel. Für eine Werbekampagne gibt er 250 Euro aus und erzielt damit 20 Verkäufe (Orders). Damit hat die Kampagne einen CPO (Cost per Order) von 12,5 Euro.

Wichtig: Vor Beginn einer Kampagne muss sich der Werbetreibende überlegen, wie hoch sein maximaler CPA sein darf, damit ihm noch eine Marge übrig bleibt.

Hätte der Onlineshop vom obigen Beispiel eine Marge kleiner als 12,50 Euro, wäre die Kampagne defizitär.

- **CR (Conversion Rate)** – Zeigt das Verhältnis von Besuchern zu erzielten Conversions. Indikator für: Effektivität der Werbekampagne. Berechnung:

$$CR = \frac{\Sigma \text{ Conversions}}{\text{Anzahl Webseitenbesucher}}$$

- **PV CR (Post View Conversion Rate)** – Zeigt das Verhältnis von Impressions zu erzielten Conversions. Indikator für: Performance einer Kampagne. Berechnung:

$$PV\ CR = \frac{\text{Post View Conversion}}{\text{Anzahl Bannereinblendungen}}$$

- **Viewability (Sichtbarkeit)** – Sichtbarkeit der Werbeinblendung in Bezug auf den User. Indikator für: Qualität des Inventars.

[handschriftliche Notiz:] ROAS = Umsatz : Kosten · Return on Ad spend

Für die Messung der Viewability gibt es eine Guideline vom BVDW[28], die eine Vergleichbarkeit zwischen den verschiedenen Anbietern von Viewability-Werten ermöglichen soll. In der Praxis sollte man aber dennoch genau die Definition des Viewability-Dienstleisters betrachten, um eine Bewertung und Vergleichbarkeit zu gewährleisten. So gilt bei manchen Anbietern ein Banner als sichtbar, wenn die Werbeeinblendung zu mehr als 50 % für einen Zeitraum von einer Sekunde im Sichtfeld des Webseitenbetrachters ist. Strengere Anbieter definieren eine Sichtbarkeit mit 70 % Bildanteil im Sichtfeld des Users für mindestens 2 Sekunden.

Generell gilt die Sichtbarkeit von Werbemitteln als einer der wichtigsten KPIs zur Bewertung von Display-Kampagnen.

Passende KPIs für die unterschiedlichen Kampagnentypen

Welche KPIs sind nun wichtig – und vor allem: in welchem Zusammenhang? Auf diese Frage lässt sich keine eindeutige Antwort geben, da die KPIs und deren Zusammenhang mit der jeweiligen Kampagne von vielen verschiedenen Parametern abhängen. Ausrichtung, Werbemittel, Datenqualität, Umfeld und Zielgruppe beeinflussen die Kampagne genauso wie Werbemittelkreation, Konkurrenzsituation oder Online-Marketing-Maßnahmen in anderen Kanälen (z. B. Affiliate oder Display).

Generell gilt: Sie sollten sich nie auf einige wenige KPIs stützen, sondern die Kampagne eingebettet in den Online-Marketing-Mix betrachten. So sollten für Brand- und Prospecting-Kampagnen die Anzahl an Impressions und Klicks und natürlich auch die CTR beobachtet werden. Außerdem sollten die Sichtbarkeit gut und der TKP nicht zu hoch sein. Darüber hinaus sollten Prospecting-Kampagnen eine adäquate[29] Beteiligung an den Customer Journeys aufweisen (Customer Journey Participation), wobei die Kontaktpunkte mit einer Prospecting-Kampagne vermehrt zu Beginn der Customer Journey stattfinden sollten.

Retargeting-Kampagnen sollten sich dagegen durch eine gute CTR und einen sinnvollen Cost-per-Lead-Wert auszeichnen, da sie das Ziel haben, den User zurück auf die Ursprungsseite zu bringen oder sogar eine Conversion herbeizuführen. Sie weisen ebenfalls eine adäquate

---

28 BVDW Guideline Viewability: *http://www.bvdw.org/medien/bvdw-veroeffentlicht-guideline-zur-technischen-messung-der-sichtbarkeit-von-online-werbung--?media=/245* (Aufruf: 01.08.2017)

29 Die Beteiligung an einer Customer Journey hängt unter anderem stark von der Budgetverteilung der beteiligten Online-Marketing-Kanäle und -Kampagnen sowie deren Arten ab.

Beteiligung an Customer-Journey-Kontaktpunkten auf, wobei diese eher in der Mitte und gegen Ende einer Customer Journey auftreten sollten. Gute Retargeting-Kampagnen lassen sich vor allem auch an einer guten Post-View-Conversion-Rate erkennen.

Bezieht man Klicks und Views in seine Beurteilung mit ein, muss man stets bedenken, dass ein Klick nicht nur durch einen interessierten Kunden ausgelöst wird, sondern es sich auch um »Verklicken« (gerade bei aggressiven Bannerformen wie Sidekick-Ad oder Interstitial) handeln kann oder einfach um einen neugierigen User, der aufgrund eines sehr kreativen Bannerdesigns einfach »mal schauen« will. Bei der Bewertung von Views sollten Sie immer die Sichtbarkeit und deren Dauer sowie nach Möglichkeit die bewusste Wahrnehmung der Banner mit in die Bewertung einfließen lassen.

Zu guter Letzt muss sich ein Online Marketing Manager überlegen, ob er ein Attributionsverfahren[30] für seinen Online-Marketing-Mix verwendet oder nicht. Das gewählte Attributionsmodell (z. B. dynamisch oder Last-Click-Betrachtung) hat Einfluss auf die verschiedenen KPIs der einzelnen Marketing-Kanäle, es muss – wie alle anderen Bestandteile der Kampagnenplanung – auf die Vorhaben und Ziele passen und bei der Einzelbewertung berücksichtigt werden.

Lernen von Erfolgsbeispielen

Performancekampagne

Folgendes Beispiel beschreibt eine klassische Problemstellung, mit der sich viele Werbetreibende auseinandersetzen müssen:

Zahlreiche Endkunden besuchen die Webseite des Finanzdienstleisters und haben auch schon mithilfe eines Kreditrechners mögliche Finanzierungsmodelle berechnet, allerdings noch keinen Finanzierungsvertrag abgeschlossen. Diese Kunden sollen nun über eine Retargeting-Kampagne angesprochen werden.

Setup

Anforderung: Die Performance eines Finanzdienstleisters steigern.

Zielgruppe: Kunden, die den Kreditrechner verwendet haben, aber nicht konvertiert sind.

---

30 Anteilige Verteilung eines Ereignisses (z. B. Verkauf) auf die Kontaktpunkte einer Customer Journey, siehe hierzu auch: *https://www.explido.de/blog/attribution-im-online-marketing/* (Aufruf: 01.08.2017)

Relevante KPIs:

- CPO
- PV CR
- Customer-Journey-Position und Beteiligung

Targeting- und Kampagneneinstellung

- Retargeting-Segmente
- Seitenbesucher gesamt
- Kreditrechner ausgeführt, aber nicht konvertiert
- Desktop
- Frequency Capping: 4 Einblendungen pro Tag und User

Beachten

- Reichweite (Anzahl der markierten User)
- Konkurrierende Kampagnen (Gefahr von Cookie-Dropping)

Werbemittel

- AdBundle
- Dynamische Produktbanner

Learnings

In den ersten zwei Wochen adressierte der Flight alle Seitenbesucher des Finanzdienstleisters, da das Segment »Kreditrechner ausgeführt« noch eine zu geringe Reichweite hatte. Danach wurde die zweite Kampagne gestartet, die ausschließlich die User des Segments »Kreditrechner ausgeführt« adressierte. Da Finanzprodukte eher selten auf einem Mobile Device gekauft werden (das ergab die Analyse der Conversion-Daten des Onsite-Analysesystems), wurden die Kampagnen ausschließlich auf Desktopgeräten ausgespielt.

Um eine hohe Identifikation der User mit dem Werbemittel zu erreichen, wurde über dynamische Banner das jeweilig besuchte Produkt des Webseitenbesuchers eingespielt bzw. die individuell errechnete Kreditrate, falls er den Kreditrechner verwendet hatte. Um ein Gefühl von Verfolgung zu vermeiden, wurde das Frequency Capping auf maximal vier Einblendungen pro Tag und User begrenzt.

Die Kampagne hatte wie erwartet ihre Kontaktpunkte am Ende der Customer Journey, und ein Viertel aller Conversions waren Post View Conversions.

Brand-Kampagne

Im nachfolgenden Beispiel handelt es sich um einen relativ unbekannten Finanzdienstleister, der vor der Aufgabe steht, sein Produktportfolio und seine Leistungen den Endkunden bekannt zu machen. Dafür muss er die Aufmerksamkeit seiner Zielgruppe wecken und eine relativ große Reichweite abdecken.

Setup

Anforderung: Bekanntheit des Finanzdienstleisters soll steigen (Branding).

Zielgruppe: Soziodemografische Zielgruppe.

Relevante KPIs:
- Anzahl Impressions
- Viewability
- Customer-Journey-Position und Beteiligung

Targeting- und Kampagneneinstellung
- Soziodemografische Daten
- Umfeld-Targeting (Whitelisting und Deals)
- Desktop und mobile

Beachten
- Gezieltes Blacklisting, um Doppelausspielung zu vermeiden

Werbemittel
- Video-Ads
- Billboard
- Mobile 2:1
- Interstitial

Learnings

Da die Brand und die Bekanntheit des Advertisers im Vordergrund stand, wurde die Kampagne auf die passende Zielgruppe ausgerichtet. Dazu wurden bei den SSPs folgende soziodemografische Merkmale hinzugebucht:

- Haushaltsnettoeinkommen > 2.500 Euro
- Alter > 25 Jahre

Außerdem wurde eine Kampagne speziell auf User aus dem Vertical »Finanzbereich« ausgerichtet. Um eine große Reichweite zu ermöglichen, wurden sowohl Desktop- als auch Mobilgeräte adressiert. Zum Einsatz kamen dabei vor allem großflächige und auffällige Werbeformate sowie Videoanzeigen, um die Aufmerksamkeit der User zu wecken.

Placements mit schlechten Viewability-Werten wurden über den Kampagnenverlauf beständig ausgeschlossen, wodurch die Kampagne eine hohe Sichtbarkeit erreichte. Qualität und Reichweite wurden durch spezielle Private Deals für den Finanzsektor optimiert. Der Erfolg zeigte sich nicht nur in der guten Reichweite und Viewability, sondern er schlug sich auch in der Customer Journey nieder: Werbeeinblendungen dieses Flights fanden sich wie geplant am Beginn zahlreicher Customer Journeys, was die Customer-Journey-Opening-Rate von fast 35 % bestätigte.

Checkliste für erfolgreiche Kampagnen

Folgende Punkte sollte jeder Online Marketing Manager vor dem Start einer Kampagne zumindest einmal in Gedanken durchspielen und für sich bewerten.

Vor dem Start

- ✓ Welches Ziel soll die Kampagne verfolgen?
- ✓ Ist ein ausreichendes Budget vorhanden?

Werbemittel

- ✓ Passen die Werbemittel zum gesetzten Ziel und unterstützen dieses?
- ✓ Ist eine eindeutige Klickaufforderung (Call to Action) vorhanden?

Audiences und Targeting

- ✓ Ist die Zielgruppe groß genug?
- ✓ Ist das Targeting nicht zu granular?
- ✓ Habe ich Umfelder, die ich ausschließen möchte?
- ✓ Welche Datenpunkte (gegebenenfalls von DMPs) unterstützen mein Kampagnenziel?
- ✓ Gibt es Deals mit passendem Inventar?

Retargeting, Datenanlieferung und Technik

- ✓ Ist die Zielseite sauber verpixelt?
- ✓ Kommen die Datenlieferungen im gewünschten Format, und werden sie korrekt weiterverarbeitet?
- ✓ Benötige ich einen Fraud-Schutz – und falls ja, ist der Einbau korrekt?

Bewertung und KPIs

- ✓ KPIs zur Erfolgsmessung müssen passend gewählt sein und zur Kampagne passen.
- ✓ Einzelne KPIs dürfen nicht singulär betrachtet bzw. bewertet werden.
- ✓ Nicht vergessen: CTR ist nicht alles.
- ✓ Customer Journey Tracking ist wichtig.
  - Öffnungsrate von Customer Journeys beachten
  - Beteiligungsrate auswerten
- ✓ Gibt es eine Attribution? Falls ja, ist das richtige Attributionsmodell gewählt?

Kontrolle und Optimierung

- ✓ Audiences testen, oftmals verbergen sich Käufer dort, wo man sie nicht vermutet.
- ✓ Blacklisting
  - Unerwünschte Umfelder ausschließen
  - Nicht performante Placements auf die Blacklist setzen
- ✓ Cookie-Dropper mithilfe von Customer-Journey-Analyse und Fraud-Tools identifizieren.
- ✓ A/B-Testing von Werbemitteln.
- ✓ Nicht performante Werbemittel aussortieren.

Linktipps

- **IAB – Interactive Advertising Bureau**
  Internationale Studien und Infos zur Standardisierung:
  https://www.iab.com/
  Banner-Größen-Guideline: *http://www.iab.net/displayguidelines*
- **TAG – Trustworthy Accountablility Group**
  Zusammenschluss gegen Piraterie und Markenschutz im Internet:
  https://tagtoday.net/resources/
- **BVDW – Bundesverband der digitalen Wirtschaft e. V.**
  Aktuelle News für Deutschland, Studien und Statistiken:
  http://www.bvdw.org/
- **OVK – Online-Vermarkterkreis**
  Studien, Markt-Insights und Infos rund um digitale Standards:
  http://ovk.de/

Interview mit Thorsten Eder

Frage: Welchen Stellenwert hat Display Advertising bei Saturn? Wo ist das Display-Marketing intern aufgehängt, und wie ist es organisiert.

Display-Werbung ist bei uns aktuell besonders relevant für die Image- und Markenkommunikation sowie für nationale Sales-Aktionen. Für beide Zwecke hat es den großen Vorteil, dass schnell Reichweite in den relevanten Zielgruppen aufgebaut und die jeweilige Botschaft zügig und verständlich transportiert werden kann. Damit ist es eine wichtige Ergänzung zu unserer ATL-Kommunikation, besonders zur klassischen TV-Werbung. Im richtigen Mix erreicht unsere Botschaft so innerhalb weniger Tage große Teile unserer Zielgruppe.

In unserer Marketing-Organisation ist dieser Bereich innerhalb des Online-Performance-Teams angesiedelt. Besonders wichtig sind dabei die Schnittstellen zu unserer internen Mediaplanung und zum Brand-Management.

Frage: Was waren in den letzten Jahren die wichtigsten Entwicklungen in dem Sektor, und was hat sich konkret bei euch verändert?

Die wichtigste und für den Bereich relevanteste Entwicklung ist weniger aufseiten des Display Advertising selbst zu finden. Es geht vorrangig um ein sich stark veränderndes Userverhalten und damit einhergehend um die Akzeptanz und Wirkungsweise von Display-Werbung. Für uns es ist daher wichtig, Themen wie Adblocker-Nutzung, Banner-Blindness und auch die mobile Nutzung zu antizipieren und daraus Schlüsse für die richtige Wahl des Werbemittels und -kanals zu treffen.

Frage: Mit welchen Targeting-Formen habt ihr die besten Erfahrungen gemacht? Was setzt ihr mittlerweile gar nicht mehr ein?

Für das User- und Zielgruppen-Targeting ergeben sich bei uns durch fortschreitende Möglichkeiten im Bereich »Big Data« permanent neue Szenarien, die wir testen, um unsere Zielgruppe mit immer passenderen und relevanteren Angeboten zu erreichen. Damit ist dieser Bereich einer fortlaufenden Weiterentwicklung unterworfen. Eine sehr effektive Form des Targetings sehen wir im Bereich des Content-Marketings. Über unsere Content-Plattform TURN ON bieten wir z.B. redaktionelle Inhalte an, die monatlich von fast drei Millionen Lesern konsumiert werden. Aus den jeweiligen Interessen der Leser lassen sich so entsprechende Targeting-Möglichkeiten ableiten. Da wir hier auf eigene Daten zurückgreifen können, ist das ein sehr effizienter Weg für uns.

Frage: Wie schätzt du die Entwicklung hin zu mehr Native-Formaten ein? Wird Native eine zentrale Rolle einnehmen?

Dem Thema *Native Advertising* traue ich großes Potenzial zu, obwohl es, einfach formuliert, ja nur eine Weiterentwicklung der bekannten Advertorials darstellt. Aus meiner Sicht ist es die Werbeform, die die größte Akzeptanz in der relevanten Werbezielgruppe hat – vorausgesetzt, der Content ist interessant und journalistisch aufbereitet. So lassen sich hohe Engagementwerte erreichen, und eine geringe Reichweite kann mehr als kompensiert werden. Die perfekte Alternative für nervige Bannerwerbung. Je mehr für Marketingentscheider Reichweite und Klicks dem KPI-Engagement weichen, desto gewichtiger wird die Rolle von Native-Ads werden. Wir bei Saturn messen dieses Engagement mit unseren Angeboten konsequent und bezeichnen dieses Userverhalten als »Time with Brand«.

Mit dem Projekt »Featured Stories« haben wir übrigens gerade einen eigenen Bereich rund um das Thema Native Advertising gegründet. Allerdings nicht auf der Seite des Advertisers, sondern als Publisher. Damit setzen wir unsere Reichweite und unser Produktions-Know-how ein, um zusammen mit Marken und Herstellern spannenden Content rund um unser Sortiment zu erstellen.

Frage: Push-Werbung vs. Content-Marketing – was sollten Unternehmen wofür einsetzen? Gibt es da ein ideales Vorgehen?

Ein klassisches Mittel ist die Push Kommunikation, die dem direkten und schnellen Abverkauf dient, also am Ende der Customer Journey ansetzt. Diese Werbeform lässt sich sehr einfach und klar mit KPIs messen und damit bewerten.

Wenn Unternehmen auf Content-Marketing setzen, wird es schon deutlich schwieriger, den Erfolg der Maßnahme zu bewerten. Content-Marketing setzt sehr früh im Kaufprozess an – eigentlich schon da, wo es noch gar kein Kaufinteresse gibt. Hier kann ich nur empfehlen, sehr viel Gewicht auf Strategie und Ziele zu legen und dies auch mit dem Management klar abzustimmen. Sonst tritt relativ schnell eine große Ernüchterung ein, wenn die getroffenen Maßnahmen die Erwartungen nicht erfüllen. Anders gesagt: Im Content-Marketing ist die Produktion des Contents der einfachste Teil.

Frage: Wie bildest du dich in deinem Themengebiet weiter?

Mein Themengebiet ist mittlerweile extrem breit geworden: Es betrifft die ganze Bandbreite von ATL- und BTL-Maßnahmen, also sowohl die klassischen als auch die digitalen Werbeformen. Um hier auf der Höhe der Zeit zu sein, habe ich Marketing praktisch zu meinem Hobby gemacht und zusätzlich meinen Content-Konsum dahin gehend verändert, viele Artikel in kurzer Zeit querzulesen. Für diesen Zweck ist Twitter die Quelle, die für mich relevanten Content am besten darstellt. Spannende Inhalte sichere ich dann mit »Pocket« – das funktioniert sowohl mobil als auch am Desktop hervorragend.

Frage: Ein Unternehmen, das bisher nur auf SEO und SEA gesetzt hat und jetzt auch Display Advertising einsetzen möchte – wo sollte es beginnen, und wie sollte es vorgehen?

Wer aktuell Conversion-Rates und CPOs aus den klassischen Search-Kanälen gewohnt ist und sein Business mit Display Advertising voranbringen möchte, sollte sich zuerst darüber klar werden, dass es sich hier um eine komplett andere Werbeform handelt. Gerade für Einsteiger birgt das Thema durchaus auch Gefahren (z.B. *AdFraud*). Hier kann ich nur empfehlen, einen Teil des geplanten Display-Budgets zunächst in Workshops mit neutralen Experten zu investieren, um herauszufinden, ob und wie Display Advertising zum Hebel für mehr Erfolg werden kann.

Thorsten Eder (41) ist Marketingleiter bei Saturn Deutschland in der Saturn Marketing GmbH. In dieser Funktion verantwortet er die Werbung, die kanalübergreifenden Kampagnen sowie die digitale Marketingstrategie der Marke Saturn.

Seit 2012 hatte Thorsten Eder als Head of Digital Marketing für Saturn Deutschland die Onlinemarketingaktivitäten für die Marke Saturn auf- und ausgebaut. Im Rahmen dieser Aufgaben führte Eder unter anderem die Abteilungen Performance, Social Media und Content. Sein Verantwortungsbereich umfasste sowohl die digitalen Marketingaktivitäten (SEA, SEO, Social Media sowie Affiliate-, E-Mail-, Display- und Content-Marketing) als auch digitale nationale Kampagnen auf saturn.de. Ein weiterer Verantwortungsbereich von Thorsten Eder war die Entwicklung und der Ausbau der Multichannel-Content-Marketing-Strategie unter der Marke TURN ON, die er auch weiterhin vorantreibt.

KAPITEL 8
E-Mail-Marketing

In diesem Kapitel:
- Grundbegriffe und Einordnung von E-Mail-Marketing
- Wichtige Konzepte, Aufgaben und typische Herausforderungen
- Kennzahlen und Erfolgsmessung
- Lernen von Erfolgsbeispielen
- Checkliste für erfolgreichere Mailings
- Interview mit Luis Hanemann

Von Manuela Meier

Verschiedenste Statistiken belegen, dass die wirtschaftliche Bedeutung der E-Mail immer noch zunimmt und im Marketing eine tragende Rolle spielt. In diesem Kapitel erhalten Sie einen grundlegenden Überblick darüber, welchen Anforderungen und Möglichkeiten Sie im Bereich E-Mail-Marketing gegenüberstehen. Dabei werden sowohl technische und rechtliche als auch gestalterische Aspekte abgedeckt, damit Sie einen möglichst vollständigen Überblick über die Thematik bekommen.

Grundbegriffe und Einordnung von E-Mail-Marketing

E-Mail-Marketing – eine Definition

E-Mail-Marketing ist zu Recht ein sehr wichtiger Bestandteil im Marketing-Mix. Die (Marketing-)E-Mail kann sowohl an einzelne Empfänger als auch an größere Verteiler adressiert werden und ist somit ein sehr flexibles Instrument des Online-Marketings. Da die zeitliche Steuerung – wann die Nachricht den Empfänger erreicht – in Ihrer Hand liegt, ist die E-Mail ein digitales Push-Medium.

Im E-Mail-Marketing werden zahlreiche Begriffe häufig synonym verwendet, obwohl zum Teil doch Bedeutungsunterschiede bestehen. Damit Sie die nachfolgenden Abschnitte richtig einordnen können, möchte ich zunächst folgende Begriffe klären und abgrenzen:

- **E-Mail** – Die (oder auch das) E-Mail ist die Abkürzung für »elektronische Post« und bezeichnet sowohl den Übertragungsweg als auch die Nachricht selbst.[1]
- **Newsletter** – Der Newsletter ist ein Rundschreiben, das (überwiegend) per E-Mail zugestellt wird. Die Informationen und Mitteilungen werden auf Wunsch des Empfängers (*Einwilligung*) an diesen gesendet.[2]
- **E-Mailing (auch Mailing)** – Synonym zu Newsletter.
- **Spam** – »Als Spam [...] oder Junk (englisch für ›Abfall‹ oder ›Plunder‹) werden unerwünschte [...] Nachrichten [...] bezeichnet, die dem Empfänger *unverlangt zugestellt* werden und häufig werbenden Inhalt enthalten.[3]

Leider wird im allgemeinen Sprachgebrauch der Marketing-Newsletter häufig mit Spam gleichgesetzt, weil Empfänger zwischen gewollter und unaufgeforderter Werbung nicht differenzieren können. Ich möchte deshalb darauf hinweisen, dass der entscheidende Unterschied zwischen Newslettern und Spam in der Einwilligung durch den Empfänger – und somit der Rechtmäßigkeit – besteht.

Generell kann man für »E-Mail-Marketing« somit folgende Definition ableiten:

Definition E-Mail-Marketing

Durch E-Mailings kann der direkte Dialog mit Kunden oder neuen Interessenten hergestellt werden. Unternehmen sind mithilfe des E-Mail-Marketings in der Lage, ihre Zielgruppe persönlich anzusprechen, neue Kunden zu gewinnen und bereits bestehende Kunden zu binden. Wegen der geringen Versandkosten, der hohen Versandgeschwindigkeit und der unterschiedlichsten Gestaltungsmöglichkeiten nimmt E-Mail-Marketing eine wichtige Rolle innerhalb des Onlinemarketings ein. Onlinemarketing-praxis.de, Glossar: E-Mail-Marketing, *http://www.onlinemarketing-praxis.de/glossar/E-Mail-marketing* vom 25.11.2016 (Aufruf: 01.08.2017)

---

1 Springer Gabler Verlag (Herausgeber), Gabler Wirtschaftslexikon, Stichwort: E-Mail, *http://wirtschaftslexikon.gabler.de/Archiv/54535/e-mail-v11.html* (Aufruf: 01.08.2017)

2 Mumme & Partner, Definition Newsletter: *http://www.omkt.de/newsletter-definition/* (Aufruf: 01.08.2017)

3 Wikipedia (November 2016), Artikel »Spam«, *https://de.wikipedia.org/w/index.php?title=Spam&oldid=159905910* (Aufruf: 01.08.2017)

Einordnung von E-Mail-Marketing im Marketing-Mix

E-Mail-Marketing ist im klassischen Marketing-Mix dem Bereich *Promotion* zuzuordnen. Die E-Mail eignet dabei sowohl als Medium für die Massenkommunikation als auch für die Individualkommunikation.

Die Bandbreite der Einsatzmöglichkeiten ist ebenfalls kaum zu schlagen: Sie reicht von *Werbung* und *Verkaufsförderung* über *Public Relations* bis hin zur *Corporate Identity*.

Entwicklung des E-Mail-Marketings bis heute

Als am 2. August 1984 die erste E-Mail in Deutschland versendet wurde, hatte niemand ahnen können, welche wirtschaftliche Bedeutung das Medium E-Mail einmal haben würde.

Seitdem hat sich viel getan: Mittlerweile ist die E-Mail laut ACTA die am häufigsten genutzte Anwendung im Netz, und zwar geräteübergreifend. Über 95 % der deutschen Internetuser senden und/oder empfangen E-Mails.[4] »Für das Jahr 2018 geht das Technologie-Marktforschungsunternehmen The Radicati Group davon aus, dass jeden Tag rund 281 Milliarden E-Mails (weltweit) versendet und empfangen werden.«[5] Das entspricht einem Durchschnitt von etwa 40 E-Mails am Tag pro Mensch – vorausgesetzt, jeder Mensch, egal welchen Alters, hat einen E-Mail-Account. Und die Nutzung nimmt weiter zu.

Die nachfolgende Statistik zeigt das prognostizierte Wachstum der täglich versendeten und empfangenen E-Mails weltweit bis 2021. Dabei wurden sowohl der private als auch der geschäftliche E-Mail-Verkehr einbezogen.

Dadurch ist die E-Mail zum wichtigsten *Push-Medium* im Online-Marketing avanciert. Und das ist auch kein Wunder: Wenn man die Kosten in Relation zu den Erträgen setzt, sieht man schnell, dass der *Return on Invest* (ROI) im E-Mail-Marketing extrem hoch ist – verglichen mit anderen Kanälen.

---

[4] Institut für Demoskopie Allensbach (2016): Allensbacher Technik & Computer Analyse ACTA 2016, *http://www.ifd-allensbach.de/fileadmin/ACTA/ACTA2016/Codebuchausschnitte_ACTA_2016/ACTA2016_Felder_der_Internetnutzung.pdf* (Aufruf: 01.08.2017)

[5] The Radicati Group (2017), Prognose zur Zahl der täglich versendeten E-Mails weltweit, *https://de.statista.com/statistik/daten/studie/252278/umfrage/prognosezur-zahl-der-taeglich-versendeter-e-mails-weltweit/* (Aufruf: 01.08.2017)

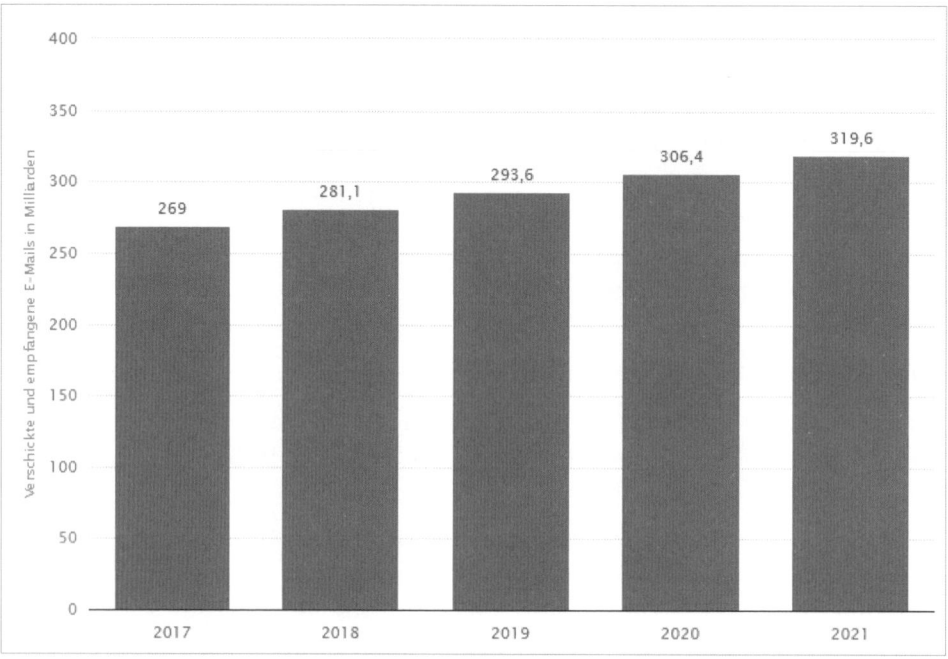

Abbildung 8-1:
Prognose zur Anzahl der täglich versendeten und empfangenen E-Mails weltweit von 2017 bis 2021 (in Milliarden)[6]

Auch die E-Mail selbst hat sich weiterentwickelt. Die erste E-Mail wurde als Plain-Text hinausgeschickt. Inzwischen werden Marketing-Newsletter fast ausschließlich in HTML erstellt und versendet. Ein Großteil davon ist bereits im Responsive Design gestaltet, was bedeutet, dass sich das Design flexibel an das empfangende Endgerät anpasst. Und auch die Inhalte werden immer dynamischer – zum einen bezogen auf ihre Individualität, zum anderen in Hinblick auf den Zeitpunkt, zu dem sie generiert werden. So können inzwischen auch Countdown-Zählungen eingebunden werden, die z.B. den aktuellen Lagerbestand eines Produkts zu genau dem Zeitpunkt anzeigen, zu dem die Mail geöffnet wird, oder Produkte, die ein spezifischer Empfänger gestern im Shop betrachtet hat.

Grundlegendes Know-how im E-Mail-Marketing

Rechtsgrundlagen zum E-Mail-Marketing

Das deutsche Recht ist sehr streng, was das Thema Werbung anbelangt. Da durch massenhafte Spam-E-Mails eine gewisse Sensibilität

---

6 https://de.statista.com/statistik/daten/studie/252278/umfrage/prognose-zur-zahl-der-taeglich-versendeter-e-mails-weltweit/ (Aufruf: 01.08.2017)

bei den Empfängern besteht, müssen Sie gerade im Bereich E-Mail-Marketing einige grundlegende Regeln beachten.

Beschäftigen wir uns zunächst mit der wichtigsten Frage überhaupt: *Wem dürfen Sie Newsletter bzw. Werbe-E-Mails zusenden?*

> **Hinweis**
> Mit werblichen E-Mails dürfen Sie nur Empfänger anschreiben, von denen Sie eine ausdrückliche Einwilligung (auch *Opt-in* bzw. *Permission* genannt) erhalten haben!

Dabei wird jede Art von Kommunikation, die mittelbar oder unmittelbar der Verkaufsförderung dient, als Werbung eingestuft. Das heißt, Sie dürfen auch in Bestellbestätigungs-E-Mails keinen Gutschein für den nächsten Einkauf platzieren – es sei denn, Ihnen liegt eine Einwilligung des Empfängers vor.

Für eine rechtsgültige Einwilligung müssen folgende Kriterien erfüllt sein:

- Der Empfänger hat *ausdrücklich und aktiv* dem Empfang von Newslettern zugestimmt. Dabei darf die Einwilligung nicht vorausgefüllt oder Vertragsbestandteil sein.
- Aus der Einwilligungserklärung geht hervor, für *welches Unternehmen zu welchem Zweck und für welche Leistungen* der Newsletter versendet wird. Allgemeine Aussagen wie z. B. »Partnerunternehmen« sind nicht ausreichend.
- Der Empfänger muss bei jeder Werbemaßnahme über sein *Widerspruchsrecht* informiert werden (Widerruf der Einwilligung = Abmeldung = *Opt-out*).

Berücksichtigen Sie, dass es nicht erlaubt ist, E-Mail-Adressen, die Sie bereits in der Datenbank haben, per E-Mail um eine Einwilligung zu bitten.

> **Hinweis**
> Eine ausdrückliche Einwilligung ist bei einer aktiven Kundenbeziehung ausnahmsweise nicht erforderlich, soweit alle Voraussetzungen von §7 Absatz 3 des Gesetzes gegen den unlauteren Wettbewerb (UWG) erfüllt sind.

Die Voraussetzungen, die Sie davon entbinden, eine ausdrückliche Einwilligung einzuholen, sind:

- Das Unternehmen hat die Adresse im Zusammenhang mit dem Verkauf einer Ware oder Dienstleistung erhalten.
- Die Adresse wird ausschließlich mit Direktwerbung für eigene ähnliche Waren oder Dienstleistungen beliefert.
- Der Kunde hat der Verwendung nicht widersprochen.
- Der Kunde wird bei der Erhebung und auch bei jeder Werbemaßnahme auf sein Widerspruchsrecht hingewiesen.

> **Hinweis**
>
> Reine Service-E-Mails, z.B. Bestellbestätigungen, Systemnachrichten etc., erfordern kein Opt-in, da es sich bei diesen Mails nicht um Werbung handelt.

Als Nächstes ist die Frage zu klären, wie eine **Einwilligung** *rechtssicher nachgewiesen werden kann.*

Da die Beweislast für die Einwilligung beim Versender liegt, ist dieser Punkt ebenfalls nicht zu vernachlässigen. Die einzige rechtlich anerkannte Methode für den Nachweis ist das *Double-Opt-in-Verfahren*. Beim Double-Opt-in wird nach der Anmeldung zunächst eine Bestätigungs-E-Mail an den Empfänger versendet. Dieser muss durch den Klick auf einen Link in dieser E-Mail nochmals bestätigen, dass er den Newsletter wirklich erhalten möchte. Die Methode verhindert, dass unbefugte Dritte für fremde E-Mail-Adressen Newsletter abonnieren. Durch den Klick wird der Empfänger für den Newsletter aktiviert.

> **Hinweis**
>
> Rechtlich anerkannt ist nur das Double-Opt-in-Verfahren.

Zusätzlich muss der Versender jede *Einwilligung protokollieren* und vorhalten, solange das Opt-in besteht. Protokolliert werden sollten mindestens folgende Daten:

- IP-Adresse
- Datum und Uhrzeit
- URL der Einwilligungsseite

Die Protokolle müssen gelöscht werden, wenn der Empfänger seine Einwilligung widerruft.

> **Hinweis**
>
> Grundsätzlich gilt: Eine Einwilligung erlischt nur durch die Abmeldung. Erfolgt allerdings längere Zeit keine Zusendung von Newslettern, verfällt die Einwilligung. Nach der aktuellen Rechtsprechung liegt das Verfallsdatum für eine Einwilligung zwischen 1,5 und 2 Jahren.

Natürlich gibt es neben den bereits genannten Punkten noch etliche weitere Aspekte wie z. B. die Datensparsamkeit oder die Datenverarbeitung, die berücksichtigt werden müssen. Hierfür sollten Sie sich immer an die aktuelle Rechtsprechung halten und gegebenenfalls einen Rechtsbeistand konsultieren.

Whitelisting im E-Mail-Marketing

Alle relevanten Freemailer und Internet Service Provider (ISP), z.B. Freenet, GMX, Web.de etc., arbeiten mit zentralen oder eigenen Whitelists. Auf *Whitelists* (auch *Positivliste* genannt) werden IP-Adressen von E-Mail-Versendern registriert, die sich verpflichtet haben, nur Empfänger zu anzumailen, die ihre Erlaubnis dafür gegeben haben.

Ist ein Versender auf der Whitelist eingetragen, müssen die E-Mailings dieses Versenders nicht die Spam-Filter der ISPs durchlaufen und werden direkt in das Postfach des Empfängers gelegt. Das beschleunigt zum einen die Zustellung der Newsletter, zum anderen laufen Ihre E-Mails nicht Gefahr, als sogenannte *False Positives* im Spam-Ordner Ihrer Empfänger zu landen.

Da die Spam-Filter bei ca. 10% der erwünschten E-Mails irrtümlich anschlagen und diese in den Spam-Ordner aussortieren, ist es für Versender besonders erstrebenswert, die Spam-Filter umgehen zu können.

Nachdem es zahlreiche ISPs gibt und jeder Versender sich theoretisch bei jedem ISP um ein Whitelisting bemühen müsste, haben sich der Deutsche Dialogmarketing Verband e.V. (DDV) und eco – Verband der Internetwirtschaft e.V. zur *Certified Senders Alliance* (*CSA*) zusammengeschlossen. Die CSA betreibt die größte und bekannteste zentrale Whitelist in Deutschland. Diese erspart den ISPs sehr viel Arbeit und erleichtert den Versendern das Whitelisting. Damit das Vertrauen in die Whitelist nicht verloren geht, setzt sich die CSA vehement für die Interessen der Empfänger ein.

Da es für einen einzelnen Versender häufig zu aufwendig ist, alle Richtlinien für eine Aufnahme in die CSA zu erfüllen, übernimmt diese Aufgabe in der Regel der Versanddienstleister bzw. *E-Mail-Service-Provider (ESP)*. Der ESP verpflichtet sich, alle technischen und ethischen Anforderungen für einen vertrauenswürdigen Versand zu erfüllen.

> **Praxistipp**
>
> E-Mails von Versendern, die auf einer Whitelist stehen, werden nicht durch Spam-Filter geprüft. CSA Whitelisting stellt ein Qualitätsmerkmal dar.

International bedeutsam ist die *Sender-Score-Zertifizierung* von Return Path bzw. die *Spamhaus-Whitelist*. Daneben gibt es weitere lokale Whitelist-Betreiber.

Das Gegenstück zur Whitelist ist die *Blacklist* (auch *Realtime Blacklist*, *RBL*, genannt). Im E-Mail-Marketing gibt es zentrale Blacklists, die von verschiedenen ISPs herangezogen werden. E-Mails von Versendern, die auf der Blacklist stehen, werden entweder vom ISP gar nicht angenommen oder automatisch in den Spam-Ordner geschickt.

Es gibt verschiedene Faktoren, die dazu führen können, dass ein seriöser Versender auf der Blacklist landet. Einen großen Einfluss hat mit Sicherheit die Serverreputation des Versenders. Die genauen Regeln für eine Bewertung variieren je Blacklist-Betreiber bzw. ISP und werden auch nicht offengelegt. Es ist schwierig, wieder von einer Blacklist gelöscht zu werden (sogenanntes Delisting), wenn man einmal aufgenommen wurde. Deshalb ist es für Sie als Versender enorm wichtig, ein Blacklisting zu vermeiden. Versender, die auf einer zentralen Whitelist stehen, laufen normalerweise nicht Gefahr, auf einer Blacklist zu landen.

Reputationsmanagement

Neben den Whitelists betrachten die ISPs in erster Linie, ob die ankommenden E-Mails von vertrauenswürdigen Servern versendet wurden. Aus diesem Grund muss ein Online Marketing Manager auch die *Serverreputation* im Auge behalten. Kostenlose und auch kostenpflichtige Tools können Ihnen Aufschluss über Ihre Serverreputation geben, z. B. Senderbase.org oder MxToolbox – wobei die Einschätzung dieser Tools nur als Richtwert gesehen werden kann, denn auch hier lassen sich die ISPs nicht in die Karten schauen.

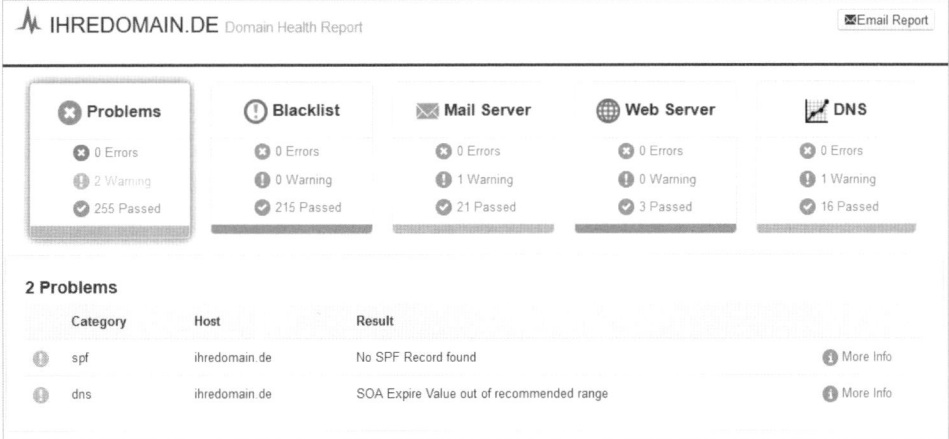

Abbildung 8-2:
Kostenlose Tools wie MxToolbox zeigen mögliche Probleme bei der Serverreputation an.

Wichtiger ist deshalb, was zu einer schlechten Reputation führt und was man dagegen tun kann.

Mögliche Ursachen für eine schlechte Serverreputation:

- Sehr viele *Bounces* tragen zu einem schlechten Ruf bei.
- Wenn viele Empfänger die E-Mail *als Spam markieren*, anstatt den Abmelde-Button zu benutzen, ist das für den ISP ein negatives Zeichen.
- Beschwert sich ein Empfänger über die CSA (*Spam-Complaints*), dass er unberechtigt E-Mails erhält, und kann der Versender das nicht widerlegen, beeinflusst das ebenfalls die Reputation.
- Auch zu viele *Spam-Signale* in der E-Mail (Betreff, Body, Signatur) können zu einer schlechten Reputation beitragen.

Wichtig zu wissen ist hier: Die ISPs differenzieren nicht unbedingt, welcher Versender hinter der E-Mail steht, sondern welcher Server die E-Mail versendet hat.

Bei *SaaS*-Tools (*Software as a Service*) kann es vorkommen, dass Versender A das Tool nutzt und eine kritische Menge an Bounces verursacht, während Versender B, der ebenfalls das Tool nutzt, im Toleranzbereich für Bounces liegt. Jetzt erkennt der ISP, dass der versendende Server insgesamt zu viele Bounces anschreibt, und blockiert die Zustellung von Versender B, obwohl dieser nicht zum schlechten Ruf beigetragen hat. Oder Versender B neutralisiert die Bounces von Versender A, und dieser profitiert davon.

Sie können einem schlechten Ruf vorbeugen, indem Sie folgende Maßnahmen ergreifen:

- *Dedizierte Mailserver* (Server, die nur für einen bestimmten Einsatzzweck vorgesehen sind und nicht durch Dritte genutzt werden) schützen davor, dass der Ruf durch andere Versender gefährdet wird.
- Ein *rechtskonformer und transparenter Anmeldeprozess* verhindert unberechtigte Spam-Complaints.
- Ein *einfacher Abmeldeprozess* und ein gut sichtbarer Abmeldelink in der E-Mail reduzieren die Spam-Markierungen durch den Empfänger.
- Ein gutes *Bounce-Management* schützt zuverlässig vor einem schlechten Datenbestand.
- *Pre-Delivery Checks* prüfen die E-Mail vor dem Versand auf Spam-Signale und weisen auf diese Signale hin.

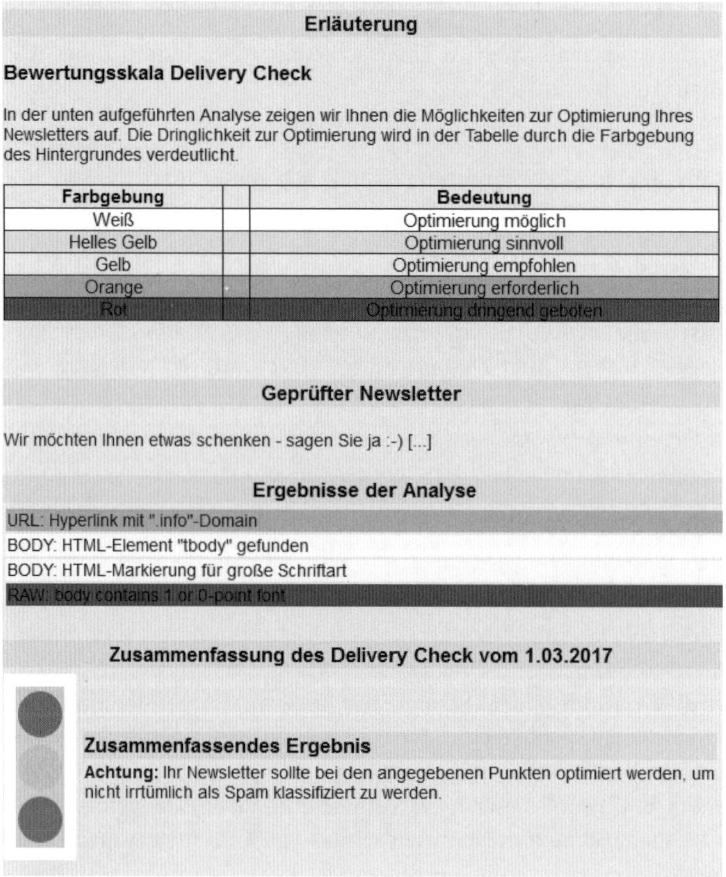

Erläuterung

Bewertungsskala Delivery Check

In der unten aufgeführten Analyse zeigen wir Ihnen die Möglichkeiten zur Optimierung Ihres Newsletters auf. Die Dringlichkeit zur Optimierung wird in der Tabelle durch die Farbgebung des Hintergrundes verdeutlicht.

Farbgebung		Bedeutung
Weiß		Optimierung möglich
Helles Gelb		Optimierung sinnvoll
Gelb		Optimierung empfohlen
Orange		Optimierung erforderlich
Rot		Optimierung dringend geboten

Geprüfter Newsletter

Wir möchten Ihnen etwas schenken - sagen Sie ja :-) [...]

Ergebnisse der Analyse

| URL: Hyperlink mit ".info"-Domain |
| BODY: HTML-Element "tbody" gefunden |
| BODY: HTML-Markierung für große Schriftart |
| RAW: body contains 1 or 0-point font |

Zusammenfassung des Delivery Check vom 1.03.2017

Zusammenfassendes Ergebnis

Achtung: Ihr Newsletter sollte bei den angegebenen Punkten optimiert werden, um nicht irrtümlich als Spam klassifiziert zu werden.

Abbildung 8-3:
Manche Anbieter stellen sogenannte Delivery Checks zur Verfügung, die vor dem finalen Versand der Mail prüfen, ob das Mailing Spam-Potenzial hat.

- *Post-Delivery Checks* prüfen, ob die E-Mail an die Inbox zugestellt wurde oder im Spam-Folder gelandet ist. Bei Problemen sollte man die ISPs auch direkt kontaktieren und Lösungsansätze erfragen.
- *DKIM und DMARC* (siehe folgende Definitionen) schützen davor, dass ISPs Mails entgegennehmen, die von einem unberechtigten Dritten mit Ihrer Domain versendet wurden.

> **DKIM: Domain Keys Identified Mail**
> DKIM bezeichnet ein Identifikationsprotokoll, das die Authentizität des Versenders mithilfe einer digitalen Signatur bestätigt. DKIM schützt den Empfänger vor den E-Mails Dritter, die sich trügerisch als Domaininhaber ausgeben – häufig in der Absicht, Daten zu phishen, d.h. sich beispielsweise Zugangsdaten zu erschleichen.

> **DMARC: Domain-based Message Authentication, Reporting and Conformance**
> DMARC setzt DKIM voraus und liefert ein Regelwerk, mit dem der Versender definieren kann, was mit E-Mails passieren soll, die »seine« Domain als Absender verwenden, aber nicht von ihm stammen. ISPs berücksichtigen das vorgegebene Regelwerk.

E-Mail-Formate und Versand im MIME-Multipart-Verfahren

Sie können Ihre Marketing-E-Mails in folgenden Formaten erstellen:

- **(Plain) Text** – E-Mails im Textformat werden als reiner ASCII-Text (*American Standard Code for Information Interchange*) versendet. Es ist damit nicht möglich, Textelemente hervorzuheben (etwa durch Auszeichnungen wie fett, unterstreichen oder kursiv oder durch Schriftfarben, -arten oder -größen) und Bilder oder andere multimediale Inhalte zu transportieren. Die Gestaltungsmöglichkeiten beschränken sich auf das Layouten des Texts mittels Zeichen und Umbrüchen (siehe nachfolgendes Beispiel).
- **HTML** – E-Mails im HTML-Format werden mithilfe des gleichen Standards formatiert wie Webseiten im Internet. Dadurch haben Sie nahezu die gleichen Gestaltungsmöglichkeiten wie bei Webseiten. Leider sind viele ISPs etwas rückständig bzw. konservativ bei der Interpretation neuer HTML-Standards, was den Gestaltungsspielraum z.B. im Bereich Multimedia einschränkt.
- **Inline-HTML** – Bei dieser Sonderform der HTML-E-Mail werden die Bilder im Anhang mitgeschickt und nicht online abgerufen.

Das hat den Vorteil, dass die E-Mail auch dann vollständig angezeigt wird, wenn keine Internetverbindung besteht. Allerdings wird die E-Mail dadurch sehr groß, und die Ladezeiten verlängern sich erheblich.

```
**************************************************************************
Newsletter Musterfirma AG
**************************************************************************

Sehr geehrte Frau Mustermann,

weit hinten, hinter den Wortbergen, fern der Länder Vokalien und
Konsonantien leben die Blindtexte.

Abgeschieden wohnen Sie in Buchstabhausen an der Küste des Semantik,
eines großen Sprachozeans. Ein kleines Bächlein namens Duden fließt
durch ihren Ort und versorgt sie mit den nötigen Regelialien. Es ist
ein paradiesmatisches Land, in dem einem gebratene Satzteile in den
Mund fliegen. Nicht einmal von der allmächtigen Interpunktion werden
die Blindtexte beherrscht – ein geradezu unorthographisches Leben.

-------------------------------------------------------------------------
Hier klicken:
https://news.musterfirma.de/r.html?uid=wZIdjYyDnBQ4Q7ekb0yb3A
-------------------------------------------------------------------------

Ich freue mich auf Ihre Anmeldung!

Mit freundlichen Grüßen

Manuela Meier

Redaktion
Musterfirma AG

**************************************************************************

Sie erhalten diese E-Mail an die Adresse susi@mustermann.de.

Über folgenden Link können Sie Ihre Daten ändern:
https://news.musterfirma.de/r.html?uid=wZIdjYyDnBQ4Q7ekb0yb3A
```

Abbildung 8-4:
E-Mail im Plain-Text-Format

Kommerzielle E-Mailings werden standardmäßig im *MIME-Multipart-Verfahren* versendet. MIME steht dabei für *Multipurpose Internet Mail Extensions* und beschreibt ein Verfahren, bei dem in eine HTML-Mail zusätzlich auch eine Textmail-Alternative gepackt wird.

Der Versand im MIME-Multipart-Verfahren bewirkt, dass die E-Mail im Textformat angezeigt wird, wenn der ISP keine HTML-Mails annimmt. Dafür gibt es verschiedene Gründe: Beispielsweise können manche ältere E-Mail-Clients nach wie vor kein HTML interpretieren, zum Teil lehnen einige Empfänger auch aus Angst vor Viren HTML-Mails ab.

Das heißt, die E-Mail wird an einen Empfänger sowohl im HTML- als auch im Textformat zugestellt. Den technischen Gegebenheiten entsprechend wird dem Empfänger dann entweder die HTML- oder die Textvariante angezeigt.

> **Hinweis**
> Das MIME-Multipart-Verfahren versendet sowohl eine HTML- als auch eine Textversion an einen Empfänger.

Die Bedeutung der Textvariante hat sich in den letzten Jahren stark verringert, viele Versender beschränken sich daher auf eine stark gekürzte Textvariante.

E-Mail-Programmierung im Responsive bzw. Fluid Design

Nachdem die Bedeutung mobiler Endgeräte in den letzten Jahren massiv zugenommen hat, ist es für Sie mittlerweile unerlässlich, die Newsletter auch für Smartphones & Co. zu optimieren. Je nach Zielgruppe werden inzwischen mehr E-Mails mit mobilen Endgeräten abgerufen als über den Desktop-PC – in Einzelfällen erreichen die mobilen Endgeräte einen Anteil von nahezu 100 %.

Nicht zu vernachlässigen sind aber auch die Empfänger, die Ihre Mails morgens in der U-Bahn am Handy lesen und in der Mittagspause am PC noch einmal aufrufen. Der Anteil der Wechselnutzer ist größer, als man denkt! Dieses Nutzerverhalten erfordert, dass sich die HTML-E-Mail flexibel an die jeweilige Bildschirmgröße anpasst.

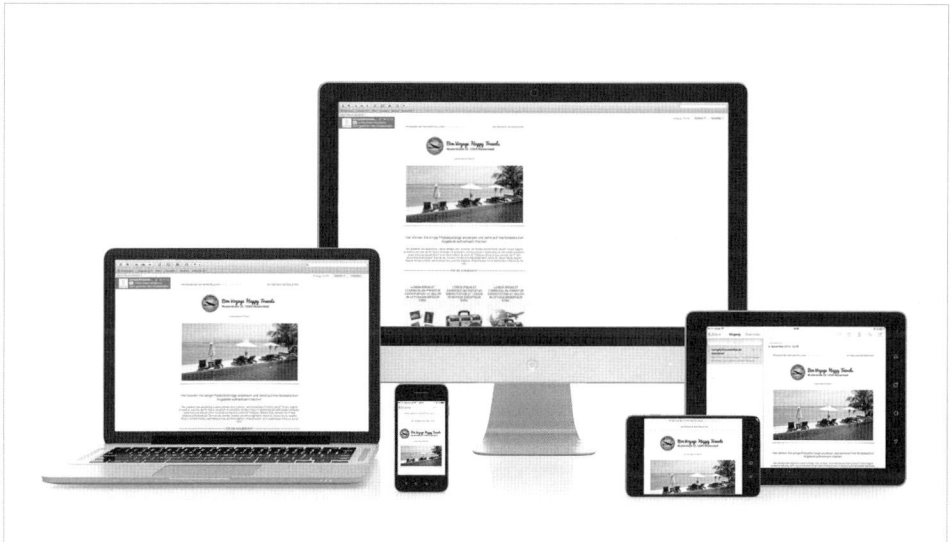

Abbildung 8-5:
HTML-E-Mails müssen sich flexibel an das empfangende Endgerät anpassen. (© AGNITAS, 2016)

Mit Media Queries in CSS-Anweisungen und vorgegebenen Umbruchpunkten kann man das sogenannte *Responsive Design* erreichen. Im CSS kann man beispielsweise definieren, dass Textlinks auf dem Smartphone zu daumengroßen Buttons werden, sich mehrspaltige Inhalte untereinander anordnen, Bilder mitskalieren und Texte dynamisch umbrechen. Der Umbruchpunkt definiert, ab wann das Design in die nächstkleinere bzw. -größere Darstellung umspringt. Darüber hinaus gibt es noch zahlreiche weitere Optimierungsmöglichkeiten.

Wenn sich das Design auch zwischen den Umbruchpunkten dynamisch an die vorhandene Bildschirmgröße anpasst, spricht man vom *Fluid Design*.

Ziel sollte immer sein, die *maximale Usability* für den Empfänger zu erreichen.

Typische Umbruchpunkte	Bildschirmgrößen
Auflösung < 480 Pixel	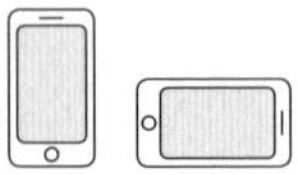
480 – 768 Pixel	
Auflösung > 768 Pixel	

Abbildung 8-6:
Typische Umbruchpunkte bei Responsive Design

E-Mail- und Marketing-Automation

Die Zeiten, da Online Marketing Manager einen Newsletter pro Woche an eine große Liste verschickt haben, sind vorbei. Inzwischen wird im E-Mail-Marketing viel filigraner und differenzierter gearbeitet.

Die volle Stärke von E-Mail-Marketing kommt erst durch automatisierte Prozesse zur Entfaltung. Dabei darf man das E-Mail-Marketing nicht als Insellösung betrachten, sondern muss es bestmöglich mit der restlichen Infrastruktur verknüpfen.

Erst durch den automatisierten Datenaustausch zwischen Shopsystem, Customer Relationship Management System (CRM), Enterprise Ressource Planning System (ERP) & Co. und der E-Mail-Versandlösung können Sie die ganze Power von E-Mail-Marketing nutzen.

Wenn alle Daten in Echtzeit verfügbar sind, können Sie dem Empfänger auch unmittelbar auf seine Reaktionen (sogenannte Trigger) passende Angebote und Informationen zustellen (automatisierte E-Mail-Kampagnen).

Das einfachste Beispiel hierfür ist die Bestellbestätigung: In dem Moment, in dem der Kunde seine Bestellung abschickt, bekommt er per E-Mail eine Bestellbestätigung.

Nicht nur einzelne E-Mails sind denkbar. Sie können ganze E-Mail-Kaskaden mit Wenn-dann-sonst-Bedingungen definieren, die auf die individuellen Gegebenheiten des Empfängers eingehen – und zwar in Echtzeit.

Da der Ansatz des *User Experience Management* zunehmend und immer konsequenter verfolgt wird, sollte sich das E-Mail-Marketing als Bestandteil einer ganzheitlichen Kommunikation über verschiedene Kanäle verstehen und einbringen. Bei der Automation sollten unbedingt weitere Touchpoints – online wie offline – berücksichtigt werden.

Wichtige Konzepte, Aufgaben und typische Herausforderungen

E-Mail-Marketing-Strategie

Selbstverständlich sollten Sie nicht willkürlich Newsletter und E-Mails erstellen und versenden, sondern zunächst eine Strategie definieren. Fragen Sie sich vorab, was Sie mit Ihren E-Mailings beim Empfänger erreichen wollen. Dabei gibt es mehrere Aspekte, die in Ihre Planung einfließen sollten.

Die *Einsatzbereiche* für E-Mails sind unglaublich vielfältig: Image & Brand Communication, Absatzförderung, Retention Marketing zur Steigerung der Kundenbindung, Transaktionsmails, allgemeine Informationen (z. B. System-Updates), Human & Public Relations.

Neben dem verfolgten Ziel sollten Sie darauf achten, dass alle E-Mails ein *einheitliches Corporate Design* verwenden. Die verschiedenen E-Mails sollten Sie in jedem Fall aufeinander abstimmen, damit der Empfänger ein in sich stimmiges Bild vom Unternehmen bekommt.

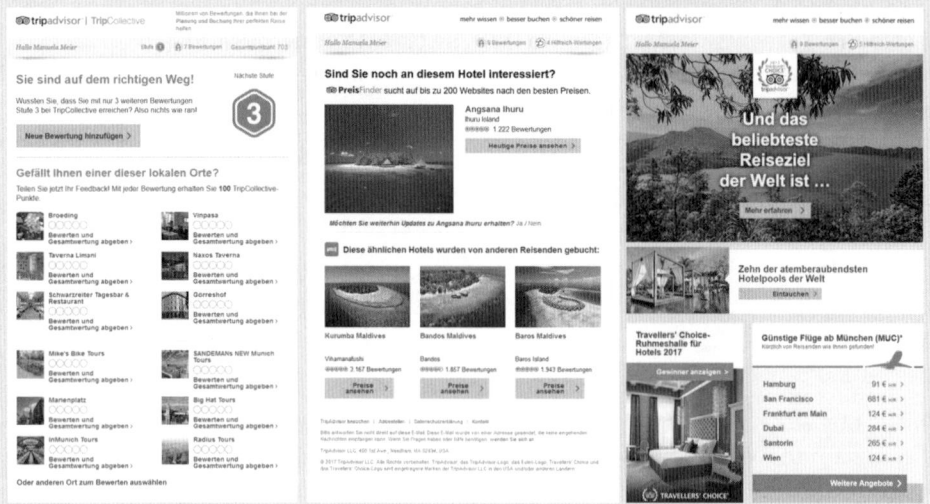

Abbildung 8-7:
Tripadvisor hat alle E-Mails perfekt aufeinander abgestimmt und verwendet konsequent das Corporate Design.

Darüber hinaus ist es gut, sich Gedanken über die *Kontakthäufigkeit* (pro Tag) zu machen. Was soll passieren, wenn mehrere Anlässe für Marketing-E-Mails aufeinandertreffen? Wenn beispielsweise die Geburtstags-E-Mail und ein Newsletter am selben Tag versendet werden sollen? Zu viele Kontakte führen in der Regel dazu, dass der Empfänger E-Mails nicht mehr so häufig öffnet oder sich sogar vom Newsletter abmeldet. Bei zu wenigen Anstößen verschenkt man Umsatzpotenzial.

> **Tipp: Testen lohnt sich**
>
> Gerade die optimale Kontakthäufigkeit kann sehr gut in A/B-Tests ermittelt werden. Dabei sollten Sie über einen längeren Zeitraum Öffnungs-, Klick-, Kauf- und Abmelderaten sowie die Umsatzhöhe von mindestens zwei gleichartigen Empfängergruppen miteinander vergleichen. Abgesehen von dem zu testenden Kriterium sollten alle Rahmenparameter der Testgruppen identisch sein, um ein aussagekräftiges Ergebnis zu erhalten.

Toolauswahl: on demand versus on premise

Wenn Sie mit dem E-Mail-Marketing in Ihrem Unternehmen gerade beginnen oder auf der Suche nach einer neuen Versandlösung sind, müssen Sie zunächst ein geeignetes Tool auswählen. Dabei gibt es zwei Modelle, wie die Software betrieben werden kann:

- **on premise** (eigene Softwarelizenz, Inhouse-Lösung) – Bei diesem Modell erwerben Sie die Software als Lizenz oder entwickeln eine eigene Lösung und betreiben diese inhouse auf eigenen Servern.

- Vorteile der On-premise-Lösung:
    - Maximale Datenkontrolle, da Adressen und Daten nicht an Dritte weitergegeben werden müssen.
    - Keine laufenden Fixkosten für die Nutzung der Software.
    - Beliebig tiefe Integration in die vorhandene IT-Infrastruktur.
    - Kein externer Einfluss auf die Serverreputation.
- Nachteile der On-premise-Lösung:
    - Kauf und Wartung der Hardware.
    - Interner Administrationsaufwand für den Betrieb der Software.
    - Man muss sich selbst um das Whitelisting bemühen.
    - Höherer einmaliger Aufwand für den Erwerb bzw. die Entwicklung der Software.
- **on demand** (SaaS-Lösung) – Bei der Software-as-a-Service-Variante mieten Sie die Software. Die Software wird vom Betreiber auf dessen Hardware bereitgestellt und von Ihnen über Browserzugriff genutzt. Es gibt verschiedene Abrechnungsmodelle bei der On-demand-Lösung: z.B. monatliche Nutzungspauschale, Abrechnung auf TKP-Basis (Tausend-Kontakt-Preis), Abrechnung auf Basis von Datenvolumen und diverse Mischmodelle.
    - Vorteile der On-demand-Lösung:
        - Kein Aufwand für Kauf und Wartung von Hardware.
        - Kein Administrationsaufwand für den Betrieb der Software.
        - Whitelisting meistens inklusive.
        - Unbegrenzt skalierbare Lösung, da Anbieter meist auf hohe Versandvolumina ausgelegt sind.
        - Nutzung der neuesten Softwarevariante (Updates werden regelmäßig von den Softwarebetreibern bereitgestellt).
    - Nachteile der On-demand-Lösung:
        - Adressdaten etc. werden außer Haus gelagert.
        - Laufende Kosten für die Nutzung der Software (meist mit monatlichen Fixkosten verbunden).
        - Höhere Kosten für den Versand je E-Mail.

Eine Entscheidung wird dabei in erster Linie davon abhängen, ob die interne IT- und Administrationsabteilung ausreichend Kapazitäten hat, eine eigene Lösung zu betreiben, und welche Datenschutzrichtlinien intern verfolgt werden.

Zusätzlich zu den genannten Vorteilen ist die On-demand-Lösung in der Regel schneller zu implementieren – und somit schneller »versandfertig«.

> **Tipp**
>
> Manche Betreiber bieten auch eine Hybridlösung an, die die Vorteile der beiden Modelle (z.B. Daten-Hosting intern/Versand über whitegelistete Server extern) bestmöglich kombiniert.

Da Sie mit der Auswahl eines E-Mail-Marketing-Tools meistens eine langfristige Beziehung eingehen (Systeme sind in der Regel stark vernetzt, aufwendige Automationsprozesse etc.), sollten Sie sich ausreichend Zeit für die Auswahl des richtigen Tools nehmen.

Bei der Entscheidungsfindung dürfen neben dem Betriebsmodell natürlich der Funktionsumfang des Tools, Schnittstellen, Kosten und auch der Kundensupport nicht außer Acht gelassen werden.

Am besten erstellen Sie zunächst eine *Anforderungsliste* und bewerten die einzelnen Punkte nach Wichtigkeit. Da das E-Mail-Marketing selten als Insellösung betrieben wird, kommt gerade dem Punkt *Schnittstellen* eine wichtige Bedeutung zu. Sie müssen sich im Vorfeld genau überlegen, welche Systeme miteinander vernetzt werden müssen und wie die Daten in welchem Umfang übertragen werden sollen. Anschließend erfassen Sie, welche Anbieter Ihre Anforderungen inwieweit erfüllen.

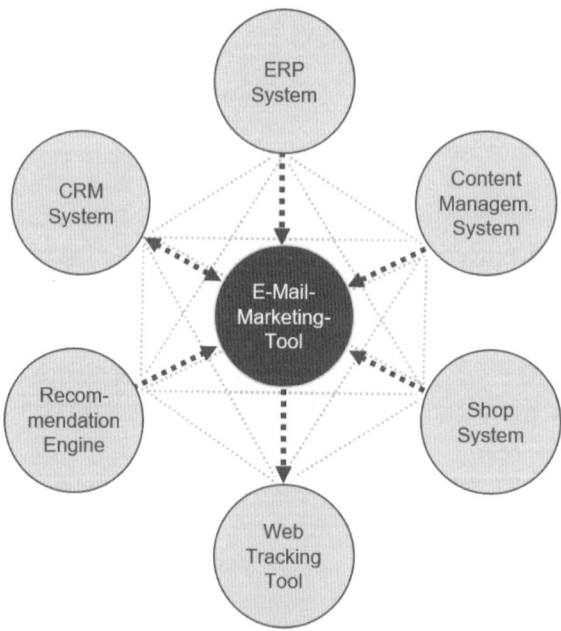

Abbildung 8-8:
So könnte ein typischer Datenfluss zwischen angeschlossenen Systemen mit dem E-Mail-Marketing-Tool aussehen. (© Manuela Meier)

Nach einer Vorauswahl lassen Sie sich von den Anbietern, die in die engere Wahl kommen, eine Onlinedemo und einen Test-Account des Tools geben. Eine Entscheidung trifft sich leichter auf Basis eigener Erfahrungen.

Adressgewinnung und Lead-Management

Adressgewinnung

Um E-Mail-Marketing machen zu können, braucht man zuerst einmal einen E-Mail-Verteiler. Ganz gleich, ob Sie einen existierenden Verteiler ausbauen oder einen neuen Verteiler aufbauen möchten, es ist immer ratsam, neue Adressen zu gewinnen. Gerade auch bei bestehenden Verteilern darf man nicht unterschätzen, dass laufend Adressen durch Abmeldungen und Bounces wegfallen. Ab einer gewissen Verteilergröße ist es sogar recht schwierig, mehr neue Adressen zu gewinnen, als alte zu verlieren. Hier ist auch die Marktgröße entscheidend. In Nischensegmenten kann das Ausbauen des Verteilers bei mehreren Zehntausend Adressen im Verteiler schon schwierig werden. Bei sehr allgemeinen Themen können Sie häufig Millionen-Verteiler aufbauen, bevor Sie an die Grenzen stoßen.

Damit die neuen Adressen nicht nur den Schwund durch Abmeldungen und Bounces ausgleichen, sondern langfristig zum Wachstum beitragen, sollten Sie möglichst alle Methoden, die zur Adressgewinnung beitragen, ausschöpfen.

Kauf von E-Mail-Adressen

Diese Methode ist (zu Recht) sehr umstritten. Grundsätzlich ist es möglich, durch Adressbroker gültige Opt-ins zu erwerben (siehe den Abschnitt »Rechtsgrundlagen zum E-Mail-Marketing«). In der Regel sammelt der Adressbroker die Adressen über ein Gewinnspiel, bei dem Sie als Sponsor beteiligt sind und im Gegenzug die Daten der Teilnehmer erhalten. Sollten Sie sich für diese Methode entscheiden, müssen Sie unbedingt darauf achten, dass Sie wirklich ein rechtsgültiges Opt-in erhalten.

- **Vorteile:**
  - Sie gewinnen schnell neue Empfänger.
  - Sie erreichen auch Personen, die Sie auf anderen Wegen eventuell nie erreicht hätten.
- **Nachteile:**
  - Die Qualität der Adressen ist meist unterdurchschnittlich. Dafür gibt es verschiedene Gründe:
    - Die Empfänger haben kein Interesse an Ihren Leistungen und wollen nur etwas gewinnen.

- Den Empfängern ist gar nicht bewusst, dass sie sich durch die Teilnahme an zig verschiedenen Verteilern anmelden.
- Die Empfänger verwenden eigene Gewinnspielpostfächer, die nur für diese Zwecke abgerufen werden.
- Teure Methode, um Adressen zu gewinnen.

Interne Methoden zur Gewinnung von E-Mail-Adressen

Generell kann man sagen, dass selbst generierte Adressen besser performen als gekaufte Adressen. Je höher die Affinität zu den gebotenen Inhalten ist, desto höher ist auch die Wahrscheinlichkeit, dass die Empfänger reagieren. Folgende Methoden bieten sich zur Adressgenerierung an:

- Newsletter-Anmeldung ganz oben auf der Website platzieren (oder zumindest als Sprungmarke verlinken).
- Newsletter-Anmeldung auf allen Seiten der Website verlinken.
- Wenn ein Besucher neu auf der Website ist, die Newsletter-Anmeldung als Overlay einblenden.
- Alle Bestell- und Kontaktformulare nutzen, um Einwilligungen einzuholen.
- Die Anmeldequote durch Incentives oder Gewinnspiele steigern.
- Einen Mehrwert für Newsletter-Abonnenten anbieten, z. B. exklusive Angebote, Pre-Sale, Sonderrabatte etc.
- Offen kommunizieren, welche Inhalte Ihr Newsletter enthält und wie häufig er erscheint.
- Nur die wichtigsten Informationen bei der Anmeldung abfragen, jedes zusätzliche Eingabefeld erhöht die Abbruchwahrscheinlichkeit (für personalisiertes Marketing reichen E-Mail-Adresse, Anrede, Vorname und Nachname; weitere Informationen können in einem zweistufigen Anmeldeformular gewonnen werden).
- Aktive Kunden ohne Opt-in in den Verteiler aufnehmen.
- Eine ausdrückliche Einwilligung ist ausnahmsweise bei einer aktiven Kundenbeziehung nicht erforderlich, soweit alle Voraussetzungen von §7 Absatz 3, Gesetz gegen den unlauteren Wettbewerb (UWG), erfüllt sind (siehe den Abschnitt *Rechtsgrundlagen zum E-Mail-Marketing*).
- Link zur Anmeldung in die Signatur aller Unternehmens-E-Mails einfügen.
- In Transaktions- und Systemmails (z. B. in der Registrierungsbenachrichtigung, einer Bestellbestätigung oder der Versandbenachrichtigung) ein Opt-in anbieten.

- Mit Posts in Social Networks auf den Mehrwert Ihres Newsletters hinweisen.
- Facebook-Anzeigen zur Newsletter-Promotion schalten.
- Auf Seminaren und Events oder in Filialen mit Postkarten das Opt-in einholen (Achtung, nur mit Unterschrift rechtssicher).
- In Fachartikeln oder Gastbeiträgen auf anderen Websites auf Ihren Newsletter hinweisen.
- Bei Printanzeigen QR-Codes zur Newsletter-Anmeldung einbauen.

> **Praxistipp**
>
> Als nicht praktikabel hat sich die Newsletter-Akquise per Telefon erwiesen. Der einzig gültige Weg ist das Aufzeichnen der Telefongespräche und das Vorhalten von Voice-Dateien. Diese Aufzeichnung erfordert jedoch eine weitere Einwilligung des Kunden. Außerdem muss dem Kunden anschließend schriftlich das Opt-in bestätigt werden.

Sie sehen, es gibt zahlreiche Möglichkeiten, um neue Abonnenten für den Newsletter zu gewinnen. Bevor Sie auf gekaufte Adressen zurückgreifen, sollten Sie möglichst alle internen Methoden ausschöpfen.

Achten Sie außerdem darauf, dass Sie Brokern nur die Adressen abnehmen, für die Sie noch kein Opt-in haben. Ansonsten bezahlen Sie für Adressen, die Sie bereits auf anderem Weg gewonnen haben. Der Abgleich sollte entweder in Ihrem Haus stattfinden oder von einem neutralen Dritten ausgeführt werden. Bei Letzterem muss dieser unbedingt einen Vertrag zur Auftragsdatenverarbeitung (ADV) unterzeichnen, da er Zugriff auf personenbezogene Daten erhält. Nachdem das Thema Adresskauf immer wieder heiß diskutiert wird, empfehle ich dringend, auch die aktuelle Rechtslage im Auge zu behalten.

Lead-Management

Nachdem Sie einen Verteiler aufgebaut haben, möchten Sie möglichst zielgerichtet mit Ihren Empfängern kommunizieren. Sie können Ihre Newsletter und E-Mails an alle Ihre Empfänger, an Teilgruppen oder auch nur an Einzelne richten. Im E-Mail-Marketing unterscheidet man folgende organisatorische Einheiten:

- **Verteiler/Mailinglisten** – Auf einer Mailingliste verwalten Sie die Adressen bzw. deren Opt-in. Beispiel: Sie sind ein international agierender Onlineshop. Da in den Ländern unterschiedliche Datenschutzrichtlinien gelten, verwalten Sie Ihre Abonnenten nach Ländern getrennt. Die An- und Abmeldung erfolgt auf die jeweilige Liste.

Wenn Sie mehrere Mailinglisten betreiben und ein Empfänger, der auf mehr als einer Liste aktiv ist, sich von einer Liste abmeldet, bleibt sein Opt-in für die anderen Listen davon unberührt.

Allgemeine Angebote oder Informationen sollten Sie immer an den gesamten Verteiler richten, um möglichst das volle Potenzial Ihrer Adressen auszunutzen.

- **Zielgruppe/Segment** – Eine Zielgruppe bzw. ein Segment beschreibt einen Teilbereich der Adressen, der bestimmte Merkmale (Geschlecht, Alter, Interessen etc.) erfüllt. Dabei ist es durchaus möglich, mehrere Attribute zu kombinieren, beispielsweise alle Männer zwischen 30 und 40 im Raum Berlin. Die Zielgruppe fungiert als übergeordneter Filter. So können die Merkmale der Zielgruppe auf x Prozent von Mailingliste A und auf y Prozent von Mailingliste B zutreffen.

  Bei spezifischen Angeboten, die nur einen Teil Ihrer Empfänger interessieren dürften oder nur für diesen bestimmt sind, sollten Sie gezielt diese Zielgruppe(n) anschreiben.

- **Adresse/Empfänger** – Das ist die kleinste Einheit im E-Mail-Marketing. Der Trend geht immer mehr zur Eins-zu-eins-Kommunikation. Die Inhalte bei Individual-E-Mails sind maximal auf den Empfänger zugeschnitten. Hier gleicht keine E-Mail der anderen. Beispiel: In einer Mail für einen Warenkorbabbrecher werden diesem 24 Stunden nach seinem Besuch auf der Website die Produkte angeboten, die er am Vortag in den Warenkorb gelegt, aber nicht bestellt hat.

  Individual-E-Mails setzt man in der Regel Trigger-basiert ein. Das heißt, auf eine Aktion des Empfängers folgt als Reaktion ein Individual-Mail.

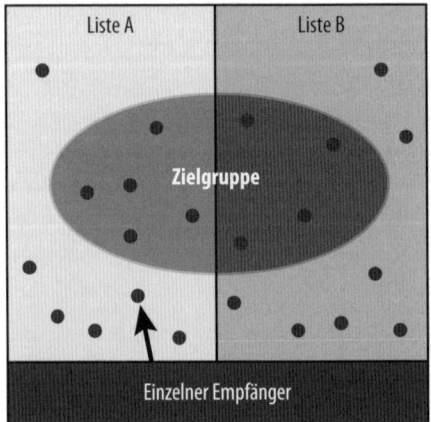

Abbildung 8-9:
Organisatorische Einheiten im E-Mail-Marketing

> **Praxistipp**
>
> Je *individueller* Sie mit Ihren Empfängern kommunizieren, desto höher ist die *Relevanz* und somit die *Reaktionswahrscheinlichkeit*. Das heißt aber nicht, dass Sie ab sofort keine normalen Newsletter mehr versenden sollten. Ich empfehle eine gesunde Mischung aus allgemeinen Newslettern und Individual-E-Mails. Zum einen hat der Empfänger sonst schnell das »Big Brother is watching you«-Gefühl, und zum anderen hätten Produktneuheiten sonst nie eine Chance, zum Kassenschlager zu werden.

Datenbankorganisation von Profilmerkmalen und allgemeinen Daten

Damit Sie Zielgruppen basierend auf verschiedenen Merkmalen bilden können, müssen Sie personenbezogene Daten im Empfängerprofil vorhalten. In der Regel werden dazu individuelle Profilfelder erstellt, die dann die entsprechenden Werte enthalten. Diese Felder können unterschiedliche Daten wie beispielsweise numerische, alphanumerische oder Datumswerte aufnehmen.

Um die Datenbank nicht unnötig aufzublähen, sollten allgemeine Daten wie zum Beispiel Produktinformationen nicht im Empfängerprofil gespeichert, sondern in separate Tabellen ausgelagert werden bzw. direkt aus dem Content-Management-System kommen. Angenommen, ein Produkt wurde von 100 Personen gekauft. In dem Fall müssten Sie für eine Produktbewertungsmail bei 100 Empfängern die Informationen zu Preis, Bezeichnung, Bild und Link hinterlegen. Das scheint im ersten Moment noch nicht so viel zu sein, aber bei einem Sortiment mit 1.000 Produkten und 1.000.000 Empfängern würde das massenhaft unnötigen Speicherplatz belegen.

Schnittstellen zu Datenaustausch, User Self Management und Closed Loop Marketing

Für eine erfolgreiche Eins-zu-eins-Kommunikation benötigen Sie nicht nur alle relevanten Daten des Empfängerprofils, sondern Sie benötigen diese auch möglichst zeitnah. Deshalb sind der *Datenaustausch* mit anderen Systemen und die Schnittstellen für diesen Austausch entscheidende Faktoren beim Lead-Management. Je mehr Informationen Sie über einen Empfänger haben, desto zielgerichteter können Sie mit ihm kommunizieren. Es sollten also alle Kauf- und Interessendaten, Klickpfade etc. im E-Mail-Marketing-Tool vorliegen, damit Sie damit arbeiten können. Überlegen Sie sich im Vorfeld ein Konzept dazu, welche Daten in Realtime übertragen werden sollen und auf welchem Weg.

Über Schnittstellen können die Daten *bidirektional* oder auch nur *unidirektional* ausgetauscht werden. Manche Daten müssen nicht in Realtime vorliegen, häufig reicht es aus, wenn diese nur einmal täglich oder in größeren Zeitintervallen aktualisiert werden. Ist der Datenstand auf beiden Seiten einmal angeglichen worden, genügt es in der Regel, nur noch das Delta der Änderungen zu übertragen. Das reduziert das Datenvolumen und verkürzt die Übertragungszeiten.

Neben dem Datenaustausch mit anderen Systemen können die Daten auch durch den Empfänger selbst aktualisiert werden. Dafür sollten Sie Onlineformulare zum *User Self Management* anbieten. Über diese Formulare kann der Empfänger seine Daten korrigieren, ergänzen oder löschen. Das User Self Management bietet sich in erster Linie für Adressdaten, Alter und Interessen an.

Bei dieser Option müssen Sie jedoch bedenken, dass der Empfänger Daten auch verschlechtern kann, indem er zum Beispiel als E-Mail-Adresse *donald.duck@entenhausen.de* angibt, anstatt sich ordentlich abzumelden. Da Sie eine Adressänderung natürlich nicht unterbinden können, sollten Sie aus rechtlichen Gründen eine Historisierung bestimmter Werte vornehmen, um die Änderung nachweisen zu können. Nicht, dass Sie sich plötzlich mit dem Inhaber der neuen Adresse auseinandersetzen müssen, der Ihnen kein Opt-in erteilt hat.

Eine weitere Datenquelle ist das Verhalten Ihrer Empfänger. Werden Newsletter zu einem bestimmten Thema bevorzugt geöffnet, Links auf ein bestimmtes Sortiment häufiger angeklickt und auf der Website gezielt Produkte immer wieder angesehen, sollte man diese Informationen ebenfalls im Empfängerprofil hinterlegen und für die Kommunikation aktiv einsetzen. Den Prozess, das geschärfte Empfängerprofil zu nutzen, um mehr Response zu generieren, damit diese gleichzeitig wieder zum Schärfen des Empfängerprofils beiträgt, nennt man *Closed Loop Marketing*.

Bounce-Management

Zum Lead-Management gehört auch ein funktionierendes Bounce-Management. Zunächst einmal muss der Begriff »Bounce« geklärt werden:

> **Definition Bounce**
>
> *Bounce* ist ein erfolgloser Zustellversuch einer E-Mail an einen Empfänger. Bei einem *Soft-Bounce* liegt ein temporärer Fehler zugrunde. Als *Hard-Bounce* gelten dauerhaft unzustellbare E-Mails.

Das Bounce-Management spielt im E-Mail-Marketing eine wichtige Rolle, da es sich unmittelbar auf den Erfolg der Marketingkampagnen auswirkt.

Bei einem professionellen Bounce-Management wird zunächst zwischen Soft- und Hard-Bounces unterschieden. Die Internet Service Provider liefern in der Regel einen Fehlercode an den Versender zurück, der vermittelt, warum die E-Mail nicht zugestellt werden konnte. Dieser Fehlercode gibt Auskunft darüber, ob es sich um ein temporäres Problem (z. B. Postfach ist voll) oder ein dauerhaftes Problem (z. B. E-Mail-Adresse existiert nicht) handelt. Bekommt ein ISP immer wieder E-Mails an ein nicht existierendes Postfach geliefert, geht der davon aus, dass es sich um einen unseriösen Versender handelt, der Spam-Mails versendet. Deshalb müssen Hard-Bounces sofort von weiteren Aussendungen ausgeschlossen werden.

Da auch zu viele Soft-Bounces langfristig die Reputation des Versenders gefährden, sollten diese ebenfalls nach einer gewissen Zeit und gemäß einer automatisierten Logik bereinigt werden. Allerdings wäre es natürlich fatal, wenn man jeden Soft-Bounce gleich abmeldet, nur weil das Postfach überquillt.

Daher berücksichtigt ein ausgeklügeltes Bounce-Management verschiedene Faktoren, etwa: Wie viele Mails hat ein Empfänger innerhalb eines bestimmten Zeitraums erhalten? Liegt mindestens ein bestimmter Abstand zwischen dem ersten und dem letzten Bounce? Sobald eine E-Mail-Adresse in irgendeiner Form reagiert, sollte die Bounce-Statistik wieder auf null gesetzt werden.

Folgende Vorteile bietet ein gutes Bounce-Management:

- Sie sparen Kosten, wenn nicht belieferbare Adressen aus Ihrem Verteiler entfernt werden.
- Erfolgskennzahlen werden aussagekräftiger, wenn Sie nur tatsächliche Empfänger betrachten.
- Ihr Verteiler wird so hoch wie möglich gehalten, da Adressen nicht sofort vom Versand ausgeschlossen werden, wenn ein Zustellversuch nicht erfolgreich war.
- Die Zustellquote wird durch eine gute Serverreputation positiv beeinflusst.

Unterscheidung zwischen B2B und B2C

Der Unterschied zwischen Privatkunden- und Firmenkundenadressen ist nicht so groß, wie man annehmen könnte, der Punkt sei aber der Vollständigkeit halber erwähnt. Anders als in der Telefonwerbung gilt das Einwilligungserfordernis im E-Mail-Marketing auch bei B2B-Adressen, d. h., in diesem Punkt unterscheiden sich die Adressen schon einmal nicht.

Unterschiedlich sind die Adressen aber beim *Response-Verhalten*: Zum einen werden Sie feststellen, dass im B2B-Umfeld die Response-Zeiten mit den typischen Arbeitszeiten korrelieren. Das bedeutet, dass Sie an Wochenenden und vor 8 Uhr bzw. nach Büroschluss mit sehr wenigen Reaktionen rechnen dürfen – was aber nicht heißt, dass dieser Traffic nicht verzögert trotzdem kommt. Dennoch ist es ratsam, gewisse Zeiten zu meiden: Versuchen Sie beispielsweise, nicht direkt am Montagmorgen mit gefühlt 1.000 anderen Werbe-Newslettern im Postfach zu liegen, denn dann fallen E-Mails sehr gern dem Papierkorb zum Opfer.

Auch bei den abrufenden *Endgeräten* werden Sie feststellen, dass bei B2B-Adressen der Anteil der Desktop-PCs höher ausfällt als bei B2C-lastigen Verteilern.

Ansonsten ist noch erwähnenswert, dass das *Whitelisting* im B2B-Umfeld eine geringere Rolle spielt als bei B2C-Verteilern. Denn nicht jedes Unternehmen greift auf Whitelists zu, um den E-Mail-Verkehr im Vorfeld zu filtern und vor Spam zu schützen.

Doch ansonsten gilt: Hinter jedem E-Mail-Postfach steht eine Person, die diese Informationen abruft. Sie sollten stets vor Augen haben, dass Sie den Menschen überzeugen müssen – egal ob es sich um private oder geschäftliche Inhalte handelt.

E-Mail-Typen – ein Medium, tausend Gesichter

Klassischer Newsletter

Die häufigste Form werblicher E-Mails ist der klassische Newsletter. Dieser wird in der Regel von einem Unternehmen in einem bestimmten Rhythmus herausgegeben und an den gesamten Verteiler versendet.

Dabei ist keine Aussage darüber möglich, welche Erscheinungshäufigkeit ideal ist, die optimale Frequenz hängt sehr stark vom Thema und der Zielgruppe ab. Bei einer zu niedrigen Frequenz könnte der Empfänger vergessen, dass er für den Newsletter ein Opt-in erteilt hat. Bei einer sehr hohen Frequenz empfiehlt es sich, von Zeit zu Zeit Tests zu machen, wie sich die Erscheinungshäufigkeit auf die gesamten Response-Werte auswirkt. Unter Umständen ist es ratsamer, die Frequenz leicht zu reduzieren.

Inhaltlich können alle Unternehmensthemen per Newsletter kommuniziert werden, sofern sie für die Allgemeinheit bestimmt sind. Der klassische Newsletter wird manuell durch den Redakteur/E-Mail-Marketing-Manager erstellt und für den Versand terminiert.

Trigger-Mailings

Trigger-Mailings greifen beispielsweise ein bestimmtes Ereignis (Geburtstag, Jahrestag etc.) oder eine Reaktion (Öffnung, Klick, Kauf etc.) auf und kommunizieren anlassbezogen mit dem Empfänger.

> **Definition Trigger-Mailings**
> Trigger-Mailings (Trigger ist das englische Wort für »Auslöser«) stehen für anlassbezogene Kommunikation.

Diese E-Mails unterscheiden sich von klassischen Newslettern in erster Linie dadurch, dass der Versand nicht durch eine Person gesteuert wird und die Inhalte in der Regel auf den Empfänger angepasst sind.

Diese Form von Marketing-E-Mails erfordert ein hohes Maß an Marketing-Automation: Die Daten müssen (in Realtime) mit anderen Systemen ausgetauscht werden. Ein Regelwerk definiert, welches Mailing unter welchen Bedingungen und wann versendet werden soll.

Dabei gilt: Je besser man den Empfänger kennt, desto mehr Gelegenheiten (sogenannte Touchpoints) bieten sich für anlassbezogene E-Mails. Das heißt, während eines Customer Lifecycle kommen immer mehr Anlässe für Trigger-Mailings hinzu.

Während des *Customer Lifecycle* durchläuft ein Empfänger mehrere Phasen:

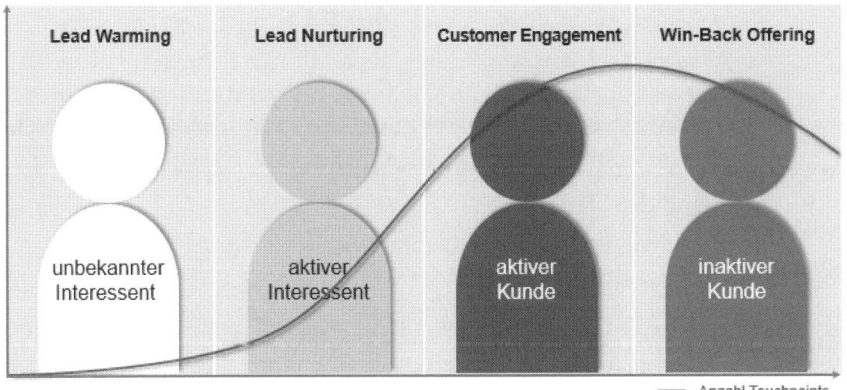

Abbildung 8-10:
Phasen eines normalen Customer Lifecycle (© Manuela Meier)

Alle Phasen bieten individuelle Touchpoints, um mit dem Lead in Kontakt zu treten. In der ersten Phase, *Lead Warming*, sind in der Regel nur die Anmeldedaten des Empfängers bekannt. Es gibt somit nur sehr begrenzte Möglichkeiten für Trigger-Mailings wie beispielsweise:

- Double-Opt-in-Mail
- Willkommensmail
- Incentivierung, z. B. Gutscheine für die Newsletter-Anmeldung

In der Phase *Lead Nurturing* hat der Empfänger schon mehrfach E-Mails erhalten und auf sie reagiert. Sie können anhand seines Öffnungs-, Klick- und Surfverhaltens ein Interessenprofil erstellen. Eventuell hat er auch schon weitere persönliche Daten wie z. B. Geburtsdatum, Kleidergröße etc. preisgegeben. Typische Touchpoints in dieser Phase sind:

- Geburtstagsmail
- Namenstagsmail
- Warenkorbabbrecher-Mail
- Produktempfehlung

Nach dem Lead Nurturing folgt im Optimalfall die Phase *Customer Engagement*. Sie haben den Lead erfolgreich zum Kunden gewandelt. Dadurch ergeben sich – im Vergleich zur vorangegangenen Phase – automatisch viele neue Touchpoints:

- Loyalty-Mail
- Transaktionsmail
- Reminder-Mail
- Produktbewertung

In sehr vielen Fällen passiert es, dass Kunden über einen längeren Zeitraum nicht mehr einkaufen und schließlich in die Inaktivität abdriften. Die Ursachen dafür sind vielfältig. Es lohnt sich aber, am Ball zu bleiben. Gerade in der Phase des *Win-Back Offering* muss man wieder mehr Zeit in den Lead investieren, um ihn nicht gänzlich zu verlieren. Touchpoints, die besonders in dieser Phase zum Tragen kommen, sind:

- Reminder-Mail
- Incentivierungsmail als Kaufanreiz
- Serviceumfragemail

Gerade die Anlässe aus der Lead-Nurturing-Phase begleiten den Empfänger durch das restliche Dasein im Customer Lifecycle, schließlich hat der Empfänger jedes Jahr wieder Geburtstag. Aber auch für andere Mailings gibt es wiederkehrende Anlässe.

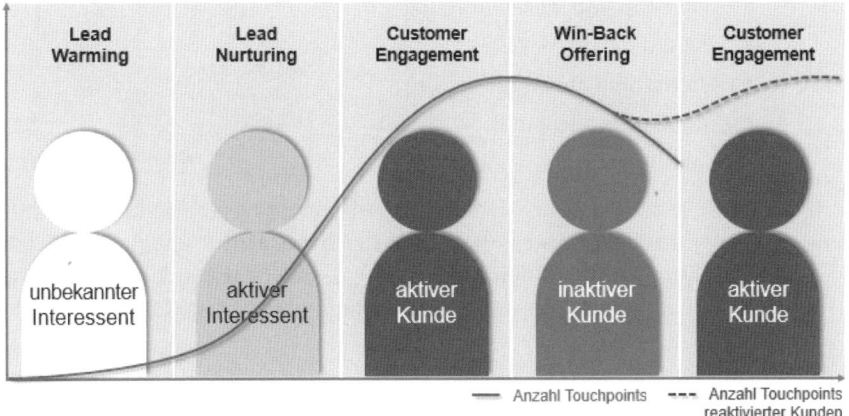

Abbildung 8-11:
Durch gezieltes Win-Back Offering kann ein Lead wieder aktiviert werden. (© Manuela Meier)

Intervallmails

Eine weitere Form von Marketing-E-Mails sind die *Intervallmails*. Diese erscheinen, wie der Name schon verrät, in regelmäßigen Zeitintervallen. Typische Vertreter der Intervallmails sind z. B. Konto- oder Punktestandübersichten. Der Empfänger erhält automatisiert einmal monatlich eine E-Mail, die identisch aufgebaut ist, aber unterschiedliche Werte zeigen kann. Auch hier sitzt im Hintergrund kein Redakteur, der die Mails pflegt und steuert, sie werden automatisch generiert.

Transaktionsmails (auch Servicemails)

Transaktionsmails sind in der Regel anlassbezogen und könnten somit auch unter die Rubrik Trigger-Mails fallen. Sie werden hier aber gesondert aufgeführt, weil sie zumeist keinen werblichen Aspekt verfolgen und für diese Mails zum Teil auch keine Einwilligungserfordernis vorliegt. Das trifft jedoch nur auf jene E-Mails zu, die zur Abwicklung einer Bestellung notwendig sind.

In diesen Mailing-Typ darf nur dann Werbung integriert werden, wenn der Empfänger auch für den normalen Newsletter ein Opt-in erteilt hat. Beispiele für Transaktionsmails sind:

- Passwort-vergessen-Mail
- Bestellbestätigung
- Versandbestätigung
- Zustellbenachrichtigung
- Zahlungserinnerung

- Zahlungseingangsbestätigung
- Datenänderung
- Retoureneingangsbestätigung
- Änderungen der AGB
- Wartungsmitteilungen

Erwähnt sei auch, dass E-Mails, die ohne vorherige Aktion des Empfängers aus dem System heraus versendet werden, ebenfalls zu den Transaktionsmails zählen, beispielsweise Mails, die ankündigen, dass ein System gewartet wird. Somit fällt nicht jede Transaktionsmail in die Rubrik Trigger-Mail.

E-Mail-Erstellung

Vom Design zur fertigen E-Mail

Bei der Erstellung von E-Mails können Sie beim Design zwei Ansätze verfolgen: das *Individualdesign* und das *Standarddesign*.

Beim Individualdesign entwickelt man ein E-Mail-Design komplett über ein Grafikprogramm. Anschließend wird die Grafik entweder von einem Entwickler in mehrere (verlinkte) Einzelteile zerlegt und als HTML umgesetzt oder, wenn das Grafikprogramm dazu in der Lage ist, einfach als HTML ausgegeben. Natürlich können Sie jeden HTML-Newsletter komplett von Hand programmieren. Zum einen ist aber das zeitintensiv, da nur wenige Online Marketing Manager weitreichende Programmierkenntnisse mitbringen, und zum anderen ist es durch externen Entwicklungsaufwand auch kostenintensiv. Diese Vorgehensweise wird deshalb meist dann genutzt, wenn die E-Mail bzw. der Newsletter einen sehr individuellen Aufbau ohne feste Gestaltungselemente hat.

> **Tipp**
> Ein Newsletter-Template (auch Schablone) erleichtert die E-Mail-Erstellung.

In der Regel geht man jedoch so vor, dass man zunächst ein *Grundlayout* definiert und dieses in ein *HTML-Template* umsetzt. Über Platzhalter-Tags werden die Inhalte anschließend in das Template eingefügt. Die meisten E-Mail-Marketing-Tools bringen bereits vorgefertigte Templates mit, die dann nur noch durch den Versender angepasst werden müssen.

Die Arbeitsweise mit Schablonen bzw. Templates bietet mehrere Vorteile:

- Wiedererkennungswert durch gleichbleibende Optik.
- Reduzierter Gestaltungs- bzw. Erstellungsaufwand.

- Bessere Optimierbarkeit für Responsive Design.
- Geringere Fehleranfälligkeit, da Standardinhalte wie Header und Footer einfach übernommen werden.

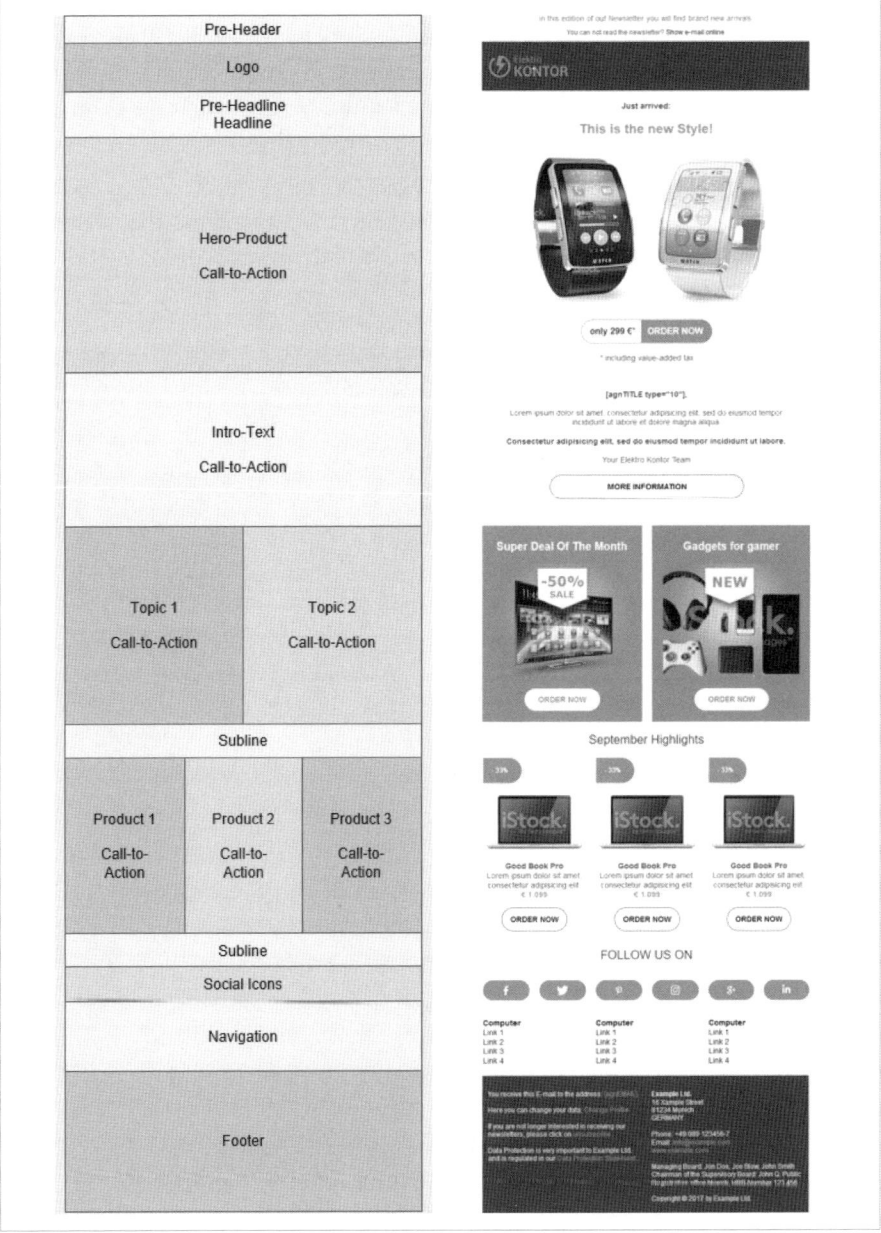

Abbildung 8-12:
Die meisten Newsletter-Designs lassen sich gut mit Templates erstellen. In der Regel wiederholen sich bestimmte Inhaltsbausteine mehrfach. (© Infografik links: Manuela Meier)

Die Inhalte können nun entweder über externe Inhaltsquellen (das können beispielsweise RSS-Feeds sein) oder von Hand in die Platzhalter eingefügt werden. Professionelle E-Mail-Marketing-Tools (wie z.B. AGNITAS E-Marketing Manager, emarsys B2C Marketing Cloud, Inxmail Professional, Optivo Broadmail) beinhalten normalerweise sogenannte *WYSIWYG-Editoren* (What You See Is What You Get), mit denen man auch ohne Programmierkenntnisse Inhalte für HTML-E-Mails erstellen und bearbeiten kann. Diese arbeiten im Prinzip wie Word und bieten diverse Formatierungsmöglichkeiten an.

Einige etwas umfangreichere E-Mail-Marketing-Tools stellen sogar ein *Grid-CMS* zur Verfügung. Damit kann man einzelne Inhaltsbausteine beliebig in einem Mailing platzieren und verschieben. Das Raster im Hintergrund definiert das Grundlayout des Mailings.

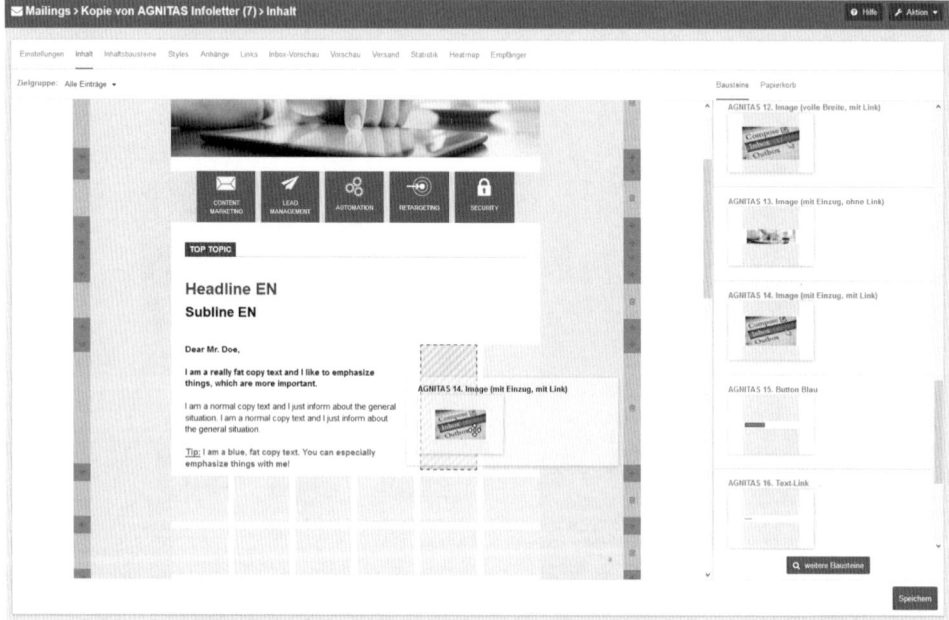

Abbildung 8-13:
Flexible E-Mail-Erstellung mit einem Grid-CMS

Die Textvariante eines Mailings kann ebenfalls von Hand erstellt oder über externe Inhaltsquellen befüllt werden. Manche Tools bieten auch einen *HTML-to-Text-Konverter* an, der alle Texte aus der HTML-Variante ausliest und in eine Textversion umwandelt. Allerdings empfiehlt es sich, bei automatisiert generierten Textmails noch einmal einen Blick auf die Formatierungen zu werfen, um ein gut lesbares Ergebnis zu bekommen.

Aufbau und Inhalte erfolgreicher E-Mails

Grundsätzlich gilt: Je relevanter der Inhalt für den Empfänger ist, desto erfolgreicher wird die E-Mail sein. Trotzdem ist nicht nur die Relevanz ausschlaggebend für den Erfolg des Mailings. Wichtig ist, dass der Empfänger so schnell wie möglich die Inhalte erfassen kann, sich durch die Optik und die Texte angesprochen fühlt und zum Weiterlesen bzw. Klicken angeregt wird. Durch die Einhaltung bestimmter E-Mail-Marketing-Grundregeln können Sie die Qualität Ihrer Mailings verbessern und den Erfolg positiv beeinflussen.

Tipps zur Betreffzeile

Ihr Ziel muss es sein, den Empfänger so schnell wie möglich in die E-Mail »hineinzuziehen«. Das beginnt natürlich beim Betreff. Hier gilt: *Fassen Sie sich kurz.* Die meisten ISPs zeigen nur eine bestimmte Zeichenzahl im Posteingang an (sie liegt zwischen 65 und 75 Zeichen je nach ISP), auf Smartphones bzw. Smart Watches sind es noch einmal deutlich weniger Zeichen. Außerdem sollte die *wichtigste Aussage am Anfang* stehen:

- Besser: »Bis zu 45% Rabatt auf Damenschuhe« (33 Zeichen)
- Nicht so gut: »Jetzt zugreifen: Damenschuhe nur für kurze Zeit bis zu 45% reduziert« (75 Zeichen)

Der Betreff muss Neugierde wecken, deshalb ist es wichtig, *Relevanz* zu erzeugen und in der Formulierung immer wieder zu variieren. Sie können hier auch mit Personalisierungen und Emoticons experimentieren. Es gilt dabei natürlich, bestimmte Spam-Signale zu vermeiden.

> **Tipp**
> Der Betreff ist der Door-Opener für ein erfolgreiches E-Mail.

Verwenden eines Pre-Header

Eine weitere wichtige Rolle für die Öffnungsrate spielt der Pre-Header. Smartphone-Apps zeigen neben dem Betreff auch einen Auszug aus dem Inhalt im Posteingang an. Dazu wird die erste Textpassage herangezogen, die in der E-Mail hinterlegt ist. Dieser Text wird in kleinerer Schrift und zweizeilig angezeigt, was dazu führt, dass der Pre-Header deutlich mehr Informationen transportieren kann als nur der Betreff. Deshalb wäre es schade, diese Chance ungenutzt mit einem banalen »Wenn die E-Mail nicht richtig dargestellt wird, klicken Sie hier...« verstreichen zu lassen. Auch sollten Sie nicht einfach den Betreff wiederholen, denn das ist zum einen langweilig, und zum anderen bietet es dem Empfänger keinen Mehrwert.

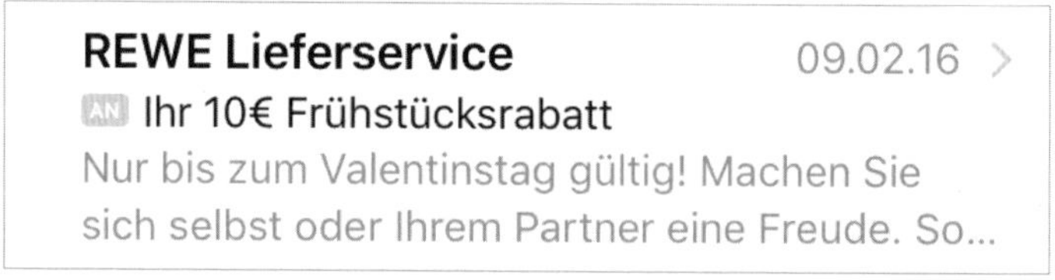

> **REWE Lieferservice** 09.02.16 >
> 🆕 Ihr 10€ Frühstücksrabatt
> Nur bis zum Valentinstag gültig! Machen Sie sich selbst oder Ihrem Partner eine Freude. So...

Abbildung 8-14:
Der Pre-Header ist eine zusätzliche Informationsquelle zum Betreff.

Wichtige Inhalte »Above the Fold« platzieren

Schlüsselinhalte gehören in den oberen Teil der E-Mail, sodass der Empfänger sie auch ohne zu scrollen (Above the Fold) sehen kann. Viele Empfänger rufen ihre E-Mails in einer Vorschauansicht ab und entscheiden anhand eines kleinen Ausschnitts, ob sie die E-Mail öffnen und komplett lesen. Sie sollten deshalb alles Wichtige oben im Header-Bereich Ihrer E-Mail platzieren.

Tipps zur Conversion-Optimierung

Neben *Incentives* trägt auch die *Gestaltung* bzw. der *Aufbau der E-Mail* zur Conversion-Steigerung bei. Einen wichtigen Beitrag leisten dabei aufmerksamkeitsstarke *Call-to-Action-Elemente*, also auffällige Buttons und Klickelemente. Gestalten Sie Ihre E-Mails so, dass sie den Blick auf die Buttons lenken, und hinterlassen Sie eine eindeutige Handlungsaufforderung, etwa *Jetzt downloaden*. Verlinken Sie aber auch alle Bilder mit der Zielseite, wenn möglich. Sogenannte *Cinemagraphs* (animierte Bilder) sorgen ebenfalls für größere Aufmerksamkeit. Vermitteln Sie durch die Ankündigung einer Limitierung (von Zeit oder Menge) eine gewisse Dringlichkeit. Auch im Inhalt sollte man sich kurzfassen. Lagern Sie Texte und weitere Informationen auf Landingpages aus – das steigert ebenfalls die Klickrate. Beim Aufbau können Sie auch mit unkonventionelleren Methoden, wie z. B. dem *Umgekehrte-Pyramide-Format* oder der *1-2-3-Methode*, experimentieren.

Neben diesen Tipps gibt es noch zahlreiche andere Möglichkeiten, um eine Marketing-E-Mail weiter zu optimieren. Im Abschnitt *Tipps und Tricks für erfolgreichere Mailings«* finden Sie weitere Anregungen.

Abbildung 8-15:
Das Umgekehrte-Pyramide-Format lenkt den Blick gezielt zum Call-to-Action-Element und beschränkt sich auf die wichtigsten Informationen.

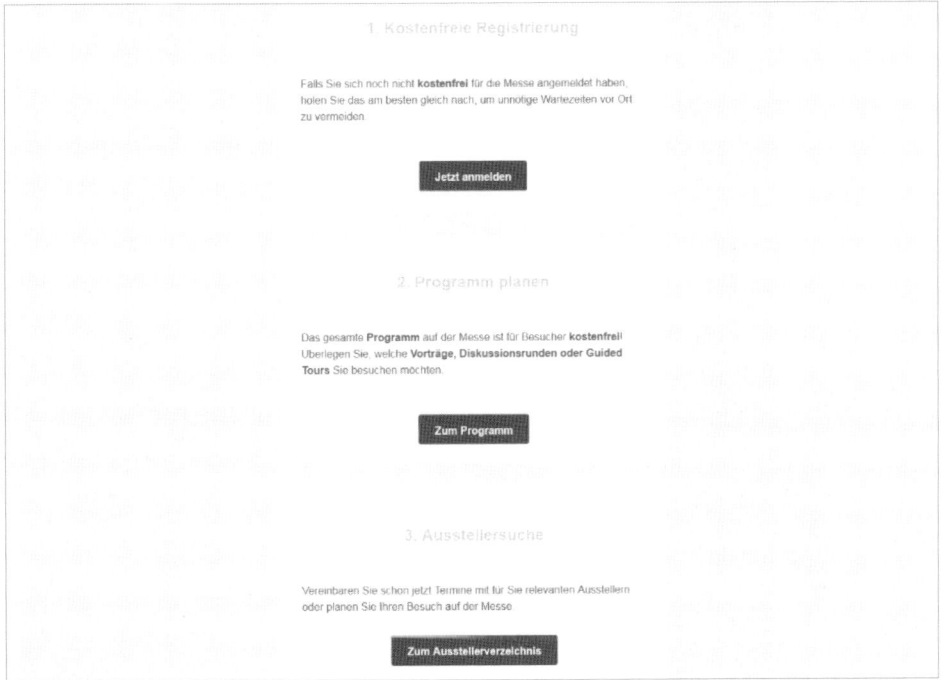

Abbildung 8-16:
1, 2, 3 – fertig: Die 1-2-3-Methode suggeriert dem Empfänger, dass es total simpel ist, zum gewünschten Ziel zu kommen.

Content im E-Mail-Marketing

Es wurde bereits mehrfach darauf hingewiesen, dass relevante Inhalte die Conversion positiv beeinflussen. Deshalb ist auch im Medium E-Mail Content King. Relevanz kann durch passende Produktvorschläge und Angebote erzeugt werden. Sie können aber auch den absatzgetriebenen Pfad verlassen und weiterführende Informationen zu bestimmten Themenbereichen anbieten, z.B. Tipps zur Schuhpflege bei einem Schuhhändler, Wanderwege bei Outdoor-Anbietern und Stromspartipps von einem Energieversorger. Gerade wenn der Empfänger nicht das Gefühl bekommt, »die wollen sowieso nur mein Geld«, steigert guter Content langfristig *Response Rates* und *Kundenbindung*. Je größer der Mehrwert, den der Empfänger in Ihren E-Mails sieht, desto häufiger wird er sie öffnen und lesen.

Auch personalisierte Inhalte, wie das aktuelle Wetter oder das Horoskop, sorgen für höhere Öffnungsraten. Zusätzlich kann man solche Inhalte einsetzen, um die Empfängerdaten anzureichern. Ein Empfänger, der täglich nur ein allgemeines Deutschlandwetter bekommt, könnte bei dem Hinweis »Tragen Sie hier Ihre Postleitzahl für ein individuelles Wetter ein« durchaus auf den Geschmack kommen.

Mehrstufige Kampagnen im E-Mail-Marketing

Wie im Abschnitt »E-Mail- und Marketing-Automation« bereits erwähnt, ist das Medium E-Mail perfekt dafür geeignet, Marketingkampagnen durch Trigger auslösen zu lassen und in mehrstufigen Mailkaskaden mit Wenn-dann-sonst-Bedingungen auf die Handlungen zu reagieren. Das gilt auch für geplante Marketingkampagnen ohne externen Auslöser. Markteinführungen oder Abverkaufsaktionen können ebenfalls mit verschiedenen Nachfass-Mailings konzipiert und umgesetzt werden. Das Schöne an E-Mail-Marketing ist die *Transparenz*. Sie kommunizieren mit einem eindeutigen Gegenüber und können gezielt auf dessen Verhalten eingehen, da (nahezu) alle Schritte nachvollziehbar sind. Aus diesem Grund sollte man die Möglichkeit, in bestimmten Fällen nachzufassen, nicht ungenutzt verstreichen lassen.

Reine E-Mail-Kampagnen

Beispiel: Mehrstufige Begrüßungskampagne

Eine Begrüßungskampagne für Newsletter-Neulinge bietet die Möglichkeit, sich als Unternehmen zunächst einmal vorzustellen und dem Empfänger seine Wertschätzung zu zeigen (Begrüßung durch die Geschäftsführung). Als kleines Dankeschön für das entgegengebrachte Interesse können Sie dem Empfänger ein Incentive zukommen lassen. Ziel ist natürlich, die erhöhte Aufmerksamkeit in dieser Phase schnellstmöglich in einen Kauf zu wandeln. Natürlich muss man die Kampagne nach der dritten E-Mail nicht enden lassen. Dieser Entscheidungsbaum ließe sich unendlich weiterführen. Im Idealfall läuft diese Kampagne, bevor der Empfänger seine ersten Standard-Newsletter erhält, um ihn nicht gleich am Anfang mit allgemeinen Verkaufs-Newslettern zu überfrachten.

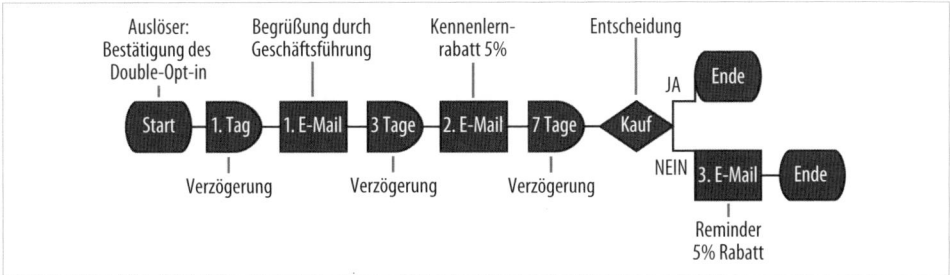

Abbildung 8-17:
Beispielhafte mehrstufige Begrüßungskampagne (© Manuela Meier)

Beispiel: Mehrstufige Retargeting-Kampagne

Besucher Ihrer Website, die schon Artikel dem Warenkorb hinzugefügt, aber den Bestellvorgang nicht abgeschlossen haben, können in einer Retargeting-Kampagne (auch Remarketing) nachverfolgt werden. Hier ist das Produktinteresse enorm hoch, aber es bedarf vielleicht noch eines letzten Kaufanstoßes. Deshalb sind Rabatte und Gutscheine gerade in dieser Kampagne sehr aussichtsreich. Auch Empfehlungen, basierend auf den ursprünglichen Produkten, sind sinnvoll.

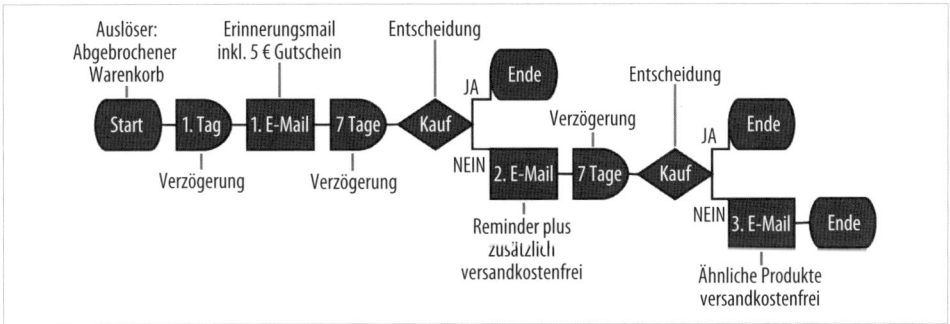

Abbildung 8-18:
Beispielhafte Retargeting-Kampagne für Warenkorbabbrecher (© Manuela Meier)

Neben Warenkorbabbrüchen können Sie aufgerufene Produkte oder besuchte Seiten nachverfolgen. Wichtig ist nur, dass Sie den Website-Besucher identifizieren und einer E-Mail-Adresse zuordnen können. In der Regel erfolgt das Matching über Cookie-Tracking, es kann bei Personen, die noch kein Cookie auf dem Rechner haben oder diese regelmäßig löschen, auch über das Shop-Log-in erfolgen. Im besten Fall ist Ihr E-Mail-Marketing-System so mit der Website vernetzt, dass diese Informationen in Echtzeit verwertet werden können.

Retargeting ist in erster Linie aus dem Bereich Media-/Bannerwerbung bekannt. Positiv am Retargeting per E-Mail ist Folgendes:

- Sie kennen den Empfänger und können ihn eindeutig personalisieren.
- Der Empfänger wird in einer kontrollierten Umgebung (E-Mail-Postfach) mit Ihren Produkten konfrontiert– ohne störende Nebeneinflüsse.
- Sie wissen eindeutig, ob der Empfänger das Produkt bereits gekauft hat, und »belästigen« ihn nicht unnötig mit Produktvorschlägen.
- Die Wahrnehmung von E-Mails gegenüber Bannern ist bedeutend höher. Im Vergleich: Nur etwa ein bis zwei von 1.000 Nutzern klicken auf einen Banner.[7]
- Es gibt keine Adblocker, die wie bei Bannern die Anzeige unterdrücken.

Es gibt natürlich noch viel mehr Anlässe für *mehrstufige Kampagnen*. Generell können Sie gut bei Gutscheincodes/Incentives nachfassen (Achtung: nur noch x Tage...). Auch *Upselling-Kampagnen* (z.B. das passende Zubehör für Ihren neuen Fernseher) und *Predictive-Kampagnen* (Produktempfehlungen basierend auf dem Empfängerverhalten) bieten genügend Stoff für mehrere Nachfass-Mailings.

Definition Retargeting

Als *Retargeting* (auch Re-Targeting geschrieben, aus dem Englischen »re« für »wieder« und »targeting« für »(genau) zielend«, ein synonymer Begriff ist Remarketing) wird im Online-Marketing ein Verfolgungsverfahren genannt, bei dem Besucher einer Webseite – üblicherweise eines Webshops – markiert und anschließend [...] mit gezielter Werbung wieder angesprochen werden sollen. Ziel des Verfahrens ist es, einen Nutzer, der bereits ein Interesse für eine Webseite oder ein Produkt gezeigt hat, erneut mit Werbung für diese Webseite oder ein Produkt zu konfrontieren. Hierdurch soll die Werberelevanz und somit die Klick- und Konversionsrate (z.B. die Bestellquote) steigen.[8]

---

7   1&1 Digital Guide (2016), Banner Blindness: Begriffsklärung und Auswirkungen, *https://hosting.1und1.de/digitalguide/online-marketing/verkaufen-im-internet/banner-blindness-begriffsklaerung-und-auswirkungen/* (Aufruf: 01.08.2017)

8   In Anlehnung an Wikipedia (2016), Artikel »Retargeting«, *https://de.wikipedia.org/w/index.php?title=Retargeting&oldid=159792418* (Aufruf: 01.08.2017)

Integrierte Kampagnen

Marketingkampagnen müssen nicht ausschließlich über ein Medium stattfinden. Häufig kombinieren sie verschiedenste Medien, und zwar Channel-übergreifend von online bis offline, das E-Mail-Marketing ist hier integriert. Wie bereits erwähnt, steht das *Customer Experience Management* dabei im Vordergrund. Aus diesem Grund ist es ausgesprochen wichtig, dass auch das E-Mail-Marketing als Teil der Marketingklaviatur mit den anderen Kanälen abgestimmt ist und mit ihnen interagiert.

> **Hinweis**
> Bei Channel-übergreifenden Kampagnen steht das Customer Experience Management im Vordergrund.

Gerade im Online-Marketing kann man gezielt personenbezogene Kampagnen über mehrere Medien realisieren: Angefangen bei interessenbasierten SEA- und Banneranzeigen über individuelle Facebook-Ads, personalisierte E-Mails, passende Web oder App Push Notifications bis hin zur Customized Landing Page sind zahlreiche Szenarien Channel-übergreifend abbildbar. Zusätzlich können Printwerbung und, falls Filialen existieren, personalisierte Angebote am Point of Sale (über sogenannte Beacons) die Kampagnen abrunden.

Um eine derart vernetzte Kommunikation realisieren zu können, ist, wie schon erwähnt, der Datenfluss von einem System zum anderen entscheidend. Teilweise bieten sogenannte Marketing-Suiten, z.B. die Marketing-Clouds von Adobe, IBM oder Salesforce, von Haus aus mehrere Channels an. Aber nicht immer ergibt es Sinn, sich einen solchen Giganten ans Bein zu binden. Häufig ist es vollkommen ausreichend, wenn man die vorhandenen Systeme über Schnittstellen richtig miteinander vernetzt.

Kennzahlen und Erfolgsmessung

Wichtige E-Mail-Kennzahlen

Das E-Mail-Marketing zeichnet sich durch eine gute Messbarkeit aus. Es ist sehr transparent, da Sie jedem Empfänger unmittelbar die Reaktionen zuordnen können. Das macht den Kanal auch so spannend für Online Marketing Manager.

Basiskennzahlen

- **Versendete E-Mails** – Alle E-Mails, die für das Mailing produziert wurden.
- **Zugestellte E-Mails** – Bei dieser Kennzahl gibt es zwei Varianten:
  - Variante 1: Versendete E-Mails minus alle Bounces.
  - Variante 2: Manche ISPs geben nicht nur einen Fehlercode zurück, sondern auch eine Erfolgsmeldung. Das sind bestätigte Zustellungen.
- **Bounces/Bounce-Rate** – Zeigt an, wie viele E-Mails temporär oder dauerhaft nicht zugestellt werden konnten, und ist ein wichtiger Indikator für die Datenqualität.
- **Abmeldungen/Abmelderate** – Gibt Aufschluss darüber, welcher Anteil sich durch die Inhalte eher gelangweilt oder belästigt fühlt; bei einer steigenden oder anhaltend hohen Abmelderate sollten Sie Ihre E-Mail-Marketing-Strategie überprüfen.

Response-Kennzahlen

- **Öffner/Öffnungen/Öffnungsrate** – Die Öffnungsrate gibt Auskünfte darüber, wie viele Empfänger (Öffner) Ihre E-Mail geöffnet haben. Ein Öffner kann eine E-Mail beliebig oft öffnen (Öffnungen). Die Öffnung wird dabei über ein integriertes One-Pixel-Image gemessen, das vom Server des Versenders nachgeladen wird.
- **Achtung** – Da das One-Pixel-Image nur bei HTML-E-Mails eingebunden werden kann, können die Öffnungen von Text-E-Mails nicht gemessen werden. Zudem wird die Messung dadurch beeinflusst, dass viele Empfänger ihre E-Mails im Vorschaumodus lesen und Bilder nicht immer nachladen. Da es jedoch keine alternativen Messmethoden gibt, ist dies der einzige Indikator, der herausfinden kann, wie viele Empfänger die E-Mail gelesen haben.

  Leider gibt es keinen etablierten Marktstandard bei der Berechnung der Öffnungsrate, deshalb weichen die E-Mail-Marketing-Tools hier voneinander ab. Ein Teil der Anbieter bezieht sich auf die Zahl der versendeten E-Mails (größte Basis), andere beziehen sich auf die zugestellten E-Mails (Empfänger minus Bounces), da Bounces ja nicht reagieren konnten. Und theoretisch dürfte man nur die zugestellten HTML-E-Mails als Basis heranziehen, da bei den Text-E-Mails die Öffnung nicht feststellbar ist. Formel für die Berechnung.

$$\text{Öffnungsrate} = \frac{\text{Öffner} \times 100}{\text{Zugestellte E-Mails}}$$

Manche Anbieter berechnen auf Basis der Klicks von Text-E-Mails und HTML-E-Mails ohne messbare Öffnung eine *Öffnungsrate der »unsichtbaren Öffner«*. Diese kann zwar nur als Näherungswert angesehen werden, vermittelt aber zusammen mit der messbaren Öffnungsrate ein realistischeres Bild der tatsächlichen Öffnungen.

- **Klicker/Klicks/Klickrate** – Die Klickrate zeigt an, wie relevant der angebotene Inhalt für die Empfänger ist. Der Klick wird in der Regel über einen Redirect erfasst. Das heißt, der eingebettete Link wird über einen Server des Toolanbieters umgeleitet und somit gezählt. Bei der Klickmessung gibt es im Gegensatz zur Öffnung keine Unschärfen, auch Links in Text-E-Mails werden gemessen. Ein Klicker, also eine Person, die mindestens auf einen Link geklickt hat, kann mehrmals in einer E-Mail klicken.

  Auch hier weichen die Berechnungsformeln voneinander ab: Wiederum kann sowohl die Zahl der versendeten als auch die der zugestellten E-Mails als Basis dienen. Manche Tools setzen auch die Klicks ins Verhältnis zu den Öffnungen. Diese Kennzahl zeigt zwar an, wie relevant die E-Mail für denjenigen war, der den Inhalt überhaupt gesehen hat, die Ergebnisse sind aber mit Vorsicht zu genießen, da nicht eindeutig gemessen werden kann, wie viele Mails geöffnet werden. Formel für die Berechnung:

$$\text{Klickrate} = \frac{\text{Klicker} \times 100}{\text{Zugestellte E-Mails}}$$

$$\text{Click-to-Open-Rate} = \frac{\text{Klicks} \times 100}{\text{Öffnungen}}$$

- **Umsatz/Conversion-Rate** – Ziel nahezu jeder erfolgreichen E-Mail-Kampagne ist, dass sich diese in einer Conversion niederschlägt. Durch das Einfügen eines Tracking-Pixels auf der Bestellbestätigungsseite und ein Cookie-Placement im Browser beim Klick auf einen E-Mail-Link kann der Umsatz einer E-Mail-Kampagne gemessen werden.

  Da nicht alle Empfänger Cookies erlauben und andere ihre Cookies nach jedem Surfen löschen, kann der Umsatz nicht komplett erfasst werden. Auch die Cookie-Laufzeit spielt bei der Erfolgsmessung eine wichtige Rolle. So kann man entweder nur den Umsatz ermitteln, der aus dem aktuellen Shopbesuch resultiert, oder man rechnet auch Umsätze, die an den Folgetagen getätigt werden, dem Mailing zu. Schließlich könnte die Kaufentscheidung aufgrund des E-Mail-Anstoßes gefallen sein.

> **Hinweis**
>
> Nachdem auch andere Marketingkanäle um den Umsatz buhlen, hat man sich in der Praxis häufig auf die Methode »Last Cookie Wins« verständigt. Das heißt, dass immer der Kanal, der das jüngste noch gültige Cookie im Browser platziert hat, den Umsatz zugeschrieben bekommt.

- Bei der Berechnung der Conversion-Rate beziehen sich die meisten Tools auf die Klicks oder Klicker als Basis. Formel zur Berechnung:

$$\text{Conversion-Rate} = \frac{\text{Käufe} \times 100}{\text{Klicks}}$$

- **Return on Invest (ROI)** – Der ROI setzt die Erträge (den Gewinnanteil) ins Verhältnis zu den Kosten. Diese Kennzahl wird zwar in den E-Mail-Marketing-Tools nicht standardmäßig angeboten, aber es lohnt sich dennoch, sie im Blick zu behalten. Formel zur Berechnung:

$$\text{ROI} = \frac{\text{Erträge}}{\text{Kosten}}$$

- **Social Signals (Shares, Likes, Recommendations, Reviews)** – Neben den »harten« Response-Werten können auch die Social Signals gemessen und bewertet werden. In diesem Fall fungiert der Empfänger als Multiplikator und steigert die Reichweite Ihres Mailings. Je mehr Shares, Likes, Bewertungen oder Weiterempfehlungsmails Ihre E-Mail generiert, desto relevanter scheint das Thema für Ihre Empfänger zu sein. Über sogenannte Share-With-Your-Network-Buttons haben die Empfänger die Möglichkeit, Teile oder die ganze E-Mail mit ihrer Community zu teilen, und Sie können gleichzeitig messen, wie oft das der Fall war.

Abbildung 8-19:
Share-With-Your-Network-Buttons sind eine beliebte Möglichkeit, Inhalte mit der eigenen Community zu teilen.

Die meisten Kennzahlen haben als *relative Werte* mehr Aussagekraft als die *absoluten Werte*. Da die Zahl der Empfänger von E-Mail zu E-Mail meist schwankt, lassen sich auch nur die relativen Werte wirklich miteinander vergleichen.

Neben den Gesamtwerten lohnt sich bei Öffnungen, Klicks und Käufen auch ein Blick auf den *Zeitverlauf*. An welchen Wochentagen reagieren die Empfänger häufiger, welche Uhrzeiten sind am Response-stärksten etc.? Da sich die Response-Zeiten der einzelnen Empfänger unterscheiden, bieten manche E-Mail-Marketing-Tools eine sogenannte Send-Time-Optimization an. Diese bewirkt, dass die E-Mail dann zugestellt wird, wenn der Empfänger am wahrscheinlichsten darauf reagieren wird. Der Nutzen der Send-Time-Optimization ist nicht eindeutig belegt. Zwar kann man damit kurzfristig die Response erhöhen, allerdings gleicht sich nach 48 bis 72 Stunden die Gesamt-Response meist wieder den Mailings an, die zu einem festen Zeitpunkt versendet wurden.

Die meisten professionellen E-Mail-Marketing-Tools bieten auch eine sogenannte *Heatmap* an, die über Farbcodes anzeigt, welche Links an welcher Stelle im Mailing wie häufig geklickt wurden. Diese Informationen lassen sich gut nutzen, um die Gestaltung von Buttons und Inhalten zu optimieren.

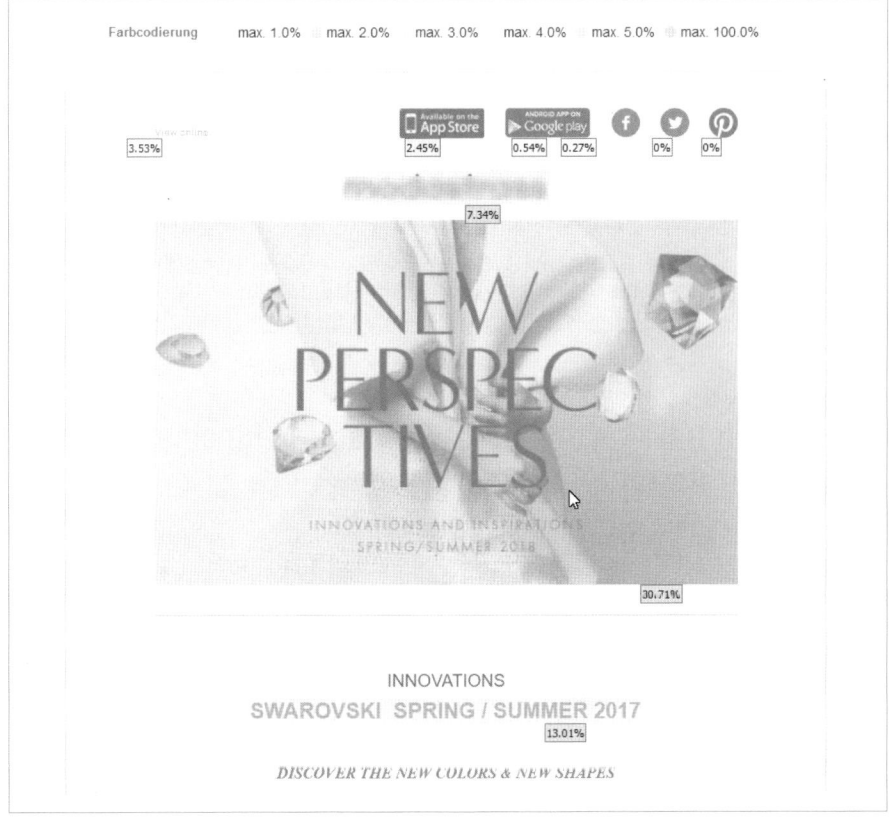

Abbildung 8-20:
Eine Heatmap zeigt, welche Links in der E-Mail wie oft geklickt wurden.

Ebenso kann man sich Response-Werte für die verschiedenen *Endgerätetypen* (Desktop, Tablet, Smartphone, Smart TV, Smart Watch) oder gezielt *einzelne Endgeräte* ansehen und auf Besonderheiten eingehen.

Weiteren Aufschluss kann Ihnen auch eine Analyse der *Domains* liefern. Gibt es bestimmte ISPs (z. B. gmail, gmx, web.de etc.), die in Ihrem Verteiler einen besonders hohen Anteil Ihrer Empfänger stellen? Dann sollten Sie dieses Wissen nutzen, um die Darstellung Ihrer Mailings in den jeweiligen Postfächern zu überprüfen.

Benchmark-E-Mail-Kennzahlen

Einen eindeutigen Benchmark kann man nur schwer festlegen. Die Response-Werte variieren sehr stark je nach Branche, Größe und Zusammensetzung der Zielgruppe und dem Inhalt des Mailings.

So ist zum Beispiel die Branche »E-Commerce« in der Regel deutlich Response-stärker als die Branche »Service und Finanzen«. Wie im Zusammenhang mit dem Lead-Management schon betont, steigen die Response-Raten mit zunehmender Relevanz der Inhalte für Ihre Adressen. Das heißt, je spitzer Ihre Zielgruppe gestaltet ist, desto höher liegen die Response-Raten – und umgekehrt: Je breiter Sie streuen, desto schlechter fallen die Werte aus.

Dieser Effekt zeigt sich sehr deutlich beim Vergleich von reinen Werbe-Newslettern und Content-Newslettern. Während Werbe-Newsletter mit durchschnittlichen Öffnungsraten von ca. 15% rechnen dürfen, erreichen reine Content-Newsletter regelmäßig Öffnungsraten von über 50%! Ähnlich deutlich fallen die Unterschiede bei den Klickraten aus.

Web Tracking und Behavior Tracking für eine geschlossene Customer Journey

Als Online Marketing Manager interessieren Sie sich natürlich nicht nur für die Kennzahlen eines Marketingkanals, sondern auch für eine ganzheitliche Betrachtung aller Kanäle. Aus diesem Grund wird meist ein separates *Web-Tracking-Tool*, wie z. B. etracker, Google Analytics oder Omniture, eingesetzt, über das alle Marketingkanäle gemessen und verfolgt werden. Um den Kanal E-Mail-Marketing in einem unabhängigen Web-Tracking-Tool erfassen zu können, wird meist an die Links in der E-Mail ein Tracking-Parameter angehängt.

Auf diese Weise kann ein Bewegungsprofil des Interessenten respektive Käufers erstellt werden. Dieses zeigt an, welche Kanäle ein Käufer genutzt hat bis zur finalen Kaufentscheidung. Die *Customer Journey* wird so für den Online Marketing Manager nachvollziehbar.

Auch für das E-Mail-Marketing ist das Bewegungsprofil innerhalb der Website interessant und wird für Retargeting-Kampagnen genutzt. Über ein *Behavior Tracking* wird der Verlauf der besuchten Produkte und Seiten an das E-Mail-Marketing-Tool übergeben. Da es nur das Verhalten des Besuchers auf der Website betrachtet, deckt es nicht die vollständige Customer Journey ab. Das Behavior Tracking ist meist Teil des Tools selbst und basiert auf einem Cookie Placement, es können aber auch Schnittstellen zu einem Web-Tracking-Tool genutzt werden.

Lernen von Erfolgsbeispielen

Schild steigert die Wirkung von Transaktionsmails

Das Schweizer Modeunternehmen Schild hat den Anspruch, dass Transaktionsmails nicht nur automatisiert mit individuellen Inhalten verschickt werden, sondern auch für einen positiven Imagetransfer bei den Kunden sorgen sollen, zuverlässig zugestellt werden und für Optimierungszwecke transparent messbar sind.

Diese Punkte konnten die Transaktionsmails von Schild früher nur teilweise erfüllen: Zu oft landeten die Bestellbestätigungen im Spam-Ordner, und die Mailings waren weder markenkonform gestaltet noch messbar – wie es leider öfter bei System-E-Mails der Fall ist, die nicht über ein professionelles E-Mail-Marketing-Tool generiert werden. Durch die Abwicklung der Transaktionsmails über einen E-Mail-Marketing-Anbieter steht Schild mittlerweile eine detaillierte Messbarkeit der Erfolgskennzahlen zur Verfügung. Zudem werden die Transaktionsmails jetzt automatisch im Look-and-feel des Unternehmens erstellt (HTML) und zuverlässig zugestellt (Whitelisting). Die genannten Punkte haben dazu geführt, dass neben der Imagewirkung auch die Response-Kennzahlen der Transaktionsmails nachhaltig verbessert wurden.

Conrad reaktiviert Schläfer mit Content-Newslettern

Im Auftrag und in Zusammenarbeit mit Conrad Electronic entwarf ein marktbekannter E-Mail-Marketing-Anbieter ein Konzept, um 2,6 Millionen inaktive Newsletter-Empfänger (sogenannte »Schläfer«) zu neuen Interaktionen und Käufen zu motivieren. Als Schläfer werden Empfänger bezeichnet, die zwar Newsletter erhalten, aber in den letzten 90 Tagen keinerlei Reaktionen darauf zeigten. Es wurde vermutet, dass diese Empfänger bislang nicht mit relevanten Inhalten angesprochen wurden und deshalb in die Inaktivität abgedrifteten.

Durch eine Kombination aus *Customized Content* (individuelles Wetter und Tageshoroskop) und *tagesaktuellen News* aus dem Interessengebiet der Empfänger konnten 35% der Empfänger mit dem rein redaktionellen Newsletter reaktiviert werden, während bei den werblichen Newslettern über mindestens drei Monate keinerlei Reaktion zu verzeichnen war.

Die Kosten der Kampagne lagen mit 17 Cent pro reaktivierte Adresse deutlich unter denen, die für den Einkauf von neuen, aktiven Adressen anfallen (beim Adresskauf wird effektiv von rund 40 Cent pro aktive Adresse ausgegangen, da nur jede vierte Adresse wirklich reagiert). Auf diese Weise ließen sich bei 905.000 reaktivierten Adressen rund 208.000 Euro für die Adressgenerierung einsparen.

Doch nicht nur das: Der fünfmal wöchentlich erscheinende Content-Newsletter generierte fast 100.000 Klicks in den Webshop des Anbieters. Darüber hinaus konnten durch die Bereinigung der weiterhin inaktiven Empfänger und solcher, die sich selbst abmeldeten, Versandkosten eingespart werden. Durch Datenanreicherungen (Postleitzahl für Wetter, Geburtsdatum für Horoskop) gewann Conrad bei den Nutzerdaten noch einmal an Wert hinzu. Die Reaktivierungsmaßnahme schuf innerhalb eines Jahres einen monetären Gegenwert von circa 315.000 Euro – Umsätze aus Webshopbesuchen nicht mit eingerechnet.

Checkliste für erfolgreichere Mailings

Um ansprechende und erfolgreiche E-Mails zu erstellen und zu versenden, gibt es einige Punkte, die Sie beachten sollten. Ein paar davon sind hier exemplarisch aufgeführt:

- ✓ Formulieren Sie Betreffzeilen kurz und sexy.
- ✓ Verwenden Sie einen Pre-Header, der den Inhalt »anteasert«.
- ✓ Integrieren Sie einen Web-View-Link, der das Lesen des Mailings im Browser ermöglicht.
- ✓ Erstellen Sie ein responsives Template für alle Endgeräte.
- ✓ Wichtige Inhalte sollten Sie »Above the Fold« platzieren.
- ✓ Sorgen Sie für gute Lesbarkeit (Kontraste, Schriftart, Schriftgröße etc.).
- ✓ Ermöglichen Sie Ihren Lesern, Ihre E-Mails zu überfliegen, z.B. mit der Umgekehrte-Pyramide- oder der 1-2-3-Methode.
- ✓ Experimentieren Sie regelmäßig.

- ✓ Geben Sie Ihren Unternehmensmailings ein Gesicht, das sorgt für Sympathie.
- ✓ Verwenden Sie keine noreply@-E-Mail-Adresse.
- ✓ Wechseln Sie Ihre Absendernamen nicht zu häufig und bitten Sie Ihre Leser, die (immer gleiche) Versandadresse ins Adressbuch aufzunehmen.
- ✓ Reagieren Sie automatisiert auf das Userverhalten in Kampagnen.
- ✓ Minimieren Sie Opt-outs durch eine Pausieren-Funktion und individuelle Versandfrequenzen.
- ✓ Verwenden Sie aufmerksamkeitsstarke Buttons.
- ✓ Verlinken Sie Bilder zur jeweiligen Landingpage.
- ✓ Lernen Sie von anderen und erstellen Sie sich eine Ideen-sammlung.
- ✓ Vermeiden Sie Wörter, auf die Spam-Filter reagieren.
- ✓ Stellen Sie den Nutzen in den Vordergrund: What keeps the reader awake at night?
- ✓ Denken Sie daran, dass Ihr Newsletter ein Impressum enthalten muss.
- ✓ Bieten Sie Formulare für User Self Service zur weiteren Schärfung der Nutzerprofile.
- ✓ Ermuntern Sie Ihre Leser, Ihren Newsletter weiterzuempfehlen.
- ✓ Erstellen Sie eine gute Landingpage.
- ✓ Verwenden Sie Social Proof, z. B. Produktbewertungen, und integrieren Sie Share-With-Your-Network-Buttons.
- ✓ Machen Sie Ihren E-Mail-Footer zum Sicherheitsnetz, indem Sie dort Referenzen, Auszeichnungen und Kontaktdaten angeben, und reduzieren Sie so Opt-outs.
- ✓ Vereinfachen Sie den Abmeldeprozess.
- ✓ Versenden Sie Nachfass-E-Mails.

Weitere Tipps zur Gestaltung und zum Aufbau von E-Mails finden Sie beispielsweise unter:

- Infografik mit 101 E-Mail-Marketing-Tipps: *https://www.agnitas.de/E-Mail-marketing-tipps/* (AGNITAS, 2016)
- 10 Tipps für effiziente und rechtssichere Newsletter: *http://www.email-marketing-forum.de/Fachartikel/details/1529-10-Dinge-die-Sie-bei-der-Gestaltung-von-Newslettern-beachten-sollten/52915* (E-Mail Marketing Forum, 2016)

Interview mit Luis Hanemann

Welche Formen des E-Mail-Marketings waren bei Rocket die wichtigsten und meistgenutzten? Und wie habt ihr die Erfolge gemessen?

Auf der Technologieseite haben wir bei Rocket nach dem Best-of-Breed-Ansatz gearbeitet. Viele Firmen arbeiten nach dem Best-of-Suite-Ansatz, d.h. alle Anwendungen kommen von einem Anbieter. »Best of Breed« bedeutet, für jede größere Fragestellung die passende Technologie anzubieten. Insgesamt war ein wichtiger Aufgabenbereich von Rocket immer, die besten Tools zu testen und diese dann bei den Rocket-Tochterfirmen zu implementieren. Wir haben hier je nach Phase des Unternehmens auf verschiedene Lösungen gesetzt. Zum Start hat auch oft ein Mailchimp gereicht, bei den reiferen Unternehmen war Emarsys sehr häufig im Einsatz.

Neben der externen Technologie hatten wir sehr viele Eigenentwicklungen. Einige davon sind jetzt auf dem Markt, wie beispielsweise die Crossengage-Suite, die den Cross-Channel-Marketing-Gedanken auf ein ganz neues Level hebt.

E-Mail-Marketing wurde primär für das CRM eingesetzt und weniger zur Kundenakquise. Retrospektiv kann man sagen, dass ein Großteil der Kundenakquisekampagnen durch Mailings nicht von Erfolg gekrönt waren.

Im CRM-Bereich wurden die Erfolge im Marketing-Reporting sehr granular gemessen, und wir haben die verschiedenen Business auch gebenchmarkt. Wenn etwas in Brasilien gut funktioniert hat, haben wir diese Best Practices mit den anderen Ländern geteilt.

Hervorzuheben sind sicherlich die ersten Integrationen von Personalisierung bei den Zalando-Modellen. Heutzutage bei vielen zu sehen, war Rocket hier Vorreiter in Europa beim Einsatz individualisierter Mailings. Wir waren richtig stolz, als wir bei etwa einer Million Adressen circa 890.000 Versionen versendet haben.

E-Mail-Marketing entwickelt sich immer mehr in Richtung Marketing-Automation und greift tiefer in die Unternehmensprozesse ein. Wie sieht eine sinnvolle Implementierung von E-Mail-Marketing im Marketing deiner Meinung nach aus? Was muss man unbedingt tun, was ist optional?

Das gesamte Digital Marketing bewegt sich in Richtung Automatisierung, und E-Mail-Marketing als Teil des CRM nimmt eine sehr wichtige Rolle ein, da hier bereits Daten über den Kunden vorliegen und man mit der Automatisierung sehr sinnvolle Ansätze fahren kann.

Ich denke, das Silodenken wird abnehmen müssen. Ich sehe es in vielen Firmen immer noch, dass die Verantwortlichen fürs E-Mail-Marketing und die von Facebook-Kampagnen nicht zusammenarbeiten.

Im Idealfall geht es Hand in Hand: Wenn ich beispielsweise eine Reaktivierungskampagne fahre, sollte ich im ersten Schritt das Mailing als Einsatzmittel wählen, im nächsten Schritt kann man die Personen, die nicht reagieren, auch per Custom Audience Targeting über Facebook targeten. Einige Firmen gehen noch einen Schritt weiter und schalten sogar klassische Mailings (Briefe) in die Kette ein. Sehr geeignet sind hier Anbieter wie Optilyz. Der Gedanke dahinter ist, mit dem günstigsten Kanal zu beginnen.

Die Marketing-Suites können hier extrem hilfreich sein, jeder Online-Marketing-Verantwortliche muss aber sicherstellen, für sein Unternehmen die richtige Wahl zu treffen.

Was sind aus deiner Erfahrung die besten Methoden der Adressgenerierung? Welche Tipps kannst du einem Online Marketing Manager dazu mitgeben?

Zur Adressgenerierung kann ich aus meiner Erfahrung besonders zwei Wege empfehlen:

a. Layer mit Incentive auf der eigenen Webseite (10-Euro-Gutschein) – auch gern in der Abwandlung eines Exit-Intent-Layers, der erscheint, wenn jemand die Seite schließen will.
b. Facebook-/LinkedIn-Kampagnen, die genau auf die Zielgruppe ausgerichtet sind und in denen man ein Whitepaper oder ein anderes virtuelles Infoprodukt anbietet, etwa einen Ratgeber. Der Interessent muss sich aber eintragen, um das Produkt zu downloaden. Dies funktioniert auch sehr schön in B2B-Kontexten. Von eingekauften Adressen rate ich im Zweifel eher ab, klar gibt es hier auch den einen oder anderen Rohdiamanten, den man finden kann, aber das meiste ist Mist.

Was sind beim E-Mail-Marketing deiner Ansicht nach die größten Herausforderungen? Und was können Unternehmen tun, um diesen Herausforderungen zu begegnen?

Häufig geht es mit den vorhandenen Daten los. Sie sind unvollständig, veraltet oder nicht ordentlich segmentiert. Ich denke, hier muss man einfach sehr ordentlich arbeiten und aufräumen, was Vorgängern vielleicht nicht so wichtig war.

Als Herausforderung habe ich auch erlebt, dass Dinge funktionieren können und erfolgreich sind, bei denen das nicht zu erwarten war.

Dem begegnen kann man, indem man immer offenbleibt und einfach extrem viel testet und ausprobiert.

Die E-Mail hat starke Konkurrenz durch Social Networks, Messenger und ähnliche Dienste. Wie wird sich E-Mail-Marketing in den kommenden Jahren entwickeln?

Ich glaube, besonders die Messenger werden hier einiges aufwirbeln, und auch die Chatbots werden einen sehr großen Einfluss haben. Ich denke, in einigen Jahren werden wir nicht mehr von E-Mail-Marketing sprechen – nicht, weil ich glaube, dass es dann keine E-Mails mehr gibt, aber es wird einfach ein Subsegment im Cross-Channel-CRM sein.

Wie hältst du dich in deinem Thema auf dem Laufenden? Welche Weiterbildungsmöglichkeiten für das E-Mail-Marketing nutzt du?

Ich stöbere sehr gern auf den Seiten von *Unbounce.com* oder *Optimzely*, um mich für neue Layouts und Landingpage-Design in der Lead- und Adressgenerierung inspirieren zu lassen. Auch das Blog von Hubspot besuche ich immer wieder gern. Sonst natürlich viel im direkten Austausch mit Branchenexperten über Slack und Skype und auf den gängigen Konferenzen.

Luis Hanemann ist Partner bei dem globalen Venture Capital Fonds e.ventures und Gründer der Online-Marketing-Agentur Trust Agents. Luis Hanemann blickt auf mehr als zehn Jahre Start-up-Erfahrung zurück und war unter anderem Chief Marketing Officer bei Rocket Internet, wo er für die globale Marketingstrategie verantwortlich war. Regelmäßig ist er als Referent auf verschiedenen Konferenzen anzutreffen und hilft Unternehmen in den Bereichen Digitalisierung und Online-Marketing. Das t3n Magazin hat Luis Hanemann in die Top 5 der einflussreichsten Menschen im digitalen Marketing platziert.

KAPITEL 9
Social Media Marketing

In diesem Kapitel:
- Grundbegriffe und Zusammenhänge von Social Media Marketing
- Das sollte ein Online Marketing Manager beherrschen
- Lernen von Erfolgsbeispielen
- Linktipps zu Social Media Marketing
- Interview mit Nic Lecloux

Von Felix Beilharz

Kaum ein Thema ändert sich so rasend schnell wie das Social Media Marketing. Es vergeht keine Woche, ja kaum ein Tag, an dem nicht eine neue Funktion in einem der großen Social Networks vorgestellt wird, eine neue Gerichtsentscheidung Marketer vor Herausforderungen stellt, neue Tools auf den Markt kommen oder sonstige Schlagzeilen die Landschaft verändern. Für den Online Marketing Manager, der sich auch um das Social Media Marketing kümmert, besteht daher die Notwendigkeit, sich ständig auf dem Laufenden zu halten. Die Social-Media-Grundkonzepte sowie die Aufgaben des Online Marketing Manager liefert dieses Kapitel – alles Weitere können Sie sich über die Linktipps, Weiterbildungen und Literaturempfehlungen in diesem Buch erarbeiten.

Grundbegriffe und Zusammenhänge von Social Media Marketing

Online-Marketing-Manager müssen über ein grundlegendes Verständnis des Social Web verfügen, selbst wenn im Unternehmen spezialisierte Social Media Manager tätig sind oder mit Agenturen gearbeitet wird. Die folgenden Seiten schaffen Klarheit über wichtige Entwicklungen und Konzepte.

Entwicklung und Status quo des Social Web

In den letzten Jahren haben sich einige Entwicklungen im Social-Media-Sektor herauskristallisiert, die sich auch auf das Marketing auswirken. Interessant dabei ist, dass viele der früheren Prognosen auffällig falsch waren. »Facebook ist tot« geistert seit Jahren immer wieder durch die Szene – in Wirklichkeit erfreut sich Facebook bester Gesundheit. »Google+ wird der neue Facebook-Killer« – mittlerweile spricht niemand mehr über das Google-Netzwerk. Stattdessen haben sich Trends und Entwicklungen ergeben, die so fast niemand vorhergesehen hat.

Konsolidierung

Zwar gibt es nach wie vor eine große Anzahl an Social Networks, Plattformen und Kanälen. Für jeden Geschmack, jede Zielgruppe und jeden Einsatzzweck ist etwas dabei. Die wenigsten Netzwerke haben es dabei aber über ein Nischendasein hinausgeschafft. Facebook beherrscht mit seinem Unternehmensgeflecht aus Facebook, Messenger, Instagram und WhatsApp große Teile des Markts. Bis zu 60% aller App-Downloads in den großen App-Stores gehen auf das Konto dieser Facebook-Angebote.

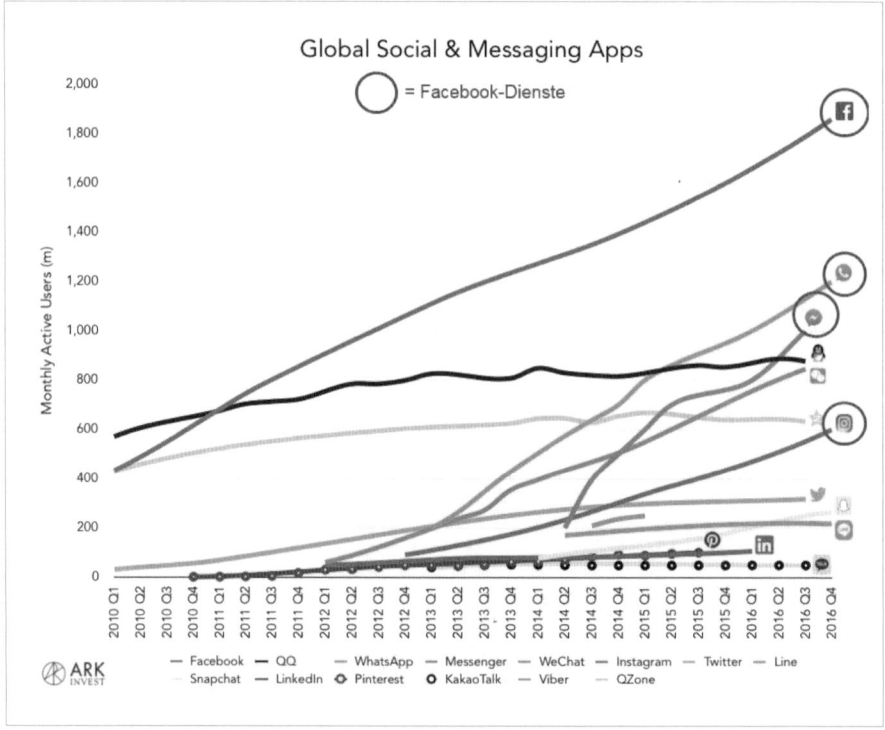

Abbildung 9-1:
Entwicklung der größten Social-Networking-Apps (Quelle: ARK INVEST)

Daneben spielen noch YouTube, Snapchat, Twitter und LinkedIn bei »den Großen« mit – dann wird es auch schon dünn. Wirklich aufstrebende Netzwerke, die den Großen das Leben schwer machen könnten, sind nicht in Sicht. Was sich aber natürlich schnell ändern kann – Snapchat hat vorgemacht, wie schnell ein Netzwerk wachsen und eine beachtliche Größe erreichen kann (mit ungewissen Zukunftsaussichten allerdings).

Mobile Nutzung

Social Media ist mittlerweile überwiegend mobil, teilweise sogar ausschließlich. Selbst ehemalige Desktopnetzwerke wie Facebook und YouTube werden inzwischen hauptsächlich vom Smartphone aus genutzt. Quasi alle neueren Dienste (Snapchat, Instagram, WhatsApp etc.) sind entweder App-only oder bestehen zumindest hauptsächlich aus einer mobilen Anwendung. Das dürfte auch so bleiben, eine Rückkehr zu Desktopgeräten ist nicht zu erwarten.

Visueller Content

Die Anfangstage des Social Web waren ziemlich textlastig. Foren und Chat-Programme nutzten fast ausschließlich Text, und auch die Social Networks in frühen Zeiten basierten auf geschriebenen Inhalten. Das hat sich in den letzten Jahren stark verändert. Mittlerweile stehen visuelle Inhalte ganz oben auf der Beliebtheitsskala. Das gilt für klassische Social Networks wie Facebook sowie natürlich für von Natur aus visuell ausgerichtete Kanäle wie YouTube oder Pinterest, aber auch für neuere Entwicklungen wie Instagram oder Snapchat. Bilder und kurze Videos, animierte GIFs und Livestreams nehmen mittlerweile einen großen Teil der Social-Media-Kommunikation ein.

Livestreaming

Livestreaming gehört definitiv zu den wichtigsten Entwicklungen des Social Web der letzten Jahre. Bereits relativ früh erkannten Plattformen wie YouNow und Twitch die Möglichkeiten, über das Internet live Inhalte zu senden. Beide Plattformen sind zwar im Mainstream nie angekommen, erfreuen sich aber bei bestimmten Zielgruppen (z.B. bei Jugendlichen oder im Gaming-Sektor) großer Beliebtheit. Die »richtige« Live-Welle ging mit Meerkat und Periscope los, zwei Livestreaming-Apps, die etwa ein Jahr lang um die Vorherrschaft kämpften. Gewonnen hat den Kampf letztlich Periscope, auch weil die App von Twitter aufgekauft und in Twitter integriert wurde. Doch der nächste Konkurrent lauerte bereits: Facebook führte in mehreren Schritten Live-Videos ein und setzte dieses Thema ganz oben auf die Agenda. Mittlerweile gibt es in Facebook zahlreiche Möglichkeiten, live zu streamen – nicht nur mit dem Handy, sondern mit quasi jeder Kamera und auch vom Desktop aus, mit Live-Voting und unzähligen anderen Funktionen. Inzwischen besitzt jedes größere Social Network eine Live-Funktion, auch Instagram und YouTube haben entsprechende Funktionen eingebaut.

Messenger

In den Anfangstagen des Social Web spielten Chat-Dienste wie ICQ und Trillian eine wichtige Rolle. Durch studiVZ und Facebook sind diese Dienste aber größtenteils überflüssig geworden und wieder vom Markt verschwunden.

Abbildung 9-2:
Der Messenger-Bot von Buzzfeed dient zu Weihnachten als Geschenkefinder.

Seit einigen Jahren erleben ähnliche Dienste auf Smartphones wieder ein enormes Revival. Weltweit ist hier auf jeden Fall Facebook führend – mit dem Messenger und WhatsApp betreibt der Konzern gleich zwei Chat-Dienste, die beide mehr als eine Milliarde Nutzer aufweisen. WhatsApp ist dabei etwas gelungen, das noch keine Plattform vorher geschafft hat – sie ist bei allen Altersgruppen gleichermaßen beliebt. Vom Teenager, der Facebook bereits den Rücken gekehrt hat, bis zur Großmutter, die über die App mit ihren Enkeln Kontakt hält – WhatsApp ist allgegenwärtig. Auch in der Unternehmenskommunikation spielen Messenger-Dienste eine immer wichtigere Rolle. Gerade der Facebook-Messenger soll in diese Richtung ausgebaut werden. Facebook erweitert regelmäßig das Funktionsspektrum des Messengers, um Unternehmen zum Einsatz des Diensts zu bewegen.

Artificial Intelligence

Ein Thema, das noch in den Kinderschuhen steckt, aber die Onlinewelt nachhaltig verändern wird, ist die *Künstliche Intelligenz (Artificial Intelligence, AI)*. In das Social Media Marketing hat AI bereits Einzug gehalten, vor allem in Form von Chatbots. Facebook begann 2016 damit, Chatbots im Messenger zuzulassen. Diese Chatbots sollen einfache Kundenserviceaufgaben wie das Beantworten von häufig wiederkehrenden Fragen oder das Empfehlen von Produkten übernehmen.

Da es sich um künstliche Intelligenz und nicht nur um »einfache« Software handelt, lernen die Bots durch jede ihrer Aktionen dazu. Das bedeutet, die Qualität der Antworten erhöht sich im Laufe der Zeit immer mehr, und die Einsatzmöglichkeiten der Bots können ausgeweitet werden. Es ist heute noch schwer abzusehen, welche Verbreitung die Messenger- und Chatbots erfahren werden, die denkbaren Möglichkeiten sind jedoch extrem vielfältig.

Ephemeral Content

Ein erkennbarer Trend der letzten Jahre ist, dass Inhalte flüchtiger werden und von selbst wieder aus dem Netz verschwinden. Der große Treiber dieses Trends ist sicher Snapchat, bei dem sich alle Stories nach 24 Stunden automatisch wieder löschen. Instagram hat 2016 mit den Instagram Stories nachgezogen und ebenfalls die Möglichkeit der vergänglichen Inhalte geschaffen. Bei Livestreams besteht ohnehin die Option, auf eine Aufzeichnung zu verzichten. Für das Marketing bedeutet diese Vergänglichkeit eine große Herausforderung: Es gibt kein Archiv, keine Nachhaltigkeit. Morgen geht sozusagen alles wieder von vorne los. Dafür bietet Ephemeral Content aber die Chance, lockerer und persönlicher mit Inhalten umzugehen, wieder einen »echten« Einblick in das Leben oder das Unternehmen zu zeigen und ganz nah am Kunden zu sein.

On-Platform-Content

Ein weiterer Social-Media-Trend, der den Content betrifft, ist die zunehmende Etablierung von On-Platform-Content. Damit ist gemeint, dass die Netzwerke nicht länger »nur« Linkschleudern sein wollen, sondern Personen und Unternehmen dazu bewegen möchten, die Inhalte originär im Netzwerk zu veröffentlichen. Hierzu bieten fast alle Netzwerke mittlerweile Möglichkeiten an. Instagram, Snapchat und YouTube sind ohnehin On-Platform-Content-Kanäle. Aber auch Facebook (Notizen, Facebook-Video, Livestream, Instant Articles), Twitter (Moments) und LinkedIn (Pulse) haben entsprechende Funktionen eingeführt. Anstatt also beispielsweise einen Link zu einem Blogbeitrag auf Facebook zu teilen, bietet Facebook die Option, den Beitrag gleich als Notiz auf Facebook zu veröffentlichen – inklusive Formatierung, Bildern und Videos.

Ost-West-Unterschiede

Interessanterweise existieren in anderen Teilen der Welt durchaus noch andere Messenger und Networks, von denen wir hier relativ wenig mitbekommen. So spielt zum Beispiel WhatsApp in den USA eine deutlich geringere Rolle als hierzulande, dort nutzt man eher den Facebook Messenger. In China dagegen sind beide unpopulär, die Chinesen greifen meist zu WeChat und Tencent QQ. Ähnliches gilt auch für die Social Networks. Unsere Big Player wie YouTube und Facebook spielen in China eine untergeordnete Rolle, teils aus Gründen der Zensur, teils aufgrund kultureller Besonderheiten. Dagegen beherrschen dort Sina Weibo, Renren und Baidu Tieba den Social-Network-Markt – Netzwerke, die im Rest der Welt keine Rolle spielen.

Hashtags

Hashtags gehören zu den elementaren Bestandteilen des Social Web. Online Marketing Manager müssen die Bedeutung von Hashtags verstehen und ihre Einsatzmöglichkeiten kennen.

Die grundlegende Funktionsweise besteht darin, dass die Raute vor dem Wort das Wort in einen Link verwandelt. Dieser Link führt zu einer Auflistung aller öffentlichen Posts des Netzwerks, die ebenfalls diesen Hashtag enthalten. Er kategorisiert also sozusagen den Post und macht ihn leichter auffindbar. Menschen, die sich über ein Thema informieren wollen, können gezielt den Stream des Hashtags durchsuchen und so alle themenrelevanten Posts sehen. Hashtags funktionieren vor allem auf Twitter, Instagram und Facebook, obwohl sie im letztgenannten Kanal wenig Relevanz haben.

Im Marketing lassen sich Hashtags vor allem auf drei Arten einsetzen: als allgemeine Hashtags zur Reichweitensteigerung, als Unique Hashtags zum Branding und Auffindbarmachen von Gesprächen sowie schlicht als Stilmittel.

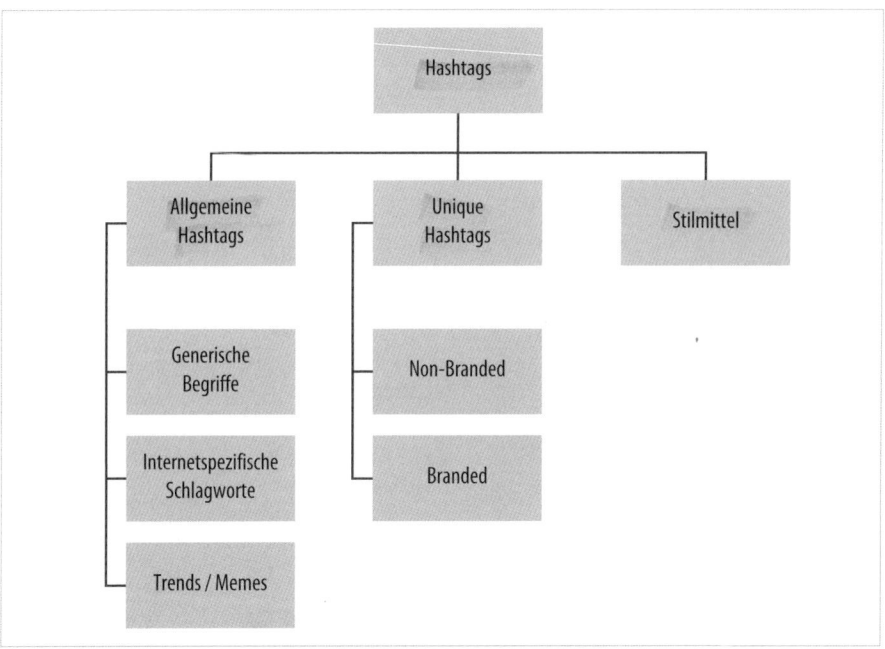

Abbildung 9-3:
Aufteilung der verschiedenen Kategorien von Hashtags (© Felix Beilharz)

Allgemeine Hashtags sind Begriffe, die Menschen häufig verwenden, um über ein Thema zu schreiben. Dabei kann es sich um generische Begriffe wie *#Maschinenbau* oder *#Food* handeln, aber auch um spezielle Begriffe aus der Onlinewelt. Vor allem auf Instagram nutzen Menschen häufig Hashtags wie *#instafood*, *#instagood* oder *#skyporn*, um auf ihre Essensfotos, tolle Momente oder außergewöhnliche Himmelsfotos aufmerksam zu machen. Für Außenstehende sind solche Hashtags oft unverständlich, erfahrene Nutzer wissen aber etwas damit anzufangen. Solche allgemeinen weitverbreiteten Hashtags können die Reichweite von Posts oder Tweets deutlich erhöhen (allerdings muss auch damit gerechnet werden, dass verstärkt Bots automatisch anspringen und den Post/Tweet automatisiert liken oder kommentieren, was die Reichweitenangaben etwas verwässert).

Eine Sonderform dieser Kategorie sind aktuelle Internettrends bzw. Memes, die kurzfristig entstehen können und dann viral weitergetragen werden. Beispiele hierfür sind:

- **#dressgate** – Im Netz tauchte ein Bild eines Kleides auf, das von manchen Menschen als blau-schwarz und von anderen als weiß-gold wahrgenommen wurde. Das Bild dürfte eines der viralsten Memes überhaupt gewesen sein und hat es bis in große TV-Sendungen geschafft.
- **#verafake** – Jan Böhmermann schleuste einen Schauspieler als Kandidaten in die RTL-Sendung »Schwiegertochter gesucht« ein und deckte zweifelhafte Praktiken der Produktion auf.
- **#trikotgate** – Beim EM-Spiel Schweiz gegen Frankreich zerrissen im Laufe des Spiels sieben Trikots der Schweizer Mannschaft, was im Netz für sehr viel Spott sorgte.
- **#TheForceAwakens** – Der erste der neuen Star-Wars-Filme kam ins Kino und wurde im Netz mit viel Aufmerksamkeit begleitet.

Abbildung 9-4:
Gelungene Newsjacking-Aktion von Sixt

Solche Trends/Memes können für Unternehmen ideale Aufhänger für eigene Marketingaktionen sein. Durch das Erstellen lustiger und zum Thema passender Inhalte kann, unter Verwendung des Hashtags, eine große Aufmerksamkeit zu vergleichsweise geringen Kosten erzielt werden. Das »Sich-Dranhängen« an derartige Trends ist unter dem Begriff *Newsjacking* bekannt und gehört zu den anspruchsvolleren Disziplinen des Social Media Marketing.

Spezielle/Unique Hashtags werden dagegen vom Unternehmen selbst erstellt. Es kann sich dabei um Kunstwörter, Abkürzungen oder Wortneuschöpfungen handeln, aber auch um den Markennamen sowie Kombinationen aus Markennamen und einem generischen Begriff.

Mit solchen Unique Hashtags sollen vor allem Gespräche über Produkte oder Themen ausgelöst werden, die einen klaren Bezug zum Unternehmen haben. Da die Hashtags im Idealfall weder vorher existierten noch anderweitig genutzt werden, lässt sich durch Monitoring-Tools oder einfach die Suchfunktion der Plattformen sehr gut all das nachvollziehen, was zum jeweiligen Hashtag an Content entsteht. Wenn Markennamen im Hashtag enthalten sind, findet so auch ein Branding-Effekt statt.

Zu bekannten **non-branded Hashtags** gehören:

- **#OhneMett** – true fruits verwendete diesen Hashtag auf den Flaschen des grünen Smoothies, in dem laut Aufdruck zwar Grünkohl und Spinat, aber eben garantiert kein Mett enthalten sei. Bei Instagram finden sich ca. 2.000 Posts mit diesem Hashtag.
- **#Käselicious** – Der Käsehersteller Savencia verwendet diesen Hashtag für Käse-relevanten Content im Social Web.
- **#Imperfect** – Dieser Hashtag war Kampagnenmotto von Esprit. Es handelt sich um ein interessantes Wortspiel, allerdings ist der Hashtag zu generisch, um wirklich als Unique Hashtag zu funktionieren.
- **#CableWednesday** – Cisco postete lange Zeit jeden Mittwoch ein Bild von Kabeln, meist Fotos von ungewöhnlichen Kabelkonstellationen an Servern, die die Fans vorher einreichen konnten.

Branded Hashtags sind zum Beispiel:

- **#notebooksbilliger** – Der Onlineshop nutzt seinen Markennamen als Hashtag auf Produktverpackungen, verbunden mit dem Aufruf, Fotos vom Produkt auf Facebook oder Instagram zu posten und so an einem Gewinnspiel teilzunehmen.
- **#machdichwahr** – McFit nutzt seinen Marken-Claim als Hashtag z. B. auf Plakaten, Give-aways oder auch auf den Spiegeln in den Fitnessstudios, damit die gelben Hashtags auf Trainingsselfies zu sehen sind.
- **#UOStyle** – Urban Outfitters beklebt ebenfalls die Spiegel in den Umkleideräumen mit Hashtags und Aufrufen, Fotos vom neuen Style bei Instagram zu posten.

Unique Hashtags werden auch für Events eingesetzt, um z. B. die Diskussionen zum Event auf einer Twitterwall oder Social Wall ablaufen lassen zu können. Dabei ist es wichtig, dass der Hashtag tatsächlich unique ist, also nicht noch anderweitig verwendet wird, sonst kommt es auf der Wall zu Verwässerungen.

Einige Beispiele für **Event-Hashtags**:

- **#business17** – Hashtag der Social-Media-Konferenz hashtag.business.
- **#hm17** – Offizieller Hashtag der Hannover Messe 2017.
- **#IAA2017** – Offizieller Hashtag der Internationalen Automobil-Ausstellung 2017.
- **#dmexco** – Die DMEXCO verwendet jedes Jahr den gleichen Hashtag.
- **#gerusa** – Fußballspiel Deutschland – USA (die Hashtags bei Fußballspielen werden meistens so aufgebaut).

Schließlich können Hashtags auch einfach als *Stilmittel* eingesetzt werden. Dabei geht es nicht um Reichweiten- oder Branding-Effekte, sondern schlicht um eine »Social-Media-mäßige« Sprache, um eine Hervorhebung oder eine besondere Verdeutlichung eines Sachverhalts. Solche Hashtags können aus einfachen Wörtern wie *#wow* bestehen, aber auch aus Satzfragmenten (*#DasKannNichtWahrSein*) oder lustigen Wortkombinationen (*#likeaboss*).

Abbildung 9-5:
DM setzt Hashtags als Stilmittel ein.

Das sollte ein Online Marketing Manager beherrschen

Vor allem in Unternehmen, in denen es keinen dezidierten Social Media Manager gibt, fallen die Social-Media-Aufgaben dem Online Marketing Manager und seinem Team zu. Egal ob Agenturen mit einbezogen werden oder nicht, ein grundlegendes Verständnis der Zusammenhänge und Prinzipien des Social Web sowie ein solides Wissen um erfolgreiche Marketingstrategien sind von elementarer Wichtigkeit.

Social-Media-Strategieerstellung

Wie in jedem Bereich gilt: Ohne Strategie schwinden die Erfolgschancen und steigt das Risiko. Eine ausgereifte Social-Media-Strategie ist das, was professionelle Social-Media-Verantwortliche von den Amateuren unterscheidet. Die Strategie bildet den Rahmen für das operative Vorgehen, sie definiert die gesetzten Ziele und die Messung der Zielerreichung, die Auswahl der Kanäle und die zur Zielerreichung notwendigen Maßnahmen.

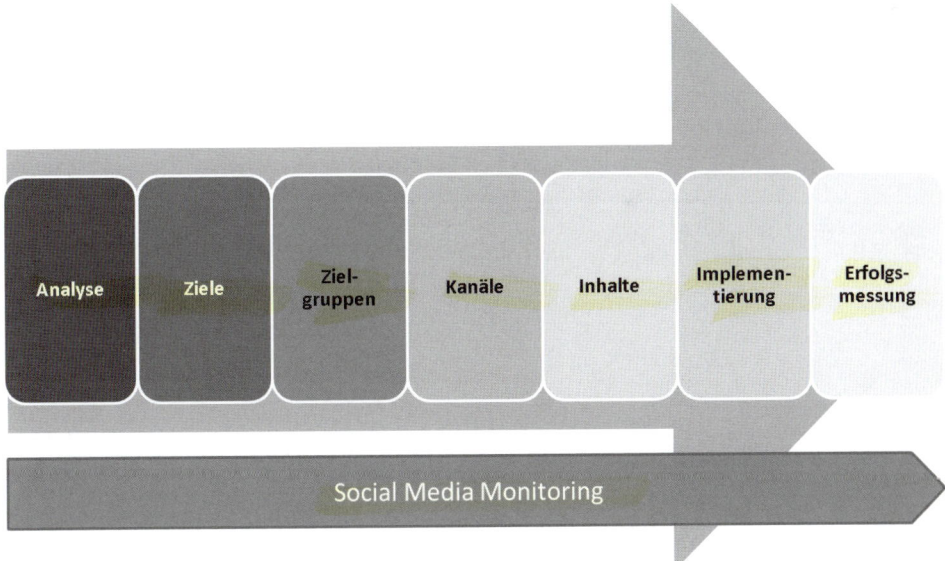

Abbildung 9-6:
Beispielhafter Aufbau einer Social-Media-Strategie (Quelle: Beilharz: Social Media Marketing im B2B, 2014, S. 76)

Analyse

Wie in jeder guten Strategieplanung sollte auch bei der Social-Media-Strategie eine Analyse der Ist-Situation erfolgen. Die Analyse untersucht das Spielfeld, das eigene Team und den Gegner. So gehören zu einer vollständigen Ist-Analyse vor allem sowohl die Betrachtung der eigenen Ressourcen, der Stärken und Schwächen des Unternehmens sowie der Chancen und Risiken des Markts (*SWOT-Analyse* – eine Anleitung dazu finden Sie unter http://www.business-wissen.de/artikel/swot-analyse-so-wird-eine-swot-analyse-erstellt/) als auch eine genauere Betrachtung des Wettbewerbs.

Ziele

Die Ziele definieren letztlich das gesamte Vorgehen. Entsprechend dem jeweiligen Ziel müssen die Kanäle ausgesucht, die richtigen Inhalte definiert, die nötigen Maßnahmen festgelegt und die passenden Kennzahlen gewählt werden.

Im Social Media Marketing stehen oft weichere Ziele wie Bekanntheit, Image oder Meinungsführerschaft im Vordergrund. Aber auch härtere Ziele wie Leadgenerierung oder Abverkaufssteigerung können mit den richtigen Maßnahmen durchaus angestrebt und erreicht werden. Kundenbindung, PR und Serviceverbesserung stehen ebenfalls häufig auf der Wunschliste.

Wichtig ist, dass sich die Ziele in die übergeordneten Marketing- und Unternehmensziele einordnen lassen und diese unterstützen. »Viele Facebook-Fans« oder »1.000 Likes bis zum Ende des Jahres« sind dagegen keine (guten) Social-Media-Ziele, da sie sich erstens auch durch »Abkürzungen« wie Fan- oder Likekauf erreichen lassen und zweitens noch keinerlei Businessrelevanz haben. »Intensivierung unseres Kundendialogs durch mindestens 50 aus der Community gewonnene umsetzbare Verbesserungsvorschläge bis 31.12.« ist dagegen zum Beispiel ein klares, messbares Ziel, dessen Erreichung sich positiv auf die Unternehmenskennzahlen auswirken kann.

Ich will damit nicht in das Horn derjenigen stoßen, die Fan- und Likezahlen jegliche Relevanz absprechen. Gerade bei der Expertenpositionierung oder dem Markenaufbau werden höhere Zahlen durchaus von vielen Kunden, Journalisten und Bewerbern als Indiz für Reputation, Bekanntheit oder Relevanz wahrgenommen. Sie sollten nur nie Selbstzweck, sondern allenfalls Nebenprodukt der eigentlichen Zielplanung sein.

Oft ist in der Social-Media-Branche zu hören, die sozialen Medien seien kein Verkaufskanal. Dass aber auch der Abverkauf bestimmter Produkte funktionieren kann, zeigen nicht nur naheliegende Beispiele wie Burger-Restaurants oder Freizeiteinrichtungen – mit etwas Geschick und

Know-how sind auch hochpreisige Güter via Social Media zu verkaufen. Das Beispiel des Uhrenherstellers Omega (mehr dazu im Abschnitt über Instagram-Marketing) zeigt, dass auch hochpreisige Güter verkauft werden können. Somit ist das Ziel »Absatzsteigerung« bzw. »Verkauf« durchaus eine realistische Möglichkeit in vielen Branchen.

Zielgruppen

Eine genaue Kenntnis der anzusprechenden Zielgruppen ist von entscheidender Bedeutung. Je mehr Informationen hier vorliegen, desto besser können die Kanäle ausgewählt und desto genauer können die Inhalte zugeschnitten werden.

Dabei kann es durchaus mehrere relevante Zielgruppen geben. Die häufigsten Zielgruppen sind:

- potenzielle Neukunden
- Bestandskunden
- potenzielle Bewerber
- Mitarbeiter
- Investoren
- Multiplikatoren (Journalisten, Blogger etc.)
- sonstige Stakeholder (z. B. Verbände, NGOs etc.)

Oft verfolgt man für verschiedene Zielgruppen unterschiedliche Ziele auf unterschiedlichen Plattformen, sodass sich im Fall von komplexeren Strategien eine Zielmatrix ergibt.

Tabelle 9-1
Zielgruppenaufteilung (Beispiel)

Zielgruppe	Ziel	Kanal	Kennzahlen	Maßnahmen
Potenzielle Kunden	Leadgenerierung	Blog, Facebook	Anzahl Leads	Leadformular Blog, Lead-Ads auf Facebook
Journalisten	Intensivierung der Pressearbeit, mehr Presseerwähnungen	Twitter	Presseerwähnungen, Presseanfragen, Downloads der Pressemappe	Pressemeldungen, Presse-Chat, Livestream via Twitter, Live-Tweets von Pressekonferenzen, Twitterwall
Bewerber	mehr Bewerbungen für Unternehmensbereich ABC	XING/Kununu, Blog, Facebook	Anzahl Bewerbungen, Anzahl Anfragen, Aufrufe der Karriereseite	XING-Stellenanzeigen, XING-Gruppenengagement, Recruiting-Blogbeiträge, Facebook Ads, Facebook-Aktionen
...	...	...	...	...

Neben der quantitativen Einschätzung der Zielgruppe ist auch die qualitative Betrachtung wichtig. Hierbei geht es darum, die Zielgruppe so gut wie möglich verstehen zu lernen. Welche Fragen und Probleme hat sie?

Welche Werte? Auf welche Inhalte reagiert sie positiv? Welche Ansprache ist sie gewöhnt?

Insbesondere (aber nicht nur) im B2B-Sektor sollten Punkte wie Fragen, Probleme und Engpässe der Zielgruppe genau analysiert werden, um entsprechende Problemlöserinhalte erstellen zu können. Diese können dann z. B. in Form von Whitepapers, (Erklär-)Videos, Blogbeiträgen oder E-Books publiziert werden.

Einschätzung der Kanäle und Auswahl der passenden Plattformen

Für den Online Marketing Manager besteht eine zentrale Aufgabe in der Auswahl der geeigneten Plattformen für das Unternehmen. Hierzu ist zuerst einmal eine tief gehende Kenntnis der vorhandenen Social-Media-Plattformen notwendig.

Grob lassen sich die Social-Media-Kanäle in zwei Kategorien einteilen: Newsfeed-Plattformen und Archiv-Plattformen.

Bei *Newsfeed-Plattformen* steht, wie der Name schon verrät, der Newsfeed, also der ständige Strom neuer Meldungen, im Vordergrund. Facebook ist das beste Beispiel für diese Art von Kanal. Facebook-Fanpages werden nur sehr selten besucht, fast die komplette Zeit verbringen die Nutzer in ihrem Newsfeed. Inhalte, die dort auftauchen, haben die Chance, konsumiert zu werden. Das bedeutet aber auch, dass ältere Inhalte kaum noch eine Rolle spielen und von gelegentlichen Ausreißern abgesehen (wenn jemand z. B. durch Zufall auf einen alten Inhalt stößt, ihn dann teilt und dieser so erneut eine virale Reichweite erfährt) nach kurzer Zeit wieder in der Versenkung verschwinden.

Newsfeed-Plattformen erfordern von Unternehmen einen stetigen Strom an aktuellen Inhalten. Nur ein Profil anzulegen, »damit man auffindbar ist«, reicht dort nicht aus. Wer es nicht in den Newsfeed schafft, geht unter.

Zu den Newsfeed-Plattformen gehören:

- Facebook
- Instagram
- Twitter und andere Microblogging-Plattformen
- Snapchat
- XING (eingeschränkt) und LinkedIn
- Google+

Bei den *Archiv-Plattformen* gibt es entweder keinen Newsfeed, oder er spielt eine weitaus weniger wichtige Rolle. Stattdessen steht häufig die Suchfunktion im Mittelpunkt, über die Inhalte gesucht, gefunden und konsumiert werden. Hieraus resultieren dann oft Abonnements, die durchaus in einer Art Newsfeed münden können. Ebenso wird in Archiv-Plattformen mehr gestöbert und »einfach mal so durchgeschaut« als in Newsfeed-Plattformen. Die Abgrenzung zwischen den beiden Grundkategorien ist jedoch oft fließend, viele Plattformen weisen Elemente beider Kategorien auf.

Zu den Archiv-Plattformen gehören:

- YouTube und andere Videoplattformen
- Pinterest
- Slideshare
- Fotoplattformen wie Flickr

Bei Archiv-Plattformen müssen nicht zwingend ständig neue Inhalte hochgeladen werden, da über die Suchfunktion auch alte Inhalte immer wieder neu entdeckt werden können. Jedoch erhöhen auch z. B. bei YouTube oder Vimeo ein hoher Aktivitätsgrad und regelmäßig neue Inhalte die Abonnenten- und Aufrufzahlen. Ein YouTube-Kanal mit 20 Videos, die »der Vollständigkeit halber« hochgeladen wurden, ist jedoch um einiges sinnvoller und produktiver als eine Facebook-Seite, die keine neuen Inhalte produziert.

Reine *Messenger-Dienste* wie der Facebook-Messenger oder WhatsApp nehmen eine Sonderstellung ein und dienen eher der Eins-zu-eins-Kommunikation oder dem Austausch in Kleingruppen.

Um die passenden Kanäle auszuwählen, sind folgende Leitfragen hilfreich:

- Welche Kanäle passen zu unserem Unternehmen, unserem (gewünschten) Image, unseren Marken?
- Welche Kanäle passen zu unseren angestrebten Zielen?
- Auf welchen Kanälen sind unsere Zielgruppen in ausreichend hohem Maße aktiv?
- Welche Kanäle lassen sich mit unseren Ressourcen (Geld, Zeit, Know-how) dauerhaft aktiv nutzen?
- Welche Kanäle sind bereits ausreichend etabliert, um Investitionen zu rechtfertigen?
- Welche Kanäle haben positive Zukunftsaussichten?

In der Regel beschränken Unternehmen das aktive Engagement auf einige wenige Kanäle, da sonst der Aufwand an Zeit und Geld deutlich ansteigt.

In vielen Fällen ist es sinnvoll, einen eigenen *Content-Hub* in den Mittelpunkt der Kanalstrategie zu stellen. Dabei kann es sich um ein Blog oder ein Magazin handeln. Ein eigener Content-Pool gleicht viele der Nachteile der sozialen Medien aus. Die Inhalte unterliegen der eigenen Kontrolle und sind vor allem Eigentum des Unternehmens, was bei Drittnetzwerken oft nicht oder nur eingeschränkt der Fall ist. Sie lassen sich dauerhaft nutzen und gehen nicht, wie in einem Newsfeed, innerhalb weniger Minuten unter. Sie können eingesetzt werden, um damit die sozialen Netzwerke zu füttern und so Traffic auf die eigenen Kanäle zu holen. Auf den eigenen Kanälen (Blog, Website) wiederum können Cookies zu Retargeting-Maßnahmen gesetzt oder E-Mail-Adressen für das Newsletter-Marketing eingeholt werden.

Unternehmen sind daher gut beraten, sich nicht auf Drittplattformen allein zu verlassen, sondern dem eigenen Content-Hub ausreichend Priorität einzuräumen. Nutzen Sie die Social Networks eher aus, um Traffic auf Ihre eigenen Kanäle zu ziehen, anstatt Ihre wertvollen Inhalte komplett der Gunst der Algorithmen im Fremdnetzwerk zu überlassen. Eine gesunde Mischung macht die erfolgreiche Social-Media-Strategie aus.

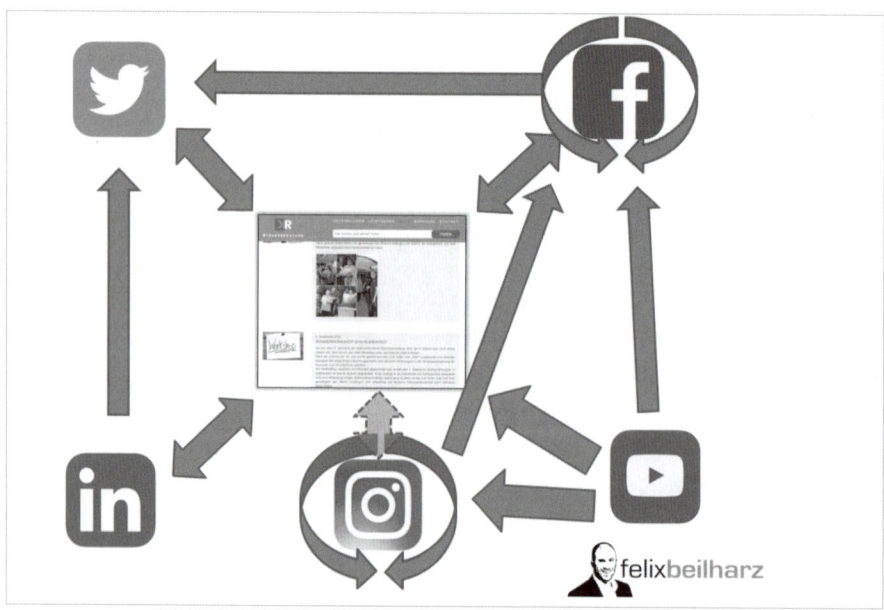

Abbildung 9-7:
Zusammenspiel der Social-Media-Kanäle mit Blog im Mittelpunkt (© Felix Beilharz)

Facebook

Facebook ist als weltweiter Branchenprimus aus kaum einer Social-Media-Strategie wegzudenken. Kein Kanal kann mit Facebook mithalten, weder was die Anzahl der zu erreichenden Nutzer noch was die

Vielfalt der Marketing- und Analysemöglichkeiten angeht. Es gibt nicht allzu viele Fälle, in denen Facebook von vornherein ausscheidet. Aufgrund dieser hohen Bedeutung werde ich Facebook im Folgenden am ausführlichsten betrachten – vieles, was hier gesagt wird, lässt sich aber auch auf andere Kanäle übertragen.

Facebook-Marketing läuft im Wesentlichen über *Fanpages*. Hierfür müssen Sie, falls noch keine Fanpage besteht, eine neue anlegen.[1] Das Vorgehen ist denkbar einfach und besteht aus nur wenigen Schritten. Anleitungen dazu finden sich zahlreich im Netz.

Es ist möglich, dass bereits eine Fanpage zum Unternehmen besteht. Facebook legt selbst Seiten an, zum Beispiel zu Einträgen aus Wikipedia oder Bing Maps oder auch, wenn jemand ein Unternehmen als Arbeitgeber in sein Profil eingetragen hat. In diesem Fall besteht oft die Möglichkeit, die Seite zu übernehmen (nachdem man sich als Unternehmensvertreter ausgewiesen hat) und sie später mit der eigenen Seite zusammenzuführen.

Ist die Fanpage angelegt und sind alle Felder ausgefüllt, prüfen Sie die diversen Einstellungen im Backend-Bereich der Facebook-Seite. Hier können Sie wichtige Entscheidungen definieren, zum Beispiel:

- Soll es weitere Administratoren, Redakteure oder andere Rollen für die Seite geben?
- Sollen Nutzer auf der Fanpage Beiträge hinterlassen können? (Empfehlung: Ja!)
- Sollen Nutzer der Seite private Nachrichten schicken könen? (Auch hier die Empfehlung: Ja!)
- Soll die Seite in bestimmten Ländern nicht aktiv geschaltet oder umgekehrt nur in einzelnen Ländern zu sehen sein?
- Soll es eine Altersgrenze für die Fanpage geben (z. B. wegen Glücksspiels oder alkoholischer Getränke)?
- Sollen Nutzer die Seite in eigenen Beiträgen taggen können? (Empfehlung: Ja!)
- Sollen Nutzer die Seite bewerten können?
- Sollen Filter gegen vulgäre Ausdrücke in Userkommentaren eingerichtet werden (diese werden dann nicht veröffentlicht)?
- Darüber hinaus gibt es viele weitere Einstellungsmöglichkeiten.

Die klare Empfehlung ist, sich offen für Diskussionen und Feedback zu zeigen und den Nutzern diese Möglichkeiten einzuräumen. Denn wenn ein Unternehmen private Nachrichten und Userbeiträge sperrt, bleibt das Kommunikationsbedürfnis des Kunden ja trotzdem bestehen.

---

1 *https://facebook.com/pages/create*

Äußerungen werden lediglich abgeblockt. Die letzte Möglichkeit, die dem Kunden dann bleibt, ist ein Kommentar unter einem Seitenbeitrag – das wäre aber die denkbar unpassendste Option für beide Seiten.

Das Einrichten der Seite ist relativ schnell erledigt. Die nächste Aufgabe besteht darin, relevante Nutzer zu erreichen und eine *aktive Community* aufzubauen. Die Fanzahl ist dabei nicht die entscheidende Messgröße: Qualität geht auch hier vor Quantität. Zielvorgaben sollten daher nie in Fanzahlen angegeben werden – was bringen 10.000 aufgebaute Fans in einem Jahr, wenn diese weder mit der Seite interagieren noch wirkliches Interesse am Unternehmen und seinen Inhalten aufbringen? Solche Vorgaben verleiten eher zum Fankauf oder zur Anbiederung durch »Clickbait«-Content, aber nicht dazu, eine nachhaltige Facebook-Community um sich zu scharen.

Das wichtigste Mittel für den Aufbau relevanter Fans ist das gleiche wie für die Aktivierung dieser Fans und die letztendliche Zielerreichung: *ansprechender Content*. Facebook lebt als Newsfeed-Kanal von stetig neuem, hochrelevantem Inhalt. Nur so schaffen Sie es in den Feed der Zielgruppen, nur so bekommen Sie Likes und Shares, die die Reichweite vergrößern, und nur so bauen Sie Ihre Unternehmensmarke auf Facebook auf.

Vom Format her können Sie auf Facebook aus dem Vollen schöpfen: Textbeiträge, Links, Bilder, animierte GIFs, Videos, Livestream und Live-Audio sind nur die wichtigsten Formatformen, die das Social Network ermöglicht. Setzen Sie auf einen gesunden Mix aus unterschiedlichen Formaten und analysieren Sie über die Zeit, welche Formate am besten ankommen – das kann individuell sehr unterschiedlich sein.

Neben den Formatformen ist vor allem entscheidend, welche Inhalte Sie posten. Facebook ist bildlich gesprochen das digitale Wohnzimmer vieler Menschen. Dort informieren sie sich, tauschen sich mit Freunden aus, lassen sich unterhalten. Unternehmen, die nur mit Werbung um sich werfen, werden entweder erst gar nicht ins Wohnzimmer hineingelassen oder fliegen schnell wieder raus. Auf Facebook gilt eben auch: Zu viel Werbung, langweiliger Content und zu großer Eigenbezug verhindern den Erfolg.

Sie müssen auf Facebook (und natürlich auch auf den anderen Social-Media-Plattformen) Inhalt anbieten, der ein Bedürfnis der Leser erfüllt. Dieses Bedürfnis kann ganz unterschiedlich ausfallen und durch unterschiedliche Inhalte befriedigt werden:

- **Lustiges** – virale Videos, lustige Bilder und Geschichten etc.
- **Informatives** – How-to-Content, Anleitungen, Problemlösungen etc.
- **Aktuelles** – News, Bezugnahme auf aktuelle Ereignisse, Eventberichte etc.

- **Emotionales** – rührende Geschichten, traurig-schöne Videos etc.
- **Soziales** – Charity-Aktionen, Aufruf zu Engagement etc.

> **Tipp**
> Facebook-Kommunikation ist im Prinzip das Gleiche wie ein Gespräch mit einem guten Bekannten aus der eigenen Branche: Small Talk, ein paar aktuelle Themen, etwas zum Lachen, gewürzt mit einer Prise Werbung und Eigenpromotion.

Alles, was Sie kommunizieren, muss aber zur eigenen Marke und zum eigenen Auftreten passen, die Marke stärken und die Kundenbeziehung intensivieren. Wenn es gut läuft, entstehen so nicht nur *virale Effekte*, sondern auch starke Auswirkungen auf die gewünschten *Businessziele* (z. B. Leads, Anfragen, Sales). In jedem Fall aber müssen Sie interessant sein – so interessant, dass Menschen Ihnen freiwillig folgen, sich mit Ihnen vernetzen und regelmäßig von Ihnen hören wollen. Schauen Sie sich andere Seiten aus Ihrer Branche, aber auch aus anderen Branchen genau an und analysieren Sie, welche Inhalte dort gut ankommen und was Sie davon lernen können.

Der *Facebook-Newsfeed* wird von einem sehr komplexen Algorithmus gesteuert. Dieser Algorithmus entscheidet, wer welche Inhalte wann, wie oft und wie lange zu sehen bekommt. Jeder Nutzer hat also quasi sein »eigenes« Facebook. Die Reichweite von Seitenbeiträgen wird anhand einer ermittelten Relevanz gesteuert, und diese Relevanz wiederum basiert, neben vielen anderen Faktoren, auf den Interaktionen eines Beitrags. Damit Ihre Beiträge reichweitenstark werden, müssen Sie also Interaktionen wie Klicks, Likes, Shares oder Kommentare erzeugen. Dafür ist ein genaues Wissen um die Zielgruppe und entsprechend passender Content entscheidend. Sie können Beiträge aber auch bezahlt pushen – und zwar mit Facebook-Anzeigen.

Facebook-Werbeanzeigen sind ein extrem wichtiges Werkzeug im Marketingarsenal. Die Anzeigen sind das Einzige, was bei Facebook Geld kostet, und gleichzeitig das Einzige, über das Sie eine gewisse Kontrolle haben. Größere Reichweiten lassen sich, mit Ausnahme von gelegentlichen viralen Hits, die jedoch schwer zu prognostizieren und zu steuern sind, auf Facebook überwiegend nur noch mit Anzeigen erreichen. Diese lassen sich dafür sehr gut targetieren und sind im Verhältnis zu anderen Werbemitteln immer noch recht günstig. Planen Sie daher unbedingt ein Ad-Budget ein, wenn Sie Facebook-Marketing machen.

Abbildung 9-8:
Facebook-Werbeanzeige im Newsfeed

Die Anzeigenerstellung läuft komplett in einem *Self-Serving-Tool* ab (entweder im Facebook-Anzeigeneditor oder im Power Editor, einem erweiterten System für Google Chrome). Facebook Ads werden immer auf bestimmte Ziele hin ausgerichtet, die Sie im ersten Schritt angeben. So können Sie zum Beispiel Anzeigen schalten für Ziele wie:

- mehr Reichweite für Seitenbeiträge,
- mehr Fans für die Fanpage,
- Views für ein Video,
- App-Installationen,
- Promotion eines Facebook-Events,
- Klicks auf eine Website (Traffic),
- Leadgenerierung,
- lokale Kunden in das Ladengeschäft holen

sowie eine Reihen von weiteren Ziele, die Liste wird regelmäßig erweitert. Basierend auf den Zielen, unterscheiden sich dann sowohl die Darstellung der Anzeigen als auch die Nutzer, denen Facebook die Anzeige ausspielt.

Um Fans aufzubauen, sind Anzeigen ein probates Mittel. Hierbei handelt es sich nicht um Fankauf, die Nutzer sehen die Anzeige lediglich und können bei Interesse ein Like für die Fanpage vergeben.

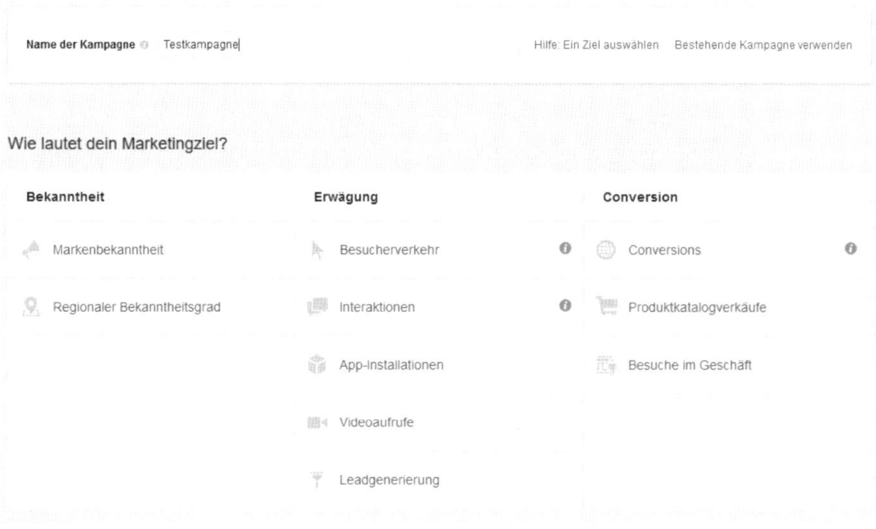

Abbildung 9-9:
Facebook-Anzeigenziele

Das *Anzeigen-Targeting* bei Facebook ist unübertroffen. Anzeigen lassen sich zum Beispiel nach geografischen Angaben (Wohnort, Land), demografischen Daten (Alter, Geschlecht, Eltern etc.), Interessen, technischen Faktoren (z. B. Smartphone-Marke), Verhalten (z. B. auf Reisen, Seiten-Admin) und vielen weiteren Kriterien auswählen. Zu jedem Kriterium zeigt Facebook an, wie groß die zu erreichende Zielgruppe ist. Lassen Sie sie nicht zu klein werden – irgendwo zwischen 10.000 und 100.000 Nutzer ist oft eine geeignete Größe. Hier lohnen sich viele Tests, um die beste Zielgruppe herauszufinden.

Beschäftigen Sie sich unbedingt auch mit den fortgeschrittenen Targeting-Methoden bei Facebook. Hierzu zählen vor allem die *Custom Audiences* und die *Lookalike Audiences*. Mit den Custom Audiences lassen sich sehr genaue Zielgruppen anlegen, zum Beispiel durch das Hochladen von E-Mail-Adressen (Kundenstamm, Newsletter-Empfänger etc.). Im deutschen Recht stößt man hierbei leider schnell an Grenzen, für internationale Unternehmen ist das aber eine extrem wirkungsvolle Option, da der Streuverlust ausgeschlossen wird.

Mindestens ebenso effektiv sind die sogenannten *Website Custom Audiences* (WCA). Dabei handelt es sich um *Retargeting* auf Facebook – nur wer bereits auf der Unternehmens-Website (oder einer speziellen Unterseite) war, sieht nachher auf Facebook die Werbeanzeigen. Auch hier sind Streuverluste minimiert. Um WCA zu nutzen, müssen Sie ein Facebook-Pixel in die Website einbauen (das gleiche Pixel wird auch genutzt, um Conversion-Tracking-Maßnahmen mit Facebook durchzuführen).

Weitere Custom Audiences sind zum Beispiel Menschen, die eines Ihrer Videos angesehen haben, Nutzer, die mit der Fanpage interagiert haben, oder Interessenten, die Ihrer Fanpage eine Privatnachricht gesendet haben. Auch hier werden zum Erscheinungsdatum des Buchs mit Sicherheit wieder neue Optionen von Facebook ergänzt worden sein.

Aus den Custom Audiences, aber auch aus anderen Zielgruppen wie zum Beispiel Ihren Seitenfans, können *Lookalike Audiences* gebildet werden. Dabei erstellt Facebook aus der genannten Zielgruppe eine größere Gruppe, die der Zielgruppe sehr ähnelt, zum Beispiel was Verhalten oder Demografie angeht. Dadurch lassen sich Nutzer erreichen, die über die bereits bekannte Zielgruppe hinausgehen, ihr aber trotzdem extrem ähnlich sind. In Fachkreisen zählen Lookalike Audiences zu den spannendsten Targeting-Methoden überhaupt.

Die Facebook-Anzeigen werden in der Regel pro Klick oder pro Aktion abgerechnet, zählen damit also zu den Performance-Marketing-Instrumenten. Durch ein Tages- oder Laufzeitbudget werden die Ausgaben limitiert und das Risiko minimiert. Trotzdem lohnt sich ein regelmäßiger Blick in die umfangreichen Auswertungen, um erfolgreiche Anzeigen erkennen und die schlechter laufenden Kampagnen eliminieren zu können. Bei größeren Budgets lohnt sich der Einsatz von professionellen Ad-Management-Tools wie zum Beispiel Facelift (*www.facelift-bbt.com/de*) oder AdEspresso (*https://adespresso.com*).

Fanpages können neben normalen Seiten-Posts auch *Veranstaltungen (Events)* anlegen. Events müssen zeitlich terminiert sein und werden dann als eine Art besonderer Seitenbeitrag veröffentlicht. Interessenten können bei diesen Events zu- oder absagen sowie sich auf der eventeigenen Pinnwand austauschen.

Events bzw. Eventzusagen erhalten eine ordentliche Reichweite im Newsfeed und können darüber hinaus per Anzeige beworben werden. Zusätzlich schlägt Facebook seinen Nutzern auch passende Events vor, zum Beispiel in geografischer Nähe, was die Reichweite noch mal steigert.

Es empfiehlt sich daher, alle relevanten Ereignisse als Unternehmensevents anzulegen. Dabei kann es sich um reale Ereignisse wie einen Tag der offenen Tür oder eine Hausmesse handeln, aber auch um virtuelle oder fiktive Events wie zum Beispiel den Start einer Rabattaktion im Onlineshop oder ein Jubiläum in der Firmenhistorie. Wie bei allen Facebook-Beiträgen gilt aber auch hier: Es muss ein irgendwie gearteter Mehrwert für den Nutzer erkennbar sein. Bloße Eigenwerbung kommt schlecht an.

Bei *Facebook-Gruppen* handelt es sich um ein Instrument, das erst in letzter Zeit verstärkt Einzug ins Marketing findet und bisher überwiegend privater Nutzung vorbehalten war. Im Gegensatz zu Facebook-Seiten können Gruppen geschlossen betrieben werden, Inhalte sind also für Außenstehende nicht sichtbar. Dadurch ergeben sich ein größeres »Wir«-Gefühl und eine höhere Bereitschaft, Fragen zu stellen und Inhalte zu teilen. Im Gegensatz zur Fanpage, die im Aufbau eher einem Blog ähnelt, lassen sich Gruppen am ehesten mit einem Forum vergleichen.

Geschlossene Gruppen können sehr gut zur Kundenbindung sowie als Serviceplattform eingesetzt werden. Nutzer können dort Fragen stellen und/oder beantworten sowie sich über relevante Themen austauschen. Mit steigender Nutzerzahl wird eine aktive Moderation unumgänglich, um Spam und Eigenwerbung zu vermeiden sowie ständige Fragedopplungen zu minimieren.

Gruppen können allerdings nicht durch eine Fanpage betrieben werden, sondern benötigen ein Facebook-Nutzerprofil, das die Gruppe anlegt und administriert. Da Facebook gegen Fake-Profile vorgeht (und Fakes sich auch nicht gerade positiv auf das Unternehmensimage auswirken), muss ein Unternehmensvertreter mit seinem echten Profil die Gruppe betreuen. Sie benötigen also einen entsprechenden Mitarbeiter, der sich dafür (öffentlich sichtbar) zur Verfügung stellt. Diese Hürde hält aktuell noch viele Unternehmen vom Einsatz von Gruppen im Facebook-Marketing ab.

Instagram

Der zweite große Social-Media-Kanal aus dem Hause Facebook ist *Instagram*. Ende 2016 zählte Instagram über 500 Millionen aktive Nutzer weltweit und gehört damit zu den größten Social Networks überhaupt.

Instagram ist ein reiner *Mobile-Kanal*. Es gibt zwar eine abgespeckte Weboberfläche, über die aber nur kommentiert und gelikt werden kann – das Posten von Inhalten ist nicht möglich. Auch gibt es (Stand Anfang 2017) keine Dritt-Tools oder Schnittstellen, die eine komplette Nutzung von Instagram über den Desktop oder eine Planung von Beiträgen ermöglichen, da das einen Verstoß gegen Instagram-Guidelines darstellt und nicht selten zur Sperre der dagegen verstoßenden Accounts führt. Alle Tools, die regelkonforme Desktopoberflächen anbieten, müssen immer noch über das Smartphone posten, auch wenn weitere Schritte vorher am Desktop erledigt werden können.

Ähnlich wie bei Facebook verbringen Instagram-Nutzer ihre Zeit zum großen Teil in ihrem Newsfeed, wo sie die Beiträge der Seiten konsumieren, die sie vorher abonniert haben (und die der 2016 eingeführte

Algorithmus ihnen in den Feed spült). Like-, Markier- und Kommentarfunktionen sind ebenfalls vorhanden, einen Share-Button wie bei Facebook gibt es jedoch nicht. Dritt-Apps wie Repost versuchen, diese Lücke zu füllen.

Anders als in Facebook können in Instagram-Beiträgen keine klickbaren Links eingebaut werden. Der einzige reguläre Link befindet sich im Profil der Accounts, weshalb viele Instagramer in ihren Posts auf diesen Link hinweisen, der dann zu einer Landingpage, einem aktuellen YouTube-Video oder einem sonstigen externen Ziel führt. Um rechtssicher zu bleiben, sollte der Link eigentlich zum Impressum führen, woran sich aktuell jedoch selbst große Marken oft nicht halten.

Abbildung 9-10:
Instagram-Account des E-Mail-Marketing-Dienstleisters MailChimp

Auf Instagram nehmen *Influencer* eine noch größere Rolle ein als auf Facebook. Die erfolgreichsten Personen-Accounts stellen die meisten

Unternehmen in den Schatten, sowohl was die Fanzahl als auch was Interaktionsraten angeht. Viele Unternehmen setzen daher vor allem auf Instagram auf die Kooperation mit Influencern, was sogar so weit geht, dass z. B. Dolce & Gabbana auf der Fashion Week 2017 erstmals Instagramer als Models auf den Laufsteg holte.

Hashtags kommt bei Instagram eine besondere Bedeutung zu. Tatsächlich ist Instagram neben Twitter der wichtigste Kanal für Hashtags. Zum Teil setzen Instagram-Nutzer sehr viele Hashtags in ihren Posts ein, bis zu 30 sind möglich, die häufig auch ausgeschöpft werden. Das erhöht zwar durchaus die Interaktionszahl und die Reichweite der Beiträge, ruft allerdings auch diverse Spambots auf den Plan, die automatisiert sämtliche Posts zu ausgewählten Hashtags liken oder kommentieren, um auf sich aufmerksam zu machen. Hashtags sollten daher immer mit Bedacht ausgewählt und die Interaktionszahlen entsprechend differenziert betrachtet werden. Viel hilft auch bei Instagram nicht immer viel.

Im Jahr 2016 hat Instagram die *Business Profile* eingeführt (davor gab es wie bei Twitter nur eine Art von Account für Privatpersonen und Unternehmen gleichermaßen). Durch die Verknüpfung mit einer Fanpage lassen sich die Funktionen des Accounts etwas erweitern, vor allem wird zu jedem Post die Reichweite angezeigt. Allein deshalb sollten Unternehmen auf jeden Fall Businessprofile nutzen, zumal ein Ausbau der Funktionalität zu erwarten ist.

Neben dem normalen Newsfeed, in dem Bilder und Videos gepostet werden können, verfügt Instagram seit 2016 über die *Stories*-Funktion, die stark an Snapchat angelehnt ist. Damit wurde dem Ephemeral-Content-Trend entsprochen – alle dort geposteten Inhalte verschwinden nach 24 Stunden wieder. Hier lassen sich sehr viel »hemdsärmelige« Posts erstellen, z. B. Schnappschüsse oder Kurzvideos mit witzigen Elementen (z. B. Sonnenbrillen oder Smileys) sowie Text oder Zeichnungen versehen. Stories werden im Marketing überwiegend für Einblicke »behind the Scenes«, »Making-ofs« oder einfach kurze Content-Häppchen zwischendurch genutzt, die man eher nicht dauerhaft auf dem Profil sehen will. Auch Livestreaming ist mittlerweile in den Stories möglich.

> **Praxistipp**
>
> Für viele Unternehmen fällt die Entscheidung zwischen Snapchat und Instagram Stories zugunsten der Stories aus, da die Reichweite meist höher ist und kein weiterer Kanal aufgebaut und gepflegt werden muss.

2015 führte Instagram endlich auch *Anzeigenwerbung* ein, die Unternehmen über den Facebook-Anzeigenmanager buchen können. Hierbei stehen verschiedene Anzeigenformate wie Bildanzeigen, Videoanzeigen und Linkanzeigen zur Auswahl. Like-Ads zum Aufbau von Fanzahlen wie bei Facebook gibt es derzeit noch nicht. Neben dem Link in der Profilbeschreibung sind die Links in den Ads die einzige Möglichkeit, Traffic über Instagram zu generieren (mit Ausnahme von Links in Stories, die derzeit nur für ausgewählte, verifizierte Profile zur Verfügung stehen).

Instagram ist insgesamt eher als *Branding-Kanal* zu klassifizieren. *Visuelles Storytelling* steht im Vordergrund. Das heißt jedoch nicht, dass über Instagram keine Abverkäufe generiert werden können. Vor allem im Mode- und Lifestyle-Bereich hat Instagram zunehmend Einfluss auf die Verkaufszahlen der dort gezeigten Produkte. Im Januar 2017 generierte der Uhrenhersteller Omega Schlagzeilen, da ein Sondermodell limitiert auf Instagram beworben wurde. Innerhalb eines Zeitraums von knapp über vier Stunden wurden alle 2.012 Modelle verkauft (über den Link in der Profil-Bio, der zum Onlinebestellformular führte), was einem Umsatz von über 10 Millionen Schweizer Franken entsprach. Erfolgsgeschichten wie diese werden Instagram nachhaltig als E-Commerce-Treiber etablieren.

YouTube

YouTube hat als größte Videoplattform weltweit eine ganz besondere Schlüsselrolle in vielen Marketingstrategien. Für viele vor allem junge Menschen hat YouTube bereits das klassische TV abgelöst.

Der Kanal wird sowohl als *Video-Hoster* zum Zugänglichmachen der eigenen Videoinhalte als auch als *Kampagnentool* genutzt. Im Gegensatz zu Facebook und Instagram gibt es keine Business-Accounts – alle Accounts verfügen über die gleichen Funktionen. Auch die früher großen Marken vorbehaltenen Premiumkanäle wurden eingestellt.

Leider beschränken sich viele Unternehmen darauf, ihre Image- und Produktvideos bei YouTube hochzuladen. Das ist sicherlich eine sinnvolle Maßnahme, schöpft aber die Möglichkeiten des Kanals nicht mal ansatzweise aus. YouTube verfügt über eine lebhafte Community, eine aktiv genutzte Suchfunktion und das aktive Listing in den Google-Suchergebnissen. Gerade mit Nutzen stiftenden Videos wie Erklärfilmen sowie Ratgeber- und How-to-Videos, aber auch mit lustigen Inhalten lässt sich auf YouTube eine hohe Reichweite erzielen. Durch Links in und unter den Videos sowie die Möglichkeit, via *Google AdWords* Anzeigen in den Videos zu schalten, kann sogar signifikant Traffic über die Videos erzielt werden.

Abbildung 9-11:
Hornbach greift den YouTube-Trend ASMR auf und erzielt hohe Reichweiten.

Bei YouTube-Marketing denken viele sofort an virale Hits wie EDEKAs »Supergeil« und »Heimkommen«, den guerillamäßig platzierten Werbefilm »First Kiss« oder den Spagat von Jean Claude van Damme zwischen zwei Volvo-Trucks. Solche viralen Videos sind sicher der Wunschtraum vieler Marketer – extreme Reichweiten für verhältnismäßig geringen Aufwand (allein die vier gerade genannten Clips erzielten zusammen knapp 300 Millionen Views). In der Praxis sind virale Hits aber sehr schwer zu erschaffen. Viralität ist kaum planbar und schon gar nicht garantiert. Selbst erfahrene Agenturen bekommen längst nicht jeden Versuch viral.

Das »Brot-und-Butter-Geschäft« bei YouTube sind dagegen andere Videos – Einblicke ins Unternehmen, Berichte von Events, Produkte im Praxiseinsatz, Pflege- und Anwendungstipps, verlängerte TV-Kampagnen, Interviews, Mitschnitte von Vorträgen oder Beantworten von Nutzerfragen. Während virale Megahits sehr viel Know-how und noch mehr Glück benötigen, lassen sich diese Videoformate auf YouTube verhältnismäßig einfach erstellen und wirken sich auf Umsatz und Markenwahrnehmung oft noch positiver aus als der einmalige Hit, an den sich zwar nach einigen Monaten noch alle erinnern – nicht aber an die Marke dahinter.

Aktives YouTube-Marketing besteht darin, einen *Channel* anzulegen, möglichst vollständig auszufüllen und dann mit Videos zu füllen – gerne auch regelmäßig. Diese Videos werden dann entsprechend bekannt gemacht, zum Beispiel bei den Abonnenten des Channels, aber auch auf anderen Kanälen wie Facebook oder Twitter. Auch das Einbetten (Embedding) in Blog oder Website lohnt sich oft.

Wer YouTube-Marketing betreibt, sollte sich tiefer gehend mit Funktionen wie *Playlists*, *Endcards* und *Custom Thumbnails* beschäftigen. Vieles kann man sich von den »typischen« YouTubern abgucken (ein Blick in die YouTube-Trends unter *https://www.youtube.com/trending* zeigt, wer oder was gerade angesagt ist). In der Regel machen diese YouTuber einiges richtig. Hier finden auch mutige Unternehmen Inspirationen, die für das eigene YouTube-Marketing verwendet werden können (ohne natürlich einen fremden Stil blind zu kopieren).

Twitter

Twitter ist als Kanal in Deutschland nie wirklich in der Breite angekommen. In den Medien findet Twitter eine deutlich größere Beachtung als Nachrichtenquelle, als es der Verbreitung in der allgemeinen Bevölkerung entspricht. Das dürfte daran liegen, dass Twitter für Journalisten als leicht zu durchsuchendes Echtzeitmedium eine wertvolle Ressource darstellt und daher gern genutzt wird. In der allgemeinen Bevölkerung spielt Twitter dagegen nur bei 5 % der Onlinenutzer eine Rolle mit leichtem Fokus auf jüngere Nutzer unter 29 Jahren (ARD-ZDF-Onlinestudie 2016, *www.ard-zdf-onlinestudie.de*).

Dementsprechend nutzen viele Unternehmen Twitter primär als Newskanal zur Ansprache von Presse und anderen Multiplikatoren. Auch im B2B-Sektor hat sich Twitter als Medium etabliert, nicht nur bei internationalen Konzernen. Und schließlich erfreut sich Twitter auch in bestimmten Nischen, z. B. Gaming und Sport, unter YouTubern und deren Anhängern sowie als aktiv genutzter Second-Screen-Kanal großer Beliebtheit.

Twitter zählt zu den klassischen Newsfeed-Kanälen. Nur wer den Newsfeed beständig befüllt, hat eine Chance, wahrgenommen zu werden. Die durchschnittliche Vorhaltedauer eines Tweets im Newsfeed beträgt nur wenige Minuten, sodass Tweets gern mehrfach abgeschickt werden können, eventuell mit leicht variierten Inhalten. Hierfür kann Software wie zum Beispiel Hootsuite oder Buffer eingesetzt werden, um Tweets zu terminieren und zu wiederholen.

Anders als bei Facebook oder YouTube spielen bei Twitter *Hashtags* eine große Rolle. Tatsächlich gilt Twitter als Erfinder der Hashtags im modernen Sinne. Es hat sich eingebürgert, einen Tweet mit einigen wenigen Hashtags zu ergänzen, entweder im Fließtext oder am Ende. Eine größere Anzahl wie bei Instagram macht den Tweet dagegen eher unlesbar oder spammy und sollte vermieden werden.

Auch bei Twitter hat sich der Trend zu multimedialen Inhalten durchgesetzt. Ein simpler Text- oder Link-Tweet nimmt nur wenig Platz im Newsfeed ein und fällt daher kaum auf. Direkt auf Twitter gepostete Bilder, GIFs oder Videos werden dagegen relativ großflächig dargestellt und ziehen deutlich mehr Blicke und Klicks auf sich. Es kann daher sinnvoll sein, den audiovisuellen Content z. B. von Facebook und Instagram auch auf Twitter zu posten oder zumindest mit kürzeren Videoversionen und einem Link die Videoinhalte auf Facebook oder YouTube anzuteasern (die Videodauer auf Twitter ist auf 2:20 Minuten begrenzt).

Um Twitter wirklich voll auszuschöpfen, sollte der Kanal nicht nur als »Linkschleuder« genutzt, sondern tatsächlich als *Interaktionskanal* im besten Social-Media-Sinne verstanden werden. Dazu gehört auch, die Funktionen zu nutzen, die der Kanal bietet. Jede Interaktion mit einem anderen Account führt (wie auch bei Instagram) dazu, dass der andere Kanal eine Benachrichtigung erhält. Dadurch lässt sich Aufmerksamkeit generieren, was im besten Fall zu einem kurzen Dankeschön oder sogar zu neuen Followern und Beziehungen führt.

Exemplarisch für diese Funktionen sollen hier die *Listen* genannt werden, da Listen in vielen Marketingabteilungen unbekannt und daher chronisch ungenutzt sind. In Listen können Accounts einsortiert werden, die dann quasi abonniert werden, ohne dass man ihnen folgen muss. So lassen sich neben dem normalen, unsortierten Newsfeed, der alle Accounts, denen man folgt, enthält, weitere Newsfeeds erstellen. Im Marketing lassen sich sowohl die normalen offenen Listen als auch versteckte Listen einsetzen.

Bei den offenen Listen erfährt der andere Account via Benachrichtigung, dass er der Liste hinzugefügt wurde. Es eignet sich daher auch zur Generierung neuer Follower, indem attraktive, vielleicht sogar schmeichelnde Listennamen verwendet werden. Viele der so Hinzugefügten werden sich den Listenersteller ansehen und vielleicht sogar abonnieren.

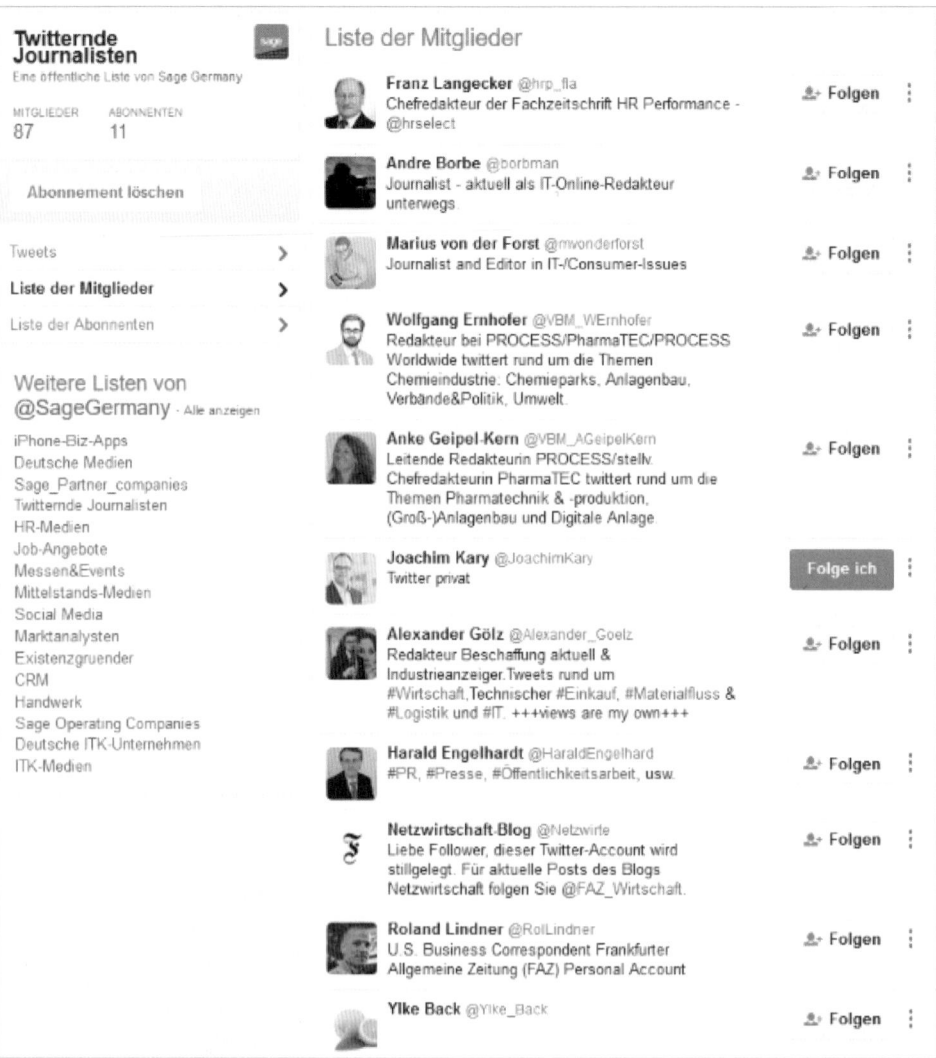

Abbildung 9-12:
Öffentliche Twitter-Liste mit Journalisten, *https://twitter.com/SageGermany/lists/twitternde-journalisten/*

Versteckte Listen eignen sich zum Beispiel zur Konkurrenzbeobachtung. Weder der Hinzugefügte noch die anderen Nutzer sehen die Liste oder erfahren, wer dort hinzugefügt wurde.

Um bei Twitter »Fuß zu fassen«, sollten Unternehmen erst einmal eine Weile beobachten und die dort ablaufenden Gespräche mitverfolgen. Durch die Kürze der Tweets und die vielen verwendeten Abkürzungen und Eigenheiten kann Twitter erst einmal befremdlich wirken. Das verfliegt aber, wenn man den »Twitter-Code« verstanden hat.

Tabelle 9-2
Twitter-Funktionen

Funktion	Bedeutung/Einsatz
Hashtag (#)	Verschlagwortung, Kategorisierung, Suchoptimierung, Newsjacking
@-Erwähnung	Verlinken eines Accounts
Folgen	Abonnieren eines Kanals
Reply	Antworten auf einen Tweet
Retweet	Weiterleiten eines Tweets an die eigenen Follower (analog zum Share auf Facebook)
Like	entspricht dem Like auf Facebook
Listen	Erstellung weiterer Newsfeeds mit ausgewählten Accounts
#FF	FollowFriday – Twitter-Meme, bei dem Nutzer freitags interessante Accounts empfehlen
Twitter Ads	Anzeigensystem, ähnlich wie Facebook Ads
Twitter Analytics	Statistiken zum eigenen Twitter-Account
Trending Topics	aktuell meistgenutzte Hashtags und Wörter

Dann lohnt es sich, vielen relevanten Accounts zu folgen, zum Beispiel eigenen Kunden, interessanten Unternehmen aus der Branche, Autoritäten wie Experten und Influencern, Verbänden, Zeitschriften und Newsportalen, Behörden oder Politikern.

Eine in Deutschland leider stark unterrepräsentierte Nutzergattung auf Twitter sind *CEOs* oder *Unternehmer*. Dabei ergeben sich gerade durch eine hochrangige twitternde Führungskraft sehr starke Wirkungen: Das Unternehmen zeigt Transparenz, Persönlichkeit und Kundennähe, kann Position beziehen und sich aktiv und vor allem persönlich in Gespräche einschalten.

Tabelle 9-3
Twitternde Executives in Deutschland (Beispiele)

Name	Position	Twitter-Account
Roland Bent	VP of Marketing and Development, Phoenix Contact	@RolandBent
Thomas Rabe	Vorstandsvorsitzender und CEO, Bertelsmann	@ThomasRabe
Karl-Thomas Neumann	CEO, Opel	@KT_Neumann
Roland Chalons-Browne	CEO, Siemens SFS	@ChalonsB
Oliver Tuszik	VP, Cisco Germany	@Tuszik
Nina Rieke	Chief Strategy Officer, DDB Germany	@ninarieke
Bruno Jacobfeuerborn	CTO, Deutsche Funkturm	@bjacobfeuerborn
Gero Niemeyer	GF Kundenservice, Deutsche Telekom	@GeroNiemeyer
Thomas de Buhr	CEO, Twitter Deutschland	@tdb
Tatjana Kiel	CMO Klitschko Management Group	@TatjanaKiel
Jochen Eickholt	CEO, Siemens Mobilty	@eickholtjo
Tanit Koch	Chefredakteurin, BILD	@tanit
Jörg Howe	Head of Global Communications, Daimler	@Joerg_Howe

Eine umfangreiche Liste von twitternden Executives in Deutschland ist unter *https://twitter.com/beilharz/lists/twitternde-executives-de* abrufbar.

Snapchat

Einer der wenigen großen Social-Media-Kanäle, die nicht zum Facebook- oder Google-Konzern gehören, ist der Messenger-Dienst *Snapchat*. Mindestens so außergewöhnlich wie der rasante Aufstieg der App ist die Tatsache, dass der damals 23-jährige Gründer ein Drei-Milliarden-Dollar-Kaufangebot durch Facebook ablehnte – nicht schlecht für ein Produkt, das zu dem Zeitpunkt weder Gewinn noch überhaupt signifikant Umsatz erzielte.

Snapchat konnte sich in wenigen Jahren als eine der beliebtesten Social-Media-Apps bei jungen Zielgruppen etablieren. Die überwiegende Mehrheit der Nutzer dürfte deutlich jünger als 25 Jahre sein (offizielle Zahlen von Snapchat liegen nicht vor).

Die für das Marketing interessante Funktion von Snapchat sind die *Stories*, in denen Bilder und Kurzvideos öffentlich gepostet und von Abonnenten des Kanals empfangen werden können. Die große Besonderheit bei Snapchat liegt darin, dass alle Inhalte nach 24 Stunden wieder verschwunden sind – ein Archiv wie bei YouTube oder eine Timeline wie bei Facebook gibt es nicht.

Abbildung 9-13:
REWE nutzt Snapchat für das Recruiting.

Die Fokussierung auf *schnelle, kurzlebige, visuelle Inhalte*, das weitgehende Fehlen von Werbung sowie neue, mehr oder weniger intuitive Bedienelemente haben zur großen Beliebtheit von Snapchat bei jungen Zielgruppen geführt – natürlich verbunden mit der Tatsache, dass weder Eltern noch Großeltern oder Lehrer die App bisher für sich entdeckt haben. Zahlreiche Stars der Unterhaltungsbranche sowie aus dem Sport nutzen Snapchat zur noch direkteren Kommunikation mit ihren Zielgruppen. Auch die meisten YouTuber nutzen Snapchat zur Ankündigung neuer Videos sowie zum Füllen der Zeiträume bis zum nächsten Video.

Für viele Unternehmen stellt Snapchat-Marketing eine große Herausforderung dar. Snapchat ist bunt, schrill, schnell, flüchtig und erfordert ein hohes Maß an Know-how und Verständnis für die Zielgruppe – wahrscheinlich deutlich mehr als alle anderen Kanäle. Eine klassische Videoagentur kann relativ problemlos Videos für YouTube oder Facebook erstellen, um aber den Snapchat-typischen Stil zu treffen, muss man sich wirklich tief in das Medium einarbeiten.

Werbeanzeigen sind bisher nicht verfügbar. Kommerzielle Werbemöglichkeiten liegen z. B. in *Sponsored Lenses*, also werblichen Elementen, mit denen Nutzer ihre Bilder oder Videos »aufhübschen« können. So gab es zum Start des Peanuts-Films zum Beispiel einen Snoopy-Filter. Tacobell erstellte einen Filter, bei dem man sein Gesicht in einen sprechenden Taco verwandeln konnte. Ähnlich funktionieren *gesponserte Geofilter*, die nur in einem eng begrenzten Gebiet verfügbar sind (z. B. für ein Event). Beide Filterarten können nur direkt über die Snapchat-Zentrale eingebucht werden, eine Eingrenzung z. B. auf deutsche Nutzer ist aktuell nicht möglich. Die Preise sind ebenfalls nicht öffentlich bekannt, liegen aber im hohen fünfstelligen bis höheren sechsstelligen Bereich pro Tag.

Wann Snapchat weitere Werbeformate einführt (auch im Self-Service-Verfahren, also durch Selbstbuchung ohne Mediaagentur wie alle anderen Social Networks), ist bisher unbekannt. Bis dahin bleibt kleineren Unternehmen, die derartige Beträge für reine Branding-Kampagnen nicht ausgeben können, nichts anderes übrig, als über organischen Content zu punkten. In diesem Fall sollte aber genau geprüft werden, ob sich die Zielgruppe nicht effektiver und mit weniger Aufwand über Instagram Stories erreichen lässt.

XING und LinkedIn

Als klassische Businessnetzwerke spielen *XING* und *LinkedIn* in den meisten B2B-Social-Media-Strategien eine wichtige Rolle. Im Vordergrund steht hier die Vernetzung mit Kunden oder Interessenten, also der Aufbau eines Netzwerks. Beide Plattformen bieten auch die Möglichkeit, eine Unternehmensseite anzulegen. Zumindest bei XING sind die kostenlosen Gestaltungsmöglichkeiten jedoch schnell ausgeschöpft, und die zu erwartende Reichweite ist eher gering.

Für das Arbeitgebermarketing bietet sich die zu XING gehörende Plattform *Kununu* an. Auf der größten deutschen Arbeitgeber-Bewertungsplattform können sich Unternehmen potenziellen Bewerbern präsentieren. Dafür sind jedoch kostenpflichtige Arbeitgeberprofile bei XING notwendig, die schnell mehrere Hundert Euro pro Monat kosten. Daher will der Einsatz wohlüberlegt sein. Wer jedoch regelmäßig Stellen zu besetzen hat und seine Arbeitgebermarke stärken will, findet hier zahlreiche Möglichkeiten.

Sowohl XING als auch LinkedIn verfügen über einen Newsfeed, in dem Personen und Unternehmen Nachrichten posten können, ganz ähnlich wie bei Twitter und Facebook. LinkedIn scheint hier über die deutlich größere Aktivität zu verfügen, daher sollte es sich durchaus lohnen, dort regelmäßig Links und Inhalte zu veröffentlichen.

Induux

Speziell für die Industrie hat sich die Plattform *Induux* (www.induux.com) positioniert. Sie versteht sich als ein »Facebook für die Industrie« und bietet zum Beispiel die Möglichkeit, Seiten anzulegen und zu abonnieren, Beiträge und Dokumente zu veröffentlichen oder Stellenangebote zu veröffentlichen. Durch den ausschließlichen Businessfokus und den deutschen Datenschutz sollen die wahrgenommenen Nachteile von Facebook ausgeglichen werden, die für viele Unternehmen ein Social-Media-Engagement unattraktiv machen.

Wie bei allen neuen Social-Media-Plattformen ist es schwer abzusehen, ob sich Induux durchsetzen können wird. Für Industrieunternehmen könnte sich der Kanal jedoch zu einer interessanten Option entwickeln.

Foren

In vielen Nischen spielen auch Foren eine wichtige Rolle. Hier tauschen sich zum Beispiel Sammler, DIY-Enthusiasten, Musiker, Handwerker, Ingenieure oder sonstige Interessen- oder Berufsgruppen aus. Marketing in Foren eignet sich daher grundsätzlich für B2B und B2C, was sich durch eine Google-Suche nach einschlägigen Foren schnell für die eigene Branche evaluieren lässt.

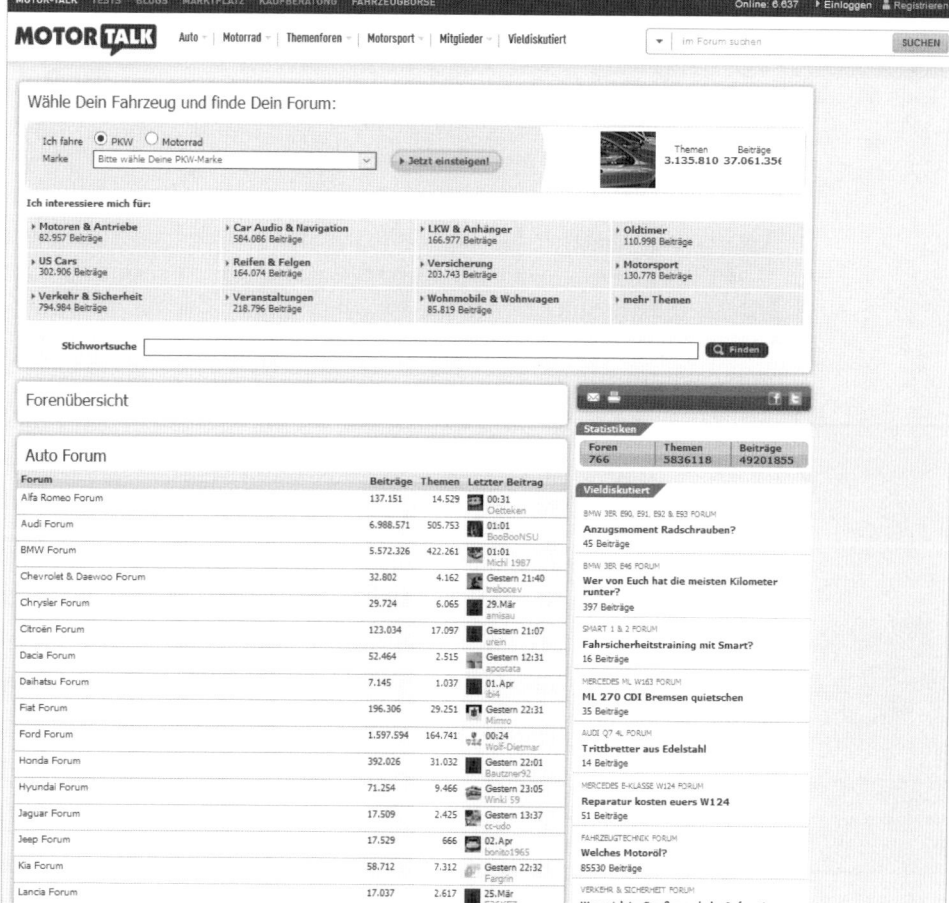

Abbildung 9-14:
Das mitgliederstärkste deutsche Forum Motor Talk (*www.motor-talk.de*)

Prinzipiell haben Unternehmen mehrere Möglichkeiten, Foren für ihr Marketing zu nutzen.

Passiver Ansatz – Durch den oft lebendigen Austausch ergibt sich ein großartiger Einblick in die Bedürfniswelt der Kunden. In Foren mitzulesen, sollte für jeden B2B-Marketer regelmäßig auf dem Programm stehen.

Werblicher Ansatz – Anstatt wie in den folgenden Ansätzen im Forum selbst aktiv zu werden, besteht in den meisten Foren auch die Möglichkeit, Werbeanzeigen zu schalten, entweder über ein Werbenetzwerk (meist Doubleclick oder AdWords) oder über eine direkte Kooperation mit dem Forenbetreiber. Dabei handelt es sich dann zwar nicht um Social Media, sondern um Display-Marketing, der Ansatz kann aber für sich allein oder ergänzend zu einem der folgenden durchaus gewinnbringend sein.

Offener Ansatz – Oft lohnt es sich, als Unternehmensvertreter in Foren aktiv mitzumischen, Hilfestellung anzubieten, relevanten Content beizusteuern und Fragen zu beantworten. Hierfür sollte jedoch vorher das Okay des Forenbetreibers eingeholt werden.

Versteckter Ansatz – Manche Unternehmen praktizieren eher einen »Guerilla«-Ansatz – sie nehmen verdeckt in Foren teil, ohne dass sie sich als Unternehmensvertreter zu erkennen geben. Das kann durchaus funktionieren, birgt jedoch auch gehörige Risiken, nicht zuletzt wettbewerbsrechtlicher Art.

Proaktiver Ansatz – Die »Königsklasse« wäre es, eine eigenen Community bzw. ein eigenes Forum ins Leben zu rufen. Dadurch hat das Unternehmen die Hoheit über den Kanal, kann ihn nach Belieben ausbauen und schafft ein extrem starkes Werkzeug zur Kundengewinnung und -bindung. Demgegenüber stehen ein großer Aufwand und hohe Anforderungen an Know-how, Durchhaltevermögen und strategischer Planung.

Auch bei XING und LinkedIn gibt es im Übrigen Gruppen, die Foren stark ähneln und mit den oben genannten ersten drei Ansätzen genutzt werden können.

Sonstige

Natürlich gibt es eine ganze Reihe weiterer Social-Media-Kanäle, die jeweils in ihrer Nische oder für spezielle Anwendungsgebiete sinnvoll sind. So bietet *Pinterest* die Möglichkeit, visuelle Inhalte in Pinnwänden zu organisieren und interessierten Zielgruppen zugänglich zu machen (insbesondere stark in den Bereichen Sport/Lifestyle, Mode, Kochen, Reisen). *Vimeo* eignet sich als Plattform für hochwertige Videos in werbearmer/freier Umgebung und *Flickr* als Bildarchiv. *Frage-Antwort-Portale* (z. B. gutefrage.net) können ebenso eingesetzt werden wie *Bewertungs-* oder *Location Based Marketing-Apps*. Sogar *Google+* kann in manchen Einsatzfällen nach wie vor sinnvoll sein, auch wenn die Nutzung in den letzten Jahren stetig abgenommen hat.

Messenger-Dienste wie *WhatsApp*, *Line* oder *WeChat* spielen in den meisten Social-Media-Strategien noch keine große Rolle, was daran liegt, dass die Kommunikation dort in der Regel nicht öffentlich, sondern im Eins-zu-eins-Kontext oder in kleinen, geschlossenen Gruppen stattfindet. WhatsApp wird von Unternehmen zum Teil als Servicekanal oder als Newsletter-Ersatz bzw. -Ergänzung eingesetzt, was allerdings derzeit (Stand Januar 2017) mangels entsprechender API und Freigaben durch Facebook noch unsicher und mühsam ist und außerdem gegen die WhatsApp-AGB verstößt. Schnittstellen für Unternehmen hat Facebook schon vor längerer Zeit angekündigt, bisher aber nie umgesetzt, weshalb Unternehmen auf Drittlösungen (wie z. B. WhatsBroadcast) setzen.

Einen größeren Einfluss dürfte künftig der *Messenger*-Dienst von Facebook haben, dem der Konzern stetig neue Funktionen und Optionen hinzufügt. Durch Schnittstellen, Bots und sonstige Innovationen (z. B. Messenger-Code, Kurz-URL etc.) soll der Messenger eine zentrale Stellung in der Kundenkommunikation einnehmen. Online Marketing Manager werden sich künftig eingehend mit den Möglichkeiten, aber auch den Herausforderungen der Messenger-Kommunikation beschäftigen müssen.

Aktivitätsstufen

Im Rahmen der Strategieplanung ist auch zu entscheiden, welche Kanäle mit welcher Intensitätsstufe bespielt werden sollen. Grundsätzlich lassen sich folgende Aktivitätsstufen unterscheiden:

Kein Engagement – Der Social-Media-Kanal wird nicht in die Strategie- und Aktivitätenplanung einbezogen.

Monitoring/Überwachung – Der Kanal wird beobachtet, jedoch nicht eigens bespielt.

Passives Engagement/Visitenkartenfunktion – Es wird ein Auftritt im Kanal angelegt, aber nicht aktiv mit Inhalten bespielt. Hierzu zählen zum Beispiel Profile und Seiten auf XING/LinkedIn, die angelegt werden, damit man auffindbar ist, ohne jedoch etwas zu posten.

Aktives Engagement – Der Kanal wird aktiv mit Inhalten bespielt. Der Grad der Aktivität kann stark variieren.

Eigener Kanal – Es wird eine eigene Community aufgebaut, zum Beispiel ein eigenes Forum oder eine komplette eigene Social-Media-Plattform.

Der Aufwand steigt mit jeder Aktivitätsstufe an, allerdings auch die Handlungsmöglichkeiten sowie die Möglichkeiten, Ergebnisse zu erzielen. Da die Aktivitätsstufen immer kanalbezogen definiert werden, ist es möglich, auf manchen Kanälen überhaupt nicht aktiv zu sein, auf anderen dagegen passiv und auf einigen wenigen aktiv. Das ist im Einzelfall zu entscheiden und sieht für jedes Unternehmen anders aus.

Content-Marketing

Content-Marketing und *Social Media Marketing* haben diverse Berührungspunkte, bedingen und überlappen sich an vielen Stellen und gehören fest zusammen. Zum einen kann der Content direkt in den sozialen Netzwerken erstellt werden, zum anderen sind die sozialen Medien ideale Verbreitungskanäle für Inhalte aller Art. Vertiefte Kenntnisse des Content-Marketings gehören daher zu den Grundvoraussetzungen eines Social-Media-Verantwortlichen.

Content-Formen im Social Web

Text

Text war lange Zeit das grundlegende Format im Social Web. Foren und Messageboards, Chats und Social Networks (damals noch studiVZ, wer-kennt-wen.de etc.) waren immer schon eher textlastig. Auch heute noch spielt Text eine wichtige Rolle, wird aber mehr und mehr durch audiovisuelle Inhalte ergänzt oder gar verdrängt.

Blogbeiträge sind das klassische Beispiel für textlastigen Content. In allen anderen sozialen Netzwerken sind längere Texte meist nicht allzu gern gesehen und sollten eher vermieden werden (Ausnahmen wie einzelne Facebook-Notes zum Beispiel gibt es natürlich immer).

Bilder und Grafiken

Neben Texten gehören *Bilder und Grafiken* zu den grundlegenden und wichtigsten Content-Formaten im Social Web. Manche Kanäle (z.B. Instagram, Pinterest) bestehen ganz oder überwiegend aus diesem Format. Bilder können eine hohe emotionale Wirkung entfalten, sind verhältnismäßig leicht zu erstellen und lassen sich vielseitig einsetzen.

Animierte GIFs

GIFs haben in den letzten Jahren eine Renaissance erlebt, in erster Linie durch die Einführung der Funktion bei Facebook. Nun sieht man animierte GIFs wieder häufig in den sozialen Netzwerken, allen voran bei Facebook, aber auch bei Twitter. Für Instagram bietet die GIF-Plattform *Giphy* eine einfache Möglichkeit, die GIFs in kurze Videos umzuwandeln, da Instagram (aktuell) keine animierten GIFs zulässt.

Videos

Die Zukunft des Internets gehört dem *Bewegtbild*, daran herrscht wenig Zweifel. Auch und gerade im Social Web lässt sich diese Entwicklung beobachten. Facebook lässt immer wieder verlautbaren, dass gemäß internen Prognosen in wenigen Jahren der Inhalt im Newsfeed zu 80% aus Videos bestehen wird. Andere Plattformen wie Instagram haben den Videobereich nach und nach eingeführt und ausgebaut. YouTube besteht ohnehin komplett aus Video-Content.

Videos sind zwar verhältnismäßig aufwendig zu produzieren, aber in ihrer Wirkung unschlagbar. Hier kommen alle Vorteile der einzelnen Formate zum Tragen. Egal ob bezahlte Anzeige oder organischer Content, Unternehmen sollten Videoinhalte als zentralen Baustein ihrer Social-Media-Content-Strategie einplanen.

Livestreams

Eine Sonderform der Videos sind *Livestreams*. Die Entwicklung nahm wie oben beschrieben auf Nischenplattformen ihren Anfang und hat mittlerweile quasi jedes größere Social Network erreicht. Instagram führte im Januar 2017 ebenfalls Livestreams für alle Nutzer ein. Für Unternehmen bieten Livestreams die höchste Form der Transparenz und Kundennähe. Die Kunden in Echtzeit an Ereignissen oder Veranstaltungen teilnehmen zu lassen, schafft einen enormen gefühlten Mehrwert. Natürlich muss auch hier immer der Nutzen des Formats geprüft werden. Mit etwas Kreativität lassen sich aber in sehr vielen Anwendungsfällen Livestreams sinnvoll einsetzen.

360-Grad-Content

Dieses Content-Format wurde ebenfalls bereits in den Trends angesprochen. Mittlerweile können *360-Grad-Inhalte* in Bild, Video oder sogar Livestream bereitgestellt werden. Die Hürden für die praktische Umsetzung sinken dabei stetig. Anständige Kameras sind inzwischen für wenige Hundert Euro erhältlich, Profiqualität gibt es für ein paar Tausend Euro.

Nicht immer ist das 360-Grad-Format dem normalen Videoformat überlegen. Der Mehrwert einer 360-Grad-Aufnahme bei einer mitgefilmten Skiabfahrt fällt zum Beispiel gering aus, da man ohnehin stur nach vorne schaut. In anderen Fällen aber toppen die 360 Grad alles: zum Beispiel für Immobilienmakler (virtuelle Wohnungsbesichtigungen, Umgebungsansicht), Konferenzveranstalter, Ladenbesitzer, Gaming-Anbieter oder Tourismusunternehmen. Prinzipiell gilt: Überall dort, wo der Wunsch entsteht, sich einmal umzuschauen, kann 360-Grad-Content ideal eingesetzt werden.

Abbildung 9-15:
360-Grad-Inhalte auf Facebook sind an einem kleinen Weltkugel-Symbol zu erkennen[2]

Audioformate

Audioformate führten einige Zeit ein Schattendasein, kommen aber gerade in Form von *Podcasts* wieder mächtig in Fahrt. Die großen Vorteile liegen darin, dass sie im Vergleich zu Videos leicht erstellt und bearbeitet werden können, sowie in der Tatsache, dass Nutzer Audiofiles auch einfach nebenbei konsumieren können. Damit wird die Marke, die den Inhalt herausgibt, zum täglichen Begleiter z. B. beim Joggen, Aufräumen oder Autofahren. Gerade Unternehmen, die sich an jüngere Zielgruppen, aber auch an viel beschäftigte Menschen, wie Manager und Unternehmer, richten, sollten über den Einsatz von Audiodateien und vor allem Podcasts nachdenken. Genau in diesen beiden Zielgruppen sind Podcasts ein Medienformat, das immer beliebter wird und im Hinblick auf Markenbildung, Kundenbindung und Bekanntheitsgrad gute Wirkung erzielt.

---

2 https://www.facebook.com/FrauHansenShop/videos/1264685026979002/ (Aufruf: 01.08.2017)

Tabelle 9-4
Content-Formate auf den unterschiedlichen Social-Media-Plattformen

Plattform	Content-Format							
	Reiner Text	Links	Bild/ Grafik	Animierte Grafik	Video	Live-stream	Reines Audio	360 Grad
Blog	+	+	+	+	+	–	+	–
Facebook	+	+	+	+	+	+	+	+
Instagram	–	–*	+	–	+	+	–	+
YouTube	–	+	–	–	+	+	–	+
Twitter	+	+	+	+	+	+	–	–
Snapchat	–	–	+	–	+	–	–	–
Pinterest	–	+	+	+	+	–	–	–
XING	+	+	–	–	–	–	–	–
LinkedIn	+	+	+	–	–	–	–	–

* nur via Anzeigen

Content-Recycling

Inhalte sind oft aufwendig und teuer zu erstellen. Da lohnt es sich, darüber nachzudenken, wie Content mehrfach genutzt werden kann. Unter dem Fachbegriff *Content-Recycling* oder *Content-Repurposing* werden vor allem drei Fragestellungen zusammengefasst:

- Wie könnte man diesen Inhalt noch aufbereiten?
- Wo könnte man diesen Inhalt noch veröffentlichen?
- Für wen könnte man diesen Inhalt noch zuschneiden?

Dabei gibt es unzählige Ansätze: Das Transkript eines Videos lässt sich als Blogbeitrag veröffentlichen. Eine Auswahl der besten Blogbeiträge ergeben ein downloadbares E-Book, zum Beispiel als Instrument zur Leadgenerierung. Die Tonspur eines Videos könnte als Podcast veröffentlicht oder die Podcast-Aufzeichnung könnte mitgefilmt und als Video veröffentlicht werden. Beiträge aus dem Kundenmagazin (Print) können für das Blog aufbereitet, Blogbeiträge können im Messe-Flyer abgedruckt werden.

Aus *SEO-Gründen* sollte Duplicate Content, also das mehrfache Onlinestellen von komplett oder größtenteils identischen Textinhalten, vermieden werden. Ein Blogbeitrag sollte also zum Beispiel nicht unbedingt eins zu eins woanders noch einmal erscheinen (wenngleich so etwas unter korrektem Einsatz von Canonical-Tags durchaus möglich ist). Beim Wechsel von Content-Formaten, dem Online-Offline-Wechsel oder bei einem entsprechenden Umschreiben der Inhalte ist eine mehrfache Aufbereitung jedoch in der Regel unproblematisch.

Erfolgsmessung und Monitoring

Zwei weitere wesentliche Konzepte der Social-Media-Strategie bestehen in der Überwachung und Analyse von Gesprächen rund um die eigenen Marken und Themen (Monitoring) sowie in der Auswertung der Ergebnisse (Analytics/Controlling).

Monitoring ohne ein professionelles Tool ist leider immer äußerst lückenhaft, und selbst viele professionelle Tools überwachen oder finden nicht alles. Außerdem gehört Monitoring zu den teuersten Einsatzfeldern – es fallen schnell fünfstellige Kosten pro Jahr nur für die Gebühren der Tools an.

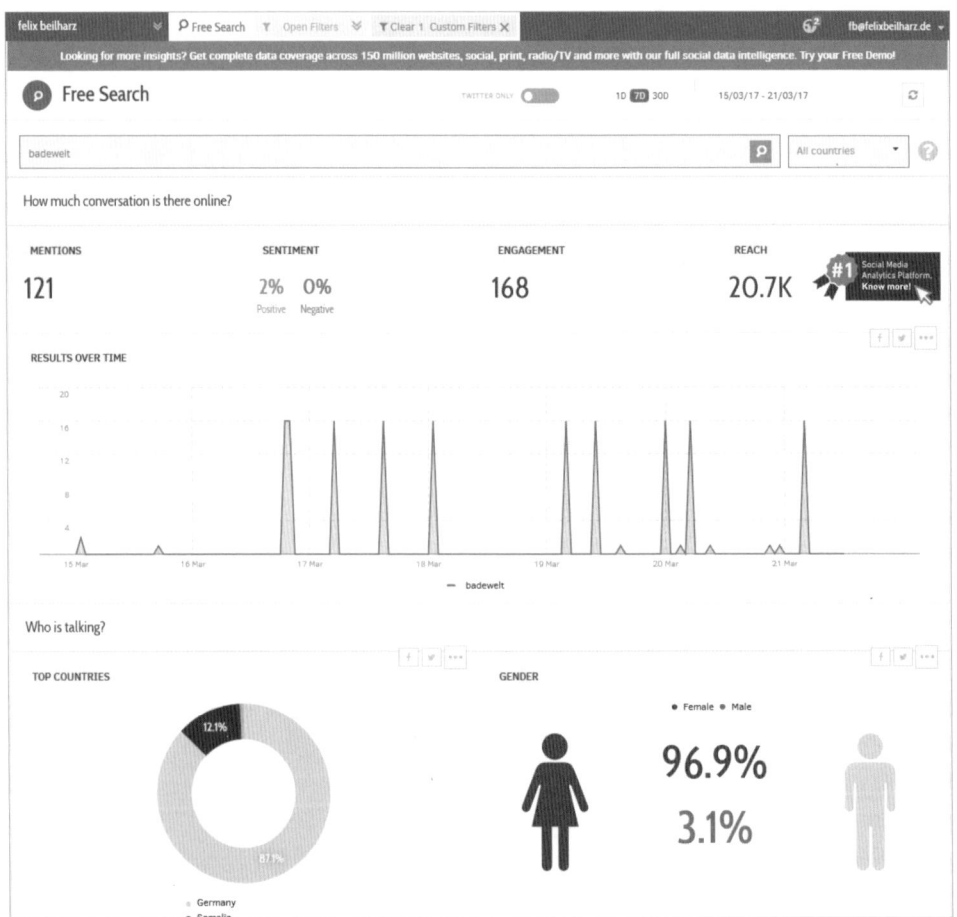

Abbildung 9-16:
Kompakte Analyse mit Talkwalker, www.talkwalker.com

Ein Einstieg kann auf jeden Fall mit kostenlosen Tools bzw. kostenlosen Basisversionen von Tools wie *Mention.com* oder *Talkwalker* gefunden werden. Nur muss man sich dabei im Klaren sein, dass die Ergebnisse unvollständig, stark eingeschränkt und wirklich nur ein erster Einblick in die Realität sind.

Der Bereich der *Erfolgsmessung* dreht sich um die Frage, inwiefern die Social-Media-Bemühungen denn wirklich etwas gebracht haben, also ob die Ziele erreicht und die Unternehmensziele vorangetrieben wurden. Dabei helfen primär erst einmal die internen Tools der Kanäle. So verfügen z. B. Twitter, Facebook und YouTube über umfangreiche Statistiken, die insbesondere Reichweiten- und Engagementzahlen liefern. Je nach Zielsetzung lassen sich daraus schon relativ viele Rückschlüsse ziehen.

Weitere Informationen können aus Dritt-Tools wie SocialBakers, FanpageKarma, SimplyMeasured und vielen anderen Tools gewonnen werden. Preislich liegen diese Werkzeuge dabei allerdings weit auseinander – von wenigen Euro bis zu den Kosten einer Social-Media-Assistenzstelle ist alles dabei.

Je nach Zielsetzung sollten auch *Google Analytics* oder andere Webanalysesysteme in die Erfolgsmessung mit einbezogen werden. Hier lassen sich unter anderem Zielvorgaben wie Traffic-Steigerung, Sales, Leadgenerierung oder Besucherbindung erfassen und auf den Beitrag von Social-Media-Maßnahmen zur Zielerreichung überprüfen.

Community Management

Der Aufbau und die Pflege einer aktiven Community ist eine der Kernaufgaben im Social Media Marketing. Hierfür hat sich der Begriff *Community Management* eingebürgert. Der Bundesverband Community Management e. V. (BVCM) definiert das Thema wie folgt:

»*Community Management ist die Bezeichnung für alle Methoden und Tätigkeiten rund um Konzeption, Aufbau, Leitung, Betrieb, Betreuung und Optimierung von virtuellen Gemeinschaften sowie deren Entsprechung außerhalb des virtuellen Raumes. Unterschieden wird dabei zwischen operativen, den direkten Kontakt mit den Mitgliedern betreffenden, und strategischen, den übergeordneten Rahmen betreffenden, Aufgaben und Fragestellungen.*«[3]

Inhaltlich sind Social Media Marketing und Community Management daher sehr ähnlich, überlappen sich in manchen Teilen und gehen unbedingt Hand in Hand. Häufig werden dem Social Media Marketing eher die Kampagnen, Anzeigenschaltungen und Aktionen zugeschrie-

---

3   *Definition Community Management durch Bundesverband* https://www.bvcm.org/2010/05/veroffentlichung-der-offiziellen-definition-community-management/ (Aufruf: 01.08.2017)

ben, während der allgemeine »Small Talk« dem Community Manager anheimfällt. Wichtig ist nur, sich der Umfänglichkeit der Aufgaben bewusst zu sein, die im Online-Marketing auf Unternehmen zukommen, die Social Media als Marketinginstrument einsetzen wollen.

Influencer Relations/Influencer Marketing

Eine besondere Zielgruppe stellen die immer wichtiger werdenden *Influencer* dar. Das Schlagwort *Influencer Marketing* gehört seit einigen Jahren zum festen Vokabular der Branche, der Bereich entwickelt sich geradezu exponentiell.

Schon immer war es für Unternehmen sinnvoll und wichtig, gute Beziehungen zu in der Branche einflussreichen Persönlichkeiten zu pflegen. Und mindestens ebenso lange setzen Unternehmen bekannte Persönlichkeiten als Markenbotschafter in der Werbung ein. Franz Beckenbauer und Boris Becker haben als Werbefiguren noch mal fast ebenso viel Publicity erlebt wie in ihrer eigentlichen Profession.

Influencer Marketing unterscheidet sich vor allem in einem Punkt: Die Werbebotschaft geht nicht vom Unternehmen aus, sondern der Absender ist der Influencer selbst. Dadurch werden vor allem zwei Effekte erzielt: Die *Reichweite* des Influencers kann relativ kostengünstig genutzt werden, ohne dass das Unternehmen dafür ein Werbebudget in die Hand nehmen muss. Und vor allem bringen die Zielgruppen der Botschaft ein deutlich höheres *Vertrauen* entgegen, wenn es direkt von ihrem »Liebling« kommt. Nicht nur, aber vor allem junge Zielgruppen sind naturgemäß auf Idole und Vorbilder fixiert und schenken ihren Stars ein besonders hohes Maß an Vertrauen. Diese Effekte lassen sich hervorragend auf die Marken übertragen.

Influencer waren in der Vergangenheit vor allem Blogger und Onlinejournalisten. In den letzten paar Jahren haben sich aber vor allem YouTuber und Instagramer eine zentrale Rolle als Influencer erarbeitet. In manchen Branchen (z. B. Fitness und Mode) wird ein Großteil der Produkte über Influencer vermarktet. Mittlerweile sind daher auch die Preise, die diese Influencer für ihre Tätigkeit aufrufen, enorm angestiegen. Ein werblicher Post einer bekannten Beauty-YouTuberin oder eines Fitnessmodels auf Instagram kann schnell einen fünfstelligen Betrag kosten. Allerdings weisen diese Accounts dann auch Follower-Zahlen im Millionenbereich, hohe Interaktionsraten und damit eine außerordentliche Reichweite auf.

Wenn Sie mit Influencern zusammenarbeiten wollen, helfen Ihnen folgende Grundregeln:

- Was Werbung ist, sollte als Werbung gekennzeichnet werden. Das wird in der Praxis derzeit zwar kaum gemacht, dürfte aber irgendwann in Abmahnungswellen münden.
- Suchen Sie sich einen Influencer aus, der einen guten »Fit« zu Ihrer Zielgruppe hat, also gut passt. Ausschließlich auf die Follower-Zahlen zu schauen, bringt nichts, wenn er eine andere Zielgruppe anspricht oder nicht zum Markenimage passt.
- Schauen Sie vor allem genauer hin, wenn Sie die Follower-Zahlen betrachten. Viele Influencer kaufen sich Follower oder Fans, um mit höheren Reichweiten argumentieren zu können. Hier sind Unternehmen in der Pflicht, sich etwas Know-how anzueignen und die Follower auf Plausibilität zu überprüfen.
- Es muss nicht immer die A-Liga sein. Auch kleinere, aufstrebende Influencer können sehr interessant sein, da sie erstens nicht so teuer und zweitens oft eifriger bei der Sache sind. Und Sie haben die Möglichkeit, einen zukünftigen großen Namen frühzeitig an Ihre Marke zu binden.
- Prüfen Sie genau, wofür Sie Geld in die Hand nehmen. Manche (kleinere) Influencer freuen sich auch über Gratisprodukte oder Einladungen zu Events, ohne dass Sie gleich das Scheckheft zücken müssen. Versuchen Sie aber nicht, etablierte Namen mit Peanuts abzuspeisen. Wer bekannt ist, kennt mittlerweile auch seinen Marktwert.
- Achten Sie unbedingt auf Authentizität. Zu viele Vorgaben an den Influencer lässt die Posts gestellt, unecht und sogar imageschädigend wirken. Natürlich muss es vertragliche Absprachen und Rahmenbedingungen geben, aber gestalterisch sollten Sie dem Influencer relativ freie Hand lassen, er weiß am besten, wie seine Follower ticken. Eine gute Vertrauensbasis ist hier hilfreich.
- Erfolgreiche Kampagnen setzen oft tiefer an, als nur vom Influencer ein Produkt in die Kamera halten zu lassen. DM hat gemeinsam mit der YouTuberin Bibi (BibisBeautyPalace) eine Produktlinie entwickelt. Die Instagramerin Pamela Reif brachte eine eigene Kollektion bei Deichmann heraus. Solche intensiveren und längerfristigen Kooperationen haben großes Potenzial.

Eine Sonderform des Influencer Marketing sind sogenannte *Takeover*. Hierbei überlässt ein Unternehmen einem Influencer für einen bestimmten Zeitraum (z. B. einen Tag, ein Wochenende) den Firmenkanal z. B. auf Instagram oder Snapchat. Der Influencer postet während dieser Zeit im Namen des Unternehmens (was natürlich entsprechend kommuniziert wird). Die Vorteile liegen auf der Hand: Das Unternehmen bekommt interessanten, relevanten und authentischen Content und profitiert von der Bekanntheit und Reichweite der Influencer. Die Influencer erschließen sich im besten Fall ebenfalls neue Zielgruppen und werden natürlich auch anderweitig entlohnt. Und die Fans dürfen sich über andersartigen interessanten Content freuen.

Beispiele für Takeover gibt es mittlerweile auch in Deutschland:

- SIXT sponserte einer kleinen Gruppe von Fotobloggern ein Wochenende lang ein Auto und die Reise ins Berchtesgadener Land, die Blogger dokumentierten ihre Reise auf dem Instagram- und Snapchat-Profil von SIXT (sowie auf ihren eigenen Kanälen).
- Paul Kalkbrenner übernahm für die Dauer eines Fußballspiels den Snapchat-Account des FC Bayern.
- Das ZEIT-Magazin lässt regelmäßig Prominente twittern, zum Beispiel den Tagesschau-Sprecher Constantin Schreiber.

In Schweden haben Takeover bereits seit 2011 Tradition. Der offizielle Twitter-Account des Landes wird jede Woche von einem anderen schwedischen Bürger bespielt.

Lernen von Erfolgsbeispielen

Als Online-Marketing-Verantwortlicher ist es extrem wichtig, immer wieder Kampagnen und Aktionen der Konkurrenz, aber auch aus völlig anderen Märkten, zu beobachten und auszuwerten. So lassen sich wertvolle Ideen für eigene Inhalte generieren, mögliche Stolpersteine erkennen und Erfolgsaussichten deutlich erhöhen.

Aus den Unmengen an Social-Media-Kampagnen habe ich im Folgenden drei ausgewählt, aus denen man besonders viel lernen kann. Regelmäßige Lektüre der einschlägigen Blogs und Fachmagazine hält Sie darüber hinaus auf dem Laufenden.

Die Männergrippe

Wie lässt sich ein Thema wie Erkältungsmittel im Social Web vermarkten? Niemand wird Fan von Hustensaft oder abonniert ein Nasenspray. Gesundheitstipps gibt es wie Sand am Meer – und sie sind ziemlich ausgelutscht. Um trotzdem bei der Zielgruppe anzukommen und es in die begehrten Newsfeeds zu schaffen, hat sich die Klosterfrau Healthcare Group zusammen mit ihrer Agentur etwas Besonderes einfallen lassen.

Unter dem Kampagnentitel »Die Männergrippe« wurden eine Website (*www.die-männergrippe.de*) sowie Accounts auf Twitter, Instagram und

Facebook aufgesetzt. Die Facebook-Seite ist mit über 620.000 Fans (Stand Januar 2017) der reichweitenstärkste Kanal.

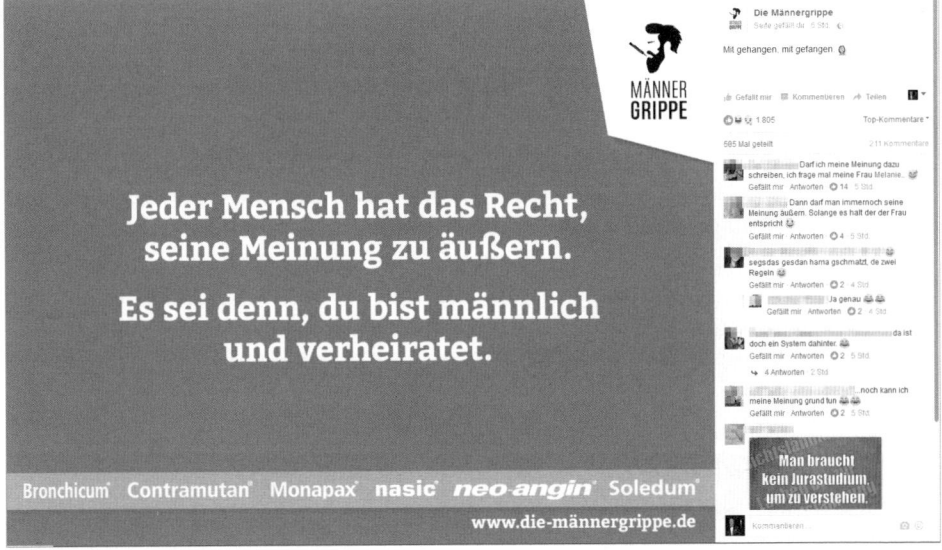

Abbildung 9-17:
Leicht teilbarer »Snackable Content« mit lustigen Inhalten und dezent platzierter Markenbotschaft ist das Erfolgsgeheimnis der Kampagne.

Auf den Kanälen postet Klosterfrau nun neben kurzen Videos vor allem Spruchbilder, die Klischees wie eben Schnupfen bei Männern, aber auch Beziehungsthemen aufgreifen. Die besten Tweets der Community werden ebenfalls bei Facebook als Spruchbild verarbeitet. Die Bilder enthalten Werbung in Form von Markennamen oder Produktabbildungen, aber so zurückhaltend, dass die Fans die Beiträge trotzdem gern und fleißig teilen. Viele der Bilder erhalten Likes und Shares im vierstelligen Bereich.

Die Kampagne ist deshalb so erfolgreich, weil sie auf ein bereits existierendes Thema aufsetzt, nämlich das Internet-Meme, dass Männer bei Erkältung Todesqualen leiden. Durch den humoristischen Ansatz trifft die Kampagne genau das Empfinden der Zielgruppe und den Stil, der auf Facebook vorherrscht. Die Zielgruppe kommt immer wieder mit den Marken und Produkten in Kontakt, baut eine emotionale Beziehung auf und wird so in ihrer Markentreue bestärkt.

Heldenkranz

Hornbach ist schon länger für kreative und erfolgreiche Werbung bekannt. Auch diverse virale Videos und Onlinekampagnen zeigen, dass der Baumarkt und die Agentur Social Media verstanden haben. Die »Heldenkranz«-Kampagne ist ebenfalls ein guter Beleg dafür, denn sie verknüpft elegant verschiedene Social-Media-Kanäle.

Gute Kampagnen schaffen ein Wir-Gefühl in der angesprochenen Zielgruppe, oft durch Aufgreifen gemeinsamer Merkmale. Hornbach spricht mit dieser Kampagne Heimwerker an, also überwiegend Männer mittleren oder höheren Alters. Diese Zielgruppe teilt viele Eigenschaften, eine eher unangenehme ist aber die mit zunehmendem Alter abnehmende Haarpracht. In der Kampagne hat Hornbach diese vermeintliche Schwäche grandios uminterpretiert und aus dem Haarkranz kurzerhand den »Heldenkranz« gemacht. In einem YouTube-Video, das als Kampagnenaufhänger dient, schließen sich Männer motiviert zusammen. Es wird berichtet, dass auf ihren Köpfen nichts fehle, sondern stattdessen der Heldenkranz gewachsen sei, ein Zeichen von Stärke und Weisheit.

Abbildung 9-18:
Auf heldenkranz.de wurden alle Social-Media-Posts mit dem Hashtag aggregiert.

Das Video verzeichnete auf YouTube 377.000 Aufrufe. Der eigentliche Kern der Kampagne ist aber die Website (heldenkranz.de), auf der das Video ebenfalls eingebettet ist. Bei der Website handelt es sich um einen Aggregator, der automatisch alle (öffentlichen) Facebook- und Instagram-Posts sowie Tweets sammelt, die mit dem Hashtag #heldenkranz versehen wurden. Es ergibt sich also eine Pinnwand voller Männerköpfe, die stolz ihren Haarkranz präsentieren. Die Marke Hornbach wird damit in ein äußerst positives, aufbauendes Umfeld gesetzt. Die Kampagne regt zum Mitmachen an (User Generated Content), nutzt virale Mechanismen aus, verknüpft Kanäle miteinander und hat ein Owned-Medium als Zentrale. Ganz großes Social-Media-Kino.

Ich-liebe-kaese.de

Die dritte Beispielkampagne besteht ebenfalls aus einem Zusammenspiel von Kanälen mit Facebook als zentralem Social-Media-Kanal. Inhaber ist das Unternehmen Savencia, das als Corporate Brand in Deutschland relativ unbekannt ist, aber sehr bekannte Käsemarken wie Géramont, Milkana, Bresso oder Fol Epi vertreibt. Für die elf Käsemarken jeweils eigene Kanäle aktiv zu betreiben, wäre relativ viel Aufwand, zumal es schwierig ist, für jede attraktiven Unique Content zu erstellen. Ein Auftritt unter dem Firmennamen scheidet mangels Bekanntheitsgrad ebenfalls weitestgehend aus.

Das Unternehmen wählte stattdessen einen anderen Weg. Statt als Produkt oder Unternehmen aufzutreten, wurde stattdessen das übergeordnete Thema definiert: Käse. So entstand der Auftritt *www.ich-liebe-kaese.de* samt einem Geflecht aus den Social-Media-Kanälen Facebook, Pinterest, YouTube und Twitter.

Der größte Kanal ist die Facebook-Seite mit über 430.000 Fans. Hier postet das Unternehmen regelmäßig Rezeptlinks zur Website, aber auch unterhaltsamen Content zu den Käsemarken, Ernährungstipps, Gewinnspiele oder Coupons.

Pinterest wird naturgemäß für schöne Rezeptbilder und inspirierende Käsekreationen genutzt. Gemäß dem Motto »Ich liebe Käse« sind die Pinnwände mit z.B. »Ich liebe Weihnachten« oder »Ich liebe Flammkuchen« benannt.

YouTube enthält vor allem die TV-Clips der Käsemarken, aber auch einige inhaltliche Videos, z.B. zum Erstellen einer festlichen Käseplatte (knapp 150.000 Aufrufe).

Auf Twitter postet das Unternehmen überwiegend Links zur Website, versehen mit großen, auffälligen Bildern.

Die Website stellt den Mittelpunkt dar. Dort finden Käsefans regelmäßig aktuelle Rezepte, aber auch viel Wissenswertes über Käse. Auch die Coupons sind über die Website abrufbar. Zur Kundenbindung setzt Savencia auch E-Mail-Newsletter (z.B. das Rezept der Woche) sowie eine Käse-App ein.

Abbildung 9-19:
Die Website ich-liebe-kaese.de ist die Zentrale, aus der alle Social-Media-Kanäle bespielt werden.

Die Effektivität ergibt sich aus dem Zusammenspiel vor allem zwischen der Website und den Drittkanälen. So behält Savencia weitgehend Kontrolle über die Inhalte, kann aber trotzdem die viralen Effekte und Reichweiten der Social-Media-Kanäle ausnutzen.

Linktipps zu Social Media Marketing

- *http://www.thomashutter.com* – Sehr umfangreiches und aktuelles Blog des schweizerischen Social-Media-Beraters Thomas Hutter; Fokus auf Facebook.
- *http://www.allfacebook.de* – Größtes deutschsprachiges Blog rund um Facebook, Instagram und Social Media.
- *http://www.futurebiz.de* – Ebenfalls großes Blog zum Thema Social Media Marketing.
- *http://apple.co/2iSgFqn* – Social-Media-News-Podcast von Felix Beilharz und Niklas Plutte.
- *https://www.facebook.com/groups/pageadmins.de* – Facebook-Gruppe für Fanpage-Administratoren (hier antworten auch einige Facebook-Mitarbeiter auf Fragen).
- *https://www.facebook.com/groups/somemeeting/* – Allgemeine Facebook-Gruppe rund um Social-Media-Themen.

- *http://www.socialmediaexaminer.com/* – Große englischsprachige Community inklusive Blog, Podcast, Downloads etc.
- *http://www.jonloomer.com/* – Blog des Facebook-Experten Jon Loomer mit zahlreichen Anleitungen.

Interview mit Nic Lecloux

true fruits ist in seiner zehnjährigen Geschichte zum Marktführer geworden, obwohl ihr auf klassische Werbung komplett verzichtet habt. Wie habt ihr das geschafft?

Abbildung 9-20:
Provokante Aktionen gehören zum Handwerkszeug bei true fruits.[4]

Wir machen einfach ein sehr gutes Produkt. Das klingt jetzt erst mal einleuchtend, aber über Jahre hinweg ein qualitativ hochwertiges Produkt auf dem Markt zu haben, bedeutet viel Arbeit. Das heißt: Wir nehmen unser Produkt sehr ernst, uns selbst dagegen nicht so sehr. Und ohne ein sehr gutes Produkt kann man sich den ganzen Marketing-Zirkus sparen.

---

4 *https://www.facebook.com/true.fruits.no.tricks/photos/ a.157492230913.115358.156833830913/10153860225565914/?type=3&theater*

Dann haben wir uns von Beginn an die eine Frage gestellt: Wozu dient Marketing? Bekanntheit oder Begehrlichkeit? Und was wollen wir mit true fruits erreichen? Wollen wir bekannt oder begehrlich sein? Es ist wichtig, diese Frage zu Beginn zu stellen. Wenn man sich als Ford positioniert hat, ist es schwer, der Bentley zu werden. Deswegen machen wir zum Beispiel auch kein Sponsoring. Es muss den Leuten wehtun, wenn sie das Produkt kaufen. Dinge, die einem hinterhergeworfen werden, verlieren an Wert. Begehrlichkeit erzeugt man nur, wenn es keiner umsonst bekommt, sondern jeder dafür zahlen muss. Dieser Weg ist ganz sicher der unbequemere und schwerere, weil man jede Anfrage – oder nennen wir es »Versuchung« – immer wieder nach diesem Prinzip hinterfragen muss, aber letztendlich zahlt es sich aus. Zumindest hat es das bei uns getan.

Wie ist das Social Media Marketing bei euch organisiert?

Unsere Marketingabteilung besteht aus fünf Leuten. Darunter fallen die Bereiche PR, Social Media, Grafik und Kampagnenmanagement. Unser Social-Media-Team genießt recht viel Freiheit und kann fast jede Idee verwirklichen, die ihm in den Sinn kommt. Die beste Idee für Facebook & Co. nützt nichts, wenn sie zunächst fünf Abteilungen durchlaufen muss und erst nach zwei Wochen veröffentlicht werden kann. Wir haben bei true fruits ein kleines Team und flache Hierarchieebenen und können deswegen schnell und unkompliziert agieren.

Arbeitet ihr auch mit Agenturen oder komplett inhouse?

Am Anfang haben wir uns keine Agentur leisten können. Wir mussten alles selber machen und haben im Laufe der Zeit viel gelernt. Eine Agentur nimmt viel Arbeit ab. Aber man muss sich als Unternehmen darüber klar werden, für welche Werte die Marke einstehen soll. Für uns ist Marketing ein Spiegelbild der Menschen, die hinter dem Produkt stehen. In unserem Fall also Marco, Inga und ich. Und da wir diese Ansicht haben, ist es auch klar, dass man diese Aufgabe nicht an irgendeine Agentur delegieren kann – das wäre dann wie eine Maske, die man sich überzieht, und nicht mehr so persönlich und authentisch. Wir lassen uns also bei der Kampagnenplanung nicht von Externen beraten, sondern denken frei und »scheißen ein Stück weit auf Lehrbuch-Marketing«. Deswegen fällt es uns auch vielleicht leichter, geltende Regeln zu durchbrechen – weil wir sie vielleicht gar nicht kennen – und etwas völlig Neues zu schaffen. Wie im Fall unserer Shitstorms: Experten hätten geraten, sich zu entschuldigen und Posts zurückzuziehen. Aber gerade weil wir einen anderen Weg gehen, werden wir heute als Best-Practice-Beispiel in Sachen Shitstorm auf Social-Media-Konferenzen zitiert.

Wie sieht ein typischer Tages- oder Wochenverlauf eurer Social-Media-Verantwortlichen aus?

Das Social-Media-Team trifft sich jeden Montagmorgen in einer Redaktionssitzung und plant die Woche. Auf Facebook wird in der Regel dreimal in der Woche gepostet und auf Instagram fünfmal. Es gibt feste Module, die jede Woche gepostet werden. Dazu gehören Flaschentexte, Statements und Themen, die uns am Herzen liegen, wie Upcycling. Den Inhalt der Module besprechen wir jede Woche neu und beziehen in die Planung anstehende Termine (wie Feiertage, TV-Events etc.) mit ein. Wir planen aber nicht nur die Bilder, sondern diskutieren in dieser Sitzung auch, welche Texte über den Bildern stehen. Darauf legen wir mindestens genauso viel Wert wie auf die Inhalte selbst. Denn nur die perfekte Kombination aus Bild und Bilderüberschrift machen einen Post erfolgreich. So kann die Sitzung auch schon mal zwei Stunden dauern, bis wir zufrieden sind.

Die restliche Woche halten wir unsere Augen nach aktuellen Anlässen auf. Zur Erinnerung, beim Bahnstreik haben wir einen Post mit folgendem Titel gemacht: »Muss man nicht in einem Zug trinken. Schmeckt auch im Bus.« Zusammengefasst, kann man sagen: Wir haben einen festen Plan – an den wir uns nicht streng halten. ;-)

Auf Instagram posten wir neben den festen Modulen zusätzlich noch Mood-Bilder. Die produzieren wir jede Woche neu – und zwar inhouse. Die Ideen dazu werden ebenfalls in der Redaktionssitzung besprochen, und mittwochs ist dann Shooting-Tag.

Wie entscheidet ihr, welche Kanäle ihr nutzt und welchen Content ihr dort spielt?

Wir sind zurzeit auf Facebook, Instagram und Twitter aktiv. Wenn neue Plattformen aufkommen, probieren wir die erst mal privat aus und schauen uns die Vor- und Nachteile an. Erst im zweiten Schritt überlegen wir dann, ob sie auch für true fruits infrage kommen. Wie im Fall von Snapchat. Nach einer privaten Testphase haben wir uns dagegen entschieden.

Wenn wir uns dann für einen Kanal entschieden haben, schauen wir uns genau an, welcher Inhalt zu welchem Kanal passt. Wir nennen das die »Arsch-auf-Eimer-Regel«. Aus unserer Erfahrung wissen wir: Auf Instagram erreichst du deine Community nicht mit politischen Inhalten, die Leute wollen hier ästhetische Bilder sehen, die gute Laune machen. Auf Twitter funktionieren Aspekte des aktuellen Zeitgeschehens wie Politik, Meinung und Stimmungen. Und auf Facebook ist es ein bisschen von allem. Vornehmlich wollen die Leute hier aber unterhalten werden.

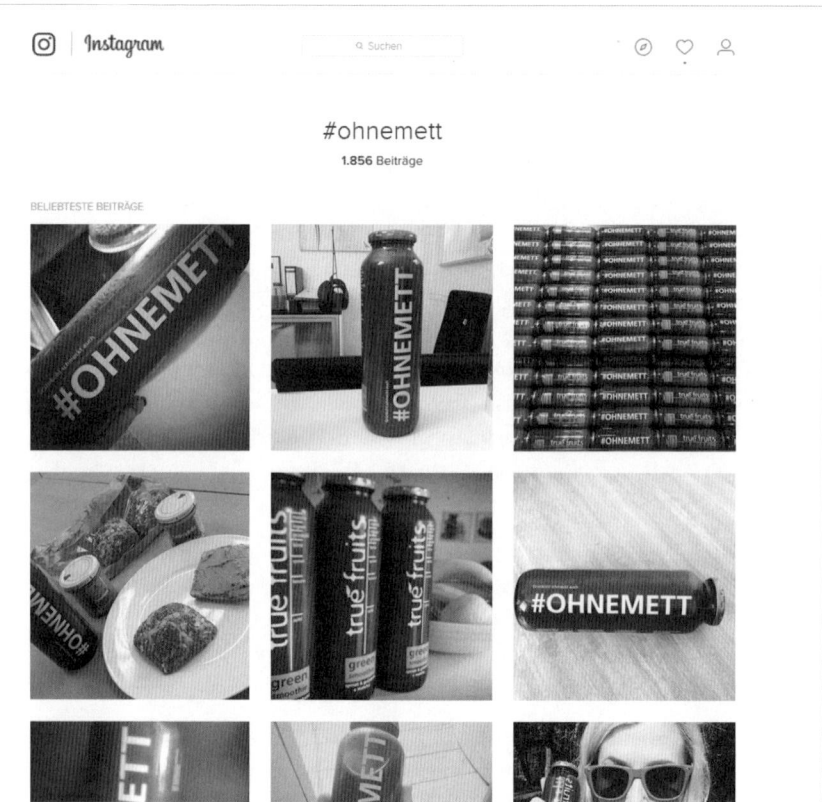

Abbildung 9-21:
Fast 2.000-mal wurde der Hashtag *#ohnemett* auf Instagram von Kunden und Fans verwendet. (Quelle: Instagram)

Diese Regel ist wichtig, damit die Botschaft, die man als Unternehmen vermitteln will, auch bei der Community ankommt.

Als Unternehmen, das Social Media eine sehr große Bedeutung im Marketing einräumt: Wie bildet ihr euch weiter und haltet euch auf dem Laufenden?

Wir stehen im regelmäßigen Kontakt mit Social-Media-Experten wie Felix Beilharz ;-). Aber mal im Ernst: Wir gehen mit offenen Augen durch die »Onlinewelt«, halten uns mithilfe diverser Magazine auf dem neuesten Stand und besuchen Veranstaltungen zum Thema.

Manche eurer Postings sind ja schon ziemlich provokativ. Habt ihr keine Angst vor einem Shitstorm? Oder provoziert ihr das sogar bewusst?

Für Außenstehende mag es so aussehen, als würden wir provozierendes oder schräges Marketing machen. Aber letztendlich kommunizieren wir nur so, wie wir es auch privat tun – eben locker und lustig. Und klar, wenn man »frei Schnauze« kommuniziert, kann es auch mal sein, dass man aneckt. Wir stehen aber dahinter und können nicht anders. Für eine Marke ist es wichtig, dass sie Profil hat. Wir werden lieber von einigen nicht gemocht, dafür aber von anderen »gefeiert«. Wir lassen uns unseren Humor nicht verbieten. Wir machen das, worauf wir Lust haben. Wem das nicht passt, der braucht unsere Produkte auch nicht zu kaufen. Und ja: Wir spielen gern mit Doppeldeutigkeiten.

Inwiefern könnt ihr Verkaufszahlen und Marktpositionen auf Social-Media-Aktivitäten zurückführen? Habt ihr da Messsysteme, Kennzahlen etc. eingerichtet?

Wir verkaufen unsere Smoothies nicht online, insofern können wir unsere Social-Media-Aktivitäten nicht auf unsere Verkaufszahlen zurückführen. Anders ist das bei unseren Upcycling-Produkten, die wir ausschließlich online verkaufen. Hier können wir genau zurückverfolgen, wie erfolgreich unser Posting war, und messen uns an der Conversion.

Ihr seid mit Social-Media-Aktivitäten erfolgreich – andere Unternehmen nicht. Was macht ihr anders?

Wahrscheinlich ist es genau ein entscheidender Punkt: Wir blicken nicht als Marke auf unsere Kanäle, sondern als User. Und wir denken sogar noch einen Schritt weiter: Wir gehen bei jeder Handlung von uns selbst aus. Wir selbst wollen witzige und unterhaltsame Inhalte sehen. Also verpacken wir unsere Botschaften, die wir natürlich auch vermitteln wollen, in einen amüsanten Kontext. Alle Wordings, Bilder, Videos und Aktionen müssen den Selbsttest bestehen: »Würden wir diesen Inhalt auch mit unseren Freunden teilen?«

Nicolas Lecloux, geboren 1981 in Troisdorf nahe Bonn, ist Mitgründer und Geschäftsführer Marketing der true fruits GmbH. Nach dem Abitur begann Nic das Studium der Betriebswissenschaft an der Hochschule Bonn/Rhein-Sieg mit dem Schwerpunkt Marketing und Internationales Management. Als Mitglied eines interdisziplinären Forschungsprojekts entwickelte er gemeinsam mit Inga Koster und Marco Knauf ein Produktkonzept zur Herstellung und zum Vertrieb eines Fruchtsaftgetränks, eines sogenannten Smoothies.

Nach erfolgreichem Abschluss stürzte er sich gemeinsam mit Inga und Marco in das Abenteuer Selbstständigkeit. 2006 gründeten sie die true fruits GmbH, die seit 2015 Marktführer im Segment »Gekühlte Frucht« ist. Nics Leidenschaft gilt flüssigem Obst, gerne auch in gegorener Form, und Cheeseburgern.

KAPITEL 10
Mobile Marketing

In diesem Kapitel:
- Konventionelles Web vs. Mobile
- Das sollte ein Online Marketing Manager beherrschen
- Lernen von Erfolgsbeispielen
- Checklisten für erfolgreiches Mobile Marketing
- Interview mit Rufkan Bicakci

Von Ingo Kamps

Im Gegensatz zu den anderen Online-Marketing-Disziplinen handelt es sich beim Mobile Marketing nicht einfach um einen weiteren Kanal. Mobile Marketing ist vielmehr eine *eigene Plattform*, auf der klassische Instrumente wie Display Advertising, E-Mail-Marketing, SEO, Social Media etc. in abgewandelter Form zum Einsatz kommen. Hinzu kommen neue Optionen wie Push-Nachrichten, App-Store-Optimierung und App-Install-Kampagnen.

Unter *Mobile Marketing* sind daher alle Marketingbemühungen zu verstehen, die sich an Nutzer von mobilen Endgeräten richten. In der Regel sind das Smartphones und Tablets. Das vorliegende Kapitel erklärt die Unterschiede zwischen Desktop- und Mobile-Kampagnen gleichartiger Disziplinen, konzentriert sich aber ansonsten auf »mobile only«.

Konventionelles Web vs. Mobile

Um die Besonderheiten von Mobile Marketing besser zu verstehen, ist es hilfreich, sich zunächst die Unterschiede zum konventionellen Web zu vergegenwärtigen:

Android vs. iOS

Wird in der heutigen Zeit von mobilen Plattformen gesprochen, geht es fast ausschließlich um Android und iOS. Natürlich gibt es mit Windows Phone, BlackBerry und Firefox OS noch weitere mobile

Betriebssysteme, aber diese werden laut Prognosen auch in den nächsten Jahren kaum weitere Marktanteile hinzugewinnen.

Android ist das dominierende Betriebssystem und wird es auch in den kommenden Jahren bleiben. Der weltweite Marktanteil liegt bei knapp 80 %. Obwohl das Google-OS von vielen noch immer als Smartphone-Betriebssystem verstanden wird, zieht Android sukzessive in alle Bereiche ein, die als »smart« bezeichnet werden – darunter befinden sich Tablets, Smart Watches, Fernseher und Autos.

Obwohl iOS eine deutlich geringere Verbreitungsbasis hat, bleibt die Plattform von Apple vor allem im High-End-Bereich konkurrenzfähig und hat auch einige Vorteile gegenüber Android. Im On-demand-Bereich für Bücher, Filme und Musik hat Google zwar aufgeholt, Apple behält hier aber weiter die Nase vorne. Das Gleiche gilt für die Umsätze von App-Anbietern. Dachte man vor ein bis zwei Jahren noch, dass App-Entwickler ihre kompletten Ressourcen auf Android konzentrieren würden, sieht man sich nun eines Besseren belehrt. Es gibt zwar inzwischen neben den Google-Apps auch einige Dritthersteller, die ihre Apps zunächst für Android entwickeln und erst anschließend auf iOS portieren, aber das gilt auch andersherum.

Um das ganze Bild zu verstehen, darf übrigens nicht unerwähnt bleiben, dass es sich gar nicht ausschließlich um einen Kampf der mobilen Betriebssysteme handelt. Auch Gerätehersteller konkurrieren untereinander – und das zum Teil auf derselben Plattform. Firmen wie Samsung, Sony, LG, ASUS, Huawei und HTC setzen alle auf Android und verhelfen Google OS zu seinem gigantischen Marktanteil. Allerdings ist die Stärke – verschiedene Hersteller an die Plattform zu binden – auch eine Schwäche von Android.

Hersteller versuchen nämlich, sich von Konkurrenten abzusetzen. Da Android ein offenes System ist, nehmen sie Anpassungen an der Software vor und legen beispielsweise eigene grafische Oberflächen über das Android-Interface oder fügen eigene Apps hinzu. Android ist iOS in vielen Punkten überlegen, und vielfach musste Apple in den vergangenen Jahren bei den Funktionen erst nachziehen. Das Problem ist allerdings, dass Android-Besitzer erst viel später in den Genuss der neuen Funktionen kommen. Das liegt daran, dass die Smartphone-Hersteller ihre grafischen Oberflächen und Apps erst an eine neue Android-Version anpassen und dann umfangreiche Tests durchführen müssen. Das kann manchmal sogar mehrere Monate in Anspruch nehmen. Nur die von Google selbst vertriebenen Smartphones der Pixel-Reihe sind mit einer puren Android-Version ausgestattet und erhalten die Aktualisierungen sofort. Genauso läuft es bei Apple. Neue iOS-Versionen stehen sofort nach ihrem Erscheinen für alle Smartphones zur Verfügung, zumindest für die neueren Baureihen.

Apps vs. Mobile Web

Die Zahl der Smartphone-Besitzer steigt. Der mobile Anteil am Online-Traffic steigt ebenfalls. Onlineanbieter müssen sich damit auseinandersetzen, dass ein immer größerer Anteil ihrer Besucher über Smartphones und Tablets zu ihnen kommt. Viele Unternehmen stellen sich daher die Frage, welche Strategie für sie die beste ist, um die wachsende Zahl der mobilen Nutzer bestmöglich zu bedienen. Es gibt zwei Optionen: Responsive Websites und Apps.

Bei *Responsive Websites* passt sich die Darstellung der Seite automatisch an die Bildschirmgröße an. Es spielt also keine Rolle, ob der Nutzer die Website mit einem Desktop-PC oder einem Smartphone aufruft. Er erhält jedes Mal die optimale Darstellung. *Apps* haben gegenüber Mobile Websites allerdings einen klaren Vorteil: Eine gut gestaltete App bietet eine deutlich bessere Nutzerfahrung, als es der besten mobilen Website möglich wäre. Sie läuft schneller und ist intuitiver bedienbar. Ein anderes Argument spricht hingegen eher für die mobile Website – die geringeren Kosten.

Eine Website, die auf den gängigen Smartphones und Tablets gut nutzbar ist, ist im Vergleich zur Entwicklung einer nativen App deutlich einfacher aufzubauen. Eine App muss für verschiedene Plattformen (z.B. Android, iOS und Windows Phone) erstellt werden. Es sind Updates, Verbesserungen und Fehlerkorrekturen nötig. Darüber hinaus müssen Gelder aufgewendet werden, um die eigene App überhaupt auf die Smartphones und Tablets der Nutzer zu bringen. Das Einstellen der App in die jeweiligen App-Stores und ein bisschen *App-Store-Optimierung* (ASO) reichen in den meisten Fällen nicht mehr aus. Die Marktplätze werden täglich von einer Vielzahl neuer Apps überschwemmt, und die Nutzer geben keineswegs jeden Tag einer neuen App eine Chance. Unterm Strich nutzen sie nur wenige Apps am Tag. Daher braucht es weitere Investitionen in *App-Install-Kampagnen*, um die kritische Masse bei den Downloads zu erreichen.

Einige App-Anbieter sind daher bereits dazu übergegangen, sich komplett auf ein Betriebssystem, beispielsweise auf Android, zu konzentrieren oder auch die anderen Plattformen nur stiefmütterlich zu behandeln.

Die Frage, ob sich die Investition in eigene Apps lohnt, lässt sich also nicht direkt beantworten. Auf der einen Seite haben Anbieter die Möglichkeit, eine direkte Verbindung zu ihren Kunden aufzubauen, so wie es niemals zuvor möglich war. Mit einer installierten App ist der potenzielle Kunde immer nur einen Fingertipp vom eigenen Angebot entfernt.

Andererseits dürfen die Kosten nicht unterschätzt werden, und man muss sich als Anbieter darüber im Klaren sein, dass es mit einer einmaligen Investition nicht getan ist. Darüber hinaus ist der Erfolg keineswegs garantiert. Aus diesem Grund scheint es sinnvoller, seine Ressourcen zunächst in den Aufbau einer ausgereiften mobilen Website zu stecken und die App erst im Anschluss in Angriff zu nehmen – z.B. wenn die mobile Website Erfolge aufzuweisen hat.

Damit die eigene App in den jeweiligen App-Stores von den Nutzern leicht gefunden werden kann, gibt es einige Grundregeln zu beachten. An erster Stelle stehen natürlich die *Guidelines der App-Stores*. Ihre Einhaltung ist essenziell, damit die App überhaupt aufgenommen wird. Diese Guidelines werden im Apple App Store strenger ausgelegt als z.B. bei Google Play. Das belegt schon die Tatsache, dass die Zeit von der Einreichung einer App bis zu ihrer Veröffentlichung bei Apple häufig länger dauert – manchmal bis zu 14 Tage.

Apple verbietet beispielsweise auch die Nennung anderer mobiler Betriebssysteme wie Android oder Windows Phone komplett, ein Hinweis auf Android im Beschreibungstext kann bereits dazu führen, dass die App abgelehnt wird. Namen von Apple-Produkten müssen außerdem stets fehlerfrei geschrieben werden. Google geht im Play Store weniger restriktiv vor. Hier dauert es meist nur wenige Tage, bis eine eingereichte App in Google Play erscheint.

Push-Nachrichten vs. E-Mails

Das digitale Marketing entwickelt sich ständig weiter, und mit neuen Geräten gehen auch neue Möglichkeiten für Online-Marketer einher. Waren es auf Desktop-PCs noch die *E-Mails*, mit denen Anbieter direkt mit ihren Kunden in Kontakt treten konnten, haben sich auf Smartphones und Tablets *Push-Nachrichten* etabliert. Für Marketer wird es Zeit, Push-Nachrichten als eine weitere Evolutionsstufe im digitalen Marketing zu verstehen.

Mit der Möglichkeit, Traffic direkt in die App zu schicken und dabei gleichzeitig die Nutzererfahrung zu verbessern, haben Push-Benachrichtigungen das Potenzial, die Kommunikation zwischen Nutzern und Marken neu zu definieren.

Man hatte zunächst den Eindruck, als unterschieden sich Push-Nachrichten nicht sonderlich von den altehrwürdigen E-Mails: eben ein weiterer Kanal, um Kunden in der digitalen Welt zu erreichen. Und Smartphones waren einfach ein weiterer Bildschirm, um die gleichen Inhalte wie zuvor zu konsumieren. Diese Beurteilung ist aber definitiv falsch.

E-Mails und Push-Nachrichten sind komplett unterschiedliche Kommunikationskanäle, die im Leben der Konsumenten vollkommen unterschiedliche Rollen spielen. Bespielen Unternehmen diese beiden Kanäle auf die gleiche Art und Weise, laufen sie Gefahr, ihre Kunden durch Spam zu verärgern und damit der eigenen Marke zu schaden. Es ist deshalb wichtig, sich die Unterschiedene zwischen E-Mails und Push-Nachrichten zu verdeutlichen.

E-Mails

Konsumenten versprechen sich unterschiedliche Dinge von E-Mails und Push-Nachrichten. Durch jahrelange Erfahrung mit Spam lehnen sie E-Mails, die ihnen einfach etwas verkaufen wollen, ab. Die Betreffzeilen der Mails überfliegen sie nur noch und löschen die Mitteilungen häufig direkt. Die durchschnittliche Click-Through-Rate von E-Mails liegt im niedrigen einstelligen Prozentbereich. Erfahrene E-Mail-Nutzer sind skeptisch, dass E-Mail-Newsletter eine Relevanz für sie haben, und befassen sich daher selten mit ihnen.

Push-Nachrichten

Push-Nachrichten werden vom Nutzer fundamental anders wahrgenommen als E-Mails – was auch die deutlich höheren Click-Through-Raten belegen. Diese liegen nicht selten bei 20%. Die Nachrichten werden direkt auf dem Lockscreen des Smartphones angezeigt, wodurch sie potenziell einen höheren Nutzen bringen. Allerdings – bei falscher Anwendung können sie auch besonders störend sein.

Schlechte E-Mails bleiben ungelesen im Postfach und werden anschließend genauso ungelesen gelöscht. Push-Nachrichten werden vom Nutzer bemerkt und verlangen eine sofortige Aktion von ihm. Daher müssen Push-Nachrichten eine direkte Relevanz für den Nutzer haben. Erhaltene E-Mails können hingegen auch für einen späteren und passenderen Moment aufhoben werden.

Die besten Kunden sind diejenigen, die sich bewusst für den Erhalt von Push-Nachrichten entscheiden. Das klappt besonders dann, wenn ihnen der Vorteil dieser Meldungen bereits im Vorfeld kommuniziert wird. Je nach Kategorie zeigen sich 60% der Nutzer offen für Push-Nachrichten. Push-Empfänger gehören häufig zu den Heavy-Usern von Mobile Apps und zeichnen sich durch eine sehr hohe Loyalität und Wertigkeit aus. Experten sprechen von einer bis zu 26% höheren Aktivitätsquote von Push-Nachrichtenempfängern gegenüber Push-Verweigerern.

Gutes Push-Message-Marketing kann die gleichen Vorteile der Personalisierung nutzen, die auch zum Erfolg des E-Mail-Marketings beigetragen haben. Doch Push-Marketing kann sogar noch mehr leisten als gute E-Mail-Kampagnen, sofern die Interaktionsaufforderung auf dem richtigen Gerät und zum richtigen Zeitpunkt erfolgt – quasi in dem Moment, in dem die Interaktion mit der beworbenen App wahrscheinlich ist.

Viele Nutzer tragen ihr Smartphone 24 Stunden am Tag bei sich. Gut optimierte Push-Nachrichten können sie also jederzeit und an jedem Ort erreichen. Das funktioniert mit E-Mails auf dem Computer nicht. Mithilfe der Geolocation-Funktion lassen sich sogar ortsabhängige Informationen in die Push-Benachrichtigungen einarbeiten.

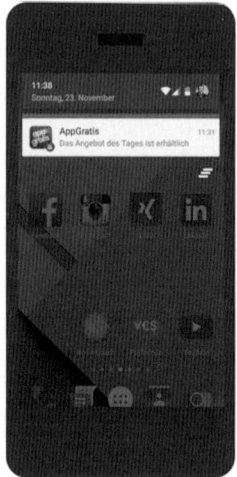

Abbildung 10-1:
Push-Nachricht auf Android

Das richtige Timing ist das A und O

Natürlich ist die Möglichkeit, die Nutzer jederzeit per Push-Nachricht erreichen zu können, ein zweischneidiges Schwert. Selbst wenn sie ihr Smartphone 24 Stunden am Tag bei sich tragen, heißt das natürlich nicht, dass sie jederzeit offen für den Erhalt von Push-Meldungen sind.

E-Mail-Newsletter werden beispielsweise um 8 Uhr morgens versendet, und der Absender kann davon ausgehen, dass die E-Mails dann gelesen werden, wenn der Empfänger vor seinem Rechner sitzt. Push-Nachrichten kommen hingegen in Echtzeit an und stören den Nutzer im schlimmsten Fall sogar im Schlaf – mit negativen Folgen für die Reputation von Unternehmen und Marke. Wird der Nutzer allerdings im richtigen Moment kontaktiert, können App-Nutzungsintensität und In-App-Verkäufe mehr als verdoppelt werden.

Das Medium bestimmt den Inhalt

Im Vergleich zu E-Mails erfordern Push-Nachrichten einen radikal anderen Umgang mit den transportierten Informationen. Da wäre zunächst die kürzere Darstellungsform. Während Push-Nachrichten auf 160 Zeichen begrenzt sind, können E-Mails deutlich länger sein. Die Push-Botschaft muss also viel prägnanter ausfallen.

Da Push-Meldungen in Echtzeit ausgeliefert werden, lassen sich *Conversion-Rates* durch Verknappung oder zeitlichen Druck deutlich steigern. Damit das erreicht wird, ist es notwendig, direkt auf den Punkt zu kommen und dem Nutzer prägnant zu vermitteln, worum es geht.

Man leitet den Nutzer ohne Umwege zum gewünschten Punkt innerhalb der App, von dem aus er sofort die intendierten Aktionen durchführen kann (z. B. einen In-App-Kauf vornehmen). Die Schritte werden genau vorgegeben, der Nutzer muss ihnen nur folgen. E-Mails können diesen klaren Weg zur Conversion nicht abbilden. Der Nutzer klickt auf der Landingpage möglicherweise auf einen anderen Link oder surft einfach weiter.

E-Mails sind nicht besonders gut geeignet, *Traffic* zu einer App zu schicken. Push-Nachrichten eignen sind hingegen hervorragend. Und vom Erhalt der Nachricht bis zum Aufruf der App vergehen nur wenige Sekunden.

Ist der Inhalt der Push-Nachricht dazu gedacht, dem Nutzer etwas zu verkaufen, braucht es ebenfalls nur wenige Schritte und Sekunden, bis die Kaufentscheidung ansteht. Durch die kurze Zeit ist die Chance groß, dass der Nutzer wirklich kauft.

Unterm Strich lässt sich sagen, dass Push-Nachrichten und E-Mails diametral unterschiedliche Kommunikationskanäle sind, und so sollten sie auch behandelt werden. Die bestehende E-Mail-Marketing-Strategie kann nicht einfach um die Push-Marketing-Strategie ergänzt werden.

In der heutigen Welt verbringen Konsumenten mehr und mehr Zeit in Apps, während die Webnutzung abnimmt. Da vor allem junge Anwender mit Apps groß werden und E-Mails häufig kaum noch nutzen, ist eine dezidierte Push-Message-Strategie für den mobilen Erfolg unerlässlich.

Das sollte ein Online Marketing Manager beherrschen

Schaut man sich an, wie der Erfolg von Onlinewerbemaßnahmen im stationären Internet gemessen wird, stößt man fast immer auf Cookies. *Cookies* sind kleine Textdateien, die auf dem Rechner des Internetnutzers gespeichert werden und bestimmte Informationen enthalten, wie die besuchte Website, Warenkorbwerte in Onlineshops oder Affiliate-IDs (zur Vergabe von Provisionen für Werbeleistung).

Die meisten PC-Browser erlauben in der Grundeinstellung das Setzen von Cookies, auch die für die Werbung so wichtigen 3rd-Party-Cookies. Eine Ausnahme stellt der Safari-Browser von Apple dar, bei dem Cookies standardmäßig nicht akzeptiert werden.

Die kleinen Textdateien sind auf Desktop-PCs bis in die heutige Zeit die beliebteste Technik zur Analyse (Tracking) von Onlinewerbung, da sie besonders einfach einzusetzen sind. Werden Onlinekäufe dazu noch auf nur einem einzigen Gerät (PC oder Notebook) abgewickelt, gibt es keinerlei Probleme bei der Identifizierung von Nutzern und ihrer Aktivitäten. Da ist es auch kein Problem, dass Cookies an das Gerät gebunden sind, auf dem sie gesetzt wurden.

Mobile Tracking – wie geht das ohne Cookies?

Auf mobilem Terrain stellt sich das allerdings ganz anders dar: Zum einen finden Kaufprozesse immer häufiger über verschiedene Geräte hinweg statt (z. B. Produktrecherche mit dem Smartphone, der Kauf anschließend über das Tablet).

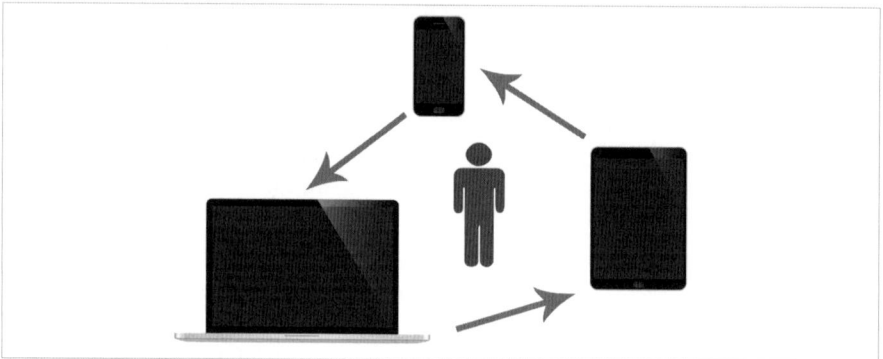

Abbildung 10-2:
Bei Kaufprozessen (Customer Journeys) kommen heutzutage von der Recherche bis zum Abschluss verschiedene Geräte zum Einsatz. Das bringt Herausforderungen für das Nutzer-Tracking mit sich.

Somit sind die gerätegebundenen Cookies wirkungslos. Es ist zwar nicht richtig, dass Cookies mobil gar nicht funktionieren, allerdings lassen sich die in mobilen Cookies gespeicherten Informationen nur sehr eingeschränkt an Werbenetzwerke oder eine Analysesoftware weiterreichen. Das wäre für zuverlässige Auswertungen aber notwendig.

Nutzerbasiertes Tracking

Um zu verstehen, wohin sich das *Tracking der Zukunft* entwickelt, hilft zunächst ein Blick auf die großen Player: Google, Facebook und Twitter haben damit begonnen, sich nach Alternativen zum Cookie umzusehen. Sie setzen heutzutage hauptsächlich auf eine nutzerbasierte Technologie: Die Nutzer sind auf verschiedenen Geräten (u.a. PC, Smartphone, Tablet) mit einem Nutzer-Account bei diesen Firmen registriert und in der Regel ständig eingeloggt. Dadurch lassen sie sich leicht und über die verschiedenen Geräte hinweg identifizieren. Allerdings handelt es sich bei Facebook und Google um sehr spezielle Dienste. Google verfügt sogar über ein eigenes mobiles Betriebssystem (Android). Normale Werbetreibende und -plattformen haben diese Möglichkeiten nicht und benötigen daher andere Technologien.

Mobile Web und Mobile Apps

Das Prinzip beim Mobile Tracking ist grundsätzlich das gleiche wie im klassischen Web. Um einen Nutzer wiederzuerkennen (z.B. für die Auslieferung von Werbekampagnen), wird eine Identifizierung benötigt, die über verschiedene Domains hinweg funktioniert.

Die erste Herausforderung für mobile Werbetreibende und Werbenetzwerke besteht darin, dass die Werbung an Konsumenten ausgeliefert werden muss, die Inhalte auf verschiedene Arten aufrufen – über mobile Websites und Apps.

Apps und *mobile Websites* werden auf einem Smartphone als verschiedene Domains mit verschiedenen Identifizierungen gesehen. Für ein Werbenetzwerk oder eine Analytics-Software erscheint ein und derselbe Nutzer von Apps und mobilen Websites grundsätzlich immer als zwei Nutzer. Um aussagekräftige Ergebnisse zu erhalten, ist es daher notwendig, die beiden Identifizierungen miteinander zu verbinden (dazu später mehr).

Konzentrieren wir uns aber zunächst auf die Apps. Hier gibt es für jedes mobile Betriebssystem einen speziellen Identifikator (z.B. Android_ID und Apple UDID). Für Android stehen darüber hinaus weitere Identifikatoren zur Verfügung. Dazu gehören die Gerätekennung (IMEI, MEID oder ESN), die Teilnehmerkennung (IMSI der SIM) sowie die WLAN-MAC-Adresse (diese steht auch für Apple iOS zur Verfügung).

Durch diese Angaben konnten Werbenetzwerke Nutzer in der Vergangenheit sehr zuverlässig identifizieren.

Da die Nutzer bei dieser Tracking-Technologie so gut wie keine Kontrolle über ihre Daten hatten, haben Apple und Google spezielle *Advertising Identifier* (Apple IDFA und Google Advertising ID) entwickelt. Advertiser nutzen diese in Kombination mit einer anderen Technologie, um Nutzer zuverlässig zu identifizieren – dem Fingerprinting.

Mobile Fingerprinting – wie funktioniert das?

Beim *Fingerprinting* wird das Gerät in dem Moment identifiziert, in dem sein Besitzer auf ein mobiles Werbemittel geklickt hat. Dabei werden verschiedene nicht personalisierte Daten wie das verwendete Betriebssystem, die Display-Größe, Spracheinstellungen, der Zeitpunkt etc. erfasst. Öffnet oder installiert der Nutzer eine App mit einem integrierten Software Development Kit (SDK), werden die zur Verfügung stehenden Tracking-Optionen natürlich ebenfalls genutzt.

Die Wiedererkennung des Nutzers ist bei Mobile-App-Tracking-Anbietern für einen Zeitraum von sieben Tagen möglich. Eine App-Installation kann also beispielsweise eine Woche lang mit dem ursprünglichen Klick auf das mobile Werbemittel in Verbindung gebracht werden. Danach würde sie dem organischen Traffic zugeordnet werden.

Apps und Mobile Web verbinden

Wie oben bereits erwähnt, sind Apps und mobile Websites verschiedene Domains mit unterschiedlichen Identifikatoren. Verbindungen zwischen einem Nutzer von Apps und Websites können dann hergestellt werden, wenn er auf eine Anzeige (z. B. auf einer mobilen Website) klickt. Mit der für jeden Nutzer einzigartigen Click-Through-URL kann anschließend ein Abgleich mit dem Identifikator von Apps durchgeführt werden. Dadurch wird der Nutzer einer App und einer mobilen Website als derselbe Nutzer identifiziert.

Datenschutz

Im Zusammenhang mit der Tracking-Technologie muss auch über Datenschutz gesprochen werden. Dem Nutzer muss die Möglichkeit gegeben werden, sich gegen die Aufzeichnung seines Nutzungsverhaltens zu entscheiden. Er muss die Wahl haben, ob er gezielt Inhalte oder Werbung erhalten möchte. Im Idealfall kann er direkt auf der Website oder innerhalb der App sein Tracking-Einverständnis geben bzw. es zurückziehen. Nur so werden Tracking-Technologien auch in der mobilen Welt die Akzeptanz seitens der Nutzer erfahren, die sie auf Dauer benötigen.

App-Marketing

Wie werden Apps gefunden?

Bisher gibt es noch nicht den einen Weg, herauszufinden, woher die Downloads der eigenen App genau kommen. Es gibt Studien und Daten der App-Stores, die einem eine gewisse Vorstellung davon geben, welche Kanäle sich gut eignen und welche nicht. Umfangreiche Studien zum Thema wurden bisher von den Marktforschungsunternehmen Forrester und Nielsen vorgelegt.[1] Auch wenn sich die Prozentwerte beider Studien in einigen Punkten unterscheiden, sind Aussagen darüber, wie Apps gefunden werden, möglich.

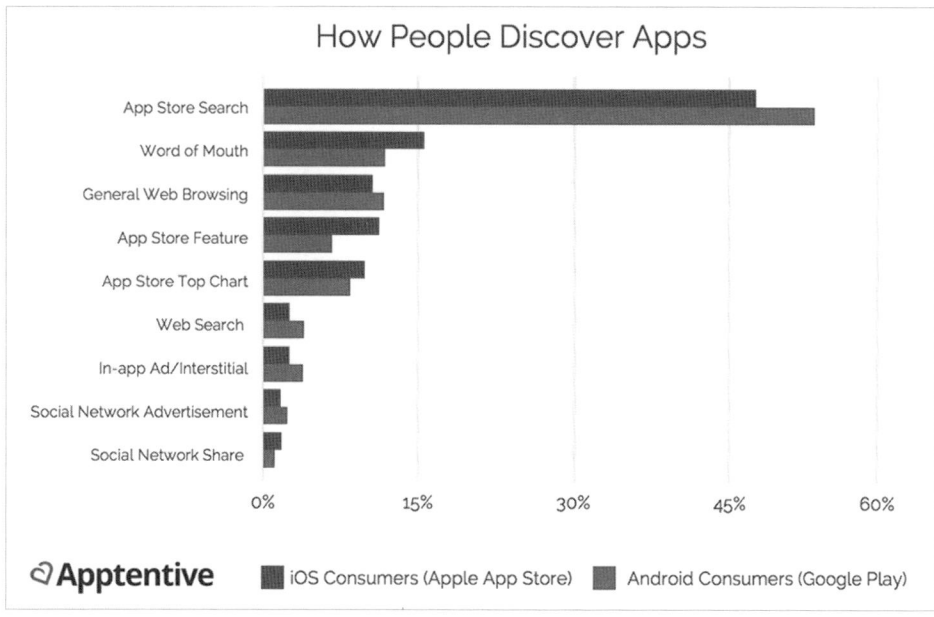

Abbildung 10-3:
Entdeckung von Apps (Stand: 2016) laut Analytics-Unternehmen Apptentive[2]

App-Store-Optimierung (ASO)

Wie dem Schaubild zu entnehmen ist, werden Apps primär über die Suchfunktion der jeweiligen App-Stores gefunden. Daher ist es notwendig, dafür zu sorgen, dass die eigene App dort schnell gefunden

---

1 Studie des Marktforschungsunternehmens Forrester zum erfolgreichen Bekanntmachen von Apps: *https://www.forrester.com/report/Mobile+App+Discovery+Best+Practices+To+Promote+Your+App/-/E-RES89541* (Aufruf: 01.08.2017)
2 Quelle: *https://www.apptentive.com/blog/2016/04/26/the-mobile-app-marketing-funnel/* (Aufruf: 01.08.2017)

wird. Dies macht sich die sogenannte *App-Store-Optimierung (ASO)* zur Aufgabe.

Wie unterscheidet sich App-Store-Optimierung (ASO) von klassischer Suchmaschinenoptimierung (SEO)?

Die Optimierung für die App-Stores unterscheidet sich zum Teil signifikant von der Suchmaschinenoptimierung. Ein großer Unterschied liegt darin begründet, dass man sich bei SEO eigentlich auf einen einzigen Player beschränken kann: Google. Das sieht bei der App-Store-Optimierung etwas anders aus. Je nachdem, auf welcher Plattformen (Android, iOS, Windows Phone etc.) eine App veröffentlicht werden soll, müssen Besonderheiten beachtet werden.

Weiterhin unterscheiden sich ASO und SEO darin, dass App-Anbieter in der Regel nicht erfahren, durch welche Kanäle die App-Installationen generiert werden. Die einzige Datenquelle bilden die App-Stores selbst. Im Web erfahren Sie als Marketer recht einfach, von welcher Website beispielsweise ein Besucher stammt (auch wenn Google solche Informationen inzwischen restriktiver handhabt).

Darüber hinaus ist festzuhalten, dass die App-Stores im Vergleich zur Websuche noch immer in den Kinderschuhen stecken. Die Algorithmen sind weniger ausgereift, und die Umsätze konzentrieren sich noch sehr stark auf große Marken. Der *Long Tail* (die Nischenangebote) ist noch nicht so ausgeprägt wie im Web.

Genau wie bei der Suchmaschinenoptimierung für Websites wird die App-Store-Optimierung in die Bereiche On-Page- und Off-Page-Optimierung unterteilt. Dabei haben App-Anbieter über die On-Page-Elemente selbst die Kontrolle, während sie die Off-Page-Optimierung lediglich indirekt beeinflussen können.

Google Play Store

 Die App-Store-Optimierung (ASO) für den *Google Play Store* ist grundsätzlich umfangreicher als für das Apple-Pendant. Das liegt zum guten Teil daran, dass der Suchindex der Google-Suchmaschine aktuell ausschließlich bei Android-Apps eine Rolle spielt. Dadurch kommen Instrumente zum Einsatz, die aus der klassischen Suchmaschinenoptimierung stammen.

On-Page-Optimierung

- **Name (Title)** – Die Basis aller Optimierungsbemühungen ist die Wahl eines geeigneten App-Namens. Ihre Bedeutung entspricht dem Title-Tag von Websites. Der Name muss klar und deutlich zu erkennen geben, wie die App heißt, und bietet im Idealfall zugleich eine kurze Beschreibung. Trotzdem sollte der Name so kurz wie möglich gehalten werden, damit er in Übersichten nicht abgeschnitten dargestellt wird.

- **Beschreibung (Description)** – Auch für die App-Beschreibung gibt es ein Pendant in der konventionellen Suchmaschinenoptimierung für Websites: die Meta-Description. Der Beschreibungstext ist einer der wichtigsten Hebel, um Nutzer auf die eigene App aufmerksam zu machen. Aus dem Text muss klar hervorgehen, um was für eine App es sich handelt, was die App leistet und welche Vorteile ein Download bietet. Der Beschreibungstext darf eine Länge von insgesamt 4.000 Zeichen haben. Die wichtigsten Informationen stehen im Idealfall direkt am Anfang des Texts.

- **Typ** – Im Google Play Store gibt es zwei verschiedene Typen von Apps – *Anwendungen* (Applications) und *Spiele* (Games). Natürlich muss hier die korrekte Auswahl vorgenommen werden.

- **Kategorie** – Ein weiterer wichtiger Optimierungsschritt ist die Wahl der passenden App-Kategorie. Gibt es mehrere Kategorien, die grundsätzlich passend wären, sollte die treffendste Einordnung gewählt werden.

- **Icon** – Die Bereitstellung eines aussagekräftigen und attraktiven Icons ist wichtig. Insbesondere wenn Nutzer ohne direktes Ziel im App-Store stöbern, kann ein schickes App-Icon den Ausschlag geben. Außerdem hilft das Icon beim Markenaufbau, wie man bei den Apps bekannter Brands (z. B. Facebook oder WhatsApp) exemplarisch sehen kann. Die Grafik muss auf jeden Fall in hoher Auflösung vorliegen.

- **Screenshots** – Jeder Nutzer möchte vor dem Download einer Anwendung oder eines Spiels einen Eindruck davon bekommen, wie die App aussieht. Menschen sind visuelle Wesen, und diesen Umstand sollten App-Anbieter mit ansprechenden Screenshots der App-Oberfläche nutzen.

- **YouTube-Video** – Der Google Play Store bietet die Möglichkeit, neben Screenshots auch ein YouTube-Video hochzuladen. Das Video bietet gegenüber Screenshots den Vorteil, dass die App in bewegten Bildern demonstriert werden kann.

Off-Page-Optimierung

- **Bewertungen (Ratings)** – Hiermit sind die Bewertungen der App anhand eines Fünf-Sterne-Systems gemeint. Ratings gehören zu den wichtigsten Faktoren der App-Store-Optimierung, doch ihr Nutzen ist nicht nur hierauf beschränkt. Auch die Conversion-Rate (Verhältnis von App-Betrachtern zu tatsächlichen Downloads) steigt durch eine gute Durchschnittsbewertung, denn Fünf-Sterne-Bewertungen lassen Nutzer annehmen, dass es sich um eine gute App handeln muss. Außerdem entscheiden die Bewertungen mit darüber, welche Apps auf der Startseite des Google Play Store präsentiert werden.

- **Erfahrungsberichte (Reviews)** – Genau wie die Bewertungen helfen auch von Nutzern geschriebene positive Erfahrungsberichte, die Conversion-Rate einer App zu steigern. Außerdem erhalten App-Anbieter so direktes Feedback von den Anwendern, das zur Verbesserung der App genutzt werden kann. Auch das Antworten auf Nutzer-Reviews ist bei Google Play möglich.
- **Downloadzahl** – Der psychologische Effekt der Downloadzahl von Apps ist nicht zu unterschätzen. Weist eine App bereits viele Downloads auf, steigt die Wahrscheinlichkeit, dass sie auch von anderen Nutzern heruntergeladen wird.
- **Link Building** – Da es sich beim Play Store um ein Google-Produkt handelt, werden Apps auch über den Index der Suchmaschine gefunden. Weil heutzutage eingehende Links immer noch genutzt werden, um die Relevanz einer Website oder App zu beurteilen, sind Links aus beliebten und seriösen Quellen hilfreich.

Apple App Store

Die Optimierung für den *Apple App Store* ist grundsätzlich leichter als für den Google Play Store. Dies liegt unter anderem daran, dass Apple keinen Zugang zum Suchindex von Google hat. Daher konzentrieren sich die Bemühungen vor allem auf Nutzerbewertungen, Erfahrungsberichte, Downloadzahlen und die allgemeine On-Page-Optimierung.

On-Page-Optimierung

- **Name (Title)** – Auch bei Apple stellt der Name der App das wichtigste Element der App-Store-Optimierung (ASO) dar. Apple selbst empfiehlt, den Titel kürzer als 25 Zeichen zu halten. Die treffende Bezeichnung der App und ihre Funktion sind Ist der Name zu lang, wird er bei der Darstellung einfach abgeschnitten. Das wirkt sich negativ auf die Conversion-Rate aus.
- **Beschreibung (Description)** – Zweitwichtigster Punkt bei der ASO für den Apple App Store ist die Beschreibung. Mit der Beschreibung wird Nutzern die App schmackhaft gemacht, indem ihre Funktionen und Vorzüge beschrieben werden. Doch auch hier liegt die Würze in der Kürze. Jedes Wort sollte mit Bedacht gewählt werden.

Die mögliche Gesamtlänge des Beschreibungstexts im Apple App Store liegt ebenfalls bei 4.000 Zeichen. Die wichtigsten Informationen sollten direkt am Anfang des Texts platziert werden.

- **Icon** – Auch im Apple App Store ist das App-Icon sehr wichtig. Es muss eine Größe von 1.024 × 1.024 Pixeln haben und sollte in guter Auflösung vorliegen. Ein prägnantes Icon unterstützt den Markenaufbau der App und hilft, sich vom Wettbewerb zu unterscheiden.
- **Screenshots** – Verschiedene Screenshots zeigen die App von ihrer besten Seite und unterstützen die textlichen Informationen. Die wichtigsten Funktionen sollten auf den Screenshots abgebildet sein. Im Idealfall bilden die Screenshots sogar die komplette Funktionskette der App ab.
- **Kategorie** – Apple erlaubt es App-Anbietern, neben der Hauptkategorie optional noch eine zweite Kategorie anzugeben. Die Hauptkategorie muss aber immer als die wichtigere Eingruppierung betrachtet werden.
- **Keywords** – Insgesamt stehen 100 Zeichen zur Verfügung, um Schlüsselwörter anzugeben, mit denen die eigene App gut beschrieben wird. Das ist nicht viel, die Keywords müssen klug gewählt werden. Einzigartige Keywords funktionieren in der Regel besser als generische Wörter, bei denen es häufig auch starke Konkurrenz gibt. Weitere Faktoren zur Bestimmung passender Keywords können beispielsweise das Suchvolumen bei Google und die Relevanz für die App sein. Auf fragwürdige Techniken wie die Nutzung von Markennamen der Konkurrenz sollten Sie unbedingt verzichten. Auch die Bildung von Suchphrasen (bestehend aus mehreren Keywords) ist unnötig, da Apple einzelne Schlüsselwörter selbst kombinieren kann. Keywords, die bereits im Titel vorkommen, müssen nicht erneut verwendet werden.

Off-Page-Optimierung

- **Kundenbewertungen (Customer Ratings)** – Das entscheidende Instrument zur Steigerung der Conversion-Rate im Apple App Store sind Kundenbewertungen. Zur Bewertung einer App steht den Nutzern ein Fünf-Sterne-Bewertungssystem zur Verfügung. Apps, die eine hohe Durchschnittsbewertung und viele Fünf-Sterne-Bewertungen haben, werden signifikant öfter heruntergeladen als Apps mit geringer Durchschnittsbewertung.
- **Kundenrezensionen (Customer Reviews)** – Gute Kundenrezensionen tragen ebenfalls zur Verbesserung der Conversion-Rate bei. Sie sind auch eine gute Möglichkeit, Feedback der Nutzer einzuholen. Manche Nutzer schreiben konkrete Funktionswünsche oder Pro-

bleme in ihre Rezension. Diese können als Basis zur Verbesserung der App herangezogen werden.

Regeln für erfolgreiche Apps

Die beste App-Store-Optimierung kann nur so gut sein wie die beworbene App. Bevor eine App veröffentlicht und beworben wird, sollten die folgenden Prämissen erfüllt sein.

Geschwindigkeit

Eine schnelle App ist mehr als ein nettes Gimmick, sie ist Grundvoraussetzung für den Erfolg. Internetnutzer – und in besonderen Maße mobile Internetnutzer – haben wenig Geduld und erwarten flotte Reaktionen auf Eingaben und schnelle Resultate. Braucht die App also mehrere Sekunden, bevor sie auf eine Nutzereingabe reagiert, kann das die User Experience bereits so sehr stören, dass der Nutzer abbricht. Technisch versierte Anwender haben in der Regel eine etwas höhere Schmerzgrenze als Gelegenheitsnutzer, aber die meisten Apps richten sich eher an die zweite Gruppe.

Sofortige Nutzbarkeit

Auch hier ist die Ungeduld der Nutzer zu berücksichtigen. Die meisten User möchten eine App direkt in dem Moment verwenden, in dem der Download abgeschlossen ist. Müssen sie die App zunächst aufwendig konfigurieren oder direkt einen Registrierungsprozess durchlaufen, werden viele das Handtuch werfen und sich nach einer Alternative umschauen. Es sollte zumindest möglich sein, die App ohne vorher vorzunehmende Einstellungen zu testen. Ist eine Registrierung zur sinnvollen Nutzung der App unumgänglich, kann der Nutzer eventuell durch eine in Aussicht gestellte Belohnung, die er anschließend sofort einlösen kann, motiviert werden.

Regelmäßige Updates

Mobile Endgeräte werden 24 Stunden am Tag und an sieben Tagen die Woche genutzt. Viele Nutzer stehen mit einem Blick auf ihr Smartphone auf und gehen damit auch zu Bett. Um sie zum regelmäßigen Öffnen der eigenen App zu animieren, ist frischer Content ein Muss. Doch ist das nur die inhaltliche Seite der Medaille, die andere ist die technische Seite. Immer schneller kommen neue Endgeräte auf den Markt, entsprechend rasant ist der technische Fortschritt. Regelmäßige Anpassungen der App an neue Gegebenheiten zeigen den Nutzern, dass sich die App weiterentwickelt und aktuell ist.

Persönlichkeit

Schauen sich Nutzer im App-Store um, werden sie von dem Angebot regelrecht erschlagen. Außerdem werden bestimmte Funktionen von verschiedenen Apps abgedeckt, der Konkurrenzkampf ist also hart. Daher ist es umso wichtiger, dass die App eine eigene Persönlichkeit bietet, mit der sie sich vom Wettbewerb unterscheidet. Gute Apps verwenden einen eigenen Stil, eigene Verhaltensweisen und eine persönliche Optik.

Weniger ist mehr

Die erfolgreichsten Apps sind diejenigen, die ihre Nutzer nicht durch einen zu großen Funktionsumfang überfordern. Die App sollte mit einer Funktion starten, die einen klaren Mehrwert bietet. Mit der Zeit können sukzessive weitere Funktionen hinzukommen. Ab einer bestimmten Anzahl von Features kann es sinnvoll sein, Funktionen in eine separate App auszulagern. Diverse Unternehmen wie Foursquare, Evernote oder Google mit seinen Docs und Tabellen sind diesen Weg gegangen.

Programmierbarkeit

Viele erfolgreiche Apps bieten Programmierern die Möglichkeit, eigene Anwendungen zu entwickeln, die mit den Funktionen der App zusammenarbeiten können (via API). Die Notizblock-App Evernote ist so ein Beispiel. Diverse Drittanbieter haben Apps entwickelt, die zur Speicherung eigener Daten mit Evernote verbunden sind. Durch diesen Ansatz lassen sich neue Nutzer und Nutzerdaten generieren, und der eigene Erfolg kann skaliert werden. Natürlich ist es notwendig, eine technische Infrastruktur vorzuhalten, die den Belastungen durch externe Anwendungen standhält.

Personalisierung

Nutzer wissen es zu schätzen, wenn sie eine App durch verschiedene Einstellungen personalisieren können. Die Auswahl eines eigenen Layouts oder die Möglichkeit, bestimmte Funktionen zu aktivieren bzw. zu deaktivieren, sind Beispiele für Personalisierungsoptionen. Doch diese Vorgehensweise birgt auch Gefahren: Nutzer mit stark personalisierten Apps reagieren häufig sehr intolerant, wenn im Zuge eines Updates neue Funktionen hinzukommen oder bestimmte Personalisierungsoptionen nicht mehr angeboten werden.

Auffindbarkeit

Jeder App-Entwickler hegt den Wunsch, dass sich die Kunde von der Existenz seiner App viral verbreitet, z. B. über soziale Medien wie Facebook oder Twitter. Doch Viralität ist kaum planbar und darf niemals der einzige Weg zur Verbreitung der App sein. Deshalb ist es wichtig, die Grundregeln der App-Stores zu befolgen, damit die App über die Suche der Stores einfach und schnell gefunden werden kann. Zusätzlich bietet sich die Erstellung einer Micro-Website an, die unter einer passenden URL zumindest einen Link zur App bei Google Play, Apple App Store & Co. anbietet.

Übersichtlichkeit

Eine App ist keine Desktop-Website, die mit Inhalten, Werbung, Inhaltsempfehlungen und umfangreichen Menüs etc. zugepflastert werden kann. Vielmehr sollten Apps eine besonders übersichtliche und aufgeräumte Oberfläche bieten. Jede Unterseite muss einem klaren Ziel folgen und darf nicht mit Funktionen überfrachtet sein. Große Schriftarten und genügend Freiraum zwischen einzelnen Abschnitten helfen dem Nutzer, komfortabel durch die App zu navigieren und die Inhalte bequem zu konsumieren.

Eindeutige URLs

Damit Nutzer in die Lage versetzt werden, Inhalte der App per E-Mail zu versenden, in sozialen Netzwerken zu teilen oder an andere Apps zu übertragen (z. B. Speicherung für späteres Offlinelesen), müssen alle App-Inhalte über eine eindeutige URL verfügen (der REST-Ansatz). Das soziale Netzwerk Twitter zeigt in hervorragender Weise, wie so etwas auszusehen hat. Auch für mobiles Deep-Linking werden eindeutige URLs benötigt.

Spielerische Elemente

Die Nutzungsdauer von Apps steigt signifikant an, wenn die User Spaß an der App haben. Hier hilft ein Blick auf die mobile Spielebranche, um sich Anregungen zu holen. Mit Nutzer-Chats, Bestenlisten oder Belohnungen für die Ausführung bestimmter Aufgaben (z. B. Teilen der App in sozialen Netzwerken) lassen sich Nutzer zum wiederholten Öffnen der App animieren, und ihr Aktivitätsgrad steigt.

Datenschutz

Dem Schutz persönlicher Daten kommt in der heutigen Zeit eine immer größere Bedeutung zu. App-Anbieter sollten den Wunsch ihrer Nutzer nach Privatsphäre tunlichst respektieren. Dazu gehört, erfasste

Nutzerdaten ausschließlich verschlüsselt an eigene Onlineserver zu übertragen. Eingeforderte App-Berechtigungen (z. B. Zugriff auf Kontakte oder Fotos) müssen sich hingegen auf ein Minimum beschränken, da viele Nutzer hier eine besondere Sensibilität an den Tag legen.

Mobile Advertising

Der mobile Werbemarkt befindet sich noch in der Entwicklung, und die mobilen Anzeigenformate werden immer ausgeklügelter und komplexer. Nicht zuletzt deshalb, weil wir es in der mobilen Welt mit verschiedenen Werbeträgern zu tun haben – namentlich Apps und mobile Websites.

Während in der klassischen Onlinewerbung meist Shops und Services beworben werden, sind in der mobilen Welt sehr häufig Apps der Gegenstand mobiler Werbung. Einige Mobile-Ad-Formate zielen vor allem darauf ab, Nutzer zum Herunterladen einer bestimmten App zu animieren. Im Folgenden werden die gängigsten mobilen Werbeformate vorgestellt.

Display-Anzeigen (Banner)

Auch wenn Kritiker gern auf die niedrigen Klickraten verweisen, sind Display-Anzeigen eine der am häufigsten verwendeten digitalen Werbeformen, egal ob im klassischen Web oder auf mobilen Geräten. Ein Grund ist die universale Einsetzbarkeit von Display-Anzeigen, die sowohl auf mobilen Websites als auch in Apps verwendet werden können. Display-Ads gibt es in Größen zwischen 120×20 (Small) und 320×50 Pixeln (XX-Large).

Abbildung 10-4:
Display-Anzeige der Supermarktkette REWE auf SportBILD.de

Vorteile:

- Große Auswahl an Werbeinventar verfügbar.
- Sehr flexibel einsetzbar.
- Für jeden Werbetreibenden interessant.

Nachteile:

- Wird vom Nutzer gern übersehen (Banner-Blindheit).
- Aus diesem Grund häufig geringe CTRs (Click-Through-Rates) und Conversion-Rates.

Interstitials

Eine andere Art von Display-Anzeigen sind Interstitials, die sich in der mobilen Welt wachsender Beliebtheit erfreuen. Interstitials sind großformatiger als normale Banner und werden vor oder nach der Darstellung eines vom Nutzer aufgerufenen Inhalts angezeigt. Häufig werden Interstitials auch als Unterbrecherwerbung bezeichnet.

Abbildung 10-5:
Interstitial der Sparkasse bei Spiegel Online

Vorteile:

- Durch Einblendung über dem Inhalt sehr aufmerksamkeitsstark.
- Auch für Branding-Kampagnen geeignet.
- Für jeden Werbetreibenden interessant.

Nachteile:

- Wird von vielen Nutzern als störend empfunden, vor allem wenn die Werbung schwer zu entfernen ist.

- Es passieren unbeabsichtigte Klicks beim Versuch, das Interstitial zu schließen.
- Kann die Suchmaschinenplatzierungen des Werbeträgers negativ beeinflussen.

Incentivized Ads

Auch als Mobile Rewards oder Virtual Currency bekannt, werden Nutzer von Incentivized Ads für ihre Interaktion mit der Werbung belohnt. Die Werbung für die App des Advertisers erscheint in anderen Apps (häufig bei Freemium-Spielen). Benötigt der Spieler zum Fortkommen im Spiel Punkte einer virtuellen Währung, kann er sich die App des Werbetreibenden herunterladen und erhält dafür entsprechend einen Gegenwert in Punkten.

Der Empfänger der Werbebotschaft sucht also selbst nach der Werbung des Advertisers, allerdings ist es häufig nicht die App selbst, die ihn interessiert. Daher ist eine umfassende Erfolgsmessung unerlässlich, um die Qualität der Nutzer zu überwachen.

Abbildung 10-6:
Tapjoy Offer Wall mit App-Angeboten und den erhältlichen Punkten

Vorteile:

- Schnelle und einfache Generierung von App-Downloads.
- Kann auch helfen, zusätzlich die Engagement-Rate (Nutzungsrate) der eigenen App zu steigern.

Nachteile:

- Qualität der generierten Nutzer nicht immer optimal, da sie grundsätzlich andere Intentionen verfolgen (z. B. Punkte für ein Spiel sammeln).

Mobile Videos

Mit steigenden Bandbreiten und Datenvolumina steigt auch das Interesse an Videos auf mobilen Geräten. Mobile Videos kommen beispielsweise in Form von Webvideos und App-Trailern vor und können in Abstimmung mit TV-Werbung auch als Cross-Media-Werbung eingesetzt werden.

Viele mobile Spiele bieten Videowerbeformen, mit denen andere App-Anbieter auf ihr Produkt hinweisen können. Aufgrund des nicht vorhandenen Medienbruchs (ein Klick auf das Video führt den Nutzer direkt zur entsprechenden App-Store-Seite) lassen sich mit Videos große Erfolg erzielen.

Abbildung 10-7:
Video zur Bewerbung eines Simpsons-Spiels

Vorteile:

- Sehr aufmerksamkeitsstarke Werbung.
- Sehr flexibel einsetzbar, bietet zahlreiche Optionen (u.a. Pre-Roll, Mid-Roll, Post-Roll, In-App oder Web).

Nachteile:

- Die Herstellung von Videos-Ads ist verhältnismäßig aufwendig und möglicherweise auch teuer.
- Technische Probleme möglich (z.B. Ladefehler).

Social Media

Soziale Netzwerke wie Facebook oder Twitter bieten spezielle Anzeigenformate an, die besonders für das Bewerben von Apps geeignet sind. Dank umfangreicher Targeting-Optionen können Kampagnen absolut zielgruppengenau ausgespielt werden. Da soziale Netzwerke immer häufiger über mobile Endgeräte genutzt werden, wird die Bedeutung von Social Media Advertising weiter steigen. Werden die Anzeigen direkt im Newsstream des sozialen Netzwerks platziert, spricht man auch von *Native Advertising*.

Abbildung 10-8:
Werbung für myDealz-App bei Facebook

Vorteile:

- Soziale Netzwerke haben eine extrem hohe Reichweite.
- Umfassende Targeting-Optionen verfügbar.
- Idealer Kanal für App-Anbieter.

Nachteile:

- Höhere Nachfrage von Advertisern treibt Kosten in die Höhe.

Mobile Search Engine Advertising (SEA)

Bezahlte Suchwortanzeigen bei Suchmaschinen wie Google (AdWords) oder Bing funktionieren auf mobilen Endgeräten genauso wie auf Desktop-PCs. Die Anzeigen erscheinen immer dann, wenn ein Suchender bestimmte Schlüsselwörter eingibt, die der Werbende zuvor definiert hat. Mit SEA können sowohl mobile Websites als auch App-Downloads beworben werden. Bezahlt wird dabei nach PPC (Pay-per-Click).

Über das *AdWords-System* lassen sich auch Anzeigen in den Suchergebnissen des Google Play Store platzieren. Apple hat ein eigenes System namens *Search Ads*.

Abbildung 10-9:
SEA-Anzeige für Google Notizen in den Suchergebnissen

Vorteile:

- Hohe Click-Through-Rates (CTRs) durch Keyword-Targeting.
- Großes Traffic-Potenzial.
- Für jeden Werbetreibenden interessant.

Nachteile:

- Je nach gewählten Keywords können hohe Kosten entstehen.
- Nicht alle Klicks konvertieren, daher muss hier Erfolgsmessung betrieben werden.

Mobile-Targeting-Optionen

Zu den klassischen Targeting-Mechanismen des Online-Marketings gesellen sich im mobilen Bereich weitere Optionen, mit denen sich Nutzer zielgenau adressieren lassen.

Ort (Location)

Dabei werden Nutzer anhand von ortsbezogenen Daten wie Ländern, Städten oder der Entfernung zu einem genauen Standort ins Visier genommen. Auf diese Weise können auch bestimmte Regionen von der Kampagnenauslieferung ausgeschlossen werden.

Gerät und Betriebssystem

Hierbei werden die Anzeigen an Nutzer bestimmter Geräte (Samsung Galaxy S 8, Apple iPhone) oder -Betriebssysteme ausgeliefert. Einige Ad Networks bieten sogar die Möglichkeit, die Anzeigenlieferung auf bestimmte Versionen eines Betriebssystems zu begrenzen (z. B. iOS 10.0 oder Android 7.1 Nougat).

Mobilfunkanbieter und Internetverbindung

In diesem Fall wird die Auslieferung der Anzeigen an bestimmte Mobilfunkanbieter (z. B. Vodafone, Telekom oder O2) gekoppelt. Darüber hinaus ist es ebenfalls möglich, zwischen Nutzern mit WLAN, LTE oder UMTS zu unterscheiden. Dies kann besonders interessant sein, wenn mit der Kampagne lediglich Besitzer einer schnellen Internetverbindung erreicht werden sollen.

Demografie

Dazu gehören Merkmale wie das Alter oder das Geschlecht der Nutzer. Diese Targeting-Optionen werden beispielsweise von Werbeträgern angeboten, die über eine Nutzerregistrierung verfügen. Es gibt aber auch andere Modelle, um diese Daten zu erheben. Allerdings muss hierbei eine gewisse Fehlerquote akzeptiert werden.

Kategorie

Zu den einfacheren Targeting-Mechanismen gehört das Kategorien-Targeting, das auf bestimmte Inhalte einer App oder Website aufsetzt. Kategorien können beispielsweise Telekommunikation, Autos oder Finanzen sein.

Content-Matching

Beim Content-Matching werden die spezifischen Inhalte von Unterseiten eines Webangebots ausgelesen, und dort werden dann entsprechend passende Anzeigen ausgeliefert. Handelt der Text beispielsweise von einem neuen Smartphone, ist die Seite prädestiniert für die Werbung eines Mobilfunkanbieters.

Behavioural

Es gibt viele verschiedene Ansätze von Behavioural Targeting. Grundsätzlich geht es darum, das Verhalten eines Nutzers auf einer Website oder über verschiedene Websites hinweg zu beobachten, um herauszufinden, welche Inhalte ihn interessieren, und anschließend passende Werbung zu zeigen.

Retargeting

Beim Retargeting werden die Anzeigen ausschließlich denjenigen Personen gezeigt, die bereits die eigene Website besucht haben. So ist es inzwischen sogar möglich, die Anzeigen geräteübergreifend auszuliefern.

Kennzahlen und Erfolgsmessung

Die Notwendigkeit mobiler KPIs

Für Unternehmen, die Apps erstellen, anbieten, bewerben oder in Apps investieren, ist konsequente Erfolgsmessung (*App Analytics*) der wichtigste Schlüssel zum Erfolg. App-Analyse liefert vom Launch der App an in Echtzeit detaillierte Erkenntnisse über die eigenen Nutzer und hilft dabei, sie zum Wiederkehren zu bewegen und den Umsatz pro Nutzer zu steigern. Allerdings ist die Auswahl der richtigen KPIs (*Key Performance Indicators*) entscheidend, um wirklich aussagekräftige Ergebnisse zu erhalten. Daher beschäftigt sich dieses Kapitel nicht nur mit einer Einführung in die App-Analyse, sondern gibt auch Anregungen zur Bestimmung der richtigen Kennzahlen.

Webanalyse vs. App-Analyse

Während die Webanalyse (Erfolgsmessung von Websites auf Desktop-PCs) bereits seit vielen Jahren im Einsatz ist und Online-Marketer schon einige Jahre Erfahrungen sammeln konnten, handelt es sich bei der App-Analyse um ein noch junges Tätigkeitsfeld. Und obwohl viele Marketer gehofft haben, ihre Webanalyseerfahrungen einfach auf den App-Bereich übertragen zu können, mussten sie doch erkennen, dass signifikante Unterschiede zwischen den Feldern bestehen.

Durch den Anstieg der App-Nutzung rücken neue Kennzahlen in den Mittelpunkt, die für die Webanalyse keine Rolle spielen. Mobile Apps werden anders konsumiert, die Nutzungszeiten sind geringer, sie laufen dafür aber konzentrierter ab. Der grundsätzliche Nutzungstrichter (Funnel) von Apps ähnelt zwar dem von Websites, verläuft aber letztendlich doch ganz anders. Der Fokus liegt auf Sessions mit bestimmter Nutzungsdauer statt auf Seitenaufrufen (*Page Impressions*).

Während beim Tracking von Website-Besuchern (Web Analytics) Cookies noch immer eine vorherrschende Bedeutung haben, werden mobile Nutzer durch Geräte-Tracking oder Social-Authentifizierung identifiziert. Eine Session endet in dem Moment, in dem der Nutzer die App schließt oder für 20 Sekunden inaktiv ist. Es werden App-Interaktionen gemessen und Kennzahlen erhoben, die Aufschluss über das Nutzerverhalten und die Nutzerbindung liefern. Der Wechsel von der Betrachtung von Seitenaufrufen hin zur Session-Betrachtung ist der wichtigste Schlüssel auf dem Weg von der Web- zur App-Analyse.

Metriken vs. KPIs

Metriken sind Performanceindikatoren oder Datenpunkte, mit denen die grundsätzlichen Erfolge von Onlinewerbekampagnen bestimmt werden können. Jeder KPI ist auf seine Weise auch eine Metrik, aber nicht jede Metrik ist auch ein KPI. Das gilt besonders für das Mobile Marketing. Typische Metriken für Mobile- bzw. App-Marketing-Kampagnen sind:

- **Impressions** – Anzahl der Einblendungen des mobilen Werbemittels
- **Reach (Reichweite)** – so viele Einzelpersonen haben das mobile Werbemittel gesehen
- **Clicks** – Klicks auf das Werbemittel
- **Quality Score** – wird beispielsweise von Facebook, Google und Bing verwendet; der Quality Score wird aus verschiedenen Faktoren wie Landingpage-Inhalten oder dem Nutzer-Engagement mit dem Werbemittel berechnet und wirkt sich auf die Kosten und Reichweite der Kampagne aus
- **CPM** – Kosten für 1.000 Einblendungen des Werbemittels, auch TKP genannt
- **CTR (Click-Through-Rate)** – Klickrate des Werbemittels)
- **CPC (Cost-per-Click)** – Kosten für einen Klick auf das Werbemittel
- **Kosten** – die Kosten einzelner Kampagnenbestandteile
- **Average Screens per Session,** kann in Verbindung mit dem Umsatz auch ein KPI sein
- **Average Sessions per User,** kann in Verbindung mit dem Umsatz auch ein KPI sein

KPI steht für *Key Performance Indicator* und beinhaltet die Metriken, die für die eigene Mobile- bzw. App-Marketing-Kampagne entscheidend sind. KPIs werden definiert, um aussagekräftige Entscheidungen zu treffen und lähmende Analyseschleifen zu vermeiden (wenn sich beispielsweise die Ergebnisse der Metriken widersprechen).

Metriken wie Klicks oder CPC sind nützlich, um einen Überblick über verschiedene Marketing-Kampagnen zu bekommen und beispielsweise nachzuvollziehen, welcher Teil der Kampagne den größten Teil des Budgets ausmacht. Die KPIs werden anschließend verwendet, um tiefer einzutauchen und die wirkliche Performance zu bestimmen.

> **Praxistipp**
> Die Budgetallokation für die Kampagnen sollte nicht anhand von Metriken vorgenommen werden, sondern immer anhand von KPIs.

Downloads sind kein ausreichender KPI

Der erste Fehler wird von vielen Anbietern gleich zu Anfang gemacht: Sie ziehen die Zahl der App-Downloads als wichtigste Messgröße heran. Doch außerhalb der App-Stores hat die Anzahl der Downloads keine besondere Aussagekraft. Sie zeigen weder, welche Kanäle besonders gut für die Gewinnung neuer Nutzer geeignet sind, noch geben sie Auskunft über das Verhalten der Nutzer innerhalb der App.

Ein großer Teil der heruntergeladenen Apps wird nur ein einziges Mal geöffnet. Anschließend wird die App sofort wieder deinstalliert oder fristet ihr Dasein ungenutzt im Speicher der Smartphones und Tablets. Die Zahl der Downloads hat also im schlimmsten Fall gar keine Aussagekraft. Viel entscheidender ist die Frage, ob und wie sich die Nutzer mit der App beschäftigen.

Da wir nun wissen, dass App-Downloads den Langzeitwert von mobilen Nutzern für das eigene Geschäft nicht abbilden, müssen auf jeden Fall weitere Kennzahlen herangezogen werden. Die erfolgreichsten App-Anbieter erfassen Daten über das Nutzerverhalten, die Aufrechterhaltung der Nutzeraktivität und die Umsatzströme und vergleichen diese anschließend miteinander.

Die richtige Analysestrategie für die eigenen Ziele

Es gibt eine Reihe von Kennzahlen, um die Nutzeraktivität zu messen. Die Bestimmung der richtigen KPIs hängt von den eigenen Zielen ab. Da sich die Ziele von Entwicklern, Marketern, Sales-Verantwortlichen und Unternehmenseigentümern durchaus unterscheiden können, müssen vor dem Start einige Fragen beantwortet werden. Dazu gehören diese:

- Welches Hauptziel soll mit der App erreicht werden?
- Wie sollen sich die Nutzer innerhalb der App verhalten?
- Welchen Pfad soll der Nutzer idealerweise nehmen?
- Welche Conversion-Ziele gibt es?

Nicht alle Apps sind gleich, daher kann die vorherige Festlegung wichtiger Messgrößen schon einen ersten Wettbewerbsvorteil bringen. Intelligente Marketer wissen, dass sie zunächst mit einer Hypothese beginnen, um dann schnell herauszufinden, was für ihre App die beste Herangehensweise ist.

Werden im Vorfeld die richtigen Fragen gestellt, wird auch der Gefahr vorgebeugt, dass Daten nur um ihrer selbst willen gesammelt werden – in der Hoffnung, dass die Antworten zu den passenden Fragen führen.

Nur wer zu Beginn die richtigen Fragen stellt, findet in den Daten die Basis für konsequente Erfolgsmessung.

Die wichtigsten KPIs

Sobald die eigenen Ziele definiert sind, kann es losgehen. Einige KPIs sollten in keiner App-Analyse fehlen. Dazu gehören:

- **Nutzer** – Nutzer-Tracking ist das wichtige erste Puzzleteil. Die gewonnenen Daten ermöglichen nicht nur wichtige Einblicke in die eigene Zielgruppe und grundsätzliche Verhaltensmuster der App-Nutzung, die Daten sind auch wichtig für tiefer gehende Analysen, die Segmentierung der Zielgruppe, das Tracking speziellen Nutzungsverhaltens und das Aufsetzen erfolgreicher App-Marketing-Kampagnen. Mit demografischen Daten lässt sich beispielsweise die Nutzeransprache innerhalb der App, bei Werbekampagnen oder in Push-Nachrichten verfeinern. Weitere interessante Informationen stellen beispielsweise verwendete Gerätetypen, Betriebssysteme (z.B. Android oder iOS) oder die Tageszeiten, zu denen die App besonders stark genutzt wird, dar. Darüber hinaus liefert das Nutzer-Tracking wichtige Erkenntnisse für die Umsatzgenerierung, da es Daten zur Zahlungsbereitschaft von In-App-Käufen und zur Bereitschaft, auf Anzeigen zu klicken, liefert. Sobald die eigene Publikumsbasis und die aktiven Nutzer verstanden werden, steht das Grundgerüst, um die Nutzeraktivität zu optimieren.

- **Session-Dauer** – Die Dauer der Session erfasst den Zeitraum zwischen dem Öffnen und Schließen einer App. Alternativ findet ein automatisches Timeout statt, wenn der Nutzer für eine bestimmte Zeit inaktiv ist (z.B. nach 20 Sekunden). Dadurch wird gemessen, wie lange sich welcher Teil der Nutzerschaft mit der eigenen App beschäftigt und warum das so ist. Das Tracking der Session-Dauer ist wichtig, um die Umsatzpotenziale der eigenen App voll zu entfalten. Handelt es sich beispielsweise um eine M-Commerce-App, stellt sich die Frage, wie lange der Nutzer bis zum Abschluss der Bestellung benötigt. Liegt die durchschnittliche Nutzungszeit der App beispielsweise unterhalb der notwendigen Dauer für den Bestellprozess, muss entweder die durchschnittliche Nutzungszeit gesteigert oder der Bestellprozess vereinfacht werden (Trichteroptimierung).

- **Session-Intervall** – Mit dem Session-Intervall wird gemessen, wie lange es nach dem ersten Gebrauch dauert, bis der Nutzer die App ein zweites Mal öffnet. Nach mehrfachem Öffnen kann daraus die durchschnittliche Frequenz errechnet werden. Mit diesem Wert kann die App gezielt darauf optimiert werden, die Frequenz zu senken und den Nutzer häufiger zum Öffnen der App zu animieren.

Fällt beispielsweise auf, dass bei Tablet-Nutzern längere Session-Intervalle als bei Smartphone-Nutzern vorliegen, könnte das daran liegen, dass die App nicht an die erweiterten Darstellungsmöglichkeiten der größeren Tablet-Displays angepasst wurde. Mit einer speziellen Tablet-Darstellung könnten die Session-Intervalle anschließend verkürzt werden. Auch Push-Nachrichten, App- oder In-App-Marketing-Kampagnen können dazu geeignet sein, die Session-Intervalle zu verkürzen.

- **In-App-Zeit** – Im Gegensatz zur Session-Dauer misst die In-App-Zeit nicht die Länge einer Sitzung innerhalb der App, sondern die Gesamtnutzungszeit innerhalb einer bestimmten Periode (z. B. 24 Stunden). Daraus kann abgeleitet werden, wie oft die App verwendet wird und wie wertvoll sie für die Nutzer ist. Öffnet ein bestimmtes Nutzersegment die App beispielsweise regelmäßig für einen langen Zeitraum, muss man sich die Frage nach dem Warum stellen. Folgen die Nutzer alle dem gleichen Muster, kaufen sie häufiger ein, oder recherchieren sie nur? Mit diesen Informationen lässt sich die App weiter optimieren und verbessern.

- **Nutzererfahrung** – Die Tatsache, dass die eigene App genutzt wird, sagt noch nicht viel darüber aus, ob sich die User auch gern damit beschäftigen. Nutzerbewertungen und -berichte in den App-Stores geben natürlich Auskunft darüber, wie sie die App wahrnehmen. Dennoch sollten weitere Daten erhoben werden, um beispielsweise App-Abstürze zu dokumentieren. So kann etwa per In-App-Messenger direktes Feedback vom Nutzer eingeholt werden. Ein nicht zu vernachlässigender Faktor für den Erfolg einer App sind auch die Ladezeiten. Braucht eine App erst mal zehn Sekunden, bevor sie sich überhaupt öffnet, kann dies für viele Nutzer bereits zu lang sein, und sie schauen sich direkt nach einer Alternative um. In der mobilen Welt spielen Ladezeiten eine noch wichtigere Rolle als im stationären Internet.

- **Nutzerakquise** – Der am meisten Erfolg versprechende Weg, um neue Nutzer zum Download der eigenen App zu bewegen, ist ein Blick auf bereits bestehende App-Nutzer. Wie haben diese von der Existenz der App erfahren? Lief es über die organische Suche in Suchmaschinen, bezahlte Anzeigen, In-App-Werbung oder gar Mund-zu-Mund Propaganda? Nutzer laden verschiedene Apps aus verschiedenen Gründen herunter, und es ist gut, zu wissen, auf welchem Weg die eigene Zielgruppe am besten erreicht wird. Vor allem für bezahlte Kampagnen über Plattformen wie Facebook oder Twitter sind diese Kennzahlen wertvoll. Sie geben Auskunft darüber, wie teuer die Akquise der Nutzer ist und welche Aktionen sie innerhalb der App durchführen. Bei bezahlten Anzeigen kommt es unterm Strich auf den *Return on Investment* (ROI) an und nicht nur auf die Zahl der generierten Downloads. Mit den Akquise-Kennzahlen kann der Wert von Nutzern aus verschiedenen Marketing-Kanälen miteinander verglichen werden. Außerdem helfen die Kennzahlen bei der Segmentierung der Nutzer für Push-Nachrichten.

- **User Journey** – Bei welcher App-Unterseite springen die Nutzer ab, von wo aus wechseln sie zu welcher Seite, wie viele Aufrufe hat eine bestimmte Seite? Die User Journey bildet ab, wie die Nutzer mit der App interagieren. Bestimmte Unterseiten der App werden betrachtet, und es wird nachvollzogen, was die Nutzer auf der Seite gemacht haben und wohin sie danach gegangen sind. Wenn Sie wissen, wie sich die Nutzer durch Ihre App bewegen, können Sie Problemfelder, Conversion-Sackgassen und Absprungseiten identifizieren und beseitigen. Die User-Journey-Analyse zeigt genau, was Nutzer – die einen bestimmten Pfad nicht zu Ende gegangen sind – stattdessen gemacht haben, und bildet damit die Grundlage zur Conversion-Optimierung. So können Nutzungstrichter vereinfacht oder verlorene Nutzer per In-App-Marketing wieder reaktiviert werden.

- **Retention-Rate/Churn-Rate** – Einen Nutzer per Marketing dazu zu bringen, die eigene App herunterzuladen, mag noch relativ einfach zu bewerkstelligen sein. Schwieriger ist es allerdings, Nutzer zum wiederholten Öffnen der App zu animieren – vor allem über einen längeren Zeitraum. Viele Apps haben damit zu kämpfen, dass sie zwar für kurze Zeit einen Hype bei den Nutzern erzeugen können, nach wenigen Monaten aber eigentlich nichts mehr von ihnen zu hören ist. Die Retention-Rate beschreibt den prozentualen Anteil der Nutzer, die nach einem Öffnen der App wiederkommen. Dabei lassen sich verschiedene Zeiträume betrachten, z. B. die Wiederkehr nach einem Tag, einer Woche oder einem Monat. Außerdem fällt der Wert bei verschiedenen Geräten, Nutzergruppen und Werbekampagnen unterschiedlich aus. Ein besonders wichtiger Zeitpunkt zur Überprüfung der Retention-Rate ist der nach der Veröffentlichung eines Updates. Hier muss zwingend überprüft werden, ob sich die Retention verändert. Es sind vor allem die regelmäßigen Nutzer, die eine App erfolgreich machen. Das haben auch die App-Stores erkannt, die in ihren Charts mehr und mehr langfristig verwendete Apps bevorzugen. Regelmäßige App-Nutzer werden auch mit höherer Wahrscheinlichkeit zu Käufern, bringen dadurch mehr Umsatz und verfügen insgesamt über einen höheren Lifetime Value. Auf der anderen Seite beschreibt die Churn-Rate, wie viele Nutzer nach einer bestimmten Zeit aufhören, die eigene App zu verwenden. Es gibt viele verschiedene Wege, die Churn-Rate zu berechnen – je nachdem, wie exakt das Ergebnis sein soll.

- **Durchschnittlicher Umsatz pro einzelner Nutzer (ARPU)** – Es ist natürlich schön, eine App mit vielen Nutzern zu haben, von denen ein großer Teil auch noch regelmäßig wiederkommt. Doch an irgendeiner Stelle müssen Umsätze generiert werden, die den Entwicklungsaufwand der App rechtfertigen. Der *Average Revenue per User* (ARPU) beschreibt den Wert jedes einzelnen Nutzers für die eigene App. App-Umsätze entstehen vor allem durch In-App-Verkäufe, Werbeeinnahmen und M-Commerce-Erlöse. Die M-Commerce-Umsätze können allerdings nicht immer nur isoliert für die App betrachtet werden. Da die Customer Journeys bei Onlinekäufen immer häufiger über mehrere Geräte hinweg verlaufen, kann es durchaus sein, dass dem Smartphone eine vorbereitende Rolle zuteilwird (Produktrecherche), der Kauf dann aber trotzdem auf dem Desktop-PC abgeschlossen wird.

- **Lifetime Value** – Der Lifetime Value ist die wichtigste Umsatz-Messgröße, denn sie beschreibt den finanziellen Erfolg der App und den Wert jedes Nutzers über den gesamten Lebenszyklus hinweg – wobei nicht nur Umsatzzahlen einen direkten Wert darstellen können. Die Betreiber einer News-App schauen möglicherweise eher darauf, wie viele Artikel gelesen und Ad Impressions dabei generiert wurden. Für die Anbieter einer Musik-App wie z. B. einem Onlineradio zählt hingegen zunächst mal die Zeit, die der Nutzer innerhalb der App verbringt. Ansonsten spielt der monetäre Wert des Nutzers aber natürlich die wichtigste Rolle. Shopping-Apps interessieren sich für die Zahl und den Wert von Verkäufen, während Spieleanbieter ihre In-App-Verkäufe im Auge haben. Mit dem Lifetime-Value-Wert für verschiedene Nutzersegmente kann ermittelt werden, wie viel Werbebudget aufgewendet werden kann, um weitere Nutzer dieser Art zu akquirieren und dabei weiterhin einen positiven Deckungsbeitrag zu erzielen.

Wie wird der Erfolg der App-Store-Optimierung gemessen?

Die Erfolgsmessung beim App-Marketing ist grundsätzlich schwieriger als die Webanalyse für Websites – vor allem bei der Bewertung von Inbound-Maßnahmen wie der App-Store-Optimierung. In Zukunft werden sicher weitere Services und Tools erscheinen, die entsprechende Missstände beheben werden. Bis es so weit ist, können sich App-Anbieter aber auf die folgenden Daten stützen.

- **Top-Charts** – Die App-Store-Charts bieten eine gute Übersicht, wie die eigene App im Vergleich zu anderen Apps »performt«. Besonders die Charts der einzelnen Kategorien sind dazu geeignet, den eigenen Erfolg in Relation zum Wettbewerb zu setzen.

- **Suchergebnisse** – Analog zur Websuche für Websites können Anbieter die App-Store-Suche verwenden, um die Position der eigenen App für bestimmte Keywords in den Suchergebnislisten zu erfahren. Durch Wiederholungen lassen sich Rückschlüsse auf die Entwicklung des Rankings über einen bestimmten Zeitraum ziehen. Auch die Beobachtung der Konkurrenz ist auf diese Weise möglich.
- **Ratings und Nutzerkommentare** – Nutzerbewertungen und -kommentare sind nicht nur geeignete Instrumente für die App-Store-Optimierung (ASO), sondern liefern auch viele interessante Informationen darüber, wie die eigene App von den Nutzern wahrgenommen wird. Gegebenenfalls können sogar passende Keywords für die App-Store-Optimierung aus den Kommentaren extrahiert werden.
- **Downloads** – Die Korrelation aus Downloads und Ergebnispositionen erlaubt es, den Erfolg eigener App-Store-Optimierungsbemühungen zu bestimmen. Wie haben sich beispielsweise die Downloads entwickelt, nachdem die App für das Keyword »xy« von Platz 5 auf Platz 2 in den Suchergebnissen gerückt ist? Die Methode ist zwar sehr ungenau, aber sie hilft immerhin weiter.
- **Conversion und Umsatz** – Unterm Strich ist der Umsatz natürlich die entscheidende Größe, wenn es um die Bewertung von Marketing-Maßnahmen geht. Der Ansatz zur Erfolgsmessung ist dabei der gleiche wie bei der Korrelation von Downloads und dem Ranking der App. Darüber hinaus sollte die Conversion-Rate im Blick behalten werden. Es kommt nämlich häufig vor, dass die Conversion-Rate durch verstärkte App-Store-Optimierungsmaßnahmen zunimmt. Steigt also die Conversion-Rate an, ist dies auch ein Indikator für erfolgreiche ASO.

Lernen von Erfolgsbeispielen

Kampagne 1: Google Universal App Campaign

Universal App Campaigns von Google gehört zu den beliebtesten Instrumenten zur Generierung von Installationen für Android- oder iOS-Apps. Schließlich lassen sich auf diesem Weg nicht nur günstig Downloads erzeugen, die Kampagnen können auch leicht aufgesetzt und skaliert werden. Doch der große Vorteil der Universal App Campaigns ist gleichzeitig auch ein großer Nachteil.

Um den Setup-Prozess so einfach wie möglich zu gestalten, können Werbetreibende eigentlich keine manuellen Kampagnenoptimierungen vornehmen. Auch das für die Optimierung notwendige Reporting fällt eher rudimentär aus. Der Advertiser soll sich stattdessen auf die

Algorithmen des Ad-Servers verlassen, der die Kampagnenresultate durch gesammelte Daten sukzessive selbstständig verbessert.

Trotzdem gibt es Möglichkeiten, die Kampagne auch selbst zu optimieren.

1. **Werbemittel**

    Beim Anlegen einer Universal App Campaign werden die meisten Parameter automatisch vergeben. Dazu gehören der App-Name und das Icon, die direkt aus dem jeweiligen App-Store übernommen werden. Vom Advertiser optional angepasst werden können bis zu fünf verschiedene Anzeigentexte (mit jeweils bis zu 25 Zeichen), bis zu zehn Bilder und bis zu fünf YouTube-Videos.

    Leider erhält der Advertiser keine separaten Reportings für die verschiedenen Anzeigentexte, Bilder und Videos. Allerdings kann durch einen gezielten A/B-Test zumindest ein bisschen manuelle Optimierung betrieben werden. Die Kunst besteht darin, immer jeweils nur einen Text oder eine Grafik zu verändern und die Ergebnisse anschließend zu vergleichen. Um aussagekräftige Resultate zu erzielen, sollte der Zeitraum eines A/B-Tests immer identisch sein.

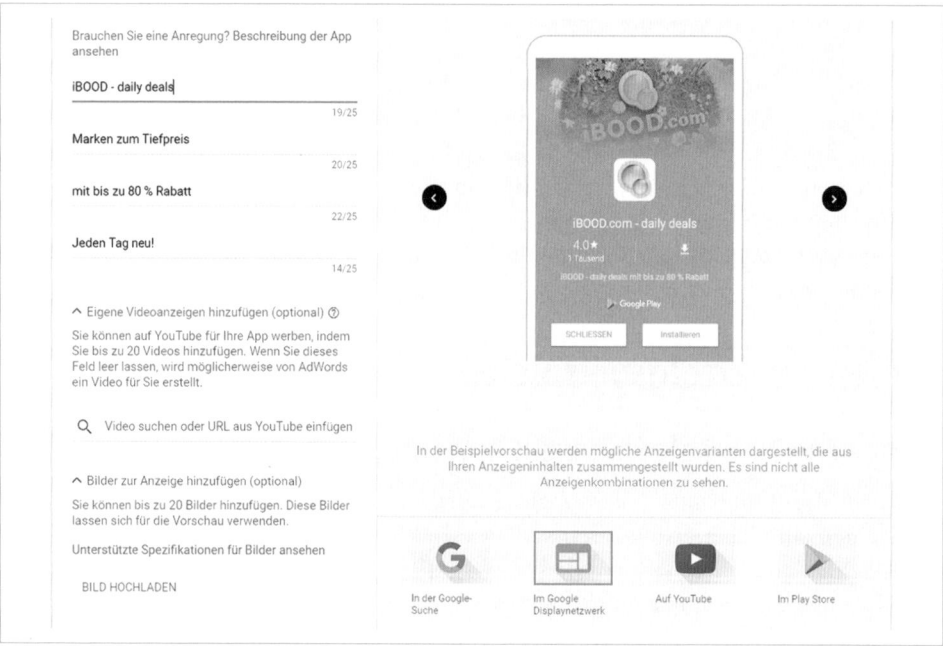

Abbildung 10-10:
Anlegen einer Universal App Campaign bei Google

2. **Gebote**

    Die Kampagnengebote sind einer der stärksten Hebel zur Optimierung der App-Install-Kampagne. Für den Advertiser ist es sinnvoll, sehr unterschiedliche Gebote zu testen und ihre Performance zu vergleichen. Gegebenenfalls muss das Budget ebenfalls angepasst werden, damit das Volumen identisch bleibt. In der Regel liegt der tatsächliche *Cost-per-Install* (CPI) unter dem Höchstgebot.

Vorsicht ist hingegen bei der Optimierung auf Nutzer geboten, die mit großer Wahrscheinlichkeit ausgewählte In-App-Aktionen ausführen. Dabei kommt es häufig vor, dass genau der angegebene maximale CPI abgerechnet wird. Google versucht, über die Gesamtkampagne durchschnittlich auf diesen CPI hin zu optimieren, und nimmt dabei zum Teil auch höhere Kosten in Kauf.

Abbildung 10-11:
Festlegen des Ziel-CPI (Cost-per-Install)

3. **Geo-Targeting**

   Google empfiehlt, Universal App Campaigns auf Länderebene auszusteuern und das Tagesbudget auf den 50-fachen Wert des CPA zu setzen. In der Praxis wird aber durch eine Limitierung des Budgets und ein Targeting auf Bundesländer häufig eine bessere Performance erzielt.

Wie schon am Anfang beschrieben, zieht Google den App-Namen und das Icon automatisch aus dem jeweiligen App-Store. Ergo lassen sich durch eine geschickte Gestaltung dieser Parameter Optimierungen erreichen – zumindest für Android-Apps. In der Google Developer Console kann nämlich nachgesehen werden, wie die Conversion-Rate der eigenen App im Vergleich zum Wettbewerb dasteht. Liegt die CTR unter dem Durchschnitt, könnten Änderungen in diesem Bereich sinnvoll sein.

Kampagne 2: App-Install-Kampagne mit Facebook

Eine weitere erfolgversprechende Maßnahme zur Steigerung von App-Downloads sind Facebook Ads für Apps. Eingeführt wurde der Service im Spätsommer 2012. Ab Oktober 2013 wurde der Funktionsumfang erweitert: So lassen sich nun Teaser-Videos in die Anzeigen integrieren, was insbesondere für die Präsentation von Spielen geeignet ist. Außerdem wurde das Bezahlungsmodell um die CPA-Variante erweitert. In diesem Fall zahlen Advertiser nur dann, wenn ein Nutzer die App tatsächlich installiert. Zuvor war es lediglich möglich, eine Zahlung nach CPC- (pro Klick) oder CPM-Modell (Tausender-Kontakt-Preis) abzuwickeln. Für die CPA-Abrechnung muss der App-Anbieter allerdings das Facebook-SDK installieren oder mit einem Mobile-Measurement-Partner von Facebook zusammenarbeiten.

Ein weiterer Grund dafür, Apps über Facebook Ads zu bewerben, ist die Tatsache, dass Nutzer Facebook selbst immer häufiger von mobilen Endgeräten wie Smartphones oder Tablets aus aufrufen. Daher besteht zwischen der Werbung und der Installation von Apps kein Medienbruch. Die verschiedenen von Facebook angebotenen Targeting-Mechanismen erlauben eine zielgruppengenaue Aussteuerung der Werbung.

App-Nutzung mit Facebook Ads erhöhen

Facebook Ads für Apps sind übrigens nicht nur dazu geeignet, neue Nutzer vom Download einer bestimmten Applikation zu überzeugen, es lassen sich auch Personen ansprechen, auf deren Smartphones oder Tablets die App bereits installiert ist. So können Anbieter von Reise-Apps bestimmte Reisen in den Facebook-Anzeigen bewerben. Klickt der Nutzer auf die Anzeige, wird er sofort zum entsprechenden Angebot innerhalb der App geführt. Das Gleiche gilt für Produktwerbungen in Apps von Onlineshops, Nachrichten in News-Apps oder bestimmte Levels in Spielen. Voraussetzung für die Verwendung dieser Funktion ist die Möglichkeit, bestimmte Bereiche der App per Deep-Linking anspringen zu können.

Soll es bei der Werbekampagne einzig darum gehen, neue Installationen zu generieren, lassen sich bestehende App-Nutzer natürlich auch ausschließen.

Statistiken zu den App-Downloads

Die Werbekampagne liefert interessante Statistiken zu den Nutzern, die eine beworbene App heruntergeladen haben. Dazu gehören Geschlecht, Alter, Sprache und Herkunftsland. Diese Daten können anschließend verwendet werden, um die Kampagne noch besser auf die eigene Zielgruppe auszurichten.

Einrichtung der Kampagne

Im Werbeanzeigen-Manager von Facebook wird zunächst der Punkt *Erhalte mehr Installationen deiner App* gewählt.

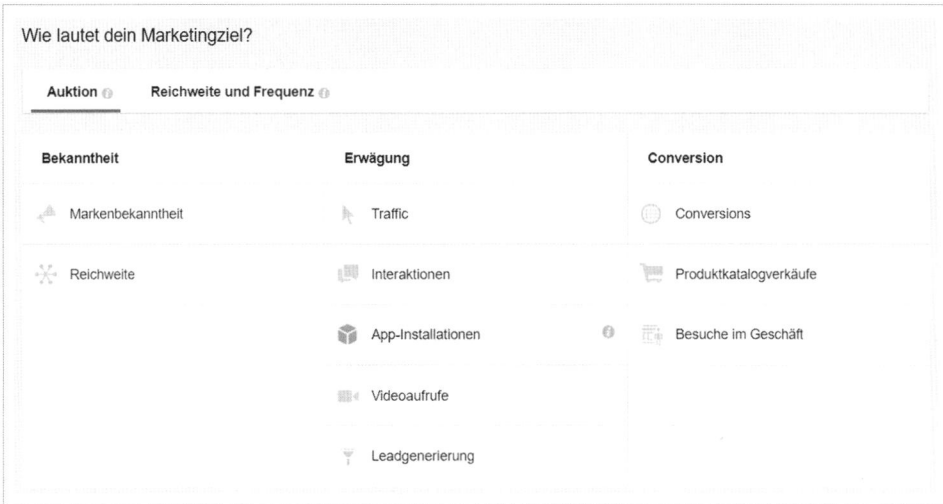

Abbildung 10-12:
Auswahl des Kampagnenziels (App Installs) bei Facebook

Anschließend wird die App-Store-URL der App eingegeben, die beworben werden soll.

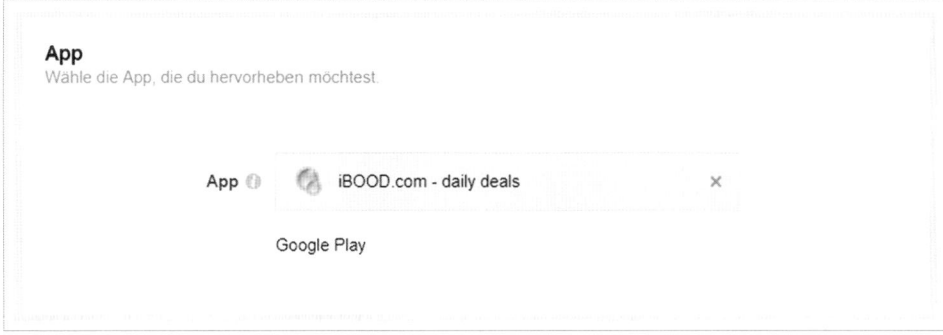

Abbildung 10-13:
Facebook erkennt die App anhand der App-Store-URL

Im nächsten Schritt wird die Zielgruppe festgelegt. Dazu gehören Custom Audiences, Länder, Alter, Sprachen, Interessen und Verbindungen. Über die Platzierung (automatisch oder manuell) wird beispielsweise festgelegt, ob die Anzeigen nur auf Facebook oder auch auf Instagram ausgespielt werden sollen. Weiter geht es dann mit den Geräten (es lassen sich Unterscheidungen nach Smartphones, Tablets,

Betriebssystemen und Betriebssystemversionen vornehmen), der Verbindung (WLAN oder mobile Daten) sowie dem Budget.

Zum Schluss werden noch die Werbemittel erstellt. Dabei können scrollbare Bilder (Karussell), Einzelbilder, ein Video (vor allem für Spiele geeignet) oder Slideshows verwendet werden.

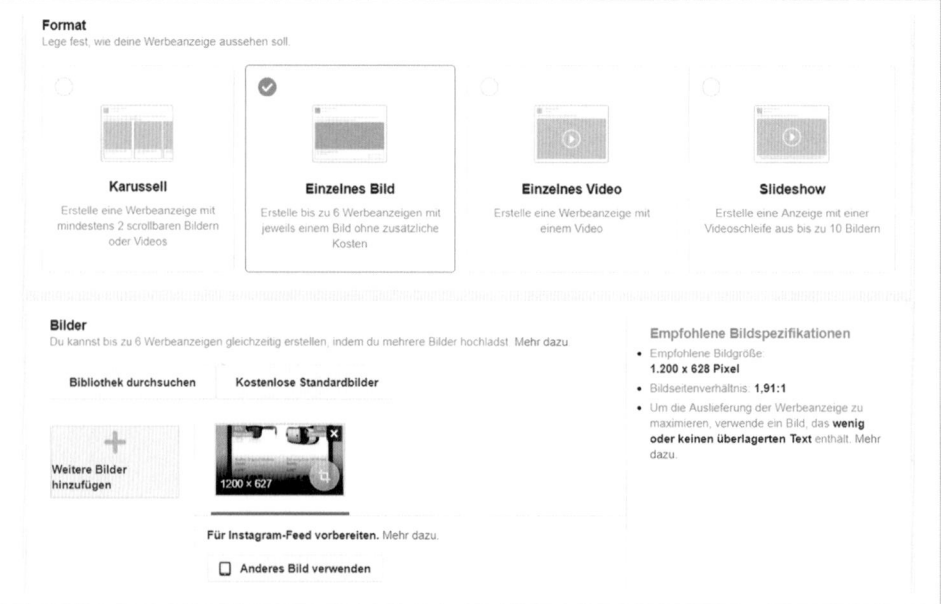

Abbildung 10-14:
Erstellung der Werbemittel einer App-Install-Kampagne bei Facebook

So könnte die finale Anzeige aussehen:

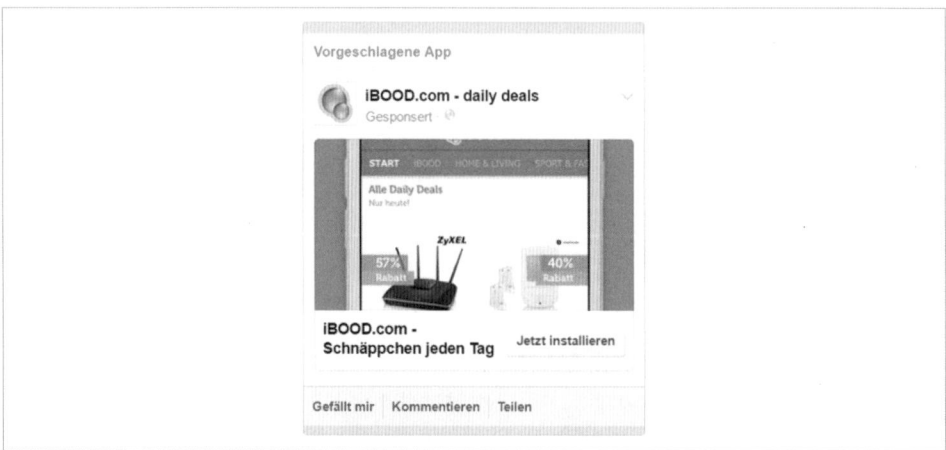

Abbildung 10-15: Mögliche finale Anzeige

Weitere Optimierungsmöglichkeiten

Nach Monaten der Ankündigung weitete Facebook im Dezember 2016 sein *Dynamic Ads Programm* auf App-Installationen aus. Mit Dynamic Ads werden Nutzern In-App-Produkte angezeigt, die sie sich bereits angesehen haben (z.B. auf der Website). Das können beispielsweise Kleidungsstücke, Reisen oder Hotelzimmer sein. Das Ziel ist, den Nutzer zur Installation der App zu animieren.

Produktfeed (Katalog)

Um Dynamic Ads für App Installs nutzen zu können, muss ein *Produktfeed* vorliegen, bei Facebook *Katalog* genannt. Dieser enthält eine strukturierte Auflistung aller Produkte, die über den Onlineshop oder die eigene App vertrieben werden. Neben dem Produktnamen enthält der Feed beispielsweise auch den Preis, die Kategorie und den Lagerbestand.

Aufbau eines Produktfeeds

- Format: XML, CSV, TSV
- Trennzeichen: Tabulator, Balken, Komma oder Tilde
- Format: UTF8 oder ISO 88591
- Pflichtparameter müssen enthalten sein

Folgende Felder muss es geben:

- ID (muss eindeutig sein und darf im Nachhinein nicht verändert werden)
- availibility (in stock, out of stock, preorder, available for order)
- condition (new, used, refurbished)
- description (max. 5.000 Zeichen)
- image_link (1.200 × 630 Pixel, Seitenverhältnis 1,9:1)
- link (URL des Produkts)
- title (max. 100 Zeichen)
- price (Preis und Währung)
- gtin (global trade item number), mpn (manufacturer's part number) oder brand (Markenname) – mindestens eine Angabe

Optional können weitere Angaben wie Farben oder Versandzeiträume angegeben werden. App-Spezifikationen werden durch Parameter wie ios_url hinzugefügt.

Ergebnis

Mit Dynamic Ads versehene Kampagnen weisen nach bisherigen Erfahrungen eine bis zu 10% bessere Conversion-Rate auf. Auch die Löschquote sinkt nach ersten Erkenntnissen in den fast zweistelligen Prozentbereich. Durch den günstigeren CPI konnten insgesamt mit dem gleichen Budget 9% mehr Downloads erreicht werden.

Kampagne 3: Push-Nachrichten-Kampagne

Nutzer der iBOOD-App erhielten täglich aus der App heraus eine Push-Nachricht mit dem Hauptangebot des Tages. Die Klickrate lag bei 5% (Nutzer, die über die Push-Nachricht in die App gelangten), die Verkaufsrate nur bei 0,2%.

Durch Segmentierung konnten beide KPIs signifikant verbessert werden. So wurden beispielsweise nur noch den Nutzern eine entsprechende Push-Nachricht zugesandt, die in der Vergangenheit ein Produkt aus dem gleichen Segment gekauft hatten. Darüber hinaus wurden Nutzer, die seit langer Zeit gar nichts mehr gekauft hatten, mit einem Versandkostengutschein angesprochen. Durch solche Maßnahmen konnte die Klickrate zeitweilig auf 20% gesteigert werden. Auch die Conversion-Rate ging deutlich nach oben. Im Folgenden werden die Learnings aus der Push-Nachrichten-Kampagne skizziert.

Einfache An- und Abmeldung ermöglichen

Im Idealfall fragen App-Anbieter ihre Nutzer, bevor sie ihnen Push-Nachrichten zusenden. Die Anmeldung sollte dabei genauso einfach von der Hand gehen wie die Abmeldung. Überhaupt ist höchstmögliche Transparenz über den Sinn und Zweck der Push-Meldungen ratsam. Durch das Herausstellen der Vorteile werden die Nutzer animiert, sich für den Erhalt der Push-Nachrichten anzumelden.

Nutzer in Segmente einteilen

Mit einer Universalstrategie für alle Nutzer wird viel Potenzial verschenkt. Stattdessen ergibt es Sinn, die Empfänger der Push-Nachrichten anhand von verschiedenen Charakteristiken in Gruppen einzuteilen. Die Push-Messages werden anschließend passgenau auf die unterschiedlichen Zielgruppen zugeschnitten.

Personalisierte und transaktionsorientierte Sprache verwenden

Nachdem die Push-Nachrichten in verschiedene Zielgruppen segmentiert wurden, werden sie jeweils mit personalisierten Messages angesprochen. Dabei darf ruhig eine Sprache verwendet werden, die beim

Nutzer einen gewissen Handlungsdruck erzeugt (z. B. nur noch bis 24 Uhr). Die für die Handlung notwendigen Schritte müssen für den Nutzer klar ersichtlich sein, und er wird mittels Deep-Linking direkt zum Kaufangebot innerhalb der App geführt. Ein Link zur Startseite der App ist nicht ausreichend.

Versandzeiten sorgfältig planen

Beim Versand der Push-Nachrichten muss beachtet werden, dass sich die Nutzer in verschiedenen Zeitzonen befinden können. Der Versandzeitpunkt wird also dementsprechend angepasst und variiert. Auch Urlaubszeiten können in die Versandplanung mit einfließen. Abgelaufene Push-Nachrichten müssen im Gegenzug zurückgezogen werden (wenn Angebote beispielsweise durch Zeitzonenverschiebungen nicht mehr gültig sind).

Die passende Versandfrequenz bestimmen

Verschiedene Zielgruppen lassen sich unterschiedlich häufig mit Push-Nachrichten bespielen. Tests liefern das Know-how dazu, welche Frequenz von den Nutzern akzeptiert wird. Zu häufiges Penetrieren wirkt sich definitiv negativ aus und wird vom Nutzer mit erhöhten Abmeldequoten bestraft.

A/B-Tests durchführen

Um die passende Ansprache der Nutzer zu finden, müssen verschiedene Aktionsaufforderungen, Texte, Angebote, Nachrichtenlängen etc. getestet werden. Experimentieren führt zu neuen Erkenntnissen und letztendlich zum Erfolg.

Vorgänge automatisieren

Der Versand von Push-Message-Ketten, deren inhaltliche Aussagen aufeinander aufbauen, sollte bereits im Vorfeld komplett geplant werden. Neu angemeldete Nutzer werden nahtlos in laufende Kampagnen integriert. Durch geschickte Automatisierung der Vorgänge lässt sich viel manueller Aufwand einsparen.

Die richtigen KPIs messen

Um den Erfolg der Marketingbemühungen mit Push-Messages richtig beurteilen zu können, müssen die wichtigen Key-Performance-Indikatoren (KPIs) identifiziert und im Auge behalten werden. App Analytics Systeme helfen bei der Messung und Optimierung. Die Anzahl der App-Öffnungen durch Nutzer ist kein ausreichender Wert zur Erfolgsmessung.

Checklisten für erfolgreiches Mobile Marketing

Checkliste für die App-Marketing-Strategie

- ✓ Key Performance Indicators festlegen, die die definierten Ziele optimal unterstützen und messbar sind.
- ✓ Die App auf interne oder externe Zwecke ausrichten (In-App-Marketing, -Purchase oder -Service).
- ✓ Zielgruppen analysieren: Wo sitzen die Nutzer? Welche Interessen haben sie? Welches Betriebssystem verwenden sie etc.
- ✓ Ein ansprechendes App-Icon, aussagekräftige Screenshots und eine überzeugende Beschreibung entwickeln.
- ✓ Festlegen, ob die App nur für Smartphones oder auch für Tablets geeignet ist und für welche Betriebssysteme sie vorliegt.
- ✓ App für die Länder, in denen sie beworben werden soll, lokalisieren.
- ✓ Eine App-Analytics-Software etablieren (z. B. Adjust oder Appsflyer).
- ✓ Ansprechende Werbemittel erstellen.
- ✓ Kampagnenbudget und den möglichen CPI (Cost-per-Install) festlegen (Gebote dementsprechend abstimmen).

Checkliste für die App-Store-Optimierung

Zielgruppe und Wettbewerb verstehen

- ✓ Welche Sprache sprechen meine Nutzer?
- ✓ Wie würden sie meine App beschreiben?
- ✓ Aus welchen Gründen würden sie meine App herunterladen?
- ✓ Welchen USP habe ich?
- ✓ Auf welche Keywords optimieren meine Mitbewerber?
- ✓ Wie schwer ist es, bei bestimmten Keywords gegen den Wettbewerb anzutreten?
- ✓ Sollte ich auf schwer umkämpfte Keywords optimieren oder lieber auf weniger hart umkämpfte (die dafür weniger Suchvolumen haben)?

App-Name

- ✓ Habe ich einen aussagekräftigen App-Namen und eventuell Keywords im Titel?
- ✓ Ist mein App-Name noch kurz genug?

- ✓ Sind die verwendeten Buchstaben URL-freundlich (keine Sonderzeichen)?

Keywords

- ✓ Habe ich das Keyword-Feld mit den passenden Keywords bestückt (iOS)?
- ✓ Kommen wichtige Keywords in der Beschreibung vor (Android)?

Beschreibung

- ✓ Verstehen Nutzer nach dem Lesen der Beschreibung, was die App ihnen bringt?
- ✓ Kommen wichtige Keywords in der Beschreibung vor (Android)?
- ✓ Wird in den ersten Zeilen der Beschreibung Interesse geweckt?
- ✓ Wurde die Beschreibung in verschiedene Sprachen übersetzt (nicht per Google Translate)?

Icon, Screenshots und Video

- ✓ Ist mein Icon ansprechend, und fällt es innerhalb der Suchergebnisse der App-Stores auf?
- ✓ Vermitteln die Screenshots einen passenden Eindruck von der App?
- ✓ Gibt es ein App-Video?
- ✓ Wird die App regelmäßig aktualisiert?

Bewertungen und Kommentare

- ✓ Werden Nutzer zur Abgabe von Bewertungen und Kommentaren animiert?
- ✓ Habe ich gute Bewertungen und Kommentare?

Linktipps zu Mobile Marketing

- *http://www.internetworld.de/autor/ingo-kamps-967752.html* – Internet World Business Expert Insights – monatliche Kolumne von Ingo Kamps zum Thema Mobile Marketing
- *http://mobilemarketingmagazine.com* – englischsprachiges Magazin mit allen Themenbereichen des mobilen Business
- *http://www.mobile-marketing-buch.de* – Buch von Ingo Kamps, das sich ausschließlich dem Thema Mobile Marketing widmet
- *http://www.mobilbranche.de* – deutschsprachiges Onlinemagazin zu M-Commerce, Mobile Marketing und mehr
- *https://www.adjust.com/blog/* – Blog des deutschen App-Analytics-Anbieters Adjust mit spannenden Insights

- *https://www.appsflyer.com/blog/* – Blog des israelischen App-Analytics-Anbieters Appsflyer mit Case Studies, Marktforschungsergebnissen und vielem mehr

Interview mit Rufkan Bicakci

Welche Aufgaben gehören zu Ihrer Tätigkeit als Mobile Marketing Manager bei der Frankfurter Buchmesse? Wie sieht ein typischer Arbeitstag aus?

Als Online und Mobile Marketing Manager der Frankfurter Buchmesse bin ich verantwortlich für die App der Frankfurter Buchmesse – von der Konzeptionierung über die strategische Ausrichtung bis hin zu Dienstleisterauswahl, Qualitätssicherung und Budgetkontrolle. Hauptziel der Buchmesse-App ist es, eine kompakte Orientierungshilfe für die fünf Messetage auf dem Smartphone bereitzustellen. Der wichtigste Bestandteil dabei sind die Verzeichnisse (Ausstellerverzeichnis, Autorenverzeichnis und Veranstaltungskalender) die, anders als in unseren Webverzeichnissen, kompakter abgebildet werden müssen. Die Qualitätssicherung und die Anpassung der einzelnen Schnittstellen sind daher für uns sehr wichtig. Darüber hinaus sind redaktionelle Arbeiten notwendig, um Veranstaltungen rund um die jeweiligen Schwerpunktthemen hervorzuheben (z. B. Bildung, Kinder- und Jugendmedien, The Arts+, The Beauty and the Book Award etc.). Hierfür befragen wir Branchen-Influencer und Autoren zu ihren Highlights und Empfehlungen, die wir als VIP-Touren in die App einarbeiten.

Was macht einen guten Mobile Marketing Manager aus?

Sehr gute Frage... Grundsätzlich denke ich, dass man ein gutes Gespür dafür haben muss, wie komplexe Informationen auf einem Smartphone/Tablet ansprechend und leicht zugänglich dargeboten werden sollten, damit die Nutzung Spaß macht. Dafür ist es aus meiner Sicht sehr wichtig, viel zu recherchieren, Benchmarking zu betreiben und mobile Entwicklung aus der Presse zu verfolgen.

Wie gelingt es, traditionelle und eher konservative Unternehmen wie z. B. eine Messegesellschaft für die mobile Zukunft »fit« zu machen? Müssen Sie viel Pionier- und Überzeugungsarbeit leisten?

Die Frankfurter Buchmesse ist die weltgrößte Fachmesse für das Publishing mit mehr als 7.000 Austellern und rund 4.000 Veranstaltungen an fünf Tagen. Diese verteilen sich auf 13 Hallenebenen mit 141.000 m² Bruttofläche, die nur mit gründlicher Planung einen Erfolg garantieren können.

Damit unsere Besucher/Aussteller die für sie relevanten Kontakte und Veranstaltungen vor Ort besser antreffen können, bietet die FMB seit Jahren Hilfsmittel an, die eine Orientierung und Planung auf der weltweit größten Fachmesse vereinfachen.

Zu diesen Hilfsmitteln gehört seit 2009 auch die eingangs bereits erwähnte mobile Applikation für Smartphones, die zum festen Bestandteil auf der Messe gehört. Sie dient in erster Linie als Informations- und Orientierungshilfsmittel, das (bezogen auf das Mittel) jederzeit und von überall Informationen zur Veranstaltung zur Verfügung stellt. Diese Informationen werden beim Download lokal auf dem Smartphone gespeichert, somit können auch ausländische Besucher/Aussteller die App nutzen, ohne Roaming-Gebühren für die Datennutzung zu bezahlen.

Die Bedeutung der mobilen Informationsbeschaffung und des mobilen Einkaufs ist in den letzten Jahren rasant gestiegen – diese Entwicklung beobachten wir sehr genau und versuchen, unsere Angebote entsprechend anzupassen. Die mobile Nutzung unserer Webangebote ist in den vergangenen Jahren rasant angestiegen. Als Mobile Marketing Manager ist es hier meine Pflicht, diese Entwicklung an die Verantwortlichen zu kommunizieren und meine Empfehlungen zu platzieren.

Wie bilden Sie sich persönlich in Ihrem Thema weiter?

Ich besuche regelmäßig Fachkonferenzen und Messen und verfolge natürlich die Fachpresse. Auch Gespräche mit Freunden, die im digitalen Bereich tätig sind, sind für mich Informations- und Inspirationsquellen.

Thema Mobile Ads: Welche Herausforderungen ergeben sich bei Display-Werbung und anderen Werbeformaten auf mobilen Endgeräten?

Display-Werbung ist für uns ein wesentlicher Bestandteil unsere Messeapplikation. Unsere Kunden fragen immer häufiger nach Möglichkeiten, auf sich und ihre Produkte/Dienstleistungen aufmerksam zu machen. Dafür haben wir crossmediale Pakete konzipiert, die es den Kunden ermöglichen, sich sowohl in der App als auch auf unseren Webseiten mit Bannern/Logos von der Masse abzuheben. Die größte Herausforderung besteht hierbei, den Kunden verständlich zu machen, dass sie bestehende Onlinewerbemittel nicht einfach adaptieren sollten, da die Wirkung der Formate auf »kleineren« Screens oftmals nicht bedacht wird. Es gibt darüber hinaus sehr viel Aufklärungsbedarf bei den Möglichkeiten von Mobile Ads. Mobile Video-Ads als Beispiel sind noch nicht jedem Marketing-Manager bekannt.

Die nächsten großen Themen der mobilen Nutzung dürften Komplexe wie Wearables, Sprachsuche, digitale Assistenten und Virtual-Reality-Anwendungen sein. Wie bereiten Sie sich und Ihr Unternehmen auf solche Themen vor?

Wir sehen unsere Applikation schon als digitalen Assistenten. Erinnerungsfunktionen und Matchmaking sind seit Jahren fester Bestandteil. Selbst VR hatten wir bereits auf dem Messegelände 2012 getestet... wir sind somit nicht nur vorbereitet, sondern waren hier schon dem Trend voraus. Daher sind wir offen für diese Themen. Ob Wearables uns entscheidend weiterhelfen, wird sich zeigen.

Rufkan Bicakci, geboren im Januar 1977 in Frankfurt am Main, ist Absolvent der Middlesex University London (Bachelor of Arts with Honours, Multimedia Arts) und angehender Absolvent der FOM Hochschule für Oekonomie & Management (Master of Science, Wirtschaftspsychologie). Nach seinen Stationen bei Monster.de und American Express im Bereich Online und Mobile ist er seit 2011 verantwortlich für die digitalen Services der Frankfurter Buchmesse GmbH und unter anderem zuständig für die Frankfurter-Buchmesse-App.

KAPITEL 11
Web Analytics

In diesem Kapitel:
- Welche Tools gibt es, und wie funktionieren sie?
- Ziele bestimmen
- Wie funktioniert Tracking?
- Kampagnen und Quellen
- Inhalte bewerten
- Nutzer verstehen
- Tag Management
- Taking Action
- Interview mit Björn Instinsky

Von Markus Vollmert

Mit *Web Analytics* (oder auch *Webanalyse*) wird heute die Analyse des Nutzerverhaltens auf Websites, in Apps oder in weiteren Medien bezeichnet. Früher eher ein Thema für Techniker, ist die Disziplin inzwischen zu einem Grundpfeiler der Arbeit eines Online Marketing Manager geworden. Sowohl die Bewertung als auch die Planung von Kampagnen und Inhalten auf der Basis von Daten gehören heute zu seinen täglichen Aufgaben.

Die Analyse der Nutzeraktivitäten auf Websites bildet den Kern von Digital Analytics. Es geht darum, Informationen über Ihre Nutzer zu bekommen, um daraus Rückschlüsse zur Verbesserung von Inhalten und Kampagnen zu ziehen. Die Herausforderung liegt dabei im breiten Spektrum der Aufgabe: Sie brauchen

- analytische Fähigkeiten im Umgang mit und in der Interpretation von Daten,
- Kenntnisse über Struktur und Aufbau von Websites,
- ein technisches Verständnis für den Einbau und die Konfiguration eines Tools sowie
- Möglichkeiten, Ihre Ergebnisse zu visualisieren und sprachlich darzustellen.

Unternehmen positionieren das Thema Webanalyse an unterschiedlichen Stellen. Manche platzieren es ins Marketing, da dort Kampagneninformationen gefragt sind. Andere Firmen sehen es mehr bei der Kommunikation, vor allem wenn der Onlineauftritt aus inhaltlichen Angeboten wie etwa Mediasites besteht. Eine weitere Variante ist die Positionierung bei der IT, da diese unter Umständen Einbau und Umsetzung von Anforderungen übernimmt. Es gibt keine Best Practice – im schlechtesten Fall gibt es niemanden, der in der Verantwortung ist. Denn dann hat zwar jede genannte Abteilung Anforderungen und Wünsche an ein Tool zur Nutzeranalyse, aber niemand koordiniert die Umsetzung oder übernimmt die Qualitätskontrolle.

Daher sollten Sie, egal für welches Unternehmen Sie arbeiten, alle Bereiche in Grundzügen kennen, um Anforderungen sinnvoll definieren oder direkt selbst umsetzen zu können.

Welche Tools gibt es, und wie funktionieren sie?

Webanalysetools sind die Generalisten in der Auswertung von Nutzeraktivitäten. Sie erfassen allgemeine Informationen über die Nutzer Ihres Onlineauftritts wie das verwendete Betriebssystem oder den aktuellen Aufenthaltsort. Weiterhin protokollieren sie die genutzten Inhalte und Aktionen auf einer Website, also etwa welche Seiten aufgerufen, welche Produkte angeschaut oder welches Formular abgeschickt wurde. Schließlich tracken sie die Quelle der Nutzer, also auf welchen Wegen diese auf den Onlineauftritt kamen – ob von einer Suchmaschine, durch eine bezahlte Werbung oder schlicht über die Eingabe der www-Adresse.

Das bekannteste und am weitesten verbreitete Tool ist derzeit *Google Analytics*. Eine Eigenschaft macht den Einstieg in den Service von Google besonders leicht: Es ist in einer komplett kostenlosen Version verfügbar. Nutzung und technische Einbindung sind gut dokumentiert, Sie können Ihre Kenntnisse sogar in einem kostenlosen Onlinetest von Google zertifizieren lassen. Die problemlose Anbindung und der Import von AdWords-Daten ist ein Pluspunkt, ebenso der Export von Analytics-Daten zum AdWords-Konto. Die API macht Google Analytics für die Verwendung in eigenen Entwicklungen interessant, und diverse Exportmöglichkeiten nach Google Docs oder Excel können Ihnen den Arbeitsalltag erleichtern. Bei richtiger Einbindung gewährleistet Google Analytics eine solide Analyse Ihrer Nutzeraktivitäten. Die folgenden Beispiele wurden alle mit Google Analytics umgesetzt.

> **Tipp: Google Analytics 360**
>
> Neben der freien Variante bietet Google auch die kostenpflichtige Version *Google Analytics 360* an. Diese zeichnet sich durch eine genauere Verarbeitung und Geschwindigkeit bei der Analyse großer Datenmengen aus sowie durch einen direkten Zugriff auf die Rohdaten per SQL.

Natürlich gibt es Fälle, in denen Google Analytics nicht die ideale Lösung ist. Sollten Sie aber noch unentschieden sein, welches Tool das richtige für Sie ist, sammeln Sie mithilfe des kostenlosen Modells zunächst mal ein paar Daten, um danach besser bewerten zu können, welche Features Ihnen fehlen. Finden Sie dann heraus, ob ein anderes Tool diese zur Verfügung stellt.

Anbieter wie Adobe, Webtrekk, AT Internet, IBM, Econda oder etracker bieten ebenfalls Analytics-Lösungen an, mit denen Sie die Nutzeraktivitäten analysieren können. Eine Sonderstellung nimmt Piwik als Open-Source-Tool ein. Der Quelltext und somit das gesamte Programm sind frei verfügbar. Sie können es also auf Ihrem eigenen System installieren, was in bestimmten Fällen ein Vorteil ist. Mit Piwik Pro gibt es außerdem ein kommerzielles Angebot des Hauptentwicklers, das Support für Ihre Installation sowie eine Cloud-Variante anbietet.

Neben den beschriebenen Webanalysesystemen gibt es eine Reihe von Tools für die Messung von Onlinekampagnen, die inzwischen ebenfalls viele Features zur Datenerfassung anbieten. Die Abgrenzung ist je nach Blickwinkel mitunter schwierig. Auch Kampagnentools wie Exactag, intelliad oder DoubleClick bieten ein Tracking der Nutzer und ihrer Aktivitäten an. Allerdings liegt bei diesen der Fokus eher auf der Messung von bestimmten im Vorfeld definierten Aktionen, wie dem Abschicken eines Formulars, dem Abschluss eines Bestellvorgangs oder dem Download eines Dokuments. Sie bekommen also einen Ausschnitt der Aktionen, aber häufig nicht die kompletten Nutzerdaten. Die Aufgabe eines solchen Kampagnentools ist zunächst nicht die umfassende Analyse der Nutzeraktivitäten, sondern die Bewertung der Kampagnen anhand unterschiedlicher Aktionen.

Sie sollten daher immer ein Webanalysetool in Ihren Onlineauftritt einbinden, um auch im Nachgang Ihre Nutzer und deren Aktivitäten unter die Lupe nehmen zu können.

Ziele bestimmen

Eine Website kann unterschiedliche Aufgaben erfüllen. Sie kann Informationen über Unternehmen und Produkte zeigen, sie bietet Kontakt- und Kaufmöglichkeiten oder stellt Serviceinformationen bereit. Bevor Sie die Nutzeraktivitäten tiefer gehend analysieren, sollten Sie diese Aufgaben definieren. Für jede Aufgabe legen Sie weiterhin fest, wann diese Aufgabe als erfüllt gilt. Dazu einige Beispiele:

- Die primäre Aufgabe eines Onlineshops ist das Verkaufen. Der Erfolg des Shops zeigt sich daher nicht zwangsläufig in der Zahl der

Nutzer oder darin, wie lange diese im Shop unterwegs sind, sondern vor allem in den Verkäufen. Verzeichnet Ihr Shop viele Sitzungen, verkauft dabei aber keine Produkte, sollten Sie die Gründe dafür ermitteln.

- Ein Unternehmen stellt Informationen zu seinem neuen Produkt als PDF zum Download auf der Website bereit. Eine AdWords-Kampagne bewirbt die neue Broschüre. Um die Kampagne erfolgreich zu nennen, reicht es nicht, Nutzer auf die Website zu bringen, sie müssen die PDF-Datei auch aufrufen.

- Eine Website bietet ein Kontaktformular für die Nutzer an, um Fragen an das Unternehmen zu richten. Hier ist das erfolgreiche Ausfüllen und Absenden des Formulars eine wichtige Aufgabe. Kommen allerdings keine Anfragen beim Unternehmen an, ist das Formular vielleicht zu kompliziert oder zu »versteckt« und wird von den Nutzern nicht gefunden.

Diese Aufgaben sollten Sie kennen und explizit messen, um so den Erfolg Ihrer Website bewerten zu können. Die Zahl der Sitzungen in einer Woche erlaubt noch keine Aussage darüber, ob die Website erfolgreich ist. Diese Kennzahl wird von zu vielen Faktoren beeinflusst und erlaubt daher nicht automatisch eine qualitative Bewertung. Besser und nachvollziehbarer ist es stattdessen, das Auslösen bestimmter Aktionen zu bewerten. Diese Aktionen werden als *Conversions* bezeichnet (da der Nutzer vom einfachen Besucher z. B. in einen Käufer konvertiert, also sozusagen seinen Status wechselt).

Macro- vs. Micro-Conversions

Viele Websites bilden mehrere Aufgaben ab. Nehmen Sie zum Beispiel die Website einer Fluggesellschaft: Dort kann der Nutzer einen Flug suchen, eine Buchung vornehmen, den Check-in durchführen oder sich über Gepäckgrößen und Kosten informieren. Diese Aktionen sind wichtige Erfolgsfaktoren der Website, daher werden sie auch als *Macro-Conversions* bezeichnet.

Um eine Macro-Conversion zu realisieren, müssen ihr häufig noch weitere Aktionen vorausgehen. In einem Shop müssen Sie beispielsweise ein Produkt zuerst in den Warenkorb legen, bevor Sie es final kaufen können. Oder bei einem mehrstufigen Formular zum Abschließen eines Vertrags müssen Sie zunächst die Schritte 1 bis 3 durchlaufen, bevor Sie mit Schritt 4 den Vertrag tatsächlich abgeschlossen haben. Diese vorausgehenden Aktionen werden *Micro-Conversions* genannt. Ihr Erreichen zeigt nicht automatisch einen Erfolg der Website an, da vor der Macro-Conversion noch etwas dazwischenkommen kann. Außerdem müssen nicht alle Micro-Conversions eindeutig auf ein größeres Ziel hindeuten. Die Anmeldung zu einem Newsletter ist sicherlich positiv, führt aber nicht automatisch zu einem Verkauf oder einer Anfrage. Sie haben solche Zahlen als Micro-Conversions im Blick und können bei Bedarf Schlüsse aus ihnen ziehen.

Conversions messen und bewerten

In Google Analytics können Sie sogenannte *Ziele* definieren, die beim Aufruf einer bestimmten Seite oder einem bestimmten Ereignis gezählt werden. Für diese Ziele werden viele Berichte automatisch erstellt, die Ihnen die Analyse der Nutzerdaten deutlich vereinfachen.

Neben dem Auftreten an sich können Sie für jedes erreichte Ziel einen Umsatzwert festlegen. Das ermöglicht Ihnen ein unterschiedliches Bewerten der Ziele: Der Download eines Prospekts ist Ihnen vielleicht 0,10 Euro wert, ein ausgefülltes und abgeschicktes Kontaktformular dagegen 5 Euro. Diese Umsatzwerte begegnen Ihnen ebenfalls in vielen unterschiedlichen Berichten und erlauben Ihnen eine schnelle qualitative Bewertung von Kampagnen.

Eine besondere Form der Conversions sind E-Commerce-Verkäufe, die in Google Analytics *Transaktionen* genannt werden. In den E-Commerce-Berichten sehen Sie nicht nur die reine Anzahl, sondern auch Umsätze, Steuern, Versandkosten, verkaufte Produkte und einiges mehr. Transaktionen werden mit besonderen JavaScript-Codes in der Seite getrackt und erlauben so, mehr Daten zu erfassen, als es mit einfachen Zielen möglich ist.

Wie funktioniert Tracking?

Für welches Tool Sie sich auch entscheiden, die Funktionsweise ist ähnlich: In die Seiten des Onlineauftritts wird ein Tracking-Code – ein kleines Stück JavaScript – in den Quelltext eingebaut. Dieser Code wird beim Laden jeder Seite ausgeführt und trägt automatisch einige Informationen über den aktuellen Nutzer und die Seite zusammen. Dazu zählt etwa die URL der aufgerufenen Seite oder der verwendete Browser. Der Code überträgt anschließend diese Daten zum Server des Analytics-Anbieters, in unserem Fall also Google. Dort werden die Daten gespeichert und für die verschiedenen Berichte aufbereitet.

> **Tipp: Was ist Pixel-Tracking?**
> Als Antwort auf diese Übertragung schickt der Analytics-Server eine 1×1 Pixel große Grafik zurück. Deshalb finden Sie in manchen Beschreibungen auch den Begriff Tracking-Pixel.

Neben der automatischen Zählung von Seitenaufrufen können Sie per JavaScript auch explizit Tracking-Aufrufe feuern. Das Laden einer bestimmten Seite wird automatisch erfasst, der Klick auf einen bestimmten Link zum Beispiel nicht. Eine solche Erfassung müssen Sie einbauen – zum Glück gibt es dafür inzwischen JavaScript-Erweiterungen oder auch Plug-ins für z. B. WordPress. Durch Anpassungen des Tracking-Codes können Sie die Funktionsweise weitreichend beeinflussen und individuelle Informationen übertragen, die Sie später in den benutzerdefinierten Berichten abrufen können.

Aus den einzelnen *Seitenaufrufen* errechnet Google Analytics nun zwei grundlegende Kenngrößen: die *Sitzungen* und die *Nutzer*. Eine Sitzung bezeichnet einen zusammenhängenden Nutzungsvorgang, das bedeutet eine oder mehrere Seiten, die von einem Nutzer innerhalb eines bestimmten Zeitraums aufgerufen wurden. Dieser Zeitraum ist in Analytics durch ein Time-out definiert (Standardeinstellung 30 Minuten). Wenn nach einem Seitenaufruf 30 Minuten lang kein weiterer Aufruf mehr erfolgt, endet die Sitzung. Gehen vom selben Nutzer später weitere Aufrufe aus, werden diese als neue Sitzung gezählt. Sitzungen sind die Basiskenngröße für viele Berichte. So können Sie z. B. für jede Sitzung die Quelle verfolgen, also ob ein Nutzer über Google, ein Banner oder ein Mailing kam.

Nutzer bezeichnen dagegen eine bestimmte Person, die einmal oder mehrmals die Website besuchen kann. Dabei kann zwischen zwei Sitzungen eine Stunde oder ein Monat liegen. In beiden Fällen bleibt es derselbe Nutzer, der zwei Sitzungen gestartet hat (und dabei beliebig viele Seitenaufrufe getätigt haben kann).

> **Tipp: Sitzungen und Cookies**
>
> Sowohl Sitzungen als auch Nutzer werden auf Basis eines Cookies bestimmt, den Google Analytics automatisch individuell pro Nutzer vergibt. Cookies sind kleine Datencontainer, die in Ihrem Browser gespeichert werden. Aus dieser technischen Erklärung ergibt sich eine wichtige Erkenntnis für die Analytics-Berichte. Denn Nutzer und Sitzungen beziehen sich normalerweise nicht auf vor dem Rechner sitzende Personen, sondern viel mehr auf den jeweils genutzten Browser der Person. Verwendet die Person verschiedene Rechner oder auch nur verschiedene Browser, wird sie jedes Mal als neuer Nutzer gezählt, da auf jedem Rechner ein neues Cookie angelegt wird. Das Gleiche gilt für den Wechsel von Desktop zu Smartphone. Auch hier handelt es sich um unterschiedliche Cookies. Trotz dieser Einschränkung sind Cookies derzeit das gebräuchlichste Mittel zur Bestimmung von Nutzern, da sie auf nahezu allen Endgeräten und in allen Browserversionen verfügbar sind.

Sowohl Sitzungen als auch Nutzer sind *berechnete Kennzahlen*, d. h., sie werden erst innerhalb des Tools (hier Google Analytics) errechnet. Wenn Sie diese mit anderen Daten vergleichen (z. B. aus einem Kampagnentool), kann es durchaus Unterschiede geben. In der Theorie sollten die Werte in allen Tools stets gleich sein, in der Praxis werden Sie immer wieder Abweichungen feststellen. Das bedeutet nicht automatisch, dass ein Tool fehlerhaft arbeitet. Es passiert durchaus, dass die Zahlen schlicht unterschiedlich errechnet wurden. Das kann sowohl an der Programmierung liegen als auch an den Einstellungen der Dienste. Allerdings sollten die Daten nicht übermäßig auseinanderlaufen – bei Abweichungen in einer Größenordnung von 50% sollten Sie den Ursachen auf den Grund gehen. Bei hohen Abweichungen überprüfen Sie daher immer die Art und Weise, wie die Tools Ihre Kennzahlen definiert haben.

Wenn Sie Berichte erstellen und Kennzahlen ermitteln, müssen Sie natürlich immer die gleichen Kennzahlen vergleichen: also Sitzungen mit Sitzungen, Seitenaufrufe mit Seitenaufrufen etc. Das klingt im ersten Moment nach einer Selbstverständlichkeit, aber gerade wenn Sie »mal eben schnell« ein paar Werte für einen Kollegen rausziehen, geht diese Information gern verloren. Bei einem späteren Abgleich haben Sie dann plötzlich unterschiedliche Werte.

Zeiträume betrachten

Achten Sie beim Betrachten von Berichten immer auf den ausgewählten Zeitraum, denn auch dieser beeinflusst die Berechnung von Werten. Zunächst ist es wichtig, immer die gleiche Periode zu betrachten. Beim Aufruf von Google Analytics sind als Standardzeitraum die letzten 30 Tage ausgewählt. Der letzte Tag ist dabei immer gestern, dieses Zeitfenster wandert somit jeden Tag mit. Insbesondere wenn Sie mit anderen Tools oder Kollegen »Ihre« Werte vergleichen, sollten Sie als Erstes das gewählte Zeitfenster überprüfen.

Die Zahl der Nutzer wird immer abhängig vom ausgewählten Zeitraum berechnet. Egal wie oft ein Nutzer im gewählten Zeitraum auf Ihrer Website war, er wird als derselbe Nutzer erkannt und einmal gezählt. Das funktioniert aber nur, wenn Sie in Analytics den kompletten Zeitraum betrachten und nicht mehrere Berichte kumulieren. Ein Beispiel: Sie starten eine neue Produkt-Website und wollen täglich die Zahl der Nutzer an Ihre Kollegen berichten. Nach dem Start am Montag melden Sie täglich folgende Werte für die Nutzer der Website, indem Sie in Analytics jeweils den Vortag ausgewählt haben.

Tabelle 11-1
Vergleich: Anzahl der Nutzer pro Tag und pro Woche

Wochentag	Nutzer pro Tag	Nutzer pro Woche
Montag	134	
Dienstag	128	
Mittwoch	158	
Donnerstag	214	712
Freitag	162	
Samstag	82	
Sonntag	41	
Summe	919	712

Am Montag in der folgenden Woche rechnen Sie die Nutzer pro Tag zusammen und erhalten 919 Nutzer für die erste Woche. Um weitere Berichte zu analysieren, stellen Sie in Analytics die gesamte Vorwoche von Montag bis Sonntag als Zeitraum ein und erhalten eine andere Zahl, nämlich 712 Nutzer. Wie lässt sich das erklären?

Im zweiten Fall bestimmt Analytics die Nutzerzahl danach, wie oft die Nutzer in der gesamten Woche auf der Website waren. War ein Nutzer also Montag, Mittwoch und Samstag auf der Website, wird er nur einmal als Nutzer gezählt. In ersterem Fall – der Summe aus täglichen Berichten – wird der Nutzer dreimal gezählt, nämlich an jedem Tag einmal. So können schnell große Unterschiede zusammenkommen. In beiden Fällen wurden übrigens für diesen Nutzer jeweils drei Sitzungen erfasst.

Gerade beim Betrachten von Berichten auf Nutzerbasis ist daher besondere Sorgfalt geboten.

Welche Daten bekomme ich?

Die Daten in einem Webanalysetool sollen Ihnen Aussagen zum Erfolg Ihrer Website ermöglichen. Die Daten und Berichte können Sie dabei in drei Bereiche unterteilen:

1. **Akquise** von Nutzern für den Besuch Ihrer Seite
2. **Verhalten** der Nutzer auf Ihrer Website
3. **Gewinn**, den die Nutzer Ihrer Website für Ihr Unternehmen bringen

Akquise bezeichnet alle Wege, die ein Nutzer zu Ihrer Website nehmen kann. Das sind sowohl bezahlte Quellen wie AdWords als auch unbezahlte wie Links und Newsletter. Analytics betrachtet alle Quellen, über die ein Nutzer kommt, nicht nur solche, die Sie explizit als solche gekennzeichnet haben.

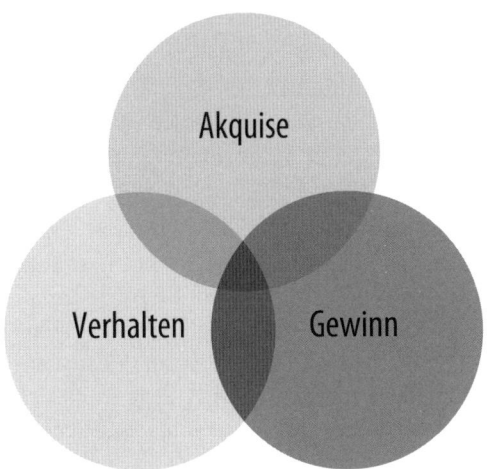

Abbildung 11-1:
Bausteine des Erfolgs

Unter *Verhalten* finden Sie, was die Nutzer auf der Website machen – welche Seiten sie aufgerufen und welche Aktionen sie ausgeführt haben.

Der *Gewinn* ergibt sich schließlich aus dem Erreichen definierter Ziele. Bei einem Shop ist das primär E-Commerce, bei einer Unternehmens-Website ist es vielleicht eine Kontaktaufnahme. Für nahezu jeden Website-Typ können Sie bestimmte Punkte definieren, an denen ein Besuch »erfolgreich« war.

In einem Webanalysetool können Sie häufig mehrere Wege beschreiten, um eine Fragestellung zu untersuchen. Die Berichte nehmen zum Teil unterschiedliche Blickwinkel auf dieselben Daten ein, es gibt daher nicht nur einen richtigen Weg ans Ziel. Im Folgenden sehen Sie einen Querschnitt der wichtigsten Berichte für Ihre tägliche Arbeit.

Kampagnen und Quellen

Jeder Nutzer kommt von einer bestimmten Quelle auf Ihre Website. Das kann eine Suchmaschine sein, ein Facebook-Post, oder der Nutzer hat die www-Adresse direkt eingegeben. Google Analytics unterteilt die Informationen zu Quellen in drei Stufen:

1. Die erste Stufe ist die *Quelle* selbst. Solange nicht explizit vorgegeben, entspricht sie der Website, von der die Sitzung ausging. Ein Nutzer, der zum Beispiel über einen Link auf heise.de zu Ihrer Website kam, hat also Quelle die *heise.de*. Analog dazu kann die Quelle *google.de* bei einem Suchtreffer oder *facebook.com* bei einem Post sein. Bei einem Direktzugriff, der als Quelle *Direct* ausgewiesen

hat, kann Analytics keine Quelle bestimmen. Meistens handelt es sich dann um die direkte Eingabe der www-Adresse im Browser. In Fällen, in denen der Referrer nicht übertragen oder blockiert wird, wird die Sitzung ebenfalls als *Direct* geführt. Diesen Wert sollten Sie daher immer im Auge behalten. Für Kampagnen können Sie die Quelle explizit benennen.

2. In der zweiten Stufe bestimmt Analytics das *Medium*. Dieses beschreibt den Typ der Quelle, etwa *Organic* für Suchmaschinen oder *Social* für Facebook und Twitter. Die Standardvorgabe für alle Quellen ist zunächst das Medium *Referral* (abgeleitet vom Referrer, siehe Kasten weiter unten). Steht die Quelle auf einer internen Liste von Analytics, werden Sie den Eintrag dieser Liste im Bericht sehen. Direktzugriffe haben als Medium immer *none*. Für Kampagnen können Sie das Medium explizit durch einen URL-Parameter überschreiben. Sie können allerdings nicht die interne Medium-Liste von Analytics bearbeiten. Hier ein Beispiel für einen Link mit URL-Kampagnenparametern:
   ```
   http://www.oreilly.de/?utm_source=news&utm_medium=mail&utm_campaign=buch
   ```

3. Die dritte Stufe ist der *Channel*. Mit Channels können Sie die Quellen in individuelle Gruppen sortieren. Google Analytics schlägt eine Gruppierung vor, die zum Teil die bekannten Medien aufgreift: *Organische Suche, Bezahlte Suche, Social* etc. Sie können diese Gruppierung anpassen, indem Sie neue Channels anlegen oder die Definitionen bearbeiten. Außerdem können Sie mehrere Channel-Gruppierungen anlegen und dann zwischen diesen in den Berichten wechseln. Das kann z.B. sinnvoll sein, wenn Sie bestimmte Partner-Websites oder Blogs in eigene Themen-Channels sortieren möchten, anstatt alle pauschal als *Referral* laufen zu lassen.

Sie können sich die Sitzungen auf Basis dieser Einteilungen oder einer Kombination dieser Einteilungen anzeigen lassen.

> **Tipp: Woher weiß Analytics das?**
>
> Das Webanalysetool bekommt die Information, woher der Nutzer kam, vom Browser übermittelt (im sogenannten *Referrer*). Sie müssen also normalerweise nichts weiter tun, um an diese Daten zu kommen. Allerdings funktioniert die Übertragung nicht immer und lässt sich außerdem blockieren. Für die detaillierte Erfassung von Kampagnen gibt es daher eigene Parameter – dazu mehr im Abschnitt »Kampagnen markieren mit URL-Tagging« weiter unten.

Was ist ein guter Kanal?

Sie sehen im Channel-Bericht, über welche Kanäle Sitzungen zustande kommen (alternativ in den Berichten zu Quellen oder Medium). Der Bericht zeigt Ihnen auch direkt die Daten, durch die Sie die einzelnen Kanäle besser bewerten können. So sehen Sie neben der Gesamtzahl der Sitzungen auch den Anteil neuer Sitzungen und die Zahl neuer Nutzer. Sie wissen also, ob diese Nutzer schon auf der Website waren und damit Ihr Unternehmen und Ihre Produkte bereits kennen oder ob es tatsächliche neue Kontakte sind.

Default Channel Grouping	Akquisition			Verhalten			Conversions E-Commerce	
	Sitzungen	Neue Sitzungen in %	Neue Nutzer	Absprungrate	Seiten/Sitzung	Durchschnittl. Sitzungsdauer	E-Commerce-Conversion-Rate	Transaktionen
	69.654 % des Gesamtwerts: 100,00 % (69.654)	71,72 % Durchn. für Datenansicht: 71,65 % (0,11 %)	49.959 % des Gesamtwerts: 100,11 % (49.904)	44,47 % Durchn. für Datenansicht: 44,47 % (0,00 %)	4,77 Durchn. für Datenansicht: 4,77 (0,00 %)	00:02:43 Durchn. für Datenansicht: 00:02:43 (0,00 %)	3,31 % Durchn. für Datenansicht: 3,31 % (0,00 %)	2.303 % des Gesamtwerts: 100,00 % (2.303)
1. Organic Search	28.763 (41,29 %)	78,86 %	22.683 (45,40 %)	45,69 %	4,58	00:02:41	1,00 %	288 (12,51 %)
2. Direct	15.525 (22,29 %)	69,77 %	10.832 (21,68 %)	42,10 %	5,13	00:02:55	6,15 %	955 (41,47 %)
3. Referral	10.431 (14,98 %)	40,72 %	4.247 (8,50 %)	22,15 %	7,32	00:04:12	9,40 %	981 (42,60 %)
4. Social	10.235 (14,69 %)	91,48 %	9.363 (18,74 %)	67,35 %	2,07	00:00:57	0,10 %	10 (0,43 %)
5. Paid Search	2.751 (3,95 %)	64,19 %	1.766 (3,53 %)	43,69 %	5,50	00:02:48	1,38 %	38 (1,65 %)
6. Affiliates	1.202 (1,73 %)	76,37 %	918 (1,84 %)	54,41 %	2,72	00:02:18	0,00 %	0 (0,00 %)
7. Display	741 (1,06 %)	19,84 %	147 (0,29 %)	31,85 %	6,02	00:03:39	4,18 %	31 (1,35 %)

Abbildung 11-2:
Kanäle in Google Analytics

Daneben befinden sich die Spalten zur Absprungrate, der Seiten pro Sitzung und der durchschnittlichen Sitzungsdauer. Die *Absprungrate* zeigt Ihnen, wie oft ein Nutzer die Website bereits auf der ersten Seite direkt wieder verlassen hat.

Bei einem Teil der Nutzer ist das immer der Fall, es kann aber auch durchaus passieren, dass dieser Wert 80 % oder sogar 90 % übersteigt: wenn die Erwartung des Nutzers nicht erfüllt wird, nachdem er auf eine Anzeige geklickt hat. Passt die erste Seite nicht zum Inhalt einer Anzeige oder eines Suchtreffers, ist die Wahrscheinlichkeit eines Absprungs hoch. Schicken Sie daher bei Werbeanzeigen oder Mailings die Nutzer immer auf die bestmögliche Zielseite – und nicht etwa auf die Homepage.

Es könnte außerdem sein, dass die Zielseite technische Probleme hat, wie etwa eine sehr lange Ladezeit oder ein Problem mit dem Browser des Nutzers.

> **Tipp: Berechnung der Bounce-Rate**
>
> Die Absprungrate (engl. Bounce-Rate) gibt den Anteil der Sitzungen an, die nach dem Einstieg sofort wieder die Website verlassen, ohne weitere Inhalte anzuschauen. Daher kann Ihnen auch der Begriff *1-Seiten-Besuche* als Bezeichnung begegnen. Diese Definition hat allerdings einen (technischen) Haken, denn das tatsächliche Verlassen einer Website wird gar nicht gemessen. Das Analytics-Tool schaut vielmehr, ob in einer Sitzung nur eine einzige Seite aufgerufen wird. Problematisch ist diese Vorgehensweise, wenn die Nutzer bereits auf der ersten Seite Ihrer Website alles finden und keine weitere Seite mehr aufzurufen brauchen. Bei einer One-Pager-Website ist genau diese Eigenschaft der Clou bei der Umsetzung. In einem solchen Fall versuchen Sie, auch kleinteilige Aktionen zu messen, etwa das Scrolling eines Nutzers oder den Klick auf Elemente der Seite. Auch solche Aktionen beeinflussen die Absprungrate, und Sie bekommen damit ein genaueres Bild.

Für die Absprungrate wird nur die erste Seite der Sitzung betrachtet. Eine hohe Absprungrate bedeutet automatisch auch eine kurze Sitzungsdauer.

Die *Seiten pro Sitzung* und die *Sitzungsdauer* beziehen sich auf die gesamte Sitzung von der Quelle bis zur letzten Seite. Je intensiver sich die Nutzer mit Ihrer Website beschäftigen, umso interessierter sind sie offenbar. Dabei gibt es keine festen Werte für »gute« oder »schlechte« Verweildauern, stattdessen müssen Sie die Kanäle (oder Quellen) vergleichen. Bei Kanälen mit hohen Werte scheinen Sie das Interesse der Nutzer getroffen zu haben, also analysieren Sie genauer, was sich diese Nutzer anschauen.

> **Tipp: Berechnung der Sitzungsdauer**
>
> Die Berechnung der Sitzungsdauer hat ebenfalls eine technische Eigenheit, die Sie für die Bewertung kennen sollten. Die Dauer einer Sitzung wird nämlich immer zwischen dem Zeitpunkt des ersten Seitenaufrufs und dem Zeitpunkt des letzten Seitenaufrufs bestimmt (die Verweildauer auf einer einzelnen Seite funktioniert genauso, nur eben zwischen einer Seite und ihrem direkten Nachfolger). Die Methode hat zur Folge, dass die Verweildauer auf der letzten Seite der Sitzung bis zum Verlassen der Website gar nicht erfasst wird. Der Nutzer kann dort nach zwei Sekunden den Browser geschlossen oder aber einen Text zwei Minuten lang gelesen haben. Bei Sitzungen mit nur einer einzelnen aufgerufenen Seite gibt es daher überhaupt keine Verweildauer. Wie bei der Absprungrate können Sie mit zusätzlichen Messungen die Genauigkeit erhöhen.

In den letzten Spalten des Berichts finden Sie die *Conversions*, die Sie in der Konfiguration von Google Analytics angelegt haben. E-Commerce-Transaktionen wie im Screenshot sind in Analytics eine spezielle Conversion, sie funktioniert prinzipiell aber identisch. Damit können Sie direkt im Bericht eine erste qualitative Bewertung des Kanals vornehmen. Hohe Werte für die Verweildauer müssen nicht automatisch gut sein. Vielleicht haben Ihre Nutzer nicht gefunden, was sie eigentlich suchten. Im Zusammenspiel mit Conversions können Sie sich ein genaueres Bild verschaffen.

In Abbildung 11-1 sehen Sie beispielsweise, dass die Kanäle *Organic* und *Direct* den größten Teil der neuen Nutzer auf die Website bringen. Auch *Social* bringt viele neue Nutzer, allerdings gab es in den ganzen Sitzungen kaum E-Commerce-Conversions.

Kampagnen markieren mit URL-Tagging

Die Grundlage für die Quellenauswertung bilden die Referrer-Daten, die der Browser übermittelt (siehe Abbildung unten). Aber diese Daten sind in manchen Situationen nicht verfügbar oder nicht genau so, wie Sie sie gern hätten. Spätestens wenn Sie Geld dafür zahlen, Nutzer auf Ihre Website zu bringen, möchten Sie auch sicher sein, diese eindeutig erkennen zu können. Mit speziellen Parametern, die Sie an die URL der Einstiegsseite anhängen, können Sie Quelle, Medium und weitere Informationen explizit für die Sitzung angeben. So lassen sich auch Sitzungen einer Quelle zuordnen, die ansonsten im »Sammelbecken« *Direct* landen würden.

Für Google Analytics beginnen alle Parameter mit dem Kürzel utm_ (andere Tools verwenden andere Parameterbenennungen, das Prinzip bleibt aber identisch):

- utm_source: Der Wert wird als Quelle gespeichert.
- utm_medium: Der Wert wird als Medium gespeichert.
- utm_campaign: Dieser Wert wird als Eintrag im Kampagnenbericht angelegt.
- utm_content: Mit diesem Parameter können Sie Varianten eines Werbemittels unterscheiden.
- utm_term: Bei Anzeigen in Suchmaschinen können Sie hier einen Suchbegriff hinterlegen.

Die ersten drei Parameter müssen immer gemeinsam vorhanden sein, Sie können z. B. nicht nur utm_source ohne utm_medium verwenden. Die letzten beiden Parameter sind optional, Sie können, müssen diese aber nicht ausfüllen.

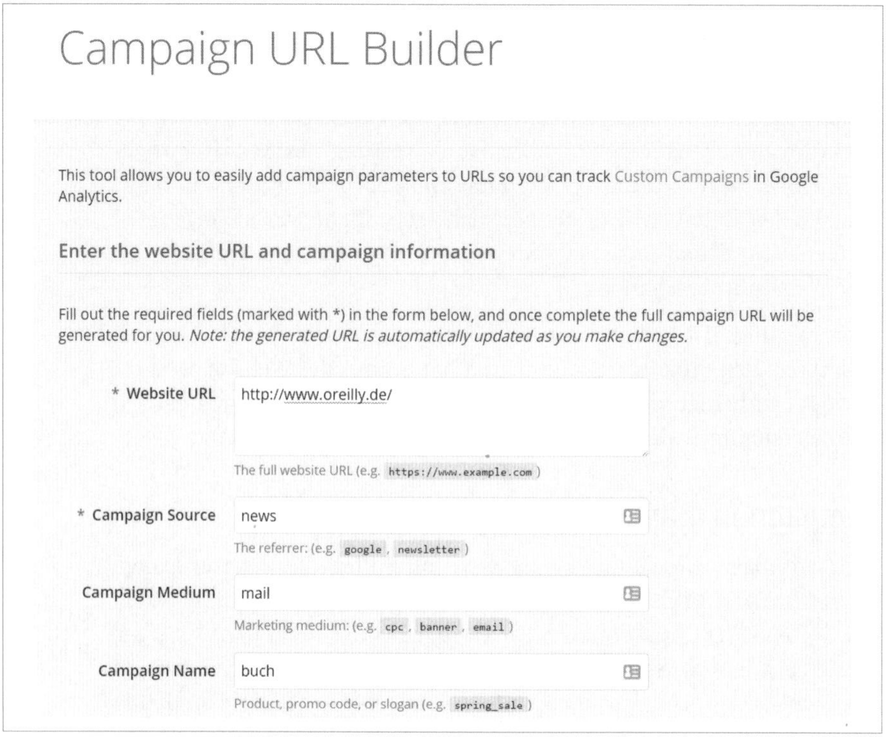

Campaign URL Builder

This tool allows you to easily add campaign parameters to URLs so you can track Custom Campaigns in Google Analytics.

Enter the website URL and campaign information

Fill out the required fields (marked with *) in the form below, and once complete the full campaign URL will be generated for you. *Note: the generated URL is automatically updated as you make changes.*

* Website URL	http://www.oreilly.de/

The full website URL (e.g. `https://www.example.com`)

* Campaign Source	news

The referrer: (e.g. `google`, `newsletter`)

Campaign Medium	mail

Marketing medium: (e.g. `cpc`, `banner`, `email`)

Campaign Name	buch

Product, promo code, or slogan (e.g. `spring_sale`)

Abbildung 11-3:
URL-Builder-Formular von Google

Sie möchten beispielsweise eine Bannerkampagne buchen und haben dafür zwei Werbemittel erstellen lassen. Sie buchen Werbeplätze auf zwei Websites: spiegel.de und bild.de. Die Banner schicken die Nutzer auf die Zielseite Ihrer Website www.firma.de. Die Banner würden also mit der Ziel-URL http://www.firma.de/produkt eingebucht. Um sauber im Kampagnen- und den anderen Quellenberichten in Analytics zu erscheinen, verwenden Sie URL-Parameter:

- utm_source: spiegel.de oder bild.de
- utm_medium: display (als Bezeichnung für Banner)
- utm_campaign: kampagne2017
- utm_content: 1 oder 2, je nach verwendetem Werbemittel

Die komplette URL sieht folgendermaßen aus:

http://www.firma.de/produkt?utm_source=spiegel.de&utm_medium=display&utm_campaign=kampagne2017&utm_content=1

Diese URL buchen Sie als Ziel-URL mit dem Banner ein, in diesem Beispiel bei spiegel.de. Sobald Analytics die Parameter bei einer Seite entdeckt, nutzt es diese Werte für die entsprechenden Berichte.

Sie sind bei der Verwendung von URL-Parametern nicht auf bestimmte Werbeformen beschränkt, Sie können sie überall dort verwenden, wo Sie die Genauigkeit erhöhen wollen.

Im Folgenden finden Sie einige Hinweise zum Tracking bestimmter Kampagnentypen, um Ihnen eine Starthilfe zu geben.

AdWords

Für AdWords-Kampagnen müssen Sie mit Google Analytics keine Kampagnenparameter einbuchen. Dafür stellt Google eine automatische Verbindung bereit, die einerseits die Markierung der Ziel-URLs und andererseits auch den Import der Kostendaten übernimmt. Sie müssen dazu Ihr Analytics- und Ihr AdWords-Konto verknüpfen und außerdem in den AdWords-Optionen das automatische Tagging aktivieren.

> **Tipp: Automatisches Tagging aktiviert lassen**
> Wenn Sie AdWords-Anzeigen ohne automatisches Tagging schalten (oder alternativ Kampagnenparametern), kann Analytics nicht erkennen, dass die Nutzer über Anzeigen kamen, und weist die Sitzungen dem Kanal *Organic* zu!

Display

Verwenden Sie auf jeden Fall URL-Parameter zur eindeutigen Markierung der Nutzer, denn die Adserver, die für die Auslieferung von Bannern verwendet werden, löschen häufig den Referrer Ihres Nutzers. Das heißt, ohne Parameter wird der Nutzer unter *Direct* erscheinen.

Social

Sie können auch Facebook-Posts oder Tweets mit Kampagnenparametern versehen und so besser nachvollziehen, welcher Post wie viele Nutzer auf Ihre Website brachte (das funktioniert natürlich nur, wenn Sie im Post auf Ihre eigene Website verweisen). Einige Tools zur Betreuung von Social-Auftritten bieten ein automatisches Tagging an, so entsteht kein zusätzlicher Aufwand.

Mailings

In E-Mails jeder Art sollten Sie möglichst Links mit Kampagnenparametern verwenden. Das Markieren der Links bietet sich auf jeden Fall für Newsletter und Produktmails an. Aber auch in Systemmails, etwa bei einer Registrierung, sollten Sie die Links kennzeichnen. Solche Mails werden meistens automatisch versendet und sind dadurch leicht vergessen.

Analytics kann nur dann automatisch erkennen, dass ein Nutzer von einer E-Mail kam, wenn dieser Nutzer seine E-Mails in einem Web-Frontend im Browser gelesen hat, also etwa auf freemail.de oder gmx.net. In diesem Fall gibt es nämlich einen Referrer, der die Zuordnung ermöglicht. Verwendet der Nutzer aber ein E-Mail-Programm wie Outlook oder das Nachrichtenprogramm auf dem Smartphone, gibt es keinen Referrer, und die Sitzung erscheint im Kanal *Direct*. Mit den URL-Parametern können Sie für Klarheit sorgen.

Offline

Sie können auch Offlinewerbung wie Plakate oder Prospekte mit URL-Parametern versehen. Dazu müssen Sie eine URL im Plakat verwenden, die Sie dann auf die eigentliche Zielseite inklusive Parameter weiterleiten. Beispiel: Sie drucken für den Sommer 2017 Plakate mit der URL `www.firma.de/sommer2017`. Diese Adresse ist dabei nur eine Weiterleitung, die auf die eigentliche Zielseite führt, beispielsweise auf `www.firma.de/angebote/2017/sommer?utm_campaign=sommer2017&utm_medium=offline`...

Der Nutzer muss sich also nur die kurze URL vom Plakat merken. Tippt er sie ein, sehen Sie trotzdem, woher er kam. Für Offlinewerbung ist diese Vorgehensweise natürlich nicht hundertprozentig sicher, die Nutzer könnten z. B. auch nur `www.firma.de` ohne das Kürzel eintippen. Eine gewisse Grauzone bleibt immer, aber Sie erhalten einen Trend.

Mit QR-Codes ist die Messung einfacher: Sie nutzen als Ziel-URL im QR-Code einfach eine URL inklusive Kampagnenparameter.

Multi-Channel und Attribution

Die Akquise-Berichte zeigen die Quellen Ihrer Nutzer und welche dieser Quellen zu Conversions führen. Allerdings ist diese Beziehung immer direkt, denn die Conversions werden immer der Quelle zugeordnet, über die der Nutzer bei der aktuellen Sitzung kam. Was aber, wenn Ihre Nutzer bereits früher auf der Website waren und sich dabei über Produkte oder Services informiert haben? Sie kennen es aus eigener Erfahrung: Je nach Produkt überlegt man, vergleicht mit anderen Produkten und liest Bewertungen auf Portalen oder in Blogs, bevor man sich tatsächlich zu einem Kauf entscheidet. Viele Nutzer haben somit nicht nur eine einzige Quelle, sondern mehrere, über die sie zu Ihrem Angebot gelangt sind.

Diesem Umstand kommen Sie mit den *Multi-Channel-Berichten* in Google Analytics auf die Spur. Dort werden abhängig von einer vorher angelegten Conversion alle Quellen gezeigt, über die Nutzer zur Website gekommen sind. Sie können also verfolgen, wie groß der Einfluss einzelner Kanäle oder Quellen in der gesamten Customer Journey (Google spricht von Channel- oder Quellpfaden) bis zum finalen Kauf ist.

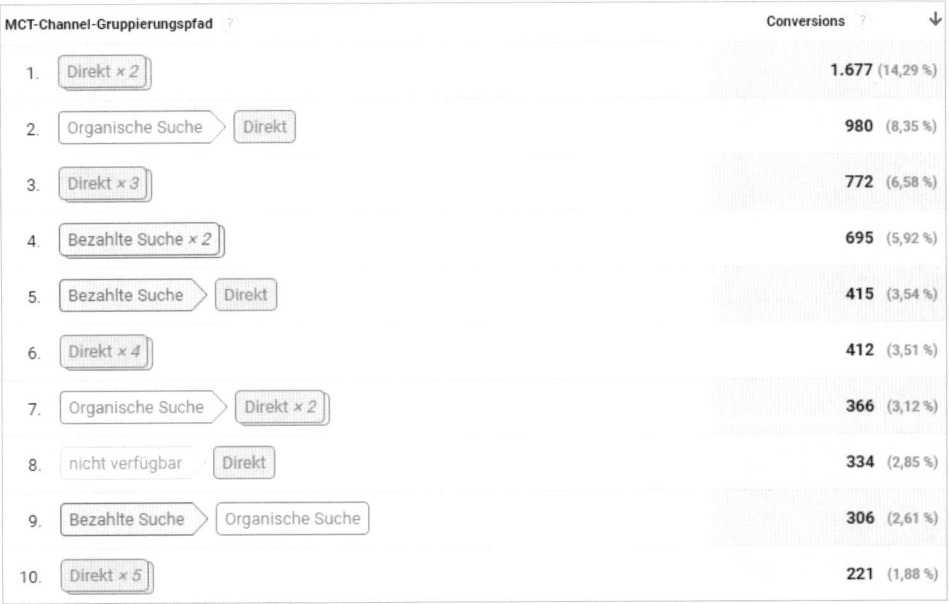

Abbildung 11-4:
Channel-Pfade für Conversions

Sie können analog zu den Akquisitionsberichten die Pfade nach unterschiedlichen Gruppierungen unterscheiden: Kanal, Quelle/Medium, nur Quellen, nur Medien oder Kampagnen. Ist für die ausgewählte Conversion ein Wert hinterlegt oder handelt es sich um E-Commerce-Transaktionen, zeigt der Bericht zusätzlich den Umsatz des jeweiligen Pfads an.

> **Tipp: Top 10 der kurzen Pfade**
>
> Mit zunehmender Länge werden die Channel-Pfade immer individueller. Das bedeutet, dass bei den Top-10-Pfaden eher kurze Einträge zu finden sind, da viele Nutzer nacheinander genau die gleichen Quellen nutzen. Je mehr Quellen ins Spiel kommen, umso mehr Varianten einer Abfolge gibt es. Zum Beispiel produzieren die Pfade »organisch > Facebook > AdWords« und »organisch > Facebook > Facebook > AdWords« zwei Einträge in der Liste, die jeder für sich genommen nicht so viele Conversions haben. In beiden Fällen ist aber eindeutig Facebook ein wichtiges Element im Pfad. Sie müssen also die Summe des Auftretens von Facebook in allen Pfaden betrachten und nicht nur, ob ein Eintrag in den Top 10 vorhanden ist.

Nutzen Sie den Bericht *Vorbereitete Conversions*, um den Einfluss einer Quelle auf den gesamten Pfad zu betrachten. In diesem Bericht sind für alle Quellen die Werte für die finalen Conversions aufgeführt (also wie in den Berichten unter *Akquisition*) und außerdem, wie oft ein Nutzer über diesen Kanal kam, aber erst bei einer späteren Sitzung konvertierte.

MCT-Channelgruppierung	Vorbereitete Conversions ↓	Wert der vorbereiteten Conversion	Conversions nach dem letzten Klick oder direkte Conversions	Wert für Conversions nach dem letzten Klick oder für direkte Conversions	Vorbereitete Conversions, Conversions nach dem letzten Klick oder direkte Conversions
1. Direkt	6.999 (43,30 %)	—	13.141 (41,42 %)	—	0,53
2. Bezahlte Suche	3.697 (22,87 %)	—	6.629 (20,90 %)	—	0,56
3. Organische Suche	3.344 (20,69 %)	—	7.949 (25,06 %)	—	0,42
4. (Andere)	1.895 (11,72 %)	—	3.785 (11,93 %)	—	0,50
5. Verweis	171 (1,06 %)	—	175 (0,55 %)	—	0,98
6. Soziales Netzwerk	58 (0,36 %)	—	45 (0,14 %)	—	1,29

Abbildung 11-5:
Welcher Kanal hat wie viele Conversions vorbereitet?

Mit dem Bericht *Modellvergleichstool* können Sie schließlich unterschiedliche Modelle zur Bewertung Ihrer Quellen gegenüberstellen. In der Standardbetrachtung verwendet Google Analytics das Modell *Letzte Interaktion* (auch: Last-Click). Darin wird eine Conversion immer der Quelle zugeordnet, die den Nutzer zur tatsächlichen Conversion auf die Website brachte. Es gibt aber auch andere Modelle. Bei *Erste Interaktion* (First-Click) wird die Conversion der Quelle zugeordnet, die den Nutzer zum allerersten Mal auf die Website brachte.

MCT-Channelgruppierung	Ausgaben (für ausgewählten Zeitraum)	Letzte Interaktion		Erste Interaktion		% Änderung bei Conversions (von Letzte Interaktion)
		Conversions ↓	CPA	Conversions	CPA	Erste Interaktion
1. Direkt	—	5.046,00 (42,25 %)	—	3.936,00 (32,96 %)	—	-22,00 % ↓
2. Organische Suche	—	3.050,00 (25,54 %)	—	3.614,00 (30,26 %)	—	18,49 % ↑
3. Bezahlte Suche	1.802,45 €	2.435,00 (20,39 %)	0,74 €	2.861,00 (23,96 %)	0,63 €	17,49 % ↑
4. (Andere)	—	1.324,00 (11,09 %)	—	1.428,00 (11,96 %)	—	7,85 % ↑
5. Verweis	—	72,00 (0,60 %)	—	86,00 (0,72 %)	—	19,44 % ↑
6. Soziales Netzwerk	—	16,00 (0,13 %)	—	18,00 (0,15 %)	—	12,50 % ↑

Abbildung 11-6:
Zwei Attributierungen im Modellvergleichstool

In der letzten Spalte des Beispiels sehen Sie den Unterschied zwischen den beiden Betrachtungen. Sie werden mitunter große Unterschiede feststellen und können diese Informationen beim Planen von Kampagnen nutzen. Vielleicht bringt Facebook nicht viele Conversions, aber dafür viele Nutzer erstmalig auf die Website, die dann später über einen anderen Kanal konvertieren.

Nutzern geräteübergreifend folgen

Die Erkennung eines Nutzers führt Google Analytics anhand von Cookies durch. Sie können Nutzer also bei mehreren Sitzungen verfolgen, solange diese zum einen denselben Browser verwenden und zum anderen ihre Cookies nicht löschen. Was aber, wenn Ihre Nutzer unterschiedliche Rechner oder Geräte wie Smartphones verwenden? Für diesen Fall bietet Google Analytics Berichte unter *Geräteübergreifend* an, mit denen Sie Ihre Nutzer über mehrere Geräte hinweg betrachten können, allerdings nur unter einer technischen Voraussetzung: Sie müssen Google Analytics selbst mitteilen, um welchen Nutzer es sich handelt, was normalerweise ein Log-in oder eine ähnliche Nutzerregistrierung voraussetzt.

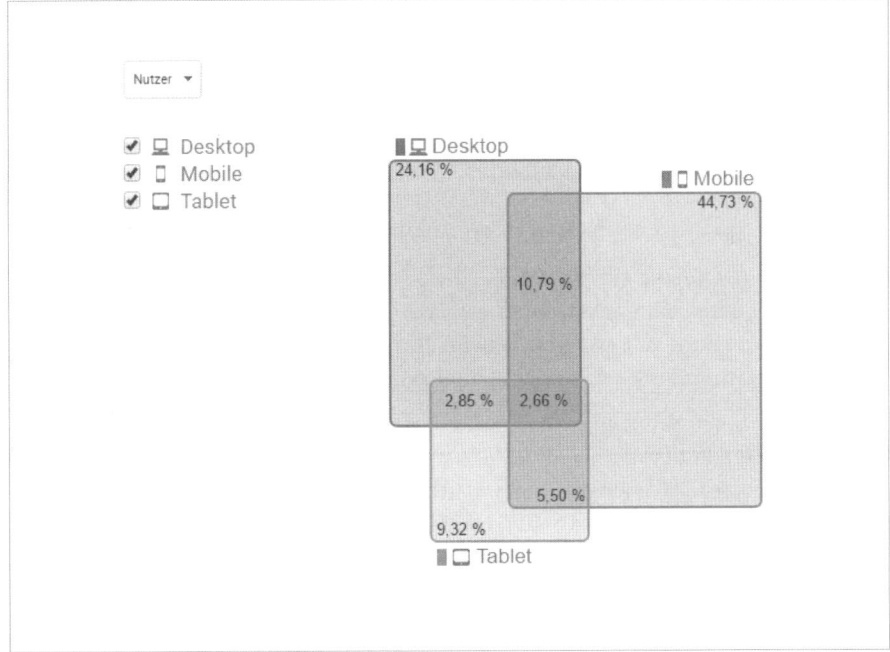

Abbildung 11-7:
Bericht »Geräteübergreifend« in Google Analytics

Inhalte bewerten

Google Analytics ermöglicht Ihnen die detaillierte Analyse der Inhalte Ihrer Website. Unter dem Menüpunkt *Verhalten* finden Sie eine Vielzahl an Berichten, um zu erfahren, was Ihre Nutzer auf der Website tun (und was nicht). Erste Anlaufstelle ist der Bericht *Alle Seiten* (unter *Verhalten/Websitecontent/Alle Seiten*).

	Seite	Seitenaufrufe	Einzelne Seitenaufrufe	Durchschn. Besuchszeit auf Seite	Einstiege	Absprungrate	% Ausstiege	Seitenwert
		10.887 % des Gesamtwerts: 65,69 % (16.574)	9.726 % des Gesamtwerts: 66,10 % (14.715)	00:03:42 Durchn. für Datenansicht: 00:03:13 (15,04 %)	8.019 % des Gesamtwerts: 74,46 % (10.769)	79,97 % Durchn. für Datenansicht: 76,21 % (4,93 %)	73,80 % Durchn. für Datenansicht: 64,98 % (13,59 %)	58,79 € % des Gesamtwerts: 31,20 % (188,43 €)
1.	/blog/15771-fake-traffic-und-referrer-spam-in-google-analytics-loswerden/	1.543 (14,17 %)	1.438 (14,79 %)	00:11:03	1.413 (17,62 %)	89,83 %	90,80 %	106,94 € (181,90 %)
2.	/blog/9907-suchmaschinen-marktanteile-weltweit-2014/	1.365 (12,54 %)	1.040 (10,69 %)	00:01:55	970 (12,10 %)	62,20 %	56,85 %	18,58 € (31,60 %)
3.	/blog/3426-google-updates-auf-panda-folgt-pinguin/	465 (4,27 %)	441 (4,53 %)	00:07:01	423 (5,27 %)	89,23 %	89,46 %	84,68 € (144,04 %)
4.	/blog/10774-google-my-business-optimierung-fuer-unternehmen/	454 (4,17 %)	433 (4,45 %)	00:08:16	422 (5,26 %)	85,18 %	89,87 %	77,20 € (131,32 %)
5.	/blog/9636-suchmaschinen-marktanteile-asien-2014/	377 (3,46 %)	305 (3,14 %)	00:02:12	194 (2,42 %)	78,97 %	64,19 %	21,52 € (36,61 %)
6.	/blog/9142-suchmaschinen-marktanteile-europa-2014/	365 (3,35 %)	292 (3,00 %)	00:01:41	182 (2,27 %)	67,22 %	51,51 %	22,40 € (38,10 %)
7.	/blog/28344-seo-day/	318 (2,92 %)	295 (3,03 %)	00:10:12	266 (3,32 %)	83,27 %	84,91 %	47,16 € (80,22 %)
8.	/blog/9560-zielgruppenanalyse-im-online-marketing/	307 (2,82 %)	275 (2,83 %)	00:06:01	264 (3,29 %)	75,00 %	82,74 %	48,09 € (81,80 %)
9.	/blog/9331-https-als-ranking-faktor/	288 (2,65 %)	271 (2,79 %)	00:05:20	259 (3,23 %)	86,36 %	88,54 %	120,07 € (204,24 %)
10.	/blog/10008-direct-traffic-google-analytics/	269 (2,47 %)	257 (2,64 %)	00:06:30	249 (3,11 %)	89,96 %	90,33 %	82,93 € (141,06 %)

Abbildung 11-8:
Nutzung von Inhalten im Seitenbericht

Für jede Seite sehen Sie in den Spalten folgende Werte:

Seitenaufrufe gibt an, wie oft die Seite angesehen wurde. Schaut ein Nutzer eine Seite mehrfach an, ist jedes Anschauen ein weiterer Aufruf. Der Tracking-Code wird auch beim Aufruf von gecachten oder zwischengespeicherten Seiten ausgeführt, also tatsächlich bei jedem Ansehen.

Einzelne Seitenaufrufe zeigt die Zahl der Sitzungen, in denen diese Seite einmal oder mehrmals aufgerufen wurde. Wenn ein Nutzer in einer Sitzung die Homepage dreimal aufruft, produziert er einen einzelnen Seitenaufruf, aber drei Seitenaufrufe.

Die Metrik *Einzelne Seitenaufrufe* entspricht eigentlich Sitzungen, aber aus technischen Gründen verwendet Google Analytics für alle Seitenberichte diesen Wert und nicht »Sitzungen«. Beim Anlegen von personalisierten Berichten müssen Sie diesen Umstand berücksichtigen, die Kombination aus Seiten und Sitzungen führt zu keinem brauchbaren Ergebnis.

Die *Durchschnittliche Besuchszeit* auf der Seite gibt an, wie lange die Nutzer auf dieser Seite waren, bevor sie die nächste Seite ansteuerten. Dazu misst Google den Zeitpunkt dieses Seitenaufrufs, anschließend den Zeitpunkt des nächsten Seitenaufrufs und bestimmt die Differenz. Die Verweildauer der letzten aufgerufenen Seite einer Sitzung wird daher nicht automatisch erfasst und wirkt sich entsprechend auf den Durchschnittswert aus – wie Sie bereits in den Ausführungen zur Akquise (siehe Abbildung 11-1) gelesen haben.

Einstiege führt auf, wie viele Sitzungen auf dieser Seite begonnen haben. Das Verhältnis von Seitenaufrufen zu Einstiegen kann sich stark unterscheiden. Nicht jede oft aufgerufene Seite ist auch gleichzeitig eine wichtige Seite für den Start von Sitzungen. Die Einstiege beziehen sich auf Sitzungen, da jede Sitzung nur einen Einstieg haben kann. Daher vergleichen Sie diesen Wert immer mit der Spalte *Einzelne Seitenaufrufe*. Im Bericht *Zielseiten* sind die Seiten nach dem Wert der *Einstiege* aufgelistet und sortiert.

Absprungrate bildet das Verhältnis von Einstiegen zu Ausstiegen dieser Seite ab. Ein Absprung wird immer dann gezählt, wenn der Nutzer nach der Einstiegsseite keine weitere Seite mehr aufruft oder irgendeine sonstige Aktion ausführt. Besonders für die Bewertung von Landingpages (also extra für Kampagnen erstellte Seiten) ist dieser Wert interessant. Eine hohe Absprungrate deutet auf ein mögliches Problem mit dem Inhalt der Seite hin. Mehr dazu haben Sie bereits weiter oben im Abschnitt zum Thema Akquise gelesen.

% Ausstiege beschreibt den Anteil aller Sitzungen, die auf dieser Seite die Website verlassen haben. Dabei ist es im Gegensatz zur Absprungrate unerheblich, ob und wie viele andere Seiten vor dem Ausstieg aufgerufen wurden. Für die richtige Auslegung müssen Sie überlegen, ob die jeweilige Seite ein »natürlicher Ausstiegspunkt« auf der Website ist, z.B. die Dankesseite eines Formulars. Hat ein Nutzer ein Formular erfolgreich abgeschickt, hat er wahrscheinlich alles erreicht, was er auf Ihrer Website machen wollte. Eine hohe Ausstiegsrate ist hier also nicht überraschend, dennoch können Sie überlegen, ob Sie den Nutzer vielleicht mit weiteren Vorschlägen oder Angeboten auf Ihrer Website halten können. Analog zu den Einstiegen haben auch die Ausstiegsseiten zusätzlich einen eigenen Bericht (Ausstiegsseiten).

Der *Seitenwert* stellt den Einfluss dieser Seite auf alle Umsätze dar, die Nutzer mit E-Commerce oder Zielen generiert haben. Ein Beispiel: Nutzer A hat auf einer Website ein Produkt für 100 Euro gekauft. Dabei ist er über die Seite /produkte zum Kauf weitergegangen. In diesem Fall erhält die Seite /produkte einen Seitenwert von 100 Euro.

Ein anderer Nutzer hat vor einem Kauf von ebenfalls 100 Euro die Seite /produkte nicht aufgerufen. Darum bekommt in diesem Fall die Seite keinen Wert zugewiesen (also 0 Euro).

> **Tipp: Seiten, URLs und Parameter**
> Google Analytics definiert als Seite den Aufruf einer unterschiedlichen URL inklusive Parameter, d.h., die Aufrufe der URLs /unternehmen/ und /unternehmen/?menu=nav sind als zwei getrennte Zeilen im Bericht zu finden.

Mit den Berichten unter dem Menüpunkt *Websitecontent* haben Sie einen Hebel zur inhaltlichen Optimierung Ihrer Website. Prüfen Sie die Absprungraten im Bericht *Zielseiten*.

	Zielseite	Akquisition			Verhalten			Conversions Alle Zielvorhaben	
		Sitzungen ↓	Neue Sitzungen in %	Neue Nutzer	Absprungrate	Seiten/Sitzung	Durchschnittl. Sitzungsdauer	Rate der Zielvorhaben-Conversion	Abschlüsse für Zielvorhaben
		8.019 % des Gesamtwerts: 74,19 % (10.809)	75,41 % Durchn. für Datenansicht: 73,90 % (1,91 %)	6.047 % des Gesamtwerts: 75,61 % (7.998)	80,53 % Durchn. für Datenansicht: 76,21 % (5,68 %)	1,35 Durchn. für Datenansicht: 1,53 (-11,82 %)	00:01:18 Durchn. für Datenansicht: 00:01:49 (-28,71 %)	134,62 % Durchn. für Datenansicht: 108,57 % (24,00 %)	10.795 % des Gesamtwerts: 91,99 % (11.735)
1.	/blog/15771-fake-traffic-und-referrer-spam-in-google-analytics-loswerden/	1.413 (17,62 %)	80,33 %	1.135 (18,77 %)	90,02 %	1,12	00:01:06	138,15 %	1.952 (18,08 %)
2.	/blog/9907-suchmaschinen-marktanteile-weltweit-2014/	970 (12,10 %)	78,04 %	757 (12,52 %)	62,27 %	1,95	00:01:50	118,35 %	1.148 (10,63 %)
3.	/blog/3426-google-updates-auf-panda-folgt-pinguin/	423 (5,27 %)	84,87 %	359 (5,94 %)	90,07 %	1,11	00:00:47	132,86 %	562 (5,21 %)
4.	/blog/10774-google-my-business-optimierung-fuer-unternehmen/	422 (5,26 %)	84,60 %	357 (5,90 %)	85,78 %	1,15	00:01:00	127,01 %	536 (4,97 %)
5.	/blog/28344-seo-day/	266 (3,32 %)	52,26 %	139 (2,30 %)	84,21 %	1,23	00:01:46	127,82 %	340 (3,15 %)
6.	/blog/9560-zielgruppenanalyse-im-online-marketing/	264 (3,29 %)	79,17 %	209 (3,46 %)	76,14 %	1,27	00:01:30	124,24 %	328 (3,04 %)
7.	/blog/9331-https-als-ranking-faktor/	259 (3,23 %)	84,94 %	220 (3,64 %)	88,03 %	1,18	00:00:46	149,03 %	386 (3,58 %)
8.	/blog/10008-direct-traffic-google-analytics/	249 (3,11 %)	79,52 %	198 (3,27 %)	89,96 %	1,18	00:01:07	165,06 %	411 (3,81 %)
9.	/blog/26373-google-analytics-interne-zugriffe-ausschliessen-mittels-ip-filter/	219 (2,73 %)	82,19 %	180 (2,98 %)	79,91 %	1,22	00:01:59	167,58 %	367 (3,40 %)
10.	/blog/9636-suchmaschinen-marktanteile-asien-2014/	194 (2,42 %)	71,13 %	138 (2,28 %)	79,38 %	1,35	00:00:48	115,98 %	225 (2,08 %)

Abbildung 11-9:
Wo steigen die Nutzer auf der Website ein?

Hier sehen Sie ähnlich wie in den Kampagnenberichten auch die erreichten Conversions und können so bestimmen, welche Seiten wichtig für Ihre Ziele sind. Bei hohen Absprungraten sollten Sie prüfen, ob Sie die Inhalte der Seite optimieren können.

Zeilen darstellen: Sekundäre Dimension: Standard-Channelgruppierung ▾ Sortierungsart: Standard ▾ Erweitert

	Zielseite	Standard-Channelgruppierung	Akquisition: Sitzungen ↓	Akquisition: Neue Sitzungen in %	Akquisition: Neue Nutzer	Verhalten: Absprungrate	Verhalten: Seiten/Sitzung
			10.809 % des Gesamtwerts: 100,00 % (10.809)	74,05 % Durchn. für Datenansicht: 73,99 % (0,08 %)	8.004 % des Gesamtwerts: 100,08 % (7.998)	76,21 % Durchn. für Datenansicht: 76,21 % (0,00 %)	1,53 Durchn. für Datenansicht: 1,53 (0,00 %)
1.	/blog/15771-fake-traffic-und-referrer-spam-in-google-analytics-loswerden/	Organic Search	**1.104** (10,21 %)	79,17 %	874 (10,92 %)	90,40 %	1,11
2.	/blog/9907-suchmaschinen-marktanteile-weltweit-2014/	Organic Search	**837** (7,74 %)	81,96 %	686 (8,57 %)	59,98 %	1,96
3.	/	Organic Search	**700** (6,48 %)	68,14 %	477 (5,96 %)	50,86 %	2,35
4.	/blog/10774-google-my-business-optimierung-fuer-unternehmen/	Organic Search	**390** (3,61 %)	86,92 %	339 (4,24 %)	86,41 %	1,15
5.	/	Direct	**322** (2,98 %)	84,47 %	272 (3,40 %)	58,39 %	2,66
6.	/blog/3426-google-updates-auf-panda-folgt-pinguin/	Organic Search	**313** (2,90 %)	90,73 %	284 (3,55 %)	88,82 %	1,11
7.	/digital-analytics-tag/	Social	**291** (2,69 %)	82,82 %	241 (3,01 %)	83,85 %	1,28

Abbildung 11-10:
Zielseiten, nach Kanal aufgeschlüsselt

Betrachten Sie, über welche Kanäle die Nutzer kamen, indem Sie eine »sekundäre Dimension« über das Menü oberhalb der Tabelle auswählen. So können Sie schnell entdecken, ob ein bestimmter Kanal für auffällig schlechte (oder gute) Werte verantwortlich ist.

Aktionen mit Ereignissen messen

Mit den Berichten unter *Websitecontent* erfasst Google Analytics automatisch die aufgerufenen Seiten. Was aber, wenn Sie eine Aktion messen wollen, die keine neue Seite aufruft, zum Beispiel den Klick auf einen bestimmten Link oder das Abspielen eines Videos? Für diesen Fall gibt es in Google Analytics *Ereignisse* (andere Tools haben vergleichbare Funktion für eine solche Messung).

Mit Ereignissen in Google Analytics verfügen Sie über mehr Flexibilität bei der Erfassung. Mit jedem Ereignis übergeben Sie mindestens eine *Kategorie* und eine *Aktion*. Zusätzlich können Sie noch ein *Label* und einen *numerischen Wert* übergeben. Diese Daten können Sie für eine Auswertung jeweils einzeln betrachten oder beliebig kombinieren: Kategorie und Aktion, Label und Kategorie oder Aktion und Label.

Hier einige Ideen dazu, was Sie *mit Ereignissen messen* können:

- Klicks auf Links zu PDFs, ZIP-Dateien oder andere Downloads. In PDFs können Sie keinen Tracking-Code einbinden, aber Sie können den Klick erfassen, der zur PDF führt.
- Klicks auf Links, die zu anderen Websites führen. Ohne Ereignis sehen Sie lediglich, auf welcher Seite Nutzer die Sitzung beenden.

Mit dem Ereignis sehen Sie, wann und wohin ein Nutzer die Website verlässt.

- Scrolling der Seite. Mit einem zusätzlichen Skript lassen Sie immer dann ein Ereignis feuern, wenn der Nutzer 25% (50%, 75% oder 100%) der Seite erreicht. So sehen Sie, bis wohin auf einer Seite der Nutzer gescrollt hat. Bei längeren Seiten wie Blogposts, Listen oder One-Pagern wissen Sie, welche Inhalte der Seite überhaupt gesehen wurden.

Sie können Ziele in Google Analytics auch auf Basis von einem Ereignis anlegen, also zum Beispiel immer beim Download einer bestimmten PDF-Datei. Als Ziel zeigt Analytics Ihnen die Downloads auch in den Akquise- und Multi-Channel-Berichten an.

	Ereigniskategorie	Ereignisse gesamt	Eindeutige Ereignisse
		22.021 % des Gesamtwerts: 57,03 % (38.615)	**19.537** % des Gesamtwerts: 65,49 % (29.834)
1.	Scrolling Blog	**13.124** (59,60 %)	10.889 (55,74 %)
2.	Scrolling Percantage	**8.164** (37,07 %)	7.963 (40,76 %)
3.	link	**715** (3,25 %)	668 (3,42 %)
4.	Kontaktblock	**18** (0,08 %)	17 (0,09 %)

Abbildung 11-11:
Ereignisse für Scrolling und Links

Im Unterschied zu Seitenaufrufen werden Ereignisse nicht automatisch mit dem Einbinden des Tracking-Codes erfasst. Vielmehr müssen Sie selbst dafür sorgen, dass bei einer bestimmten Aktion auf der Website ein Ereignis abgefeuert, also ein Tracking-Befehl ausgeführt wird.

Diese Befehle bauen Sie (bzw. ein Programmierer) in die Website ein. Für einige Anforderungen gibt es inzwischen vorbereitete Bibliotheken oder Plug-ins, die den Einbau vereinfachen. Eine andere Möglichkeit für diese Befehle bietet der Google Tag Manager.

Nutzer verstehen

Webanalysetools sammeln schon beim ersten Aufruf einer Website eine Menge Daten über den Besucher. Aus technischen Informationen wie der IP-Adresse werden zum Beispiel Berichte zur Herkunft der Nutzer. Aus dem User-Agent kann ein Tool erkennen, ob ein Nutzer mit einem PC oder mit dem Smartphone auf der Website war. So lernen Sie Ihre Nutzer ein wenig besser kennen und können auf die Bedürfnisse besser eingehen.

Geräte vergleichen

Viele Analytics-Tools bieten Berichte zu den Geräten, Browsern und Betriebssystemen der Nutzer. Mit diesen Berichten wissen Sie also, wie viele und welche Nutzer mit einem Smartphone auf der Website unterwegs sind. Heute werden viele Websites als responsive konzipiert, d. h., die Website passt sich an die jeweilige Größe des Endgeräts an. Der Bericht zu Mobilgeräten zeigt Ihnen nun, ob die Responsive Website auf Smartphones so gut funktioniert wie auf dem Desktop. Gibt es eine große Diskrepanz z. B. bei den Abschlüssen, sollten Sie die jeweilige Variante genauer prüfen. Auch auf einer Responsive Website kann ein Formular unter bestimmten Bedingungen nicht funktionieren oder ein Button nicht klickbar sein.

	Akquisition			Verhalten
Mobiltelefon-Info	Sitzungen ↓	Neue Sitzungen in %	Neue Nutzer	Absprungrate
	1.603 % des Gesamtwerts: 14,83 % (10.809)	73,86 % Durchn. für Datenansicht: 73,99 % (-0,18 %)	1.184 % des Gesamtwerts: 14,80 % (7.998)	77,98 % Durchn. für Datenansicht: 76,21 % (2,33 %)
1. Apple iPhone	470 (29,32 %)	77,66 %	365 (30,83 %)	75,32 %
2. Apple iPad	185 (11,54 %)	68,11 %	126 (10,64 %)	76,22 %
3. (not set)	68 (4,24 %)	79,41 %	54 (4,56 %)	80,88 %
4. Samsung SM-G920F Galaxy S6	55 (3,43 %)	63,64 %	35 (2,96 %)	76,36 %
5. Samsung SM-G930F Galaxy S7	48 (2,99 %)	77,08 %	37 (3,12 %)	85,42 %
6. Samsung SM-G900F Galaxy S5	43 (2,68 %)	72,09 %	31 (2,62 %)	83,72 %
7. Apple iPhone 6	33 (2,06 %)	69,70 %	23 (1,94 %)	84,85 %

Abbildung 11-12:
Zugriffe, geordnet nach unterschiedlichen Mobilgeräten

Das Verhalten von Nutzern auf Smartphones ist in den meisten Fällen ein anderes als am Desktop. Verweildauer, Absprungrate und betrachtete Inhalte unterscheiden sich zum Teil massiv. Betrachten Sie in so einem Fall Ihre Berichte getrennt nach der jeweiligen Gerätekategorie, um zu verstehen, was wo am besten funktioniert.

> **Tipp: Desktop, Smartphone oder Tablet**
>
> In Google Analytics werden Tablets wie das iPad als separate Kategorie gelistet. Bei der Unterscheidung zwischen *desktop* und *mobile* gehören Tablets zum Desktop, da die Nutzung eher mit PCs vergleichbar ist.

Diese Geräteinformationen sind auch für die Kampagnenplanung interessant. Bei AdWords können Sie Kampagnen auf bestimmte Endgeräte ausrichten. In Analytics sehen Sie, was die Nutzer dieser Endgeräte auf der Website tun.

Konto	Gerätekategorie	Akquisition		
		Klicks	Kosten	CPC
		6.799 % des Gesamtwerts: 100,00 % (6.799)	1.989,61 $ % des Gesamtwerts: 100,00 % (1.989,61 $)	0,29 $ Durchn. für Datenansicht: 0,29 $ (0,00 %)
1.	desktop	3.720 (54,71 %)	1.136,18 $ (57,11 %)	0,31 $
2.	mobile	2.490 (36,62 %)	613,22 $ (30,82 %)	0,25 $
3.	tablet	589 (8,66 %)	240,21 $ (12,07 %)	0,41 $

Abbildung 11-13:
AdWords-Konten, nach Gerätekategorie unterteilt

Analytics erfasst außerdem die Bildschirmauflösung, die Größe des aktuellen Browserfensters, die Farbtiefe, die Java-Version und einige weitere technische Werte. Auch diese helfen Ihnen, einzuschätzen, ob das aktuelle Design und der Aufbau Ihrer Website passend sind. Google Analytics bietet z. B. einen Bericht, mit dem Sie sehen können, welche Bereiche einer Seite von wie vielen Nutzern gesehen werden (beim Laden der Seite ohne Scrolling).

Herkunft erkennen

Anhand der IP-Adresse kann Analytics ermitteln, aus welchem Land ein Nutzer kam. Weiterhin können Sie Berichte zur Region und sogar zur Stadt des Nutzers aufrufen – diese Informationen sind allerdings mit Vorsicht zu betrachten.

Die Fehlerquote ist bei einer so kleinteiligen Zuordnung in Deutschland recht hoch, da vor allem Breitbandanschlüsse gern vom Netzbetreiber gebündelt werden und man somit an anderen Orten »erscheint«.

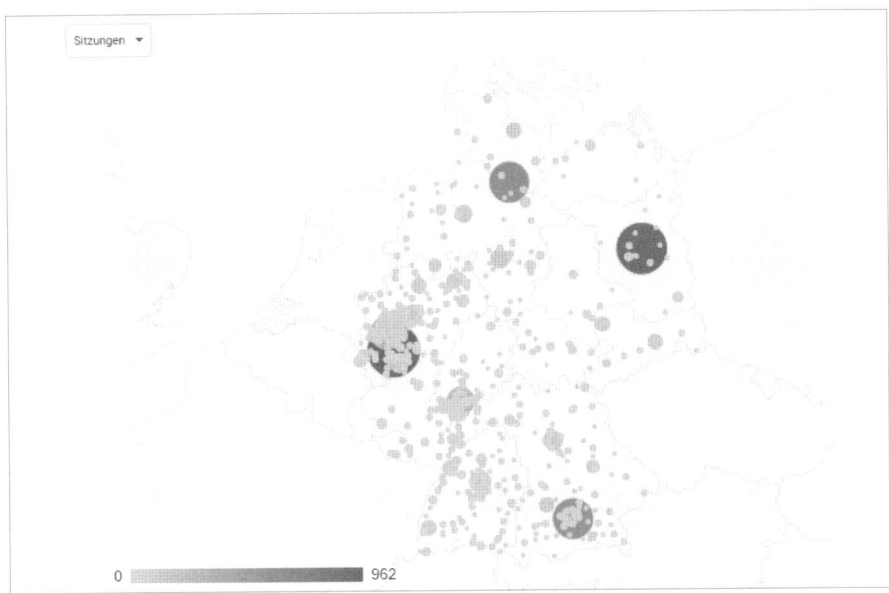

Abbildung 11-14:
Sitzungen nach Städten

> **Tipp: Datenschutz und IP-Adressen**
>
> Die IP-Adresse gilt in Deutschland als personenbezogen, daher darf sie nicht dauerhaft gespeichert werden. Analytics-Tools dürfen nur mit einer gekürzten Version arbeiten, die Sie in Google Analytics gesondert einstellen müssen (Stichwort: anonymizeIp). Generell dürfen Sie in Google Analytics keine persönlichen Daten wie Klarname, E-Mail-Adressen oder Telefonnummern speichern. Im schlimmsten Fall löscht Google Ihren gesamten Bericht.

Bieten Sie B2B-Produkte oder -Services an, ist der Bericht *Internetanbieter* für Sie interessant. Dort wird der jeweilige Besitzer der IP-Adresse gezeigt, von dem aus der Nutzer kam. Ab einer gewissen Größe haben Firmen oft ihre eigenen IP-Adressen. Sie sehen also, von welchem Firmennetzwerk Nutzer auf Ihre Website kamen.

Demografische Daten

Google Analytics nutzt für einige Berichte zusätzliche Datenquellen. So verwenden die Berichte zu demografischen Merkmalen Informationen aus dem Google-Werbenetzwerk. Diese Daten sammelt Google für und mit AdWords, zum Teil werden auch externe Daten hinzugekauft.

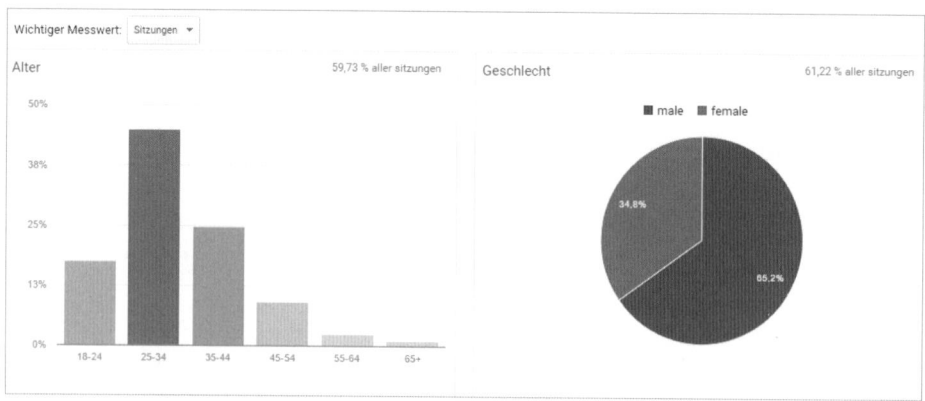

Abbildung 11-15:
Demografische Merkmale der Nutzer

In den Berichten erfahren Sie für (einen Teil der) Nutzer Alter, Geschlecht und Interessen. Die Daten sind natürlich nicht immer belastbar, aber sie vervollständigen das Bild Ihrer Nutzer.

Tag Management

Tag Management bezeichnet die Verwaltung von Tracking-Codes beliebig vieler Dienste in einem gesonderten Tool. Google bietet seit einiger Zeit einen kostenlosen Tag Manager an, es gibt aber auch andere Anbieter, die zum Teil mehr Funktionen oder Support bieten.

Bei größeren Websites braucht der Einbau von Tracking-Codes meistens einen gewissen zeitlichen Vorlauf, sie müssen von ITlern oder Programmierern eingebaut werden und durchlaufen einen Freigabeprozess.

Ein Tag Manager trennt Tracking-Codes von der eigentlichen Website. In die Website wird nur einmalig ein JavaScript-Code eingebaut, der dann später die nötigen Tracking-Codes nachlädt. Die eigentlichen Tags werden in einer Weboberfläche angelegt und verwaltet.

So können die Tags von anderen Personen verwaltet werden, und Updates sind unabhängig von Website-Updates. Außerdem lassen sie sich vorab testen, und bei Problemen kann schnell auf eine frühere Version zurückgesprungen werden.

Der Einsatz eines Tag Manager lohnt aber nicht nur bei großen Websites, auch kleine Auftritte können bereits vom Einsatz profitieren. So gibt es für viele Tracking-Codes Vorlagen, bei denen Sie nur noch einige Werte eintragen müssen. Theoretisch ist es also auch ohne Programmierkenntnisse möglich, einen Tag Manager zu befüllen und einzusetzen. In der Praxis bleibt das Tagging auch mit einem solchen Tool eine eher technische Angelegenheit. Wenn Sie allerdings verstehen, was man damit machen kann, können Sie Dienstleister oder IT besser briefen und so die Umsetzung beschleunigen.

Taking Action

Oft wird Analytics mit der reinen Zählung, also dem Tracking gleichgesetzt. In dem Fall machen Sie alles zählbar, erfassen ganz viele Daten – machen am Ende aber nichts damit.

Im Idealfall wollen Sie alle diese Fakten wissen, um Ihre Website zu verbessern. Das bedeutet, dass Sie auf Ihrer Website, in Ihren Kampagnen oder in Ihrem Unternehmen etwas verändern müssen, um die Zahlen positiv zu beeinflussen. Manchmal bedeutet das, dass Sie erst dann aktiv werden, wenn die Zahlen nicht Ihren Erwartungen entsprechen. Aber in beiden Fällen werden Sie aktiv.

Hieraus ergibt sich auch, ob sich ein Bericht oder ein Tracking lohnt: Was mache ich mit dieser Information, was sollte ich ändern? Muss ich aktiv werden? Wenn Sie diese Fragen nicht beantworten können, ist ein Bericht eigentlich sinnlos.

In vielen Unternehmen besteht die Tendenz, eher mehr als weniger Zahlen in einen Bericht zu packen. Das frisst häufig Zeit und verengt den Blickwinkel, denn die Zahlen sind ja nicht der eigentliche Grund Ihrer Betrachtung. Es geht um die Nutzer und deren Aktivitäten, die Sie durch die Zahlen abbilden.

Schauen Sie sich daher im Zweifelsfall eher weniger und ausgewählte Kennzahlen an und beginnen Sie bei auffälligen Werten, intensiver zu analysieren: Filtern, segmentieren und vergleichen Sie. Erst dann bringt Ihnen Digital Analytics einen Mehrwert.

Hier sind sieben Ideen, wie Sie Ihre Website mit Analytics-Daten optimieren können:

- Prüfen Sie die Absprungrate Ihrer wichtigsten Einstiegsseiten. Bei einem hohen Wert (>60%) versuchen Sie, herauszufinden, ob die Seite nicht den Erwartungen entspricht oder ob hier technische Probleme bestehen.

- Vergleichen Sie die Zugriffe über Desktop und Mobilgerät, auch wenn Ihre Website nicht explizit für mobile Nutzer optimiert ist.
- Betrachten Sie die Referrer der 404-(Nicht gefunden-)Seite, um fehlerhafte Links auf Ihrer oder anderen Websites zu finden.
- Verknüpfen Sie das Analytics-Konto mit AdWords, um so die Besucher auch nach dem Klick auf eine AdWords-Anzeige zu verfolgen.
- Definieren Sie Ziele (Conversions), um die wichtigsten Aufgaben Ihrer Website in allen Berichten im Blick zu haben.
- Filtern Sie Ihre eigenen und die Zugriffe Ihrer Kollegen auf die Website anhand Ihrer IP-Adresse, um die Nutzerdaten nicht unnötig zu verwässern.
- Nutzen Sie Kampagnenparameter für Werbemaßnahmen wie Banner, Newsletter oder FacebookAds.
- Analysieren Sie Eingaben in der internen Suche Ihrer Website. Nutzer suchen, was sie nicht in der Navigation finden konnten.
- Betrachten Sie die Kanäle und Multi-Channel-Berichte gleichermaßen. Der letzte Kanal ist nicht automatisch der wertigste.

Interview mit Björn Instinsky

Welchen Stellenwert hat Analytics in eurem Online-Marketing? Welche Kennzahlen ermittelt ihr besonders intensiv, und wie werden diese Daten genutzt?

Die Webanalyse nimmt im Online-Marketing der Hamburger Sparkasse einen sehr hohen Stellenwert ein. Zum einen hilft uns die Webanalyse dabei, die Kundenerwartungen an unsere Website zu verstehen, um Optimierungen der Website anhand der Kundenbedürfnisse vornehmen zu können. Zum anderen stellt die detaillierte Messbarkeit von Online-Marketing-Maßnahmen über Webanalyse einen der großen Vorteile gegenüber dem klassischen Marketing dar und bildet bei uns die Basis der Ausgestaltung und Optimierung unserer Online-Marketing-Kampagnen.

Im Kern messen wir eine Vielzahl von Kennzahlen zur Website-Nutzung durch die Kunden (so z.B. zu den Bewegungsmustern und der Nutzung einzelner Features auf der Website). Bezogen auf die Kampagnensteuerung messen wir drei relevante Kennzahlenblöcke. Dies sind Kennzahlen zur Reichweite (unter anderem AdImpressions), zur Resonanz/Reaktion (unter anderem Klicks) und schließlich zum Resultat (unter anderem Sales/Leads) im Rahmen der Kampagnenperformance.

Für uns bilden diese Kennzahlen einerseits die Grundlage für die kundenzentrierte Website-Optimierung z.B. bei der Konzeption neuer

Kunden-Features oder der optimalen Bereitstellung von Informationen. Andererseits richten wir die kurz- bis mittelfristige Kampagnensteuerung anhand der erhobenen Kennzahlen aus.

Wichtig ist mir, an dieser Stelle zu erwähnen, dass für uns als Hamburger Sparkasse beim Thema Webanalyse Datenschutz und Datensicherheit definitiv die höchste Priorität besitzen. Soll heißen, dass das Webanalysesystem, das wir nutzen, nach deutschem Datenschutzrecht zu 100% datenschutzkonform eingesetzt ist. Zudem ergreifen wir zahlreiche Maßnahmen, um eine optimale Sicherheit bei der Datenerhebung und Verarbeitung garantieren zu können. Wir stehen mit unserem hauseigenen Datenschutz und der IT-Sicherheit im engen Austausch, um diese Sicherheitsstandards regelmäßig zu prüfen.

Wie schafft ihr es, aus der Menge an Daten, die erhoben werden können bzw. erhoben werden, die richtigen Entscheidungen zu treffen?

Wir nähern uns den Rohdaten beispielsweise mit einer konkreten Fragestellung bzw. Problemstellung aus Kundensicht an – z.B. »Wie wird die Navigation genutzt?«, »Können wir die Navigation vereinfachen?«, »Wie werden spezifische Informationen aufgefunden?« oder »Kann der Weg dorthin für den Kunden vereinfacht werden?«

Aus diesen Fragestellungen ergibt sich immer auch eine Hypothese, die es dann über die Zahlen zu belegen oder auch zu widerlegen gilt. Somit werden die Daten dann segmentiert bzw. gefiltert, um einen detaillierten Blick auf die Zusammenhänge zu erhalten, die wir näher betrachten wollen.

Wichtig ist in einem weiteren Schritt dann natürlich die saubere Einordnung der herausgearbeiteten Kennzahlen, zum Beispiel über Benchmark-Vergleiche oder den Vergleich von Zeiträumen. Zusätzlich werden weitere unter Umständen beeinflussende Faktoren wie Kampagnen, saisonale Effekte oder Ähnliches herangezogen, um falsche Schlüsse zu vermeiden.

Auch hier sei noch mal betont, dass bei der Rohdatenerhebung und allen Analysen, die wir tätigen, für uns der Datenschutz und die Datensicherheit im Vordergrund stehen und stets an den geltenden gesetzlichen Vorgaben ausgerichtet sind.

Was muss jemand in deiner Position können? Welche Eigenschaften sollte er mitbringen?

Ich denke, eine der wichtigsten Eigenschaften, die ein Webanalyst mitbringen sollte, ist eine hohe Zahlenaffinität. Er sollte auch in der Lage sein, Zahlen in dem jeweiligen Zusammenhang bewerten zu können. Eine gewisse Leidenschaft für Analysen und Reports darf natürlich ebenfalls nicht fehlen. Darüber hinaus sollte ein Webanalyst über ein gutes technisches Verständnis verfügen (HTML-Programmierung, JavaScript, Umgang mit Excel, wie ein CMS technisch funktioniert – und noch einige Aspekte mehr).

Einen Webanalysten zeichnet zusätzlich eine Arbeitsweise aus, die von Genauigkeit geprägt ist und vor allem einer guten Portion Hartnäckigkeit, da technische Fehlerquellen nicht immer schnell offensichtlich sind und man sich nicht selten in komplexe Sachverhalte tief hineinarbeiten muss.

Wie bildest du dich in deinem Themengebiet weiter?

Ich bilde mich weiter, indem ich regelmäßig Webanalyseblogs verfolge, sowohl deutsche als auch gern internationale Blogs, wie beispielsweise »Occam's Razor« von Avinash Kaushik oder auch das englischsprachige Blog von Google Analytics. Zudem bin ich Mitglied in der *Digital Analytics Association Deutschland*, wo ich den regelmäßigen Austausch zu Gleichgesinnten suche. Neben der Nutzung von Blogs lese ich viel aktuelle Fachliteratur zu meinem Themengebiet. Auch über den Besuch von Fachkonferenzen versuche ich, meinen Horizont kontinuierlich zu erweitern. Ich denke, die Mischung aus verschiedenen Input-Quellen ermöglicht es mir, einen guten Überblick über die technischen Weiterentwicklungen und inhaltlichen Diskussionen in meinem Fachgebiet zu behalten.

Angenommen, ein Unternehmen (im deutschen Mittelstand gar nicht so unüblich) trackt und analysiert noch gar nichts. Wie sollte das Unternehmen vorgehen, um ein Analytics-Konzept aufzubauen? Was wären die ersten Schritte?

Zu Beginn sollte sich das Unternehmen erst einmal dem Thema annähern, indem die Frage geklärt wird, wie die eigene Website auf die Unternehmensziele einzahlt. Wenn diese Frage geklärt ist, sollte die konkrete Zielstellung der Website ermittelt werden. Aufbauend auf der Zielstellung (Mikroziel), sollten in einem weiteren Schritt die Aktionen auf der Website definiert werden (Makroziele), die der Nutzer auf dem Weg zur allgemeinen Zielstellung der Website durchläuft. So ist beispielsweise für ein mittelständisches Unternehmen die Anmeldung zum Newsletter auf der eigenen Website und die damit verbundene Erhebung von Interessentendaten ein Teilziel auf dem Weg zur Generierung neuer Kunden. Auch die idealtypischen Wege (Pfade), die der Kunde auf der Website durchläuft, um Aktionen und Ziele zu erreichen, sind festzulegen. Aus diesen einzelnen Elementen kann nun ein sehr detailliertes Tracking-Konzept aufgebaut werden, das darstellt, was genau auf der Website gemessen wird und wie sich die einzelnen Messpunkte zu einem großen Gesamtbild zusammenfügen.

Das grundlegende Tracking-Konzept kann dann in weiteren Iterationsstufen weiterentwickelt und um zusätzliche Messpunkte, etwa zur Website-Nutzung, ergänzt werden (z. B. Navigationsnutzung, Nutzung der Onsite-Suche, Abspielen von Videos etc.).

Wo siehst du momentan die größten Hürden im Bereich Web Analytics? Und was wird sich in den nächsten Jahren ändern?

Eine der großen Hürden im Bereich Web Analytics sehe ich momentan in der großen Fülle an Daten, die verfügbar sind und die eine irrsinnige Menge an Analysen möglich machen, die wiederum so viele Handlungsmöglichkeiten bieten, dass sie nicht einmal ansatzweise alle umgesetzt und angegangen werden können. Dieses Problemfeld offenbart sich naturgemäß eher in Unternehmen, deren Geschäftsmodelle sehr datengetrieben sind. Hier wird es in den kommenden Jahren immer mehr den Trend geben, eine Vielzahl von Standardoptimierungen auf Basis von lernenden Algorithmen zu automatisieren und somit für Webanalysten Entlastung zu schaffen, damit diese sich auf spezifische, tief gehende Datenanalysen konzentrieren können.

Ein weiteres Themenfeld, das aktuell noch viel Entwicklungspotenzial besitzt, ist die Personalisierung von Website-Inhalten. Auch hier können in Verbindung mit automatisierter Kundenansprache auf Basis von Zielgruppen und Segmenten neue Potenziale gehoben werden.

Ein Aspekt, der eine zunehmend wichtige Rolle für viele Unternehmen spielt, ist die begrenzte Menge an gut ausgebildeten Webanalysten, die auf dem Markt sind. Es ist deshalb schwierig, offene Stellen in den Unternehmen zu besetzen. Hier gibt es bereits vielfältige Bestrebungen, die Aus- und Weiterbildungsmöglichkeiten für Webanalysten an die veränderten Anforderungen und die gestiegene Nachfrage auf Unternehmensseite anzupassen. In Zukunft wird es sicherlich tief gehende Veränderungen sowohl auf Unternehmensseite geben, die dem Thema Webanalyse eine größere Bedeutung in den Unternehmensstrukturen bescheren werden, als auch in den Lehrplänen von Studiengängen mit IT- und Webschwerpunkten.

Was sind die drei wichtigsten Lektionen, die du in deiner Arbeit bisher gelernt hast und die du jedem Online Marketing Manager mitgeben kannst?

Lektion eins: Im Online-Marketing – wie eigentlich in allen anderen Bereichen auch: »It´s people's business!« Man ist nur wirklich erfolgreich, wenn man in der Lage ist, die Menschen um einen herum von seinem Weg zu überzeugen und dafür zu begeistern.

Lektion zwei: Man muss sich die Lust bewahren, immer wieder Neues aufzusaugen und seinen Blickwinkel neu zu justieren. In unserem Themenfeld ist die technische Weiterentwicklung so rasant, dass man jeden Tag mit neuen Aspekten und Fakten konfrontiert wird. Dabei ist es eine Kunst, die für einen selbst relevanten von den weniger relevanten Informationen zu trennen.

Lektion drei: Im Online-Marketing ist es am Ende ein bisschen wie im Fußball: »Die Tabelle lügt nicht.« Die Zahlen zeigen einem sehr genau und unweigerlich, was funktioniert und was nicht. Das Entscheidende ist nur, die Zahlen in dem richtigen Zusammenhang zu interpretieren und die richtigen Schlüsse daraus zu ziehen. Mein Lieblingsbeispiel ist die Attribuierung von Online-Sales. Hier kann allein über die Wahl eines anderen Attributionsmodells die Bedeutung ganzer Online-Marketing-Kanäle verändert werden.

Björn Instinsky verantwortet die Themen Webanalyse und Conversion-Rate-Optimierung bei der Hamburger Sparkasse AG. Schwerpunkte seiner Tätigkeit sind die Implementierungsbegleitung und der Ausbau der Nutzung von Webanalysesoftware, die Aufbereitung von Tracking-Daten und die Ableitung von Handlungsempfehlungen zur Website-Optimierung und zur Online-Marketing-Kampagnen-Steuerung. Zuvor war er beim Webanalyseanbieter etracker und dem SEO-Softwarehersteller SEOlytics als Online Marketing Manager tätig. Björn Instinsky ist seit mehr als sieben Jahren im Online-Marketing tätig und ist regelmäßig Speaker, Gastautor und Interviewpartner zu Online-Marketing-Themen.

KAPITEL 12
Online-Marketing-Recht

In diesem Kapitel:
- Fallstricke beim Impressum
- Suchmaschinenoptimierung – Onpage
- Suchmaschinenoptimierung – Offpage
- Google AdWords
- Gegen schlechte Bewertungen im Internet vorgehen
- Rechtliche Aspekte des E-Mail-Marketings
- Social-Media-Recht
- Die Folgen von Rechtsverstößen

Von Niklas Plutte

Ein Online Marketing Manager, der in seinem Bereich nicht mindestens rechtliches Grundwissen mitbringt, ist eine Gefahr für sein Unternehmen. Diese steile These mag in der Vergangenheit womöglich überzogen gewesen sein, weil Rechtsverletzungen im Internet häufig nicht verfolgt wurden. Der Wind hat sich jedoch schon lange gedreht. Gerade kreatives und dadurch erfolgreiches Marketing im Netz lässt die Konkurrenz aufhorchen. Da fremde Werbemaßnahmen über das Internet leicht überprüft werden können, gehören teure Abmahnungen für viele Unternehmen beinahe schon zur Tagesordnung. Abfinden müssen Sie sich damit aber nicht. Absolute Rechtssicherheit ist in der Praxis zwar oft nicht (zu vernünftigen Kosten) zu erreichen, gewöhnen Sie sich vor der Veröffentlichung neuer oder bearbeiteter Inhalte aber wenigstens einen gedanklichen Rechts-Check an und entwickeln Sie eine gewisse juristische Sensibilität. Bleiben Sie – indem Sie beispielsweise einer auf Onlinerecht spezialisierten Kanzlei in den sozialen Medien folgen – auf dem Laufenden. Eine Übersicht der aktuellen Abmahnfallen habe ich in diesem Kapitel für Sie zusammengefasst.

Fallstricke beim Impressum

Verspüren Sie intuitiv den Impuls, die folgenden Abschnitte zur Impressumspflicht zu überspringen? Davon rate ich ab. Mangelhafte Impressen gehören weiter zu den häufigsten rechtlichen Fehlerquellen im Internet, die angesichts der leichten Überprüfbarkeit schnell aufgespürt und abgemahnt werden können.

Wo besteht Impressumspflicht?

Ein Impressum müssen alle geschäftlich betriebenen Telemedien aufweisen. Telemedien sind vereinfacht gesagt Onlineangebote, auf die der Inhaber inhaltlich Einfluss nehmen kann, z. B. durch Profilangaben oder das Hochladen von Bildern. Gewöhnliche Websites, Onlineshops oder Blogs stellen daher genauso Telemedien dar wie mobile Apps[1] oder Profile in sozialen Medien, z. B. bei Facebook[2], Twitter, Google+[3], Instagram, YouTube, LinkedIn oder XING[4]. Social-Media-Gruppen und Veranstaltungen (z. B. bei Facebook) müssen ebenfalls ein Impressum aufweisen, wenn sie geschäftlichen Zwecken dienen und nicht rein firmenintern genutzt werden. Die Impressumspflicht kann sogar für einzelne *Beiträge in sozialen Medien* gelten, wenn darin mit konkreten Preisen geworben wird.

Ob Einträge in *Adressseiten* und *Branchenbüchern* der Impressumspflicht unterliegen, kann nicht pauschal beantwortet werden.[5] Gegen eine Impressumspflicht sprechen die meist begrenzten Gestaltungsmöglichkeiten. Wer Abmahnungen aus dem Weg gehen möchte, sollte jedoch nach Möglichkeit überall auf die Pflichtangaben hinweisen. Das gilt insbesondere, wenn vom Anbieter ein spezielles Impressumsfeld vorgesehen ist, ansonsten sollten Sie nach Möglichkeit ein Freitextfeld nutzen.

Ausgenommen von der Impressumspflicht sind nur Internetauftritte, die ausschließlich privaten oder familiären Zwecken dienen. Zu beachten ist, dass die Rechtsprechung die Impressumspflicht sehr weit auslegt. Ein geschäftlich betriebenes Telemedium liegt bereits dann vor, wenn sich darüber (theoretisch) Einnahmen erzielen lassen. Ob tatsächlich Einnahmen erzielt werden, ist nicht entscheidend. Daher können selbst Websites von Privatpersonen der Impressumspflicht unterliegen, wenn beispielsweise *Werbebanner* oder *Affiliate Links* eingebunden wurden.

---

1 OLG Hamm, Urteil vom 20.05.2010, I-4 U 225/09
2 LG Aschaffenburg, Urteil vom 19.08.2011, 2 HK O 54/11
3 LG Berlin, Beschluss vom 28.03.2013, 16 O 154/13
4 Streitig. Für Impressumspflicht: LG München I, Urteil vom 03.06.2014, 33 O 4149/14; LG Dortmund, Beschluss vom 06.02.2014, 5 O 107/14. Dagegen: OLG Stuttgart, Az. 2 U 95/14.
5 Bejaht für Profil auf kanzlei-seiten.de (LG Stuttgart, Urteil vom 24.04.2014, 11 O 72/14), verneint für Profil auf anwaltinfos.de (LG Nürnberg-Fürth, Beschluss vom 19.05.2014, 11 O 3192/14).

Profile von Mitarbeitern eines Unternehmens müssen grundsätzlich kein Impressum aufweisen. Anders verhält es sich, wenn der Mitarbeiter das Profil zugunsten des eigenen Arbeitgebers einsetzt, z. B. durch Beiträge mit Verweisen auf geschäftliche Angebote oder Aktionen des Arbeitgebers. Vereinzelte, zeitlich weit auseinanderliegende Beiträge führen noch nicht zu einer Impressumspflicht. Die Grenzen sind allerdings fließend, entscheidend sind letztlich Umfang und Häufigkeit der jeweiligen Postings.[6]

Welche Angaben gehören in das Impressum?

Der *Inhalt der Impressumsangaben* hängt unter anderem von Rechtsform, wirtschaftlicher Ausrichtung (B2B/B2C) und Branchenzugehörigkeit des Unternehmens ab. So gehören in ein Impressum beispielsweise die folgenden Angaben (ohne Anspruch auf Vollständigkeit):

- **Bei natürlichen Personen** – ausgeschriebener Vorname und Nachname.
- **Bei juristischen Personen** – Angabe von Firmenbezeichnung, Rechtsform sowie ausgeschriebener Vor- und Nachname mindestens eines Vertretungsberechtigten.
- **Ladungsfähige Anschrift des Diensteanbieters** – Straße, Hausnummer, Postleitzahl und Ort, kein Postfach.
- **Angaben zur schnellen Kontaktaufnahme** – Vorgeschrieben ist neben der E-Mail-Adresse eine zweite Möglichkeit zur Kontaktaufnahme. Die Angabe der Telefonnummer als einer solchen zweiten Möglichkeit ist zwar nicht zwingend, aber dringend zu empfehlen (keine Mehrwertdiensterufnummer). Eine Faxnummer muss nur angegeben werden, falls tatsächlich vorhanden.
- **Angaben zur Aufsichtsbehörde** (falls vorhanden) – relevant beispielsweise für Makler oder Spielhallenbetreiber.
- **Register und Registernummer** (falls vorhanden) – Beispiel: »Amtsgericht Mainz, HRB 1234«.
- **Umsatzsteuer-Identifikationsnummer und Wirtschafts-Identifikationsnummer** (falls vorhanden).
- **Berufsspezifische Angaben** (falls vorhanden) – relevant z. B. für Freiberufler wie Steuerberater, Rechtsanwälte oder Wirtschaftsprüfer.
- **Journalistisch-redaktionell verantwortliche Person** – ausgeschriebener Vorname und Nachname sowie vollständige Anschrift.

---

6   LG Freiburg, Urteil vom 04.11.2013, Az. 12 O 83/13

- **Für B2C-Unternehmen seit Januar 2016** – Hinweis auf EU-Streitbeilegungsverfahren mit klickbarem Link auf sogenannte OS-Plattform.
- **Neu für B2C-Unternehmen seit Februar 2016** – weitere Informationspflichten nach §§ 36, 37 VSBG.

Individuelle Impressumsangaben können Sie beispielsweise über einen *Impressum-Generator* erstellen. Unser Generator unter unter *www.ra-plutte.de/impressum-generator/* erzeugt nach Eingabe der abgefragten Firmendaten ein detailliertes Impressum, das kostenfrei verwendet werden darf, sofern im Impressum der Unternehmensseite ein Backlink auf *www.ra-plutte.de* gesetzt wird.

Wie stellt man das Impressum rechtskonform dar?

Abmahngefährdet sind nicht nur inhaltlich fehlende oder falsche Impressumsangaben. § 5 Telemediengesetz fordert, dass die Impressumsangaben auch *leicht erkennbar*, *unmittelbar erreichbar* und *ständig verfügbar* gehalten werden.

- Leicht erkennbar ist ein Impressum, wenn es für einen durchschnittlichen Nutzer ohne große Umstände auf einer Webseite bzw. innerhalb eines Profils aufgefunden werden kann.
- Die unmittelbare Erreichbarkeit ist nach der Rechtsprechung des BGH erfüllt, wenn die Impressumsangaben von jeder Unterseite einer Website aus mit maximal zwei Klicks erreicht werden können. Wird aus einem Social-Media-Profil heraus auf ein externes Impressum verlinkt, muss der Link direkt zur Impressumsseite führen.
- Ständige Verfügbarkeit bedeutet, dass das Impressum jederzeit ohne spezielle Software (z. B. PDF-Reader) abrufbar sein muss. Außerdem soll der Nutzer das Impressum bei Bedarf archivieren können. Sorgen Sie daher für eine Druckbarkeit der Impressumsangaben.

Darstellung des Impressums bei Websites, Blogs und Onlineshops

Bei gewöhnlichen Websites, Blogs sowie Onlineshops empfiehlt sich folgendes Vorgehen:

1. Erstellen Sie auf der Website eine neue Unterseite mit der Bezeichnung *Impressum*. Fügen Sie dort ausschließlich die vollständigen Impressumsdaten ein, keine sonstigen Disclaimer oder Datenschutzhinweise. Speichern Sie die Unterseite unter einer sogenannten »sprechenden« URL nach dem Prinzip *www.ihredomain.de/impressum/* ab. Alternativ zu *Impressum* dürfen auch die Begriffe *Kontakt*, *Anbieterkennzeichnung* oder *Über mich* verwendet wer-

den. Verzichten Sie lieber auf Kreativität. Begriffe wie »Backstage«[7] oder »Info«[8] sind nach der Rechtsprechung nicht gleichwertig.

Abbildung 12-1:
Verwenden Sie für die Impressumsseite einen sprechenden Link.

2. Das Impressum muss *von jeder Unterseite* der Website aus erreichbar sein. Fügen Sie daher einen Link mit der Bezeichnung *Impressum* bzw. *Kontakt* in die Hauptnavigation oder den Footer der Website ein, der ohne Zwischenschritte wie Mouseover oder Klicks direkt im sichtbaren Bereich der jeweiligen Unterseite erkennbar ist. Stellen Sie durch farbigen Kontrast und ausreichende Schriftgröße (Empfehlung: mindestens Schriftgröße 6) sicher, dass sich der *Impressum*-Link grafisch deutlich vom Hintergrund abhebt. Sollten Sie eine sogenannte »Cookie-Bar« verwenden, muss gewährleistet sein, dass der Link zum Impressum nicht von der Cookie-Bar verdeckt wird.

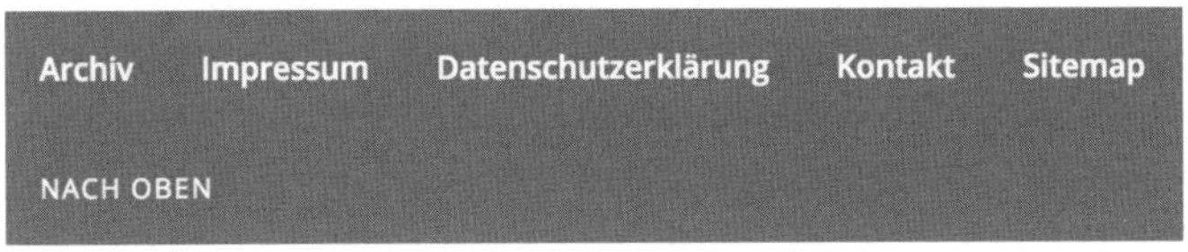

Abbildung 12-2:
Fügen Sie auf jeder Unterseite einen gut sichtbaren Link zum Impressum ein, z. B. in die Hauptnavigation oder den Footer.

Darstellung des Impressums in Social-Media-Profilen

Für die Darstellung der gesetzlichen Pflichtangaben in Social-Media-Profilen bestehen prinzipiell mehrere Möglichkeiten:

1. **Angabe der Impressumsdaten in jedem einzelnen Kanal (nicht empfohlen)** – Theoretisch dürfte man die Pflichtangaben in jedem Social-Media-Profil als Volltext aufführen. Bei Facebook und XING wäre dies technisch möglich, bei Instagram, Twitter und YouTube hingegen nicht. Daneben sprechen weitere Gründe gegen die Angabe direkt in den Profilen. Kommt es künftig zu Änderungen der Impressumsdaten, etwa wegen Umzug, geänderten Kontaktdaten oder neuer Firmierung, drohen inhaltliche Widersprüche zwi-

---

7 OLG Hamburg, Beschluss vom 20.11.2002, Az. 5 W 80/02
8 LG Aschaffenburg, Urteil vom 19.08.2011, Az. 2 HK O 54/11; OLG Düsseldorf, Beschluss vom 13.08.2013, Az. I-20 U 75/13

schen den verschiedenen Impressen, was von Mitbewerbern als wettbewerbswidrige Irreführung abgemahnt werden kann.

2. **Verlinkung auf zentrales Impressum (empfohlen)** – Weniger fehleranfällig und praktikabler ist das Führen eines zentralen Impressums auf der eigenen Haupt-Website (z. B. der Firmen-Homepage), auf das von den einzelnen Social-Media-Profilen verlinkt wird. Wie dies umzusetzen ist, erkläre ich anhand von Facebook, Twitter, Instagram, YouTube und XING. Beachten Sie, dass die folgenden Anleitungen eine Momentaufnahme darstellen. Durch grafische Umgestaltungen des Weblayouts kam es bei einzelnen Kanälen in der Vergangenheit (zeitweilig) zu rechtswidrigen Darstellungen des Impressums. Bleiben Sie auf dem Laufenden, indem Sie einer Kanzlei wie der unsrigen bei Facebook oder Twitter folgen. Im Fall von Änderungen der impressumsrelevanten Bereiche in den großen sozialen Netzwerken erhalten Sie auf diese Weise zeitnah Hinweise und nach Möglichkeit auch Tipps, wie die Darstellung rechtskonform anzupassen ist.

   – **Facebook** – Lange war die rechtskonforme Einbindung des Impressums bei Facebook mit erheblichen Querelen verbunden. Seit einiger Zeit bietet die Social-Media-Plattform nun für *Facebook-Seiten* ein eigenes Impressumsfeld an. Fügen Sie dort die ausgeschriebenen Impressumsdaten oder (besser) einen sprechenden Link zum Impressum auf Ihrer Haupt-Website ein.

Abbildung 12-3:
Öffnen Sie nach Aufruf Ihrer Facebook-Seite das Register »Seiteninfo bearbeiten«. Fügen Sie im Feld »Impressum« einen sprechenden Link zu Ihrem Impressum ein.

– Für *Facebook-Gruppen* oder *Veranstaltungen* bietet Facebook kein eigenes Impressumsfeld an. Sie können den Impressumslink aber in einem normalen Beitrag mit der Einstellung *Beitrag fixieren* posten und ihn so im oberen Sichtfeld halten oder ihn alternativ als Gruppen- bzw. Veranstaltungsbeschreibung eintragen.[9]

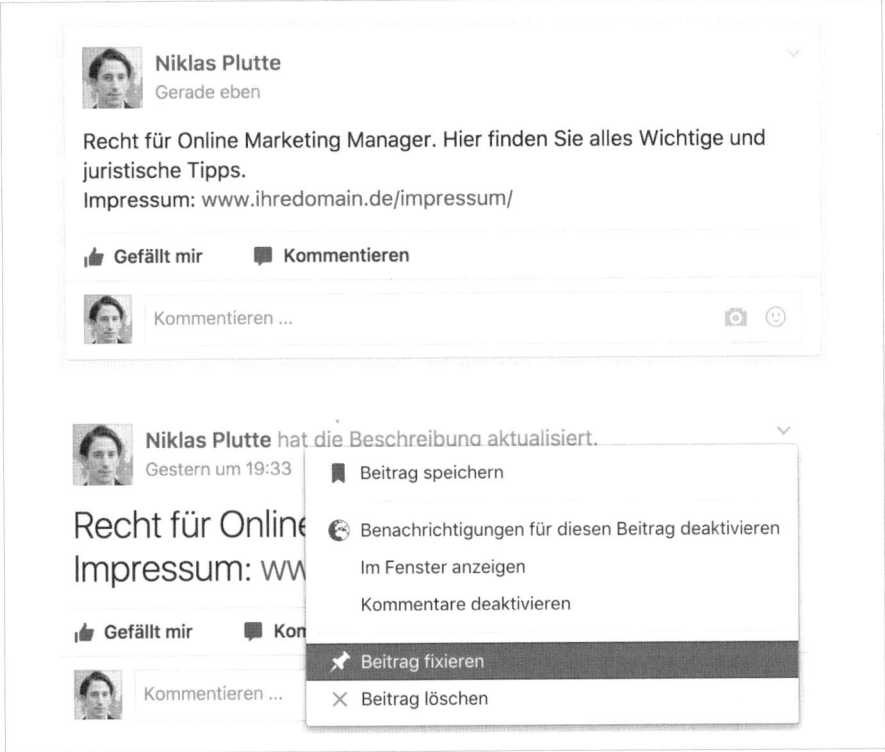

Abbildung 12-4:
Auf das Impressum können Sie in Gruppen oder bei Veranstaltungen mit einem »Sticky Post« hinweisen.

Abbildung 12-5:
Alternativ kann in der Gruppen- oder Veranstaltungsbeschreibung auf das Impressum verwiesen werden.

---

9 Sehr ausführliches Whitepaper zur Impressumspflicht bei Facebook von Dr. Thomas Schwenke: *http://allfacebook.de/policy/whitepaper-faq-zur-impressumspflicht-datenschutzerklaerung-und-disclaimer-bei-facebook*

> **Tipp**
>
> Fügen Sie den Impressumslink am Anfang der Beschreibung ein. Sonst kann er von Facebook durch einen *Mehr*-Link verdeckt werden, was ihn möglicherweise nicht mehr »leicht erkennbar« macht.

- **Twitter** – Die Einbindung des Impressums bei Twitter ist leicht, wenn Sie über einen sprechenden Link zum Impressum auf Ihrer Haupt-Website verfügen. In diesem Fall sollte der Link in das von Twitter innerhalb der Profilinformationen angebotene URL-Feld eingefügt werden.

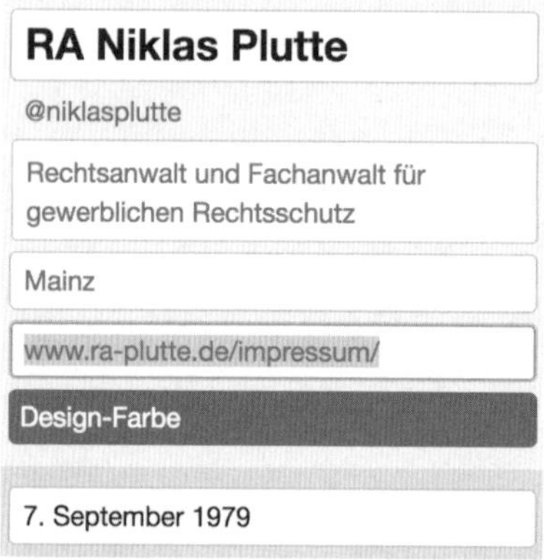

Abbildung 12-6:
Klicken Sie nach dem Log-in bei Twitter auf »Profil bearbeiten«. Geben Sie in das Feld »Webseite« einen sprechenden Link zu Ihrem Impressum ein.

Verfügen Sie nicht über einen sprechenden Link zum Impressum, müssen Sie in den Infotext des Profils ausweichen, weil das obige URL-Feld keine Freitextangabe erlaubt. Im Infotext kann dagegen in der Rubrik *Bio* ein Link einschließlich des vorangestellten Freitexts *Impressum* eingefügt werden.

- **Instagram** – Instagram bietet ebenso wie Twitter kein speziell dafür vorgesehenes Impressumsfeld an. Sie haben aber die Möglichkeit, in den Profilangaben im Feld *Webseite* einen sprechenden Link zum Impressum einzutragen. Ohne diesen sprechenden Link müssen Sie in die Profilbeschreibung ausweichen. Da der Link dann nicht mehr klickbar ist, muss ihm das Wort *Impressum* (oder eine gleichwertige Bezeichnung) vorangestellt werden.

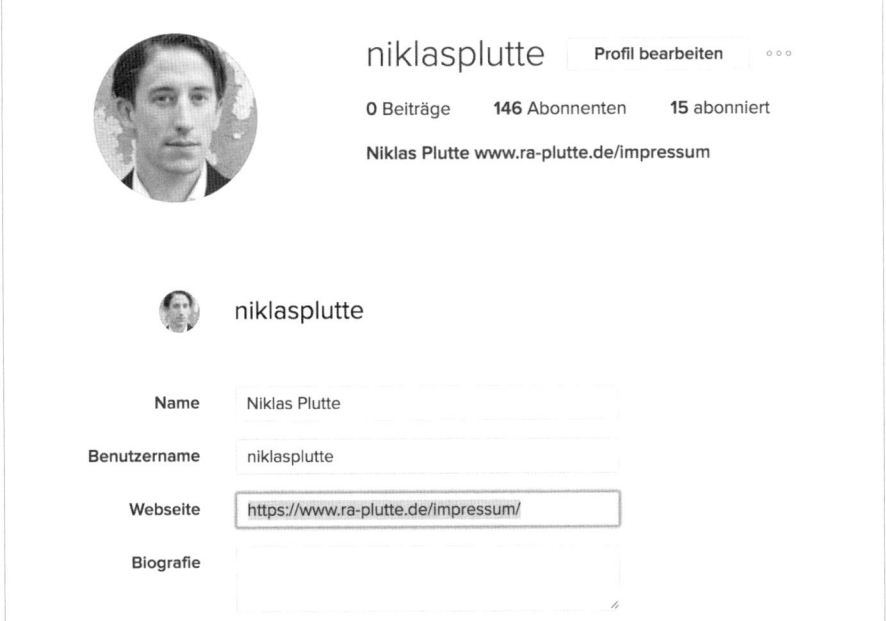

Abbildung 12-7:
Klicken Sie nach dem Log-in bei Twitter auf »Profil bearbeiten«. Geben Sie in das »Website« Feld einen sprechenden Link zum Impressum ein. Bitte fragen Sie mich nicht, wie ich bei Instagram ohne Postings 146 Abonnenten gewonnen habe.

- **YouTube** – Die rechtskonforme Einrichtung des Impressums bei YouTube setzt voraus, dass zunächst das Kanallayout angepasst wird. Klicken Sie nach dem Einloggen in den YouTube-Account auf das graue Zahnrad am rechten Bildschirmrand. Dadurch öffnen sich die *Kanaleinstellungen*. Aktivieren Sie dort den Regler *Kanallayout anpassen* und bestätigen Sie mit *Speichern*.

Abbildung 12-8:
Ohne die Änderung des Kanallayouts lässt sich das Impressum nicht rechtskonform bei YouTube einbinden.

Fahren Sie nun mit der Maus über den Bereich, in dem das Kanalbild dargestellt wird. Dadurch wird rechts oben ein Stiftsymbol angezeigt. Klicken Sie dort auf *Links bearbeiten*. Es öffnet sich eine neue Seite mit verschiedenen Einstellungsmöglichkeiten. Klicken Sie im Bereich

Benutzerdefinierte Links auf *Hinzufügen*. Dort kann schließlich der Link zum Impressum eingefügt werden.

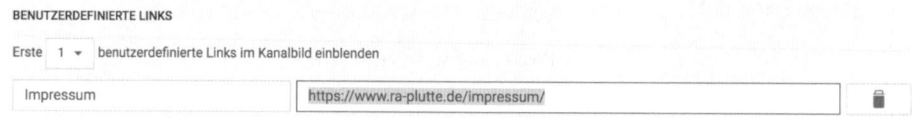

Abbildung 12-9:
Verwenden Sie im ersten Feld als Bezeichnung nur die Begriffe »Impressum« oder »Kontakt«. Fügen Sie im zweiten Feld einen Link zum Impressum ein. Dabei muss es sich nicht um einen sprechenden Link handeln. Bestätigen Sie die Eingaben zum Schluss durch einen Klick auf »Fertig«.

Rufen Sie zur Überprüfung der Änderungen die Channel-Übersicht auf. Dort sollte der Impressumslink jetzt am rechten unteren Ende des Kanalbanners zu sehen sein. Als Administrator des Channels kann man den Impressumslink nicht anklicken. Wenn man die Darstellung jedoch von *Ich selbst* zu *Neuer Besucher* ändert, lässt sich testen, ob die Einbindung geklappt hat und ein Klick auf den Impressumslink tatsächlich zum Impressum führt.

– **XING** – Nachdem ein Rechtsanwalt mehrere Kollegen wegen angeblicher mangelhafter Impressumsangaben bei XING abgemahnt hatte, führte die Plattform ein eigenes Impressumsfeld ein.

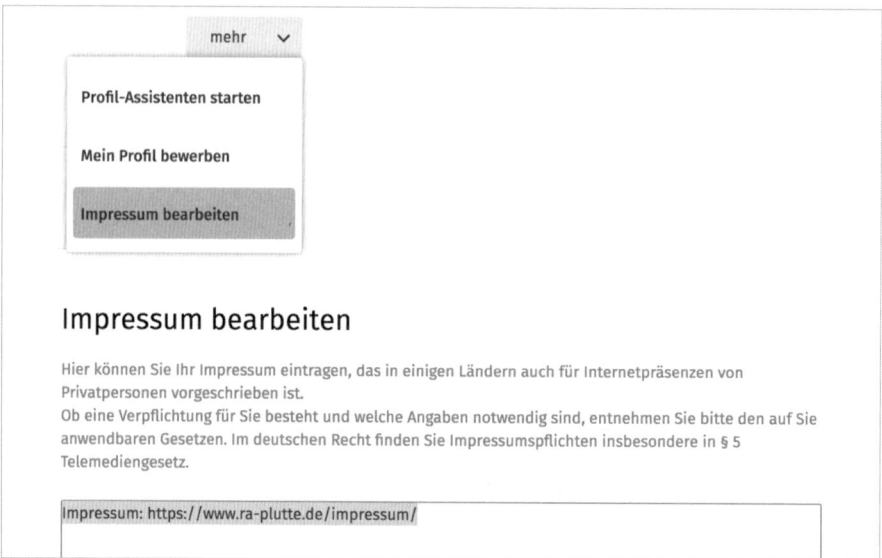

Abbildung 12-10:
Klicken Sie nach dem Log-in in Ihr XING-Profil am rechten Bildschirmrand auf »Mehr« und dann auf »Impressum bearbeiten«. Fügen Sie dort einen sprechenden Link zu Ihrem Impressum ein. Verfügen Sie nicht über einen sprechenden Link, tragen Sie den zum Impressum führenden Link einschließlich des vorangestellten Freitexts »Impressum« ein.

Suchmaschinenoptimierung – Onpage

Im Verhältnis zur großen wirtschaftlichen Bedeutung von Suchmaschinenoptimierung in Bezug auf Google überrascht es, dass bislang vergleichsweise wenige Streitfälle mit SEO-Bezug zu Gerichtsentscheidungen führten. Das bedeutet jedoch nicht, dass keine rechtlichen Fallstricke existieren würden. Im Gegenteil: Konfliktpotenzial besteht für Online Marketing Manager sowohl bei Onpage- als auch Offpage-Maßnahmen.

Urheberrecht

Wenn fremde Inhalte wie Texte, Grafiken, Fotos, Videos, Datenbanken oder Code auf der eigenen Website eingefügt oder bearbeitet werden, sind fremde Urheberrechte zu beachten. Urheberrechtsschutz besteht, wenn es sich bei dem Inhalt um ein Werk handelt, d.h. eine persönliche geistige Schöpfung des Autors. Das setzt eine gewisse Individualität, Kreativität bzw. Eigentümlichkeit voraus (»Schöpfungshöhe«). Eine Ausnahme bilden Fotos, die auch ohne ausreichende Schöpfungshöhe als Lichtbilder geschützt sind.[10]

Die Rechtsprechung stellt keine überzogenen Anforderungen an die Schöpfungshöhe, sondern erlaubt auch den urheberrechtlichen Schutz von Inhalten, die die Werkschwelle gerade noch überschreiten (sogenannter »Schutz der kleinen Münze«). Unterhalb dieser Schwelle einzustufende Inhalte sind urheberrechtlich nicht geschützt und können prinzipiell frei verwendet werden. Bloße *Ideen*, *Konzepte* und *Prinzipien* dürfen stets frei genutzt werden.[11]

Handelt es sich bei dem konkreten Inhalt um ein Werk, muss für jede Nutzung des geschützten Inhalts grundsätzlich *vorab eine Einwilligung des Urhebers* (bzw. bei mehreren Urhebern von allen Miturhebern) eingeholt werden. Ausnahmen finden Sie nachfolgend – bei den einzelnen Content-Typen.

- **Text** – Die Abgrenzung zwischen urheberrechtlich geschütztem und frei verwendbarem Text hängt – *abgesehen von eindeutig geschützten Inhalten wie Romanen oder Zeitungsartikeln* – vom Einzelfall ab. Auf die Qualität bzw. Form des Texts kommt es nicht an. Schwierig wird es auch bei kurzen Texten wie *Tweets*, die wegen mangelnder Länge des Texts in 99 % aller Fälle nicht urheberrecht-

---

10 Bei Schöpfungshöhe Schutz als Lichtbildwerk (§ 2 Abs. 1 Nr. 5 UrhG), sonst Schutz als Lichtbild (§ 72 UrhG).
11 Rechtlicher Schutz ist faktisch nur möglich über den Abschluss von Geheimhaltungsvereinbarungen.

lich geschützt sind, selbst wenn sie sehr kreativ formuliert wurden.[12] Ein Tweet darf daher regelmäßig frei und ohne Quellenangabe verwendet werden, sogar zu kommerziellen Zwecken wie dem Bedruck von T-Shirts oder dem erneuten Posten durch Dritte in deren Social-Media-Profilen.

Abbildung 12-11:
Dieser Tweet ist aus Sicht des Landgerichts Bielefeld nicht urheberrechtlich geschützt.

Auch *Hashtags*, *Slogans* oder *Claims* genießen meist keinen Urheberrechtsschutz[13] – markenrechtlicher Schutz ist aber möglich.[14] Bei Gebrauchstexten wie Produktbeschreibungen oder Werbeanzeigen hängt der Urheberrechtsschutz maßgeblich davon ab, ob ein deutliches Überragen des Handwerksmäßigen bzw. Alltäglichen gegeben ist.[15] Unterscheidet sich eine Produktbeschreibung in ihrer Art und Weise nicht maßgeblich von vergleichbaren Beschreibungen anderer Unternehmen, z. B. weil sie sich im Wesentlichen auf eine bloße Wiedergabe der Produktmerkmale beschränkt, ist sie urheberrechtlich nicht geschützt.[16] Anders sieht es bei kunstvoller sprachlicher Gestaltung aus. So wurde z. B. ausreichende Schöpfungshöhe für Produktbeschreibungen zu Roben bejaht.[17] *Vertragstexte* wie allgemeine Geschäftsbedingungen, Datenschutzerklärungen oder Nutzungsbedingungen können als Gebrauchstexte ebenfalls urheberrechtlich geschützt sein, wenn sie sich durch Formulierung oder Gedankenführung von Standardtexten abheben.[18] Da unerlaubte Textübernahmen mithilfe von Google oder Tools wie Copyscape[19] leicht aufzuspüren sind, sollten fremde Texte nicht

---

12 LG Bielefeld, Beschluss vom 03.01.2017, Az. 4 O 144/16; OLG Köln, Urteil vom 08.04.2016, Az. 6 U 120/15
13 Beispiele für urheberrechtlich nicht geschützte Slogans: »Thalia verführt zum Lesen« (LG Mannheim, Urteil vom 11.12.2009, Az. 7 O 343/08); »DEA – hier tanken Sie auf« (OLG Hamburg, Urteil vom 09.11.2000, Az. 3 U 79/99).
14 https://www.ra-plutte.de/rechtlicher-schutz-von-slogans/
15 OLG Stuttgart, Beschluss vom 06.05.2008, Az. 4 W 27/08
16 LG Stuttgart, Urteil vom 04.11.2010, Az. 17 O 525/10
17 OLG Düsseldorf, Urteil vom 06.05.2014, Az. 20 U 174/12
18 OLG Köln, Urteil vom 27.02.2009, Az. 6 U 193/08
19 http://www.copyscape.com

freimütig kopiert werden. Weitere Rechtstipps rund um das Thema Urheberrecht für Autoren habe ich bei Textbroker verfasst.[20]

- **Grafiken** – Grafiken und Illustrationen sind ebenso wie Texte nur bei ausreichender Schöpfungshöhe urheberrechtlich geschützt. Bei *Weblayouts* stellt die Rechtsprechung sehr hohe Anforderungen, sodass Weboberflächen (Navigation, Layout) meist keinen Urheberrechtsschutz genießen. Vom attraktiven Aufbau einer fremden Website darf man sich daher für das eigene Webdesign inspirieren lassen, wie es etwa Facebook bei einer erfolglosen Klage gegen StudiVZ erleben musste.[21] Eine durchschnittliche Webseite darf man also regelmäßig gefahrlos nachbauen. Aber Vorsicht: Die *Eins-zu-eins-Übernahme von HTML-Code ganzer Webseiten* bleibt verboten. Vom Kopieren fremder *Icons* sollte man ebenfalls die Finger lassen.

Zurückhaltung empfehle ich auch bei der ungefragten Einbindung fremder Firmen- oder Produktlogos in eigene Webauftritte. Auch dann, wenn eine Markenverletzung wegen fehlender markenmäßiger Nutzung des Logos zumeist ausscheiden dürfte, könnte ein Gericht zu der Auffassung kommen, dass das verwendete Logo urheberrechtlich geschützt ist. Bedenken Sie, dass eventuell nicht jeder Kunde Ihres Unternehmens damit einverstanden ist, auf Ihrer Website als Referenz genannt zu werden. Fragen Sie daher vor dem Einbinden eines fremden Logos stets beim jeweiligen Unternehmen um Erlaubnis, am besten per E-Mail, um die Einwilligung im Streitfall nachweisen zu können.

- **Computerprogramme, Codeschnipsel** – Computerprogramme einschließlich des Entwurfsmaterials genießen in Deutschland aufgrund der »kleinen Münze«-Rechtsprechung praktisch fast immer Urheberrechtsschutz.[22] Nach dem Bundesgerichtshof wird sogar vermutet, dass eine ausreichende Individualität der Programmgestaltung besteht. Die durch ein Computerprogramm erzeugte grafische Programmoberfläche (GUI) selbst stellt allerdings kein schutzfähiges Computerprogramm dar.[23] Webseiten sind im rechtlichen Sinne ebenfalls keine Computerprogramme, da der Programmcode nur dazu dient, Content sichtbar zu machen (Texte, Bilder, Videos etc.). Auch Onlineformulare bzw. Bildschirmmasken sind keine Computerprogramme.[24] Codeschnipsel (JavaScript, Java, CSS etc.) können geschützt sein, aber nur bei herausragenden Arbeiten. Wenn

---

20 Weitere Rechtstipps bei Textbroker: *https://www.textbroker.de/praktische-rechtstipps-fuer-autoren-teil-1*
21 LG Köln, Urteil vom 16.06.2009, Az. 33 O 374/08
22 § 69a Urheberrechtsgesetz
23 EuGH, Urteil vom 22.12.2010, Az. C-393/09
24 OLG Karlsruhe, Urteil vom 14.04.2010, Az. 6 U 46/09; EuGH, Urteil vom 22.12.2010, Az. C-393/09

jeder Programmierer die Lösung auf die gleiche oder ähnliche Weise umsetzen würde, ist der Schnipsel nicht geschützt. Dazu zählt die bloße Übernahme fremder bereits bestehender Programme oder Programmteile sowie das, was sich aus der Natur der Aufgabe und aus rein funktionalen Erwägungen ergibt.[25]

- **Fotos** – Bei den Erläuterungen zu den bisherigen Content-Typen haben Sie gesehen, dass die urheberrechtliche Schutzfähigkeit entscheidend vom Erreichen einer ausreichenden Schöpfungshöhe abhängt. Bei Fotos hat diese Unterscheidung keine maßgebliche Praxisrelevanz.

Abbildung 12-12:
Selbst primitive Schnappschüsse sind als Lichtbilder geschützt.[26]

Hintergrund für die nahezu vollständige rechtliche Gleichstellung war, dass man eine Abgrenzung zwischen Fotos mit und ohne Werkcharakter in der Praxis als zu schwierig ansah.

Hinzu kommt, dass bei Fotos auch die Persönlichkeitsrechte von abgebildeten Personen beachtet werden müssen. Grundsätzlich müssen abgebildete Personen ebenfalls in die Veröffentlichung des Fotos (im Internet) eingewilligt haben. Die Einwilligung gilt im Zweifel als erteilt, wenn der Abgebildete dafür, dass er sich abbilden ließ, eine Entlohnung erhalten hat.[27] Ausnahmen von der Einwilligungserfordernis bestehen, wenn ein Fall des § 23 Kunsturhebergesetz vorliegt. So müssen z. B. Personen der Zeitgeschichte wie Prominente oder Politiker in bestimmten Fällen vor Veröffentlichung nicht um Erlaubnis gefragt werden. Auch für Aufnahmen von Versammlungen oder Aufzügen brauchen Sie keine Einwilligung der abgebildeten Personen. Das gilt allerdings nur, wenn die Versammlung bzw. der Aufzug Motiv des Fotos ist. Falls dagegen einzelne Personen innerhalb der Gruppe her-

---

25 LG Düsseldorf, Beschluss vom 31.05.2011, Az. 12 O 254/11
26 Leistungsschutzrecht nach § 72 Urheberrechtsgesetz
27 § 22 Satz 2 Kunsturhebergesetz

vorgehoben werden, benötigen Sie deren Einwilligung. Eine weitere wichtige Ausnahme ist die Abbildung einer Person als Beiwerk – beispielsweise zu einer Landschaft oder sonstigen Örtlichkeit –, was dann der Fall ist, wenn die Person auf dem Foto zwar noch erkennbar ist, aber erkennbar in den Hintergrund rückt (z. B. auf einer Großveranstaltung). Auch diese Ausnahme greift nur dann, wenn die Landschaft oder Örtlichkeit das eigentliche Motiv des Fotos ist.

Abbildung 12-13:
Auf diesem Foto abgebildete Personen müssen nicht um Erlaubnis gefragt werden, da Gegenstand der Fotografie nicht einzelne Menschen, sondern die Atmosphäre der Veranstaltung ist.

- **Videos** – Bei Videos können mehrere Personen Rechte am oder im Video haben, z. B. der Ersteller des Videos, Künstler an verwendeten Sounds und Musikstücken oder im Video abgebildete Personen. Schutz genießt nicht nur das Video als Ganzes. Auch einzelne Passagen und sogar bloße Standbilder sind urheberrechtlich geschützt. Insbesondere auf Social-Media-Plattformen lässt sich quasi täglich *Freebooting* beobachten. Damit ist das erneute Hochladen eines fremden Videos (mit Ergänzungen) im eigenen Profil gemeint. Freebooting verletzt das Urheberrecht des ursprünglichen Urhebers. Auf die »Embedding«-Rechtsprechung des EuGH kann sich der erneut Hochladende nicht berufen, weil das fremde Werk nicht eingebettet, sondern eine Kopie auf dem eigenen Server bzw. dem einer Social-Media-Plattform hergestellt wird.

Wann darf man fremde Inhalte als Zitat übernehmen?

Eine wichtige Ausnahme vom urheberrechtlichen Grundsatz der vorherigen Einwilligung des Urhebers stellt das *Zitatrecht* dar.[28] Das Zitat-

---

28 § 51 Urheberrechtsgesetz

recht wird allerdings oft falsch verstanden. Gerade das Internet ist voll von *abmahnbaren Plagiaten*. Um sich bei Textübernahmen erfolgreich auf das Zitatrecht berufen zu können, müssen die folgenden Voraussetzungen erfüllt sein:

- Will man fremden Text kopieren, stellt sich die Frage des Zitatrechts nur, wenn der übernommene Text *urheberrechtlich geschützt* ist. Nicht geschützter Text darf ohne Einwilligungserfordernis des Verfassers frei verwendet werden (siehe oben).
- Handelt es sich um geschützten Text, muss sich der Zitierende auf einen erlaubten *Zitatzweck* berufen können. Nicht ausreichend wäre es, dass der kopierte Text gut zur Abrundung bzw. Illustration eines eigenen Beitrags passt oder die Kernaussage des eigenen Blogartikels treffend auf den Punkt bringt. Erlaubt ist die Textübernahme nur, wenn damit eigene Gedanken, Ansichten oder Sichtweisen belegt bzw. unterstützt werden. Entscheidend ist also, dass eine selbstständige Auseinandersetzung mit dem fremden Werk erfolgt. Klassisches Beispiel für ein zulässiges Zitat ist der Abdruck eines Gedichts, um die eigene Interpretation nachvollziehbar zu machen.
- Noch schwieriger wird es dadurch, dass nicht festgelegt ist, wie viel Text im Rahmen des Zitats (noch) zulässig übernommen werden darf. Eine *bestimmte Maximalzahl von Worten* gibt es nicht. Erlaubt ist, was gerade noch benötigt wird, um die eigenen Gedanken verständlich zu machen.
- Der kopierte Text darf schließlich *inhaltlich nicht verändert* werden. Er ist als Zitat erkennbar zu machen, z. B. durch Anführungszeichen, Kursivschrift oder grafische Abhebung.
- Schließlich ist ein *Quellenvermerk* mit dem Namen des Urhebers und gegebenenfalls weiteren Angaben zu machen. Bei Zitaten aus Internetartikeln sollte z. B. zusätzlich ein Link auf den Ursprungsartikel gepostet werden, um den Quelltext leicht auffindbar zu machen. Bei Büchern, Magazinen oder Zeitungen empfehle ich, den Titel des Druckwerks sowie gegebenenfalls Ausgabe und Seitenzahl zu nennen.

Beachten Sie, dass die Anforderungen für Fotozitate noch strenger sind, da hier nicht nur ein Teil des Werks (ein Textausschnitt), sondern das gesamte Werk übernommen wird.[29]

---

29 Dazu instruktiv: *http://rechtsanwalt-schwenke.de/wann-ist-ein-bildzitat-erlaubt-anleitung-mit-beispielen-und-checkliste/*

Rechtliche Unterschiede zwischen Uploads auf den eigenen Server und Embedding

Bei der Veröffentlichung von Inhalten auf eigenen Internetauftritten ist in technischer Hinsicht zu unterscheiden, ob sie

- auf den eigenen Server hochgeladen oder
- von einem fremden Server aus via Embedding im eigenen Internetauftritt eingebettet werden, was häufig per iFrame geschieht.

Einbetten lassen sich verschiedenste Inhalte, z. B. Grafiken, Fotos, Videos von Plattformen wie YouTube oder Vimeo, Tweets, Facebook-Postings oder Instagram-Beiträge (»Embedded Content«).

Rechtmäßig auf Videoplattformen wie YouTube hochgeladene und zum Embedding freigegebene Videos dürfen schon deshalb ohne vorherige Erlaubnis des Urhebers in andere Webseiten eingebettet werden, weil der Uploader die Nutzungsbedingungen der jeweiligen Plattform akzeptieren muss.

Nach dem Europäischen Gerichtshof (EuGH)[30] gilt das auch für den Sonderfall, dass ein im Internet veröffentlichtes Werbevideo eines Unternehmens ohne dessen Wissen bei YouTube hochgeladen und dann von einem Mitbewerber in die eigene Website eingebettet wurde. Voraussetzung ist nach dem EuGH jedoch, dass das Video ursprünglich rechtmäßig ins Internet gestellt wurde, hier auf der Website des herstellenden Unternehmens.

Offensichtlich illegal hochgeladene Inhalte dürfen nicht via Embedding »weiterverbreitet« werden, z. B. aktuelle Kinofilme oder Musikvideos. Was bei Videos gilt, die nicht offensichtlich als rechtswidrig hochgeladener Inhalt erkennbar sind, ist noch offen.

Weitere Voraussetzung ist, dass sich das Video nicht an ein neues Publikum richtet und keine Sperren umgangen werden, wie Passwortabfragen oder Paywalls. Der Begriff des »neuen Publikums« ist etwas missverständlich. Der EuGH meint nicht die unterschiedlichen Besucher der Quell- und Zielwebseite – sonst hätte man es stets mit einem neuen Publikum zu tun. Ein neues Publikum liegt dann nicht vor, wenn das Video bereits frei zugänglich an anderer Stelle im Internet zu sehen war.

Achten Sie auf korrekte Lizenz- und Copyright-Hinweise

In den letzten Jahren hat sich die fehlerhafte Angabe von Lizenz- und Copyright-Hinweisen zu einem eigenständigen Abmahnmarkt entwi-

---

30   EuGH, Beschluss vom 21.10.2014, Az. C-348/13

ckelt. Das gilt speziell bei der Einbindung von *Fotos aus Bilderdatenbanken* wie Fotolia oder Pixelio. Prüfen Sie hier stets sorgfältig anhand der jeweils einschlägigen Lizenzbedingungen, wie und an welcher Stelle der Lizenzvermerk angebracht werden muss. Für unter *Creative-Commons-Lizenz* stehende Inhalte wie z.B. bestimmte Flickr-Fotos können Sie einen kostenlosen Lizenzhinweisgenerator nutzen.[31]

OVERHANGING CLIFF, LIONS HEAD ⧉ VON NIKLAS PLUTTE ⧉ UNTER CC BY-ND 2.0 ⧉

Abbildung 12-14:
Beispiel für die Kennzeichnung eines Fotos unter Creative-Commons-Lizenz.

Titel und Name des Urhebers wurden hier zusätzlich verlinkt, dies ist jedoch nicht vorgeschrieben. Anders der Hinweis auf die CC-Lizenz – dieser muss zwingend auf die Lizenzurkunde verlinkt werden.

Markenrecht

Die Einbindung von für den Nutzer nicht sichtbaren *Metatags* im Quellcode der eigenen Webseiten war früher sehr verbreitet. Das Ziel war, auf diese Weise das Ranking in den Suchmaschinentreffern zu verbessern. Die Rechtsprechung wertet solche Metatags als herkunftshinweisenden Gebrauch der fremden Marke. Die Verwendung einer fremden Marke als Metatag – im Title oder innerhalb der Description – ist Wettbewerbern grundsätzlich verboten. Zulässig ist die Nutzung dagegen, wenn auf der Website Produkte dieser Marke angeboten werden – wie bei Resellern[32] –, oder wenn beispielsweise ein Vergleich des

---

31 Lizenzhinweisgenerator: *https://lizenzhinweisgenerator.de/*
32 OLG Frankfurt, Beschluss vom 31.03.2014, Az. 6 W 12/14, weitere Infos unter *https://www.ra-plutte.de/darf-man-fremde-marken-als-meta-tag-oder-title-nutzen/*

eigenen Sortiments mit Konkurrenzprodukten erfolgt.[33] Das gilt nicht, wenn Produkte der verwendeten Marke auf der Ziel-Website nur zum Schein angeboten werden. Sollen Nutzer nur auf andere Erzeugnisse umgeleitet werden, ist die Markennutzung unzulässig.

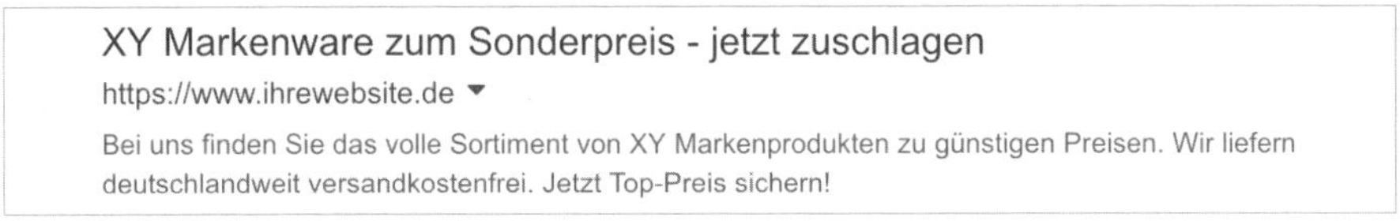

> **XY Markenware zum Sonderpreis - jetzt zuschlagen**
> https://www.ihrewebsite.de ▼
> Bei uns finden Sie das volle Sortiment von XY Markenprodukten zu günstigen Preisen. Wir liefern deutschlandweit versandkostenfrei. Jetzt Top-Preis sichern!

Abbildung 12-15:
Die Nutzung von geschützten Zeichen wie fremden Marken oder Firmennamen im Title bzw. in Metatags kann zu Abmahnungen führen. Checken Sie vorab, ob ein Ausnahmefall vorliegt.

Markenrechtliches Konfliktpotenzial lauert auch in der *internen Suchfunktion einer Website.* Grundsätzlich ist es erlaubt, eine interne Suche nach Markenbegriffen im Rahmen der eigenen Website zu ermöglichen. Werden bei ergebnisloser Suche nach einem Markenbegriff in der internen Suchfunktion einer Website jedoch nur Produkte von fremden Herstellern ohne klarstellenden Hinweis angezeigt, handelt es sich um eine Markenverletzung.[34] Erzeugt man als Website-Betreiber aus den internen Suchbegriffen der Nutzer neue Unterseiten, die im Anschluss bei Google mit dem fremden Markenbegriff im Title indexiert werden, kann das ebenfalls eine Markenverletzung begründen.[35] Das betrifft neben klassischen Onlineshops insbesondere auch Preissuchmaschinen und Vergleichsportale.

Wettbewerbsrecht

Bei der Suchmaschinenoptimierung droht eine Vielzahl möglicher Wettbewerbsverstöße, speziell bei übereifriger *Conversion-Rate-Optimierung,* z.B. in Form von unzulässigen Alleinstellungsbehauptungen[36], falschen, veralteten oder irreführenden Trust-Signalen (Siegeln, Testergebnissen[37]) bzw. Preiswerbung[38] (Best Price, Geld zurück) und vielem mehr.

Wettbewerbsrechtlich kann auch der *Linkkauf* sehr problematisch sein. Das Telemediengesetz schreibt vor, dass jede kommerzielle Kommuni-

---

33   BGH, Urteil vom 18.05.2006, Az. I ZR 183/03
34   OLG Köln, Urteil vom 20.11.2015, Az. 6 U 40/15
35   BGH, Urteil vom 30.07.2015, Az. I ZR 104/14 – Posterlounge
36   https://www.ra-plutte.de/uebersicht-abmahngefahren-bei-werbung-mit-usps/
37   https://www.ra-plutte.de/werbung-mit-testergebnissen-uebersicht-tipps-beispiele/
38   https://www.ra-plutte.de/preiswerbung-ueber-20-werbeformen-im-rechts-check/

kation als solche klar zu erkennen sein muss,[39] eine Trennung von Werbung und redaktionellem Content ist erforderlich. Wird ein gekaufter Link nicht als Werbung gekennzeichnet, handelt es sich um verbotene *Schleichwerbung*.[40]

Keinen Wettbewerbsverstoß stellt es hingegen dar, wenn Mitbewerber zur Suchmaschinenoptimierung Maßnahmen einsetzen, die lediglich Googles Richtlinien für Webmaster[41] verletzen. Zwar ist es möglich, über das Wettbewerbsrecht gegen Verhaltensweisen der Konkurrenz rechtlich vorzugehen, die einen Vorsprung durch Rechtsbruch begründen, woran man bei der Verwendung von *Black-Hat- und Grey-Hat-Methoden* durchaus denken könnte – zumindest solange die entsprechenden Webseiten ranken. Googles Richtlinien für Webmaster stellen aber letztlich keine Marktverhaltensregelungen dar. Zusammengefasst bedeutet dies, dass ein Verstoß gegen die Google-Webmaster-Richtlinien nur dann als Wettbewerbsverstoß abgemahnt werden kann, wenn er gleichzeitig deutsches Recht verletzt. Googles Webmaster-Richtlinien decken sich aber häufig nicht mit den gesetzlichen Vorgaben. Black-Hat-Methoden sind deshalb nicht automatisch abmahnbar.

Suchmaschinenoptimierung – Offpage

Die bekannteste und wohl weiterhin zugkräftigste Maßnahme, um das organische Google-Ranking außerhalb der eigenen Website zu optimieren, ist der Aufbau von Backlinks (»Linkbuilding«).

Wichtig ist zunächst, dass Verbote für Webmaster, die im Rahmen der Google-Richtlinien formuliert sind (Grey-Hat-/Black-Hat-SEO), nicht gleichzeitig verfolgbare Rechtsverstöße darstellen. Beispielsweise stört sich Google an unnatürlich aufgebauten Links, da sie eine Relevanz der Inhalte einer Website suggerieren, die aus Sicht der Nutzer nicht bestehen muss.

Beim *Linkkauf* bzw. der *Linkmiete* ist das *Verbot der Schleichwerbung* zu beachten, d.h. die Verpflichtung zur Trennung von redaktionellen und werbenden Inhalten. Aus § 6 Telemediengesetz ergibt sich beispielsweise, dass kommerzielle Inhalte als solche zu kennzeichnen sind. § 5a Absatz 6 UWG enthält ein Verbot zur Verschleierung des Werbecharakters von geschäftlichen Handlungen. Schleichwerbung liegt kurz gesagt dann vor, wenn ein für Produkte oder Unternehmen werbender

---

39 § 6 Abs. 1 Nr. 1 TMG
40 http://allfacebook.de/policy/whitepaper-risiken-der-schleichwerbung-rechtliche-grenzen-bei-facebook-und-instagram/
41 https://support.google.com/webmasters/answer/35769?hl=de

Inhalt so präsentiert wird, als handele es sich um einen neutralen Beitrag, der Werbecharakter also nicht erkennbar wird. Existiert auf der verlinkenden Seite kein redaktioneller Teil (z.B. bei Corporate Blogs, die nur aus kommerziellen Inhalten bestehen), stellt sich das Problem der Schleichwerbung nicht, da das Trennungsgebot nicht verletzt wird. Werbung muss dann nicht als solche gekennzeichnet werden. Bei redaktionellen Inhalten müssen gekaufte bzw. gemietete Links hingegen als Werbung gekennzeichnet werden – was Google davon hält, steht auf einem anderen Blatt.

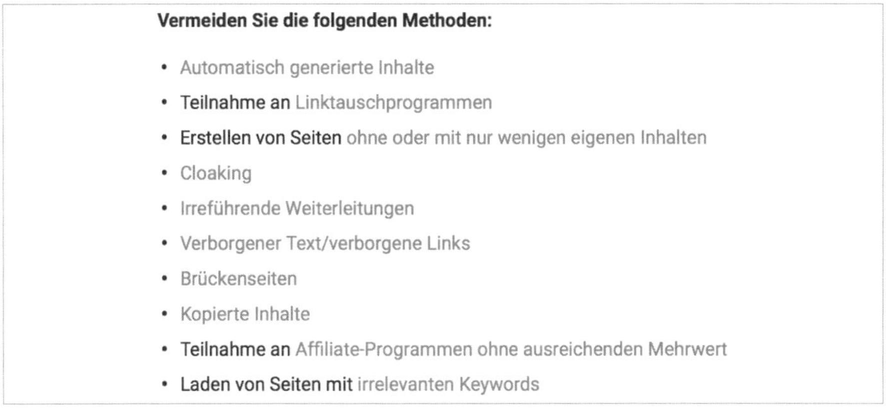

> **Vermeiden Sie die folgenden Methoden:**
>
> - Automatisch generierte Inhalte
> - **Teilnahme an** Linktauschprogrammen
> - **Erstellen von Seiten** ohne oder mit nur wenigen eigenen Inhalten
> - Cloaking
> - Irreführende Weiterleitungen
> - Verborgener Text/verborgene Links
> - Brückenseiten
> - Kopierte Inhalte
> - **Teilnahme an** Affiliate-Programmen ohne ausreichenden Mehrwert
> - **Laden von Seiten mit** irrelevanten Keywords

Abbildung 12-16:
Googles Richtlinien für Webmaster raten unter anderem von den obigen Praktiken ab. Linkkauf verstößt bei korrekter Kennzeichnung aber z.B. nicht gegen das Verbot von Schleichwerbung.

In der juristischen Praxis hat der Kauf bzw. die Miete von (natürlich nicht als Werbung gekennzeichneten) Links bislang kaum zu Auseinandersetzungen geführt. Die praktische Abmahngefahr ist gering, weil sich von außen meist nicht erkennen lässt, ob ein Link gekauft oder gemietet wurde. Das Entdeckungsrisiko ist dadurch relativ gering. Wenn ein Nachweis jedoch geführt werden kann, drohen Abmahnungen von Konkurrenten.

Klar wettbewerbswidrig und abmahnbar ist *negative SEO*. Schafft ein SEO es mit eigenen Anstrengungen nicht, einen Mitbewerber des Kunden von den Top-Positionen zu verdrängen, und greift er deshalb zu Maßnahmen, die darauf gerichtet sind, durch Verwendung verbotener Optimierungsmaßnahmen die Wertigkeit einer konkurrierenden Website in den Augen der Suchmaschinen herabzustufen, handelt es sich um einen Fall von negativer SEO. Typisches Beispiel für negative SEO ist das *massenhafte Setzen von Spam-Links* auf die Ziel-Website, etwa in Blogs aus Fernost. Mit dem *Disavow Tool*[42] als Teil von Googles

---

42   https://www.google.com/webmasters/tools/disavow-links-main?pli=1

Search Console (gegebenenfalls in Verbindung mit einem Reconsideration Request) kann der Website-Inhaber zwar negative Links zu seiner Domain für ungültig erklären und so abwerten, bei einem automatisierten Vorgehen mit vielen Tausend Links kann dies allerdings sehr zeit- und kostenaufwendig sein. Gleichzeitig besteht die Gefahr, dass Google die Ziel-Website für die Dauer des Angriffs (und darüber hinaus) im Ranking herabstuft. Negative SEO kann für die Betroffenen daher schnell zu extremen Umsatzeinbrüchen führen.

Da negative SEO ohne jede Veränderung der Ziel-Website abläuft, lassen sich derartige Maßnahmen von außen nur schwer nachweisen, was allerdings nicht bedeutet, dass es unmöglich wäre. So sind z. B. Szenarien denkbar, in denen ehemalige Mitarbeiter als Zeugen auftreten oder Dritten offenbarende E-Mails zugespielt werden. In diesem Fall muss der Verantwortliche mit erheblichen Folgen rechnen, da negative SEO zahlreiche Rechtsvorschriften verletzt (z. B. Verleumdung oder üble Nachrede, Eingriff in den eingerichteten und ausgeübten Gewerbebetrieb, vorsätzliche sittenwidrige Schädigung, Kreditgefährdung sowie wettbewerbswidrige Anschwärzung und gezielte Behinderung). Lässt sich die negative SEO-Attacke auf ein bestimmtes Unternehmen zurückführen, für das im fraglichen Zeitraum ein externer SEO tätig war, schuldet dieser Regress.

Google AdWords

Die kostenpflichtige Buchung von Keywords zur Schaltung von Werbeanzeigen hat die Rechtsprechung in ganz Europa – vor allem im Bereich von Google AdWords – beschäftigt und zu einer Vielzahl von Gerichtsentscheidungen geführt. Die folgende Darstellung beschränkt sich daher auf die Rechtslage für Google AdWords.

Die überwiegende Zahl der Streitigkeiten rund um Google-AdWords-Werbeanzeigen betrifft sogenanntes *Brandbidding*. Beim Brandbidding bucht der Werbende als Keyword ein Wort oder eine Wortfolge, wobei das Keyword zugunsten eines anderen Unternehmens geschützt ist, z. B. als Marke oder Firmenbezeichnung. (Hinweis: Der Übersichtlichkeit halber verwende ich nachfolgend nur den Begriff »Marke«.) Gibt ein Nutzer das Keyword in der Google-Suche ein, wird die eigene Werbeanzeige ausgespielt.

Die deutsche Rechtsprechung erlaubt Brandbidding grundsätzlich *zur Förderung des gesunden Wettbewerbs*, da den Nutzern so eine Alternative zum Markenprodukt angeboten werden kann. Eine Markenverletzung liegt allerdings bei *Verwechslungsgefahr* vor, also wenn Nutzer nicht oder nur schwer erkennen können, dass sich hinter der Werbeanzeige nicht der Markeninhaber oder ein mit ihm verbundenes Unternehmen verbirgt, sondern ein fremder Dritter. Die markenrechtliche Beurteilung ist komplex und schwer zu verallgemeinern.

> **Markenrecht kurz und knapp**
>
> Wer die Vorteile des Brandbiddings nutzen möchte, sollte zumindest über ein markenrechtliches Grundverständnis verfügen. Machen Sie sich bewusst, dass der Hauptzweck einer Marke darin liegt, Waren oder Dienstleistungen einem bestimmten Unternehmen zuzuordnen. Der Nutzer soll über die Marke erkennen können, dass ein Produkt aus einem bestimmten Haus stammt. Mithilfe von Marken lässt sich so auf Dauer eine Qualitätserwartung transportieren, die vom Verkehr gedanklich auch auf neue Produkte übertragen wird, die mit der Marke gekennzeichnet sind. Weiterhin ist es wichtig, zu wissen, dass Markenschutz grundsätzlich nur für bestimmte Waren oder Dienstleistungen erwirkt werden kann, nicht pauschal für alle denkbaren Produkte. Der Schutzbereich einer Marke ergibt sich dabei nicht allein aus dem Markenzeichen (Wort, Wortfolge, Grafik etc.), sondern aus der Zusammenschau mit den jeweiligen Waren oder Dienstleistungen, für die Schutz beim Markenamt beantragt wurde. Der Produktbezug führt dazu, dass Unternehmen auf zulässige Weise identische Wörter für verschiedene Produktbereiche als Marke schützen lassen können, weil faktisch zwischen den Produkten keine Verwechslungsgefahr besteht. Sonderregeln gelten für sehr bekannte Marken. Sie genießen aufgrund ihrer Bekanntheit über die im Markenregister gelisteten Produktkategorien hinausgehenden Schutz, unter anderem um Trittbrettfahrer zu vermeiden, die sich an den guten Ruf der bekannten Marke anhängen wollen.

Für das Brandbidding existiert noch kein abschließender Zulässigkeitskatalog. Gesichert sind in der Rechtsprechung aber die folgenden Voraussetzungen:

Vorüberlegung: Die Auslieferung der Anzeige entscheidet, nicht die Buchungseinstellung

Auch wenn es merkwürdig klingt: Rechtlich kommt es nicht entscheidend auf die internen Buchungseinstellungen des Werbenden im Google-AdWords-Konto an, sondern darauf, auf welche Suchbegriffe hin die eigene Werbeanzeige von Google an die Nutzer ausgespielt wird. Bei unbewussten Ausspielungen für geschützte Marken kann der Werbende die Schuld in aller Regel nicht auf Google abwälzen. Er haftet selbst für das sichtbare Suchergebnis.

> **Fiktives Beispiel**
>
> Wenn die markenrechtlich nicht geschützte Wortfolge Urlaub Spanien als Keyword im AdWords-Konto gebucht wird, könnte es geschehen, dass Google die eigene Werbeanzeige auch für die Suchanfrage Urlaub Robinson Club ausspielt.

Solche Risiken drohen vor allem bei der standardmäßig eingestellten Buchungsoption *Broad Match* (bzw. *weitgehend passende Keywords*). Google zeigt die Werbeanzeige in diesem Fall nicht nur bei Übereinstimmung der Suchanfrage mit dem gebuchten Keyword an, sondern auch für Synonyme. Was ein Synonym ist, entscheidet Google. Der Werbende kann damit letztlich nicht sicher vorhersagen, für welche Suchbegriffe seine Anzeigen genau ausgeliefert werden.

> **Tipp**
>
> Das Ausspielen eigener Werbeanzeigen für Marken der Konkurrenz lässt sich durch Hinterlegen von negativen Keywords im eigenen AdWords-Konto ausschließen. Zusätzlich sollte *Exact Match* statt der Standardeinstellung *Broad Match* ausgewählt werden.

Klare Trennung zwischen Werbeanzeigen und organischen Suchtreffern

Gesetzlich ist vorgeschrieben, Werbeanzeigen und organische Suchtreffer für den Nutzer unterscheidbar zu machen. Sie müssen räumlich getrennt sein. Das ist bei Google immer gegeben, sowohl im Hinblick auf AdWords-Anzeigen oberhalb und unterhalb als auch neben den organischen Suchtreffern. Da Google den Werbeblock vorbildlich mit dem Hinweis *Anzeige* kennzeichnet, sind Sie – was diesen Punkt angeht – auf der sicheren Seite und müssen nichts weiter beachten.

Wissen die Nutzer, dass Markeninhaber und Werbender Konkurrenten sind?

Beim Inhalt der Werbeanzeige selbst wird es komplizierter: Als Erstes muss laut EuGH im Fall eines Rechtsstreits festgestellt werden, ob bei einem durchschnittlichen Internetnutzer aufgrund allgemein bekannter Marktmerkmale das Wissen unterstellt werden kann, dass der Werbende und der Markeninhaber nicht wirtschaftlich verbunden sind, sondern miteinander im Wettbewerb stehen.

Dahinter steht der Gedanke, dass es keine Verwechslungsgefahr gibt, wenn den Nutzern beispielsweise aus aktueller Presseberichterstattung oder Allgemeinwissen bekannt ist, dass Markeninhaber und Werbender Konkurrenten sind.

Leider lässt sich der Wissensstand der Nutzer von außen nicht verlässlich beurteilen. Werbetreibende sollten daher sicherheitshalber stets davon ausgehen, dass den Nutzern das Konkurrenzverhältnis unbekannt ist, und die folgenden Anforderungen beachten.

Markennennung in der Werbeanzeige erlaubt?

Die Buchung einer fremden Marke als Keyword für eine Werbeanzeige zu identischen oder ähnlichen Produkten ist nach deutschem Rechtsverständnis grundsätzlich erlaubt. Wie bereits erwähnt, liegt hier die Motivation zugrunde, den gesunden Wettbewerb zu fördern. Umgekehrt ist es grundsätzlich verboten, die fremde Marke innerhalb der Werbeanzeige im Titel, im Anzeigentext oder als Teil eines angegebenen Links aufzuführen.

> **Beispiel**
>
> Der Autohersteller BMW darf eigene Werbeanzeigen für das Keyword Audi schalten, in der Anzeige aber nicht die URL *www.bmw.com/audi/* angeben oder das Wort »Audi« aufführen. Genauso wenig dürfte übrigens der Begriff »Audy« verwendet werden. Verwechselbar ähnliche Wörter werden rechtlich genauso behandelt wie identische Wörter oder Wortkombinationen. Obwohl im Fall von Audy die bekannte Marke des Autoherstellers nicht in identischer Form erscheinen würde, läge eine Markenverletzung vor, weil »Audy« klanglich identisch mit der unter anderem für »Kraftfahrzeuge« geschützten Wortmarke »Audi« ist.

Von dem Grundsatz, keine fremden Marken in einer Anzeige nennen zu dürfen, gibt es allerdings Ausnahmen. So dürfen *Wiederverkäufer von Markenprodukten*, die legal in den Verkehr gebracht wurden, Werbeanzeigen schalten, die den fremden Markenbegriff enthalten. Ein Onlineshop für Sneakers dürfte z. B. den Markennamen »Nike« in einer AdWords-Anzeige angeben, um so darauf hinzuweisen, dass er Schuhe der Marke »Nike« im Sortiment hat und die Anzeige zu seinem Onlineangebot für Nike-Schuhe führt. Das Gleiche gilt für Marktplätze, Onlineplattformen oder Verkäufer von Original Gebrauchtwaren. Aber: Bietet der Händler keine Markenartikel oder nur wenige zum Schein an, bleibt es beim Verbot, die fremde Marke in der Werbeanzeige nutzen zu dürfen.

> **Praxistipp**
>
> Bedenken Sie das markenrechtliche Konfliktpotenzial von *Keyword Insertion*. Dabei handelt es sich um eine AdWords-Funktion, bei der eines Ihrer Keywords, das den Suchbegriffen eines Nutzers entspricht, automatisch in den Anzeigentext übernommen wird. Handelt es sich bei dem eingefügten Wort um eine geschützte Marke, wird möglicherweise unbewusst eine markenrechtsverletzende Anzeige ausgeliefert.

Dass identische bzw. ähnliche Waren oder Dienstleistungen wie diejenigen, für die die Marke registriert ist, in der Werbeanzeige mit *Gattungsbegriffen* bezeichnet werden, führt grundsätzlich nicht zu einer Markenverletzung. Verkaufen Markeninhaber und Werber z.B. Pralinen, darf der Werbende das Wort »Pralinen« zur Bewerbung seiner Waren im Anzeigentext verwenden. Nicht nötig ist es im Regelfall auch, sich ausdrücklich innerhalb der Anzeige vom Unternehmen bzw. den Produkten des Markeninhabers zu distanzieren.

Allenfalls bei sehr vage gehaltenen Werbeanzeigen kann es zu Problemen kommen.[43] Am besten sollten daher nicht nur rein generische Begriffe und Beschreibungen in der Werbeanzeige verwendet werden. Prinzipiell dürfen beworbenen Produkte zwar, wie schon gesagt, mit Gattungsbezeichnungen beschrieben werden, zumindest aus der URL sollte aber ersichtlich sein, dass die Werbeanzeige nicht vom Markeninhaber, sondern von einem Drittunternehmen stammt.

- **Sonderfall »bekannte Marke«** – Wenn Sie eine bekannte Marke als Keyword buchen, kann eine Markenverletzung vorliegen, auch wenn Sie die vorstehenden Punkte beachten – beispielsweise dann, wenn der Werbende Nachahmungen von Waren des Markeninhabers anbietet oder die mit der bekannten Marke versehenen Waren in einem negativen Licht darstellt. Bietet der Werbende dagegen lediglich Alternativen zu den Markenprodukten an, ist das nicht zu beanstanden.[44]
- **Sonderfall »bekanntes Vertriebssystem«** – Liegt bei einem Vertriebssystem eines Markeninhabers, das den Nutzern bekannt ist (hier: Fleurop), die Vermutung nahe, dass es sich bei dem Werbenden (in diesem Fall ein Blumenhändler) um ein Partnerunternehmen des Markeninhabers handelt, ist die Herkunftsfunktion der Marke beeinträchtigt. Der Blumenhändler hatte in einer AdWords-Anzeige geworben, ohne sich von Fleurop abzugrenzen, also ohne

---

43 https://www.ra-plutte.de/brandbidding-irrefuehrung-durch-generische-adwords-anzeige/
44 BGH, Urteil vom 20.02.2013 – I ZR 172/11 (»Beate Uhse«)

auf das Fehlen einer wirtschaftlichen Verbindung zwischen dem Markeninhaber und dem eigenen Unternehmen hinzuweisen.[45]

> **Praxistipp**
>
> Prüfen Sie beim Brandbidding vorab das Register des *Deutschen Patent- und Markenamts* (DPMA) auf potenziell kritische Marken. Verwenden Sie keine fremden Markenbegriffe in Ihrer Werbeanzeige, die für identische oder sehr ähnliche Waren oder Dienstleistungen geschützt sind. Bei Unsicherheiten sollte entweder auf den Begriff verzichtet oder spezialisierte anwaltliche Beratung hinzugezogen werden.

Inhalte in der Werbeanzeige, speziell Preisangaben

AdWords-Anzeigen sind im rechtlichen Sinne normale Werbeanzeigen. Daraus folgt, dass Werbebehauptungen inhaltlich korrekt sein müssen, z. B. Testsiegerangaben oder die Anzahl von Hotels bei einem Preisvergleichsanbieter. Eine Pflicht, Preise anzugeben, besteht nicht. Wer Preise in seinen Anzeigen nennen will, muss allerdings Endpreise angeben, die die Umsatzsteuer enthalten, und zwar einschließlich des Hinweises »inkl. USt.« bzw. »inkl. 19% USt.« (natürlich darf statt »USt.« auch das Kürzel »MwSt.« verwendet werden).

> **Lenovo IdeaPad 500 kaufen - Jetzt in unserem Notebook-Deal**
> [Anzeige] www.cyberport.de/notebook/deal ▼
> Nur diese Woche das Lenovo IdeaPad 500 für 549 € bei Cyberport online kaufen!

Abbildung 12-17:
Beispiel für eine Google-AdWords-Anzeige, die wegen des fehlenden Hinweises auf die enthaltene Umsatzsteuer gegen § 1 Preisangabenverordnung verstößt.

Falls *Versandkosten* berechnet werden, sind diese ebenfalls aufzuführen, zumindest auf der Landingpage. Wer mit günstigen »*Ab*«-*Preisen* werben will, muss sicherstellen, dass der Nutzer auf der Landingpage auch Angebote zu diesem Mindestpreis buchen kann. Das Gleiche gilt für *Rabatte*. Diese müssen tatsächlich erzielbar sein, andernfalls kann die Werbeanzeige als Wettbewerbsverstoß abgemahnt werden. Werden *Lieferfristen* in der Anzeige angegeben, müssen diese natürlich zutreffend sein. Die näheren Details dürfen aber auf der Landingpage konkretisiert werden, z. B. Ausnahmen für Bestellungen am Wochenende oder Liefergarantien bis Weihnachten.

---

45 BGH, Urteil vom 27.06.2013, Az. I ZR 53/12 (»Fleurop«)

Pflichtangaben in der Werbeanzeige

Schon aus Platzgründen liegt es auf der Hand, dass in einer AdWords-Werbeanzeige nicht sämtliche Pflichtangaben aufgeführt werden können, etwa die Impressumsdaten des Werbetreibenden. Grundsätzlich muss auf die Pflichtangaben in der Werbeanzeige auch nicht per Link hingewiesen werden, wie man es von herkömmlichen geschäftlichen Websites kennt, wo typischerweise auf jeder Unterseite zu Impressum, Datenschutzerklärung etc. verlinkt wird.

Eine Ausnahme besteht für Branchen mit besonders strengen Werbevorgaben, etwa im Bereich Arzneimittelwerbung (§ 4 HWG). Hier fordert der Bundesgerichtshof, dass bereits in der Werbeanzeige zumindest per Link auf die Pflichtangaben hingewiesen wird. Die URL muss dabei als »sprechender Link« ausgestaltet sein und den Begriff »Pflichtangaben« oder eine vergleichbar eindeutige Bezeichnung enthalten.

Für die *Gestaltung der Landingpage* bestehen bei einer Pflicht zum Hinweis auf die Pflichtangaben nach dem Bundesgerichtshof zwei alternative Umsetzungsmöglichkeiten:

1. Der Link in der Werbeanzeige führt unmittelbar ohne weitere Mausklicks zur einer Internetseite, auf der sich ausschließlich die Pflichtangaben befinden. In diesem Fall schadet es nicht, wenn die Pflichtangaben wegen der Größe des vom Verbraucher benutzten Bildschirms nur durch Scrollen vollständig wahrgenommen werden können.

2. Enthält die Internetseite neben den Pflichtangaben noch weitere Inhalte, ist das Unmittelbarkeitskriterium nur erfüllt, wenn der Link den Verbraucher direkt zu der Stelle der Seite führt, auf der sich die Pflichtangaben befinden. Die Umsetzung der zweiten Variante dürfte lediglich mithilfe einer HTML-Sprungmarke (eines Anker-Tags) im Anzeigenlink möglich sein.

Gegen schlechte Bewertungen im Internet vorgehen

Onlinekundenbewertungen haben sich speziell bei der Neukundengewinnung zu einem einflussreichen Faktor entwickelt, da im Internet der aus dem stationären Handel gewohnte persönliche Kontakt bei der Vertragsanbahnung fehlt und die Produkte – anders als im Ladengeschäft bzw. bei Dienstleistern – nicht unmittelbar vom Kunden begutachtet werden können. Bei der Auswahl des Produkts bzw. des Vertragspartners vertrauen Interessenten daher häufig stärker auf die

Erfahrungen früherer Kunden als auf die Werbeversprechen der Unternehmen.

Unternehmen müssen es hinnehmen, dass sie öffentlich von Kunden auf Internetportalen z. B. bei Yameda, Yelp, Amazon, Google etc. bewertet werden. Das Recht einer Bewertungsplattform auf Kommunikationsfreiheit ist höher zu bewerten als das Recht auf informationelle Selbstbestimmung des betroffenen Unternehmens.[46]

Meinungsäußerungen und Werturteile

Missliebige Bewertungen können Unternehmen allerdings in ihrem sozialen Geltungsanspruch[47] bzw. dem Recht am eingerichteten und ausgeübten Gewerbebetrieb beeinträchtigen. In diesen Fällen können Unternehmen Unterlassungsansprüche geltend machen. Rechtlich ist zwischen Meinungsäußerungen und Tatsachenbehauptungen zu unterscheiden. Abzuwägen ist zwischen dem Recht auf Meinungs- und Medienfreiheit des Bewertenden und dem Schutz der (Unternehmens-)Persönlichkeitsrechte des Bewerteten.

Meinungsäußerungen bzw. *Werturteile* zeichnen sich im Gegensatz zu Tatsachenbehauptungen dadurch aus, dass ihr Aussagegehalt weder objektiv richtig noch falsch ist. Ihr Wahrheitsgehalt lässt sich nicht beweisen. Meinungsäußerungen sind als Ausdruck der Meinungsfreiheit[48] selbst dann zulässig, wenn sie polemisch oder gar ausfällig formuliert werden. Nur wenn die Grenze zu Beleidigungen, Schmähungen oder der Menschenwürde überschritten wird, kann rechtlich gegen sie vorgegangen werden. Im Gegensatz dazu sind *Tatsachenbehauptungen* dem Beweis zugänglich. Wahre Tatsachenbehauptungen müssen meist hingenommen werden. Gegen falsche Tatsachenbehauptungen kann rechtlich vorgegangen und deren Löschung kann verlangt werden.

Häufig bereitet schon die Unterscheidung zwischen Meinungsäußerung und Tatsachenbehauptung große Probleme. Bei der Einstufung müssen alle Umstände des jeweiligen Einzelfalls berücksichtigt werden, insbesondere der genaue und vollständige Wortlaut der Äußerung, der sprachliche Kontext, die Begleitumstände und wie ein objektives Publikum die Äußerung verstehen muss.[49]

---

46 OLG Hamburg, Urteil vom 18.01.2012, Az. 5 U 51/11
47 Inländische Unternehmen können sich auf Art. 2 Abs. 1 i. V. m. Art. 19 Abs. 3 GG, Art. 8 Abs. 1 EMRK berufen, wenn die Äußerung dazu geeignet ist, das Ansehen des Unternehmens in der Öffentlichkeit zu beeinträchtigen (vgl. BGH, Urteil vom 28.07.2015, Az. VI ZR 340/14).
48 Art. 5 Abs. 1 Grundgesetz und Art. 10 der Europäischen Menschenrechtskonvention
49 BGH, Urteil vom 02.04.2015, Az. 3 StR 197/14

Zur Unterscheidung sollen die folgenden Beispiele dienen:

- **Beispiel 1** – Bei einer reinen Sternebewertung, einer Schulnote oder z. B. einem Minuszeichen ohne Begleittext handelt es sich um eine Meinungsäußerung.[50]
- **Beispiel 2** – Die Bewertung »Das Restaurant sieht von innen schrecklich aus. Unfreundliche Bedienung, mäßiges Essen.« stellt eine kritische, aber zulässige Meinungsäußerung dar. Alle Äußerungen beruhen auf der persönlichen Meinung bzw. Sichtweise des Bewertenden. Eine objektive Überprüfung des Wahrheitsgehalts ist nicht möglich. Das Restaurant muss die Bewertung daher hinnehmen.
- **Beispiel 3** – Die Bewertung »Scheiß-Restaurant, der Inhaber ist ein Arschloch.« hat keinen überprüfbaren Tatsachenkern. Zumindest die Bezeichnung »Arschloch« stellt eine Formalbeleidigung dar, es besteht daher ein Anspruch auf Löschung.
- **Beispiel 4** – Im Fall der Bewertung »Vorsicht: In der Küche des Restaurants laufen Ratten herum.« lässt sich der Wahrheitsgehalt der Äußerung gerichtlich überprüfen. Entweder befanden sich zum Zeitpunkt der Bewertung Ratten in der Küche oder nicht. Ist die Behauptung korrekt, besteht kein Anspruch auf Löschung. Ist sie falsch, muss sie unverzüglich gelöscht werden. Die Nachweispflicht für die Richtigkeit der Behauptung trägt in derartigen Fällen der Bewertende. Falsche Tatsachenbehauptungen lassen sich vor diesem Hintergrund vergleichsweise einfach löschen.

> **Hinweis: Anmerkung zu vermischten Äußerungen**
>
> Basiert ein an sich zulässiges Werturteil auf einer falschen Tatsachenbehauptung, kann die Bewertung insgesamt angegriffen werden. Das betrifft z. B. *Fake-Bewertungen* von Personen, die nie Patient des bewerteten Arztes[51], Arbeitnehmer des bewerteten Arbeitgebers oder Kunde des bewerteten Hotels waren. Beziehen sich Werturteil und unwahre Tatsachenbehauptung (= falsche Behauptung, Kunde gewesen zu sein) untrennbar aufeinander, sind Tatsachenbehauptung und Werturteil gemeinsam angreifbar. Bei Vergabe einer Sternebewertung mit begleitendem Kommentar kann daher auch die Sternebewertung gelöscht werden.[52] Ebenfalls angreifbar sind absichtlich geschäftsschädigende Bewertungen von Konkurrenten. Hier hilft dem bewerteten Unternehmen zusätzlich das Wettbewerbsrecht. (Problem: Die Nachweispflicht liegt bei dem bewerteten Unternehmen.)

---

50 Vgl. BGH, Urteil vom 23.06.2009, Az. VI ZR 196/08
51 BGH, Urteil vom 01.03.2016, Az. VI ZR 34/15
52 OLG München, Urteil vom 28.10.2014, Az. 18 U 1022/14

Den Bewertenden und/oder das Bewertungsportal zur Löschung auffordern

Die Löschung rechtswidriger Bewertungen kann auf zwei Wegen (gegebenenfalls parallel) vorangetrieben werden, nämlich gegenüber

- dem Verfasser der Bewertung sowie
- dem Betreiber des Onlineportals, auf dem die Bewertung veröffentlicht wurde.

Ein Vorgehen gegen den Bewertenden selbst empfiehlt sich, wenn dessen Identität bekannt ist (Vorname, Nachname, ladungsfähige Anschrift). Verfügt das bewertete Unternehmen nicht über die Kontaktdaten des (anonymen) Verfassers, kann es vom Bewertungsanbieter nicht verlangen, dass zu dort gespeicherten persönlichen Daten des Verfassers Auskunft erteilt wird.[53]

Das Unternehmen kann den Bewertungsanbieter aber in einem Hinweisschreiben über die rechtswidrige Bewertung informieren und binnen angemessener Frist zur Löschung auffordern. Eine Frist von wenigen Tagen reicht regelmäßig aus, eine nach Stunden bemessene Frist hingegen nur in Extremfällen. Wichtig ist, dass der Bewertungsanbieter mit dem Hinweisschreiben in die Lage versetzt wird, die Anspruchsberechtigung inhaltlich prüfen zu können. Viele Portale bieten für die Beanstandung von Bewertungen die Möglichkeit, den Beitrag bzw. die Bewertung über entsprechende Schaltflächen oder Kontaktformulare direkt dem Betreiber zu melden. Ansonsten finden Sie die Post- und E-Mail-Adresse des Portalbetreibers im Impressum.

Inhalte einer korrekten Löschungsaufforderung

Benennen Sie die Bewertung konkret, indem Sie die URL angeben, damit der Anbieter sie auffinden kann und Verwechslungen ausgeschlossen werden. Fügen Sie eine tatsächliche und rechtliche Begründung dazu bei, weshalb die Bewertung Ihre Rechte verletzt. Setzen Sie dem Anbieter schließlich eine angemessene Frist zur Prüfung und Löschung der Bewertung.

---

53 BGH, Urteil vom 01.07.2014, Az. VI ZR 345/13. Anders nur, wenn der Verfasser der Herausgabe zustimmt, was praktisch kaum Relevanz haben dürfte.

> **Tipp**
>
> Im Rahmen der ersten Aufforderung gegenüber dem Anbieter müssen Sie zunächst keine Beweise vorlegen. Es reicht aus, wenn Ihre Schilderung logisch und nachvollziehbar ist. Entkräften Sie falsche Tatsachenbehauptungen des bewertenden Nutzers wenn möglich wie folgt: »Die Behauptung x ist unwahr, weil...«. Eine lediglich pauschale Behauptung, die Kritik des Nutzers sei unzutreffend, genügt nicht.[54]

Rechtliche Aspekte des E-Mail-Marketings

Im Grundsatz sind Werbemails nur zulässig, wenn der Empfänger dem werbenden Unternehmen vor Erhalt ausdrücklich eine entsprechende Erlaubnis erteilt hat. Dabei macht es keinen Unterschied, ob Unternehmer oder Verbraucher angeschrieben werden. Fehlt eine ausdrückliche Einwilligung des Adressaten, können Werbemails allenfalls unter ganz spezifischen Voraussetzungen an Bestandskunden verschickt werden.

Werbung unter Verwendung elektronischer Post

Die werberechtliche Beurteilung von E-Mail-Marketing richtet sich im Wesentlichen nach § 7 Abs. 2 Nr. 3 UWG. Danach ist eine *unzumutbare Belästigung* stets anzunehmen

> »bei Werbung unter Verwendung [...] elektronischer Post, ohne dass eine vorherige ausdrückliche Einwilligung des Adressaten vorliegt.«

Werbung ist nach ständiger Rechtsprechung

> »jede Äußerung bei der Ausübung eines Handels, Gewerbes, Handwerks oder freien Berufs mit dem Ziel, den Absatz von Waren oder die Erbringung von Dienstleistungen zu fördern.«[55]

Unter den Werbebegriff fallen nicht nur unmittelbar produktbezogene Angebote und Nachfragen, sondern auch Maßnahmen der mittelbaren Absatzförderung.[56] Nach dieser Maßgabe können z. B. auch

- Pressemitteilungen,
- Newsletter,
- Imagewerbung,
- Sponsoring-Anfragen (für gemeinnützige Zwecke),[57]

---

54 OLG Hamburg, Urteil vom 18.01.2012, Az. 5 U 51/11; bestätigt durch OLG Hamburg, Urteil vom 30.06.2016, Az. 5 U 58/13 betreffend das Portal »Holidaycheck«
55 BGH, Beschluss vom 20.05.2009, Az. I ZR 218/07, E-Mail-Werbung II
56 BGH, Urteil vom 12.09.2013, Az. I ZR 208/12 – Tell-A-Friend
57 LG Berlin, Urteil vom 22.7.2011, Az. 15 O 138/11

- Bewertungsanfragen,[58]
- Kundenzufriedenheitsanfragen,[59]
- Produktempfehlungen von Dritten (»Tell-A-Friend«),[60]
- Kooperationsanfragen,
- Autoreply-Nachrichten[61] sowie
- Direktnachrichten in Social-Media-Netzwerken

per Mail als Werbung zu qualifizieren sein.

Vorherige Einwilligung

Der Empfänger muss dem werbenden Unternehmen die *Einwilligung vor Erhalt der ersten Werbemail* erteilt haben. Nachträgliche Genehmigungen reichen nicht aus. Werbetreibende dürfen insbesondere keine Werbemails mit dem Hinweis versenden, der Empfänger möge gegebenenfalls der Zusendung weiterer E-Mails widersprechen. Derartige Werbung ist selbst dann rechtswidrig, wenn der Empfänger früheren E-Mails nicht widersprochen hat.

Eine einmal erteilte *Einwilligung ist zeitlich nicht unbegrenzt gültig*, sondern verliert mit Ablauf eines längeren Zeitraums ihre Aktualität, wenn sie binnen angemessener Frist nach Einholung nicht genutzt wird. So verliert eine Einwilligung ihre Gültigkeit, wenn sie nach 19 Monaten[62] bzw. zwei Jahren[63], spätestens jedoch nach vier Jahren seit Einholung nicht genutzt wurde.[64] Wurde die Einwilligung dagegen regelmäßig in Form des Versands von E-Mail-Werbung genutzt, erlischt sie nicht durch Zeitablauf.[65]

Ausdrückliche Einwilligung

Der Empfänger muss die Einwilligung ausdrücklich erteilt haben. Dieses Merkmal hat eine doppelte Bedeutung. Einerseits muss die *Einwilligung ganz explizit für den Werbekanal »E-Mail«* erteilt werden. Es reicht also nicht aus, eine bloße Einwilligung für »Werbung« einzuho-

---

58 AG Hannover, Urteil vom 03.04.2013, Az. 550 C 13442/12
59 OLG Dresden, Urteil vom 24.04.2016, Az. 14 U 1773/13
60 BGH, Urteil vom 12.09.2013, Az. I ZR 208/12
61 AG Stuttgart-Bad Canstatt, Urteil vom 25.04.2014, Az. 10 C 225/14
62 LG Munchen, Urteil vom 08.04.2010, Az. 1/ HK O 138/10
63 LG Berlin, Beschluss vom 02.07.2004, Az. 15 O 653/03
64 AG Bonn, Urteil vom 10.05.2016, Az. 104 C 227/15
65 AG Hamburg, Urteil vom 24.08.2016, Az. 9 C 106/16 betreffend eine im Jahr 2010 wirksam eingeholte Einwilligungserklärung

len. Vor allem aber wird durch die Betonung der Ausdrücklichkeit klargestellt, dass eine *mutmaßliche oder durch schlüssiges (»konkludentes«) Verhalten erteilte Einwilligung nicht ausreicht*. Ein vorangegangener E-Mail-Kontakt stellt keine ausdrückliche Einwilligung dar, insbesondere keine Autoresponder-E-Mail.[66] Das Gleiche gilt für die Übergabe einer Visitenkarte, weil es ihr an Bestimmtheit fehlt – im Hinblick auf die zu bewerbenden Produkte, das Werbemedium sowie den Werbeberechtigten.[67] Auch die Eintragung der E-Mail-Adresse in die Teilnehmerliste einer Veranstaltung reicht nicht aus.[68]

Einwilligung für konkret bezeichnete(s) Unternehmen

Der Adressat muss dem werbenden Unternehmen die Zusendung von E-Mail-Werbung an seine E-Mail-Adresse erlaubt haben. Maßgeblich ist, ob die *Reichweite der Einwilligung* bereits zum Zeitpunkt der Erteilung so transparent ist, dass der Adressat klar erkennen kann, welchem Unternehmen er die Erlaubnis für künftige E-Mail-Werbung erteilt.

Kann ein eindeutiger Bezug zum Einwilligungsempfänger hergestellt werden, z.B. bei Einholung über ein Internetformular durch Klickmöglichkeit auf einen *Impressum*-Link, wird es ausreichend sein, von »wir« oder »uns« zu sprechen. Bestenfalls sollte das werbende Unternehmen aber im Einwilligungstext namentlich benannt werden.

In gewissem Rahmen ist es möglich, gleichzeitig *Werbeerlaubnisse für mehrere Unternehmen* einzuholen. Einwilligungstexte wie

> »Sie erhalten Werbung per E-Mail von uns sowie Partnern unseres Unternehmens.«

reichen nicht aus, da der Einwilligende nicht beurteilen kann, wer in diesem Fall ermächtigt werden soll, ihm Werbemails zuzusenden. Ebenso unwirksam sind Einwilligungen zugunsten verbundener Unternehmen.[69] Die Werbeberechtigten müssen namentlich mit Adresse benannt werden. Hierbei sollte aus Transparenzgründen auf allzu lange Unternehmenslisten verzichtet werden. Nach Auffassung des Landgerichts Düsseldorf müssen die werbeberechtigten Unternehmen bereits im Einwilligungstext namentlich genannt werden. Die Verlinkung auf eine gesondert anzuklickende Sponsorenliste reicht nicht aus.[70]

---

66 AG München, Urteil vom 09.07.2009, Az. 161 C 6412/09
67 LG Baden-Baden, Urteil vom 18.01.2012, Az. 5 O 100/11
68 LG Gera, Urteil vom 24.07.2012, Az. 3 O 455/11
69 OLG Koblenz, Urteil vom 26.03.2014, Az. 9 U 1116/13
70 LG Düsseldorf, Urteil vom 20.12.2013, Az. 33 O 95/13

Die oben genannten Anforderungen haben zur Folge, dass ein rechtskonformer gewerblicher *Ankauf von E-Mail-Adressen zu Werbezwecken* nur sehr eingeschränkt möglich ist, wenn der Adressat das später werbende Unternehmen zum Zeitpunkt der Einwilligung nicht kennt. In diesem Fall kann er dem Unternehmen keine wirksame Erlaubnis zur E-Mail-Werbung erteilen. Im Hinblick auf die Wirksamkeit und Geeignetheit der Einwilligungen darf sich das werbende Unternehmen nicht auf eine Zusicherung des Adresshändlers verlassen,[71] selbst wenn es sich bei diesem um einen »renommierten Listeigner« gehandelt haben sollte.[72] Ein Adresshandelsvertrag über den Ankauf von Leads kann sogar nichtig sein (§ 134 BGB), wenn er die *wettbewerbswidrige Generierung von Adressdaten* zum Gegenstand hat.[73] Umgekehrt kann das werbende Unternehmen z. B. externe Dienstleister wie Agenturen damit beauftragen, Einwilligungen für Werbeaktionen per E-Mail speziell für sein Unternehmen einzuholen.[74]

Einwilligung für den konkreten Fall

Generaleinwilligungen gegenüber jedermann sind ausgeschlossen. Die Angabe der eigenen E-Mail-Adresse auf einer Internetseite, in Branchenverzeichnissen, auf Visitenkarten oder im Briefkopf stellt keine Einwilligung in E-Mail-Werbung dar.

Dem Adressaten muss vor Augen geführt werden, für welche konkreten Produkte die Werbeeinwilligung erteilt wird. Wie konkret Produkt bzw. Produktkategorie angegeben werden muss, ist eine Frage des Einzelfalls. Vorformulierte Erklärungen müssen so hinreichend konkretisiert sein, dass der Kunde erkennen kann, auf welche Werbeinhalte sich seine Einwilligung bezieht.[75] Allgemein formulierte Werbeerlaubnisse für »interessante Angebote« und Ähnliches sind unwirksam.

Einwilligung ohne Zwang und in Kenntnis der Sachlage

Der Adressat willigt nur dann wirksam in E-Mail-Werbung ein, wenn die Einwilligung nicht durch eine Täuschung oder durch Ausübung von Druck erwirkt wird. Die Erlaubnis muss also transparent eingeholt werden und auf einer freien Entscheidung des Adressaten beruhen. Die Einholung der *Einwilligung kann über allgemeine Geschäftsbedingungen*

---

71 OLG Düsseldorf, Urteil vom 24.11.2009, Az. I-20 U 137/09
72 KG Berlin, Beschluss vom 29.10.2012, Az. 5 W 107/12
73 LG Düsseldorf, Urteil vom 20.12.2013, Az. 33 O 95/13
74 BGH, Urteil vom 25.10.2012, Az. I ZR 169/10 – Einwilligung in Werbeanrufe II
75 BGH, Urteil vom 18.07.2012, Az. VIII ZR 337/11; KG Berlin, Beschluss vom 29.10.2012, Az. 5 W 107/12

geschehen.[76] Im zitierten BGH-Urteil waren die Einwilligungen über ein Gewinnspiel eingeholt worden, das vorformulierte Einverständniserklärungen enthielt. Derartige Erklärungen sind im rechtlichen Sinne allgemeine Geschäftsbedingungen, die man nach dem BGH prinzipiell auch verwenden darf. Wichtig ist aber, dass die Einwilligung trotzdem »gesondert« erklärt wird, z. B. per Checkbox. Erforderlich ist stets eine gesonderte, nur auf die Einwilligung zur E-Mail-Werbung bezogene Zustimmung.[77]

Unwirksam wäre es, die Zustimmung zur E-Mail-Werbung im Fließtext von allgemeinen Geschäftsbedingungen oder Nutzungsbedingungen einzuholen. Der Einwilligungstext muss vielmehr *deutlich getrennt von anderen Erklärungen oder Hinweisen* stehen und nach Möglichkeit drucktechnisch deutlich hervorgehoben werden. Bei vorformulierten Erklärungen fehlt es sonst an der geforderten spezifischen Einwilligungserklärung, wenn der Kunde weder ein bestimmtes Kästchen anzukreuzen hat noch eine vergleichbar eindeutige Erklärung seiner Zustimmung abzugeben braucht. Eine solche Erklärung besteht insbesondere nicht allein schon durch die und in der Unterschrift, mit der der Kunde das Vertragsangebot annimmt.[78]

Technische Voraussetzungen für das Einholen der Werbeerlaubnis

Grundsätzlich ist die Einwilligungserklärung als Zustimmung zu E-Mail-Werbung nicht formgebunden und kann online oder offline eingeholt werden. Im Offlinebereich sollte die Einwilligung aber schriftlich eingeholt werden. Andernfalls können schnell Unsicherheiten über die Erteilung und vor allem die Reichweite der Einwilligung entstehen.

Bei *elektronischer Adressgenerierung* besteht in Form des *Double-Opt-in-Verfahrens* nur eine Möglichkeit, die Einwilligung rechtssicher einzuholen. Ausreichend ist weder das »Single-Opt-in-Verfahren«[79] noch das »Opt-out-Verfahren«.[80]

Im Rahmen des Double-Opt-in-Verfahrens trägt der Interessent seine E-Mail-Adresse in ein Webformular ein, etwa bei der Anmeldung zu einem E-Mail-Newsletter, und versendet es an den Werber. Um sicher-

---

76 BGH, Urteil vom 25.10.2012, Az. I ZR 169/10 – Einwilligung in Werbeanrufe II
77 BGH, Beschluss vom 14.04.2011, Az. I ZR 38/10
78 BGH, Urteil vom 16.07.2008, Az. VIII ZR 348/06 – payback
79 AG Hamburg, Beschluss vom 05.05.2014, Az. 5 C 78/12
80 BGH, Urteil vom 16.07.2008, Az. VIII ZR 348/06 – payback

zustellen, dass die im Formular eingetragene E-Mail-Adresse vom Anmelder stammt, erhält dieser vor Beginn der E-Mail-Werbung eine E-Mail. Die E-Mail beschreibt die Anmeldung und enthält einen Bestätigungslink. Nur wenn der Bestätigungslink angeklickt und so die Berechtigung des Anmelders bestätigt wird, erfolgt eine Freischaltung der Adresse für die eigentliche E-Mail-Werbung.

Wichtig – Die E-Mail mit dem Bestätigungslink darf keinesfalls Werbung enthalten!

Für den *Nachweis des Einverständnisses* ist es erforderlich, dass der Werbende die konkrete Einverständniserklärung jedes einzelnen Verbrauchers vollständig (schriftlich) dokumentiert.[81] Bei elektronisch übermittelten Einverständniserklärungen setzt das deren Speicherung und die Möglichkeit, sie jederzeit auszudrucken, voraus.[82] Ein Zeuge, der nur die ordnungsgemäße Durchführung des Double-Opt-in-Verfahrens bezeugen, aber keine konkreten Angaben zum konkreten Einzelfall tätigen kann (hier: Einverständnis für Werbeanrufe), kann die erforderliche konkrete Dokumentation des Einverständnisses nicht ersetzen.

> **Hinweis zur Rechtslage**
>
> Das Oberlandesgericht München sieht bei Anmeldung zu einem E-Mail-Newsletter unter Anwendung des *Double-Opt-in-Verfahrens* bereits die *Bestätigungsanfrage* als unerwünschte Werbung an, wenn der Empfänger nicht in deren Zusendung eingewilligt hat.[83] Das Oberlandesgericht Frankfurt hat sich kritisch zur Münchner Entscheidung geäußert und die gegenteilige Auffassung vertreten, wonach eine nicht erbetene Bestätigungsanfrage keine unerlaubte Werbung darstellt.[84] Das OLG Celle »neigt dazu«, Double-Opt-in-Bestätigungsmails nicht als Spam einzustufen.[85] Auch das Oberlandesgericht Düsseldorf entschied, dass die Check-Mail beim Double-Opt-in-Verfahren keine verbotene Werbung darstelle. Richtigerweise gäbe es für den Inhaber der E-Mail-Adresse sonst keine zumutbare Alternative, um die tatsächliche Herkunft einer Anfrage zu kontrollieren und zu verifizieren.[86]

---

81 AG Düsseldorf, Urteil vom 09.04.2014, Az. 23 C 3876/13; LG Bonn, Urteil vom 10.01.201, Az. 11 O 40/11
82 AG Bonn, Urteil vom 10.05.2016, Az. 104 C 227/15
83 OLG München, Urteil vom 27.09.2012, Az. 29 U 1682/12
84 OLG Frankfurt, Urteil vom 30.09.2013, Az. 1 U 314/12
85 OLG Celle, Urteil vom 15.05.2014, Az. 13 U 15/14
86 OLG Düsseldorf, Urteil vom 17.03.2016, Az. I-15 U 64/15

Datensparsamkeit: Nur die Angabe der E-Mail-Adresse ist Pflicht

Datenschutzrechtlich gilt das Gebot der Datensparsamkeit, d.h., es dürfen nur solche Daten vom Nutzer abgefragt werden, die für die jeweilige Leistung unbedingt nötig sind. Bei E-Mail-Werbung ist nur die Abfrage der E-Mail-Adresse unbedingt nötig. Weitere Felder, z.B. für Name, Wohnort etc., sind als freiwillig zu kennzeichnen und mit einer Erklärung zu versehen, warum die spezifische Information abgefragt wird, etwa der Name für eine persönliche Ansprache im Newsletter oder der Wohnort, um spezielle Angebote lokaler Unternehmen zu ermöglichen. Bei Einwilligung über eine Webseite sollte auch auf die Datenschutzerklärung hingewiesen werden.

Beweislast und Dokumentation der Werbeerlaubnis

Das werbende Unternehmen muss die Werbeberechtigung nachweisen können. Nicht der Empfänger der Werbemail, sondern der Versender muss im Streitfall darlegen und gegebenenfalls beweisen, dass ihm vom Empfänger eine die konkrete Werbemail abdeckende Erlaubnis erteilt wurde. Abmahnen und gegebenenfalls klagen können einerseits der angeschriebene Nutzer (Verbraucher oder Unternehmer) und andererseits Konkurrenten des werbenden Unternehmens. Die Kosten hängen vom Streitwert ab. Die Meinungen der Gerichte gehen hier extrem auseinander. Es finden sich Streitwerte von 100 Euro bis hin zu mehreren Tausend Euro.[87]

Neben der rechtskonformen Generierung der Einwilligung ist nicht zuletzt auf die Dokumentierung und Archivierung der Werbeeinwilligung zu achten. Konkret sind Ablauf und Inhalt der jeweiligen Einwilligung einschließlich des vollständigen Einwilligungstexts so zu archivieren, dass die Erlaubnis im Ernstfall lückenlos und inhaltlich nachvollziehbar vor Gericht durch Ausdrucke nachgewiesen werden kann. Zu speichern sind:

- die E-Mail-Anfrage des Anmelders einschließlich Einwilligungstext,
- die Antwortmail mit Bestätigungslink an die Anmeldeadresse sowie
- die nach Bestätigung vom System generierte Freischaltungsmail.

---

87 *https://www.ra-plutte.de/uebersicht-zu-rechtskonformer-emailwerbung-und-die-ansprueche-bei-spam/#Streitwert%20Emailwerbung* (Aufruf: 01.08.2017)

Diese E-Mails sind gesondert mit jeweiligem Zeitpunkt und IP-Adresse zu speichern.[88] Zeugenaussagen über eine fehlerfreie Anwendung des Double-Opt-in-Verfahrens genügen als Ersatz nicht.

Ausnahme: E-Mail-Werbung ohne Einwilligung des Adressaten

Unter engen Voraussetzungen besteht für Unternehmen die Möglichkeit, E-Mail-Werbung auch *ohne vorherige ausdrückliche Einwilligung an Bestandskunden* zu versenden. Derartige Werbemails sind nach § 7 Abs. 3 Nr. 1–4 UWG ausnahmsweise erlaubt, wenn

- ein Unternehmer im Zusammenhang mit dem Verkauf einer Ware oder Dienstleistung von dem Kunden dessen elektronische Postadresse erhalten hat,
- der Unternehmer die Adresse zur Direktwerbung für eigene ähnliche Waren oder Dienstleistungen verwendet,
- der Kunde der Verwendung nicht widersprochen hat und
- der Kunde bei Erhebung der Adresse und bei jeder Verwendung klar und deutlich darauf hingewiesen wird, dass er der Verwendung jederzeit widersprechen kann, ohne dass hierfür andere als die Übermittlungskosten nach den Basistarifen entstehen.

Diese vier Voraussetzungen müssen gleichzeitig erfüllt sein, was typischerweise bei per E-Mail oder über einen Onlineshop getätigten Kundenbestellungen der Fall ist. Sie sind auch erfüllt, wenn die E-Mail-Adresse im Rahmen der nachfolgenden Vertragsabwicklung erlangt wird. Entscheidend ist nicht die Vertragsart, sondern das *Vorliegen einer Kundenbeziehung*. Die Anforderung eines Angebots beim Werber stellt daher noch keinen »Verkauf« dar, der das angebotserstellende Unternehmen zu E-Mail-Werbung gegenüber dem Adressaten berechtigen würde.

Zu beachten ist, dass der Hinweis auf das Widerspruchsrecht des Empfängers bereits im Einwilligungstext und in jeder späteren Werbe-E-Mail enthalten sein muss. Andernfalls ist die spatere Anwendung von § 7 Abs. 3 UWG zugunsten des Werbers ausgeschlossen (siehe »[...] bei Erhebung der Adresse [...]«).

Im Einzelfall kann es problematisch sein, ob das erworbene Produkt der beworbenen Ware oder Dienstleistung noch *ausreichend ähnlich* ist. Die Rechtsprechung ist hier streng. Die Ähnlichkeit muss sich auf die bereits gekauften Waren beziehen und dem gleichen typischen Ver-

---

88 BGH, Urteil vom 10.02.2011, Az. I ZR 164/09

wendungszweck oder Bedarf des Kunden entsprechen. Diese Voraussetzung ist regelmäßig erfüllt, wenn die *Produkte austauschbar* sind oder dem *gleichen oder zumindest einem ähnlichen Bedarf oder Verwendungszweck* dienen. Zum Schutz des Kunden vor unerbetener Werbung ist diese Ausnahmeregelung aber eng auszulegen[89].

> **Achtung**
>
> Die Werbeerlaubnis nach § 7 Abs. 3 UWG fällt mit Ablauf einer gewissen Zeitspanne wieder weg, sodass der Versand von Werbemails auf Grundlage der Ausnahmeregelung mit gewissen Risiken verbunden ist. Nach Möglichkeit sollte daher auf eine Einwilligungserklärung des Empfängers hingewirkt werden.

Anforderungen an den Inhalt der eigentlichen Werbemails

Hat der Adressat eine rechtswirksame Einwilligung zur E-Mail-Werbung erteilt oder erfolgt ein grundsätzlich zulässiger E-Mail-Versand an Bestandskunden, muss schließlich auf die *rechtskonforme Gestaltung* der eigentlichen Werbemails geachtet werden.

Aus dem *E-Mail-Betreff* muss sich auf den ersten Blick ergeben, dass es sich um Werbung handelt. Keinesfalls darf die Versenderadresse verschleiert oder dürfen kryptische E-Mail-Adressen verwendet werden, die eine Zuordnung des Versenders unmöglich machen oder erheblich erschweren (vgl. § 6 Abs. 1 Nr. 1 TMG, § 6 Abs. 2 TMG).

Der *Inhalt der Werbemails* muss sich im Rahmen der erteilten Einwilligung bewegen. Diese Anforderung wird nach meiner Beobachtung oft missachtet. Vertreibt das werbende Unternehmen Waren oder Dienstleistungen aus verschiedenen Produktkategorien, darf die Werbemail nur Werbung für solche Produkte enthalten, für die vom Empfänger eine ausreichende Einwilligung erteilt worden war. Aus Unternehmenssicht bietet es sich in derartigen Fällen an, im Rahmen der Einwilligungseinholung verschiedene Produktkategorien zur Wahl anzubieten, die vom Interessenten individuell angewählt werden können. Muss der Interessent bereits vorangeklickte Kategorien per »Opt-out« abwählen, liegt schon durch dieses Vorgehen keine Einwilligung vor.

Jede einzelne E-Mail muss eine *Möglichkeit zur Abbestellung weiterer Werbemails* enthalten. Die Abmeldung sollte durch einen einfachen

---

[89] KG Berlin, Beschluss vom 18.03.2011, Az. 5 W 59/11

Klick auf einen Abbestell-Link erfolgen können. Nach Abmeldung muss der Versand von weiterer E-Mail-Werbung unverzüglich gestoppt werden.[90] Darüber hinaus muss jede Werbemail ein *vollständiges Impressum* aufweisen.[91]

Achten Sie beim Versand von E-Mail-Werbung schließlich darauf, dass der allgemeine Rechtsrahmen eingehalten wird. So droht bei E-Mail-Marketing unter anderem – aber natürlich nicht nur – Gefahr aus den Bereichen

- Markenrecht (z.B. bei Werbung für Produkte unter falscher Marke),
- Urheberrecht (z.B. bei Verwendung fremder Lichtbilder ohne Erlaubnis) und
- Wettbewerbsrecht (z.B. durch irreführende Werbeaussagen oder falsche Spitzenstellungsbehauptungen).

Social-Media-Recht

Im Social Web gelten für die Unternehmen die gleichen Regeln wie in sonstigen Bereichen des Internets. So müssen beispielsweise beim Posten von Fotos fremde Urheber- und Persönlichkeitsrechte ebenso beachtet werden wie auf der Unternehmens-Website. Einige Besonderheiten bestehen jedoch, die in den nachfolgenden Abschnitten jeweils kurz beschrieben werden.

Username

Sowohl bei Twitter als auch bei Instagram kann ein Username nur einmal vergeben werden. Gleiches gilt für die URL einer Facebook-Seite. Dadurch stellen sich ähnliche Fragen wie bei der Registrierung einer Domain. Auch hier gilt, dass bereits in der Registrierung die Verletzung eines durch § 12 BGB geschützten fremden Namensrechts liegen kann (bürgerlicher Name, Künstlername, Firmenbezeichnung). Möglich ist auch die Verletzung fremder Marken, speziell dann, wenn es sich um bekannte Kennzeichen (Marken, Firmennamen) handelt, denn dort kann leicht Verwirrung darüber entstehen, ob Postings dem Account des (bekannten) Markenunternehmens zuzuordnen sind. Zulässig sind dagegen z.B. Usernamen, die Markenbegriffe beinhalten, aber auf eine kritische Auseinandersetzung mit einem Produkt oder Unternehmen hinweisen.

---

90 LG Bielefeld, Urteil vom 18.10.2012, Az. 22 O 66/12
91 Ein rechtssicheres Impressum können Sie z.B. mit unserem kostenlosen Impressum-Generator generieren: *www.ra-plutte.de/impressum-generator/*.

> **Beispiel**
>
> Eine Registrierung des Usernamens »@apple« bei Twitter würde die Namens- und Markenrechte des bekannten IT-Unternehmens aus Cupertino verletzen. Zulässig wäre dagegen ein Username wie »@applekritiker«, wenn der Account dazu diente, sich kritisch mit Produkten der Marke Apple auseinanderzusetzen.

Avatar, Profilfoto

Achten Sie bei der Auswahl von Profil- oder Avatar-Fotos darauf, keine fremden Urheberrechte zu verletzen. Professionelle Fotografien dürfen ohne Zustimmung des jeweiligen Urhebers ebenso wenig verwendet werden wie von anderen Usern hochgeladene Schnappschüsse, Comics, Collagen oder Memes. Verstöße können kostenpflichtig abgemahnt werden.

Schleichwerbung

Im deutschen Recht gilt das *Trennungsgebot*, wonach redaktionelle Inhalte strikt von werbenden Inhalten getrennt werden müssen.[92] Schleichwerbung beschreibt die Verletzung des Trennungsgebots, also vereinfacht gesagt bezahlte Werbung, die für den Nutzer nicht als solche erkennbar ist. Der klassische Fall ist z.B. ein Advertorial, bei dem ein Werbetext als redaktioneller Beitrag getarnt wird. Übertragen ins Social Web, liegt Schleichwerbung hier vor:

- Beim Posten objektiv neutral wirkender Beiträge bzw. Bilder (Meinungen, Statements, Tipps).
- Wenn Werbewirkung für ein Unternehmen bzw. dessen Waren oder Dienstleistungen vorliegt.
- Wenn das Postings nicht als Werbung gekennzeichnet ist.
- Wenn der Verfasser als Gegenleistung für das Posting Geld oder eine mehr als unerhebliche Sachzuwendung erhält. (Ab welchem Wert der Sachzuwendung eine Pflicht zur Werbekennzeichnung besteht, ist umstritten. Diskutiert werden Beträge zwischen wenigen Euro und 1.000 Euro).

Praktische Bedeutung entwickelt das Schleichwerbeverbot immer mehr im Zusammenhang mit sogenannten *Influencern*, also Personen mit sehr vielen Followern bei Facebook, Twitter bzw. Instagram und ent-

---

92 vgl. § 5a Absatz 6 UWG, § 2 Nr. 8 RStV

sprechend hoher »Meinungskraft« (z. B. Prominente, Sportler, Musiker etc.). Beachten Sie, dass Werbung über Influencer nicht per se verboten ist. Voraussetzung ist aber, dass der jeweilige bezahlte Beitrag als Werbung gekennzeichnet wird, z. B. mit den Begriffen »Anzeige« oder »Werbung«. Die alternative Bezeichnung »Sponsored« wurde von der Rechtsprechung bereits als nicht gleichwertig beurteilt.[93] Auf dieser Grundlage rate ich auch davon ab, Formulierungen wie »Gesponsert« zu verwenden.

Hashtags

Die Nutzung von Hashtags bei *Twitter* und *Instagram* ermöglicht es, Postings einem Thema zuzuordnen. Wer einen Beitrag beispielsweise mit dem Hashtag *#cocacola* versieht, bekommt bei einem Klick auf das Hashtag angezeigt, welche Beiträge von anderen Nutzern mit demselben Schlagwort versehen wurden.

Urheberrechtlich ist zu beachten, dass die Nutzung eines Hashtags durch einen User nicht dazu führt, dass Unternehmen den fremden Beitrag im eigenen Profil ohne Einwilligung des Verfassers übernehmen dürfen. In meinem Beispiel wäre es also z. B. nicht erlaubt, wenn *Coca-Cola* ein von einem Nutzer mit dem Hashtag *#cocacola* gepostetes Bild herunterladen und im eigenen Firmen-Account bei Instagram oder Twitter erneut hochladen würde.

Markenrechtlich können Hashtags problematisch sein, wenn eine fremde Marke zur Bewerbung eigener Produkte genutzt wird. So dürfte ein Apple-Händler beispielsweise nicht das Hashtag *#Samsung* zur Bewerbung eines iPhone-Angebots verwenden.

Namensrechtlich birgt die Verwendung von Hashtags insbesondere bei Prominenten Gefahren. Diese müssen es grundsätzlich nicht hinnehmen, wenn ohne Rücksprache mit ihrem Namen geworben wird.

Gewinnspiele

Die Veranstaltung von Gewinnspielen bei *Facebook* ist mit Problemen verbunden. Zu beachten sind neben den normalen gesetzlichen Regelungen auch die Facebook-Richtlinien für Promotions.[94] Die Teilnahme-

---

[93] LG München, Urteil vom 31.07.2015, Az. 4 HK O 21172/14. Studien ergaben, dass junge Menschen den Begriff »Sponsored Post« überwiegend nicht als Werbekennzeichnung auffassen (*https://de.statista.com/infografik/4018/bedeutung-des-ausdrucks-sponsored-post-fuer-viele-junge-internetnutzer-unklar/*).

[94] *www.facebook.com/page_guidelines.php* (Aufruf: 01.08.2017)

bedingungen für ein Gewinnspiel bei Facebook müssen daher mindestens die folgenden Informationen enthalten:

- Teilnahmeberechtigung (falls Einschränkungen bestehen)
- Teilnahmehandlung (z.B. Like, Kommentar, private Nachricht, aber nicht: Teilen des Gewinnspielbeitrags, Markierungen, User-Postings zu Unternehmen oder Gewinnspiel)
- Gewinnbeschreibung (Zusatzkosten für Gewinner)
- Anfang und Ende des Gewinnspiels
- Zeitpunkt der Preisauslosung
- Gewinnerbestimmung (Zufall, Jury etc.)
- Preisbekanntgabe
- Preiserhalt (Abholung, Versand)
- Datenschutzhinweise
- Impressum
- Haftungsregelungen
- Facebook-Disclaimer

Vor diesem Hintergrund ist von Gewinnspielen unmittelbar innerhalb von Facebook-Postings abzuraten. Verwenden Sie stattdessen lieber eine App, die beispielsweise eine datenschutzkonforme Generierung von Einwilligungserklärungen der Nutzer ermöglicht, was in einem Facebook-Beitrag nicht möglich ist.

Sowohl *Twitter* als auch *Instagram* erlauben die Veranstaltung von Gewinnspielen auf der Plattform. Auch hier müssen rechtskonforme Teilnahmebedingungen verwendet werden, die allerdings knapper ausfallen können als die bei Facebook. Für Gewinnspiele bestehen in Bezug auf die Nutzung von Hashtags aktuell weder bei Instagram noch bei Twitter Beschränkungen. Zulässig wäre es also z.B., das mit einem bestimmten Hashtag versehene Hochladen eines Bilds bei Instagram als Bedingung für die Teilnahme an einem Gewinnspiel vorzugeben. Ebenso zulässig wäre es, die Teilnahme vom Liken eines Bilds (Instagram), Retweeten eines Tweets (Twitter) oder Folgen eines bestimmten Accounts abhängig zu machen.

Fotorecht

Bei der Nutzung von Fotos auf Facebook, Twitter und Instagram ist darauf zu achten, dass keine fremden *Urheberrechte* oder *Persönlichkeitsrechte* verletzt werden. Zu unterscheiden ist rechtlich zwischen dem *Upload* und *Posten* von eigenen bzw. fremden Bildern, dem *Embedding* sowie dem *Teilen* von Bildern.

Posten selbst erstellter Fotos

Das Posten von selbst erstellten Fotos ist aus urheberrechtlicher Sicht stets zulässig. Problematisch können allerdings entgegenstehende Persönlichkeitsrechte von abgebildeten Personen sein. Ob vor Veröffentlichung eine Einwilligung des/der Betroffenen eingeholt werden muss, hängt stark von der jeweiligen Aufnahme, der Erkennbarkeit einzelner Personen sowie den Begleitumständen ab. Wer Abmahnungen vermeiden will, sollte Fotos nur dann zu Werbezwecken verwenden, nachdem eine nachweisliche Einwilligung des Betroffenen für die konkrete Werbung eingeholt wurde (am besten schriftlich oder per E-Mail).

Posten fremder Fotos

Das Posten fremder Bilder ist nur zulässig, wenn vorher die Einwilligung des Urhebers zur Veröffentlichung eingeholt wurde (gegebenenfalls zusätzlich die Einwilligung abgebildeter Personen). Auf die Qualität des Fotos kommt es nicht, da das Urhebergesetz selbst die ungefragte Übernahme einfachster Schnappschüsse verbietet. Die Einwilligung sollte möglichst konkret erfragt und nachweisbar dokumentiert werden.

> **Warnung**
>
> Ausgesprochen abmahngefährdet ist die Nutzung von Fotos aus Stockarchiven wie Fotolia, Pixelio oder Shutterstock. Will man derartige Bilder verwenden, muss einerseits geprüft werden, ob der Anbieter überhaupt ein Posten von Stockfotos in Social-Media-Kanälen zulässt. Dies wird teilweise untersagt, weil sich Social-Media-Plattformen wie Twitter oder Instagram in ihren Nutzungsbedingungen vom jeweiligen User einfache Nutzungsrechte an hochgeladenen Bildern einräumen lassen, um die Bilder auf der Plattform darstellen zu dürfen. Zum anderen ist dringend auf eine möglichst auf allen Geräten (Desktop, Tablet, Smartphone) dargestellte Urheberkennzeichnung (den sogenannten *Copyright-Hinweis*) zu achten. Teilweise bieten Stockfotoarchive deshalb spezielle »Social-Media-Lizenzen« bzw. Bildversionen an, die bereits im Bild einen Urhebervermerk tragen. Falls kein Copyright-Hinweis im Bild enthalten ist (in der Bilddatei gespeicherte Metaangaben reichen nicht), sollte das Foto vorab manuell bearbeitet werden, z.B. mithilfe von Photoshop.

Retweets fremder Fotos (nur Twitter)

Twitter ermöglicht es, Beiträge anderer User über die Retweet-Funktion mit den Followern des eigenen Accounts zu teilen. Urheberrechtliche Probleme mit Retweets halte ich für fernliegend, weil Retweets dem

Twitter-System immanent sind und dem ursprünglichen Verfasser des Tweets unterstellt werden darf, dass er mit Retweets einverstanden ist.

Teilen fremder Beiträge bei Facebook

Wer bei Facebook einen fremden Beitrag teilt, haftet nach Entscheidungen des OLG Frankfurt sowie des OLG Dresden wegen des bloßen Teilens nicht für rechtswidrige Inhalte im Beitrag – wie im Fall beleidigender Beiträge oder im Fall von Beiträgen mit rechtsradikalen Inhalten. Anders als beim Liken eines fremden Beitrags ist dem Teilen für sich genommen keine über die Verbreitung des Postings hinausgehende Bedeutung zuzumessen. Mit einer Verlinkung ist nicht zwingend ein »Zu-eigen-Machen« des verlinkten Inhalts verbunden. Der Verlinkende als Verbreiter des Inhalts macht sich eine fremde Äußerung regelmäßig erst dann zu eigen, wenn er sich mit ihr identifiziert und sie so in den eigenen Gedankengang einfügt, dass sie als seine eigene erscheint. Ob dies der Fall ist, muss im Einzelfall mit Blick auf die Meinungsfreiheit und den Schutz der Presse geprüft werden.[95]

Abbildung 12-18:
Teilen fremder Postings bei Facebook

Es wäre falsch, die Entscheidungen des OLG Frankfurt und des OLG Dresden darauf zu reduzieren, dass das Teilen fremder Postings bei Facebook rechtlich unkritisch ist. Entscheidend ist vielmehr, wie ein fremder Beitrag geteilt wird.

Rechtlich unproblematisch ist eine reine Weiterverbreitung, also das Teilen eines fremden Postings bei Facebook ohne Kommentar oder sonstige Stellungnahme. In diesem Fall macht sich der Teilende den fremden Inhalt nicht zu eigen. Wer einen fremden Beitrag teilt und ihn mit einem zustimmenden Begleittext versieht, macht sich dagegen dessen Inhalt sehr wohl zu eigen. Beispiel für einen entsprechenden Begleittext: »Meine Rede. Endlich jemand, der mal ausspricht, wie es

---

[95] OLG Frankfurt, Urteil vom 26.11.2015, Az. 16 U 64/15; OLG Dresden, Urteil vom 07.02.2017, Az. 4 U 1419/16

ist.« In diesem Fall haftet der Teilende für den Inhalt des geteilten Beitrags in gleicher Weise wie der Verfasser, da er sich erkennbar mit den fremden Aussagen identifiziert. Ein Dank an den Verfasser des Texts reicht dagegen – zumindest nach Meinung des OLG Frankfurt – noch nicht als Beleg für ein Zu-eigen-Machen aus. Das OLG Dresden sah sogar schon den Begleittext, der geteilte Beitrag sei »zu erwägenswert, um ihn zu unterschlagen«, als dringliche Leseempfehlung an. Ein durchschnittlicher Leser des geteilten Beitrags könne diese Empfehlung nur als inhaltliche Identifikation mit den geteilten Positionen verstehen. Ich halte es für wahrscheinlich, dass andere Gerichte in einem vergleichbaren Fall kein Zu-eigen-Machen angenommen hätten.

Schwierig wird es, wenn der Teilende einen Begleittext verfasst, der weniger eindeutig auf eine Identifikation schließen lässt als das vorstehende Beispiel. Dabei muss man sich bewusst machen, dass für das Verständnis des Begleittexts nicht die subjektive Sichtweise des Teilenden maßgeblich ist, sondern das Verständnis eines objektiven Dritten (Stichwort Ironie). Wann ein fremder Beitrag so weit in den Gedankengang des Teilenden einbezogen wurde, dass er als dessen eigene Meinung erscheint, lässt sich hier nicht pauschal beantworten. Wer rechtlich problematische Beiträge von Dritten bei Facebook teilen und mit eigenen Worten versehen möchte, ist allerdings gut beraten, sich im Begleittext vom Inhalt zu distanzieren.

Die Verwendung von Social Plug-ins

Nach einem Urteil des Landgerichts Düsseldorf ist die Einbindung des »Page-Plug-ins« von Facebook datenschutzwidrig.[96]

Rechtlicher Streitpunkt war im Kern, dass das Page-Plug-in bei Aufruf der Webseite automatisch personenbezogene Daten der Nutzer an Facebook zu Werbezwecken übermittelt, ohne dass die Nutzer ihr Einverständnis erklärt haben. Die Übermittlung der Daten (insbesondere die IP-Adresse des Nutzers, wohl aber mindestens auch noch die Kennung des benutzten Browsers) erfolgt bei ein- und ausgeloggten Facebook-Mitgliedern, darüber hinaus aber auch bei Nichtmitgliedern.

Über das konkret betroffene Page-Plug-in hinaus hat die Entscheidung weitreichende Auswirkungen auf andere technisch gleichartige Social Plug-ins wie den »Like«-Button von Facebook oder den »Tweet«-Button von Twitter, die alle auf die gleiche technische Weise funktionieren wie das Page-Plug-in. Letztlich betrifft das Urteil sogar die Einbindung von Tweets, Facebook-Postings oder Videos via Embedding.

---

96 LG Düsseldorf, Urteil vom 09.03.2016, Az. 12 O 151/15

Wer Abmahnungen vermeiden will, sollte aktuell auf die Nutzung von Social Plug-ins verzichten. Alternativen für das Page-Plug-in sowie die beschriebenen Embedding-Funktionen stehen nicht bereit.

Für Likes, Tweets etc. kann jedoch auf Tools wie die *2-Klick-Lösung von Heise* zurückgegriffen werden. Hier werden zunächst nur bloße Grafiken der Social-Media-Plug-ins angezeigt. Erst nach einem Klick auf die jeweilige Grafik übermittelt das Tool die personenbezogenen Daten des Nutzers an das jeweilige Social-Media-Netzwerk. Da unklar ist, welche Daten genau übermittelt werden, verbleibt jedoch leider auch bei der 2-Klick-Lösung ein (kleines) juristisches Restrisiko. Sicherer ist daher die Verwendung von Sharing-Schaltflächen wie *Shariff* [97], bei denen lediglich ein Text- oder Bildlink auf den eigenen Webseiten eingefügt wird. Eine Datenübertragung an Social-Media-Netzwerke findet nicht statt, sodass sich die beschriebenen datenschutzrechtlichen Problematiken nicht stellen.

Die Folgen von Rechtsverstößen

Rechtliche Verstöße gegen die oben dargestellten Vorgaben können zu Abmahnungen führen.

Was ist eine Abmahnung?

Eine Abmahnung[98] ist eine (meist schriftliche) Aufforderung mit dem Kern, ein bestimmtes Verhalten zu unterlassen. Dazu soll der Verletzer eine *strafbewehrte Unterlassungserklärung*[99] abgeben, mit der er sich verpflichtet, im Fall eines künftigen erneuten Verstoßes eine empfindliche *Vertragsstrafe*[100] an den Abmahnenden zu zahlen. Das Versprechen einer Vertragsstrafe sieht die Rechtsprechung mit Ausnahme seltener Sonderfälle als zwingend an, weil der Verletzer nur so demonstriere, dass es ihm mit der Unterlassung ernst ist. Liegt der Abmahnung eine Unterlassungserklärungsvorlage bei, ist der Abgemahnte nicht verpflichtet, gerade diese vorformulierte Fassung zu unterzeichnen. Um seine Rechte zu wahren, sollte ein spezialisierter Rechtsanwalt mit der Überprüfung und gegebenenfalls Erstellung einer modifizierten *strafbewehrten Unterlassungserklärung* beauftragt werden.

Je nach Rechtsverletzung kann hinzukommen, dass neben der Unterlassung weitere Ansprüche geltend gemacht werden. Bei urheberrecht-

---

97 Beispiel für WordPress: *https://de.wordpress.org/plugins/shariff-sharing/*
98 *www.ra-plutte.de/abmahnung/*
99 *www.ra-plutte.de/strafbewehrte-unterlassungserklaerung/*
100 *www.ra-plutte.de/vertragsstrafe/*

lichen oder markenrechtlichen Abmahnungen wird z.B. meist Auskunft über den Umfang der Rechtsverletzung gefordert. Die Auskunft dient der Vorbereitung des Anspruchs auf *Schadensersatz*. Dem Verletzten steht das Recht zu, aus verschiedenen Methoden zur Schadensersatzberechnung zu wählen. Die Einzelheiten sind komplex.[101]

Wenn der Abmahnende einen Rechtsanwalt mit der Abmahnung beauftragt hat, darf er grundsätzlich Erstattung der entstandenen *Abmahnkosten* verlangen. Die Höhe der Abmahnkosten errechnet sich aus dem Gegenstandswert der Sache in Verbindung mit dem Rechtsanwaltsvergütungsgesetz (RVG). Bei der Bemessung des Gegenstandswerts steht dem abmahnenden Rechtsanwalt ein gewisser Ermessensspielraum zu, er darf aber keine Fantasiebeträge ansetzen. In der Praxis ist die Höhe der Abmahnkosten zwischen den Parteien oft streitig.

Wer darf eine Abmahnung aussprechen?

Die Abmahnberechtigung (die sogenannte Aktivlegitimation) hängt vom jeweiligen Rechtsgebiet ab.

Ansprüche wegen *Markenverletzungen* darf grundsätzlich nur der Markeninhaber oder ein ausschließlicher Lizenznehmer gegen den Verletzer durchsetzen.[102]

Gleiches gilt für *Urheberrechtsverletzungen*, bei denen prinzipiell nur der Urheber Ansprüche geltend machen darf. Es ist allerdings möglich, einzelne Urheberrechte auf Dritte zu übertragen mit der Folge, dass diese die ursprünglich dem Urheber zustehenden Ansprüche nach dem Urhebergesetz nun im eigenen Namen durchsetzen dürfen.

Bei *Wettbewerbsverletzungen* ist der Kreis möglicher Abmahner größer. Ansprüche nach dem UWG durchsetzen dürfen Mitbewerber, bestimmte Verbände, qualifizierte Einrichtungen und Kammern.[103] Verbraucher sind nicht anspruchsberechtigt.

Mitbewerber ist nach § 2 Abs. 1 Nr. 3 UWG jeder Unternehmer, der mit einem oder mehreren Unternehmern als Anbieter oder Nachfrager von Waren oder Dienstleistungen in einem konkreten Wettbewerbsverhältnis steht. Ein *konkretes Wettbewerbsverhältnis* liegt vor, wenn beide Parteien gleichartige Waren oder Dienstleistungen innerhalb desselben Endverbraucherkreises abzusetzen versuchen mit der Folge, dass das

---

101 Beispielhaft zur Schadensersatzberechnung bei Fotorechtsverletzungen im Urheberrecht: *www.ra-plutte.de/berechnung-des-schadensersatzes-bei-bildrechteverletzungen/*
102 Einfache Lizenznehmer können allerdings vom Rechteinhaber zur Klageerhebung ermächtigt werden.
103 Siehe § 8 Absatz 3 UWG.

konkret beanstandete Wettbewerbsverhalten des einen Wettbewerbers den anderen beeinträchtigen, das heißt im Absatz behindern oder stören kann.[104]

Beachten Sie, dass Mitbewerber nicht zwingend derselben Branche angehören müssen. Entscheidend ist, ob die Unternehmen in Bezug auf das jeweilige konkrete Produkt in Konkurrenz stehen. Auf dieser Grundlage wurde z.B. ein konkretes Wettbewerbsverhältnis zwischen dem Kaffeehersteller ONKO und einem Floristikunternehmen bejaht in Bezug auf die Werbung »Statt Blumen ONKO-Kaffee«.[105]

Persönlichkeitsrechtsverletzungen werden typischerweise vom Verletzten durchgesetzt.

Was ist eine einstweilige Verfügung?

Im Bereich des gewerblichen Rechtsschutzes werden Unterlassungsansprüche normalerweise im ersten Schritt außergerichtlich per Abmahnung geltend gemacht. Gibt der Abgemahnte keine oder eine nicht ausreichende strafbewehrte Unterlassungserklärung ab, besteht aus rechtlicher Sicht Wiederholungsgefahr.

Um den Unterlassungsanspruch in solchen Fällen nicht im Rahmen einer normalen Klage durchsetzen zu müssen, hat der Abmahnende die Möglichkeit, gerichtlich per Eilverfahren eine *einstweilige Verfügung*[106] gegen den Abgemahnten zu erwirken. Häufig ergehen einstweilige Verfügungen in der Praxis auf Antrag innerhalb weniger Tage durch gerichtlichen Beschluss, und zwar ohne mündliche Verhandlung und ohne vorherige Anhörung des Abgemahnten!

> **Tipp**
>
> Wer den Erlass einer unberechtigten einstweiligen Verfügung befürchtet, hat die Möglichkeit, eine *Schutzschrift*[107] bei Gericht(en) zu hinterlegen. Die Schutzschrift stellt eine Form der Präventivverteidigung gegen eine erwartete einstweilige Verfügung dar. Ziel ist, dass ein Gericht die Sichtweise und Argumente des potenziellen Rechtsverletzers erfährt, bevor es ohne dessen Anhörung eine einstweilige Verfügung erlässt. Eine Schutzschrift kann ohne die Hilfe eines Rechtsanwalts eingereicht werden. Je komplexer die Materie, umso mehr empfiehlt sich aber anwaltliche Unterstützung.

---

104 Ständige Rechtsprechung, vgl. BGH, Urteil vom 21.04.2016, Az. I ZR 151/15 – Ansprechpartner
105 BGH, Urteil vom 12.01.1972, Az. I ZR 60/70 – »Statt Blumen ONKO-Kaffee«
106 www.ra-plutte.de/einstweilige-verfuegung/ (Aufruf: 01.08.2017)
107 www.ra-plutte.de/schutzschrift/ mit Kurzmuster (Aufruf: 01.08.2017)

Wichtig: Abschlussschreiben und Abschlusserklärung

Wer eine einstweilige Verfügung erhalten hat, muss kurzfristig entscheiden, ob er die Verfügung akzeptieren oder dagegen rechtlich vorgehen will.[108] Hintergrund ist, dass die einstweilige Verfügung im Gegensatz zu einem Hauptsacheurteil nicht dauerhaft Bestand hat, sondern nur wenige Monate gilt.

Falls die einstweilige Verfügung akzeptiert werden soll, muss man als Schuldner aktiv tätig werden und von sich aus nach Erhalt der Verfügung eine *Abschlusserklärung*[109] abgeben. Zweck der Abschlusserklärung ist ein Verzicht des Schuldners auf seine Rechte aus §§ 924, 926, 927 ZPO sowie ein Anerkenntnis der einstweiligen Verfügung als endgültiger Regelung gleich einem Urteil im Hauptsacheprozess. Die wohl herrschende Rechtsprechung hält im Regelfall eine Wartefrist von zwei Wochen für ausreichend, in der der Schuldner von sich aus reagieren muss.

Gibt der Schuldner von sich aus keine Abschlusserklärung ab, riskiert er ein *Abschlussschreiben* des Gegners, dessen einziger Zweck in der Aufforderung liegt, die Abschlusserklärung abzugeben.

> **Praxistipp**
>
> Kostenfalle: Für das Abschlussschreiben darf der erstellende Rechtsanwalt vom Schuldner erneut Gebühren verlangen, die meist in etwa den Anwaltskosten der Abmahnung entsprechen. Falls die einstweilige Verfügung ohnehin akzeptiert werden soll, kann man sich diese Kosten sparen.

Einstweilige Verfügung vs. Hauptsacheklage

Im Bereich des gewerblichen Rechtsschutzes werden Ansprüche nach Möglichkeit per einstweiliger Verfügung durchgesetzt, da prozessual einige Erleichterungen für den Antragsteller bestehen und die Verfahren von den Gerichten im Vergleich zu normalen Hauptsacheprozessen sehr zügig bearbeitet werden.

Voraussetzung für die Erwirkung einer einstweiligen Verfügung ist allerdings, dass im rechtlichen Sinne *Dringlichkeit*[110] besteht. Fehlt es daran, z. B. wegen eines zu langen Abwartens zwischen Kenntnis einer

---

108 *www.ra-plutte.de/reaktionsmoeglichkeiten-auf-eine-einstweilige-verfuegung/* (Aufruf: 01.08.2017)

109 *www.ra-plutte.de/abschlussschreiben/* (Aufruf: 01.08.2017)

110 *https://www.ra-plutte.de/die-dringlichkeit-und-ihre-widerlegung-im-wettbewerbsrecht/* (Aufruf: 01.08.2017)

Rechtsverletzung und dem Versand einer Abmahnung, bleibt nur die Möglichkeit zur Erhebung einer normalen Klage.

Hauptsacheklagen müssen beispielsweise auch dann erhoben werden, wenn sich der Empfänger einer einstweiligen Verfügung weigert, eine Abschlusserklärung zu unterzeichnen. Würde der Gläubiger in diesem Fall nicht zeitnah Klage erheben, könnte der Schuldner die einstweilige Verfügung wegen Zeitablaufs aufheben lassen.

Anhang: Weiterbildung für Online Marketing Manager

Von Felix Beilharz

Kaum ein anderer Bereich des Marketings ändert sich so schnell und beständig wie die Themengebiete, die wir in diesem Buch besprochen haben. Das gilt sowohl auf einer »Makro-Ebene« (neue Kanäle, Methoden, Möglichkeiten) als auch auf der »Mikro-Ebene« (neue Funktionen in den einzelnen Kanälen, neue gesetzliche Regelungen etc.). Der Weiterbildungsbedarf eines Online Marketing Manager ist daher immens. Wer wirklich zu den Topkräften des Gebiets gehören will, wird um ständiges Lernen, formell und informell, nicht herumkommen. Die wesentlichen Weiterbildungsangebote für Online Marketing Manager enthält dieses Kapitel.

Selbstbestimmte Weiterbildung

Es gehört zur Pflicht eines Online Marketing Manager, sich regelmäßig und selbstständig über sein Themengebiet auf dem Laufenden zu halten. Dazu bieten sich vor allem informelle Weiterbildungsmöglichkeiten an, die teilweise kostenlos, zum Teil auch für kleines Geld zur Verfügung stehen. Hier sind nur Magazine und Kanäle aufgelistet, die sich schwerpunktmäßig mit Online-Marketing beschäftigen. Darüber hinaus enthalten natürlich auch die zahlreichen Marketingpublikationen oft Artikel und Beiträge zu diesem Thema. Sie alle hier aufzunehmen, würde aber den Rahmen sprengen.

Onlineplattformen, Blogs und Websites

www.onlinemarketing.de – Größtes deutsches Onlineportal rund um alle Online-Marketing-Themen.

www.seo-portal.de – Sehr umfangreiches Portal zu SEO. Insbesondere bekannt für seine Transkripte der Webmaster-Hangouts mit Google-Mitarbeitern.

www.marketing-boerse.de – Dienstleisterverzeichnis und Onlinefachmagazin mit einem Schwerpunkt auf Online-Marketing.

www.adzine.de – Portal mit Schwerpunkt auf Online-Marketing-Themen.

www.email-marketing-forum.de – Plattform mit Fachartikeln, Verzeichnis, Terminkalender etc. rund um das E-Mail-Marketing.

www.t3n.de – Onlineportal der Fachzeitschrift für digitales Business.

www.onlinemarketingrockstars.de – Täglich aktualisiertes Blog mit interessant recherchierten Artikeln über Online-Marketing und digitale Businessmodelle.

www.sem-deutschland.de/online-marketing-tipps/ – Online-Marketing-Blog der Agentur aufgesang mit Fokus auf fortgeschrittene Themen.

Fachzeitschriften

Website Boosting – Pflichtlektüre für Online Marketing Manager. Liefert alle acht Wochen praxisrelevante Artikel über alle Online-Marketing-Themen. Erhältlich nur als Printausgabe (Einzelheft oder Abo, *www.websiteboosting.com*).

Suchradar – Magazin mit Schwerpunkt auf SEO/SEA, aber auch zu Themen wie Content-Marketing, Social Media und Recht. Erhältlich als Onlineausgabe (PDF, kostenlos) oder Printmagazin im Abo (*www.suchradar.de*).

T3N – Magazin für digitales Business (*www.t3n.de/magazin*).

UPLOAD Magazin – Rein digitales Fachmagazin für Online-Marketing-Themen, erwerbbar als Einzelheft oder im Abo (*www.upload-magazin.de*).

lead DIGITAL – Printmagazin (auch als E-Paper) aus dem Verlag Werben & Verkaufen (*www.lead-digital.de*).

Social Media Magazin – Fachmagazin für Social Media Marketing, als Einzelheft oder Abo erhältlich (*www.social-media-magazin.de*).

SocialHub mag – Printmagazin und E-Paper rund um Social-Media-Themen (*www.socialhub.io/de/mag*).

INTERNET WORLD Business – 14-tägig erscheinende Zeitung rund um Online- und E-Commerce-Themen (*www.internetworld.de*).

iBusiness – Printmagazin für digitales Business mit umfangreichem Abonnentenbereich online (*www.ibusiness.de*).

Bücher

Bücher sind generell ein gutes Instrument, um sich Wissen anzueignen, da sie oft sehr in die Tiefe gehen und prinzipiell ein hohes Maß an Know-how und Sachverstand des Autors versprechen. Beim Thema Online-Marketing kommt allerdings die Anforderung an die hohe Aktualität hinzu, was durch Bücher nur schwer zu realisieren ist. Es kann sich daher zwar lohnen, einige gute Bücher zu lesen, zu aktuellen Themen muss man sich darüber hinaus allerdings mithilfe anderer Weiterbildungsformen auf dem Laufenden halten. Im Folgenden verweise ich daher nur auf eine kleine Auswahl bewährter Bücher, die meist schon in mehreren Auflagen erschienen sind.

Erfolgreiche Websites: SEO, SEM, Online-Marketing, Kundenbindung, Usability – Esther Keßler (Düweke), Stefan Rabsch, Mirko Mandic, ISBN 3836236540, Rheinwerk 2015.

Suchmaschinen-Optimierung: Das umfassende Handbuch – Sebastian Erlhofer, ISBN 3836238799, Rheinwerk 2015.

Follow me!. Erfolgreiches Social Media Marketing mit Facebook, Twitter und Co. – Anne Grabs, Karim-Patrick Bannour, Elisabeth Vogl, ISBN 3836241242, Rheinwerk 2016.

Social Media Marketing im B2B: Besonderheiten, Strategien, Tipps – Felix Beilharz, ISBN 3955615588, O'Reilly 2014.

Der Social Media Manager: Das Handbuch für Ausbildung und Beruf – Vivian Pein, ISBN 3836236974, Rheinwerk 2015.

Social Media Marketing – Strategien für Twitter, Facebook & Co – Tamar Weinberg, Corina Pahrmann, Wibke Ladwig, ISBN 978-3-95561-788-2, O'Reilly 2014,

Think Content! Content-Strategie, Content-Marketing, Texten fürs Web – Miriam Löffler, ISBN 3836220067, Rheinwerk 2014.

Storytelling – Strategien und Best Practices für PR und Marketing – Petra Sammer, ISBN 9783960090557, O'Reilly 2017.

Google Analytics: Das umfassende Handbuch – Markus Vollmert, Heike Lück, ISBN 3836239558, Rheinwerk 2015.

Google AdWords: Das umfassende Handbuch – Guido Pelzer, ISBN 3836221225, Rheinwerk 2015.

Einstieg in erfolgreiches Mobile Marketing: App Marketing, App Monetarisierung, Mobile Advertising – Ingo Kamps, ISBN 1507763026, CreateSpace 2015.

Digitale Marketing Evolution: Wer klassisch wirbt, stirbt – Felix Holzapfel, Klaus Holzapfel, Sarah Petifourt, Patrick Dörfler, ISBN 3869802960, BusinessVillage 2016.

Affiliate Marketing Insights Teil 2 – Markus Kellermann, ISBN 151412355X, CreateSpace 2013.

Erfolgreicher Einstieg ins professionelle E-Mail-Marketing: Wirkungsvolle E-Mail-Kampagnen selbst erstellen – Martin Bucher et. al., ISBN 3658143762, Springer Gabler 2016.

Online-Marketing- und Social-Media-Recht – Martin Schirmbacher, ISBN 3826694988, mitp 2015.

Recht im Online-Marketing: So schützen Sie sich vor Fallstricken und Abmahnungen – Christian Solmecke, Sibel Kocatepe, ISBN 3836234769, Rheinwerk 2015.

Don't Make Me Think – Steve Klug, ISBN 783826697050, mitp 2014, 3., aktualisierte Auflage

Podcasts

Wer gerne nebenbei Informationen aufnimmt, für den sind Podcasts eine ideale Möglichkeit. Das Angebot an Online-Marketing-Podcasts wächst ständig, im Folgenden sind einige bekanntere aufgeführt.

OMR Podcast – Podcast der Online Marketing Rockstars (http://www.onlinemarketingrockstars.de/podcast/).

WAYNE – »Human Marketing Podcast« der Berliner Agentur SUMAGO (https://www.sumago.de/podcast/).

Termfrequenz – Urgesteine der SEO-Podcast-Szene mit verschiedenen Podcast-Angeboten (http://www.termfrequenz.de/).

SEO Portal Podcast – Podcast mit Schwerpunkt auf SEO (https://seo-portal.de/podcast/).

Internet Marketing Podcast – Björn Tantaus Podcast-Angebot (https://bjoerntantau.com/internet-marketing-podcast).

Social Media News Podcast – Angebot von Felix Beilharz und Niklas Plutte zu Social Media Marketing und Recht (*https://felixbeilharz.de/social-media-news/*).

Konferenzen

Auch die Konferenzlandschaft entwickelt sich stetig weiter. Einige Konferenzen existieren seit knapp einem Jahrzehnt, andere sind erst in den letzten Jahren entstanden. Vollständige Eventkalender finden sich im Netz, hier einige der wichtigeren Angebote am Markt.

SMX – Große Online-Marketing-Konferenz in München (*www.smxmuenchen.de*).

SEOKOMM – Eintägige Fachkonferenz über SEO in Salzburg (*www.seokomm.at*).

OMX – Der SEOKOMM vorgelagerte Online-Marketing-Konferenz am gleichen Standort (*www.omx.at*).

SEO Campixx & Campixx Week – Einwöchige Konferenzveranstaltung über Online- und Offline-Marketing-Themen, davon zwei Tage speziell für SEO (*www.campixx-week.de*).

SEO-Day – Eine der größten SEO-Konferenzen in Deutschland (*www.seo-day.de*).

Re:publica – Größte deutsche Internetkonferenz in Berlin (*www.re-publica.com*).

hashtag.business – Konferenz für außergewöhnliches Social Media Marketing in Köln (*www.hashtag.business*).

Facebook Ads Camp – Erste Konferenz speziell für Facebook-Anzeigenwerbung (*www.fbadscamp.de*).

OMLIVE – Online-Marketing-Konferenz in Berlin (*www.om.live*).

karlsCORE public – Konferenz für Mitglieder des karlsCORE public-Programms von Karl Kratz (*www.online-marketing.net/karlscore*).

BLOO:CON – Konferenz der Webagentur Bloofusion (*www.bloocon.de*).

OMKB – Eintägige Online-Marketing-Konferenz in Bielefeld (*www.omkb.de*).

OMT – Online-Marketing-Tag in Wiesbaden (zahlreiche kostenlose Webinar-Aufzeichnungen auf der Website verfügbar, *www.online-marketing-tag.de*).

webinale – Konferenz für holistisches Internet und digitales Business (*www.webinale.de*).

OMK – Online-Marketing-Konferenz in Lüneburg (*www.omk2017.de*).

Online Marketing Rockstars – Außergewöhnliche Mischung aus Fachkonferenz, Messe und Unterhaltungsevent in Hamburg (*www.onlinemarketingrockstars.de*).

Dmexco – Europas größte Fachmesse für digitales Business in Köln (*www.dmexco.de*).

CO-REACH – Messe für Dialogmarketing in Nürnberg (*www.co-reach.de*).

Conversion Conference – Konferenz für Conversion-Optimierung (*www.conversionconference.de*).

OMCap – Alteingesessene Online-Marketing-Konferenz in Berlin (*http://www.omcap.de/*).

Internet World – Zweitägige E-Commerce-Messe in München (*http://www.internetworld-messe.de/*).

Zusätzlich zu den großen und kleineren Konferenzen bieten sich insbesondere auch Barcamps zur persönlichen Weiterbildung an. Entsprechende Angebote gibt es in fast jeder größeren Stadt.

Weitere Konferenzen und Tagungen finden sich in den Listen der Fachportale, z. B. auf *https://onlinemarketing.de/events*.

Organisierte Weiterbildung

Neben der informellen Weiterbildung durch Blogs, Bücher oder Zeitschriften sowie der sporadischen Impulssetzung oder Wissensauffrischung auf Konferenzen gehören natürlich auch organisierte, formelle Formen der Weiterbildung zu den Möglichkeiten, sich im Online-Marketing fortzubilden. Grundsätzlich unterscheide ich dabei zwischen kürzeren Seminaren von meist ein bis drei Tagen Dauer und längeren, berufsbegleitenden Lehrgängen, die in der Regel mit einem Online-Marketing-Manager-Zertifikat abschließen.

Online-Marketing-Seminare

Der Markt an Online-Marketing-Seminaren wächst ebenso wie der Konferenzmarkt, oft kommen die Angebote auch von den gleichen Veranstaltern. Hier liste ich nur reine Online-Marketing-Seminare auf, zu den einzelnen Themenkomplexen existieren natürlich viele weitere spezialisierte Seminarangebote.

Deutsches Institut für Marketing: Online-Marketing – Zweitägiges Online-Marketing-Präsenzseminar mit Zertifikat sowie Zugang zu einer Onlinelernplattform (*https://www.marketinginstitut.biz/seminare/online-marketing/online-marketing-seminar/*).

121Watt: Online-Marketing: Zweitägige Präsenzveranstaltung in mehreren Städten (*https://www.121watt.de/seminare/online-marketing-seminar/*).

Embis: Online Marketing, Ihr Weg zum Erfolg im Web – Ebenfalls zweitägiges Seminar in acht Städten (*https://www.embis.de/seminare/online-marketing-seminar.html*).

Njoy Online Marketing: Online-Marketing-Seminar einer jungen Agentur in der Nähe von Köln (*http://www.njoy-online-marketing.de/seminare/online-marketing-seminar/*).

Haufe Akademie: Online-Marketing kompakt – Zweitägiges Seminar mit stärkerem Fokus auf Projektmanagement (*https://www.haufe-akademie.de/75.16*).

Hamburg Media Schook: Online Marketing Camp – Viertägige Veranstaltung mit Schwerpunkt auf Suchmaschinenmarketing (*http://www.hamburgmediaschool.com/weiterbildung/online-marketing-seminare/onlinemarketingcamp/*).

Münchner Marketing Akademie: Online-Marketing-Seminar mit Suchmaschinen und AdWords – Seminar mit Fokus auf Suchmaschinen (*http://www.akademie-marketing.com/marketing-seminare/online-marketing-seminar-mit-suchmaschinen-und-adwords*).

Forum für Führungskräfte: Der Online-Marketing-Manager: Dreitägiger Zertifikatslehrgang in München und Frankfurt (*http://www.fff-online.com/themenuebersicht/marketing/seminar/der-online-marketing-manager.html?tid=14067*).

Management Forum Starnberg: Der Online Marketing Manager – Zweitägiges Seminar mit mehreren Referenten (*http://www.management-forum.de/seminar/der-online-marketing-manager/*).

Online-Marketing-Manager-Ausbildungen

Neben den ein oder mehrtägigen Seminaren gibt es eine ganze Reihe von umfangreicheren Lehrgängen und Ausbildungen für Online Marketing Manager. Manche Teilnehmer entscheiden sich hierfür, um ein Zertifikat mit diesem »Titel« in Händen zu halten. Bei der Auswahl sollte aber eher nach Inhalten, Praxisrelevanz und Dozentenauswahl entschieden werden. Dennoch kann ein Zertifikat einer anerkannten Bildungseinrichtung bei manchen Arbeitgebern durchaus einen Vorteil verschaffen.

Münchner Marketing Akademie: Certified Online Marketing Manager (FH) – Fünftägige Ausbildung mit Zertifikat der FH Oberösterreich (*http://www.akademie-marketing.com/marketing-seminare/online-marketing-weiterbildung*).

Business School für Digital Marketing: Professional Diploma in Digital Marketing – Ebenfalls fünftägige Ausbildung mit dem Abschluss »Professional Diploma in Digital Marketing« (*http://www.digitalmarketingschool.de/*).

Deutsches Institut für Marketing: Online Marketing Manager (DIM) – Reine Fernausbildung mit Live-Webinaren und Lehrbriefen sowie Abschlussprüfung (*https://www.marketinginstitut.biz/seminare/zertifikatslehrgaenge/online-marketing-manager-dim/*).

Social Media Akademie: Online Marketing Manager (SMA) – Onlinebasierte Ausbildung mit Lernvideos und Live-Chat (*http://www.socialmediaakademie.de/online-marketing-manager/*).

Wirtschaftsakademie Wien: Diplomierter Online Marketing Manager – Berufsbegleitendes Onlinestudium in Kooperation mit der Uni Seeburg (*wirtschaftsakademie-wien.at/dipl-online-marketing-manager/*).

Institut für Onlinekommunikation: Diplom Lehrgang Onlinemarketing Manager/in – Blended-Learning-Konzept mit Präsenzphasen an der Uni Seeburg (Österreich) (*https://institut-onlinekommunikation.de/course/diplom-onlinemarketing-manager/*).

WAK: Online Marketing Manager/in (WAK) – Dreisemestriger berufsbegleitender Studiengang zum Online Marketing Manager (*https://www.wak.de/studiengange/online-marketing-manager-in/*).

Die dialog akademie: Fachwirt Online-Marketing – Berufsbegleitendes Studium mit Fachwirt-Abschluss und European Diploma (*http://www.dda-online.de/studienangebot/fachwirt-diplom/online-marketing/*).

Studieninstitut für Kommunikation: Betriebswirt (FH) für Online-Marketing – Dreisemestriges berufsbegleitendes Studium mit Fachwirt-Abschluss (*http://www.studieninstitut.de/betriebswirt-online-marketing*).

Münchner Marketing Akademie: Online-Marketingwirt – Siebenmonatiges berufsbegleitendes Studium mit Zertifikat der FH Oberösterreich (*http://www.akademie-marketing.com/marketing-seminare/studium-zum-online-marketingwirt*).

Online Marketing Manager (IHK)

An verschiedenen IHKs lässt sich auch ein IHK-zertifizierter Abschluss als Online Marketing Manager w/m erwerben. Die IHK als bekannter Anbieter dürfte durch ihren Namen bei vielen Interessierten punkten, außerdem sind die Teilnahmegebühren oftmals geringer als bei privatwirtschaftlichen Weiterbildungsanbietern. Teilweise werden die Weiterbildungen auch durch private Träger organisiert und nur durch die IHK geprüft. Einige Angebote werden auch komplett online durchgeführt (mit Ausnahme der Prüfung).

Einige Anbieter der IHK-zertifizierten Ausbildungen sind:

- **Business Academy Ruhr** – *http://www.business-academy-ruhr.de/online-marketing-manager-ihk*
- **IHK Köln** – *https://www.ihk-koeln.de/online_marketing_manager_zertifikat_lehrgang.axcms*
- **IHK Düsseldorf** – *https://www.duesseldorf.ihk.de/Weiterbildung/Weiterbildungsangebot/Zertifikatslehrgaenge_bei_der_IHK_Duesseldorf/2594714*
- **Studieninstitut für Kommunikation** – *http://www.studieninstitut.de/online-marketing-manager*
- **HSB Akademie** – *http://www.online-marketing-manager.net/*
- **IHK Mittleres Ruhrgebiet** – *http://ihk-bic.de/ihk-zertifikate/ihk-zertifikate-von-a-z/weiterbildung/online-marketing-manager-in-ihk-zertifikatslehrgang-online-mit-praesenzphasen/*
- **IHK Trier** – *http://www.ihk-trier.de/ihk-trier/Integrale?SID=CRAWLER&MODULE=Frontend.Veranstaltung&ACTION=FindSeminar&Seminar.vid=1342*
- **IHK Rhein-Neckar** – *https://www.rhein-neckar.ihk24.de/System/Veranstaltungen/Online-Marketing-Manager-Webinar/1347824*
- **IHK Ostwestfalen** – *https://www.ihk-akademie.de/ostwestfalen/Suche/1685*
- **IHK Hellweg-Sauerland** – *https://www.ihk-bildungsinstitut.de/17VK801ON.AxCMS*
- **IHK Lüneburg-Wolfsburg** – *https://www.ihk-lueneburg.de/System/vst/883712?id=85291&terminId=210727*
- **IHK Kassel-Marburg** – *http://onlinemarketingmanagerihk.de/*

Daneben gibt es natürlich noch zahlreiche weitere IHKs, die diese Ausbildung anbieten (oft nur, wenn genügend Teilnehmer zusammenkommen). Fragen Sie bei Interesse einfach bei Ihrer IHK nach.

Hochschulabschlüsse im Online-Marketing

Lange Zeit fristete das Online-Marketing ein Dasein als Unterthema im BWL- oder Marketing-Studium. Mittlerweile haben aber einige Hochschulen im DACH-Raum spezielle Onlinebusiness- oder E-Commerce-Studiengänge aufgesetzt, die sich gut als Grundlage für eine Karriere im Online-Marketing eignen.

- **FOM Hochschule für Oekonomie** – Bachelor Marketing & Digitale Medien (*https://www.fom.de/studiengaenge/wirtschaft-und-management/bachelor-studiengaenge/marketing-und-digitale-medien.html*).
- **Hochschule für angewandte Wissenschaften Würzburg-Schweinfurt** – Bachelor E-Commerce (*https://fiw.fhws.de/bachelor-e-commerce/aktuelle-meldungen.html*).
- **Hochschule Kaiserslautern** – Bachelor Digital Media Marketing (*https://www.hs-kl.de/informatik-und-mikrosystemtechnik/studiengaenge/digital-media-marketing/*).
- **Hochschule Darmstadt** – Bachelor Onlinekommunikation (*https://ok.mediencampus.h-da.de/*).
- **Europäische Medien- und Business-Akademie** – Bachelor Digital Marketing Management (*http://www.emba-medienakademie.de/studienangebote/digital-business-management/digital-marketing-management/*).
- **Campus M21** – Bachelor Digital Marketing Management (*https://www.campusm21.de/de/studium/Studienangebote/DBM_Digital_Marketing_Management/DBM_DMM.php*).
- **Hochschule für angewandtes Management** – Bachelor Online Marketing (*https://www.fham.de/de/bachelor-studium/online-marketing/*).
- **FH Wedel** – Bachelor und Master in E-Commerce (*http://www.fh-wedel.de/studiengaenge/e-commerce*).
- **FH Oberösterreich** – Bachelor Marketing, Web, E-Business & Management (*https://www.fh-ooe.at/campus-steyr/studiengaenge/bachelor/marketing-und-electronic-business/*).
- **Donau-Universität Krems** – Master Online Media Marketing (*http://www.donau-uni.ac.at/de/studium/onlinemediamarketing/16676/index.php*).
- **Steinbeis School of Management + Innovation** – Master Digital Media Management & Online-Marketing (*https://www.steinbeis-smi.de/de/master/programme/digital-media-online-marketing.html*).
- **Hochschule für Wirtschaft FHNW** – MAS Digital Marketing (*http://www.fhnw.ch/wirtschaft/weiterbildung/mas-digital-marketing*).

Auswahlkriterien für die persönliche Weiterbildung

Aus den diversen oben genannten Möglichkeiten der Weiterbildung die jeweils passende herauszufiltern, ist gar nicht so einfach. Generell gilt: Die informellen (und semiformellen) Angebote wie Blogs, Zeitschriften oder Konferenzen, sollten für jeden Online Marketing Manager zum Pflichtprogramm gehören. Gerade auf Konferenzen lässt sich wertvolles Know-how gewinnen, das in keinem Buch steht – oft übrigens gar nicht unbedingt durch die Vorträge, sondern durch den Austausch in den Pausen, beim Mittagessen oder abends auf der Networking-Party. Hier wurde schon mancher Trick verraten, manche Kooperation geschmiedet und manches Unternehmen auf den Weg gebracht. Und Spaß macht's obendrein.

Für alle anderen Formen der Weiterbildung sollten folgende Überlegungen zur Auswahl herangezogen werden:

- **Inhalt** – Was wird in der Weiterbildung vermittelt? Sind die Inhalte auf dem neuesten Stand? Wie oft wird der Lehrplan aktualisiert? Sind Unterlagen zum Nacharbeiten im Preis enthalten? Sind die Unterlagen idealerweise als Print sowie digital verfügbar? Sind die Unterlagen aktuell? Hier sind private Anbieter im Vergleich zu Hochschulen teilweise im Vorteil, weil sie flexibler und freier über die Inhalte entscheiden können.
- **Preis** – Der Preis einer Weiterbildung steht für viele im Vordergrund, sollte aber nach Möglichkeit nicht die Hauptrolle bei der Entscheidung spielen. Ob ein Seminar 700 oder 2.000 Euro kostet, ist langfristig gesehen relativ egal, wenn der Inhalt stimmt. Die meisten Tagesseminare kosten 400 bis 900 Euro, zwei- oder dreitägige Veranstaltungen liegen in der Regel irgendwie zwischen 700 und 2.000 Euro. Sehr günstige Angebote sollten eher misstrauisch machen: Qualifizierte Referenten kosten Geld. Bei sehr geringen Preisen wird der Umsatz anderweitig gemacht – nicht selten mit Akquise im Seminar. Das kann schnell zulasten der Qualität der Wissensvermittlung gehen.
- **Trainer** – Wer leitet die Seminare? Handelt es sich um in der Branche anerkannte Persönlichkeiten? Verfügt der Trainer über eine fundierte Ausbildung und/oder ausreichende Praxiserfahrung? Hat er zum Thema veröffentlicht, hält er auf einschlägigen Konferenzen Vorträge, ist er in der Branche gut vernetzt? Hat er überzeugende Online- und Social-Media-Auftritte? Was verrät eine Google-Suche nach seinem Namen über ihn? Und nicht zuletzt: Ist er Ihnen sym-

pathisch? Können Sie sich vorstellen, ihm mehrere Tage lang zuzuhören? Sehen Sie sich ein paar Videos des Trainers an, dabei erhalten Sie schnell ein Gefühl dafür, ob es zwischen Ihnen »klickt«.

- **Format** – Hier kommt es sehr auf die persönliche Lebenssituation an. Die Angebote reichen vom Vollzeitstudium über Wochenendseminare und Eintagesveranstaltungen bis hin zu reinen Onlinekursen. Dazu kommt jede denkbare Mischform. Präsenzveranstaltungen haben den Vorteil des Networkings und des Austauschs untereinander, Fernkurse ermöglichen dagegen Flexibilität und Ortsunabhängigkeit. Wichtig ist, sich bereits frühzeitig und ernsthaft zu überlegen, ob man die gewählte Ausbildungsform auch über längere Zeit durchhält (zumindest bei berufsbegleitenden Angeboten kann das durchaus schwierig werden).
- **Dauer** – Für einen Überblick über das Online-Marketing und einzelne Themenschwerpunkte reicht ein zweitägiges Seminar in der Regel aus. Wer tiefer einsteigen und vor allem auch mit praktischen Übungen und Cases arbeiten möchte, sollte sich die berufsbegleitenden Angebote genauer anschauen. Für allzu viel Praxisarbeit bleibt bei Tagesveranstaltungen meist nicht viel Zeit.
- **Zertifikat** – Gerade für Angestellte kann ein Zertifikat eines anerkannten Anbieters oder sogar ein Hochschulabschluss wertvoll sein. Die Akzeptanz solcher Zertifikate ist aber sehr unterschiedlich im Markt, je nachdem, wie sich der entsprechende Personalverantwortliche oder Ansprechpartner überhaupt auskennt. Auch bei Agenturen sind oft bekannte Abschlüsse gefragt, da sich Kunden damit manchmal überzeugen lassen.
- **Referenzen** – Wie lange wird die Ausbildung bereits angeboten? Gibt es nachvollziehbare Teilnehmerstimmen (mit vollen Namen und Unternehmen)? Wurde die Ausbildung unabhängig getestet/zertifiziert?

Die universitäre Ausbildung für Online-Marketing-Verantwortliche
Interview mit Prof. Dr. Mario Fischer

Sie sind Studiengangsleiter für einen der renommiertesten E-Commerce-Studiengänge in Deutschland. Nach welchen Kriterien haben Sie den Studiengang zusammengestellt?

Wir hatten das Glück, hier in Deutschland die Ersten zu sein, und konnten den Lehrplan daher frei nach den Erfordernissen des Markts gestalten. Natürlich müssen bestimmte Fächer als grundlegend vor allem für die internationale Akkreditierung mitberücksichtigt werden, aber ein Großteil der Vorlesungen wurde komplett neu erstellt. Das heißt, wir haben nicht, wie leider oft sonst üblich, einfach schon bestehende Vorlesungen aus anderen Studiengängen importiert, um (nur) schnell auf einen vollen Plan zu kommen. Zudem ist es uns gelungen, für sogenannte Wahlfächer die wirklich besten externen Experten als Dozenten zu gewinnen. Damit können wir zusätzlich die Marktfähigkeit des zu lernenden Wissens sicherstellen. Ich selbst bin ja schon seit über 20 Jahren in der Branche aktiv und habe daher und wegen der vielen einschlägigen Praxiskontakte glücklicherweise einen recht guten Einblick in das, was Absolventen im E-Commerce sowohl aktuell benötigen als auch in der nahen Zukunft.

Wie schätzen Sie aktuell die Lage der universitären Ausbildung im Online-Marketing-Bereich in Deutschland ein? Hat sich da in den letzten Jahren viel getan? Was fehlt?

Da sieht es momentan nach meiner persönlichen Einschätzung noch sehr schlecht aus. Und leider hat sich in den letzten Jahren auch nichts wirklich Linderndes getan. Die Prozesse und Voraussetzungen an Hochschulen sind für eine derartige Geschwindigkeit (noch) zu langsam. Für die Gründung eines neuen Studiengangs benötigt man einige Professorenstellen, und die liegen ja nicht »unbenutzt« rum, sodass man nicht einfach mal fünf Stellen bekommen kann. Die müssten entweder von den Ministerien zusätzlich zur Verfügung gestellt werden oder woanders weggenommen werden. Mit den Stellen ist es aber nicht getan. Es fehlt an exzellenten Bewerbern für solche Stellen. Diese müssen über eine einschlägige Ausbildung verfügen und promoviert haben, also bereits über einen ebenfalls zumindest einigermaßen fachlich einschlägigen Doktortitel verfügen, damit sie zum Professor bzw. zur Professorin berufen werden können. Bei uns an den Hochschulen für angewandte Wissenschaften (früher FH genannt) kommt dann noch dazu, dass die Bewerber mindestens fünf Jahre in der Praxis, natürlich wieder einschlägig, gearbeitet haben. Reine Theoretiker zu berufen, wie das an der Uni geht bzw. üblich ist, geht bei uns nicht, da das Ausbildungssystem ja auf nachweisbarer Praxisorientierung fußt. Das Problem ist, dass die Experten, die wirklich gut geeignet wären, heute in den Unternehmen überdurchschnittlich verdienen und dass an den Hochschulen die Gehälter deutlich niedriger sind. Um dieses finanzielle Downgrade in Kauf zu nehmen, muss man schon für das Thema brennen und vor allem auch Spaß an der Lehre haben und allem, was damit zusammenhängt.

Nun stellen wir uns mal als Gedankenexperiment vor, alle Wissenschaftsministerien der Bundesländer würden morgen den akuten Bedarf erkennen und massiv Stellen schaffen. Einige Hundert müssten das in Summe dann schon sein. Bis die verwaltungstechnisch an den Hochschulen landen, vergeht natürlich nochmals Zeit. Dann braucht man jemanden an der Hochschule, der bereits genügend gutes E-Commerce Wissen hat, um ein marktfähiges Curriculum zusammenstellen zu können, und der die komplette Planung übernimmt. Anschließend müssen die Stellen inhaltlich definiert sowie intern und extern genehmigt werden, und dann beginnt die Ausschreibungsphase für die Stellen. Danach gibt es Probevorlesungen, in denen man fachlich (auch dazu braucht man gute »Beurteiler«) auf den Zahn fühlt. Nicht immer sind dann wirklich geeignete Bewerber im Pool, und nicht selten muss man erneut ausschreiben. Das kann sich leider im Extremfall auch Jahre hinziehen, wie wir selbst schon erlebt haben. Fatal wäre es, die Kriterien zu lockern und wegen des Zeitdrucks jemanden zu nehmen, der nicht unbedingt geeignet ist. Man darf nicht vergessen, dass Beamte bzw. Beamtinnen nicht mehr kündbar sind und dann die nächsten 25 oder mehr Jahre Vorlesungen halten, die gegebenenfalls spürbar »suboptimal« sind. Davon hätten weder die Studierenden noch die Wirtschaft etwas.

So – einige Jahre sind nun bereits in Land gegangen, und nun kann der neue Studiengang starten. Die ersten Studierenden treffen ein, und jetzt dauert es sechs oder sieben Semester bzw. realistisch etwa vier Jahre im Schnitt, bis die ersten Absolventen dem Arbeitsmarkt zur Verfügung stehen. An dieser Stelle sind schätzungsweise mindestens sechs, eher sieben bis acht Jahre vergangen. Sollte also der unwahrscheinliche Fall eintreten, dass, wie oben erwähnt, bereits morgen die Voraussetzungen geschaffen würden – dann reden wir immer noch über einen Zeitraum von etwa sieben Jahren, bis die deutsche Wirtschaft davon profitieren könnte! Wer den Arbeitsmarkt im Bereich E-Commerce kennt und weiß, wie bereits heute Unternehmen *händeringend* nach akademischem Nachwuchs suchen, kann sich in etwa vorstellen, über welche extreme Wachstumsbarriere wir hier sprechen und wie sich die Situation noch dramatisch verschärfen wird. Hinzu kommt, dass die Welt immer schneller digitalisiert wird, und das stellt für Deutschland ein echtes und wohl nicht übertrieben als monströs zu bezeichnendes Problem für die künftige Wettbewerbsfähigkeit dar.

Wenn jemand vor der Wahl steht: universitäre Ausbildung oder eher Weiterbildung an einer privaten Bildungseinrichtung – wie kann er die richtige Entscheidung treffen? Was eignet sich für wen und für welchen Zweck?

Zunächst sollte man wissen, dass es nicht nur diese beiden Wege gibt. Neben der universitären Ausbildung, die ja eher auf die Vermittlung von Theorie ausgerichtet ist, gibt es ja noch die FHs (jetzt nenne ich sie einfach doch mal so, weil diese Abkürzung geläufiger ist). Die privaten Bildungseinrichtungen haben natürlich im Prinzip das gleiche Problem – es gibt derzeit einfach zu wenig wirklich qualifizierte Dozenten (fachlich, didaktisch und von der Persönlichkeit her). Die Privaten sind natürlich mit ihren Prozessen schneller als die staatlichen Hochschulen. Allerdings darf man nicht aus dem Auge verlieren, dass dort wegen der Kommerzialität der Druck, jemanden einzustellen, deutlich höher ist. Das könnte durchaus auf die Qualität durchschlagen, muss aber natürlich nicht. Letztlich kostet das Studium an einer privaten Bildungseinrichtung ja auch eine Menge Geld, und man bekommt die gleichen oder vielleicht sogar bessere Inhalte an einer staatlichen Hochschule umsonst (so wie bei uns ;-)). Wenn denn genügend Angebot zur Verfügung steht. Hier eine Entscheidung zu treffen, ist sicher nicht einfach für jemanden, der gerade mit der Schule abschließt. Meiner Meinung nach sollte man sich daher an den Dozenten und dem Fächerangebot orientieren. Leider sehen die meisten eher auf den Standort (möglichst nah am eigenen Zuhause), weil das einfacher ist. Einige private Bildungseinrichtungen holen sich auch »einfach« Leute aus der Praxis und stückeln damit einen Flickenteppich an gut klingenden Inhalten zusammen. Was hier durchaus schmerzhaft fehlen kann, ist eine rote Linie für den Wissensaufbau. Experten aus Unternehmen unterrichten oft vor allem das, was sie selbst gerade in Unternehmen tun. Das ist durchaus spannend, aber eben nicht ausreichend. Denn bis die Studierenden fertig sind, ändert sich gerade im E-Commerce-Umfeld oft sehr viel. Im Wesentlichen nur aktuelle Fallstudien zu kennen, ist für einen echten Akademiker nicht zielführend. Es muss auch (unbequemes) Basiswissen gelernt werden, das über einen längeren Zeitraum stabil bleibt und dessen notwendige »Überwindung« nicht selten auch persönlichkeitsfördernd ist. Es reicht gerade wegen der hohen Dynamik nicht, zu wissen, dass etwas so und so funktioniert! Man muss auch verstanden haben, warum. Nur wenn man die Prinzipien dahinter wirklich verinnerlicht hat, kommt man mit den schnellen Wechseln von Werkzeugen und Plattformen gut zurecht. Dazu ist eben auch die oft zu Unrecht ungeliebte Theorie wichtig.

Die Frage ist am Ende: Wie hoch hängen die Körbe, und wie hoch lernt man dadurch zu springen? Ich möchte keinesfalls missverstanden werden, dass private Bildungseinrichtungen generell nicht taugen würden – im Gegenteil. Allerdings sollte man sich das wirklich vorher im Einzelfall kritisch anschauen, da buchstäblich jeder eine solche Einrichtung betreiben kann und man den Zwängen unterliegt, meist auch einen nennenswerten Gewinn machen zu müssen. Wenn ein Studiengang von einer renommierten Agentur (z. B. ASIIN oder Acquin) international zertifiziert ist, hat man zumindest die Sicherheit, dass der Abschluss auch wirklich anerkannt ist. Die Ausbildung ist ein sehr wichtiger Abschnitt im Leben eines jungen Menschen. Da sollte man Sorgfalt bei der Auswahl walten lassen.

Wenn die Entscheidung für den Ausbildungsweg Hochschule gefallen ist: Worauf sollte ein zukünftiger Online-Marketing-Verantwortlicher bei der Auswahl seines Studiengangs bzw. der Hochschule achten?

Hierfür gilt meine Antwort von eben in großen Teilen. Man sollte sich klarmachen, woran man wirklich Spaß hat, und versuchen, das zum Beruf zu machen. Nach dieser Richtlinie sollte man die Angebote abklopfen und sich danach die am besten passende Hochschule aussuchen. Ob nun privat oder staatlich – es sollte möglichst gut auf das passen, was man später tun möchte. Das ist allerdings kein einfacher Prozess, und als junger Mensch sollte man am besten auch viele Bekannte oder Menschen aus der Branche fragen, um sich ein möglichst klares Bild zu machen.

Wie können Hochschulen eine hohe Praxisrelevanz ihrer Online-Marketing-Studiengänge sicherstellen? Wird diesbezüglich aktuell ausreichend getan?

Das geht nur, wenn die Professoren und Professorinnen die Themen auch wirklich leben. Wer nur an der Hochschule sitzt und Bücher liest, um die Inhalte dann in abgewandelter Form in der eigenen Vorlesung zum Besten zu geben, tut sicher wenig zur Sicherstellung der Praxisrelevanz. Man muss rausgehen – in Unternehmen, auf Konferenzen – und einen engen Kontakt zur Praxis pflegen. Im Prinzip bedeutet das aber auch, dass man jedes Jahr seine Vorlesungen und Seminare anpassen und verändern/aktualisieren muss. Ob das überall getan wird, vermag ich nicht zu beurteilen. Wir an der FH in Würzburg achten allerdings schon sehr darauf.

Was wünschen Sie sich bezüglich der universitären Ausbildung von Online-Marketing-Verantwortlichen für die Zukunft? Welche nächsten großen Schritte sollten getan werden?

Aus meiner Sicht bräuchten wir eine massive Bildungsinitiative. Nicht nur beim Online-Marketing, das ist ja nur ein kleiner, aber sehr feiner Detailbereich. Man braucht hier z.B. auch Führungswissen sowie Kenntnisse im Rechnungswesen (klingt langweilig, ist aber nötig) und natürlich auch über die anderen betrieblichen Prozesse. Auch Überblicks- und Integrationswissen ist gefragt. Reine »Online-Marketing-Menschen« werden wohl langfristig keine tollen Karrieren machen. Auch wenn das derzeit aufgrund des Mangels so scheint. Man muss ja im Moment nicht mal ein paar Wochen/Monate »online gemacht haben«, und schon ist man Head of irgendwas. Insofern brauchen wir aus meiner Sicht ganz schnell mehr und differenzierte Angebote. Wir brauchen unter anderem Daten-Scientists und Daten-Engineers – den ganzen Digitalisierungsanforderungen gegenüber sind wir in Deutschland noch ziemlich blank.

Welche Frage würden Sie zu diesem Thema gern gefragt werden – und was wäre die Antwort?

Ich würde die Frage mögen, was sich ändern müsste, damit der schon jetzt sichtbare Bildungsnotstand hinsichtlich der Herausforderungen der digitalen Zukunft für Deutschland zumindest abgemildert werden kann. Eine Antwort dazu ist nicht einfach und sicher auch unbequem. Aus meiner persönlichen Sicht müssten sich die Prozesse an den Hochschulen spürbar ändern, sie müssten vereinfacht und schneller werden. Man hört Professoren nicht selten munkeln, dass wir immer mehr zu Verwaltungseinrichtungen mit angegliederten Bildungsbetrieben würden. Das ist leider nicht übertrieben. Zumindest empfindet man an Hochschulen die ständig wachsenden Einschränkungen als hinderlich. Es vergeht gefühlt keine Woche, in der nicht neue Vorschriften erlassen werden, deren Sinnhaftigkeit sich im Hinblick auf das Ziel, eine gute Ausbildung zu gewährleisten, nicht immer erschließen. Würden all diese bis ins Detail befolgt, käme der Lehrbetrieb wahrscheinlich fast zum Erliegen. Würden alle Lippenbekenntnisse von Politikern wirklich im praktischen Hochschulbetrieb ankommen, hätten wir sicher weniger Probleme. Es ist auch nicht einfach. Soll man nun einige wenige Hochschulen mit viel Geld fördern oder alle via Gießkanne? Ich bin nicht sicher, ob das der richtige Ansatz ist. Wir brauchen einen massiven Stellenausbau in den zukunftsfähigen Studiengängen. Da man die Stellen nicht einfach woanders abziehen kann, muss richtig Geld in die Hand genommen werden. Und es ist ja nicht so, dass kein Geld da wäre. Nur Bildung hat in Deutschland halt noch immer keine richtig wahrnehmbare Lobby, und wer am lautesten schreit, bekommt eben auch mehr aus den am Ende trotzdem endlichen Töpfen. Da es aber um nichts anderes als die künftige Wettbewerbsfähigkeit unseres Landes geht, müsste hier vielleicht ein Umdenken stattfinden. Vielleicht muss man auch weg vom Anspruch, alles mit Vorschriften und Verordnungen abzusichern, damit nur ja nirgendwo ein Fehler passieren kann. Hohe Geschwindigkeit und absolute Sicherheit beißen sich ja bekanntlich von jeher. Wenn wir heute eine neue Stelle ausschreiben dürfen und Monate warten müssen, bis wieder aus Sparzwangen eine Sammelanzeige in (nur bestimmten) Zeitschriften machbar ist, dann ist das sicher nicht förderlich. Noch immer geht es darum, solche Prozesse möglichst sparsam abzuwickeln. Das ist verständlich, denn generell muss und sollte man mit Steuergeldern sparsam umgehen. Betrachtet man das Gesamtbild, verschwendet man damit sehr viel mehr Geld. Würden schneller und mehr Akademiker in diesen Bereichen für den Arbeitsmarkt zur Verfügung stehen, zahlen diese auch früher ihre Einkommensteuer und gründen Unternehmen, die ebenfalls Steuern zahlen und Arbeitsplätze generieren. Die Mehrausgaben für Geschwindigkeit wären wahrscheinlich mehrtausendfach aufgefangen. Leider ist so etwas beim Staat kein Argument. Das ist nur ein Beispiel, an dem ich die Problematik aufzeigen möchte. Wir brauchen also sicher eine mutigere Politik, die tatsächlich mehr (auch finanzielle) Entscheidungsfreiheiten an die Hochschulen nach individuellen und aktuellen Notwendigkeiten abgibt. Wenn man dort vor Ort nicht weiß, was zu tun ist, wäre sowieso alles umsonst.

Foto Christian Klant

Mario Fischer ist Professor für E-Commerce an der FH Würzburg und Herausgeber des Fachmagazins »Website Boosting«. Er ist Mitglied in zahlreichen E-Commerce-orientierten Gremien.

Bereits 2009 wurde er als »Bester deutscher SEO des Jahres« ausgezeichnet. Als Referent tritt er auf vielen regionalen und überregionalen Veranstaltungen auf. Sein Fachbuch »Website Boosting«, aus dem die gleichnamige Zeitschrift hervorging, war jahrelang Standardwerk und Bestseller der Onlinebranche.

Die berufsbegleitende Weiterbildung für Online Marketing Manager
Interview mit Prof. Dr. Michael Bernecker

Es gibt mittlerweile eine Vielzahl von Weiterbildungsmöglichkeiten für Online Marketing Manager: IHKs, Hochschulen, private Bildungseinrichtungen, sogar manche Volkshochschule bietet entsprechende Ausbildungen an. Die Qualität schwankt dabei erheblich. Was macht Ihrer Meinung nach eine gute, hochwertige Weiterbildung in diesem Bereich aus?

Die Praxiserfahrung! Eine qualitative Weiterbildung in diesem Bereich kann nur durch einen Anbieter erfolgen, der neben der Theorie auch selbst aktiv tätig ist, die Tools tagtäglich in unterschiedlichen Aufgabenfeldern anwendet, die Schnelllebigkeit des Webs kennt und die Herausforderungen aus verschiedenen Blickwinkeln einzuschätzen weiß.

Das differenziert wirkliche Kenner von Anbietern, die bloß mit dem Trend schwimmen.

Damit verbunden: Wie erkennt ein zukünftiger Online Marketing Manager gute Aus- und Weiterbildungsangebote? Worauf sollte er bei der Auswahl achten, wenn er die Qualität von außen nicht/kaum einschätzen kann?

Ein wichtiger Faktor, der für die Qualität eines Weiterbildners spricht, ist die Transparenz. Der Weiterbildungssuchende sollte den Veranstalter kontaktieren können, um Fragen zu stellen.

Direkter Telefonkontakt und die Möglichkeit, mit echten Personen in Kontakt treten zu können, sprechen für Qualität. Zudem gehören natürlich auch Faktoren wie der Bekanntheitsgrad des Anbieters und dessen Erfahrung dazu.

Onlinekurse vs. Präsenzveranstaltungen – welche Bildungsformen eignen sich für den Online-Marketing-Bereich besser? Was sind die Vor- und Nachteile der einzelnen Formen?

Eine oft diskutierte Frage! Im Grunde genommen muss die Antwort »sowohl Online- als auch Präsenzveranstaltung« heißen. Wir vom Deutschen Institut für Marketing haben die Erfahrung gemacht, dass die verschiedenen Lerntypen auch unterschiedliche Angebote benötigen, um das Wissen in die Praxis umzusetzen. Wir alle lernen unterschiedlich, und daher kann es eine allgemeingültige Lösung nicht geben. Allerdings trifft man gerade im Onlinebereich auf onlineaffine Menschen. Daher sind Live-Webinare in diesem Bereich sehr gut geeignet. Zum einen genießt man die Vorteile einer Präsenzveranstaltung, d.h., man kann live Fragen stellen, hat Kontakt zu der Lehrperson und kann sich Feedback von anderen Teilnehmern einholen. Zum anderen hat man dort auch die Vorteile einer Onlineschulung, d.h., man kann von überall aus lernen – aus dem Büro oder von der Couch zu Hause. Aus meiner Sicht ist das die beste Schulung für zukünftige OMMs!

Worauf legen Unternehmen Ihrer Erfahrung nach besonders wert, wenn sie einen Online-Marketing-Verantwortlichen suchen? Eher Praxiserfahrung, Studium, Zertifikate? Oder ganz andere Faktoren?

Wenn man einen Marketing-Verantwortlichen einstellt, stellt man zunächst einen Menschen ein, der sein ganz individuelles Gesamtpaket mit sich bringt. Wo die beste Gewichtung für das jeweilige Unternehmen liegt, muss das Unternehmen für sich selbst einschätzen. Doch klar ist, dass auch das beste Studium nicht hilft, wenn das Gelernte nicht umgesetzt wird. Somit ist ein Mix aus praxisnahem Studium und Erfahrung sicherlich eine sehr gute Lösung. Ein Punkt, der oft nicht bedacht wird und den ich als sehr wichtig empfinde, ist aber, dass die Person darüber hinaus ein gesundes Interesse für das Thema und die Trends im Online-Marketing mitbringt. Interesse ist einfach der beste Garant für gute Arbeit!

Wie sieht der Weiterbildungsbereich für Online Marketing Manager in zehn Jahren aus?

Es wird in Zukunft mehrere Stufen geben. Viele Mitarbeiter werden sich zunächst Basiswissen im Netz und auf Veranstaltungen anlegen müssen, bevor die Arbeitgeber eine Investition tätigen. Dann wird sich daraus ein höherer Anspruch an die Seminarveranstalter entwickeln, die die vorgebildeten Seminarteilnehmer schulen. Die Lösung werden Expertencoachings am Arbeitsplatz sein – online und offline.

Prof. Dr. **Michael Bernecker** ist Marketingunternehmer und Geschäftsführer des Deutschen Instituts für Marketing in Köln. Als Professor für Marketing lehrt Michael Bernecker unter anderem an der Hochschule Fresenius in Köln in den Fachgebieten Dienstleistungsmarketing, Bildungsmarketing und Marktforschung. Sein Wissen um unternehmerisches Denken und Handeln bildet die Grundlage der Seminare zur Betriebswirtschaftslehre. Mehrere Buchveröffentlichungen, die mittlerweile als Standardwerke gelten, und Fachbeiträge stützen diese Kompetenz. Als Referent tritt er hierzu auf Kongressen und Messen auf. Auch Medien greifen auf seine Expertise zurück.

Index

301-Redirect 123, 135
360-Grad-Inhalte 379

A

A/B/n-Test 67, 83
    Optimizely 66
A/B-Tests 65, 306
Abmahnung 524
    Abmahnkosten 525
    Markenverletzungen 525
    Persönlichkeitsrechtsverletzungen 526
    Schadensersatz 525
    Unterlassungserklärung 524
    Urheberrechtsverletzungen 525
    Vertragsstrafe 524
    Wettbewerbsverletzungen 525
Above the Fold 68
Absprungrate 68, 453, 463
Accelerated Mobile Pages (AMP) 132
Ad Impressions 243
Ad Networks 254
AdBlocker 2
AdChoices 261
Adressgewinnung 309
Advertiser 213
AdWords 104, 419, 450, 457
    Akquise-Berichte 458
    Anruferweiterungen 189
    Anzeigen testen 181
    Anzeigenerweiterungen 187
    Anzeigengruppen 180
    auszuschließende Keywords 205
    Bid-Management-Tool 179
    Budget für Kampagne 175
    Callouts 188
    Countdown-Funktion 187
    DKI (Dynamic Keyword Insertion) 186
    Keyword-Optionen 182
    Keywords mit Modifizierer 184
    Kontoaufbau 180
    Preiserweiterungen 189
    Rezensionserweiterungen 189
    Sitelink-Erweiterungen 188
    Snippet-Erweiterungen 189
    Textanzeigen 185
    und der Qualitätsfaktor 191
    Werbeschaltung für ausgewählte Endgeräte 180
Affiliate Marketing 213–214
    Einsatzbereiche 214
    Markenpräsenz 216
    Partneraktivierung 229
    Partnerevents 230
    Partnerprogramme 218
    Provisionsmodelle 233
    Trends 231
    Vorteile 214
Affiliate-Akquise 223
    Instrumente 225
    Vorgehen 223
Affiliate-Branche 217
Affiliate-Programm 213
    Partnerbindung 220

Affiliates 218
    Kommunikation mit 219
    Provisionen 219
After-Sale-Phase 37
Amazon 22
Amazon PartnerNet 214
AMP *siehe auch* Accelerated Mobile Pages
AMP-Snippets 133
Animierte GIFs 378
Anzeigen-Targeting 361
App Analytics 422
App-Analyse vs. Webanalyse 422
App-Install-Kampagne mit Facebook 432
App-Install-Kampagnen 399
Apple App Store 410
Apps 399, 405
    Analysestrategie für Zielsetzung 424
    App-Store Guidelines 400
    Checkliste App-Store-Optimierung 438
    Checkliste Marketing-Strategie 438
    Google Universal App Campaign 429
    Install-Kampagne mit Facebook 432
    Regeln für erfolgreiche Apps 412
App-Store-Optimierung (ASO) 399, 407
    Checkliste 438
    Erfolgsmessung 428
    Google Play Store 408
    vs. SEO 408
Archiv-Plattformen 355
Artificial Intelligence 345
Assistenten, digitale 8
Attention Analytics 68
Audiences 83
Audioformate 380
automatisches Tagging 457
Avatar 518
Awareness-Phase 36

B
Backlinks 117, 143
    Risiko-Management 145
    sinnvolle Quellen 144
    unnatürliche 146
Baidu 105
Bedarfsgruppe
    vs. Zielgruppe 27
Bedarfsgruppenanalyse 27
Bedarfsgruppendefinition, Methoden 30
Behavior Tracking 334
Benutzerfreundlichkeit 54
Bestandskunden 353
Bestellbestätigungen per E-Mail 296
Betreffzeile E-Mails 323
Bewertungen, schlechte 504
Bewertungsportal
    Löschung von Bewertungen 507
    Löschungsaufforderung 507
Bid-Management 195
Big Data 7
Bildanzeigen 276
Bilderdatenbanken 494
Bing 104
Blacklist 298
Blind Networks 255
Blog 355
    Impressumspflicht 478
Bootstrap 78
Bounce-Management 300, 314
    Vorteile 315
Bounce-Rate 454
Bounces 299
Brand Protection 277
Brandbidding 498
Branded Hashtags 349
Branding, Kennzahlen für Erfolg 48
Branding-Kampagnen 247, 262, 284
Bundesverband der digitalen Wirtschaft e. V. (BVDW) 242
Buy Box 68
Buzz-Marketing 41

C
Callouts (AdWords) 188
Call-to-Action 68
Canonicals 127
Certified Senders Alliance (CSA) 297
Channel-Pfade 459
Chatbots 345
Churn-Rate 427
Cinemagraphs 324

Click (Klick) 173
Click-Through 68
Click-Through-Rate (CTR) 279, 423
Closed Loop Marketing 313
Codeschnipsel, Urheberrecht 489
Community 358
Community Management 383
Computerprogramme, Urheberrecht 489
Consideration-Phase 36, 39
Content 54
   durch Influencer 385
   Ephemeral Content 345
   Erstellung 138
   Formate im Überblick 381
   Gestaltung 139
   Hub 355
   Marketing 143, 378
   On-Platform-Content 346
   Publishing 234
   Recycling 381
   Snapchat 373
   Tools 138
   und Suchmaschinen 136
   User Generated Content 389
   virale Effekte 359
   visueller 343
Conversion 68, 176, 446, 455
Conversion Cycle 80–81
Conversion Rate (CR) 203, 280
   E-Mail-Marketing 331
   Push-Nachrichten 403
Conversion-Funnel, primärer 82
Conversion-Optimierung 23, 65, 81, 324
   Checklisten 93
   Drop 68
   Entwicklung 65
   Erfolgsbeispiele 88
   Kennzahlen 85
   Linktipps 98
   Obama-Kampagne 66
   Tipps und Tricks 93
Conversion-Rate-Optimierung 68
   und Wettbewerbsrecht 495
Cookies 404
   Funktionsweise 259
   und Sitzungen 448
Copy/Copywriting 68

Copyright-Hinweise 493
Copyscape 488
Cortana 8
Cost per Action (CPA) 280
Cost per Click (CPC) 174, 206, 279, 423
Cost per Mille (CPM) 279
Countdown-Funktion 187
CPC *siehe* Cost per Click
CPM-Modell 175
Crawlability 125
Crawling und Indexierung 125
Crawling-Tools 130
Creative-Commons-Lizenz 494
Cross-Device-Tracking 218, 233
Crossmediale Marketing-Kampagnen 57
CTR = Click-Through-Rate 173
Custom Audiences 361
Customer Engagement 318
Customer Experience Management 329
Customer Journey 18, 34, 404
   After-Sale-Phase 37
   Awareness-Phase 36
   Consideration-Phase 36
   Loyalty-Phase 37
   Online-Marketing-Strategie 38
   Phasen der 35
   Pre-Awareness-Phase 35
   Preference-Phase 37
   Purchase-Phase 37
   Touchpoints 38
   Zero Moment of Truth 34
Customer-Journey-Tracking 218
Customized Content 336

D

Data Highlighter 142
Data Management Platforms (DMP) 255
Datenschutz 260
Datenschutz und IP-Adressen 469
Datenschutz, Tracking 406
Datensparsamkeit, Gebot der 514
Demand Side Platform (DSP) 249
demografische Daten 470
demografische Merkmale der Nutzer 470

Digital Advertising Alliance (DAA) 261
digitale Marken 46
Disavow-Datei 146
Display Advertising 55, 239
   Definition 240
   Demand Side Platform (DSP) 249
   Entwicklung 239
   Erfolgsbeispiele 282
   im Online-Marketing-Mix 247
   Kampagnentypen 262
   Kennzahlen 279
   Key Performance Indicator 279
   KPIs für Kampagnentypen 281
   Linktipps 286
   Mediaplanung 243
   Sell Side Platform (SSP) 252
   Technologien und Technikdienstleister 249
   vs. Real Time Advertising 245
Display-Advertising-Kampagnen 285
Display-Anzeigen (Banner) 415
DKI (Dynamic Keyword Insertion) 186
Domain Keys Identified Mail 301
Domain-based Message, Authentication 301
DoubleClick 445
Double-Opt-in-Verfahren 296, 512
Duplicate Content 123
Dynamic Serving 131

E

Earned Media 20
   Influencer 20
E-Commerce 451
Einstiege 463
einstweilige Verfügung 526
   Abschlusserklärung 527
   Abschlussschreiben 527
   Schutzschrift 526
   vs. Hauptsacheklage 527
E-Mail
   Corporate Design 305
   HTML-Template 320
   Tipps 336
E-Mail-Adressen, Ankauf zu Werbezwecken 511
E-Mail-Automation 304
E-Mail-Erstellung 320
   Aufbau und Inhalte 323
   Grid-CMS 322
   HTML-to-Text-Konverter 322
   WYSIWYG-Editoren 322
E-Mail-Formate 301
E-Mail-Kennzahlen 329, 334
E-Mail-Marketing 55
   Adressgewinnung 309
   Adresskauf 309
   als Push-Medium 293
   B2B vs. B2C 315
   Bestandskunden 515
   Certified Senders Alliance (CSA) 297
   Content 326
   Conversion-Optimierung 324
   Conversion-Rate 331
   Customer Lifecycle 317
   Datenfluss zwischen Systemen 308
   Definition 291–292
   Einwilligung 509, 511
   Entwicklung 293
   Erfolgsbeispiele 335
   Erfolgsmessung 329
   False Positives 297
   Gewinnung von Adressen 310
   Hinweis zur Rechtslage 513
   im Marketing-Mix 293
   Kennzahlen 329
   klassischer Newsletter 316
   mehrstufige Kampagnen 326
   Opt-in 295
   Permission 295
   rechtliche Aspekte 508
   Rechtsgrundlagen 294
   Reichweite der Einwilligung 510
   Reputationsmanagement 298
   Return on Invest (ROI) 332
   Strategie 305
   Toolauswahl 306
   Trigger-Mailings 317
   Whitelisting 297
E-Mail-Marketing-Automation 304
E-Mail-Service-Provider (ESP) 298
E-Mail-Typen 316
   Intervallmails 319
   Transaktionsmails 319
   Trigger-Mailings 317
E-Mail-Versand 301

Kontakthäufigkeit 306
MIME-Multipart-Verfahren 303
E-Mail-Werbung 512
   Einwilligungserklärung 512
   Nachweis des Einverständnisses 513
   ohne Einwilligung 515
Embedding von Bildern 520
Ephemeral Content 345
Event Retargeting 264
Event-Tracking 86
Eye Tracking 69

F

Facebook 22, 41, 356
   attraktiver Content 358
   Chatbots 345
   Custom Audiences 361
   Fanpages 357
   Impressumspflicht 478
   Lookalike Audiences 361
   mobile Nutzung 343
   Nutzerzahlen 5
   Retargeting 361
   Targeting-Methoden 361
   Teilen fremder Postings 522
   Unternehmensgeflecht 342
   Veranstaltungen (Events) 362
   Werbeanzeigen 359
   WhatsApp 345
Facebook Ads 360
Facebook-Content 358
Facebook-Gruppen 363
Facebook-Newsfeed, Reichweite von Seitenbeiträgen 359
Facebook-Werbeanzeigen 359
False Positives 297
Fanpages 357
Featured Snippets 113, 120
Fingerprinting 406
Flickr 355
Fluid Design 304
Foren 374
Fotos
   aus Stockarchiven 521
   Person als Beiwerk 491
   Persönlichkeitsrechte 490
   rechtliche Aspekte 520
   Retweets (Twitter) 521
   Urheberrecht 490
   Werbezwecke 521
Frage-Antwort-Portale 376
Fraud 276
Freebooting 491
Funnel 69

G

GAFA 7
Gatekeeper 21, 40
   Amazon 21
   Facebook 21
   Google 21
   YouTube 21
Gebotsfunktion, automatisiert 174
Gewinnspiele 519
   bei Facebook 519
Glaubwürdigkeit, Kennzahlen 49
Google 21, 104
   Bedeutung der Suchmaschine 168
   Data Highlighter 142
   Google Search Console 150
   mobile Strategie 131
   Mobile-First-Index 134
   Status der Indexierung 128
Google AdWords 168, 498
   Keyword Planer 138
Google Analytics 444
   Akquise-Berichte 458
   Bericht „Geräteübergreifend" 461
   Channel-Bericht 453
   Conversion-Tracking 178
   Ereignisse 465
   Kampagnen 451
   Multi-Channel-Berichte 458
   Nutzer 450
   Referrer 452
   Seitenbericht 462
   Sitzungsdauer 454
   Transaktionen 117
   URL-Builder-Formular 455
   Websitecontent 465
Google Analytics 360 444
Google My Business 110
Google Now 8
Google Play Store 408
   Off-Page-Optimierung 409
Google Search Console 160
Google Universal App Campaign 429

Google-AdWords-Anzeigen,
  rechtliche Fragen 499
Google-Algorithmen 114, 116
  Ranking-Faktoren 116
  und technische Optimierungen 116
Google-Bildersuche 108
Google-Keyword-Planer 51
Googles Search Console 498
Google-Suche, Google-Algorithmus 116
Google-Webmaster-Richtlinien 496
Graphen 43
Grid-CMS 322
Growth Hacking 69

H
Hard-Bounce 314
Hashtags 346, 365, 519
  branded 349
  Events 349
  non-branded 349
  Twitter 369
  verschiedene Kategorien 347
Header Bidding 267
Herkunft und IP-Adresse 468
Hero-Shot 69
Highest Paid Person's Opinion 80
HiPPO 80
HTML5-Werbemittel 275
HTML-to-Text-Konverter 322
HTTPS 135
  aus SEO-Sicht 135
HTTP-Statuscodes 124
Hummingbird 119

I
ICQ 344
Image-Ads 268
Impressions 173, 202, 279
Impressum 477
  erforderliche Angaben 479
  rechtskonform 480
  Social-Media-Profile 481
  Vorgaben zur Darstellung 480
Impressumsangaben 479
Impressumspflicht 477
Inbound Marketing 60
Incentivized Ads 417

Induux 374
Influencer 20, 29, 384
  Regeln für die Zusammenarbeit 384
  Takeover 385
Influencer Marketing 384
Influencer Relations 384
Instagram 342, 363
  Anzeigenwerbung 366
  Branding-Kanal 366
  Business Profile 365
  Hashtags 365
  Impressumspflicht 478
  Influencer 364
Instant-Answer-Boxen 111
Intend-Daten 256
Interactive Advertising Bureau
  Europe (IAB Europe) 253
Interaktionskonzepte 74
Interstitials 274, 416
Intervallmails 319
IP-Adresse und Herkunft 468

K
Kampagnen, URL-Tagging 455
Kampagnenplanung 264
Kaufprozess, Phasen 248
Kennzahlen 449
  Conversion-Optimierung 85
  Conversion-Rate 203
  Display Advertising 279
  E-Mail-Marketing 329
  Glaubwürdigkeit 49
  Impressionen 202
  Klickrate 203
  Markentreue 49
  Mobile Marketing 422
  Popularität 49
  Qualitätsfaktor 203
  Reputation 49
Key Performance Indicator 423
Keyword Targeting 265
Keyword-Monitoring 152
Keyword-Recherche 137
  Beispiel 207
Keywords 107, 181
Keywords, auszuschließende 205
Keyword-Stuffing 117–118
Keyword-Tools 138

Klickrate 203
   Display Advertising 279
   E-Mails 331
Klicktiefe 129
Knowledge-Graph 111
Knowledge-Graph-Box 44, 120
Kommunikationskanäle, eigene 60
Kommunikationspolitik 23
KPIs
   Mobile Marketing 422, 425
   und App-Downloads 424
   vs. Metriken 423
   wichtigster KPI als Nordstern 79
künstliche Intelligenz 8
Kununu 374

L

Landingpage 69
Last Cookie Wins 332
Lead Nurturing 318
Lead Warming 318
Lead-Management 309, 311
Leads 69, 213, 511
Lifetime Value 428
Lift/Uplift 70
Limbic®-Konzept 72
Linkbuilding 496
LinkedIn 41, 59, 343, 373
   Impressumspflicht 478
Linkkauf 496
   und Wettbewerbsrecht 495
Linkmiete 496
Livestreaming 343, 379
Lizenz-Hinweise 493
Lizenzhinweisgenerator 494
Lookalike Audiences 361
Lower Funnel 39
Loyalty-Phase 37

M

Macro-Conversions 85, 446
Mailingliste 311
Mailserver, dedizierte 300
Makro-Conversion 177
Marke
   Aufbau einer 29
   Bewertung der Markenstärke 38
   digitale Marke und Web 3.0 46
   Erfolgsfaktor im Online-Marketing 46

Influencer 29
Kennzahlen zur Markentreue 49
Marken-Traffic 47
Markenaufbau 50, 56
   digitaler 40
   und unabhängige Kommunikationskanäle 60
Markenpopularität 53
   Maßnahmen zur Verbesserung 53
Markenpräsenz 216
Markenrecht 494, 499
   und interne Suchfunktion einer Website 495
   und Metatags 494
Markenrelevanz 38
Markenstärke 50
   Google-Suchanfragen 50
Markenverletzungen 525
Marketing, klassisches 2
Marketing-Automation 66–67
Marketing-Mix 4
Mediaplaner, Site-Listen 243
Meerkat 343
Memes 347
Mention.com 382
Merchant 213
Message Match 69
Messenger 344
Messenger-Dienste 355
Metadaten 141
   Definition 142
Metriken vs. KPIs 423
Micro-Conversions 85, 177, 446
Mitarbeiter 353
Mobile Advertising 415
Mobile Fingerprinting 406
Mobile First 69
Mobile Marketing
   Android vs. iOS 397
   Apps vs. Mobile Web 399
   Erfolgsbeispiele 429
   Tipps und Tricks 438
Mobile Nutzung 343
Mobile Optimierung 131
Mobile Search Engine Advertising (SEA) 419
Mobile Subdomain 132
Mobile Tracking 404–405
Mobile Videos 418
Mobile Web 5

mobile Websites 405
Mobile-Targeting 420
Mobilfreundlichkeit als
    Rankingfaktor 131
Mobilgeräte, Tools für die
    Optimierung 135
Modellvergleichstool (Google
    Analytics) 460
Mouse Tracking 69
Multi-Channel-Berichte 458
Multiplikatoren 353
Multivariater Test 70

N
Native Ads 274
negative SEO 497
Neukunden 353
Newsartikel 109
Newsfeed
    LinkedIn 374
    Twitter 368
    XING 374
Newsfeed-Plattformen 354
Newsjacking 348
Newsletter 335
Newsletter, klassischer 316
Nutzer 425, 450
    demografische Merkmale 470
    Einstieg auf Website 464
    Endgeräte 20
    geräteübergreifend erfassen 461
    Verhalten auf Website 450
    verstehen 466
Nutzererfahrung 426

O
Offline-Conversions 86
Öffnungsrate (E-Mails) 330
Offpage-Marketing 143
Off-Page-Optimierung
    Apple App Store 411
    Google Play Store 409
Online Marketing Manager
    Ausbildungen 535
    IHK 537
    Kriterien für Weiterbildung 539
    Weiterbildung 529
Online-Display-Kampagnen 243
Online-Marketing
    4 Ps 19, 23

Definition 18–19
digitale Assets 58
Lower Funnel 39
Nutzerzahlen 4
Trends 9
Upper Funnel 38
Online-Marketing-
    Hochschulabschlüsse 538
Online-Marketing-Instrumente 18–19
Online-Marketing-Kanäle 18–19
Online-Marketing-Recht 477
Online-Marketing-Strategie 18
    Custormer Journey 38
    taktische und strategische Ziele 25
Online-Marketing-Ziele, taktische
    und strategische Ziele 25
Online-PR und SEO 145
Onlineshops, Impressumspflicht 478
Online-Vermarkterkreis (OVK) 242
Onpage-Faktoren, technische Basics 121
On-Page-Optimierung
    Apple App Store 410
    Google Play Store 408
On-Platform-Content 346
Ontologie, Entitäten 45
Open Auction 267
Optimizely 66
Opt-in 295
Opt-out 295
Owned Media 20

P
Page Impressions 422
Paid Media 20
    Display-Werbung 20
Panda 118
Pay-per-Click 174
Pay-per-Click-Werbung 28
Penguin 118
Performancekampagne 282
Performance-Marketing 46, 48
Periscope 9, 343
Permission 295
Persona 70
    Limbic® Personas 72
Personalisierung 66
Persönlichkeitsrecht 490, 520, 526

Pinterest 355, 376
Piwik 445
Pixel-Tracking 447
Plagiat 492
Podcasts 380
Popularität, Kennzahlen 49
Post View Conversion Rate (PV CR) 280
Post-Conversion 70
Posten von Fotos 520
PPC *siehe* Pay per Click
PPC-Systeme 31
PPC-Werbung 28
Pre-Awareness-Phase 36
Preference-Phase 37, 39
Preferred Deal 267
Preisangaben 503
Preispolitik 23
Premium-Inventar 243
Private Auction 267
Private Deal 267
Product Listing Ads (Google) 104
Product Retargeting 263
Produktpolitik 23
Prospecting 262
Prototyping, Definition 30
Provisionsmodelle im Affiliate Marketing 233
Public Relations 56
Publisher 213
Publisher (Display Advertising) 242
Purchase-Phase 37
Push-Medium 293
Push-Nachrichten
   Conversion-Rates 403
   Timing 402
   vs. E-Mails 400
Push-Werbung vs. Pullmarketing 32

Q
Qualitätsfaktor 203

R
Rapid Prototyping 77
Real Time Advertising (RTA)
   Definition 244
   im Online-Marketing-Mix 247
   Mediaplanung 245
   Verkaufsformen 266
   Verkaufsprozess 246
   vs. Display Advertising 245
   vs. traditioneller Mediaeinkauf 246
Real Time Bidding 2, 262, 266
Realtime Blacklist (RBL) 298
Reconsideration Request 498
Referral Traffic 155
Referrer 452
Remarketing/Retargeting, Definition 31
Reputation, Kennzahlen 49
Responsive Design 304
Responsive Webdesign 70
Responsive Websites 131, 399, 467
Retargeting 2, 328, 361
   Definition 328
Retargeting-Kampagnen 263, 278
Retention-Rate 427
Return on Advertising Spend 26
Return-on-Investment (ROI) 26, 332
Rich Snippets 141
ROAS (Return on Advertising Spend) 26
Robotstxt 151
ROI *siehe* Return-on-Investment
RTA *siehe* Real Time Advertising

S
Sales-Funnel 67
Schadensersatz 525
Schleichwerbung 496, 518
Schöpfungshöhe 488
Screaming Frog 130, 151
Scrollhöhe 87
SEA
   als Test für SEO 172
   externe Agentur 193
   Inhouse-SEA 193
   Kennzahlen 200
   Kennzahlen bewerten 202
   Praxisbeispiele 203
SEA-Kampagne
   aufsetzen 198
   auswerten 200
   Gebotsstrategie 205
   Keyword-Recherche 196
   Vorbereitung 195
   wichtige Schritte 208
SEA-Manager 192
   Fähigkeiten 194

Kenntnisse 193
Qualifikation 192
Search Ads (Apple) 419
Search Engine Advertising 167, 171
Search Engine Marketing 168, 171
Search Engine Optimization *siehe* SEO
Search Engine Result Pages 107
Searchmetrics-Suite 152
SEA-Statistiken 200
Seeding 145
Seerobots 151
Seitenaufrufe 448
Seitenbericht 462
Seitenwert (Google Analytics) 463
Sell Side Platform (SSP) 252
SEM *siehe* Search Engine Marketing
Semantisches Targeting 265
semantisches Web 43
Sender-Score-Zertifizierung 298
SEO 54
    Agenturen 156–157
    Analysetools 149
    Backlinks 143
    Bücher zum Thema 162
    Conversions 155
    Erfolgsmessung 147, 154
    Fortbildung 162
    Google Search Console 150
    Hands-on-Tipps 158
    Herausforderungen 113
    informative Blogs 162
    Kennzahlen 154
    Keyword-Monitoring 152
    Keyword-Recherche 137
    Keyword-Tools 138
    Klickrate/CTR (Click-Through-Rate) 156
    KPIs 154
    kritischer Umgang mit Daten 158
    Monitoring-Tools 151
    negative 497
    Online-PR 145
    Themencluster Zielseite 137
    Tipps 158
    Tools 149
    Visibility 152
    Web Developer Toolbar 150
SEO-Monitoring
    Maßnahmen und Effekte 153

Searchmetrics-Suite 152
Sistrix 152
SEO-Strategie 146
    beeinflussende Faktoren 147
    Budget 148
    Messbarkeit 148
    Zieldefinition 147–148
SEO-Traffic 155
SERP 120
Service-E-Mails 296
Servicemails 319
Session-Dauer 425
Session-Intervall 425
Shariff 524
Shitstorm 394
Sichtbarkeitsindex 152
Siri 8–9
Sistrix 152
Sitelink-Erweiterungen 188
Sitzungen 448
    und Cookies 448
Sitzungsdauer 454
Skim, Scan, Read 70
Skimming 74
Slideshare 355
Snapchat 9, 343, 372
    Sponsored Lenses 373
Snippet 120
Snippet-Erweiterungen 189
Snippet-Optimierung 139
    Tools 142
Social Media
    Kanäle 354–355
    Zielgruppen 353
Social Media Marketing 41, 55
    Künstliche Intelligenz 345
Social Networks 342
Social Plug-ins 523
Social Signals 332
Social Web
    Beispiel-Kampagnen 386
    Chat-Dienste 344
    Content-Formen 378
    Entwicklung 342
    in China 346
    Text 378
Social-Media, rechtliche Aspekte 517
Social-Media-Kanäle 355
    Snapchat 372
Social-Media-Plattformen 354

Social-Media-Recht 517
   Avatar 518
   Hashtags 519
   Profilfoto 518
   Schleichwerbung 518
   Username 517
Social-Media-Strategie 351
   Erfolgsmessung 382
   Monitoring 382
   Prioritäten und Aktivitäten 377
   Unternehmensziele 352
   Zielmatrix 353
Soft-Bounce 314
Spam 299
Spam-Complaints 299
Spamhaus-Whitelist 298
Spam-Links 497
Spam-Signale 299
Split URL Test 84
Sponsored Lenses 373
SSL-Verschlüsselung 135
Statuscodes 124
Stories (Snapchat) 372
Storytelling 264
Strategie vs. Taktik 24, 26
Suchanfrage 106
   Berechnung des Rankings 192
   bezahlte Ergebnisse 104
   informationale 106
   Informationssuche 169
   Longtail-Suchanfrage 106
   navigationale 106
   navigationsorientierte 169
   organische Ergebnisse 104
   Prozess bis zur Conversion 119
   Shorthead-Suchanfrage 106
   Spracherkennungssysteme 170
   Sprachsteuerung 119
   transaktionale 106
   transaktionsorientierte 169
   und Conversion 121
   Userintention 119
   Warum-Fragen 170
   Zielseite 120
Suchanfragentypen 118
Suchergebnisse und Semantik 13
Suchindex 103
Suchmaschine
   Erfolgskontrolle 104
   Relevanz der Inhalte 103
   und Zielseiten 136
Suchmaschinenalgorithmen
   Googles Panda-Update 117
   Googles Penguin-Update 117
Suchmaschinenmarketing 103
Suchmaschinenoptimierung 54, 103
   Herausforderungen 113
   Offpage 496
   Onpage 487
Suchmaschinenwerbung 39
Suchvorgang 119
SWOT-Analyse 32–33

T

Tag Management 470
Tag Manager 471
Tagging, automatisch 457
Takeover 385
Talkwalker 382
Tatsachenbehauptungen 505
Tausend-Klicks-Preis (TKP) 279
Testimonial 70
Testing
   »Flicker«-Effekte 84
   A/B/n-Test 83
   Auswertung und Dokumentation 84
   Bestätigungsseitenaufrufe 86
   Click-outs 87
   Downloads 87
   Formularfeldeingaben 87
   Formularfeldkorrekturen 87
   Hypothese 82
   Intensives Browsing 87
   Intensives Lesen 87
   Interaktionselement 86
   Monitoring Original vs. Variationen 84
   Scrollhöhe 87
   Scrolling 87
   Variation vs. Status quo 83
   Videoplays 87
Testing-Kultur 80
Text-Snippets, organische 107
Touchpoints 38
Tracking 447
   Datenschutz 406
   nutzerbasiertes 405
Tracking Codes 176
   verwalten 470

Traffic 403
Transaktionen 447
Transaktionsmails 319, 335
Triggering-Kampagnen 265
Trigger-Mailings 317
Trillian 344
TV-Triggering 266
Twitter 343, 368
    als Interaktionskanal 369
    als Newskanal 368
    Funktionen 371
    Hashtags 369
    Impressumspflicht 478
    Listen 369
    twitternde CEOs/Unternehmer 371
Twitter-Funktionen 371

U

Uniform Resource Locator Siehe URL
Unique Hashtags 347
Unique Value Proposition (UVP) 70
Universal Ad Package 268
Universal App Campaigns von Google 429
Universal Search 108
Unternehmensstrategie 17
Upload von Fotos 520
Upper Funnel 38
Urheberrecht 487, 520
    »Embedding«-Rechtsprechung 491
    Codeschnipsel 489
    Computerprogramme 489
    Copyright-Hinweise 493
    Creative-Commons-Lizenz 494
    Fotos 490
    Fotos aus Bilderdatenbanken 494
    Lizenzhinweise 493
    Schöpfungshöhe 488
    und Claims 488
    und Hashtags 488
    und Slogans 488
    Upload auf den eigenen Server vs. Embedding 493
    Videos 491
    Zitat 491
Urheberrechtsverletzungen 525
URL, Empfehlungen 123
URL-Tagging 455

Usability 54, 70, 75, 304
Usability-Optimierung 23
User Experience 70–71
    auf mobilen Geräten 131
    Farben 72
    Text einer Website 74
User Generated Content 389
User Journey 427
User Self Management 313
User Signals 70
Useraktivität 116
    Suchanfrage bis Conversion 116
User-Daten 256
    1st Party Data, 2nd Party Data, 3rd Party Data 258
UX *siehe* User Experience

V

Verfügung, einstweilige 526
Vermarkter, digitale 241
Vertical Networks 254
Vertriebspolitik 23
Video 6, 110, 378
    mobile 418
    virale 367
Videobox von YouTube 110
Videowerbeformen 418
Videowerbemittel 275
Viewability 280
Vimeo 376
virale Effekte 359
Viral-Marketing 41
Visuelles Storytelling 366

W

Web Analytics 443
    Macro-Conversions 446
    Micro-Conversions 446
    Tools 444
    Website-Optimierung 471
    Ziele 445
Web Analytics-Tools 445
Web Tracking 334
Web, Entwicklung des (Web 1.0, 2.0, 3.0) 40–41
Webanalyse 443
Webanalyse vs. App-Analyse 422
Webanalysetools 444
Website
    HTML5 Input Types 76

Impressumspflicht 478
Informationsarchitektur 129
interne Verlinkung 129
Ladezeitverzögerung und
    Abbruchrate 77
Page-Speed-Optimierung 76
Usability 76
wichtige Web Analytics-Daten
    471
Website Custom Audiences 361
Website optimieren 471
Website-Frontend-Development-
    Frameworks 77
WeChat 376
Werbeanzeigen
    Inhalte 503
    Markennennung 501
    Pflichtangaben 504
    Preisangaben 503
    vs. organische Suchtreffer 500
    Wiederverkäufer von Markenpro-
    dukten 501
Werbeerlaubnis 512, 514
Werbemails
    Anforderungen an Inhalt 516
    E-Mail-Betreff 516
Werbemittel 268
Werturteile 505
Wettbewerbsmonitoring 152
Wettbewerbsrecht 495
    Conversion-Rate-Optimierung
    495
    Linkkauf 495
    Schleichwerbung 496
    und Google-Webmaster-Richt-
    linien 496
Wettbewerbsverletzungen 525
WhatsApp 342, 345, 376
Whitelisting 297, 316
Whitespace 71
Win-Back Offering 318
Word-of-Mouth-Marketing 41

X
XING 59, 373, 478
    Impressumspflicht 478
XML-Sitemap 128
XOVI 197

Y
Yahoo! 104
Yandex 105
YouTube 21, 343, 355, 366
    als Kampagnentool 366
    als Video-Hoster 366
    Channel 368
    Impressumspflicht 478
    mobile Nutzung 343
    virale Videos 367
YouTube Videobox 110

Z
Zero Moment of Truth 35
Ziele
    kurzfristige operative 27
    langfristige strategische 27
    markenbezogen 26
    mittelfristige taktische 27
Zielgruppe 28
    vs. Bedarfsgruppe 27
Zielgruppenanalyse 27
Zielgruppendefinition, Methoden 30
Zitat 491
    Quellenvermerk 492
Zitatrecht 491
Zitatzweck 492
ZMOT 35

Über die Autorinnen und Autoren

Felix Beilharz ist »einer der führenden Berater für Online- und Social Media Marketing«(RTL). Der fünffache Buchautor lehrt an mehreren Universitäten und Hochschulen, hält Vorträge in Europa sowie den USA, veranstaltet die *hashtag.business Social Media Konferenz* und berät und trainiert Unternehmen zum erfolgreichen Einsatz der Online-Marketing-Instrumente.

Ingo Kamps (CEO der *cayada GmbH*) ist seit 1999 im Online-Marketing aktiv und hat ihn dieser Zeit schon fast alles erlebt: Er hat Unternehmen gegründet und verkauft, war viele Jahre Top-Affiliate, hat Vorträge gehalten, an Diskussionsrunden teilgenommen und ein eigenes Buch zum Thema *Mobile Marketing* verfasst.

Seit 2004 hat **Nils Kattau** mehr als 1.500 A/B-Tests durchgeführt und die zweitgrößte Conversion-Agentur Deutschlands aufgebaut. Heute widmet er seine Zeit primär eigenen Projekten und berät als einer der top Conversion Optimierer ausgewählte Kunden in der Steigerung ihrer Sales & Leads.

Markus Kellermann leitet als geschäftsführender Gesellschafter die Digital Marketing Agentur *xpose360 GmbH* mit Sitz in Augsburg. Als Autor hat Markus Kellermann neben dem Fachbuch »Affiliate Marketing INSIGHTS« bereits eine Vielzahl von Artikeln in Fachmagazinen publiziert. Zudem organisiert er mit der digital tomorrow, der Affiliate Conference und dem Affiliate-Innovation-Day drei der bedeutendsten Performance-Veranstaltungen in Deutschland. Die xpose360 ist spezialisiert auf Leistungen im Bereich Affiliate-Marketing, PPC-Marketing und SEO und betreut dabei Kunden wie Singapore Airlines, Yello Strom, L'TUR, NORMA, Peter Hahn u.v.a. Mit einem leistungsstarken Team von 35 Mitarbeitern stehen vor allem der serviceorientierte Gedanke sowie die proaktive Betreuung im Zentrum der Maßnahmen..

Olaf Kopp ist CBDO/Head of Strategy der Agentur *Aufgesang Inbound Marketing* sowie freier Online-Marketing Berater. Der diplomierte Kaufmann ist Blogger, Autor & Dozent sowie Mitveranstalter des SEAcamps. Seit 2005 beschäftigt er sich mit AdWords, SEO, Social Media, Analytics und Content-Marketing.

Karl Kratz ist als Unternehmer, Autor und Sprecher tätig. Sein Herz schlägt seit 1996 leidenschaftlich für feines Online-Marketing.

Manuela Meier ist Head of Marketing bei einem führenden E-Mail-Marketing-Anbieter in Deutschland. Bereits seit 2002 entwirft und analysiert sie E-Mail-Kampagnen sowohl im B2B- als auch B2C-Umfeld. Als Autorin hat sie zahlreiche Ratgeber, Whitepaper und Fachartikel zum Thema veröffentlicht.

Wolfgang Neider verantwortet als Director bei der IntelliAd GmbH die Bereiche Display, SEA Bid Management und Customer Journey. Er ist seit über 10 Jahren in der Online Marketing Welt tätig und entwickelte dabei von Tracking- und Attributionssystemen bis hin zur Demand Site Platform verschiedenste Lösungen für Kunden und Agenturen.

Guido Pelzer, Consultant und Dozent, startete bereits 2002 als Geschäftsführer eines internationalen Unternehmens seine erste AdWords Kampagne. Als Google 2008 externe Seminarleiter suchte, wurde Guido Pelzer einer der ersten 5 zertifizierten Google Trainer. Der mehrfache Buchautor erstellt auch Videotrainings für LinkedIn Austria.

Niklas Plutte ist Rechtsanwalt und Fachanwalt für gewerblichen Rechtsschutz mit Sitz in Mainz. Seine Kanzlei ist auf die Beratung von Unternehmen der Internetbranche spezialisiert, z.B. Agenturen, Onlinehändler und Kreative. Er ist Mitautor mehrerer Bücher, Blogger & Speaker auf Konferenzen.

Anke Probst ist als Senior SEO Managerin bei der XING AG verantwortlich für die SEO-Strategie und für Monitorings. Die SEO-Expertin ist seit über 10 Jahren im Search Marketing aktiv und teilt ihr Wissen gerne als Speakerin auf Konferenzen & Events. Sie engagiert sich außerdem im Expertenbeirat des Bundesverbandes Digitale Wirtschaft.

Markus Vollmert ist Mitgründer und Geschäftsführer der Agentur luna-park aus Köln. Luna-park ist Google Analytics Certified Partner und betreut Kunden aus unterschiedlichen Branchen. Zusammen mit seiner Kollegin Heike Lück hat er das Buch »Google Analytics – Das umfassende Handbuch« im Rheinwerk Verlag veröffentlicht.

Kolophon

Das Tier auf dem Cover von »Der Online Marketing Manager« ist ein Blauer Pfau (*Pavo cristatus*). Der Pfau gehört zu den auffälligsten und farbenprächtigsten Vögeln der Erde. Das blaue, je nach Lichteinfall goldig glänzende Gefieder der Männchen und der aus langen Federn bestehende Schwanz haben schon immer die Fantasie der Menschen angeregt. Wenn die Tiere aufgeregt sind oder balzen, schlagen sie ihr fächerförmiges Rad, wobei die Federenden mit dem markanten »Augenmuster« besonders gut zur Geltung kommen. Das zusätzliche Rascheln mit den Federn verstärkt die imposante Erscheinung des Männchens.

Die Weibchen dagegen sind unauffälliger, grün-grau gemustert und haben auch keinen langen Schwanz. Auf dem Kopf finden sich aber bei beiden Geschlechtern feine Federn, die einer Krone ähneln.

Pfaue kommen ursprünglich aus Indien und Sri Lanka und bevorzugen dort hügeliges, waldreiches Gelände in der Nähe von Wasser. Da sie sehr standorttreu sind und verschiedene Klimazonen vertragen, sind sie auf der ganzen Welt als Parkbewohner sehr beliebt. Wenn Gefahr droht, ist schon von Weitem ihr durchdringender Schrei zu hören.

Bereits in der Antike wurde der Pfau verehrt, in vielen Wappen findet sich sein Abbild, in Mythen und Legenden spielt er eine wichtige Rolle. Doch auch als Fleischlieferant wird er in vielen Gärten gehalten. In Indien schätzt man die Vorliebe des Vogels für junge Schlangen, sodass viele Vögel auf der Suche nach Nahrung frei durch die Dörfer streifen.